高等学校信息工程类专业系列教材

《电路理论基础(第三版)》学习指导

李晓滨　卢元元　主编

王　晖　何业军　参编

西安电子科技大学出版社

内 容 简 介

本书是卢元元、王晖主编的《电路理论基础(第三版)》一书的配套学习指导书。

本书特别突出了对电路理论的基本概念、基本原理等重点内容的分类小结；强调了各章的重点、难点；例举了许多典型例题，帮助学生掌握每章的基本知识点及重点、难点内容，拓宽解题思路和方法，提高运用知识的能力，使学生所学的知识具有连贯性、系统性，并形成一种系统的解题思路；给出了习题的详细解题过程、解题思路、依据和结果，以备学生参考。

本书可作为高等学校信息工程类有关专业的辅导教材，也可供考研人员参考。

图书在版编目(CIP)数据

《电路理论基础(第三版)》学习指导/李晓滨，卢元元主编．—西安：西安电子科技大学出版社，2017.5(2024.7 重)
ISBN 978-7-5606-4493-6

Ⅰ.① 电… Ⅱ.① 李… ② 卢… Ⅲ.① 电路理论—高等学校—教学参考资料
Ⅳ.① TM13

中国版本图书馆 CIP 数据核字(2017)第 090814 号

策　　划　马晓娟
责任编辑　马晓娟
出版发行　西安电子科技大学出版社(西安市太白南路 2 号)
电　　话　(029)88202421　88201467　　邮　编　710071
http：//www.xduph.com　　E-mail：xdupfxb001@163.com
经　　销　新华书店
印刷单位　西安日报社印务中心
版　　次　2017 年 5 月第 1 版　2024 年 7 月第 2 次印刷
开　　本　787 毫米×1092 毫米　1/16　印张 19.5
字　　数　465 千字
定　　价　39.00 元
ISBN 978-7-5606-4493-6
XDUP 4785001-2

* * * 如有印装问题可调换 * * *

前　言

本书是卢元元、王晖教授主编的《电路理论基础(第三版)》(西安电子科技大学出版社，2015年)的辅助教材，编者基于《〈电路理论基础(第二版)〉学习指导》一书，对书中的内容进行了修订，增加了一些习题，以期与《电路理论基础(第三版)》一书的内容同步、知识配套。

本书特别突出了对电路理论的基本概念、基本原理等重点内容的分类小结；强调了各章的重点、难点分析；通过典型例题使学生掌握每章的重要知识点及重点、难点内容，拓宽解题思路和方法，提高运用知识的能力，使学生所学的知识具有连贯性、系统性，并形成一种系统的解题思路。

全书共包括四个方面内容：

1. 内容提要，简要概括了本章基本概念、基本原理，总结本章知识点与前面知识点的联系，使学生对本章的知识点有一个总的了解，同时将前、后章知识点联系起来。

2. 重点、难点，指出本章的重点、难点内容并进行详细分析，加强学生对重点、难点内容的理解。

3. 典型例题，帮助学生深入理解本章的知识点，掌握重点，理解难点，学会解题技巧，提高分析问题、解决问题的能力。

4. 习题解答，本部分是卢元元、王晖教授主编的《电路理论基础(第三版)》教材的习题解答，每个习题解答都有详细的解题过程、解题思路、依据和结果，旨在使学生学会解题方法，掌握基本知识点、重点和难点，达到举一反三、触类旁通的效果。

本书与《电路理论基础(第三版)》教材一起形成了一个完整的体系。学生通过该辅助教材，既可以学习基本知识，又可以学会基本知识的应用，提高分析问题和解决问题的能力。

编者

2017年4月

目　　录

第1章　电路模型和基尔霍夫定律

1.1　内容提要

1. 电路与电路模型

电路：由各种电气设备或器件连接而成的电流的通路。电路有时又称为网络。

电路模型：用理想元件的组合取代实际电路元器件和设备所得的理想电路。

理想元件：具有严格数学定义，用来模拟某一电磁现象的元件。它是集总(集中)参数元件。

常用理想元件：电阻、电感、电容、电压源、电流源、受控源等。

2. 电路变量

电流：带电粒子的定向移动形成电流。电流的大小用电流强度来衡量。

电流强度：单位时间内通过导体横截面的电荷量。

电流方向：正电荷移动的方向。

电流参考方向：人为假定的电流正方向。只有数值而无参考方向的电流是无意义的。

电压：电荷在电路中的流动伴随着能量的交换，单位正电荷由 a 点移动到 b 点所发生的能量的变化称为两点间的电压。

电压的正极性：高电位指向低电位，即电位降落的方向。

电压的参考极性：人为假定的电压正极性。

功率：某二端电路的电功率(简称功率)是该二端电路吸收或产生电能的速率。

3. 基尔霍夫定律

基尔霍夫电流定律(KCL)：集总电路中，任何时刻，对任一节点，连接到该节点的所有支路的电流代数和为零。

基尔霍夫电压定律(KVL)：集总电路中，任何时刻，沿任一回路，所有支路电压的代数和为零。

4. 电阻电路的(理想)元件

电路元件分类：无源元件、有源元件。

无源元件：若某一元件接在任意电路中，从最初时刻到任意时刻所吸收的总能量不为负，或者说不对外提供能量，就称为无源元件。

电阻(性)电路：不含储能元件(如电感、电容等)的电路。

构成电阻(性)电路的元件：电阻元件、独立源、受控源及理想运算放大器。

电阻：其电压和电流满足欧姆定律的二端元件。

伏安特性：端电压与端电流之间的关系。

电压控制电压源(VCVS)：特性方程为 $u_2=\mu u_1$，见图 1-1(a)。

电流控制电压源(CCVS)：特性方程为 $u_2=ri_1$，见图 1-1(b)。

电压控制电流源(VCCS)：特性方程为 $i_2=gu_1$，见图 1-1(c)。

电流控制电流源(CCCS)：特性方程为 $i_2=\alpha i_1$，见图 1-1(d)。

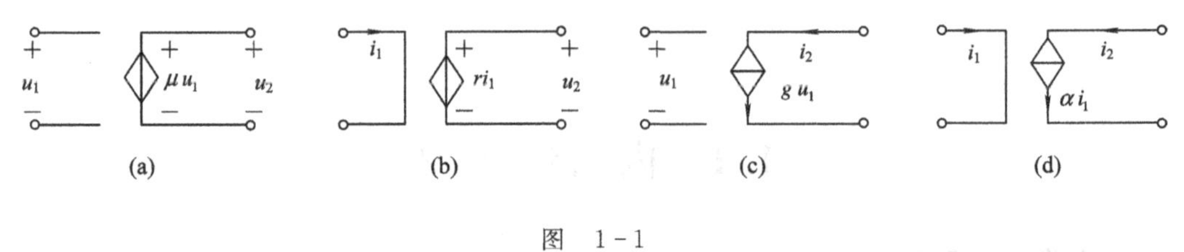

图 1-1

5. 运算放大器

实际运算放大器模型是一个四端元件，如图 1-2 所示。图中，放大器的两个输入端(左边)用“－”、“＋”号标注，分别称为反向输入端和同向输入端。此外，还有一个输出端(右边)和接地端(公共端)。

差动输入电压：

$$u_d \xlongequal{\text{def}} u_+ - u_-$$

开环电压增益：

$$A \xlongequal{\text{def}} \frac{u_o}{u_d}$$

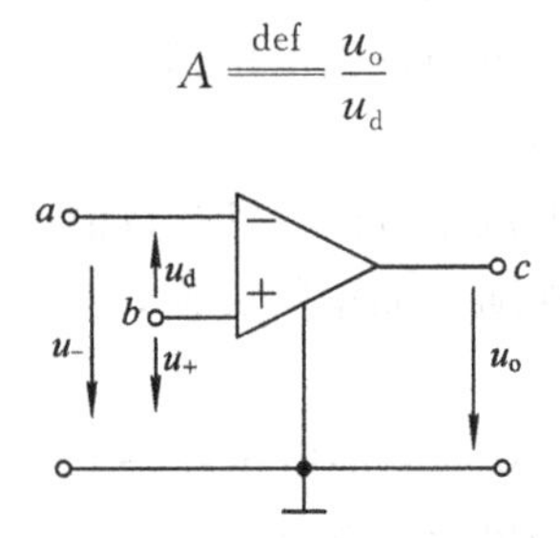

图 1-2

运算放大器相当于一个电压控制电压源，如图 1-3(a)所示，若近似认为 $R_i=\infty$，$R_o=0$，则电路模型如图 1-3(b)所示。

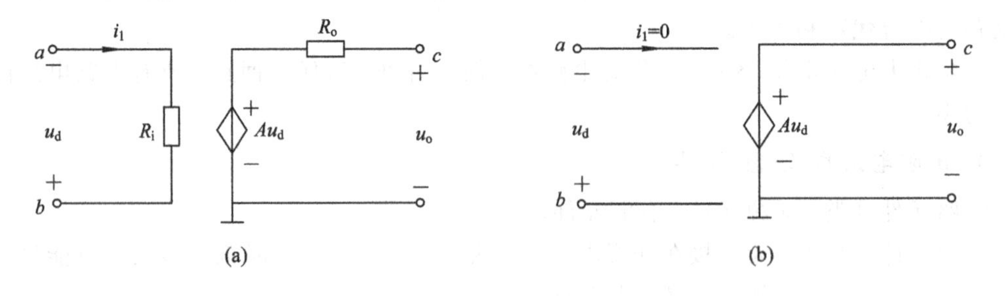

图 1-3

理想运算放大器模型具有以下条件：

(1) $i_-=0$、$i_+=0$，即从输入端看进去元件相当于开路，称为“虚断”。

(2) 开环电压增益 $A=\infty$(模型中的 A 改为∞)，因为 $u_o=Au_d$，且 u_o 有限，所以

$u_d=0$，即两输入端之间相当于“短路”，称为“虚短”。

“虚断”和“虚短”是分析含理想运算放大器电路的基本依据。应用电路的最简单的例子是所谓的“电压跟随器”。理想运算放大器及电压跟随器的电路模型分别如图 1-4(a)、(b)所示。

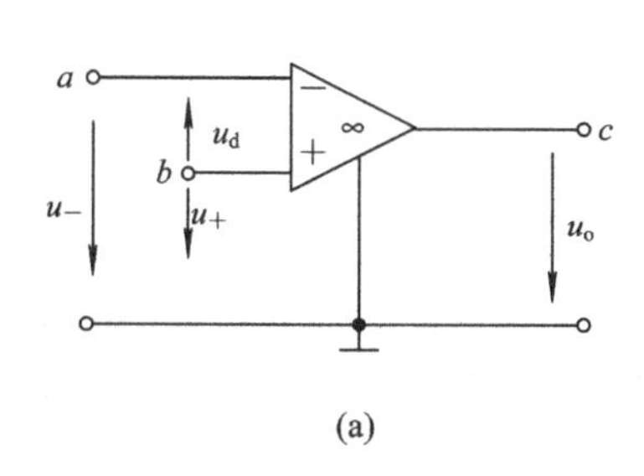

(a)

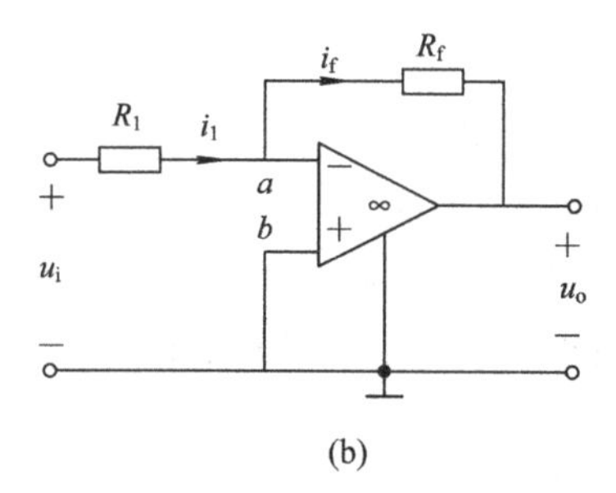

(b)

图 1-4

1.2 重点、难点

1. 吸收功率、产生功率

根据关联参考方向计算功率的公式为

$$P(t)=u(t)i(t)$$

若 $P(t)>0$，则真正吸收功率；若 $P(t)<0$，则实际发出(产生)功率。

根据非关联参考方向计算功率的公式为

$$P(t)=u(t)i(t)$$

若 $P(t)<0$，则真正吸收功率；若 $P(t)>0$，则实际发出(产生)功率。

关联参考方向：关联参考方向是相对于具体元件而言的。

2. 元件伏安关系

关联参考方向：$u(t)=Ri(t)$，$i(t)=Gu(t)$。

非关联参考方向：$u(t)=-Ri(t)$，$i(t)=-Gu(t)$。

3. 基尔霍夫电流定律(KCL)

基尔霍夫电流定律可表示为

$$\sum i=0$$

代数和是指流入、流出某节点的电流取不同的符号。

KCL 推广至闭合面：集总电路中，任何时刻，连接到任一闭合面的所有支路的电流代数和为零。

基尔霍夫电流定律中的符号有两套：一套是列节点方程时的符号，流进、流出的电流要用不同的符号；另一套是电流本身的符号，与参考方向相同为正，与参考方向相反为负。

4. 基尔霍夫电压定律及其应用

基尔霍夫电压定律对于任意回路可表示为

$$\sum u = 0$$

代数和是指与回路绕行方向一致的支路电压取正号，相反的取负号。

基尔霍夫电压定律中的符号有两套：一套是列回路方程时回路绕行方向，绕行方向只是为了作为参考，与绕行方向相同取正，相反取负；另一套符号是电压本身的符号，与参考方向相同取正，相反取负。

5. 欧姆定律

关联参考方向：$u(t)=Ri(t)$，$i(t)=Gu(t)$。

非关联参考方向：$u(t)=-Ri(t)$，$i(t)=-Gu(t)$。

用欧姆定律确定电阻元件的电压或电流方向：关联参考方向下的欧姆定律电压与电流之比为正，所以当知道电压或电流中的一个量时，另一个量的方向默认取与已知量相同的方向；使用非关联参考方向下的欧姆定律时，正好相反。

6. 两点间电压的计算

方法1：任取电路中某点为零电位点，则其余各点与该点的电压称为各点的电位。电路中任两点的电压等于这两点的电位之差。

方法2：电路中 a、b 两点间的电压 u_{ab} 等于从 a 至 b 任一路径上所有支路电压的代数和。若支路电压参考方向与路径方向一致，则取正号；否则取负号。

7. 电压源、电流源

电压源符号：—⊖—。

电流源符号：—⦶—。

电压源与电流源符号的区别是：电压源圆圈内的线与外部端线在同一条直线上；电流源圆圈内的线与外部端线垂直。

1.3 典型例题

【**例 1-1**】 试说明图 1-5 中：(1) u 与 i 的参考方向是否关联？(2) u 与 i 的乘积表示什么功率？(3) 如果在图 1-5(a)中，$u>0$，$i<0$；在图 1-5(b)中，$u>0$，$i>0$，则元件实际功率是发出的还是吸收的？

图 1-5

解 (1) 图 1-5(a)中，u 与 i 的参考方向关联；图 1-1(b)中，u 与 i 的参考方向不关联。

(2) 图 1-5(a)中，ui 表示吸收功率；图 1-1(b)中，ui 表示发出功率。

(3) 图 1-5(a)中，$u>0$，$i<0$，则 $P=ui<0$，实际功率是吸收的；图 1-5(b)中，$u>0$，$i>0$，则 $P=ui>0$，实际功率是发出的。

【解题指南与点评】 本题的考点是电压、电流参考方向的关联与否及有关吸收与发出功率的判断。当电压与电流的参考方向关联时，其乘积为正表示吸收功率，为负表示发出功率；当电压与电流的参考方向不关联时，其乘积为正表示发出功率，为负表示吸收功率。

【例 1-2】 在图 1-6 指定的电压 u 和电流 i 参考方向下，写出各元件 u 和 i 的约束方程。

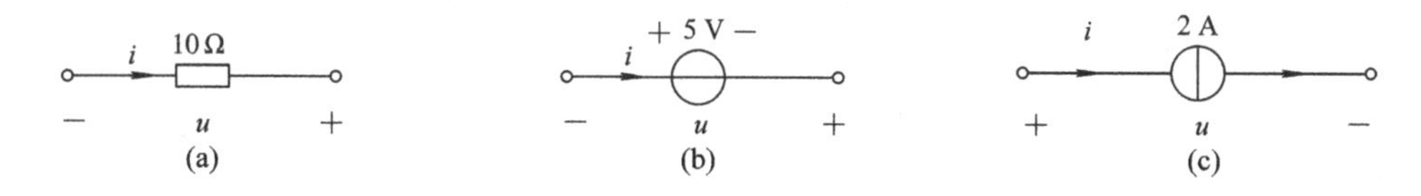

图 1-6

解 根据元件的伏安特性及电压、电流的参考方向，可以列出各元件 u 和 i 的约束方程如下。

(1) 图 1-6(a)所示元件的约束方程为：$u=-10i$。

(2) 图 1-6(b)所示元件的约束方程为：$u=-5$ V。

(3) 图 1-6(c)所示元件的约束方程为：$i=2$ A。

【解题指南与点评】 元件的约束方程式与电压、电流的参考方向有关。对于电阻、电感及电容等元件，一般电压、电流的参考方向选择关联。在关联情况下，其 VCR 中的系数为正；反之，若电压与电流的参考方向为非关联，其 VCR 中的系数前须加负号。当电压源的端口电压 u 的参考方向与 u_s 的一致时，$u=u_s$；反之，$u=-u_s$。当电流源的端子电流 i 的参考方向与 i_s 的一致时，$i=i_s$；反之，$i=-i_s$。

【例 1-3】 试求图 1-7 所示电路中每个元件的功率，并判断是否满足功率平衡(提示：求解电路以后，校核所得结果的方法之一是核对所有元件的功率平衡，即元件发出的总功率应等于其他元件吸收的总功率)。

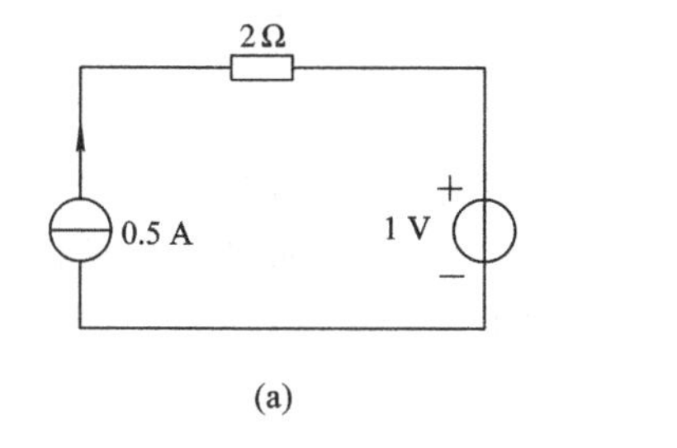

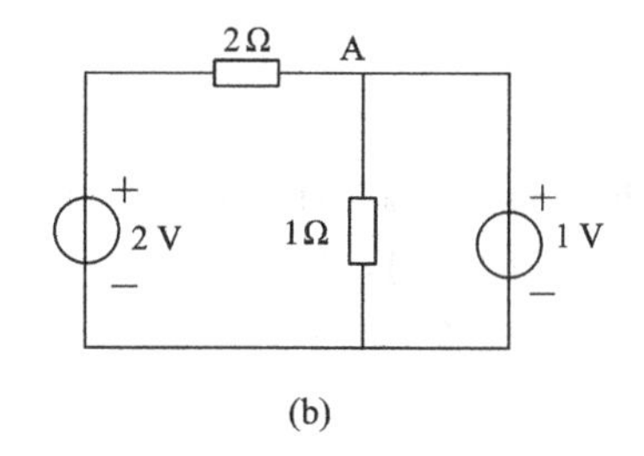

图 1-7

解 (1) 在图 1-7(a)中，设电流源两端电压为 u_1，电阻两端的电压为 u_2，如图 1-8(a)所示。应用 KVL 得

$$u_1 = u_2 + 1 = 2 \times 0.5 + 1 = 2 \text{ V}$$

所以，电流源发出功率 $P_1=2 \text{ V}\times 0.5 \text{ A}=1 \text{ W}$，电阻吸收功率 $P_2=u_2\times 0.5 \text{ A}=0.5 \text{ W}$，电压源吸收功率 $P_3=0.5 \text{ A}\times 1 \text{ V}=0.5 \text{ W}$，则

$$P_{发出} = P_1 = 1 \text{ W}$$

$$P_{吸收} = P_2 + P_3 = 1 \text{ W}$$

可见，$P_{发出}=P_{吸收}$，满足功率平衡。

(2) 在图 1-7(b)中，设各支路电流分别为 i_1、i_2、i_3，其参考方向如图 1-8(b)所示。由元件约束关系有

$$i_1=\frac{2-1}{2}=0.5\ \text{A},\quad i_2=\frac{1}{1}=1\ \text{A}$$

节点 A 的 KCL 方程：

$$i_3=i_2-i_1=1-0.5=0.5\ \text{A}$$

所以，2 V 电压源发出功率为

$$P_{2\,\text{V}}=2\times0.5=1\ \text{W}$$

1 V 电压源发出功率为

$$P_{1\,\text{V}}=1\times0.5=0.5\ \text{W}$$

1 Ω 电阻吸收功率为

$$P_{1\,\Omega}=1\times1=1\ \text{W}$$

2 Ω 电阻吸收功率为

$$P_{2\,\Omega}=(2-1)\times0.5=0.5\ \text{W}$$

则

$$P_{\text{发出}}=P_{1\,\text{V}}+P_{2\,\text{V}}=1.5\ \text{W}$$
$$P_{\text{吸收}}=P_{1\,\Omega}+P_{2\,\Omega}=1.5\ \text{W}$$

可见，$P_{\text{发出}}=P_{\text{吸收}}$，验证了功率平衡。

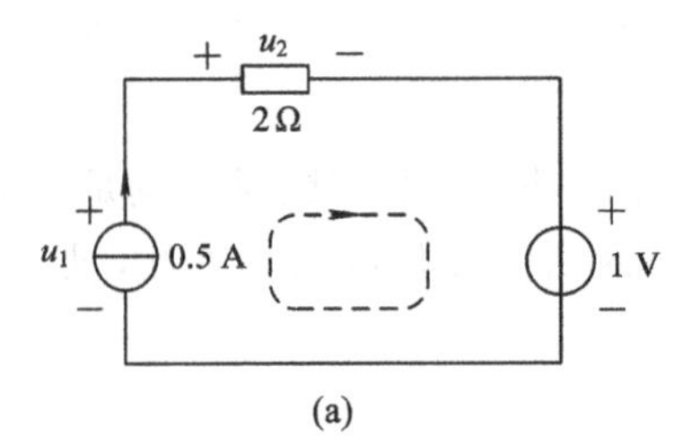

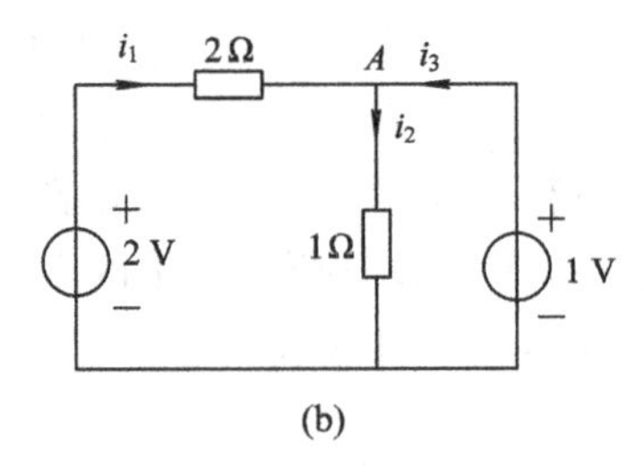

图 1-8

【解题指南与点评】 计算各元件的功率，必须先设定各元件的电压、电流参考方向，然后根据所设定的方向，利用基尔霍夫定律，列方程求解。校核求解结果是否正确，可以利用功率平衡来检验。若 $P_{\text{发出}}=P_{\text{吸收}}$，则说明计算结果可能正确；反之，若 $P_{\text{发出}}\neq P_{\text{吸收}}$，则说明计算结果有问题。

【例 1-4】 利用 KCL 和 KVL 分别求解图 1-9(a)、(b)所示电路中的电压 u。

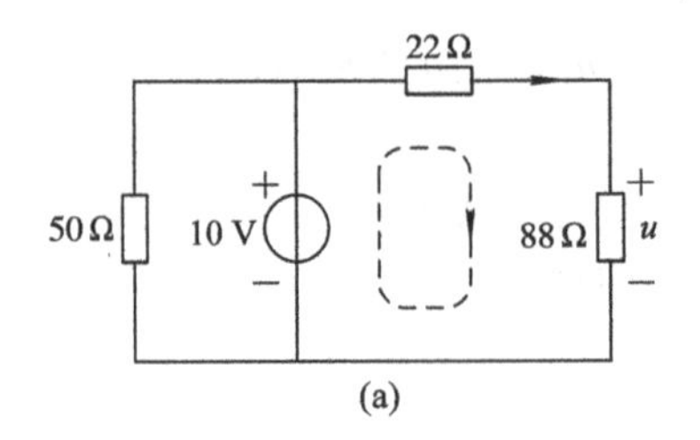

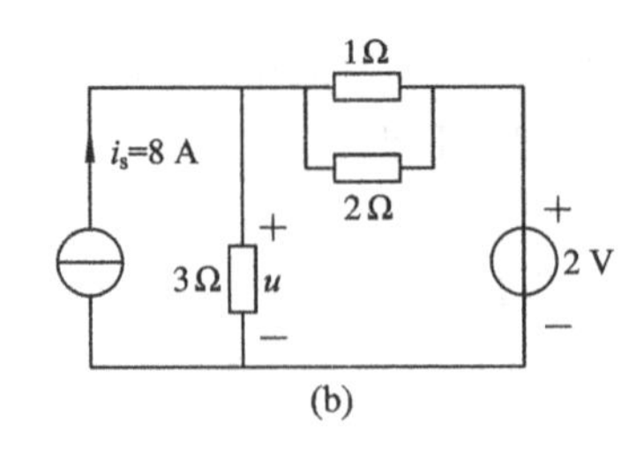

图 1-9

解 (1) 按图 1-9(a)的右回路所示绕向列出 KVL 方程：

$$(22+88)i_1-10=0$$

即

$$i_1=\frac{10}{110}\ \text{A}=\frac{1}{11}\ \text{A}$$

可得

$$u=88i_1=8\ \text{V}$$

(2) 在图 1-9(b)中加上电流参考方向 i_1、i_2，如图 1-10 所示，列出 KVL、KCL 方程：

$$\begin{cases}\dfrac{1\times 2}{1+2}\times i_2+2\ \text{V}-3i_1=0\\ i_s=i_1+i_2\end{cases}$$

可得

$$i_2=6\ \text{A}$$
$$i_1=2\ \text{A}$$
$$u=3\times i_1=6\ \text{V}$$

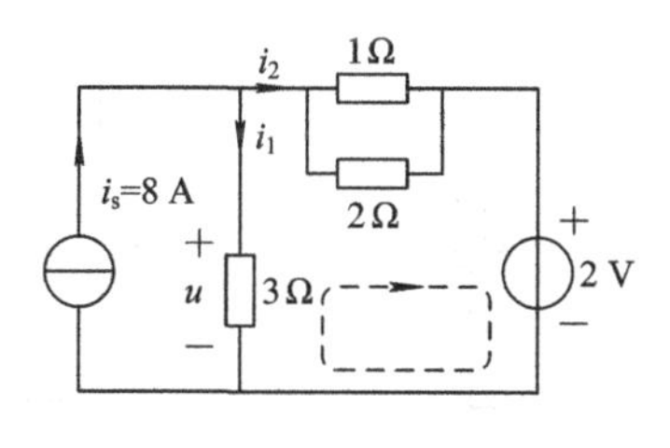

图 1-10

【解题指南与点评】 在图 1-9(a)中，i_1 的值只与 10 V 电压源有关，而与 50 Ω 电阻无关，所以对该题的右回路来说，50 Ω 电阻与 10 V 电压源的并联部分可以等效为 10 V 电压源。图 1-9(b)的解题步骤：首先设定电流 i_1 与 i_2 的参考方向，然后在所设的参考方向基础上，列出 KCL、KVL 与 VCR 方程求解。

【例 1-5】 试求图 1-11 所示电路中的电压 u_{ab} 及控制量 i_1。

解 在图 1-11 所示电路中，注明支路电流 i_2、i_3，如图 1-12 所示。列出图 1-12 所示电路的 KCL、KVL 及 VCR 方程：

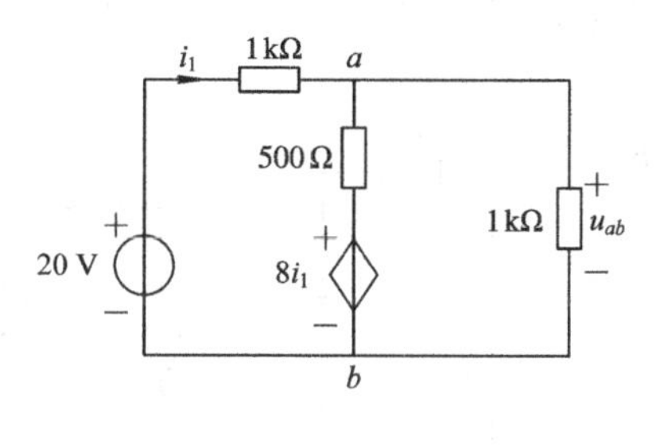

图 1-11

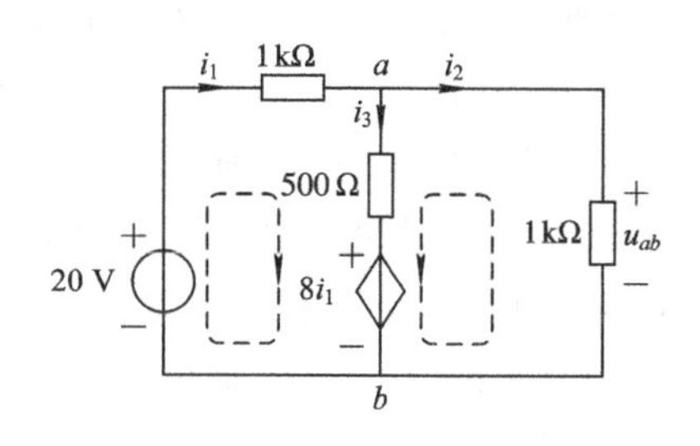

图 1-12

$$\begin{cases} 10^3 i_1 + 500 i_3 + 8 i_1 - 20 = 0 \\ 500 i_3 + 8 i_1 - 10^3 i_2 = 0 \\ i_1 = i_2 + i_3 \\ u_{ab} = 10^3 i_2 \end{cases}$$

可得

$$i_1 = \frac{60}{3 \times 1508 - 508} \text{ A} = 15 \text{ mA}$$

$$i_2 = \frac{508}{1500} i_1 = 5.08 \text{ mA}$$

$$u_{ab} = 5.08 \text{ V}$$

【解题指南与点评】 本题含有受控电压源，在建立电路方程时，先将受控源当作独立源处理，方程中会多出一个变量，然后再补充一个独立方程，如图 1-12 所示，把受控源当作独立电压源后，引入一个变量 i_1。支路电流的参考方向可随意选取，但是一旦标注后，接下来所列出的方程式就都要以此为依据。

【例 1-6】 试讨论图 1-13(a)、(b)中，开关 S 处于断开和闭合位置时，对 5 Ω 电阻中的电流及其两端的电压有无影响？

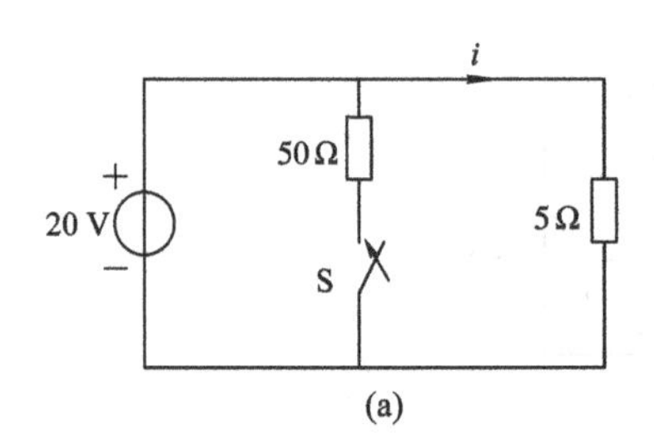

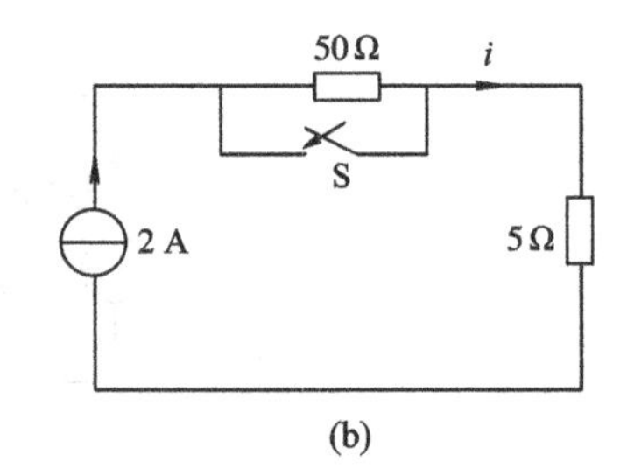

图 1-13

解 根据电压源的外特性，图 1-13(a)的电路无论 S 处于断开还是闭合位置，5 Ω 电阻两端的电压总是 20 V，流过的电流 $I=20/5=4$ A，并保持不变。

根据电流源的外特性，图 1-13(b)的电路无论 S 处于断开还是闭合位置，流过 5 Ω 电阻的电流 $i=2$ A，且保持不变，其两端的电压保持 10 V 不变。

【解题指南与点评】 本题主要考点是：任何与电压源并联的元件或支路对外电路都不起作用。如图 1-13(a)中，与电压源并联的 50 Ω 电阻支路，不管开关是否合上，都不影响电流 i。同理，任何与电流源串联的元件或支路对外电路都不起作用，所以图 1-13(b)中不管是否串联 50 Ω 电阻，对电流 i 无影响。

【例 1-7】 求图 1-14 所示电路中负载电阻 R 所吸收的功率，并讨论：(1) 如果没有独立源(即 $u_s=0$)，负载电阻 R 能否获得功率？(2) 负载电阻 R 获得的功率是否由独立源 u_s 提供？

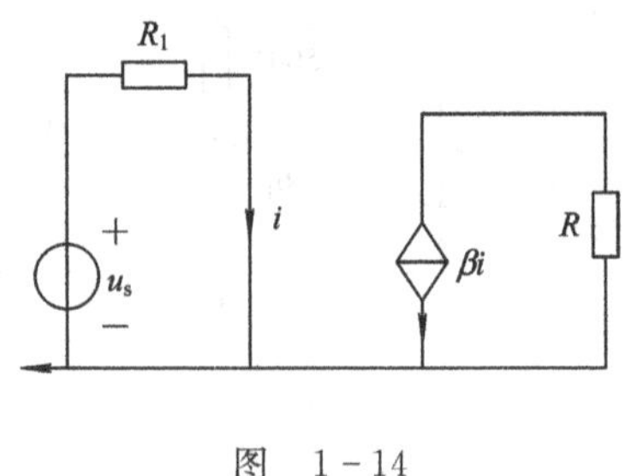

图 1-14

解 电阻 R 吸收的功率：

$$P_R = R(\beta i)^2 = R\beta^2 \left(\frac{u_s}{R_1}\right)^2$$

(1) 若 $u_s=0$，则 $P_R=0$。

(2) 独立源提供的功率 $P_{u_s}=u_s i=\frac{u_s^2}{R_1}$，它全部被 R_1 吸收。所以，负载 R 的功率全部由受控电流源提供。

【解题指南与点评】 本题说明受控源是一种特殊的电源，其电源端的电压(或电流)受控制端的电压(或电流)控制。本题是电流控制电流源，当控制端的电流 i 为零时，电源端的 $\beta i=0$。

【例 1-8】 分别求图 1-15(a)、(b)所示电路中 A 点的电位。

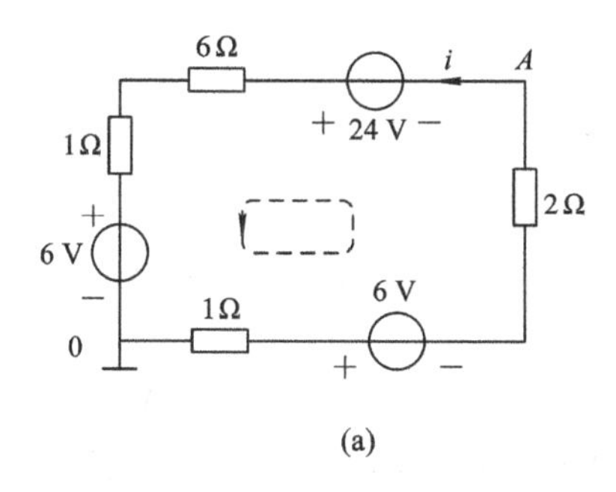

(a)

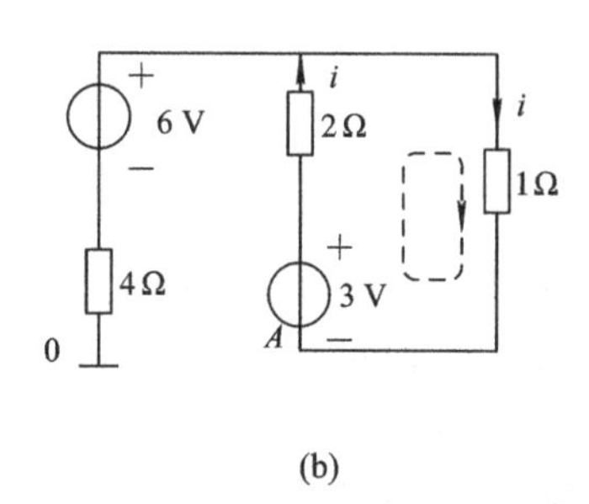

(b)

图 1-15

解 (1) 对图 1-15(a)所示电路应用 KVL：

$$(1+1+2+6)i-24+6+6=0$$

可得

$$i=1.2\ \text{A},\quad u_{A0}=-24+6\times i+1\times i+6=-9.6\ \text{V}$$

(2) 对图 1-15(b)所示电路中的右回路应用 KVL：

$$(1+2)\times i-3=0$$

可得

$$i=1\ \text{A},\quad u_{A0}=-3+2i+6=5\ \text{V}$$

【解题指南与点评】 图 1-15(a)、(b)中，选定 0 点作为参考节点，其电位为零。图 1-15(b)中，4 Ω 电阻与 6 V 电压源串联支路由于没有构成闭合回路，因而该支路上没有电流，则 4 Ω 电阻两端的电压降为零。

【例 1-9】 图 1-16 为某电路中的一部分，试确定其中的 i_7 和 u_{ab}。

解 (1) 求 i_7，由 KCL，按如下步骤求解。

节点①：

$$i_4=-i_1-i_6=-2-1=-3\ \text{A}$$

节点②：

$$i_5=i_2+i_4=4+(-3)=1\ \text{A}$$

节点③：

$$i_7=i_3-i_5=5-1=4\ \text{A}$$

若用广义节点，则可直接求解。取广义节点 A，由 KCL 得

$$i_7=i_1-i_2+i_3+i_6=2-4+5+1=4\ \text{A}$$

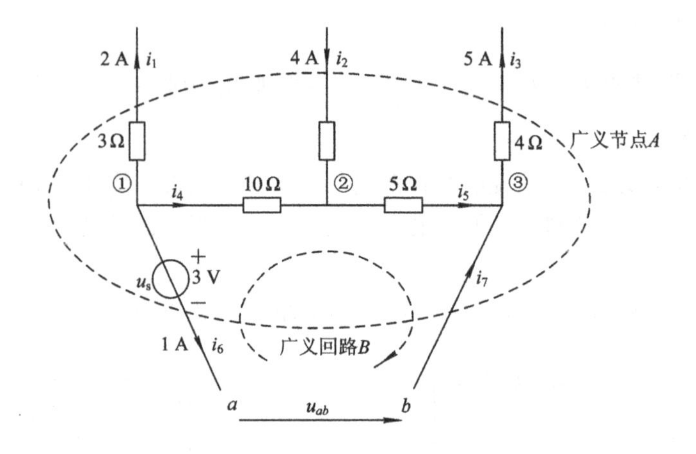

图 1-16

(2) 求 u_{ab}。可设 a、b 间有一假想支路 u_{ab}，则 u_{ab} 由 a 点经过节点①、②、③到 b 点就构成了一个广义回路 B。对广义回路 B 应用 KVL，得下式：

$$u_{ab}=-u_s+10i_4+5i_5=-3+10\times(-3)+5\times1=-28\ \text{V}$$

【解题指南与点评】 本题是考查对 KCL、KVL 及推广的应用情况。当把虚线部分作为广义节点、广义回路时，本题的求解就简单得多了。

【例 1-10】 电路如图 1-17 所示，已知 6 V 电压源中的电流为 4 A，电压 U，电流 I_1 及 I_2 的方向如图所示。如 A 为单个元件，请说明其可能为何种元件。

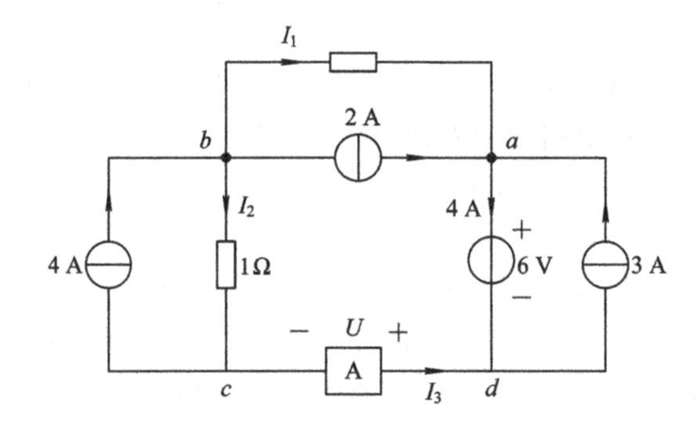

图 1-17

解 先用 KCL 求电流：

$$\left.\begin{array}{lll}\text{节点 } a & I_1+2+3=4, & I_1=-1\ \text{A}\\ \text{节点 } b & I_1+I_2+2=4, & I_2=3\ \text{A}\\ \text{节点 } c & I_2=4+I_3, & I_3=-1\ \text{A(后面要用到)}\end{array}\right\}$$

再用 KVL 求电压 U：

$$2I_1+6+U-I_2=0$$

即

$$U=-2\times(-1)-6+3=-1\ \text{V}$$

由于 $UI_3=(-1)\times(-1)=1\ \text{W}>0$，且 U 与 I_3 为非关联方向，所以元件 A 实际发出功率，故元件 A 可能为电流源或电压源。

【解题指南与点评】 要判断直流电路中某个元件的类型及其参数值，可先求出该元件的电压值U和电流值I，再根据U、I的参考方向决定其是吸收功率还是发出功率。若元件吸收功率，则可以是一个电阻元件，且$R=|U/I|$，也可以是电压或电流源；若元件发出功率，则可以是一个电压源或电流源。

【例 1-11】 在图 1-18 所示电路中，5 个元件代表电源或负载。通过实验测量得知：$I_1=-2$ A，$I_2=3$ A，$I_3=5$ A；$U_1=70$ V，$U_2=-45$ V，$U_3=30$ V，$U_4=-40$ V，$U_5=-15$ V。(1) 试指出各电流的实际方向和各电压的实际极性；(2) 判断哪些元件是电源，哪些元件是负载；(3) 计算各元件的功率，验证功率平衡。

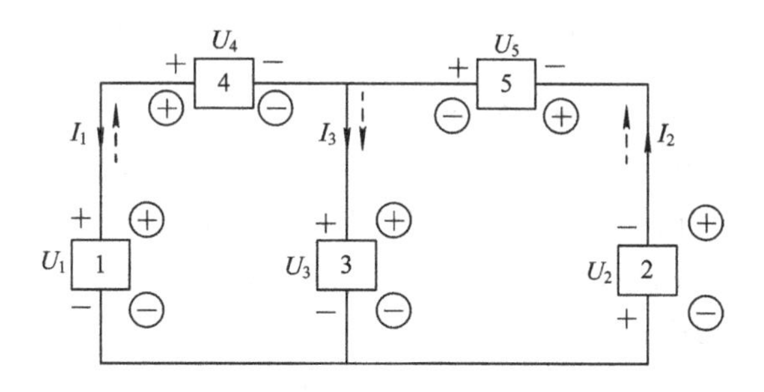

图 1-18

解 (1) 图中虚线箭头为各支路电流的实际方向，极性为各元件电压的实际极性。

(2) 按实际方向判断元件的状态：U、I关联者为负载，U、I非关联者为电源。据此可判断元件 1、2 为电源，元件 3、4、5 为负载。也可按教材上的方法判断如下：

$$P_1=U_1I_1=70\times(-2)=-140\ \mathrm{W}$$
$$P_2=U_2I_2=-45\times3=-135\ \mathrm{W}$$
$$P_3=U_3I_3=30\times5=150\ \mathrm{W}$$
$$P_4=U_4I_1=-40\times(-2)=80\ \mathrm{W}$$
$$P_5=U_5I_2=-(-15)\times3=45\ \mathrm{W}$$

因为$P_1<0$、$P_2<0$，故元件 1、2 为电源；又因为$P_3>0$、$P_4>0$、$P_5>0$，故元件 3、4、5 为负载。

(3) 各元件的功率见(2)，据此有

$$P_1+P_2+P_3+P_4+P_5=-140-135+150+80+45=0$$

可见功率平衡。

1.4 习题解答

1-1 由某元件一端流入该元件的电荷量为$q=(6t^2-12t)$mC，求在$t=0$和$t=3$ s 时由该端流入的电流i。

解 因为

$$i(t)=\frac{\mathrm{d}q}{\mathrm{d}t}=\frac{\mathrm{d}(6t^2-12t)}{\mathrm{d}t}=12t-12\ \mathrm{mA}$$

所以$t=0$时，

$$i(t)\big|_{t=0}=-12\ \mathrm{mA}$$

$t=3$ s时，

$$i(t)\mid_{t=3}=3\times 12-12=24\ \text{mA}$$

1-2　由某元件一端流入的电流为 $i=6t^2-2t$ A，求从 $t=1$ s 到 $t=3$ s 由该端流入的电荷量。

解　因为

$$i(t)=\frac{\mathrm{d}q}{\mathrm{d}t}$$

所以

$$q[t_1,\ t_2]=\int_{t_1}^{t_2} i(t)\ \mathrm{d}t=\int_{t_1}^{t_2}(6t^2-2t)\ \mathrm{d}t=(2t^3-t^2)\mid_{t_1}^{t_2}$$

从 $t=1$ s 到 $t=3$ s，由该端流入的电荷量为

$$q[1,\ 3]=(2t^3-t^2)\mid_1^3=2\times 3^3-3^2-2\times 1+1=44\ \text{C}$$

1-3　一个二端元件的端电压恒为 6 V，如果有 3 A 的恒定电流从该元件的高电位流向低电位，求：(1) 元件吸收的功率；(2) 在 2 s 到 4 s 时间内元件吸收的能量。

解　(1) 元件吸收功率：

$$P=6\times 3=18\ \text{W}$$

因为

$$P=\frac{\mathrm{d}E(t)}{\mathrm{d}t}$$

所以

$$E[t_1,\ t_2]=\int_{t_1}^{t_2} P(t)\ \mathrm{d}t$$

(2) 在 2 s 到 4 s 时间内元件吸收的能量为

$$E[2,\ 4]=\int_2^4 18\ \mathrm{d}t=18(4-2)=36\ \text{J}$$

1-4　一个二端元件吸收的电能 E 如图 1-19 所示。如果该元件的电流和电压为关联参考方向，且 $i=0.1\cos 1000\pi t$ A，求在 $t=1$ ms 和 $t=4$ ms 时元件上的电压。

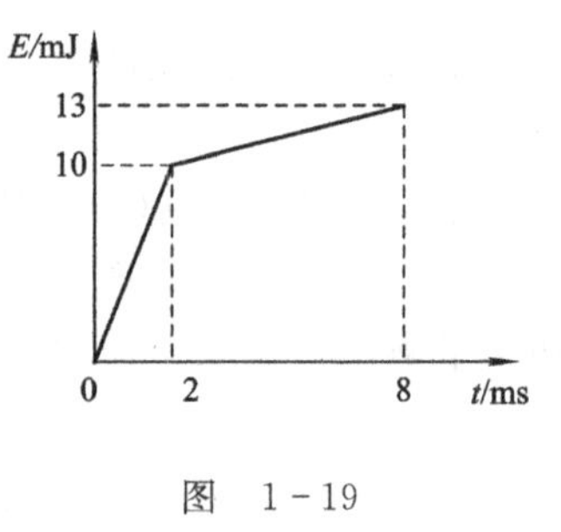

图　1-19

解　因为 $P=\dfrac{\mathrm{d}E}{\mathrm{d}t}$，又因为 $P=ui$，所以

$$u=\frac{\frac{\mathrm{d}E}{\mathrm{d}t}}{i}$$

在 $t=0\sim 2$ ms 时，

$$E=5t\ \text{mJ}$$

所以

$$u=\frac{\frac{\mathrm{d}E}{\mathrm{d}t}}{i}=\frac{5}{i}=\frac{5}{0.1\cos 1000\pi t}\ \text{V}$$

$$u\mid_{t=1}=\frac{5}{0.1\cos 1000\times 10^{-3}\pi}=-50\ \text{V}$$

在 $t=2\sim8$ ms 时，

$$E-10=\frac{13-10}{8-2}(t-2)$$

$$E=\frac{1}{2}t+9\ \text{mJ}$$

所以

$$u=\frac{\frac{\mathrm{d}E}{\mathrm{d}t}}{i}=\frac{\frac{1}{2}}{0.1\cos1000\pi t}=\frac{5}{\cos1000\pi t}\ \text{V}$$

$$u\Big|_{t=4}=\frac{5}{\cos(1000\pi\times4\times10^{-3})}=5\ \text{V}$$

1-5 求图 1-20 中各电源所提供的功率。

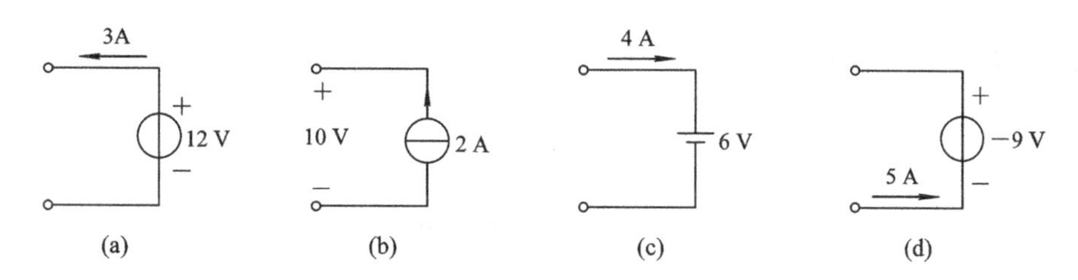

图 1-20

解 图(a)：u，i 非关联参考方向，电源提供的功率为

$$P=ui=12\times3=36\ \text{W}$$

图(b)： $P=2\times10=20$ W

图(c)： $P=-4\times6=-24$ W

图(d)： $P=-9\times5=-45$ W

1-6 按图 1-21 中所示的参考方向以及给定的值，计算各元件的功率，并说明元件是吸收功率还是发出功率。

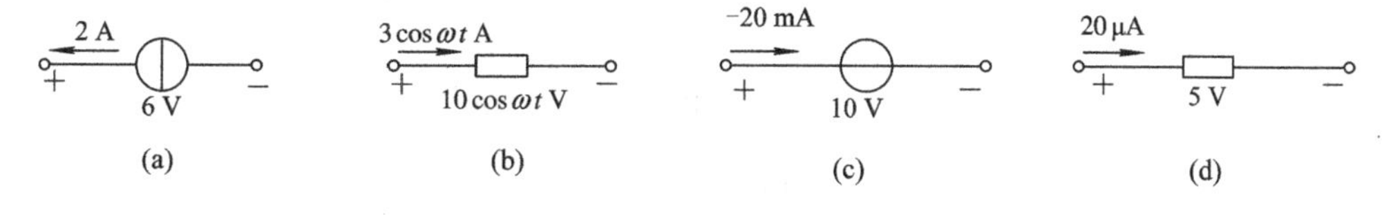

图 1-21

解 图(a)： $P=2\times6=12$ W (产生)

图(b)： $P=10\cos\omega t\times3\cos\omega t=30\cos^2\omega t$ W (吸收)

图(c)： $P=10\times(-20\times10^{-3})=-0.2$ W (产生)

图(d)： $P=20\times10^{-6}\times5=100$ μW (吸收)

1-7 一个电压源的端口电压为 $u=6\sin2t$ V，如果从其电压参考极性的正端流出的电荷 $q=-2\cos2t$ mC，求在任意时刻 t，电压源提供的功率及电压源在 0 到 t 秒内提供的能量。

解 从电压参考极性正端流出，应是非关联参考方向，$P=ui$ 产生功率。

因为 $i=\frac{dq}{dt}$，所以

$$i = 4\ \sin 2t\ \text{mA}$$

$$P = ui = 6\ \sin 2t \cdot 4\ \sin 2t = 24\ \sin^2 2t\ \text{mW}$$

$$E[0,\ t] = \int_0^t P\ dt = \int_0^t 24\ \sin^2 2t\ dt = \int_0^t 24 \times \frac{1-\cos 4t}{2}\ dt$$

$$= 12t - 3\ \sin 4t\ \text{mJ}$$

1-8　电流 $i=2$ A 从 $u=6$ V 的电池正极流入(电池正在被充电)，求：(1) 在 2 小时内电池被供给的能量；(2) 在 2 小时内通过电池的电荷(注意单位的一致性，1 V=1 J/C)。

解　因为 $P=ui=2\times 6=12$ W(电池吸收的功率)，所以

$$E[0,\ 2\times 60\times 60] = \int_0^{7200} 12\ dt = 12\times 7200 = 86\ 400\ \text{J}$$

(2) 因为 $i=\frac{dq}{dt}$，所以

$$q(t) = \int_{-\infty}^{t} i(t)\ dt$$

$$q[t_1,\ t_2] = \int_{t_1}^{t_2} i\ dt$$

$$q[0,\ 2\times 60\times 60] = \int_0^{7200} 2\ dt = 14\ 400\ \text{C}$$

1-9　如果上题中，在 t 从 0 到 10 分钟时间内，电压 u 随 t 从 6 V 到 18 V 线性变化，$i=2$ A，求这段时间内：(1) 电池被供给的能量；(2) 通过电池的电荷。

解　根据题意有：

$$u = 6 + \frac{18-6}{10\times 60}t = 6 + \frac{1}{50}t\ \text{V}$$

(1)

$$E[0,\ 10\times 60] = \int_0^{10\times 60} P\ dt = \int_0^{600}\left(6+\frac{1}{50}t\right)\times 2\ dt$$

$$= 12\times 600 + \frac{2}{50}\times \frac{1}{2}t^2\Big|_0^{600}$$

$$= 12\times 600 + \frac{1}{50}\times 600^2$$

$$= 14\ 400\ \text{J}$$

(2) 因为 $i=\frac{dq}{dt}$，所以

$$q[t_1,\ t_2] = \int_{t_1}^{t_2} i\ dt$$

$$q[0,\ 10\times 60] = \int_0^{600} 2\ dt = 1200\ \text{C}$$

1-10　一个 5 kΩ 电阻吸收的瞬时功率为 $2\ \sin^2 377t$ W，求 u 和 i。

解　因为

$$P = \frac{u^2}{R}$$

所以

$$u = \sqrt{P \cdot R} = \sqrt{5000 \times 2\ \sin^2 377t} = 100\ \sin 377t$$

又 $P=i^2R$，所以

$$i = \sqrt{\frac{P}{R}} = \sqrt{\frac{2\ \sin^2 377t}{5000}} = \frac{\sin 377t}{50} = 2 \times 10^{-2}\ \sin 377t\ \text{A}$$

1-11　求图 1-22 中各含源支路中的未知量。图(d)中的 P_{is} 表示电流源吸收的功率。

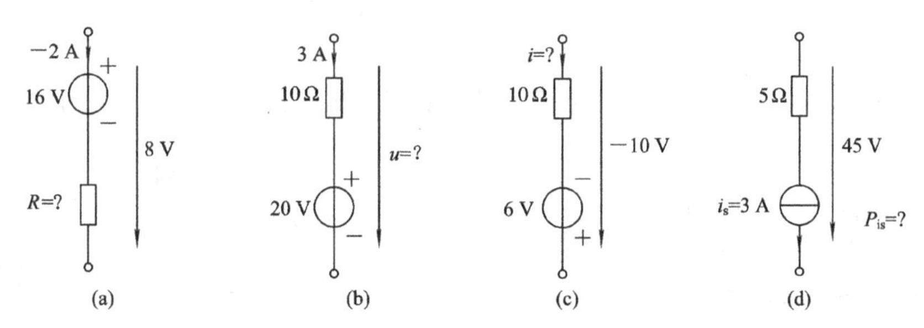

图　1-22

解　图(a)：因为

$$8=16-2R$$

所以

$$R=4\ \Omega$$

图(b)：因为

$$u=20+3\times 10$$

所以

$$u=50\ \text{V}$$

图(c)：因为

$$i\times 10-6=-10$$

所以

$$i=-0.4\ \text{A}$$

图(d)：因为

$$P_{is}=i_s\times u_{3\ \text{A}}$$

$$u_{3\ \text{A}}=45-5\times 3=30\ \text{V}$$

所以

$$P_{is}=3\times 30=90\ \text{W}(\text{吸收功率})$$

1-12　求图 1-23 中的 i 和 u_{ab}。

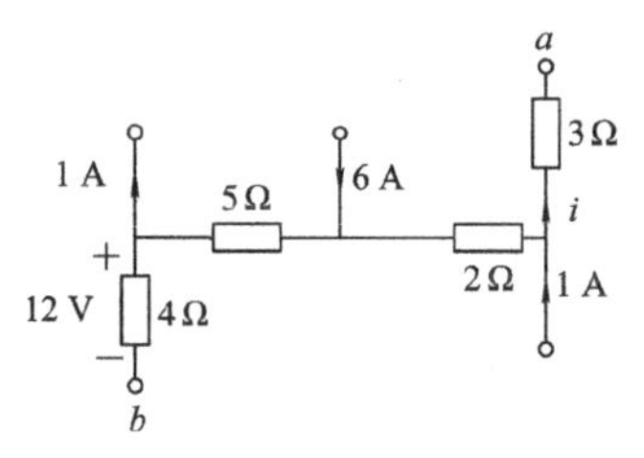

图　1-23

解　根据欧姆定律有：4 Ω电阻上的电流为 $i_4=\frac{12}{4}=3$ A，方向向下。

根据节点定律有：5 Ω电阻上的电流为 $i_5=3+1=4$ A，方向向左。

2 Ω电阻上的电流为 $i_2=6-4=2$ A，方向向右。

因而

$$i = 2+1 = 3 \text{ A}$$

$$u_{ab} = -3\times3-2\times2+4\times5+12 = 19 \text{ V}$$

1-13　根据图1-24中给定的电流，尽可能多地确定图中其他各元件中的未知电流。

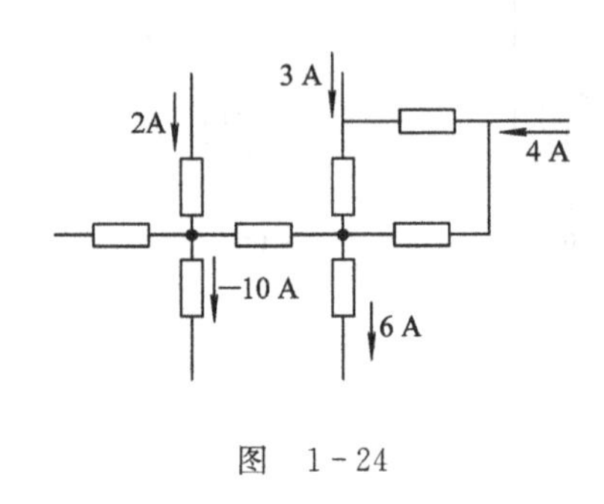

图　1-24

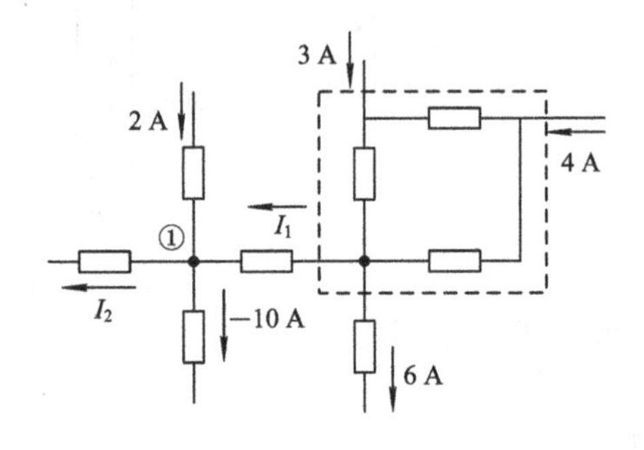

图　1-25

解　图1-25中虚线部分是一个闭合面。

根据基尔霍夫电流定律，有

$$I_1 = 3+4-6 = 1 \text{ A}$$

对节点①用基尔霍夫电流定律，有

$$I_2 = 2+1-(-10) = 13 \text{ A}$$

1-14　求图1-26中的 i_1、i_2 和 u。

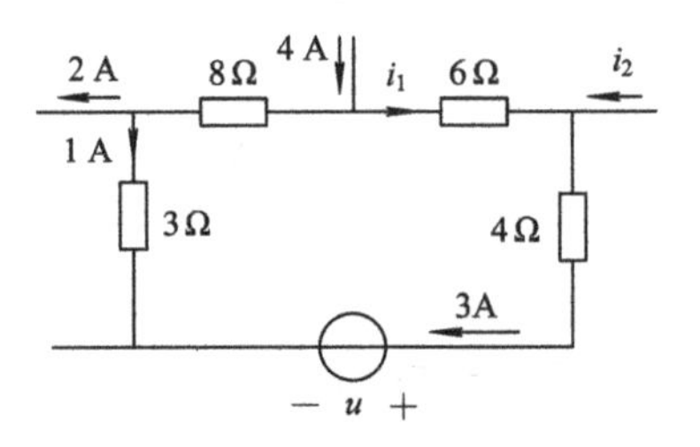

图　1-26

解　设8 Ω电阻上电流为 i_3，方向向左，根据节点定律，有

$$i_3 = 2+1 = 3 \text{ A}$$

又根据节点定律有

$$i_1 = 4-3 = 1 \text{ A}$$

$$i_2 = 3-i_1 = 2 \text{ A}$$

列回路方程，设绕行方向为顺时针方向：

$$u-3\times1-8\times3+1\times6+4\times3 = 0$$

所以

$$u = 9\ \text{V}$$

1-15　求图 1-27 中的 i。

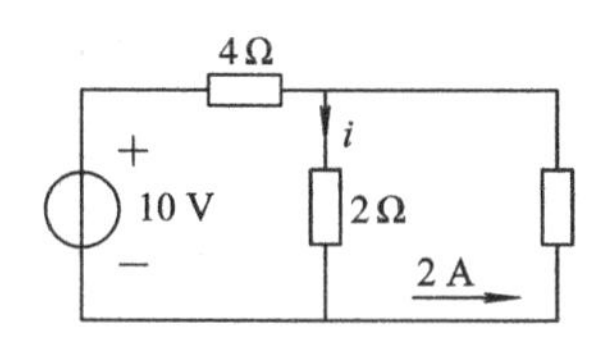

图　1-27

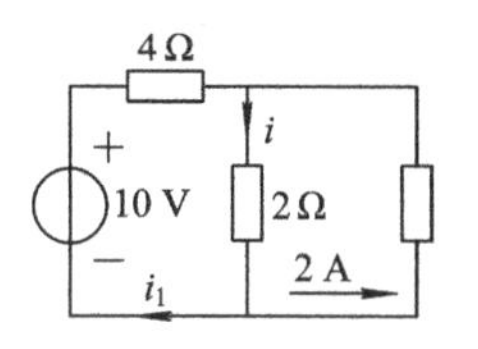

图　1-28

解　画示意图如图 1-28 所示。根据节点定律有

$$i_1 = i - 2\ \text{A} \tag{1}$$

列左边回路的回路方程：

$$4i_1 + 2i - 10 = 0 \tag{2}$$

式(1)、(2)联立解得

$$i = 3\ \text{A}$$

1-16　一负载需要 4 A 电流，吸收功率 24 W，现只有一个 6 A 的电流源可用，求需与该负载并联的电阻的大小。

解　因为 $P=UI$，所以

$$U = \frac{P}{I} = \frac{24}{4} = 6\ \text{V}$$

又因为并联的电阻 R 上的电流为 $6-4=2$ A，所以根据欧姆定律有

$$R = \frac{U}{2} = \frac{6}{2} = 3\ \Omega$$

1-17　求图 1-29 所示电路中 5 Ω 电阻消耗的功率。

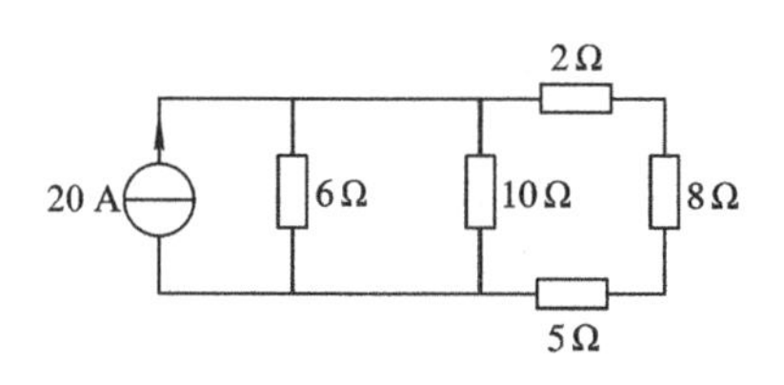

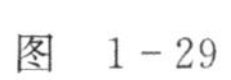

图　1-29

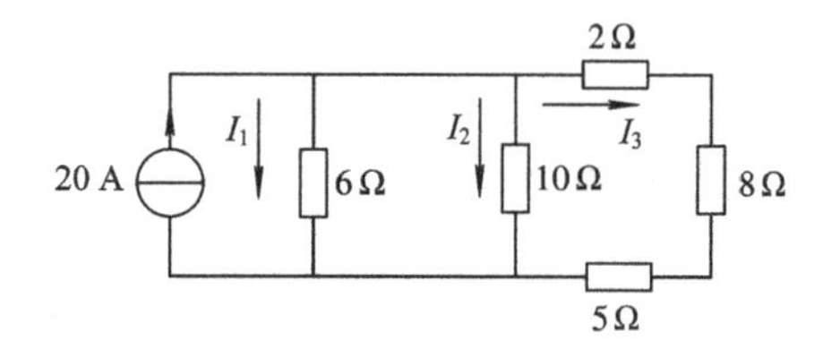

图　1-30

解　作如图 1-30 所示的示意图。右边支路电阻为 $2+8+5=15\ \Omega$，中间支路与右边支路并联后的阻值为

$$\frac{10\times 15}{10+15} = \frac{150}{25} = 6\ \Omega$$

则根据分流公式，有

$$I_1 = I_2 + I_3 = 10\ \text{A}$$

再根据分流公式，有

$$I_3 = \frac{10}{10+15}\times 10 = 4\ \text{A}$$

所以，5 Ω 电阻消耗的功率为

$$P = I_3^2 \times 5 = 16 \times 5 = 80 \text{ W}$$

1-18　电路如图 1-31 所示：(1) 求电压 u_x；(2) 若图中电压源的给定电压为 U_s，求出 u_x 关于 U_s 的函数。

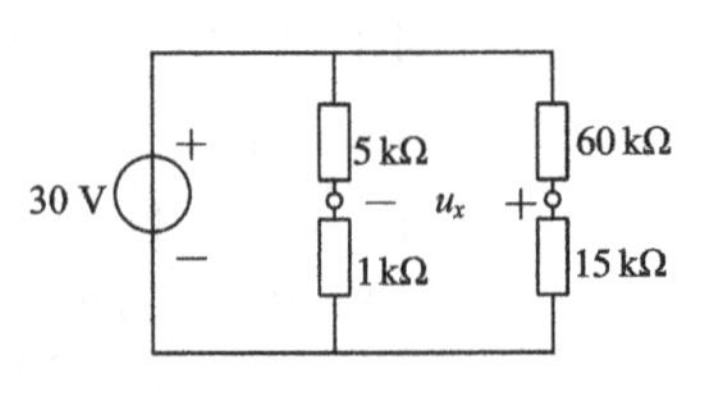

图　1-31

解　(1) 根据分压公式及两点间电压的求法，有

$$u_x = \frac{15}{60+15} \times 30 - \frac{1}{5+1} \times 30 = 6 - 5 = 1 \text{ V}$$

(2)
$$u_x = \frac{15}{60+15} \times U_s - \frac{1}{5+1} \times U_s$$
$$= \frac{1}{5}U_s - \frac{1}{6}U_s = \frac{1}{30}U_s$$

1-19　电路如图 1-32 所示，求电压源右边等效电阻 R_{ab} 和电压源发出的功率。

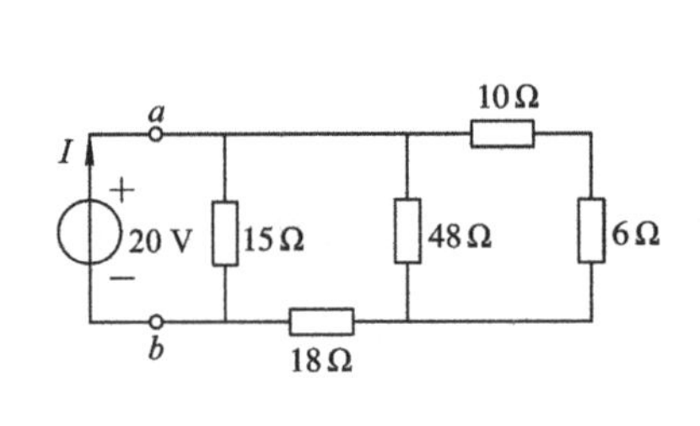

图　1-32

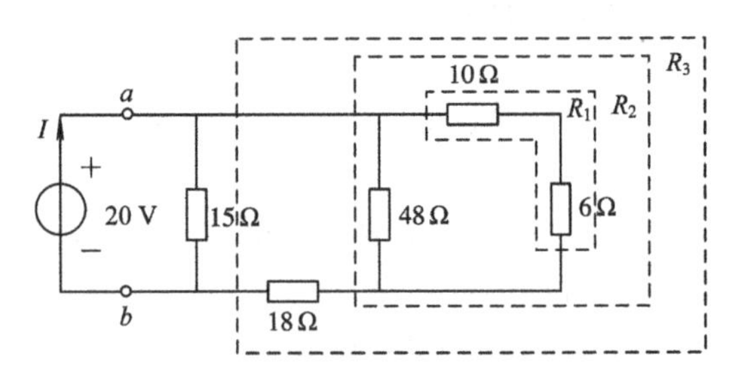

图　1-33

解　作示意图如图 1-33 所示。

$$R_1 = 10 + 6 = 16 \ \Omega$$

$$R_2 = 48 \mathbin{/\!/} R_1 = \frac{48 \times 16}{48 + 16} = 12 \ \Omega$$

$$R_3 = R_2 + 18 = 12 + 18 = 30 \ \Omega$$

$$R_{ab} = 15 \mathbin{/\!/} R_3 = \frac{30 \times 15}{30 + 15} = 10 \ \Omega$$

令电源电流为

$$I = \frac{20}{R_{ab}} = \frac{20}{10} = 2 \text{ A}$$

则电压源发出的功率为

$$P = 20 \times I = 20 \times 2 = 40 \text{ W}（产生）$$

1-20　电路如图 1-34 所示，求：(1) 开关 S 打开时，图 1-34(a)、(b)中的电压 u_{ab}；(2) 开关 S 闭合时，图 1-34(a)、(b)中的电流 i_{ab}。

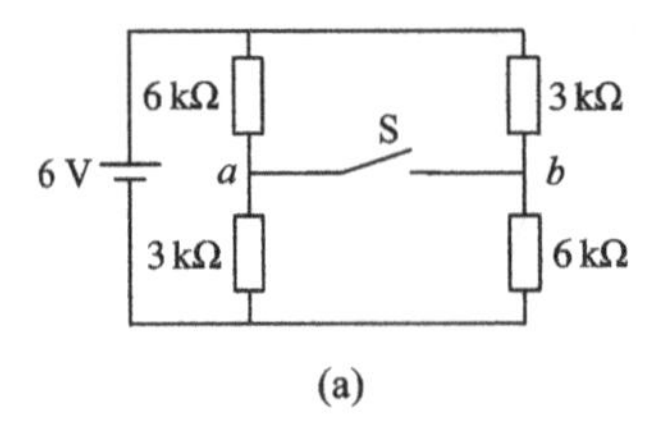

(a)

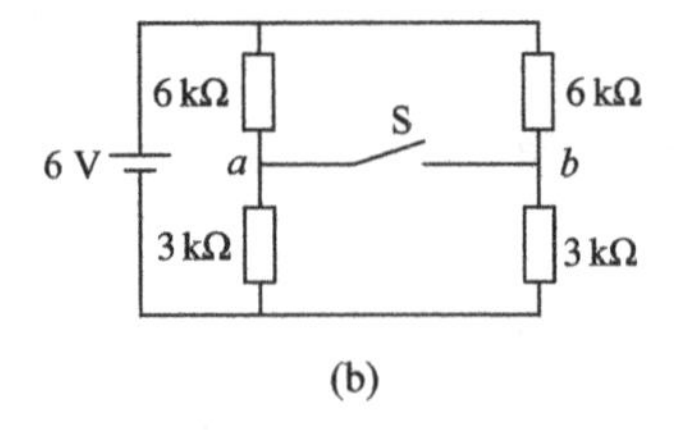

(b)

图　1-34

解　(1) 图(a)：

$$u_{ab}=u_a-u_b=\frac{3}{3+6}\times 6-\frac{6}{6+3}\times 6=2-4=-2\ \text{V}$$

图(b)：

$$u_{ab}=\frac{3}{3+6}\times 6-\frac{3}{6+3}\times 6=0\ \text{V}$$

(2) 根据分压公式求解。

图(a)：左边支路 6 kΩ 电阻电压为 3 V，电流为$\frac{3}{6\times 10^3}$ A，方向向下；左边支路 3 kΩ 电阻电压为 3 V，电流为$\frac{3}{3\times 10^3}$ A，方向向下。

根据节点定律，有

$$I_{ab}=\frac{3}{6\times 10^3}-\frac{3}{3\times 10^3}=-0.5\ \text{mA}$$

图(b)：6 kΩ 电阻电压为

$$\frac{6\ /\!/\ 6}{6\ /\!/\ 6+3\ /\!/\ 3}\times 6=\frac{3}{3+1.5}\times 6=4\ \text{V}$$

3 kΩ 电阻电压为

$$\frac{3\ /\!/\ 3}{6\ /\!/\ 6+3\ /\!/\ 3}\times 6=\frac{1.5}{3+1.5}\times 6=2\ \text{V}$$

左边 6 kΩ 电阻电流为$\frac{4}{6\times 10^3}$ A，方向向下；左边 3 kΩ 电阻电流为$\frac{2}{3\times 10^3}$ A，方向向下。

根据节点定律，有

$$I_{ab}=\frac{4}{6\times 10^3}-\frac{2}{3\times 10^3}=0$$

1-21　求出图 1-35 所示电路中的 i_o 和 i_g。

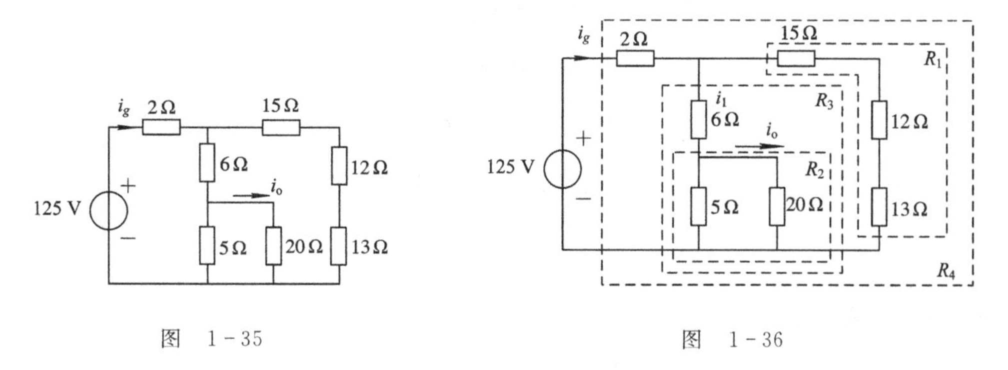

图　1-35　　　　图　1-36

解　作示意图如图 1-36 所示。

$$R_1=15+12+13=40\ \Omega$$

$$R_2=5\ /\!/\ 20=\frac{5\times 20}{5+20}=\frac{5\times 20}{25}=4\ \Omega$$

$$R_3=R_2+6\ \Omega=10\ \Omega$$

$$R_4 = R_3 \mathbin{/\!/} R_1 = \frac{10 \times 40}{10 + 40} = 8\ \Omega$$

所以

$$i_g = \frac{125}{2 + R_4} = \frac{125}{2 + 8} = 12.5\ \mathrm{A}$$

令 6 Ω 电阻上电流为 i_1，方向向下，根据分流公式，有

$$i_1 = \frac{R_1}{R_3 + R_1} \times i_g = \frac{40}{10 + 40} \times 12.5 = 10\ \mathrm{A}$$

根据分流公式，有

$$i_o = \frac{5}{5 + 20} \times i_1 = 0.2 i_1 = 2\ \mathrm{A}$$

1－22　求图 1－37 所示电路中的 i_2 和 u。

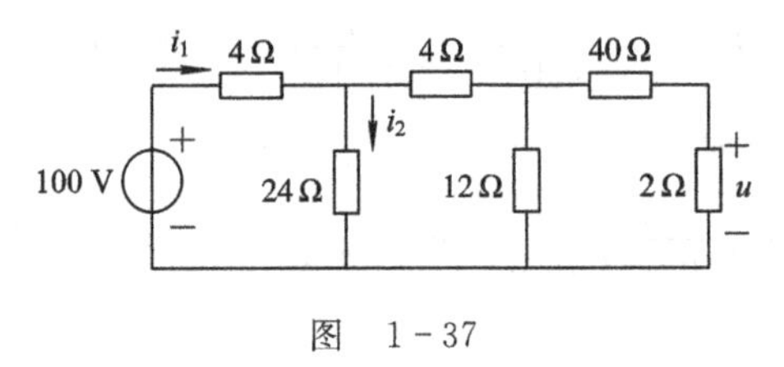

图　1－37

解　作示意图如图 1－38 所示。

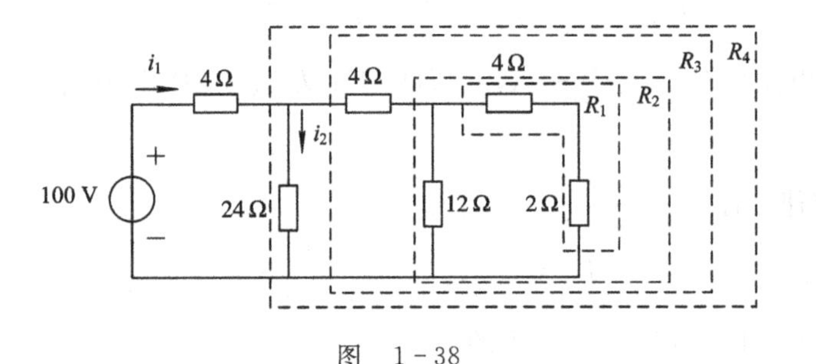

图　1－38

$$R_1 = 4 + 2 = 6\ \Omega$$

$$R_2 = 12\ \Omega \mathbin{/\!/} R_1 = \frac{12 \times 6}{12 + 6} = 4\ \Omega$$

$$R_3 = R_2 + 4\ \Omega = 8\ \Omega$$

$$R_4 = 24 \mathbin{/\!/} R_3 = \frac{24 \times 8}{24 + 8} = 6\ \Omega$$

$$i_1 = \frac{100}{4 + R_4} = \frac{100}{4 + 6} = 10\ \Omega$$

根据分流公式，有

$$i_2 = \frac{R_3}{R_3 + 24} \times i_1 = \frac{8}{8 + 24} \times 10 = 2.5\ \mathrm{A}$$

因此，2 Ω 电阻上的电流 $i_{2\,\Omega}$ 为

$$i_{2\,\Omega} = \frac{12}{12 + R_1} \times (i_1 - i_2) = \frac{12}{12 + 6} \times (10 - 2.5) = 5\ \mathrm{A}$$

所以

$$u = 2 \times 5 = 10\ \text{V}$$

1-23　一分压器由一个 60 V 的电压源和一些 10 kΩ 的电阻组成，求当输出电压分别为 40 V 和 30 V 时所需电阻的最少数目。

解　当输出电压为 40 V 时，根据分压公式有

$$U_{\text{o}} = U \cdot \frac{R_{\text{o}}}{R_{总}} \quad 即 \quad 40 = 60 \cdot \frac{R_{\text{o}}}{R_{总}}$$

所以

$$\frac{R_{总}}{R_{\text{o}}} = \frac{6}{4} = \frac{3}{2}$$

即需要 3 个 10 kΩ 电阻。

当输出电压为 30 V 时，根据分压公式，有

$$U_{\text{o}} = U \cdot \frac{R_{\text{o}}}{R_{总}} \quad 即 \quad 30 = 60 \cdot \frac{R_{\text{o}}}{R_{总}}$$

所以

$$\frac{R_{总}}{R_{\text{o}}} = \frac{6}{3} = 2$$

即需要 2 个 10 kΩ 电阻。

1-24　一个内阻为 20 000 Ω/V 的电压表，其量程为 120 V，当所测量的电压为 90 V 时，电压表中流过的电流为多大？

解　当所测量电压为 90 V 时，有

$$I = \frac{90}{20\,000 \times 120} = \frac{90}{20 \times 10^3 \times 120} = 37.5\ \mu\text{A}$$

1-25　电路如图 1-39 所示，图中 $u_1 = 4$ V，$R_2 = 11$ kΩ，如果一个负载电阻 $R = 5$ kΩ 连在 u_2 两端，求使电阻 R 中流过的电流为 3 mA 时对应的 R_1。

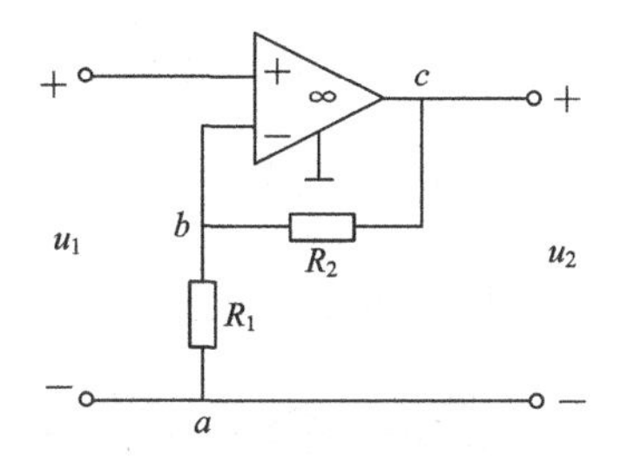

图　1-39

解　列回路方程：

$$u_2 - u_{ba} - u_{cb} = 0 \tag{1}$$

根据运算放大器特点，有

$$u_1 = u_{ba} \tag{2}$$

式(1)、(2)联立解得

$$u_{cb} = u_2 - u_1 = 3 \times 5 - 4 = 11\ \text{V}$$

$$i_{ab} = \frac{u_{cb}}{R_2} = \frac{11}{11 \times 10^3} = 1\ \text{mA}$$

再根据运放特点，有

$$i_{cb} = i_{ba}$$

所以

$$i_{ba} = 1 \text{ mA}$$

从而根据欧姆定律，有

$$R_1 = \frac{u_{ba}}{i_{ba}} = \frac{u_1}{i_{ba}} = \frac{4}{1 \times 10^{-3}} = 4 \text{ k}\Omega$$

1-26　电路如图1-40所示，图中 $u_1=3$ V，求使 $i_1=1.5$ mA，$u_2=-9$ V的 R_1 和 R_2。

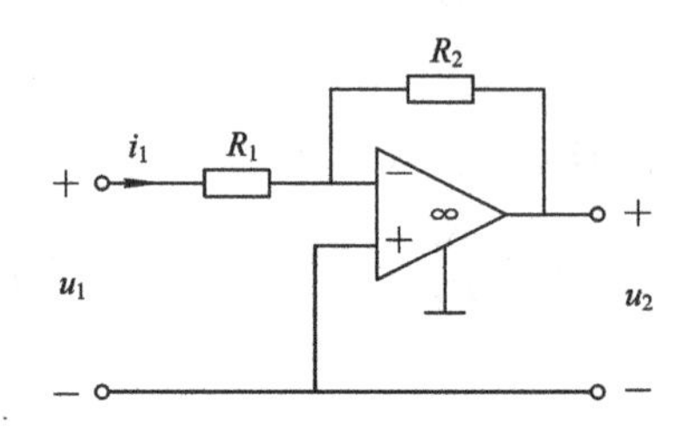

图　1-40

解　根据运算放大器特点，有

$$u_1 = u_{R_1}$$

根据欧姆定律，有

$$R_1 = \frac{u_{R_1}}{i_1} = \frac{u_1}{i_1} = \frac{3}{1.5 \times 10^{-3}} = 2 \text{ k}\Omega$$

根据运算放大器特点，有 $i_1=i_{R_2}$。列回路方程：

$$u_{R_2} + u_2 = 0$$

所以

$$u_{R_2} = -u_2 = 9 \text{ V}$$

$$R_2 = \frac{u_{R_2}}{i_{R_2}} = \frac{9}{1.5 \times 10^{-3}} = 6 \text{ k}\Omega$$

1-27　电路如图1-41所示，求 u_1 及8 Ω电阻上消耗的功率。

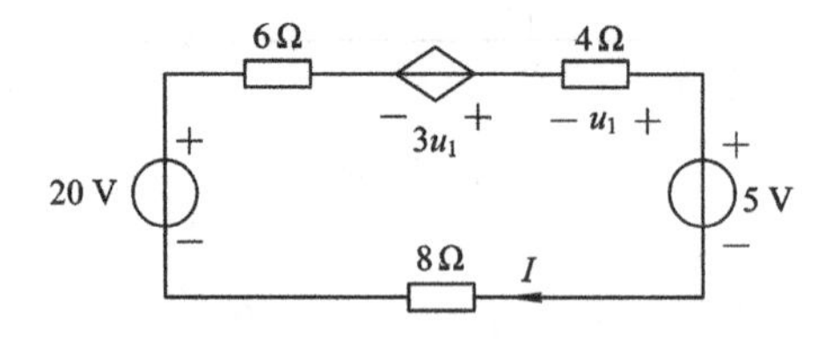

图　1-41

解　设回路绕行方向为顺时针，列回路方程：

$$6I - 3u_1 - u_1 + 5 + 8I - 20 = 0 \tag{1}$$

$$u_1 = -4I \tag{2}$$

式(1)、(2)联立，解得 $I=0.5$ A，$u_1=-2$ V。8 Ω电阻消耗功率为

$$P = I^2R = 0.5^2 \times 8 = 2 \text{ W}$$

1-28　电路如图 1-42 所示，求电导 G。

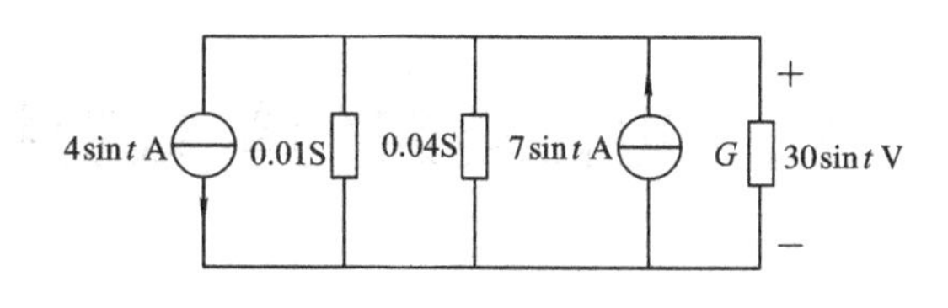

图　1-42

解　该电路为单节偶电路，有

$$30\ \sin t(0.01+0.04+G)=7\ \sin t-4\ \sin t$$

得

$$G=0.05\ \mathrm{S}$$

1-29　电路如图 1-43 所示，求电压 u。

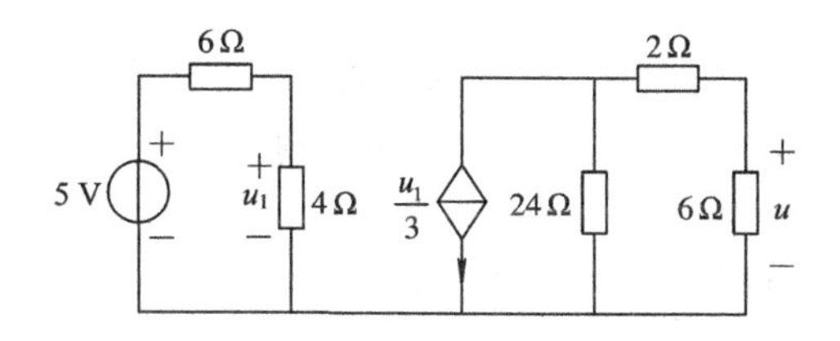

图　1-43

解　从左边回路求 u_1。利用分压公式，有

$$u_1=\frac{4}{4+6}\times 5=2\ \mathrm{V}$$

在右边两个回路用分流公式。设 2 Ω 电阻上电流为 I，方向向左，故有

$$I=\frac{24}{24+6+2}\times\frac{u_1}{3}=\frac{24}{32}\times\frac{2}{3}=0.5\ \mathrm{A}$$

所以

$$u=-6\times I=-6\times 0.5=-3\ \mathrm{V}$$

第 2 章　电阻电路的等效变换

2.1　内 容 提 要

1. 等效二端网络

单口网络：若 N_1 与外电路内部变量之间无控制和被控的关系，则称 N_1 为单口网络(二端网络)。

二端电阻网络：由电阻、受控源、独立源构成，不含储能元件的网络。

等效单口网络：若网络 N 与 N′的 VAR 相同，则称 N 和 N′网络为等效单口网络。

不含独立源单口线性电阻网络的等效电阻(输入电阻)如图 2-1 所示，为

$$R_{\mathrm{i}} = \frac{u}{i}$$

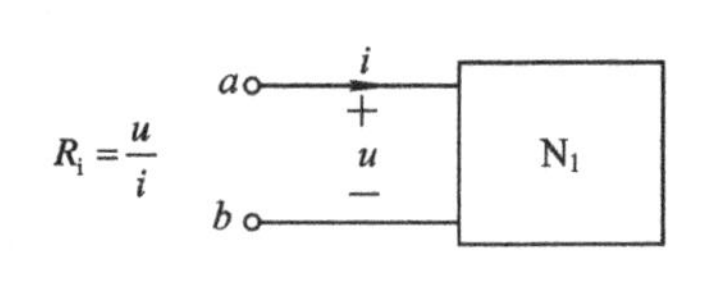

图　2-1

2. 电压源、电流源串、并联电路的等效变换

电压源的串联：电压源串联的等效如图 2-2 所示，等效电压的计算公式为

$$u_{\mathrm{s}} = u_{\mathrm{s1}} + u_{\mathrm{s2}} + \cdots + u_{\mathrm{s}k}$$

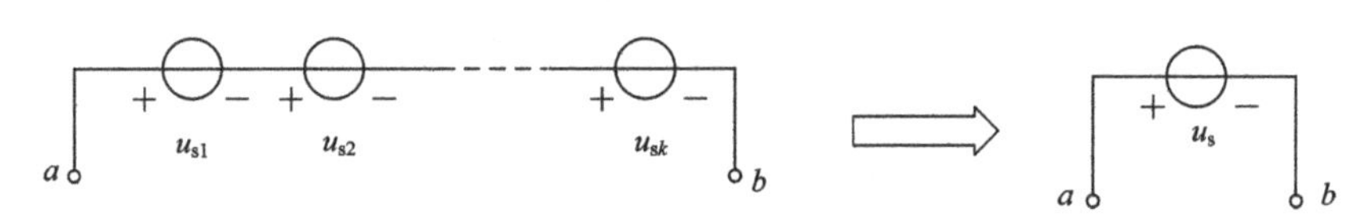

图　2-2

电压源的并联：电压值相等的电压源可作极性一致的并联，电压值不相等的电压源不允许并联。

电流源的并联：电流源并联的等效如图 2-3 所示，等效电流的计算公式为

$$i_{\mathrm{s}} = i_{\mathrm{s1}} + i_{\mathrm{s2}} + \cdots + i_{\mathrm{s}k}$$

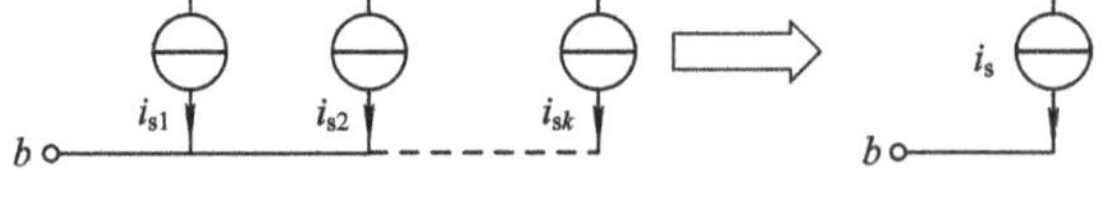

图　2-3

电流源的串联：电流值相等的电流源可作方向相同的串联，电流值不相等的电流源不允许串联。

3. 实际电源的两种模型及等效变换

戴维南模型如图 2-4 所示。

诺顿模型如图 2-5 所示。

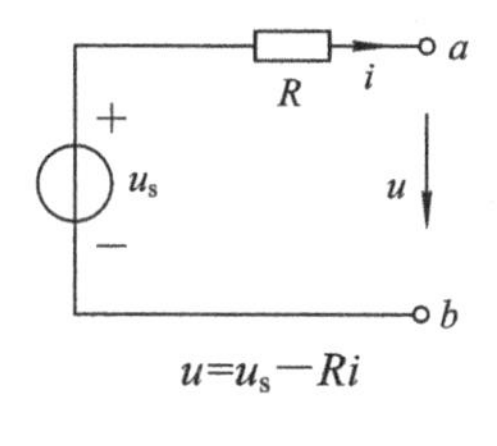

图 2-4

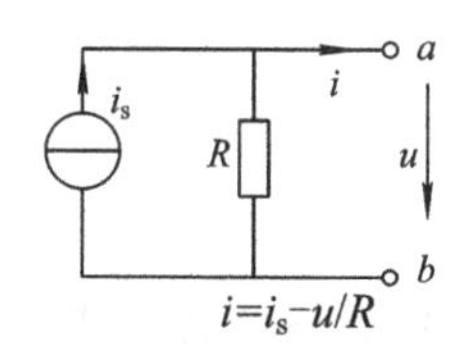

图 2-5

两种模型的等效互换关系如图 2-6 所示。

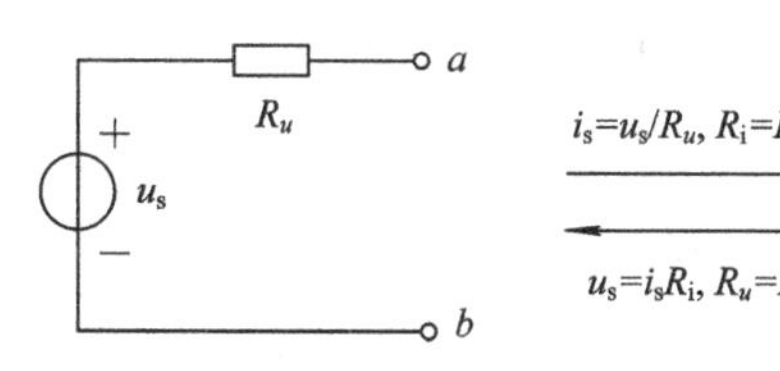

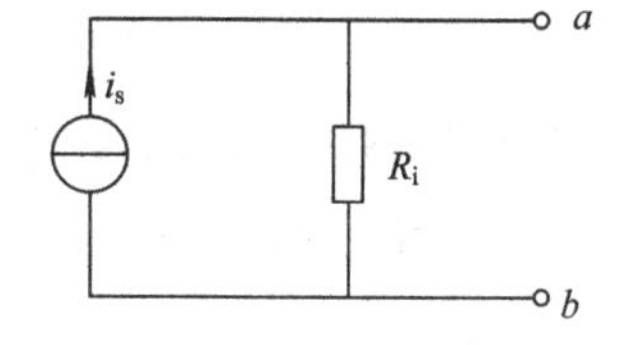

图 2-6

4. 电阻星形连接与三角形连接的等效变换

(1) 等效三端网络：若两个三端网络的端口 VAR 完全相同，则称为等效三端网络。

(2) 电阻的星形(T 形、Y 形)连接如图 2-7 所示。

(3) 电阻的三角形(△形、π 形)连接如图 2-8 所示。

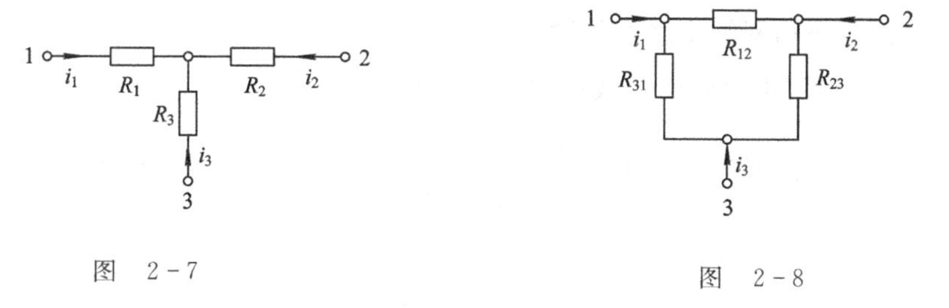

图 2-7　　　　图 2-8

(4) 由三角形连接求等效星形连接的公式为

$$R_1=\frac{R_{31}R_{12}}{R_{12}+R_{23}+R_{31}}$$

$$R_2=\frac{R_{23}R_{12}}{R_{12}+R_{23}+R_{31}}$$

$$R_3=\frac{R_{23}R_{31}}{R_{12}+R_{23}+R_{31}}$$

若 $R_{12}=R_{23}=R_{31}=R_\pi$，则 $R_1=R_2=R_3=R_T$，且 $R_T=(1/3)R_\pi$。

(5) 由星形连接求等效三角形连接的公式为

$$R_{12}=R_1+R_2+\frac{R_1R_2}{R_3}$$

$$R_{23} = R_2 + R_3 + \frac{R_2 R_3}{R_1}$$

$$R_{31} = R_3 + R_1 + \frac{R_3 R_1}{R_2}$$

若 $R_1=R_2=R_3=R_T$，则 $R_{12}=R_{23}=R_{31}=R_\pi$，且 $R_\pi=3R_T$。

2.2　重点、难点

1. 单口网络伏安特性的求法

(1) 将单口网络从电路中分离出来，标好其端口电流、电压的参考方向。

(2) 假定端电流 i 已知(相当于在端口接一电流源)，求出 $u=f(i)$。或者，假定端电压 u 已知(相当于在端口接一电压源)，求出 $i=g(u)$。

(3) 等效时端口的电压、电流的参考方向对应相同且方程相等。

2. 电压源与单口网络并联的等效

电压源与单口网络并联的等效如图 2－9 所示。

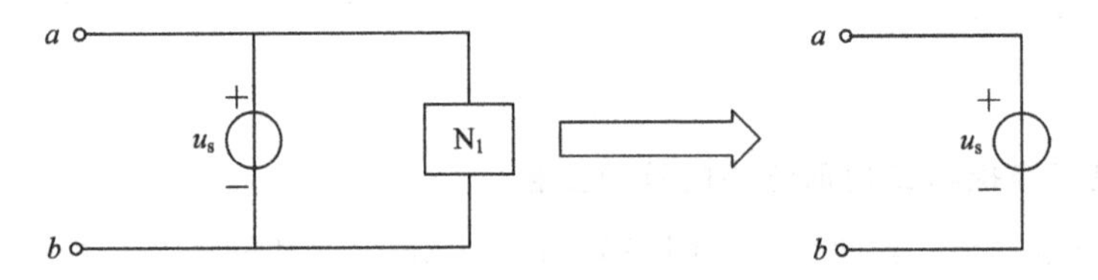

图　2－9

注意：N_1 的等效网络不是理想电压源。

3. 电流源与单口网络串联的等效

电流源与单口网络串联的等效如图 2－10 所示。

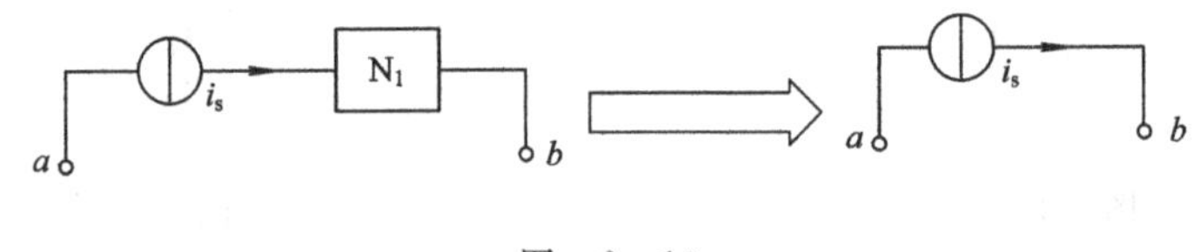

图　2－10

注意：N_1 的等效网络不是理想电流源。

4. 实际电源的两种模型等效变换

实际电源两种模型等效时要注意：

(1) 电源的参考方向；

(2) 等效是指对外部电路而言；

(3) 理想电源间不可变换。

5. 含受控源电路的等效变换

在分析含受控源的电路时，受控电压源与受控电流源之间也可以像实际电源的两种模型一样进行等效，但要注意变换过程中不能让控制变量消失。

6. 电阻的星形连接与三角形连接的等效变换

星形连接与三角形连接之间相互等效变换时要先把两种连接的端口标号，注意对应端口的等效关系。

2.3 典型例题

【例 2-1】 电路如图 2-11 所示，已知 $u_s=100\ \text{V}$，$R_1=2\ \text{k}\Omega$，$R_3=4\ \text{k}\Omega$。试求在 (1) $R_2=8\ \text{k}\Omega$；(2) $R_2=\infty$(R_2 处于开路)；(3) $R_2=0$(R_2 处于短路)三种情况下的电压 u_3 和电流 i_2、i_3 的值。

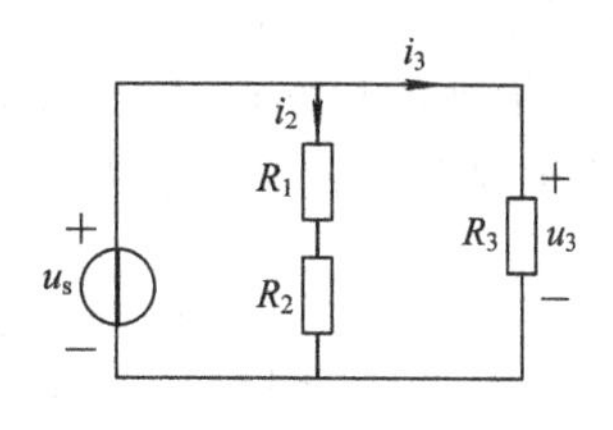

图 2-11

解 (1) 当 $R_2=8\ \text{k}\Omega$ 时，有

$$i_2=\frac{u_s}{R_1+R_2}=\frac{100}{10\ \text{k}}=10\ \text{mA}$$

$$i_3=\frac{u_s}{R_3}=\frac{100}{4\ \text{k}}=25\ \text{mA}$$

$$u_3=R_3i_3=4\times10^3\times25\times10^{-3}=100\ \text{V}$$

(2) 当 $R_2=\infty$ 时，有

$$i_2=\frac{u_s}{R_1+R_2}=0,\quad i_3=\frac{u_s}{R_3}=\frac{100}{4\ \text{k}}=25\ \text{mA}$$

$$u_3=R_3i_3=4\times10^3\times25\times10^{-3}=100\ \text{V}$$

(3) 当 $R_2=0$ 时，有

$$i_2=\frac{u_s}{R_1+R_2}=\frac{100}{2\ \text{k}}=50\ \text{mA},\quad i_3=\frac{u_s}{R_3}=\frac{100}{4\ \text{k}}=25\ \text{mA}$$

$$u_3=R_3i_3=4\times10^3\times25\times10^{-3}=100\ \text{V}$$

【解题指南与点评】 本题中虽然 R_2 变化，但是电压 u_3 和电流 i_3 始终不变，这是因为 R_1 与 R_2 串联支路与电压 u_s 并联，该支路(R_1 与 R_2 串联支路)对外电路(除 u_s、R_1 与 R_2 之外的电路)不起作用，但是该支路的电流 i_2 随 R_2 变化而变化。

【例 2-2】 电路如图 2-12 所示，其中电阻、电压源和电流源均为已知，且为正值。求：(1) 电压 u_2 和电流 i_2；(2) 若电阻 R_1 增大，对哪些元件的电压、电流有影响？影响如何？

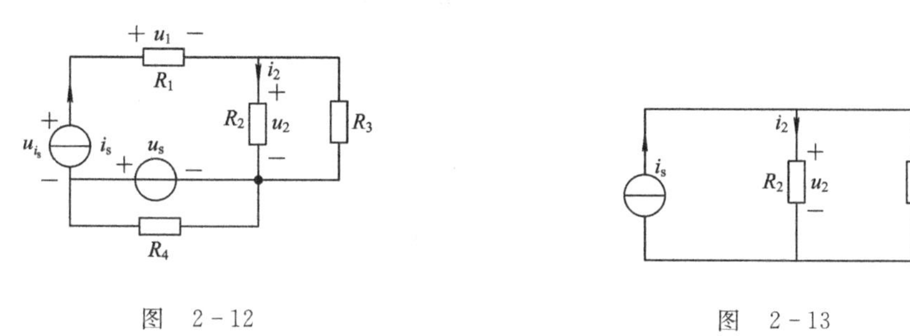

图 2-12　　　　图 2-13

解 (1) 应用电源的等效变换可将图 2-12 等效为如图 2-13 所示的电路，可得

$$i_2=\frac{R_3}{R_2+R_3}i_s,\quad u_2=\frac{R_2R_3}{R_2+R_3}i_s$$

(2) 由图 2-13 可知，若 R_1 增大，则 R_1 两端电压 u_1 增大。应用 KVL 可得

$$u_{i_s}=u_1+u_2-u_s$$

若 i_s 保持不变，则 u_2 不变，又由于 u_s 不变，由上式可知：u_{i_s} 随着 u_1 增大而增大。除了 u_{i_s} 与 u_1 之外，其他支路的电压与电流仍保持不变。

【解题指南与点评】 求解第一步时，可以把 R_2 以左的电路等效成一个电流源，因为任何与电流源串联的元件，对外电路都不起作用；与 u_s 并联的电阻 R_2 对外电路也不起作用。

【例 2-3】 在图 2-14(a)电路中，$u_{s1}=24$ V，$u_{s2}=6$ V，$R_1=12\ \Omega$，$R_2=6\ \Omega$，$R_3=2\ \Omega$。图 2-14(b)所示为其经电源变换后的等效电路。(1) 求等效电路的 i_s 和 R；(2) 根据等效电路求 R_3 中的电流和消耗功率；(3) 分别在图 2-14(a)、图 2-14(b)中求出 R_1、R_2 及 R_3 消耗的功率；(4) u_{s1}、u_{s2}发出的功率是否等于 i_s 发出的功率？R_1、R_2 消耗的功率是否等于 R 消耗的功率？为什么？

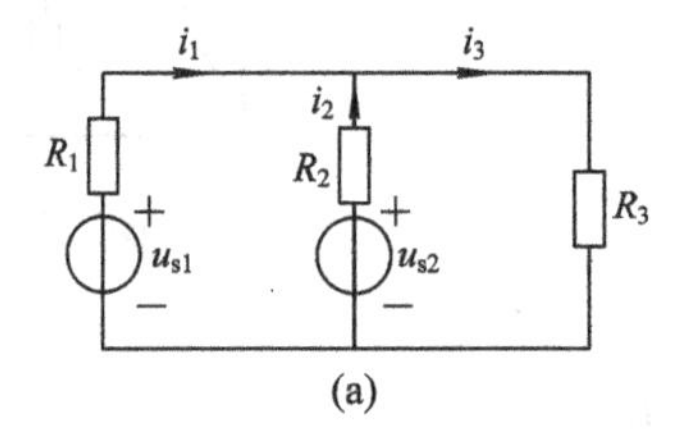

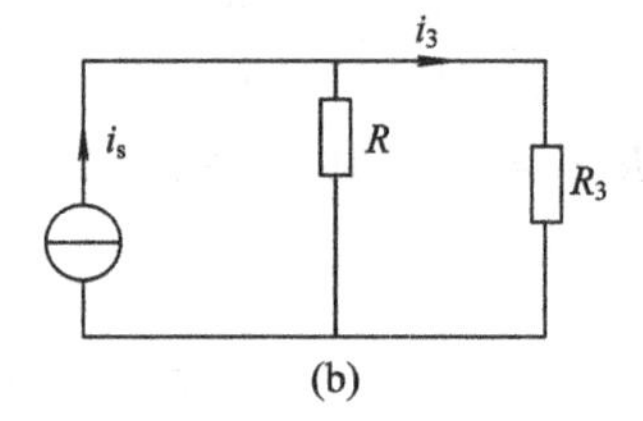

图 2-14

解 (1) 应用电源等效变换，把图 2-14(a)等效成图 2-14(b)，可得

$$i_s=\frac{u_{s1}}{R_1}+\frac{u_{s2}}{R_2}=3\text{ A},\quad R=R_1\ /\!/\ R_2=4\ \Omega$$

(2) 由图 2-14(b)可得流经 R_3 的电流为

$$i_3=\frac{Ri_s}{R+R_3}=2\text{ A}$$

则 R_3 的消耗功率为

$$P_{R3}=R_3i_3^2=2\times4=8\text{ W}$$

(3) 在图 2-14(a)中应用 KCL、KVL，可得

$$\begin{cases}u_{s1}-R_1i_1=u_{s2}-R_2i_2\\ i_1+i_2=i_3=2\end{cases}$$

可得

$$\begin{cases}i_1=\dfrac{5}{3}\text{ A}\\ i_2=\dfrac{1}{3}\text{ A}\end{cases}$$

所以有

$$P_{R1}=R_1\times i_1^2=12\times\frac{25}{9}=\frac{100}{3}\text{ W}$$

$$P_{R2}=R_2\times i_2^2=6\times\frac{1}{9}=\frac{2}{3}\text{ W}$$

$$P_{R3} = R_3 \times i_3^2 = 8\ \text{W}$$

(4) 可以求得

$$P_{u_{s1}发出} = u_{s1} \times i_1 = 40\ \text{W}$$
$$P_{u_{s2}发出} = u_{s2} \times i_2 = 2\ \text{W}$$
$$P_{i_s发出} = i_s \times R_3 i_3 = 12\ \text{W}$$

所以有

$$P_{u_{s1}发出} + P_{u_{s2}发出} \neq P_{i_s发出}$$

即图 2-14(a)中电压源 u_{s1}、u_{s2}发出的功率并不等于图 2-14(b)中电流源 i_s 发出的功率。同理

$$P_R = \frac{u^2}{R} = \frac{16}{4} = 4\ \text{W} \neq P_{R1} + P_{R2} = 34\ \text{W}$$

即图 2-14(a)中电阻 R_1、R_2 的消耗功率不等于图 2-14(b)中电阻 R 的消耗功率。

【解题指南与点评】 本题考点是电路等效变换概念的应用，通过该题目可以证明等效变换电路的特性。电压和电流不变的支路仅限于等效电路之外，即“对外等效”，但对内不等效。

【例 2-4】 对图 2-15 所示的电桥电路，应用 Y-△等效变换求：(1) 支路电压 u；(2) 电压 u_{ab}。

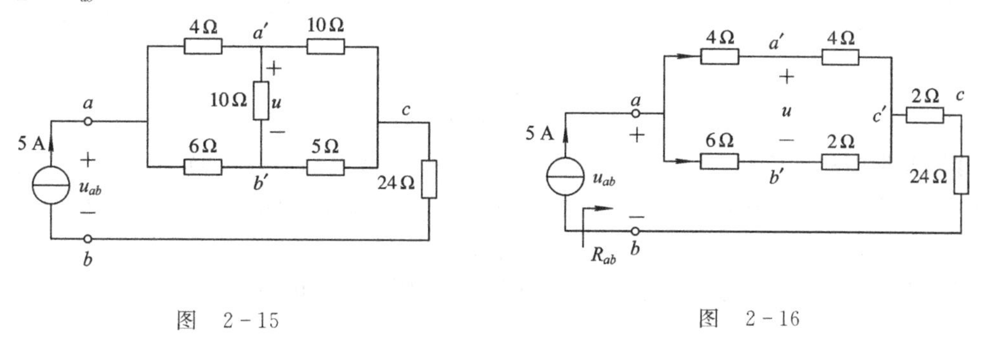

图 2-15　　　　图 2-16

解 利用星形、三角形电路的等效变换，得到如图 2-16 所示的等效电路，则图 2-16 所示电路右半部分的等效电阻 R_{ab} 为

$$R_{ab} = \frac{8 \times 8}{8+8} + 2 + 24 = 30\ \Omega$$

各节点之间电压为

$$u_{ab} = 5 \times R_{ab} = 150\ \text{V},\quad u_{ac'} = 5 \times R_{ac'} = 20\ \text{V}$$

$$u_{a'c'} = \frac{1}{2} \times 5 \times R_{a'c'} = 2.5 \times 4 = 10\ \text{V},\quad u_{b'c'} = \frac{1}{2} \times 5 \times R_{b'c'} = 2.5 \times 2 = 5\ \text{V}$$

则

$$u = 10 - 5 = 5\ \text{V}$$

【解题指南与点评】 本题要求应用 Y-△等效变换求解，既可以把图中的 Y 形连接转化为△形，也可以把△形转化为 Y 形。但是由于需要解跨在 a'、b'之间的电压 u，因此最好采取△形转化为 Y 形的方法，如图 2-16 所示；否则若采用 Y 形转化为△形变换，点 a'或 b'就会在电路中消失，无法求解电压 u。

【例 2-5】 在图 2-17 中，已知电路参数为：$u_{s1}=20$ V，$u_{s5}=30$ V，$i_{s2}=8$ A，$i_{s4}=17$ A，$R_1=5$ Ω，$R_3=10$ Ω，$R_5=10$ Ω，利用电源的等效变换求图中的电压 u_{ab}。

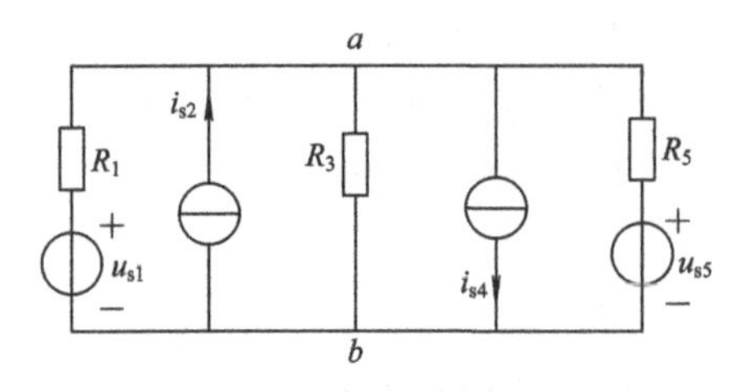

图 2-17

解 图 2-17 的等效过程如图 2-18 所示。由此可知

$$u_{ab}=\frac{\frac{10}{3}\times 10\times 2}{\frac{10}{3}+10}=-5\ \text{V}$$

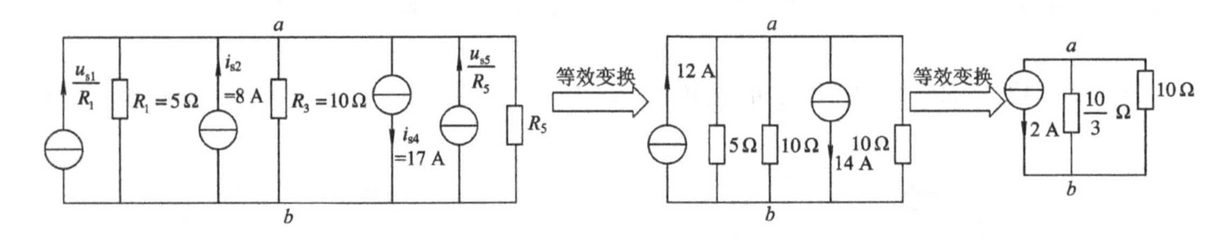

图 2-18

【解题指南与点评】 利用电源的等效变换求解等效电路时应注意两点：① 在等效过程中，电压源与电流源的参考方向不能搞错；② 需要求解的变量应保持在电路中(如该题中的点 a 与点 b 不能因变换而消失，否则无法求解 u_{ab})。

【例 2-6】 利用电源的等效变换，求图 2-19 所示电路的电流 i。

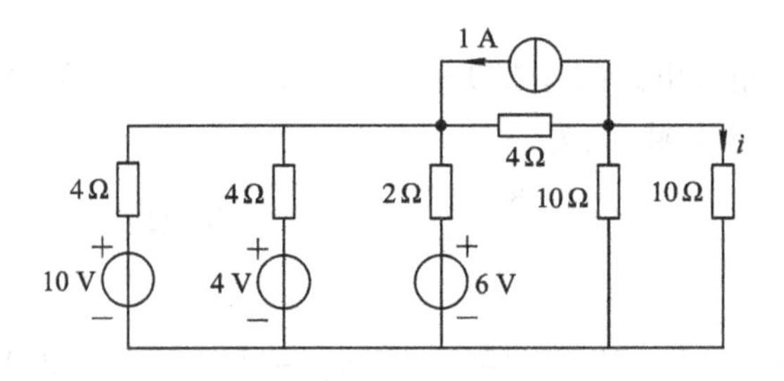

图 2-19

解 图 2-19 所示电路的电源等效过程如图 2-20 所示。由等效电路图可得

$$i=\frac{\frac{10}{3}}{\frac{10}{3}+10}\times 0.5=0.125\ \text{A}$$

【解题指南与点评】 在解题过程中应保留 10 Ω 电阻上的电流 i，所以该电阻不能与其他电阻合并等效。

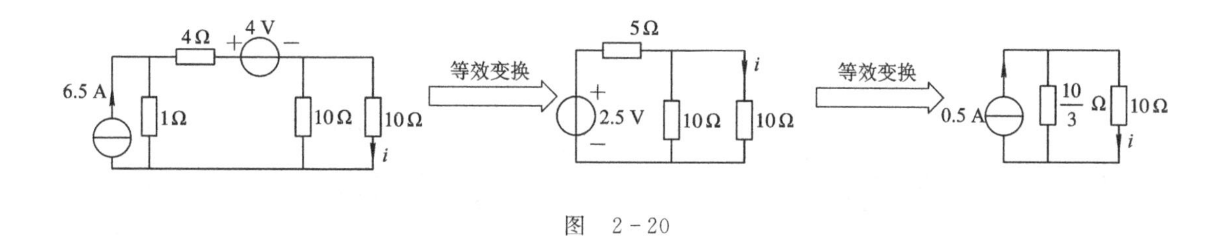

图 2-20

【例 2-7】 图 2-21 所示电路中，已知 $R_1=R_2=2\ \Omega$，$R_3=R_4=1\ \Omega$，利用电源的等效变换，求电压比$\dfrac{u_0}{u_s}$。

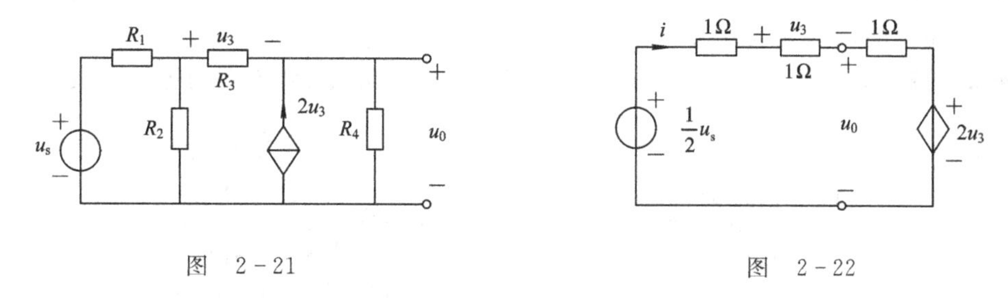

图 2-21　　　　图 2-22

解　原电路图可等效为图 2-22，应用 KVL 方程，得

$$\frac{1}{2}u_s - 1\times i - u_3 - 1\times i - 2u_3 = 0$$

$$u_3 = 1\times i$$

$$u_0 = 1\times i + 2u_3$$

可得 $u_0=\dfrac{3u_s}{10}$，即 $\dfrac{u_0}{u_s}=0.3$。

【解题指南与点评】 在等效变换过程中，可以把受控源当作独立源来处理。但是应注意：在变换过程中应保持受控源的控制量 u_3 以及输出电压 u_0 的存在！

【例 2-8】 图 2-23 所示电路中，$R_1=R_3=R_4$，$R_2=2R_1$，电流控制电压源的电压 $u_C=4R_1i_1$，利用电源等效变换求电压 $u_{①\text{-}⓪}$。

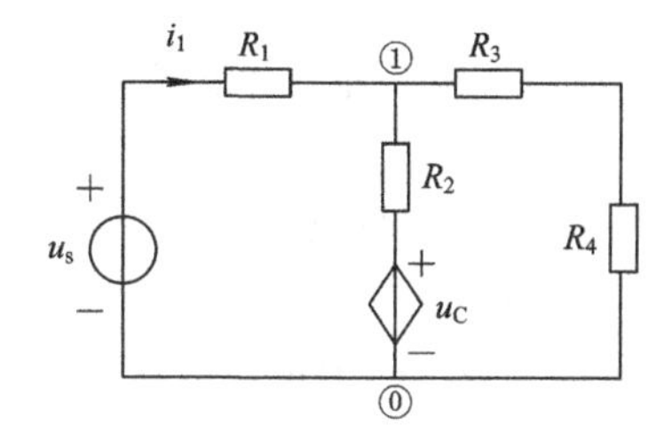

图 2-23

解　原电路的等效过程如图 2-24 所示。根据最简等效电路图，列写 KVL 方程得

$$u_s - 2R_1i_1 = 2R_1i_1$$

可得

$$i_1 = \frac{u_s}{4R_1}, \quad u_{①-⓪} = 3R_1 i_1 = \frac{3}{4}u_s$$

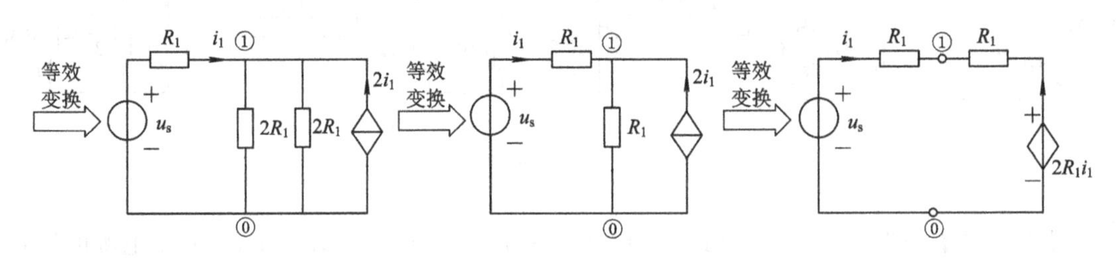

图 2-24

【解题指南与点评】 由于 i_1 是受控源的控制量，因此在等效变换过程中，为了保持控制量，该支路不能进行等效变换。

【例 2-9】 试分别求图 2-25(a)、(b)、(c)、(d)所示电路 ab 端的等效电阻值。

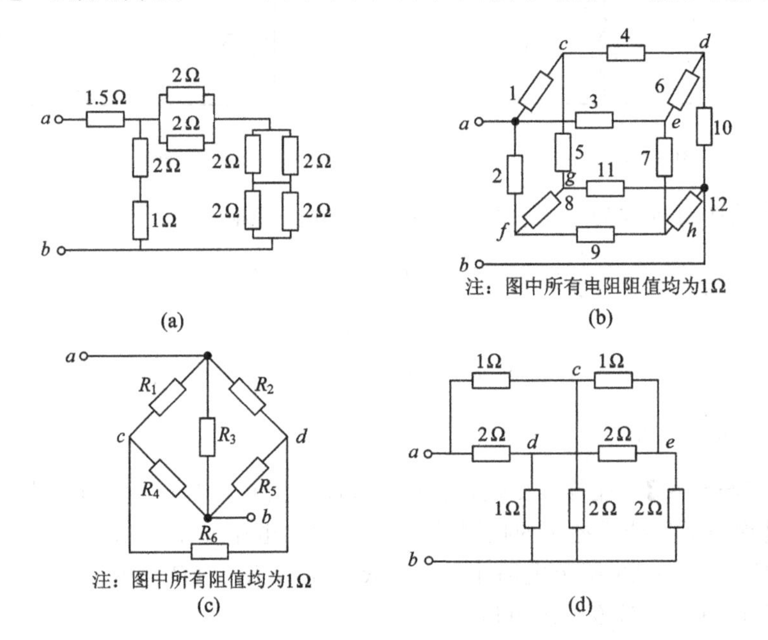

图 2-25

解 (1) 对于图 2-25(a)，利用电阻的串、并联等效变换可求解：

$$R_{ab} = 1.5\ \Omega + (1+2) \mathbin{/\!/} [(2 \mathbin{/\!/} 2) + (2 \mathbin{/\!/} 2) + (2 \mathbin{/\!/} 2)] = 3\ \Omega$$

(2) 将图 2-25(b)简化为图 2-26，可见这是一个平衡对称的电阻网络，设想在 b 端加一个电压源，必然得出 c、e、f 三点等电位，可视为短路。同理可得 d、g、h 三点也等电位，也可视为短路。由此可得等效电阻为

$$R_{ab} = \frac{1}{3} + \frac{1}{6} + \frac{1}{3} = \frac{5}{6}\ \Omega$$

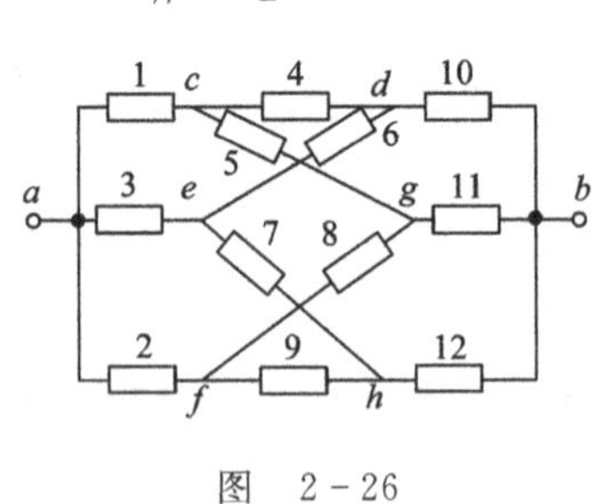

图 2-26

(3) 图 2-25(c)中，由于$\frac{R_1}{R_4} = \frac{R_2}{R_5} = \frac{1}{1}$，因此桥路

平衡，即 c、d 等电位。R_6 上没有电流流过，相当于开路(同样可以看做短路)。则

$$R_{ab} = R_3 \mathbin{/\!/} (R_1 + R_4) \mathbin{/\!/} (R_2 + R_5) = 0.5\ \Omega$$

(4) 将图 2-25(d)中的 1 Ω、1 Ω、2 Ω 组成的 Y 形及 2 Ω、2 Ω、1 Ω 组成的 Y 形转化为对应的△形电阻电路 2.5 Ω、5 Ω、5 Ω 与 8 Ω、4 Ω、4 Ω，如图 2-27 所示(Y 形转化为△形后，节点 c、d 消失)。然后把图 2-27 简化为图 2-28，可求得：

$$R_{ab} = [(2.5 \mathbin{/\!/} 8) + (5 \mathbin{/\!/} 4 \mathbin{/\!/} 2)] \mathbin{/\!/} (5 \mathbin{/\!/} 4) = 1.269\ \Omega$$

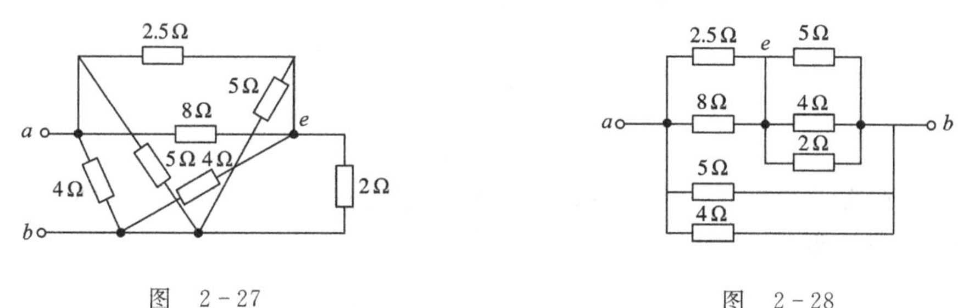

图 2-27　　　　图 2-28

【解题指南与点评】 对于几何结构完全对称、含有 Y 形和△形接法的电阻电路，不必马上进行 Y-△等效变换，而应该首先找出等电位点。在等效过程中可以把这些等电位点短接在一起，形成一个点，从而可以大大简化电路的等效变换。

【例 2-10】 图 2-29 所示电路表示一无限阶梯网络，试求其端口的等效电阻 R_{ab}。

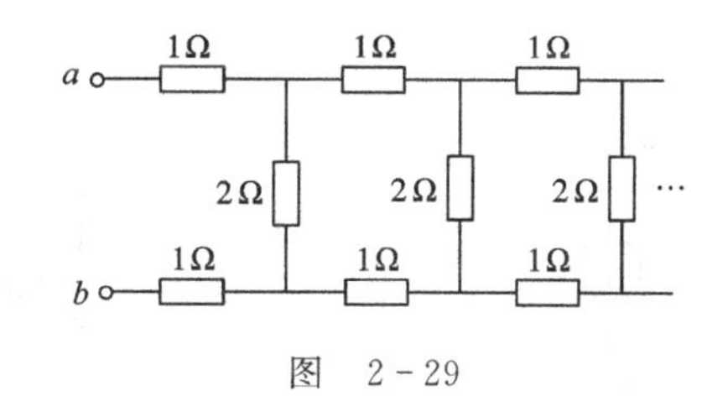

图 2-29

解 将无限网络看成是由无限多个梯形网组成的，每个梯形网如图 2-30 中的虚线框所示，去掉第一个梯形网，从 cd 端看进去仍是一个无限网络，即 $R_{ab}=R_{cd}$。作出图 2-29 的等效电路，如图 2-31 所示，可得如下关系式：

$$\begin{cases} R_{ab} = 1 + \dfrac{2R_{cd}}{2 + R_{cd}} + 1 \\ R_{ab} = R_{cd} \end{cases}$$

解得

$$R_{ab} = R_{cd} = 3.23\ \Omega$$

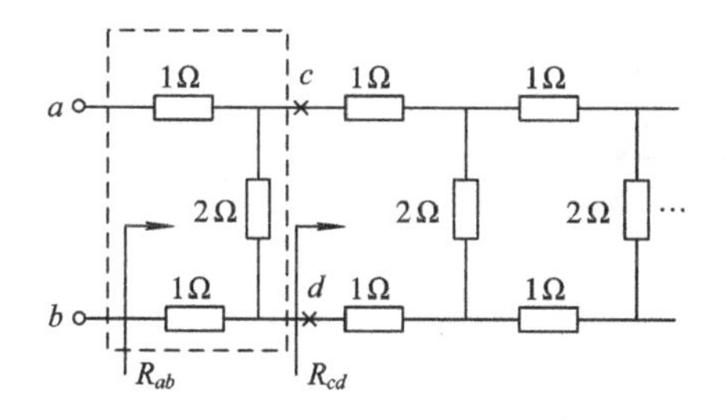

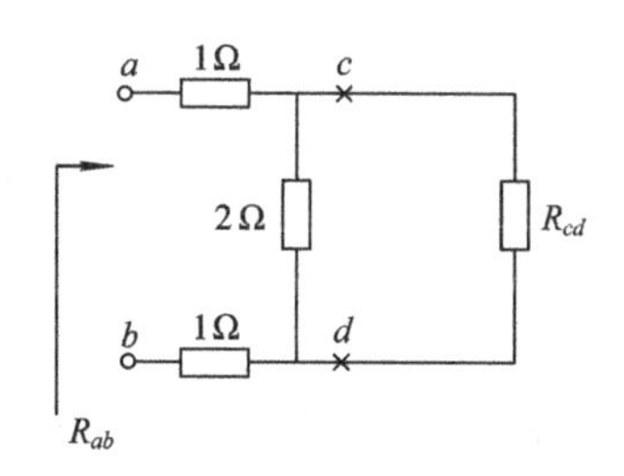

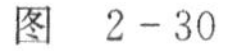

图 2-30　　　　图 3-31

【解题指南与点评】 利用无限多级重复出现的现象，运用“即使去掉其中一部分还剩全部”的推理逻辑关系列方程求解，这又是一种求解等效电阻电路的方法。

【例 2-11】 求图 2-32 所示电路 a、b 两端的等效电阻 R_{ab}，并画出其等效电路。

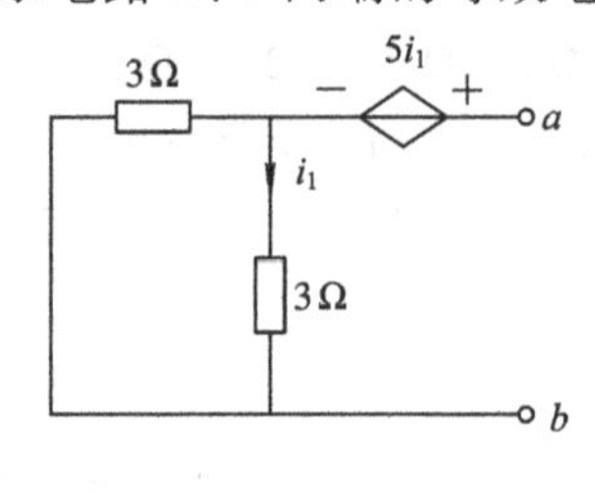

图 2-32

解 该端口含受控源，所以用电压法(即外加电压源的方法)求 R_{ab}，如图 2-33 所示，应用 KVL、KCL，得

$$\begin{cases} u_s = 5i_1 + 3i_1 = 8i_1 \\ i = 2i_1 \end{cases}$$

求解方程可得

$$R_{ab} = \frac{u_s}{i} = 4\ \Omega$$

等效电路如图 2-34 所示。

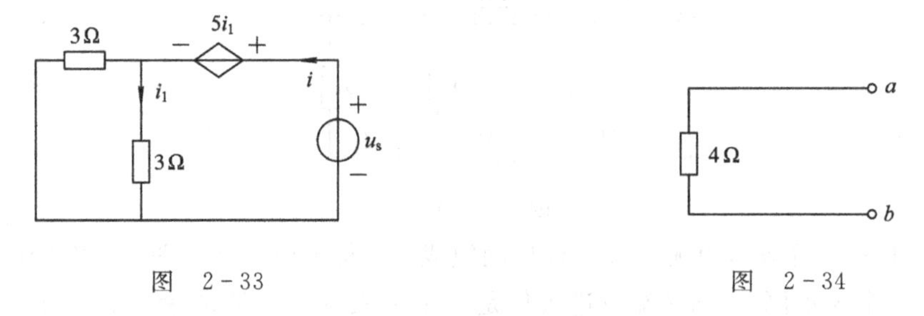

图 2-33　　图 2-34

【解题指南与点评】 含受控源但不含独立源的电阻电路，可以用一个等效电阻来等效。该等效电阻可以用电压法(即外加电压源法)或电流法(即外加电流源法)求解。

【例 2-12】 利用电源的等效变换、电阻电路的△-Y 等效变换，把图 2-35 所示的△形连接电路等效为 Y 形连接电路。

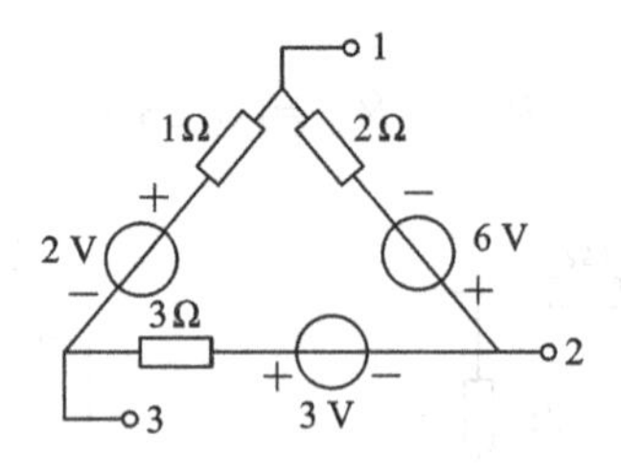

图 2-35

解 具体等效过程如图 2-36 所示。

【解题指南与点评】 本题是等效变换的综合题目，既有电源电路的等效变换，又有电阻电路△-Y 等效变换，还用到了电流源转移等。

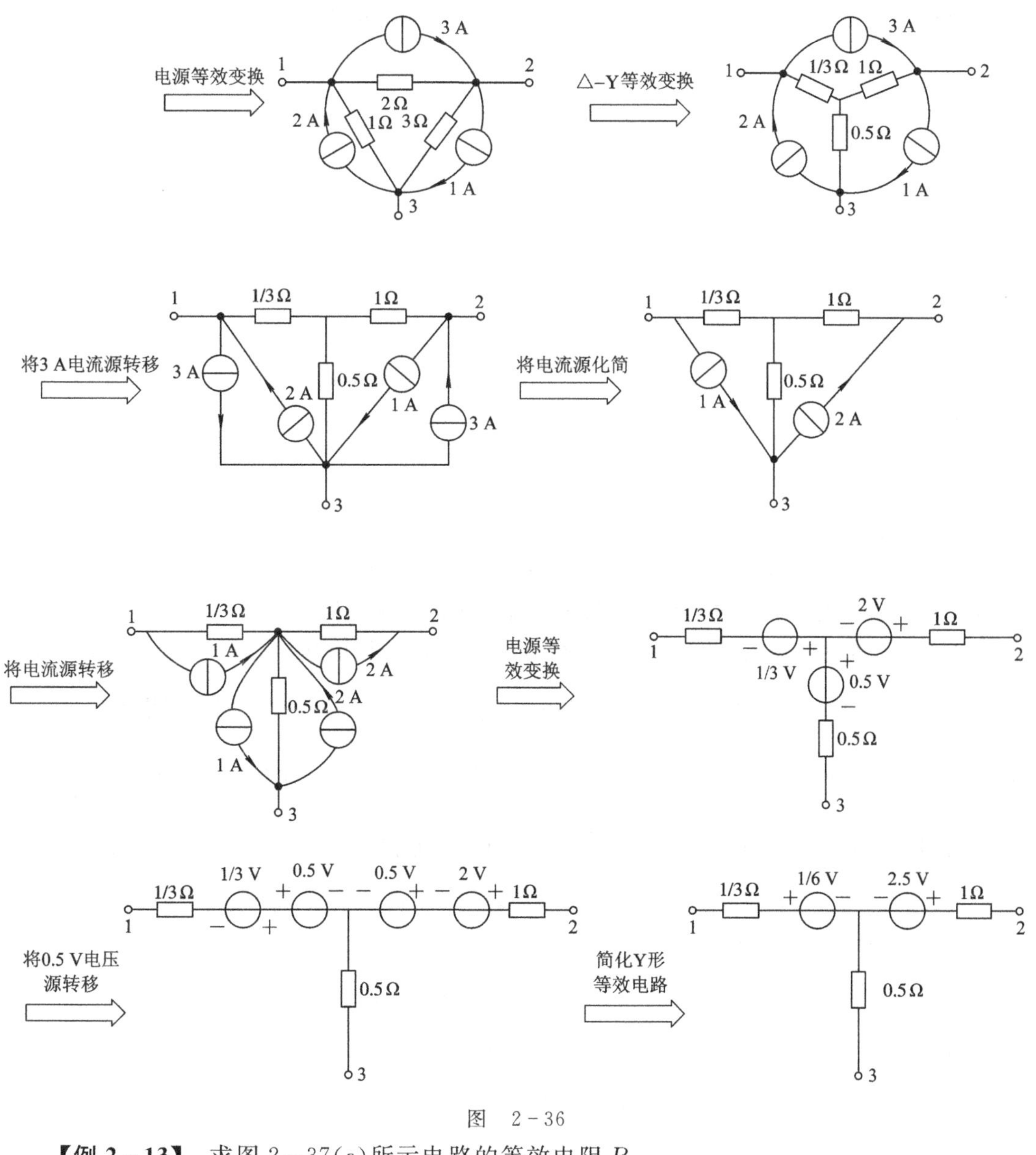

图 2-36

【例 2-13】 求图 2-37(a)所示电路的等效电阻 R_{ab}。

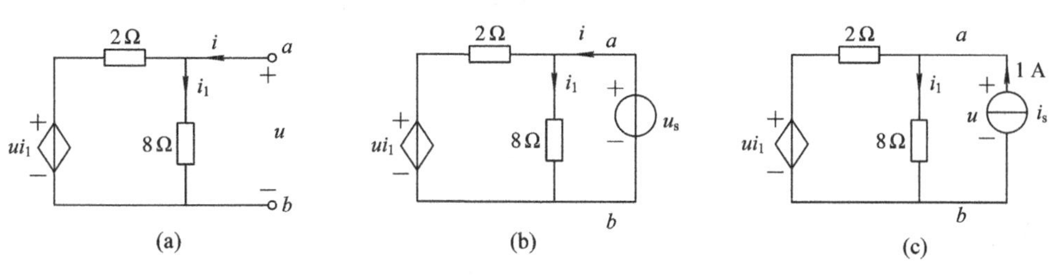

图 2-37

解 在计算由电阻和受控源组成的无源二端口网络的等效电阻时,常采用如下两种方法。

方法一：列写一端口网络端口处伏安关系式，得等效电阻

$$R_{ab}=\frac{u}{i}$$

对图 2-37(a)所示电路，有

$$u=2(i-i_1)+\mu i_1$$

而

$$i_1=\frac{u}{8}$$

得

$$u=\frac{16}{10-\mu}i$$

由此求得等效电阻

$$R_{ab}=\frac{u}{i}=\frac{16}{10-\mu}\ \Omega$$

当 $\mu<10$ 时，$R_{ab}>0$；当 $\mu>10$ 时，$R_{ab}<0$；当 $\mu=10$ 时，$R_{ab}=\infty$。

仅由电阻($R>0$)组成的无源一端口网络的等效电阻永远不会小于零值，但对于由电阻和受控源组成的无源二端口网络的等效电阻却有可能小于零值。

方法二：外加电源法。可在一端口网络的端口处外加电压源，并令 $u_s=1$ V，如图 2-37(b)所示，然后计算电流 i，求得等效电阻 $R_{ab}=\frac{u_s}{i}=\frac{1}{i}$。也可在一端口网络的端口处外加电流源 i_s，并令 $i_s=1$ A，如图 2-37(c)所示，然后计算电压 u，求得等效电阻 $R_{ab}=\frac{u}{i_s}=u$。

对图 2-37(b)所示电路，有 $i_1=\frac{1}{8}$ A，列 KVL 方程，有

$$2(i-i_1)+\mu i_1=1\ \text{V}$$

联立求解上述两式，得

$$i=\frac{10-\mu}{16}\ \text{A}$$

故等效电阻

$$R_{ab}=\frac{1}{i}=\frac{16}{10-\mu}\ \Omega$$

或对图 2-37(c)所示电路，有 $i_1=\frac{u}{8}$，列 KVL 方程，有

$$2(1-i_1)+\mu i_1=u$$

联立求解上述两式，得

$$u=\frac{16}{10-\mu}\ \text{V}$$

故等效电阻

$$R_{ab}=\frac{u}{1}=\frac{16}{10-\mu}\ \Omega$$

【解题指南与点评】 本题以受控源组成的电路为例，说明了二端口网络等效电阻的两种求法，从中也可以理解二端口网络伏安特性的求法。

2.4 习 题 解 答

2-1 求图 2-38 所示二端口电路的端口伏安特性。

解 $u=5i+(i+3)\times 3=9+8i$

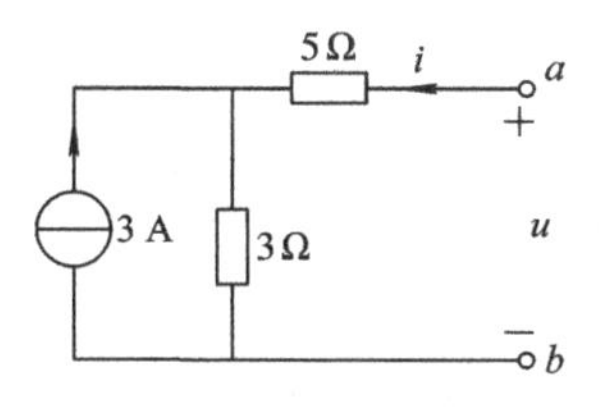

图 2-38

2-2 已知某两个二端电路的端口电压和电流取为非关联参考方向，它们的端口伏安特性分别为 $u=12-5i$，$i=-2-8u$，求它们的等效二端电路。

解 $u=12-5i$ 的等效二端电路如图 2-39(a)所示；$i=-2-8u$ 的等效二端电路如图 2-39(b)所示。

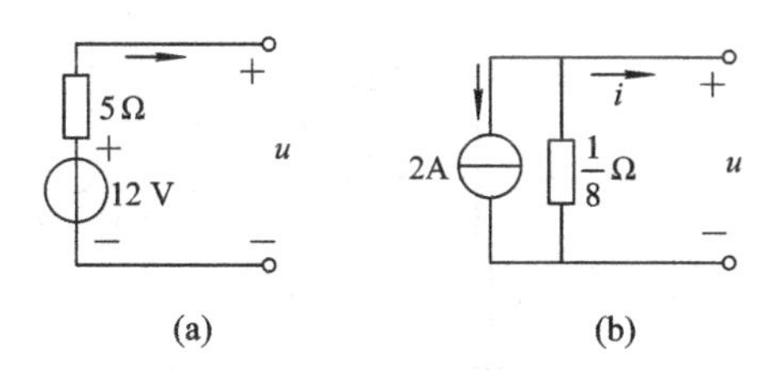

图 2-39

2-3 求图 2-40 所示电路中从电压源看进去的等效电阻和电流 i。

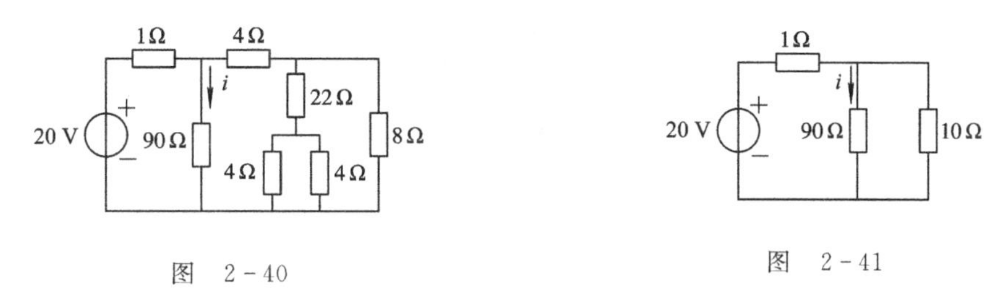

图 2-40　　　　图 2-41

解 等效电阻

$$R=1+90/\!/(4+8/\!/(22+4/\!/4))=1+90/\!/(4+8/\!/24)$$

$$=1+90/\!/\left(4+\frac{24\times 8}{24+8}\right)$$

$$=1+90/\!/10=1+\frac{90\times 10}{90+10}=10\ \Omega$$

原电路可等效为如图 2-41 所示，因而有

$$i=\frac{20}{10}\times\frac{10}{90+10}=0.2\ \text{A}$$

2-4　图 2-42 所示电路中，已知 15 Ω 电阻吸收的功率是 15 W，求 R。

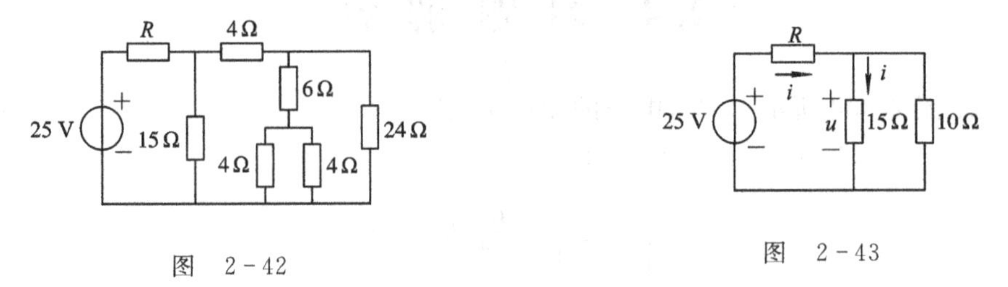

图　2-42　　　　　　图　2-43

解　原电路可等效为图 2-43，因为 $P=15=i^2\times 15$，所以 $i=1$ A，$u=15$ V。根据分流公式，有

$$i = I\times\frac{10}{15+10}=\frac{2}{5}I$$

所以

$$I=\frac{5}{2}i=2.5\ \text{A},\quad R=\frac{25-15}{2.5}=4\ \Omega$$

2-5　求图 2-44 所示电路的 i_1 和 i_2。

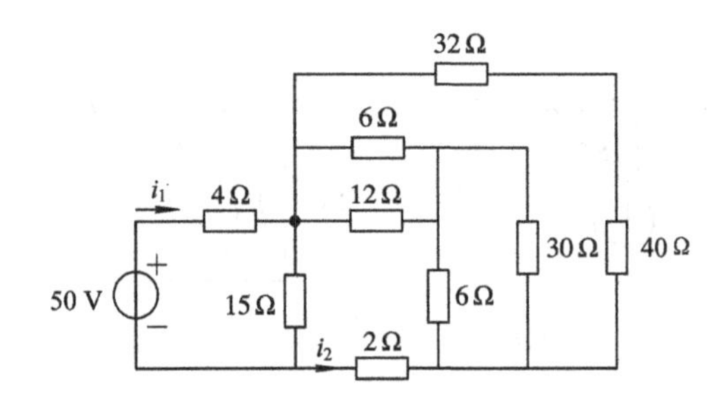

图　2-44

解　原电路可等效为如图 2-45 所示，最终化简为

$$R_{总}=4+15\,/\!/\,10=4+\frac{15\times 10}{15+10}=10\ \Omega$$

$$i_1=\frac{50}{R_{总}}=5\ \text{A}$$

$$i_2=-5\times\frac{15}{15+10}=-3\ \text{A}$$

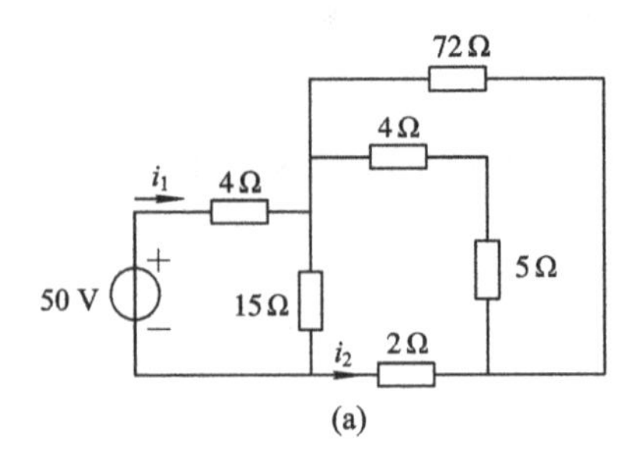

(a)

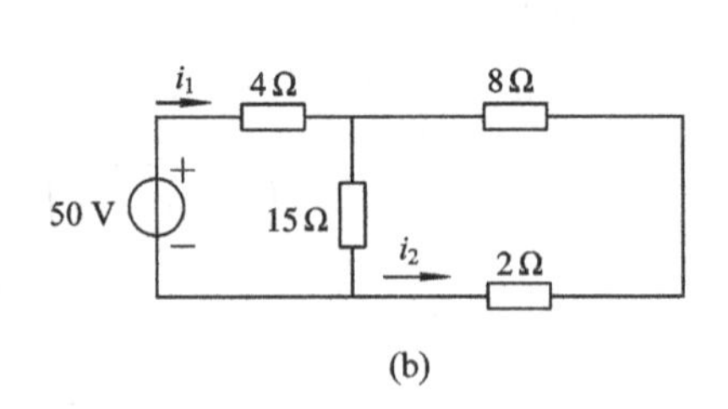

(b)

图　2-45

2-6 化简图 2-46 所示各二端电路。

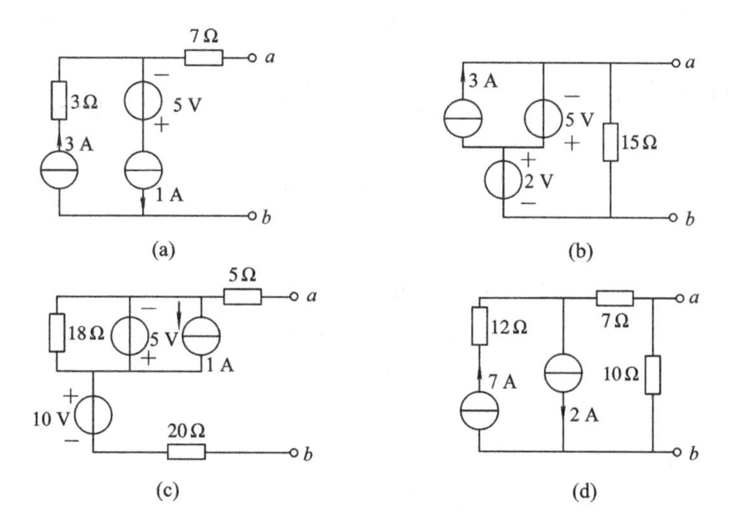

图 2-46

解 (a) 电路等效为如图 2-47 所示。

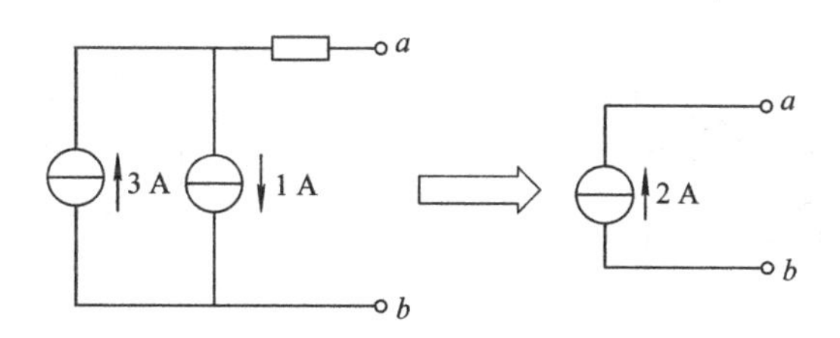

图 2-47

(b) 电路等效为如图 2-48 所示。

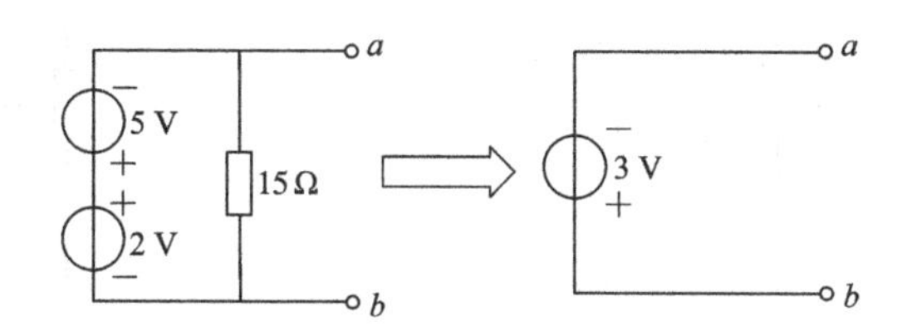

图 2-48

(c) 电路等效为如图 2-49 所示。

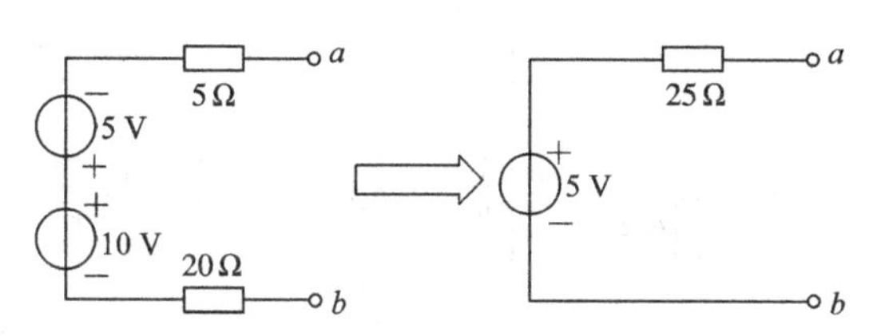

图 2-49

(d) 电路等效为如图 2-50 所示。

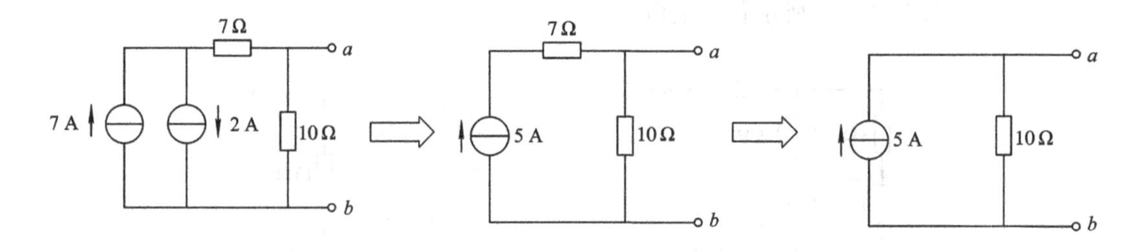

图 2-50

2-7 求图 2-51 所示电路中的 u_1、u_2 和 i。

解 原电路等效为如图 2-52 所示。对此电路列回路方程，有

$$2I-28+4I+6I-8=0 \Rightarrow I=3\ \text{A}$$

$$u_2=6I=3\times 6=18\ \text{V}$$

再对照原电路，根据节点定律，有

$$i=7-I=7-3=4\ \text{A}$$

$$u_1=2\times(4+i-7)=2\times(8-7)=2\ \text{V}$$

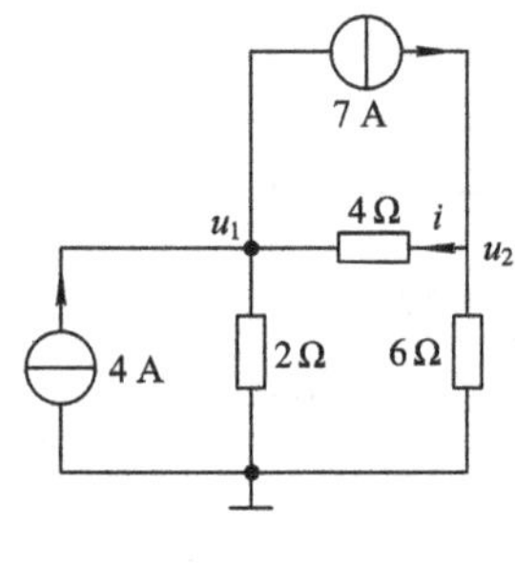

图 2-51

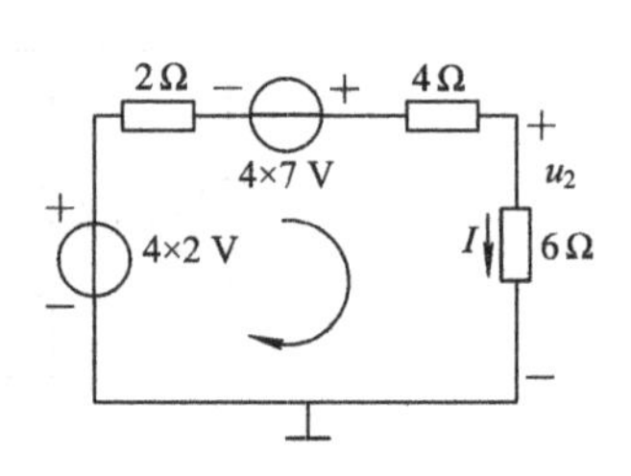

图 2-52

2-8 求图题 2-53 所示电路中的 u_1。

解 原电路可等效为如图 2-54 所示，从而有

$$u_1\left(\frac{1}{6}+\frac{1}{4}\right)=6+\frac{14}{6}$$

$$u_1\times\frac{5}{12}=\frac{6\times 12+28}{12}$$

$$u_1=20\ \text{V}$$

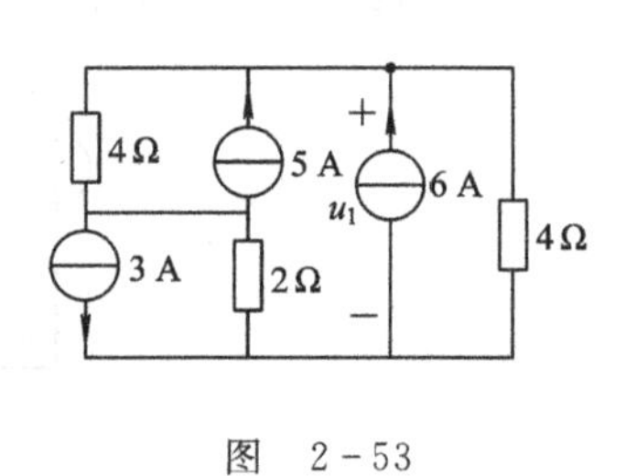

图 2-53

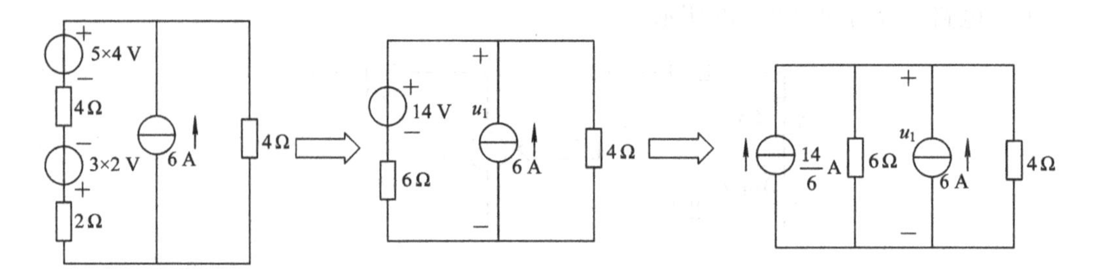

图 2-54

2－9　利用电源变换求图 2－55 所示电路中的 i。

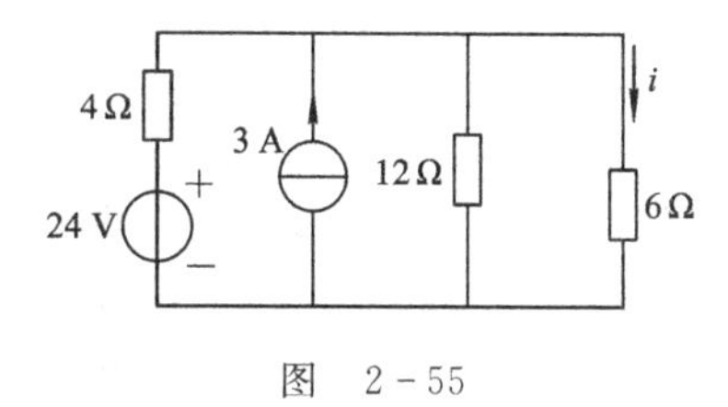

图　2－55

解　原电路可等效为如图 2－56 所示，从而有

$$i=\frac{3}{3+6}\times 9=3\ \text{A}$$

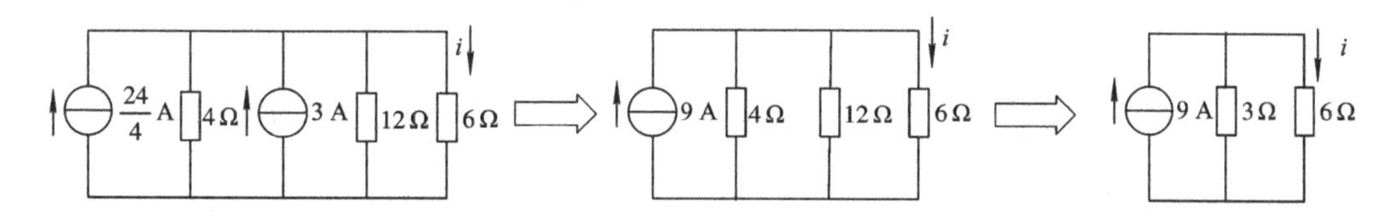

图　2－56

2－10　利用电源变换求图 2－57 所示电路中的 u_1。

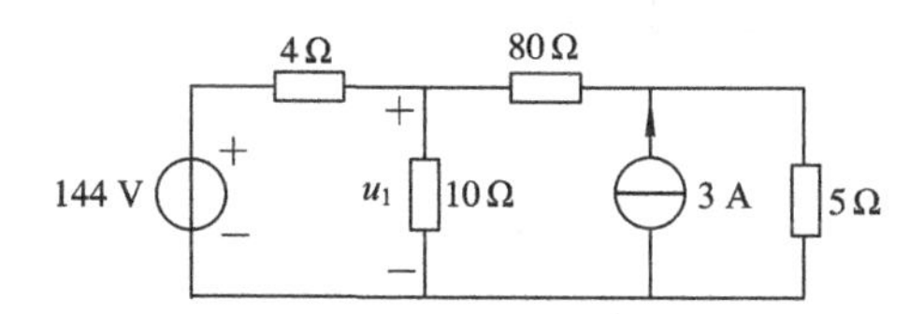

图　2－57

解　原电路可等效为如图 2－58 所示，从而有

$$u_1\left(\frac{1}{4}+\frac{1}{10}+\frac{1}{85}\right)=\frac{144}{4}+\frac{15}{85}$$

得

$$u_1=\frac{144\times 85+15\times 4}{85+2\times 17+4}=\frac{60+144\times 85}{123}=100\ \text{V}$$

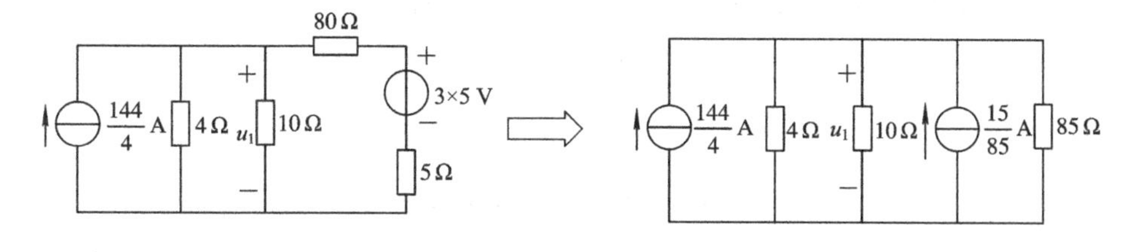

图　2－58

2－11　求图 2－59 所示电路中的电流 i_o。

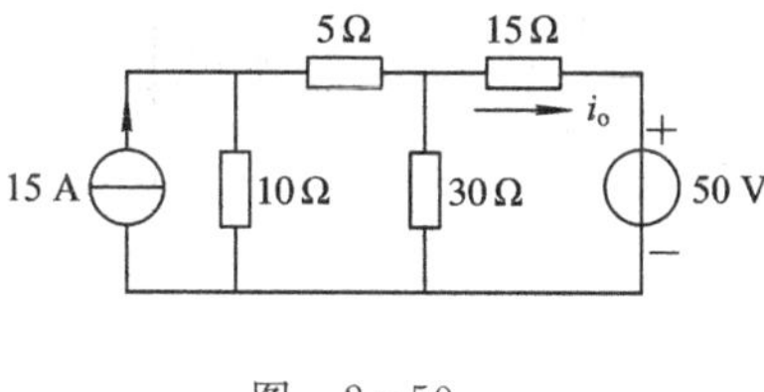

图　2－59

解　原电路可等效为如图 2－60 所示，从而可列如下回路方程：

$$15\times i_o+50+10\times i_o-100=0\Rightarrow i_o=2\ \text{A}$$

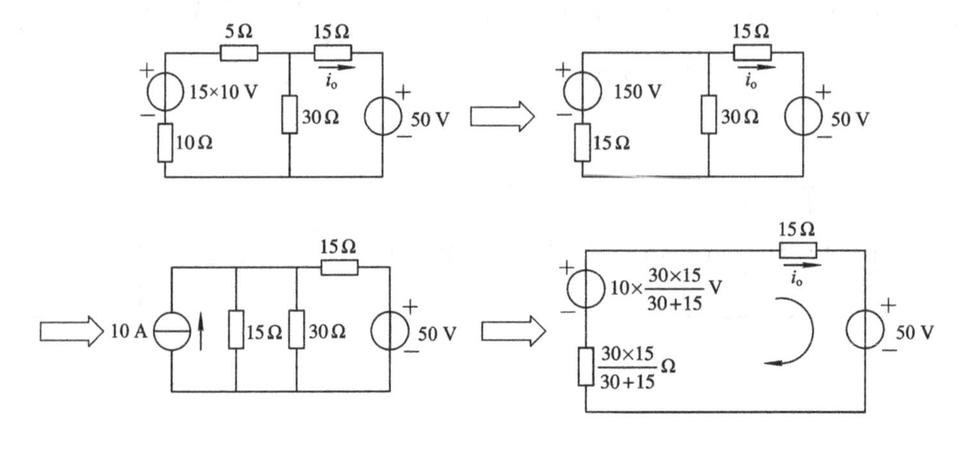

图　2－60

2－12　电路如图 2－61 所示，求：(1) 电路中的 u_o；(2) 300 V 电压源产生的功率；(3) 10 A 电流源产生的功率。

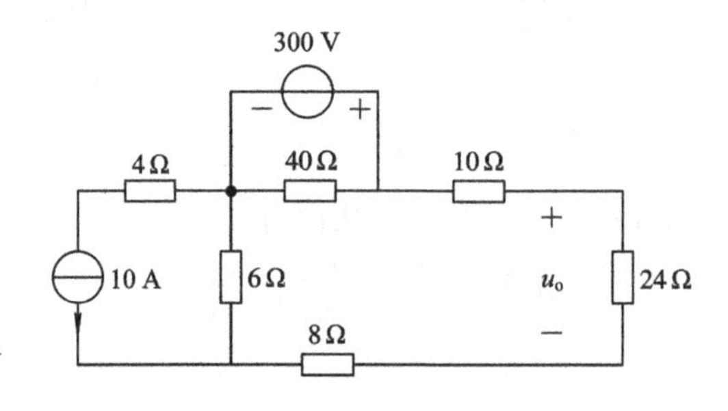

图　2－61

解　(1) 原电路等效为如图 2－62 所示，列回路方程：

$$6i-300+10i+24i+8i+60=0$$

从而得

$$i=5\ \text{A}$$

$$u_o=24\times i=120\ \text{V}$$

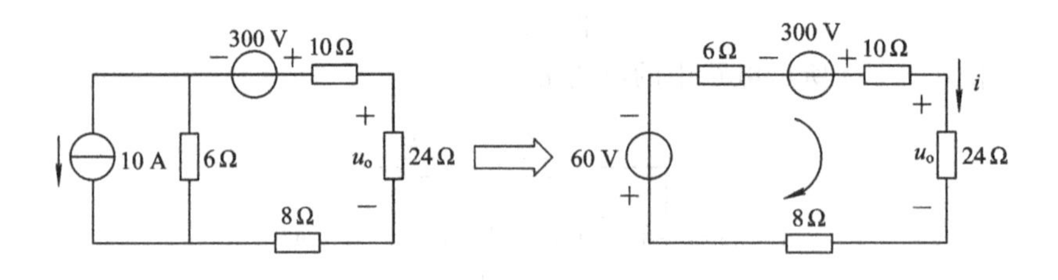

图　2－62

(2) 对照于原电路，40 Ω 电阻上的电流为$\frac{300}{40}=7.5$ A，方向向左。根据节点定律，得 300 V 电源上的电流为 $I+7.5=12.5$ A，从而 300 V 电压源产生的功率为

$$300\times12.5=3750\ \text{W}$$

(3) 对 6 Ω 电阻上的电压列回路方程：

$$\begin{aligned}u_{6\,\Omega}&=-300+10I+24I+8I\\&=-300+5\times4I\\&=-90\ \text{V}\end{aligned}$$

在小回路中列回路方程：

$$u_{10\,\text{A}}-u_{6\,\Omega}+4\times10=0$$

$$u_{10\,\text{A}}=-40-90=-130\ \text{V}$$

$$P_{10\,\text{A}}=u_{10\,\text{A}}\times10=-130\times10=-1300\ \text{W}$$

所以 10 A 电流源产生的功率为 1300 W。

2-13　求图 2-63 所示电路中的电流 i_R。

解　原电路可等效为如图 2-64 所示，从而有

$$i_R=\frac{40}{40+10}\times(2-2)=0$$

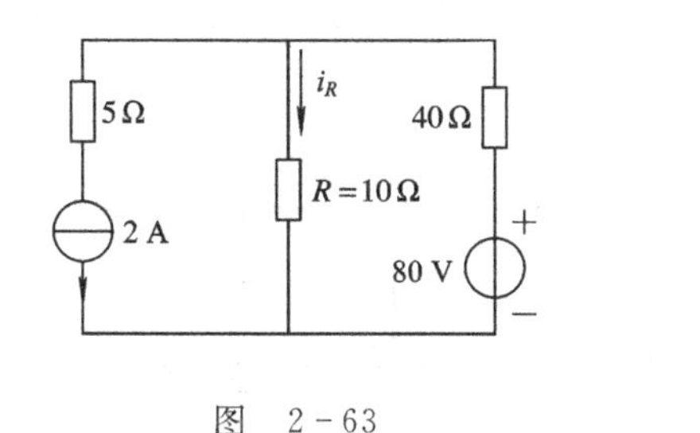

图　2-63

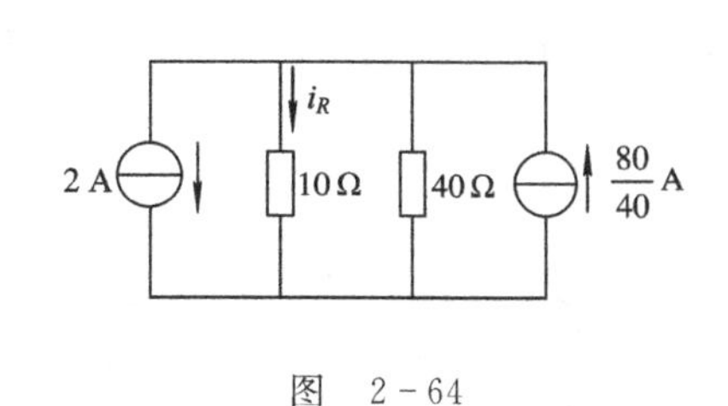

图　2-64

2-14　求图 2-65 所示二端电路的端口伏安特性。

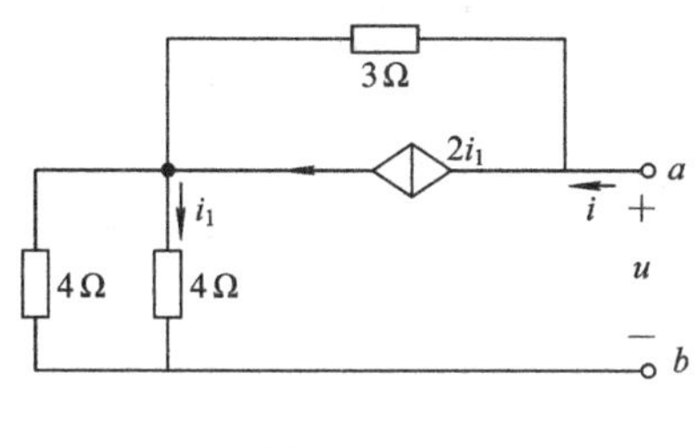

图　2-65

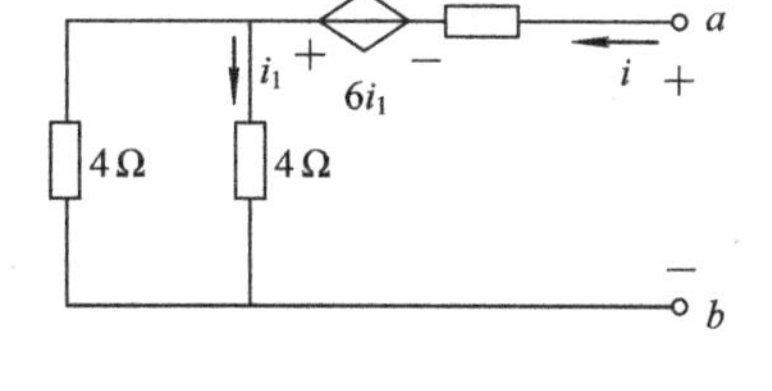

图　2-66

解　原电路可等效为如图 2-66 所示，从而有

$$u=3i-6i_1+4i_1 \tag{1}$$

$$i=2i_1 \tag{2}$$

将式(1)、(2)联立，得 $u=2i$。

2-15　图 2-67 所示电路中，$R_1=1.5$ Ω，$R_2=2$ Ω，求电压 u。

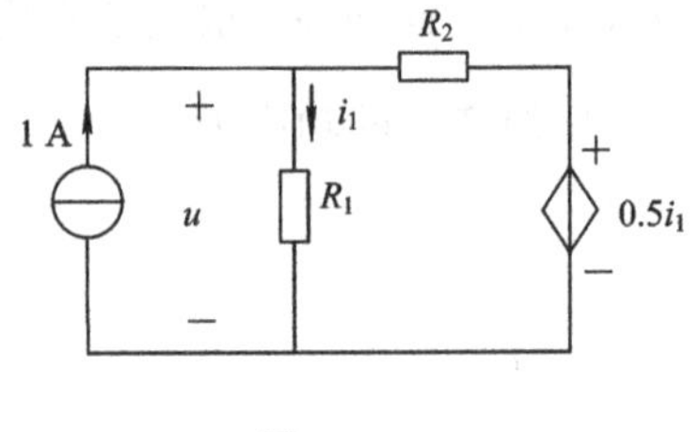

图 2-67

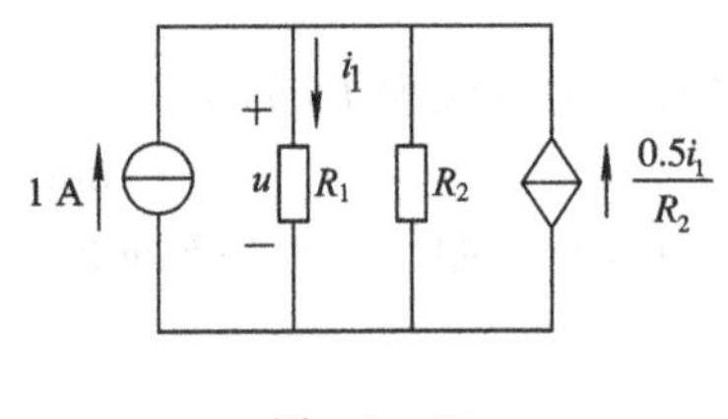

图 2-68

解 原电路等效为图 2-68 所示电路，从而有

$$u\left(\frac{1}{R_1}+\frac{1}{R_2}\right)=\frac{0.5i_1}{R_2}+1 \tag{1}$$

$$i_1=\frac{u}{R_1} \tag{2}$$

将式(1)、(2)联立，有

$$u\left(\frac{1}{1.5}+\frac{1}{2}\right)=\frac{0.5}{2}\cdot\frac{u}{1.5}+1$$

从而得

$$u=1\ \text{V}$$

2-16 图 2-69 所示电路中，将 a、b 端左边电路化简，使原电路变换成单回路电路并求 I。

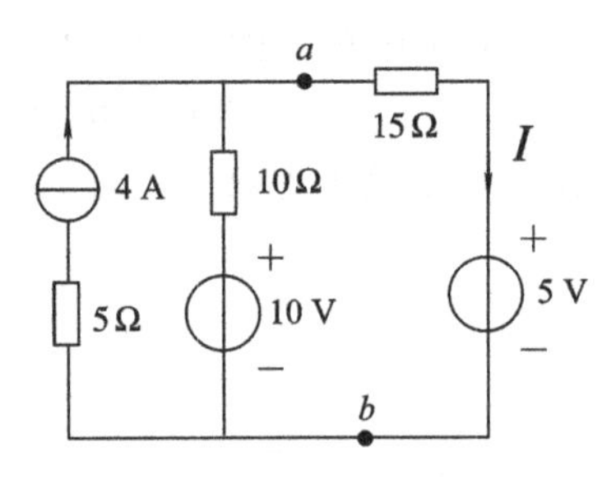

图 2-69

解 原电路等效为图 2-70 所示电路。

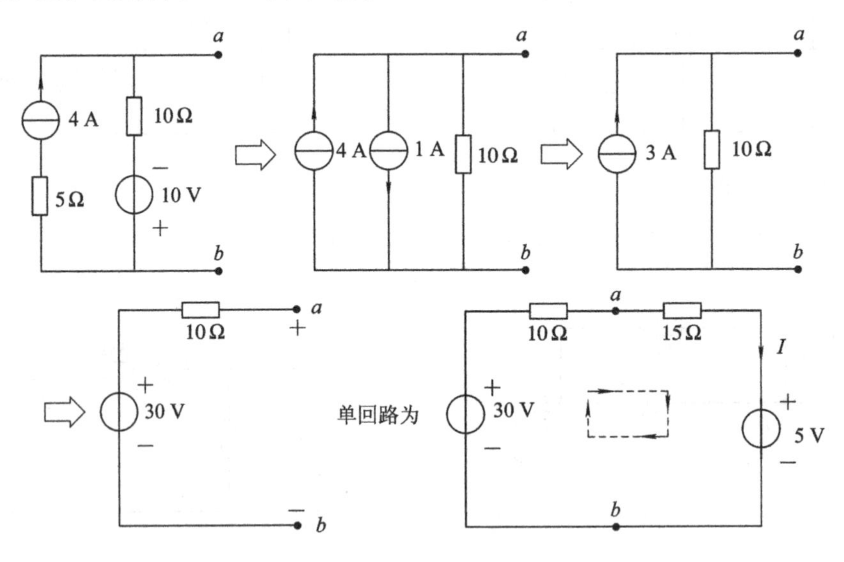

图 2-70

根据 KVL 列回路方程：

$$(10+15)I+5-30=0$$

解得

$$I=1\ \text{A}$$

2-17 将图 2-71 所示二端电路化简，并求端口伏安特性。

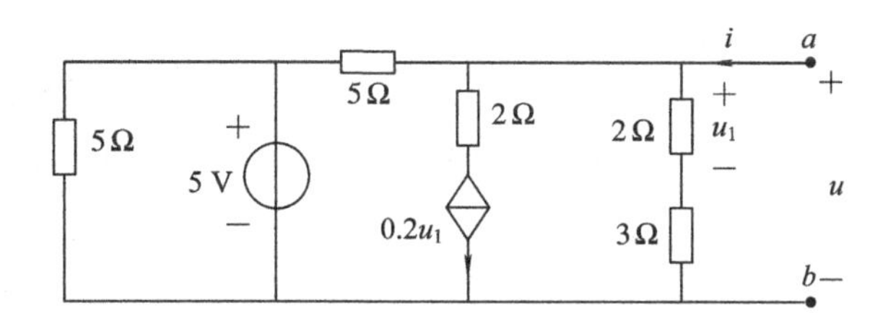

图　2－71

解　原电路可化简为图 2－72 所示电路。

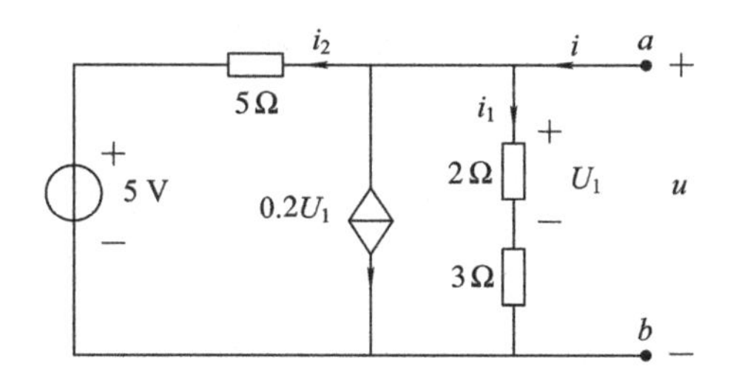

图　2－72

根据原电路有

$$i = i_1 + 0.2u_1 + i_2 = \frac{u}{2+3} + 0.2u_1 + \frac{u-5}{5}$$

$$u_1 = u \times \frac{2}{2+3}$$

解得

$$u = \frac{5}{2.4}i + \frac{5}{2.4}$$

2－18　求图 2－73(a)、(b)所示二端电路的等效电阻 R_{ab}。

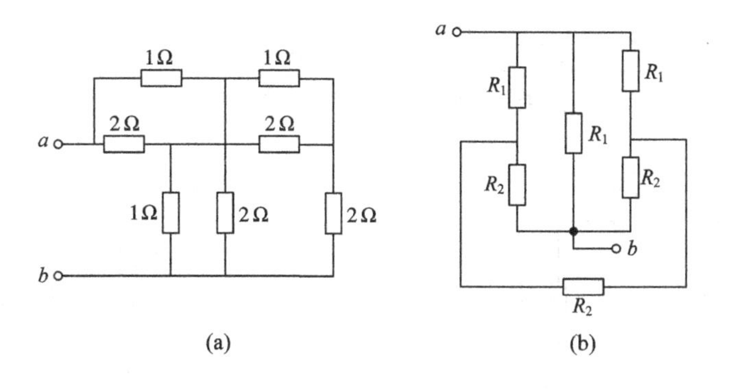

图　2－73

解　(a) 电路等效为图 2－74 所示电路，从而有

$$R_{13} = 2 + 1 + \frac{2 \times 1}{2} = 4\ \Omega$$

$$R_{12} = 2 + 2 + \frac{2 \times 2}{1} = 8\ \Omega$$

$$R_{22}=2+1+\frac{2\times 1}{2}=4\ \Omega$$

$$R_{13}'=1+2+\frac{1\times 2}{1}=5\ \Omega$$

$$R_{12}'=1+1+\frac{1\times 1}{2}=\frac{5}{2}\ \Omega$$

$$R_{23}'=1+2+\frac{1\times 2}{1}=5\ \Omega$$

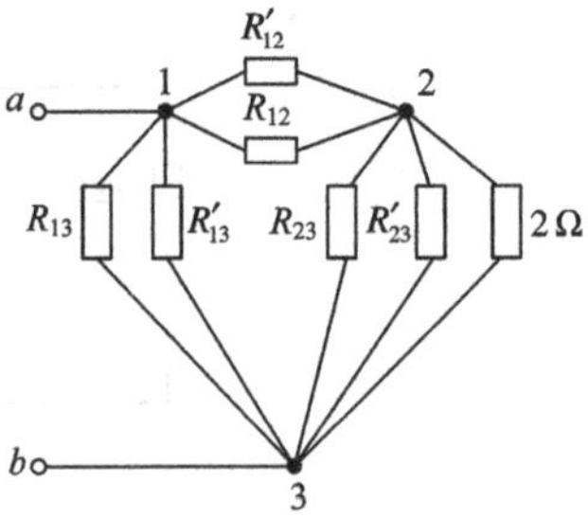

图　2-74

$$R_{12}''=R_{12}\ /\!/\ R_{12}'=\frac{8\times\frac{5}{2}}{8+\frac{5}{2}}=\frac{40}{21}\ \Omega$$

$$R_{13}''=R_{13}\ /\!/\ R_{13}'=4\ /\!/\ 5=\frac{4\times 5}{4+5}=\frac{20}{9}\ \Omega$$

$$R_{23}''=2\ /\!/\ R_{23}\ /\!/\ R_{23}'=2\ /\!/\ \frac{4\times 5}{4+5}=\frac{2\times\frac{20}{9}}{2+\frac{20}{9}}=\frac{40}{38}=\frac{20}{19}\ \Omega$$

最终化简为如图 2-75 所示的电路。据此电路可容易地求出 R_{ab} 的值：

$$R_{ab}=\frac{20}{9}\ /\!/\ \left(\frac{40}{21}+\frac{40}{38}\right)=1.269\ \Omega$$

(b) 电路因为两组 R_1R_2 构成电桥，而

$$\frac{R_1}{R_1}=\frac{R_2}{R_2}$$

故连接两个 R_1R_2 中间节点的 R_2 支路上的电流为 0，从而原电路等效为图 2-76 所示电路，因而有

$$R_{ab}=(R_1+R_2)\ /\!/\ R_1\ /\!/\ (R_1+R_2)=\frac{1}{2}(R_1+R_2)\ /\!/\ R_1$$

$$=\frac{R_1\times\frac{1}{2}(R_1+R_2)}{R_1+\frac{1}{2}(R_1+R_2)}=\frac{R_1^2+R_1R_2}{3R_1+R_2}$$

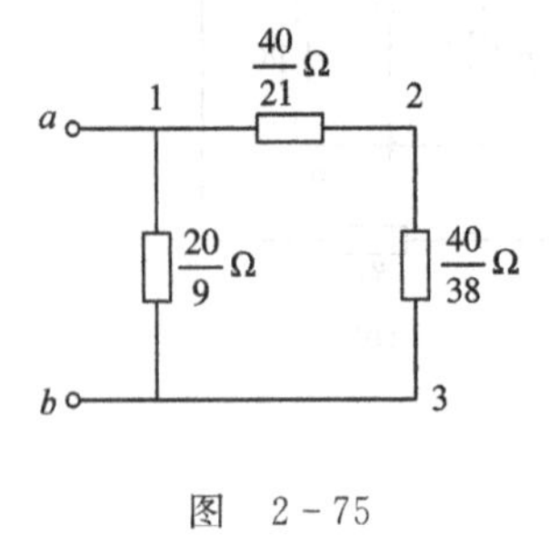

图　2-75

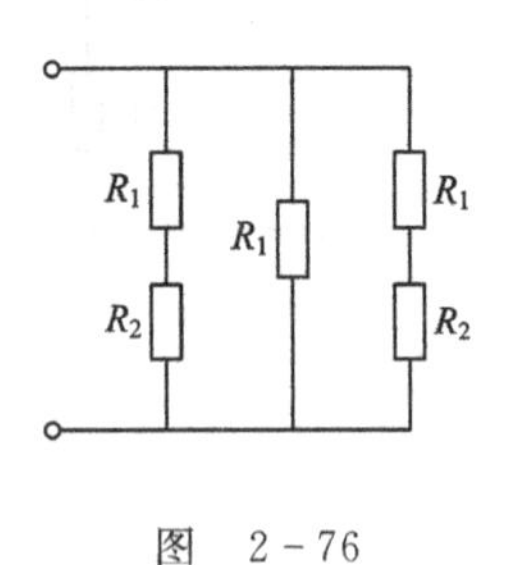

图　2-76

第3章　线性电阻电路的一般分析法

3.1　内容提要

1. KCL、KVL方程的独立性

图：点与线的集合。

电路的图：每一支路用一“线段”表示，每一节点用一“点”表示。

回路：一个路径的起点和终点为同一点。

平面电路：若一个电路可画在一个平面上，且在非节点处不相交，则称之为平面电路，否则为非平面电路。

网孔：内部不含其他支路的回路。

KCL方程的独立性：若电路有 n 个节点，则有 $n-1$ 个独立的KCL方程。独立KCL方程对应的节点称为独立节点。

KVL方程的独立性：若电路有 n 个节点，b 条支路，则有 $L=b-n+1$ 个独立KVL方程。与独立KVL方程对应的回路称为独立回路。

2. 支路分析法

$2b$ 法：以支路电流和支路电压为变量列方程求解电路，若电路有 b 条支路，则共有 $2b$ 个变量。其中，KCL独立方程 $n-1$ 个，KVL独立方程 $b-n+1$ 个，支路方程 b 个。

支路电流法：以支路电流为变量列方程求解电路的方法。

3. 节点分析法

节点电压：任意指定电路中某个节点为参考节点，则其余节点相对于参考节点的电压称为节点电压。

以节点电压为变量列方程求解电路的方法称为节点分析法。

4. 网孔分析法和回路分析法

沿网孔连续流动的假想电流称为网孔电流。

以网孔电流为变量列方程求解电路的方法称为网孔分析法。

以 L 个独立回路电流为变量列方程求解电路的方法称为回路分析法。

3.2　重点、难点

1. 支路电流法

(1) 标好支路电流参考方向；

(2) 选择 $n-1$ 个独立节点列 KCL 方程；

(3) 选择 $b-n+1$ 个独立回路列 KVL 方程，方程中的电阻、电压用支路电流表示。

独立 KVL 回路的选择有三种方法。

方法一：每选一个回路，让该回路包含新的支路，选满 L 个为止。

方法二：对平面电路，L 个网孔是一组独立回路。

方法三：选定一棵树，每一连支与若干树支可构成一个回路，称为基本回路(单连支回路)。L 条连支对应的 L 个基本回路是独立的。

2. 节点分析法

若电路的节点数为 n，则独立的节点数为 $n-1$。只含电阻和电流源的电路的节点方程为

$$\begin{cases} G_{11}u_{n1}+G_{12}u_{n2}+\cdots+G_{1(n-1)}u_{n(n-1)}=i_{s11} \\ G_{21}u_{n1}+G_{22}u_{n2}+\cdots+G_{2(n-1)}u_{n(n-1)}=i_{s22} \\ \qquad\qquad\vdots \\ G_{(n-1)1}u_{n1}+G_{(n-1)2}u_{n2}+\cdots+G_{(n-1)(n-1)}u_{n(n-1)}=i_{s(n-1)(n-1)} \end{cases}$$

含电压源、受控源电路节点电压方程的列写：

(1) 当电路中含有理想电压源时，尽可能使电压源的一端成为参考节点，这样电压源的电压就可以作为节点电压，成为已知量，可以不用列该节点的节点方程；

(2) 当电压源的电压不能成为节点电压时，设该电压源支路的电流为 i，再列一个该电压源支路的补充方程；

(3) 当电路中含有受控源时，将受控源当作独立源用上述(1)、(2)同样的方法列方程，然后列一个有关控制量的补充方程。

3. 网孔分析法

若电路的网孔数为 l，则只含电阻和电流源的电路的网孔方程为

$$\begin{cases} R_{11}i_{m1}+R_{12}i_{m2}+\cdots+R_{1l}i_{ml}=u_{s11} \\ R_{21}i_{m1}+R_{22}i_{m2}+\cdots+R_{2l}i_{ml}=u_{s22} \\ \qquad\qquad\vdots \\ R_{l1}i_{m1}+R_{l2}i_{m2}+\cdots+R_{ll}i_{ml}=u_{sll} \end{cases}$$

含电流源、受控源电路网孔电流方程的列写：

(1) 当电路中含有理想电流源时，尽可能使电流源的电流成为网孔电流，这样，网孔电流就成为已知量，可以不用列该网孔的网孔方程；

(2) 当电流源的电流不能成为网孔电流时，设该电流源的两端电压为 u，再列一个该电流源支路的补充方程；

(3) 当电路中含有受控源时，将受控源当作独立源用上述(1)、(2)同样的方法列方程，然后列一个有关控制量的补充方程。

3.3 典 型 例 题

【例 3-1】 图 3-1 所示电路中，已知 $R_1=R_2=10$，$R_3=R_5=10$，$R_6=4$，$u_{s3}=20$ V，

$u_{s6}=40$ V，用支路电流法求解电流 i_5。

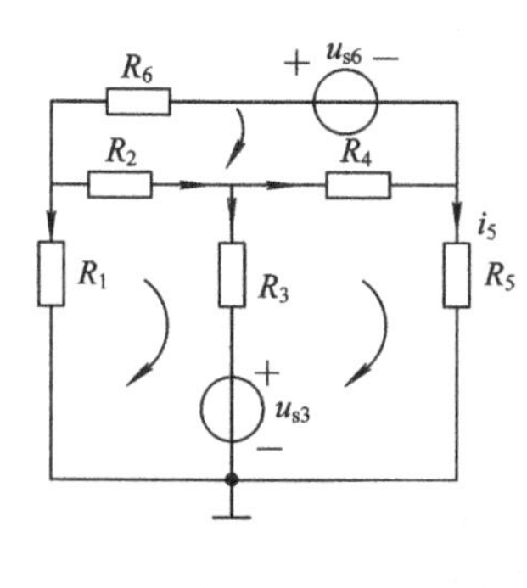

图 3-1

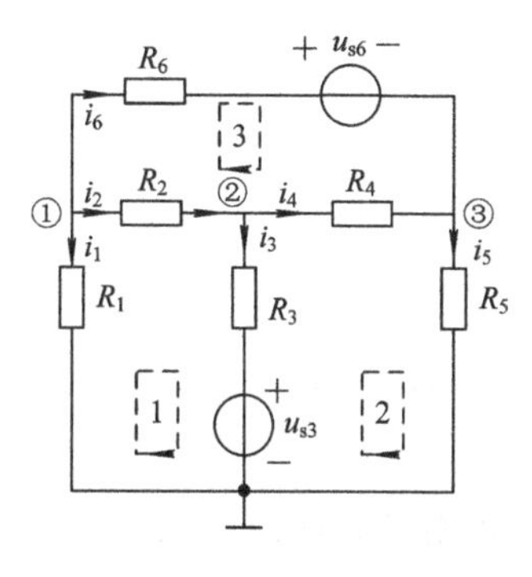

图 3-2

解 按如图 3-2 所示各支路电流 i_1、i_2、i_3、i_4、i_5、i_6 列出三个节点的 KCL 方程：

$$\begin{cases} i_1+i_2+i_6=0 \\ i_2-i_3-i_4=0 \\ i_4-i_5+i_6=0 \end{cases}$$

再列出三个回路的 KVL 方程：

$$\begin{cases} -i_1R_1+i_2R_2+i_3R_3+u_{s3}=0 \\ -u_{s3}-i_3R_3+i_4R_4+i_5R_5=0 \\ -i_2R_2-i_4R_4+i_6R_6+u_{s6}=0 \end{cases}$$

代入各已知量，联立以上六个方程得

$$i_5=-0.956\ \text{A}$$

【解题指南与点评】 支路电流法以六条支路电流为基本变量，列出六个独立的 KCL 和 KVL 方程。六个变量，六个独立方程，因此可以求解。

【例 3-2】 试用网孔电流法求解图 3-3 所示电路中的电流。

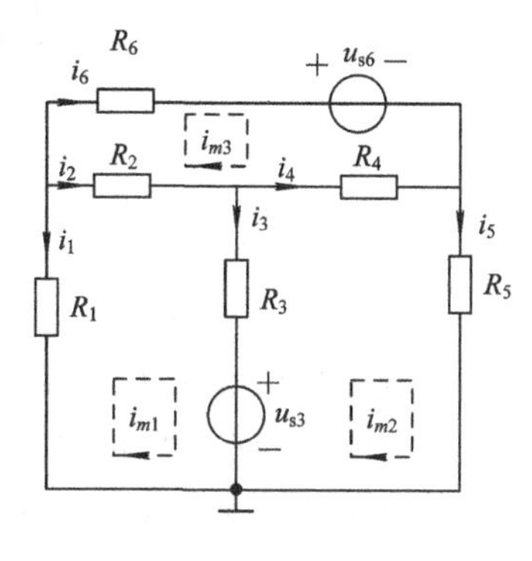

图 3-3

解 选取网孔电流 i_{m1}、i_{m2}、i_{m3}，列网孔电流方程：

$$\begin{cases} (R_1+R_2+R_3)i_{m1}-R_3i_{m2}-R_2i_{m3}=-u_{s3} \\ -R_3i_{m1}+(R_3+R_4+R_5)i_{m2}-R_4i_{m3}=u_{s3} \\ -R_2i_{m1}-R_4i_{m2}+(R_2+R_4+R_6)i_{m3}=-u_{s6} \end{cases}$$

代入已知量，解得

$$\begin{cases} i_{m1} = -\dfrac{800}{319} \approx -2.508 \text{ A} \\ i_{m2} = -\dfrac{305}{319} \approx -0.956 \text{ A} \\ i_{m3} = -\dfrac{40}{11} \approx -0.636 \text{ A} \end{cases}$$

由此可得支路电流为

$$i_6 = i_{m2} = 0.956 \text{ A}$$

【解题指南与点评】 一般电路的网孔数远小于支路数，所以为了简化计算，用网孔电流法，选网孔电流作为变量，列回路独立的 KVL 方程求解。网孔电流是在一个网孔上连续流动的假想电流，而支路电流是流经某一支路的实际电流，所以支路电流可以通过流经它的网孔电流的叠加而得。本题中只有一个网孔电流 i_{m2} 流经 R_5 支路，所以 $i_5 = i_{m2}$。

例 3－3 用回路电流求解图 3－1 所示电路中的电流 i_5。

解 取回路电流 i_{l1}、i_{l2}、i_{l3}，如图 3－4 所示。列各回路的 KVL 方程：

$$\begin{cases} (R_1 + R_2 + R_3)i_{l1} - R_3 i_{l2} - R_2 i_{l3} = -u_{s3} \\ -R_3 i_{l1} + (R_3 + R_4 + R_5)i_{l2} - R_4 i_{l3} = u_{s3} \\ -R_2 i_{l1} - R_4 i_{l2} + (R_2 + R_4 + R_6)i_{l3} = -u_{s6} \end{cases}$$

代入已知量，得

$$\begin{cases} 24i_{l1} - 4i_{l2} - 10i_{l3} = -20 \\ -4i_{l1} + 20i_{l2} - 8i_{l3} = 20 \\ -10i_{l1} - 8i_{l2} + 20i_{l3} = -40 \end{cases}$$

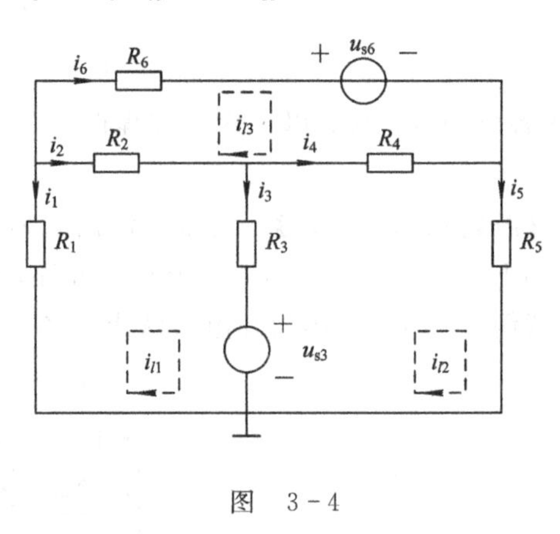

图 3－4

求解可得

$$\begin{cases} i_{l1} = -\dfrac{800}{319} \approx -2.508 \text{ A} \\ i_{l2} = -\dfrac{305}{319} \approx -0.956 \text{ A} \\ i_{l3} = -\dfrac{40}{11} \approx -0.636 \text{ A} \end{cases}$$

由此可得支路电流为

$$i_5 = i_{l2} = -0.956 \text{ A}$$

【解题指南与点评】 一般电路的独立回路数小于支路数，采用回路电流法可以简化计算。回路电流法以回路电流作为变量，列独立回路的 KVL 方程求解。回路电流是在一个回路上连续流动的假想电流，而支路电流是流经某一支路的实际电流，所以支路电流可以通过流经它的回路电流的叠加而得。本题中只有一个电流 i_{l3} 流经 R_5 支路，则有 $i_5 = i_{l3}$。对于平面电路图，按自然网孔取回路电流，可以取到全部的独立回路电流，所以本题的回路电流法方程与上题的网孔电流法所有方程完全相似。当电路中仅含电阻与电压源时，运用电阻的概念列写回路电流方程很有规律，是一种常规的分析方法。

【例 3－4】 用回路电流法求解图 3－5 所示电路中的电压 U_0。

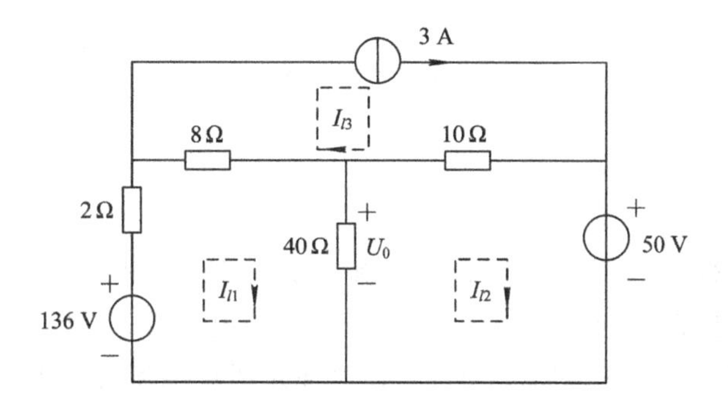

图 3-5

解 注意当电路中含理想电流源支路时，可以取一个回路经过该电流源，如图 3-5 所示，取 $I_{l3}=3$ A。

如图 3-5 所示，设回路电流为 I_{l1}、I_{l2}、I_{l3}，列各回路的 KVL 方程：

$$\begin{cases}(2+8+40)I_{l1}-40I_{l2}-8I_{l3}=136\\-40I_{l1}+(40+10)I_{l2}-10I_{l3}=-50\\I_{l3}=3\end{cases}$$

解方程得

$$I_{l1}=8\text{ A},\quad I_{l2}=6\text{ A},\quad I_{l3}=3\text{ A}$$

所以支路电压 U_0 为

$$U_0=(I_{l1}-I_{l2})\times 40=80\text{ V}$$

【解题指南与点评】 当电路中某些支路含有无伴电流源，因其内电阻为无穷大，列写回路电流方程发生了困难时，需要进行特殊处理。如本例中，取回路 3 的回路电流经过该电流源，这表明 $I_{l3}=3$ A 是已知量。

【例 3-5】 用回路电流法求解图 3-6 所示电路中的电压 U。

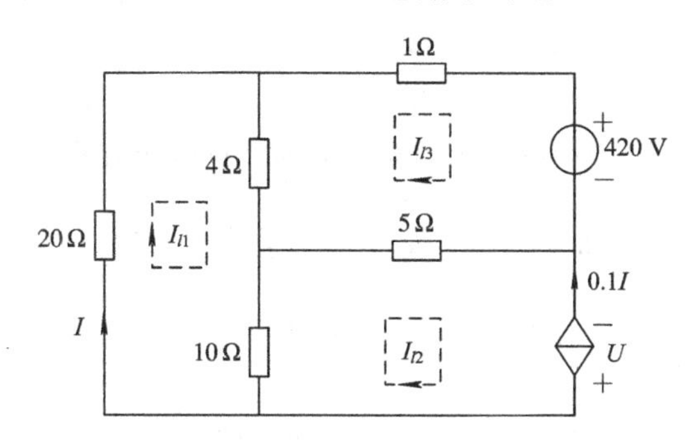

图 3-6

解 取回路电流 I_{l1}、I_{l2}、I_{l3}，如图 3-6 所示。列写各回路的 KVL 方程：

$$\begin{cases}(20+4+10)I_{l1}-10I_{l2}-4I_{l3}=0\\-10I_{l1}+(5+10)I_{l2}-5I_{l3}=U\\-4I_{l1}-5I_{l2}+(1+4+5)I_{l3}=-420\\I_{l1}=I\\I_{l2}=0.1I\text{(附加方程)}\end{cases}$$

解方程得

$$I_{l1} = -5\ \text{A}$$
$$I_{l2} = 0.5\ \text{A}$$
$$I_{l3} = -43.75\ \text{A}$$

则支路电压 $U=276.25$ V。

【解题指南与点评】 可以把受控源当作独立源来处理。图 3-6 所示电路中，受控源可以当作理想电流源处理，因此可以取回路 2 经过受控电流源；如果要列回路 2 的 KVL 方程，必须设受控源两端的电压为 U。另外，必须补充回路电流与受控源的控制量之间的关系式作为附加方程。

【例 3-6】 列出图 3-7(a)、(b)所示电路的节点电压方程。

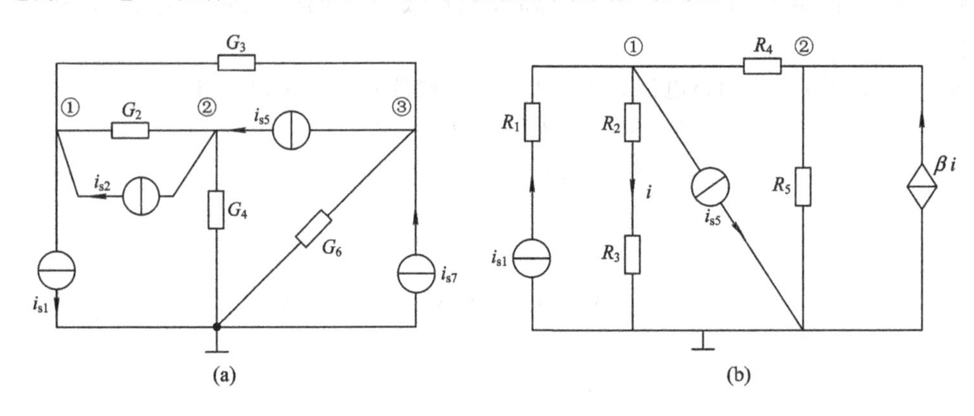

图 3-7

解 (1) 在图 3-7(a)中，任选一个节点为参考节点，其余则为独立节点，注明①、②、③。三个节点的电压方程为

$$(G_2+G_3)u_{n1}-G_2u_{n2}-G_3u_{n3}=-i_{s1}+i_{s2}$$
$$-G_2u_{n1}+(G_2+G_4)u_{n2}=-i_{s2}+i_{s5}$$
$$-G_3u_{n1}+(G_3+G_6)u_{n3}=-i_{s5}+i_{s7}$$

(2) 同理，在图 3-7(b)中标明节点电压，则节点电压方程为

$$\begin{cases}\left(\dfrac{1}{R_2+R_3}+\dfrac{1}{R_4}\right)u_{n1}-\dfrac{1}{R_4}u_{n2}=i_{s1}-i_{s5}\\ -\dfrac{1}{R_4}u_{n1}+\left(\dfrac{1}{R_4}+\dfrac{1}{R_5}\right)u_{n2}=\beta i\\ i=\dfrac{u_{n1}}{R_2+R_3}\quad \text{（补充的约束关系）}\end{cases}$$

【解题指南与点评】 (1) 图 3-7(a)所示电路中只含有电导和电流源，可以直接套用节点电压方程的一般形式；(2) 在图 3-7(b)中有电流源 i_{s1} 与电阻 R_1 串联支路，R_1 对其他支路的电压、电流不起作用，该元件称为“虚元件”，不能列入节点电压方程内；(3) 图 3-7(b)中因含有受控源，需补充控制量与节点电压之间的附加方程。

【例 3-7】 列出图 3-8 所示电路的节点电压方程。

解 按图 3-8 所示标明各节点电压，则节点电压方程为

$$\begin{cases}\left(\frac{1}{1}+\frac{1}{5}+\frac{1}{5}+\frac{1}{5}\right)u_{n1}-\left(\frac{1}{5}+\frac{1}{5}\right)u_{n2}=\frac{10}{1}-\frac{20}{5}\\-\left(\frac{1}{5}+\frac{1}{5}\right)u_{n1}+\left(\frac{1}{5}+\frac{1}{5}+\frac{1}{10}\right)u_{n2}=2+\frac{20}{5}\end{cases}$$

整理可得

$$\begin{cases}1.6u_{n1}-0.4u_{n2}=6\\-0.4u_{n1}+0.5u_{n2}=6\end{cases}$$

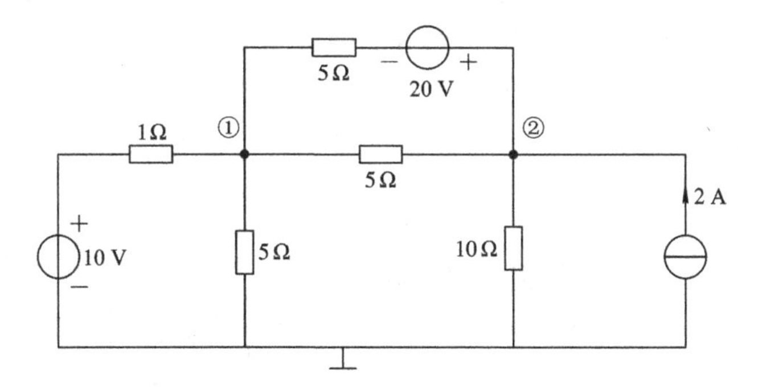

图 3-8

【解题指南与点评】 应先把电压源与电阻串联支路等效变换为电流源与电导并联支路，然后套用节点电压方程的一般形式。

【例 3-8】 列出图 3-9 所示电路的节点电压方程，并求出两个独立电流源发出的功率。

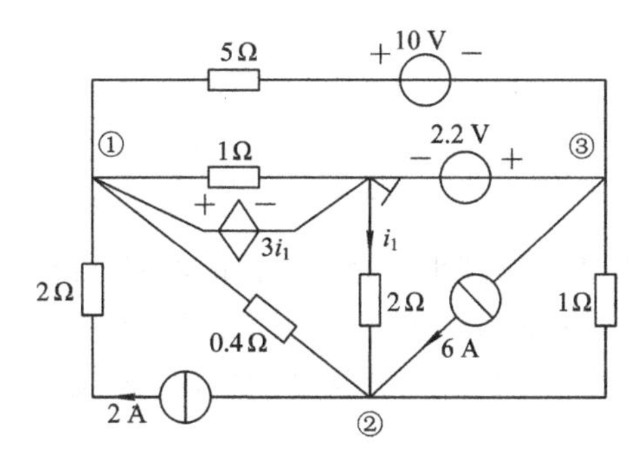

图 3-9

解 列写各节点的节点电压方程如下：

$$\begin{cases}u_{n1}=3i_1\\-\frac{1}{0.4}u_{n1}+\left(\frac{1}{0.4}+\frac{1}{2}+1\right)u_{n2}-u_{n3}=-2+6\\u_{n3}=2.2\\i_1=-\frac{u_{n2}}{2}\end{cases}$$

解上述方程得

$$u_{n1}=-1.2\ \text{V},\quad u_{n2}=0.8\ \text{V}$$

因此，2 A 电流源发出功率为

$$P_{发出}=2\times(u_{n1}+2\times2-u_{n2})=4\ \text{W}\quad(实际发出\ 4\ \text{W})$$

6 A 电流源发出功率为

$$P_{发出}=6\times(u_{n2}-u_{n3})=-8.4\ \text{W}\quad(实际吸收\ 8.4\ \text{W})$$

【解题指南与点评】 在本题中，应注意两点：(1) 与 2 A 电流源串联的 2 Ω 电阻是“虚元件”，不能出现在节点电压方程中；(2) 题意指明求两个独立电流源的发出功率，所以最好取电流源两端的电压参考方向与电流的参考方向非关联，这样可给计算带来方便。计算结果为负，表明该电流源实际是吸收功率；若结果为正，表明实际是发出功率。2.2 V 的独立源一端接在参考节点，另一端接在节点③上，则 $u_{n3}=2.2$ V。

【例 3-9】 假设要实现图 3-10 所示电路的输出 u_0 为：$-u_0=3u_1+0.2u_2$，并已知 $R_3=10$ kΩ，求 R_1 和 R_2。

解 在图 3-10 所示电路中标上节点电压 u_{n1}、u_{n2}及支路电流 i_1、i_2、i_3。根据理想运放的两条规则：$u_{n1}=u_{n2}=0$(虚短)，$i_1+i_2=i_3$(虚断)，可列出方程：

$$\frac{-u_0}{R_3}=\frac{u_1}{R_1}+\frac{u_2}{R_2}$$

即

$$-u_0=\frac{R_3}{R_1}u_1+\frac{R_3}{R_2}u_2$$

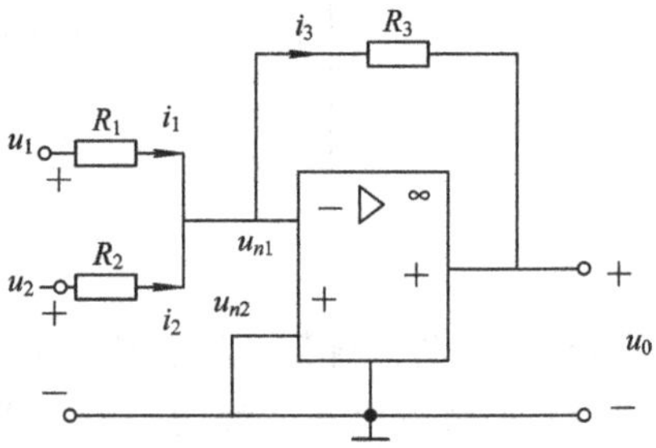

图 3-10

题目给定的已知条件为

$$-u_0=3u_1+0.2u_2$$

比较上两式的系数，可得

$$R_1=\frac{R_3}{3}=3.33\ \text{k}\Omega,\quad R_2=\frac{R_3}{0.2}=50\ \text{k}\Omega$$

【解题指南与点评】 分析含有理想运算放大器的电阻电路，一定会用到理想运放的两个规则：“虚短”与“虚断”；而其他独立方程的列写方法与电阻电路的分析方法一样。

【例 3-10】 图 3-11 所示电路起着减法器的作用，求输出电压 u_0 与输入电压 u_1、u_2 之间的关系。

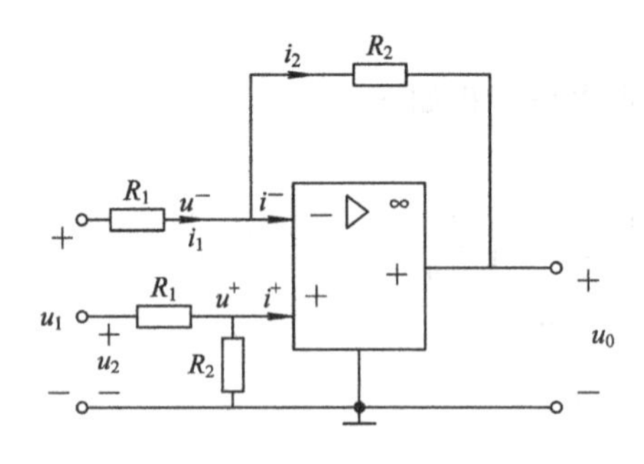

图 3-11

解 令同相端的电压为 u^+，反相端的电压为 u^-，如图 3-11 所示。应用理想运放两条规则：虚断 $i^{-}=i^{+}=0$；虚短 $u^{-}=u^{+}$，则列节点电压方程如下：

$$u_0=R_2\left[\left(\frac{1}{R_1}+\frac{1}{R_2}\right)u^{-}-\frac{1}{R_1}u_1\right]=R_2\left(\frac{1}{R_1}u_2-\frac{1}{R_1}u_1\right)=\frac{R_2}{R_1}(u_2-u_1)$$

【解题指南与点评】 分析计算含有理想运算放大器的电阻电路时，应把“虚断”、“虚短”概念巧妙地运用到节点电压方程与回路电流方程等直流电流的分析方法中去。从输出电压 u_0 与输入电压 u_1、u_2 之间关系式可知，该电路起着减法器的作用。

【例 3－11】 含有运放的电阻电路如图 3－12 所示，试求：(1) $R_{in}=\infty$，$A\neq\infty$；(2) $R_{in}=\infty$，$A=\infty$(理想运放)两种情况下的开路电压 u_0，从电压源 u_s 两端看进去的输入电阻 R_i 及输出电阻 R_{out}。

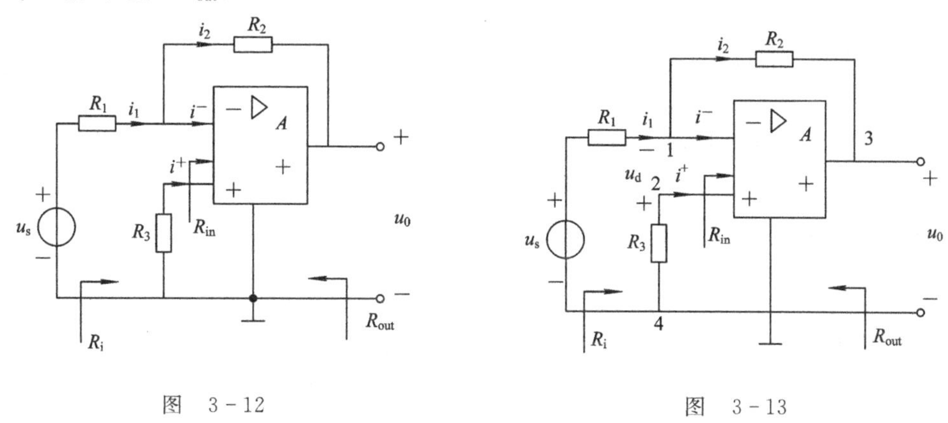

图 3－12　　　　图 3－13

解 (1) $R_{in}=\infty$，$A\neq\infty$，为非理想运放。

① 求开路电压 u_0。因为 $R_{in}=\infty$，所以 $i^{-}=0$，$i^{+}=0$，$i_1=i_2$，在图 3－13 中的 1－2－4－1 回路应用 KVL，得

$$u_s=-R_3i^{+}-u_d+R_1i_1=R_1i_1-\frac{u_0}{A}$$

可得

$$i_1=\left(u_s+\frac{u_0}{A}\right)\times\frac{1}{R_1}=i_2 \tag{1}$$

在回路 1－3－4－2－1 中应用 KVL，得

$$u_0=-R_3i^{+}-u_d-R_2i_2=-R_2i_2-\frac{u_0}{A} \tag{2}$$

联立式(1)、式(2)可得

$$u_0=\frac{-\dfrac{R_2}{R_1}}{1+\dfrac{(R_1+R_2)}{AR_1}}u_s \tag{3}$$

② 求输入电阻 R_i。将式(3)代入式(1)可得

$$i_1=\frac{u_s}{R_1}+\frac{1}{AR_1}\left[\frac{-\dfrac{R_2}{R_1}}{1+\dfrac{(R_1+R_2)}{AR_1}}u_s\right]$$

于是有

$$R_i=\frac{u_s}{i_1}=R_1+\frac{R_2}{1+A}$$

③ 求输出电阻 R_{out}。把独立源置零，在输出端口加电流源(注意，只能加电流源，理由请看分析结果)后的电路如图 3-14 所示。对回路 3-4-2-1-3 应用 KVL：

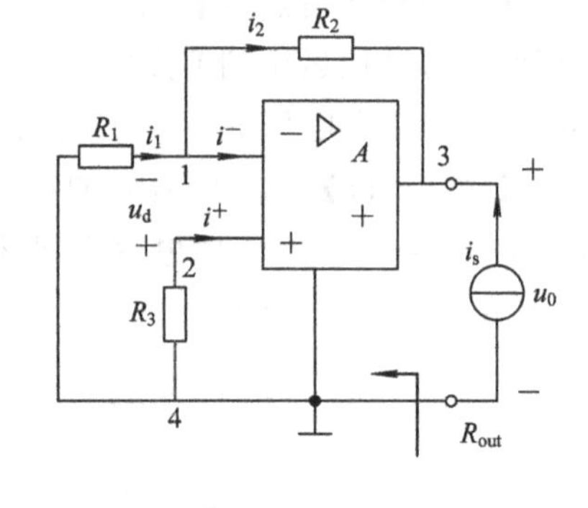

图 3-14

$$u_0=-R_3i^+-u_d-R_2i_2=-R_2i_2-\frac{u_0}{A}\qquad i^+=0\tag{4}$$

对节点 1 应用 KCL，得

$$i_1=i_2,\qquad i^-=0\tag{5}$$

对回路 1-2-4-1 应用 KVL，得

$$-u_d+R_1i_1=0\qquad i^+=0\tag{6}$$

联立式(4)、(5)、(6)，可得

$$\left[1+\frac{1+R_2/R_1}{A}\right]u_0=0$$

在 $1+\dfrac{1+R_2/R_1}{A}\neq 0$ 的情况下，有 $u_0=0$，由此可得输出电阻为

$$R_{out}=\frac{u_0}{i_s}=0$$

上述结果就是输出口加电流源 i_s 的原因。

(2) $R_{in}=\infty$，$A=\infty$(理想运放)时。

① 求开路电压 u_0。因为 $R_{in}=\infty$，所以 $i^-=0$，$i^+=0$，$i_1=i_2$(虚断)。又因为 $A=\infty$，$u_d=0$，$u_2=u_1$(虚短)，由此可得

$$u_0=-R_2i_2,\quad u_s=R_1i_1$$

于是

$$u_0=-\frac{R_2}{R_1}u_s$$

式中的"−"号表示 u_0 与 u_s 反相，且 u_0 与 u_s 成正比例，因此称图 3-13 为反相输入比例器电路。

② 求输入电阻 R_{in}。由 $u_s=R_1i_1$，可得 $R_{in}=u_s/i_s=0$。

③ 求输出电阻 R_{out}。由图 3-14 可得 $u_0=-R_2i_2=-R_2i_1$，在回路 1-2-4-1 中，$i_1=0$，所以 $u_0=0$。由此可得输出电阻为 $R_{out}=u_0/i_s=0$。

【解题指南与点评】 本题的第(1)小题是非理想运算放大器应用于电路中的情况，利用 $R_{in}=\infty$这一条件可以推导出 $i^-=0$，$i^+=0$，即"虚断"同样适用；由于 $A\neq\infty$，因此不能利用"虚短"，输入与输出之间关系式必须利用 $u_0=Au_d$ 求解。本题的第(2)小题是理想运算放大器的电阻电路分析。通过理想与非理想运放的具体应用分析，有助于提高读者的分析能力。

【例 3-12】 含有理想运放的电阻电路如图 3-15 所示，试求 u_0 与 u_s 的关系式。

解 应用理想运放的虚断概念，则 $i^-=0$，$i^+=0$，$i_1=i_C$；应用理想运放的虚短概念，节点①与节点②的电压相等，即

$$u_{n1}=u_{n2}=0,\quad u_0=-u_C$$

式中，

$$u_C=u_C(0_-)+\frac{1}{C}\int_{0_-}^{t} i_C\,\mathrm{d}\xi$$

又因为 $i_1=\dfrac{u_s}{R_1}$，所以

$$u_0=-u_C=u_C(0_-)-\frac{1}{C}\int_{0_-}^{t} i_C\,\mathrm{d}\xi$$

$$=-u_C(0_-)-\frac{1}{R_1C}\int_{0_-}^{t} u_s\,\mathrm{d}\xi$$

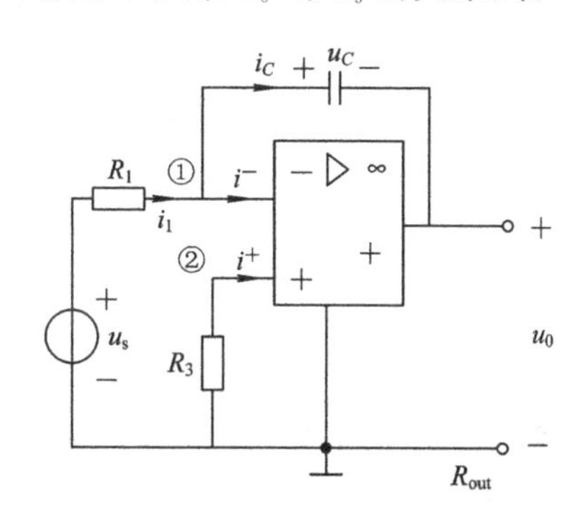

图 3-15

对于初始储能为零的电容，$u_C(0_-)=0$，由此可得

$$u_0=-\frac{1}{R_1C}\int_{0_-}^{t} u_s\,\mathrm{d}\xi$$

即响应 u_0 是激励 u_s 的积分。这表明图示电路能实现积分运算。式中“—”号是反相输入的。

【解题指南与点评】 由于电容 C 的存在，由 u_C 与 i_C 之间的积分关系，建立起响应 u_0 与激励 u_s 的积分关系，从而实现反相输入积分器功能。

3.4 习题解答

3-1 用支路分析法求图 3-16 所示电路中的电流 i_R。

解 选节点 1 为独立节点，网孔为独立回路，设 i_1，i_2 是两个支路电流，回路的绕行方向如图中所示。节点 1 的 KCL 方程为

$$i_1=i_2+i_R \qquad (1)$$

网孔 2 的 KVL 方程为

$$40i_2+80-10i_R=0 \qquad (2)$$

对于网孔 1，有

$$i_1=-2\ \mathrm{A} \qquad (3)$$

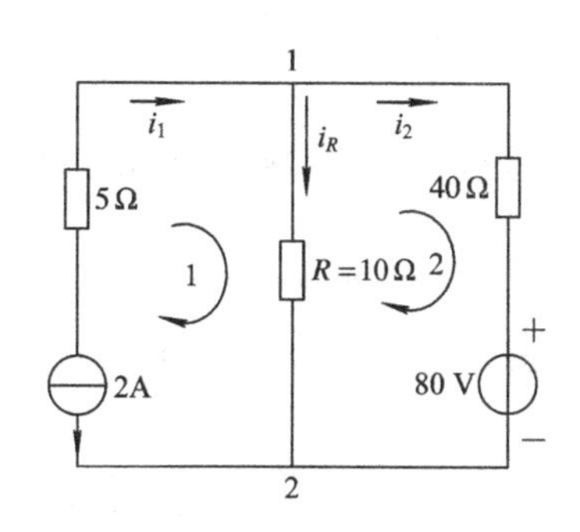

图 3-16

将式(1)、(2)、(3)联立得

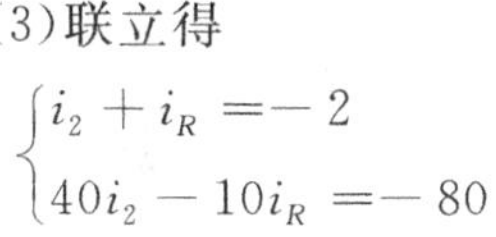

$$\begin{cases} i_2+i_R=-2 \\ 40i_2-10i_R=-80 \end{cases}$$

解得

$$i_R=0$$

3-2 用支路分析法求图 3-17 所示电路中的电流 i。

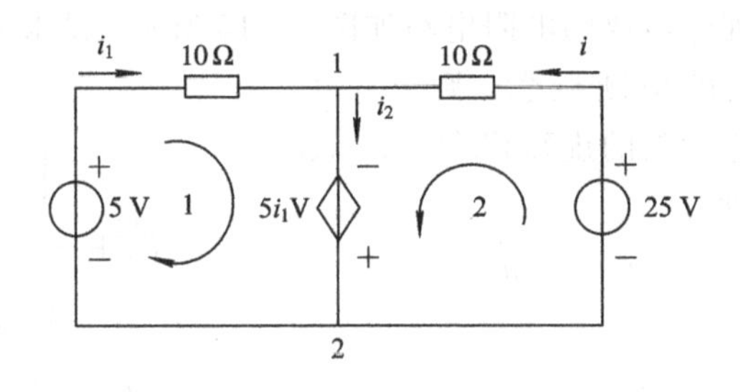

图 3-17

解 选节点 1 为独立节点，网孔为独立回路，网孔的绕行方向如图中所示。节点 1 的 KCL 方程为

$$i_1 + i = i_2 \tag{1}$$

网孔 1 的 KVL 方程为

$$10i_1 - 5i_1 - 5 = 0 \tag{2}$$

网孔 2 的 KVL 方程为

$$10i - 5i_1 - 25 = 0 \tag{3}$$

将式(1)、(2)、(3)联立解得

$$i_1 = 1\ \text{A}, \quad i = 3\ \text{A}, \quad i_2 = 4\ \text{A}$$

3-3 用支路电流法计算图 3-18 所示电路中的支路电流 i_1、i_2 和 i_3。

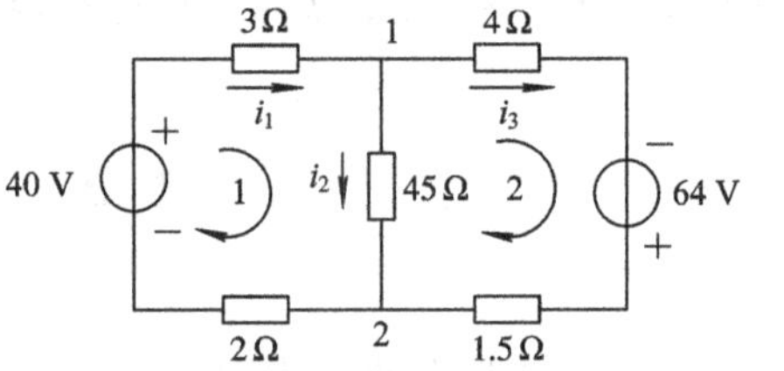

解 选节点 1 为独立节点，网孔为独立回路，网孔的绕行方向如图中所示。节点 1 的 KCL 方程为

$$i_1 = i_2 + i_3 \tag{1}$$

网孔 1 的 KVL 方程为

$$3i_1 + 45i_2 + 2i_1 = 40 \tag{2}$$

网孔 2 的 KVL 方程为

$$4i_3 + 1.5i_3 - 45i_2 = 64 \tag{3}$$

图 3-18

将式(1)、(2)、(3)联立求解，得

$$i_1 = 9.8\ \text{A}, \quad i_2 = -0.2\ \text{A}, \quad i_3 = 10\ \text{A}$$

3-4 用节点分析法求图 3-19 所示电路中的 u_1 和 u_2。

解 选节点 3 为参考节点，列出节点方程为

$$u_{n1}\left(\frac{1}{2} + \frac{1}{4}\right) - u_{n2}\,\frac{1}{4} = 4 - 7 \tag{1}$$

$$-\frac{1}{4}u_{n1} + u_{n2}\left(\frac{1}{4} + \frac{1}{6}\right) = 7 \tag{2}$$

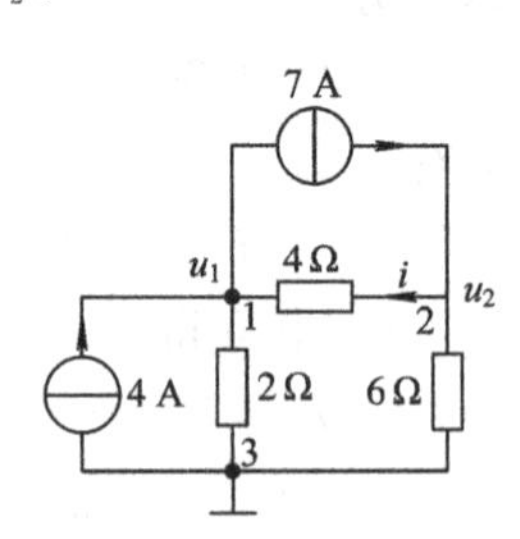

图 3-19

将式(1)、(2)联立得

$$\begin{cases} 3u_{n1} - u_{n2} = -12 \\ -3u_{n1} + 5u_{n2} = 84 \end{cases}$$

解得

$$\begin{cases} u_{n2} = u_2 = 18\ \text{V} \\ u_{n1} = u_1 = 2\ \text{V} \end{cases}$$

3-5　用节点分析法求图 3-20 所示电路中的 i_1 和 i_2。

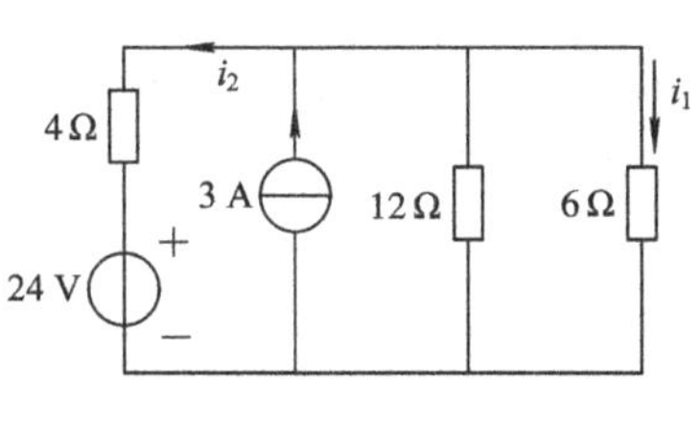

图　3-20

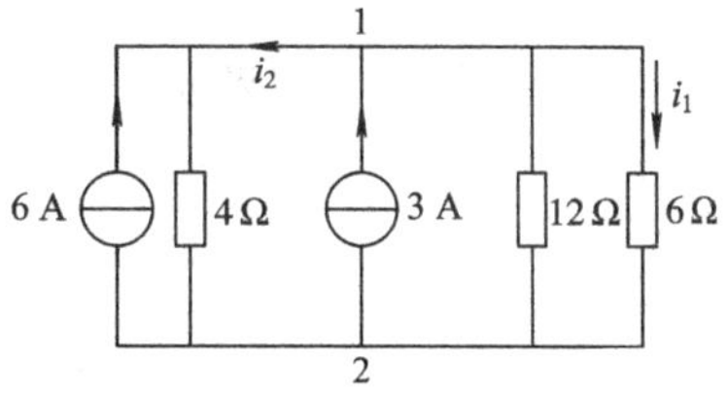

图　3-21

解　先将原电路等效为如图 3-21 所示。选节点 2 为参考节点，列出节点方程为

$$u_{n1}\left(\frac{1}{4}+\frac{1}{12}+\frac{1}{6}\right)=6+3 \tag{1}$$

解得 $u_{n1}=18$ V，则

$$i_1=\frac{u_{n1}}{6}=\frac{18}{6}=3\ \text{A},\quad i_2=\frac{u_{n1}}{4}-6=-1.5\ \text{A}$$

3-6　用节点分析法求图 3-22 所示电路中的 u_1、u_2 和 u_3。

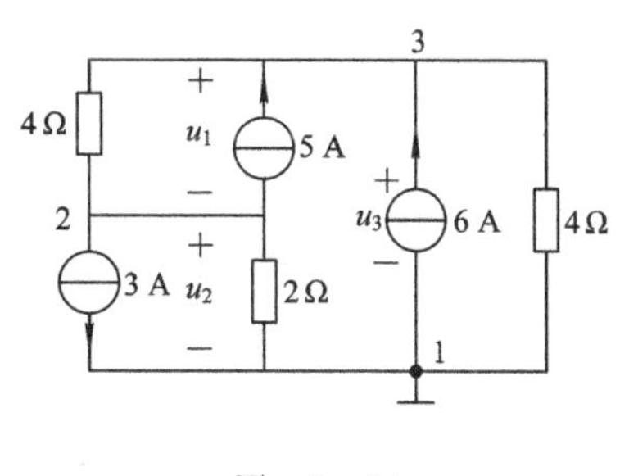

图　3-22

解　选节点 1 为参考节点，则

$$u_{n3}=u_3,\quad u_{n2}=u_2,\quad u_1=u_3-u_2$$

列出节点方程为

$$\begin{cases} u_2\left(\frac{1}{2}+\frac{1}{4}\right)-\frac{1}{4}u_3=-5-3 \\ -u_2\times\frac{1}{4}+\left(\frac{1}{4}+\frac{1}{4}\right)u_3=6+5 \end{cases}$$

化简得

$$\begin{cases} 3u_2-u_3=-32 \\ -u_2+2u_3=44 \end{cases}$$

解得

$$u_2=-4\ \text{V},\quad u_3=20\ \text{V},\quad u_1=24\ \text{V}$$

3-7　图 3-23 所示电路中，如果元件 x 是一个上端为正极的 4 V 独立电压源，用节点分析法求电压 u。

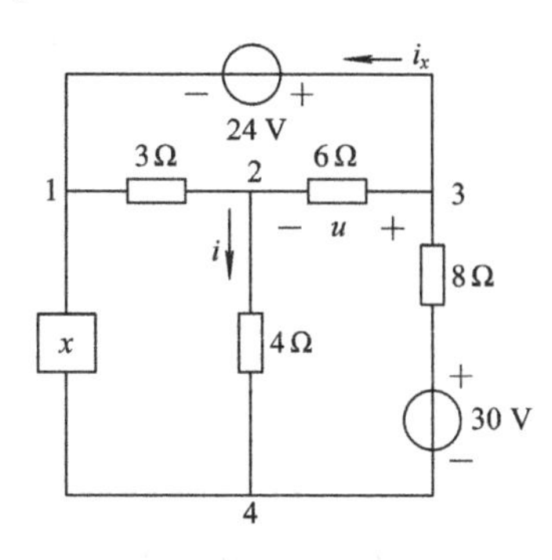

图　3-23

解　选节点 4 为参考节点，列出节点方程为

$$u_{n1}=4\ \text{V} \tag{1}$$

$$-\frac{1}{3}u_{n1}+\left(\frac{1}{3}+\frac{1}{4}+\frac{1}{6}\right)u_{n2}-\frac{1}{6}u_{n3}=0 \tag{2}$$

$$-\frac{1}{6}u_{n2}+\left(\frac{1}{6}+\frac{1}{8}\right)u_{n3}=\frac{30}{8}-i_x \tag{3}$$

$$u_{n3}-u_{n1}=24\ \text{V} \tag{4}$$

因为要求 u，而 $u=u_{n3}-u_{n2}$，所以只需求出 u_{n3}、u_{n2} 即可。式(1)、(2)、(3)、(4)联立，可解得

$$u_{n1}=4\ \text{V},\quad u_{n3}=28\ \text{V},\quad u_{n2}=8\ \text{V}$$

从而

$$u=20\ \text{V}$$

3-8　在上题图中，如果元件 x 是一个上端为正极等于 $5i$ 的受控电压源，求 u。

解　若 x 为 $5i$ 的受控电压源，仍选节点 4 为参考节点，列出节点方程为

$$u_{n1}=5i \tag{1}$$

$$-\frac{1}{3}u_{n1}+\left(\frac{1}{3}+\frac{1}{4}+\frac{1}{6}\right)u_{n2}-\frac{1}{6}u_{n3}=0 \tag{2}$$

$$-\frac{1}{6}u_{n2}+\left(\frac{1}{6}+\frac{1}{8}\right)u_{n3}=\frac{30}{8}-i_x \tag{3}$$

$$u_{n3}-u_{n1}=24 \tag{4}$$

辅助方程为

$$i=\frac{u_{n2}}{4} \tag{5}$$

式(1)、(2)、(3)、(4)、(5)联立解得

$$u_{n1}=40\ \text{V}$$
$$u_{n2}=32\ \text{V}$$
$$u_{n3}=24+u_{n1}=64\ \text{V}$$
$$u=u_{n3}-u_{n2}=64-32=32\ \text{V}$$

3-9　用节点分析法求图 3-24 所示电路中的 i。

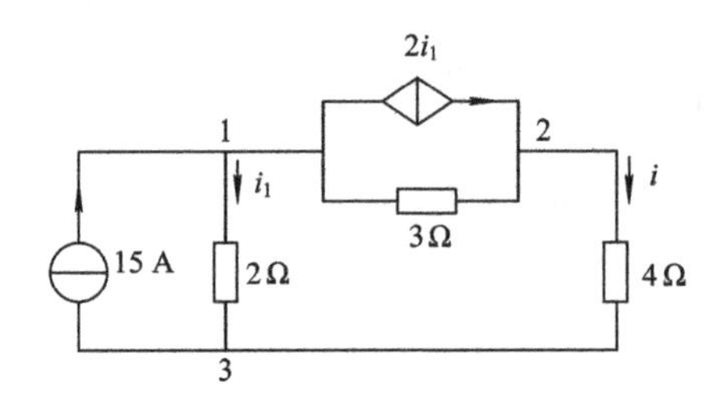

图　3-24

解　选节点 3 为参考节点，列出节点方程为

$$u_{n1}\left(\frac{1}{2}+\frac{1}{3}\right)-\frac{1}{3}u_{n2}=15-2i_1 \tag{1}$$

$$-\frac{1}{3}u_{n1}+\left(\frac{1}{3}+\frac{1}{4}\right)u_{n2}=2i_1 \tag{2}$$

辅助方程为

$$i_1=\frac{u_{n1}}{2} \tag{3}$$

$$i=\frac{u_{n2}}{4} \tag{4}$$

式(1)、(2)、(3)、(4)联立解得

$$u_{n1}=14\ \text{V},\quad u_{n2}=32\ \text{V},\quad i=8\ \text{A}$$

3-10　用节点分析法求图 3-25 所示电路中的 u 和 i。

解　原电路等效为如图 3-26 所示的电路。选节点 3 为参考节点，列出节点方程为

$$u_{n1}\left(\frac{1}{6}+\frac{1}{2}\right)=i_x+\frac{28}{6} \tag{1}$$

$$u_{n2}\left(\frac{1}{4}+\frac{1}{12}\right)=-i_x \tag{2}$$

辅助方程为

$$u_{n2}-u_{n1}=8\ \text{V} \tag{3}$$

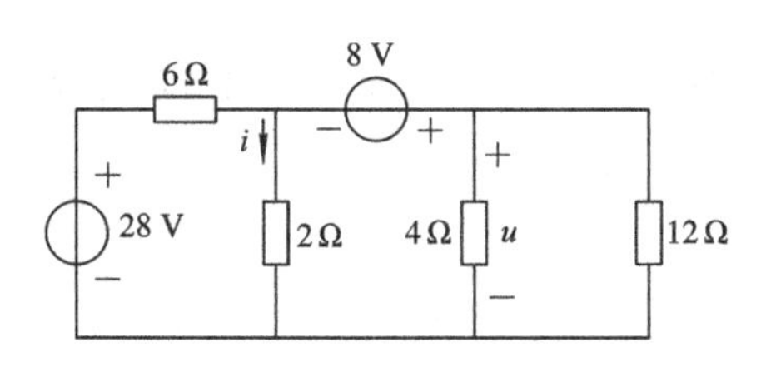

图　3-25

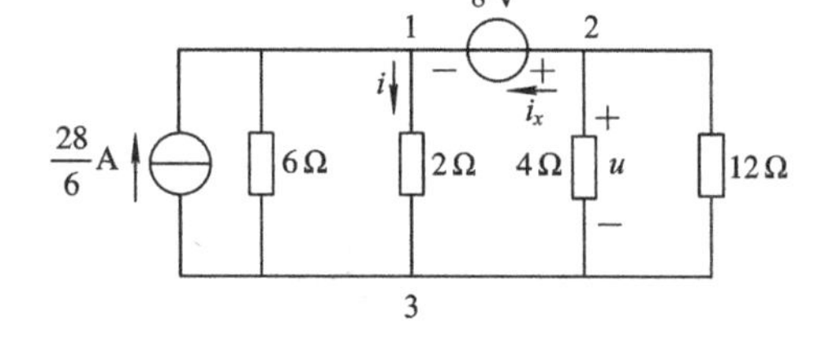

图　3-26

式(1)、(2)、(3)联立解得

$$u_{n1}=2\ \text{V},\quad u_{n2}=10\ \text{V}$$

所以

$$u=u_{n2}=10\ \text{V},\quad i=\frac{u_{n1}}{2}=1\ \text{A}$$

3-11　用节点分析法求图 3-27 所示电路中的 u_o。

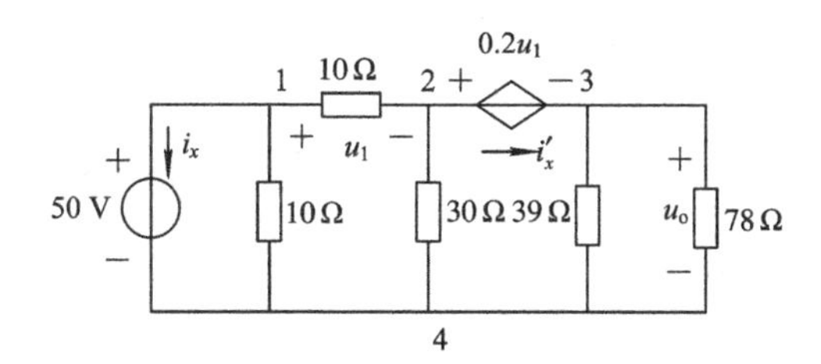

图　3-27

解　选节点 4 为参考节点，列出节点方程为

$$u_{n1}=50\ \text{V} \tag{1}$$

$$-\frac{1}{10}u_{n1}+\left(\frac{1}{30}+\frac{1}{10}\right)u_{n2}=-i_x' \tag{2}$$

$$\left(\frac{1}{39}+\frac{1}{78}\right)u_{n3}=i_x' \tag{3}$$

辅助方程为

$$u_{n3}-u_{n2}=-0.2u_1 \tag{4}$$

$$u_1=u_{n1}-u_{n2} \tag{5}$$

式(1)、(2)、(3)、(4)、(5)联立解得

$$u_{n2}=30\ \text{V},\quad u_{n1}=50\ \text{V},\quad u_{n3}=26\ \text{V}$$

所以

$$u_o=u_{n3}=26\ \text{V}$$

3-12　电路如图 3-28 所示：(1) 用节点分析法求独立源产生的功率；(2) 通过计算其他元件吸收的总功率检验(1)中的结果。

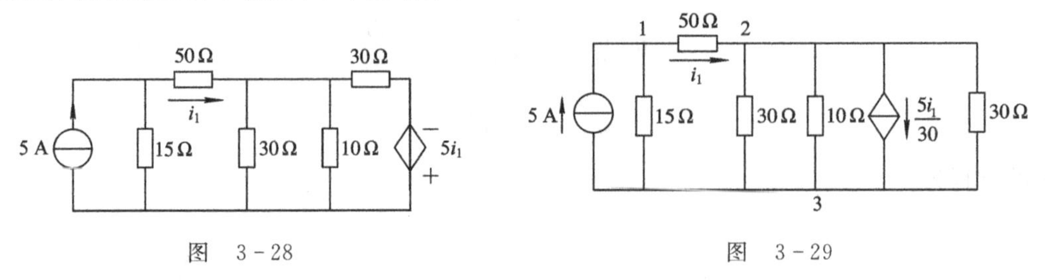

图　3-28　　　　　　　　图　3-29

解　(1) 原电路等效为如图 3-29 所示电路。选节点 3 作为参考节点，列出节点方程如下：

$$u_{n1}\left(\frac{1}{15}+\frac{1}{50}\right)-\frac{1}{50}u_{n2}=5\ \text{A} \tag{1}$$

$$-\frac{1}{50}u_{n1}+\left(\frac{1}{50}+\frac{1}{30}+\frac{1}{10}+\frac{1}{30}\right)u_{n2}=-\frac{1}{6}i_1 \tag{2}$$

辅助方程为

$$i_1=\frac{u_{n1}-u_{n2}}{50} \tag{3}$$

式(1)、(2)、(3)联立得

$$\begin{cases}13u_{n1}-3u_{n2}=5\times150\\-u_{n1}+11u_{n2}=0\end{cases}$$

解得

$$u_{n2}=\frac{5\times15}{14}\ \text{V},\quad u_{n1}=\frac{5\times15\times11}{14}\ \text{V}$$

因而，5 A 电流源产生的功率为

$$5\times u_{n1}=\frac{5\times5\times15\times11}{14}=295\ \text{W}$$

(2) 其他元件吸收功率为

$$\frac{u_{n1}^2}{15}+50\times\left(\frac{u_{n1}-u_{n2}}{50}\right)^2+\frac{u_{n2}^2}{30}+\frac{u_{n2}^2}{10}+\frac{u_{n2}^2}{30}+\frac{1}{6}i_1\times u_{n2}=295\ \text{W}$$

3-13　用节点分析法计算图 3-30 所示电路中的 u_o 值。

解　选节点 4 为参考节点，列出节点方程为

$$u_{n1}=4 \tag{1}$$

$$u_{n2}\left(\frac{1}{3}+1\right)-u_{n3}=-7 \tag{2}$$

$$-\frac{1}{2}u_{n1}-u_{n2}+\left(1+\frac{1}{2}\right)u_{n3}=2u_x \tag{3}$$

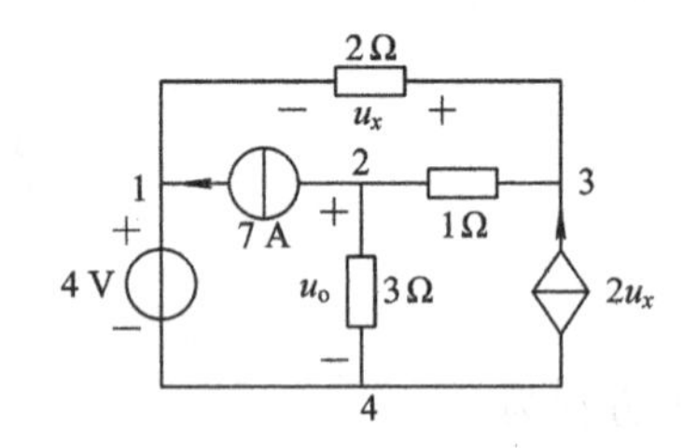

图　3-30

辅助方程为

$$u_x=u_{n3}-u_{n1} \tag{4}$$

式(1)、(2)、(3)、(4)联立，整理得

$$\begin{cases}4u_{n2}-3u_{n3}=-21\\-2u_{n2}-u_{n3}=-12\end{cases}$$

解得

$$u_{n2}=1.5\ \text{V},\quad u_{n3}=9\ \text{V}$$

所以

$$u_o=1.5\ \text{V}$$

3-14　用网孔分析法或回路分析法求图3-31所示电路中的 i_g。

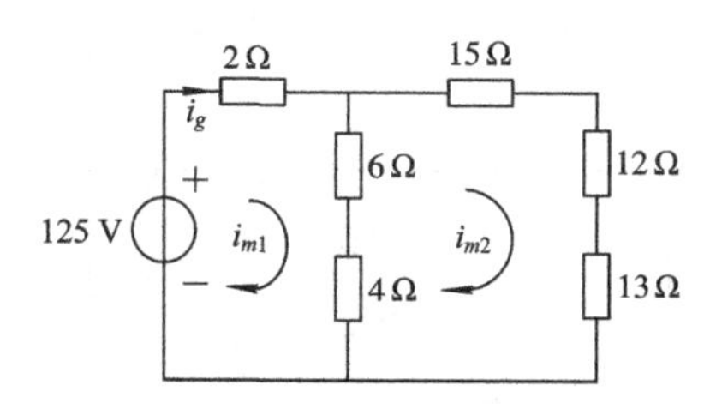

图　3-31

解　选定两个网孔的电流方向都为顺时针，列出网孔方程为

$$(2+6+4)i_{m1}-(6+4)i_{m2}=125 \tag{1}$$

$$-(6+4)i_{m1}+(6+4+13+12+15)i_{m2}=0 \tag{2}$$

解得

$$i_{m1}=12.5\ \text{A},\quad i_{m2}=2.5\ \text{A}$$

所以

$$i_g=i_{m1}=12.5\ \text{A}$$

3-15　用网孔分析法或回路分析法求图3-32所示电路中4 Ω电阻消耗的功率。

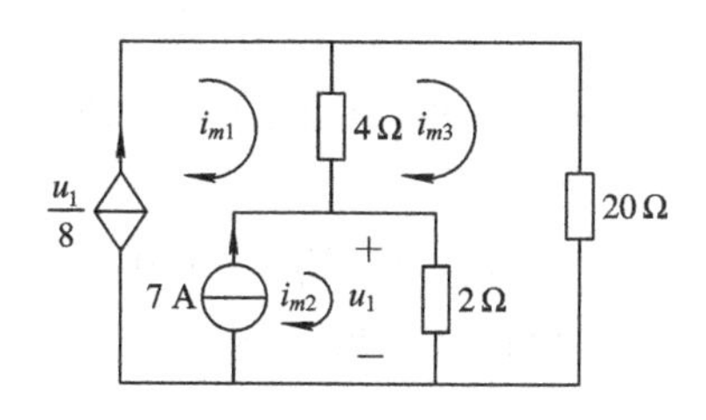

图　3-32

解　三个网孔电流如图中所示，列出网孔方程如下：

$$i_{m1}=\frac{u_1}{8} \tag{1}$$

$$2i_{m2}-2i_{m3}=u_1 \tag{2}$$

$$-4i_{m1}-2i_{m2}+(4+2+20)i_{m3}=0 \tag{3}$$

辅助方程为

$$i_{m2}-i_{m1}=7 \tag{4}$$

$$u_1=(i_{m2}-i_{m3})\times 2 \tag{5}$$

式(1)、(2)、(3)、(4)、(5)联立得

$$\begin{cases}4i_{m1}-i_{m2}+i_{m3}=0\\-4i_{m1}-2i_{m2}+26i_{m3}=0\\i_{m2}-i_{m1}=7\end{cases}$$

解得

$$i_{m1}=2\ \text{A},\quad i_{m2}=9\ \text{A},\quad i_{m3}=1\ \text{A}$$

所以 4 Ω 电阻消耗的功率为

$$(i_{m1}-i_{m3})^2\times 4=4\ \text{W}$$

3-16　用网孔分析法或回路分析法求图 3-33 中电流 i_R。

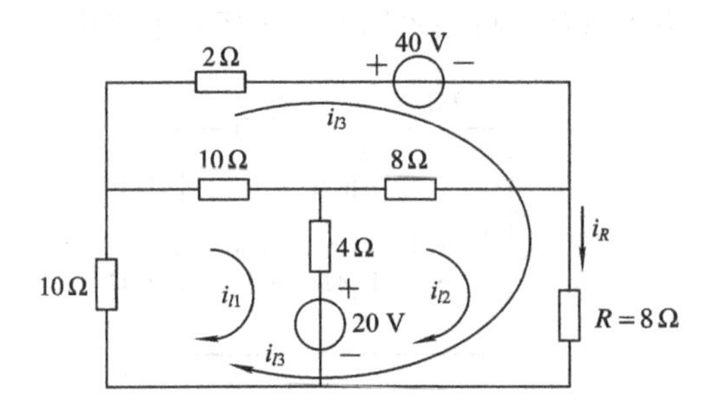

图　3-33

解　选择如图中所示三个回路电流，列出回路方程：

$$i_{l1}(10+4+10)-4i_{l2}+10i_{l3}=-20 \quad (1)$$

$$-4i_{l1}+i_{l2}(8+8+4)+8i_{l3}=20 \quad (2)$$

$$10i_{l1}+8i_{l2}+(2+8+10)i_{l3}=-40 \quad (3)$$

式(1)、(2)、(3)联立得

$$\begin{cases}24i_{l1}-4i_{l2}+10i_{l3}=-20 & (4)\\ -4i_{l1}+20i_{l2}+8i_{l3}=20 & (5)\\ 10i_{l1}+8i_{l2}+20i_{l3}=-40 & (6)\end{cases}$$

整理得

$$\begin{cases}116i_{l2}+58i_{l3}=100\\ 116i_{l2}+80i_{l3}=20\end{cases}$$

解得

$$i_{l2}=-\frac{40}{11}\ \text{A},\quad i_{l3}=\frac{25\times 11+20\times 29}{29\times 11}\ \text{A}$$

从而

$$i_R=i_{l2}+i_{l3}=\frac{25\times 11+20\times 29-40\times 29}{11\times 29}=-\frac{305}{319}=-0.956\ \text{A}$$

3-17　图 3-34 所示电路，用网孔分析法求 $R=4\ \Omega$ 或 $R=12\ \Omega$ 两种情况下的 i_1 和 u。

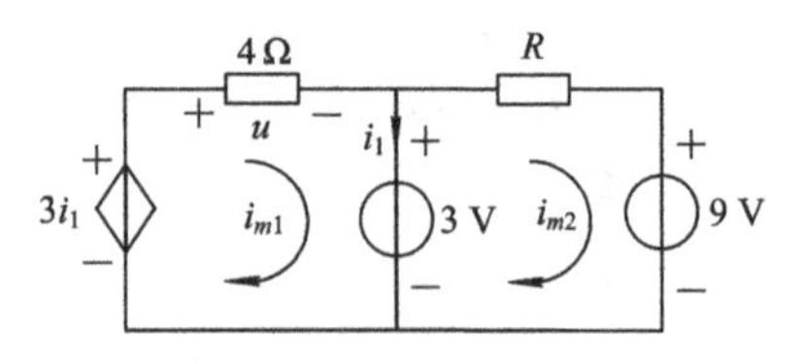

图　3-34

解　网孔电流如图中所示，列出网孔方程如下：

$$4i_{m1}=-3+3i_1 \quad (1)$$

$$Ri_{m2} = 3 - 9 \tag{2}$$

$$i_1 = i_{m1} - i_{m2} \tag{3}$$

当 $R=4\ \Omega$ 时，解得

$$i_{m1} = 1.5\ \text{A},\quad i_{m2} = -1.5\ \text{A},\quad i_1 = 3\ \text{A},\quad u = 4i_{m1} = 6\ \text{V}$$

当 $R=12\ \Omega$ 时，解得

$$i_{m1} = -1.5\ \text{A},\quad i_{m2} = -0.5\ \text{A},\quad i_1 = -1\ \text{A},\quad u = i_{m1} \times 4 = -6\ \text{V}$$

3-18　用网孔分析法求图 3-35 所示电路中产生功率的元件，并求所产生的总功率。

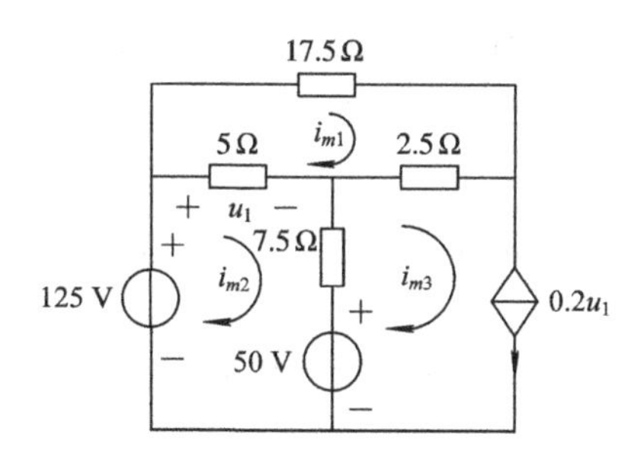

图　3-35

解　网孔电流如图中所示，列出网孔方程为

$$i_{m1}(17.5 + 2.5 + 5) - 5i_{m2} - 2.5i_{m3} = 0 \tag{1}$$

$$-5i_{m1} + (5 + 7.5)i_{m2} - 7.5i_{m3} = 125 - 50 \tag{2}$$

$$i_{m3} = 0.2u_1 \tag{3}$$

辅助方程为

$$u_1 = (i_{m2} - i_{m1}) \times 5 \tag{4}$$

式(1)、(2)、(3)、(4)联立得

$$\begin{cases} 11i_{m1} - 3i_{m2} = 0 \\ i_{m1} + 2i_{m2} = 30 \end{cases}$$

解得

$$i_{m1} = 3.6\ \text{A},\quad i_{m2} = 13.2\ \text{A},\quad i_{m3} = 9.6\ \text{A}$$

可见，125 V 电压源是产生功率的元件，产生的功率为

$$125 \times i_{m2} = 1650\ \text{W}$$

3-19　用网孔分析法求图 3-36 所示电路中受控电压源产生的功率。

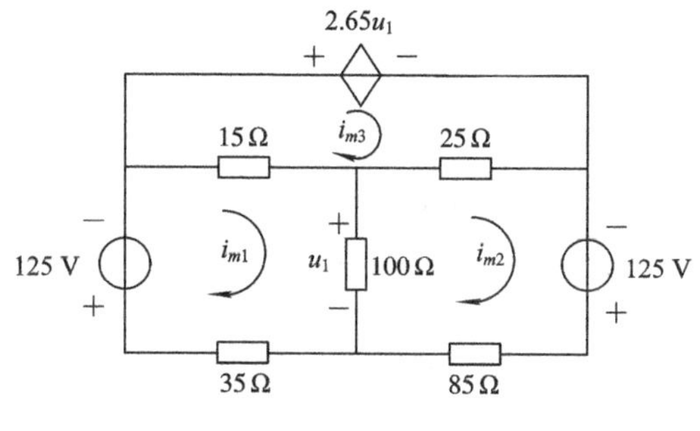

图　3-36

解　网孔电流如图中所示，列出网孔方程为

$$\begin{cases}(15+35+100)i_{m1}-100i_{m2}-15i_{m3}=+125\ \text{V}\\-100i_{m1}+(100+25+85)i_{m2}-25i_{m3}=125\ \text{V}\\-15i_{m1}-25i_{m2}+(15+25)i_{m3}=-2.65u_1\end{cases}$$

辅助方程为

$$u_1=(i_{m1}-i_{m2})\times 100$$

整理得

$$\begin{cases}210i_{m1}-226i_{m2}=-200\\390i_{m1}-334i_{m2}=-200\end{cases}$$

解得

$$i_{m1}=1.2\ \text{A},\quad i_{m2}=2\ \text{A},\quad i_{m3}=7\ \text{A}$$

从而

$$u_1=-80\ \text{V}$$

受控源产生的功率为

$$2.65\times(-80)\times i_{m3}=-1484\ \text{W}$$

即产生的功率为 1484 W。

3-20　电路如图 3-37 所示，用网孔分析法求出 2 Ω 电阻消耗的功率。

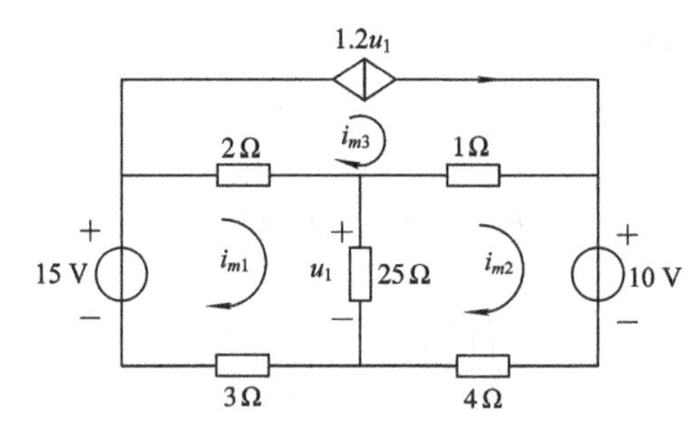

图　3-37

解　网孔电流如图中所示，列出网孔方程如下：

$$(2+25+3)i_{m1}-25i_{m2}-2i_{m3}=15 \tag{1}$$

$$-25i_{m1}+(1+4+25)i_{m2}-i_{m3}=-10 \tag{2}$$

$$i_{m3}=1.2u_1 \tag{3}$$

辅助方程为

$$u_1=(i_{m1}-i_{m2})\times 25 \tag{4}$$

式(1)、(2)、(3)、(4)联立得

$$\begin{cases}-6i_{m1}+7i_{m2}=3\\-11i_{m1}+12i_{m2}=-2\end{cases}$$

解得

$$i_{m1}=10\ \text{A},\quad i_{m2}=9\ \text{A},\quad i_{m3}=30\ \text{A},\quad u_1=25\ \text{V}$$

因此，2 Ω 电阻消耗的功率为

$$(i_{m1}-i_{m3})^2\times 2=800\ \text{W}$$

3-21　用回路分析法求图 3-38 所示电路中的 u。

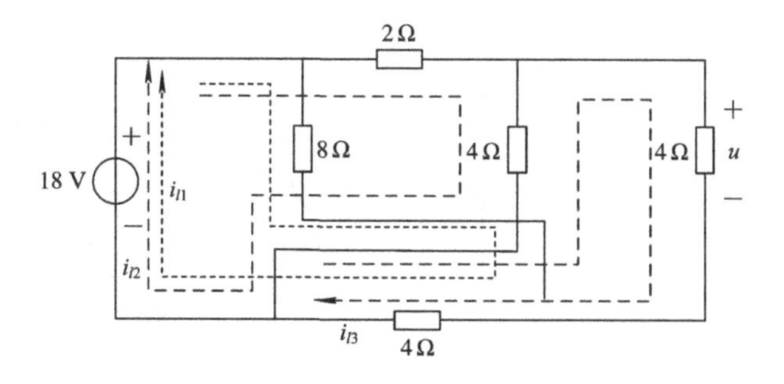

图　3-38

解　选择如图 3-38 中所示的三个独立回路，列出回路方程为

$$i_{l1}(8+4)+4i_{l3}=18 \tag{1}$$

$$i_{l2}(2+4)-4i_{l3}=18 \tag{2}$$

$$i_{l1}\times 4-4i_{l2}+(4+4+4)i_{l3}=0 \tag{3}$$

解得

$$i_{l1}=\frac{5}{4}\ \text{A},\quad i_{l2}=\frac{7}{2}\ \text{A},\quad i_{l3}=\frac{3}{4}\ \text{A}$$

从而

$$u=4\times i_{l3}=3\ \text{V}$$

3-22　电路如图 3-39 所示，用尽量少方程的分析法(回路法或节点法)求 u。

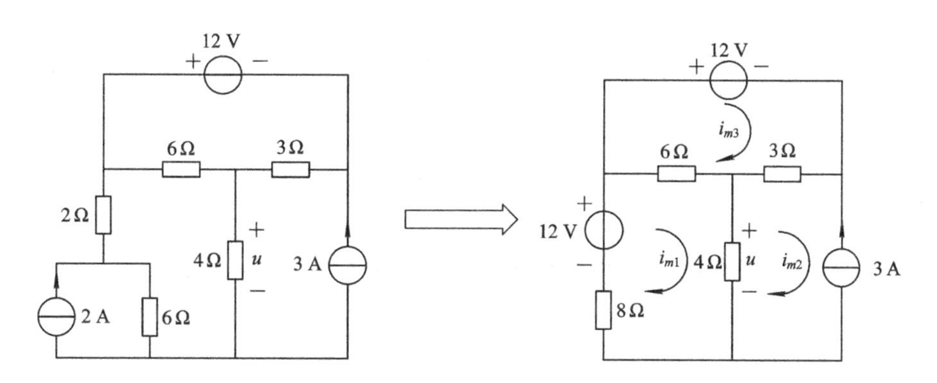

图　3-39

解　网孔电流如图 3-39 中所示，列出网孔方程为

$$(6+4+8)i_{m1}-4i_{m2}-6i_{m3}=12 \tag{1}$$

$$i_{m2}=-3\ \text{A} \tag{2}$$

$$-6i_{m1}-3i_{m2}+(6+3)i_{m3}=-12 \tag{3}$$

式(1)、(2)、(3)联立解得

$$i_{m1}=-1\ \text{A},\quad i_{m2}=-3\ \text{A},\quad i_{m3}=-3\ \text{A}$$

从而

$$u=(i_{m1}-i_{m2})\times 4=(-1+3)\times 4=8\ \text{V}$$

3-23　用网孔分析法或节点分析法求图 3-40 所示两个电路中的 i。

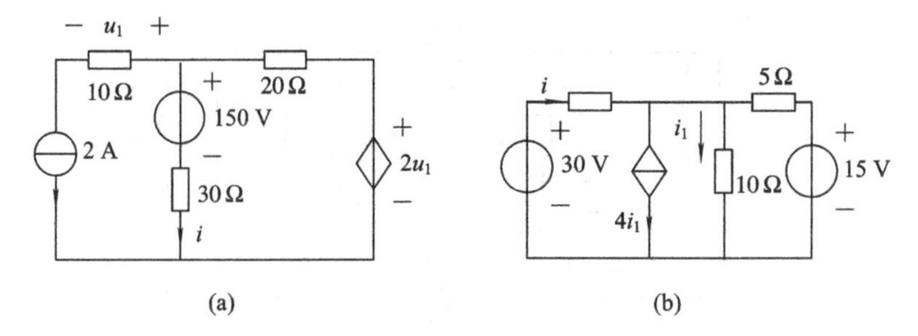

图　3-40

解　(a)图：采用网孔分析法，网孔电流如图 3-41(a)所示。

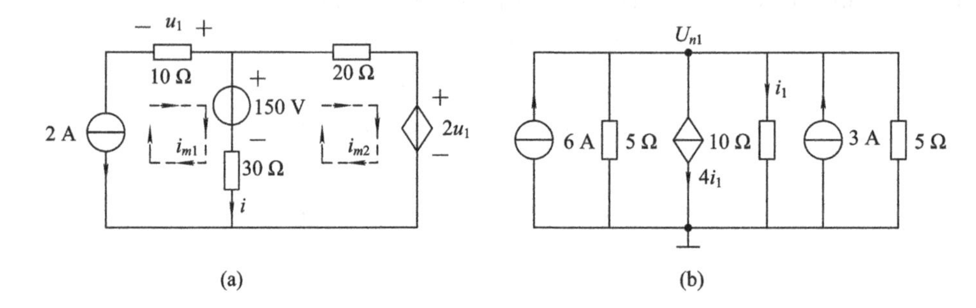

图　3-41

网孔方程为

$$i_{m1}=-2\ \text{A} \tag{1}$$

$$-30i_{m1}+i_{m2}(20+30)=150-2u_1 \tag{2}$$

$$u_1=20\ \text{V} \tag{3}$$

解得

$$i_{m2}=1\ \text{A}$$

$$i=i_{m1}-i_{m2}=-3\ \text{A}$$

(b)图：采用节点分析法，原电路可化简为如图 3-41(b)所示电路。

$$U_{n1}\left(\frac{1}{5}+\frac{1}{10}+\frac{1}{5}\right)=6+3-4i_1 \tag{1}$$

$$U_{n1}=10i_1 \tag{2}$$

解得

$$U_{n1}=10\ \text{V}$$

$$i_1=1\ \text{A}$$

$$i=\frac{30-10i_1}{5}=4\ \text{A}$$

3-24　计算图 3-42 所示电路中 20 V 电压源产生的功率。

解　选节点 5 为参考节点，列出节点方程为

$$u_{n1}\left(\frac{1}{20}+\frac{1}{2}\right)-\frac{1}{2}u_{n2}=-i_x \tag{1}$$

$$u_{n2}=20 \tag{2}$$

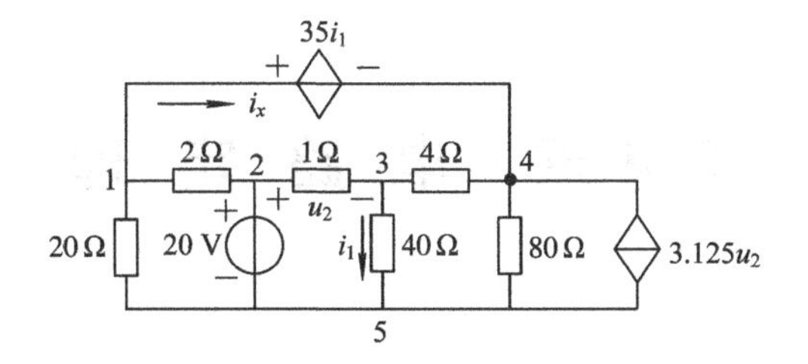

图 3-42

$$-u_{n2}+u_{n3}\left(1+\frac{1}{40}+\frac{1}{4}\right)-\frac{1}{4}u_{n4}=0 \tag{3}$$

$$-\frac{1}{4}u_{n3}+\left(\frac{1}{4}+\frac{1}{80}\right)u_{n4}=-3.125u_2+i_x \tag{4}$$

辅助方程为

$$u_2=u_{n2}-u_{n3} \tag{5}$$

$$i_1=\frac{u_{n3}}{40} \tag{6}$$

$$u_{n1}-u_{n4}=35i_1 \tag{7}$$

式(1)、(2)、(3)、(4)、(5)、(6)、(7)联立得

$$\begin{cases}44u_{n1}-270u_{n3}+21u_{n4}=-4200\\51u_{n3}-10u_{n4}=800\\8u_{n1}-8u_{n4}-7u_{n3}=0\end{cases}$$

解得

$$u_{n1}=-20.25\ \text{V},\quad u_{n3}=10\ \text{V},\quad u_{n4}=-29\ \text{V}$$

设 20 V 电压源的电流为 i，方向向下，则

$$i=\frac{u_{n1}-u_{n2}}{2}+\frac{u_{n3}-u_{n2}}{1}=-20.125-10=-30.125\ \text{A}$$

则 20 V 电压源产生的功率为 30.125×20=602.5 W。

第4章　电路定理

4.1　内容提要

1. 叠加定理

由线性元件和独立源构成的电路称为线性电路，线性电路的数学模型是线性方程。线性电路具有齐次性和可加性。

线性电路的齐次性：若将线性电路中的所有激励同时乘以常数 k，则该电路中任一电流或电压响应也将乘以常数 k。若线性电路中只有一个激励源，则任一电流或电压响应与该激励源成正比。

叠加定理：线性电路在多个激励源共同作用下的任一电流或电压响应等于每个激励源单独作用时该响应的叠加。

2. 替代定理

替代定理：在有唯一解的集总参数电路中，若已知其中第 k 条支路的端电压为 u_k（或已知其端电流为 i_k），用 $u_s=u_k$ 的电压源（或 $i_s=i_k$ 的电流源）替代该条支路，若替代后的电路也具有唯一解，则替代前后各支路的电流和电压不变。

替代定理中的支路可推广到二端网络。在图 4-1(a)中，将二端网络 N_k 看做广义支路，若已知 N_k 的端电压或端电流，则可用电压源替代 N_k，如图 4-1(b)所示；或用电流源替代 N_k，如图 4-1(c)所示。若替代前后电路具有唯一解，则替代前后各支路的电流和电压不变。

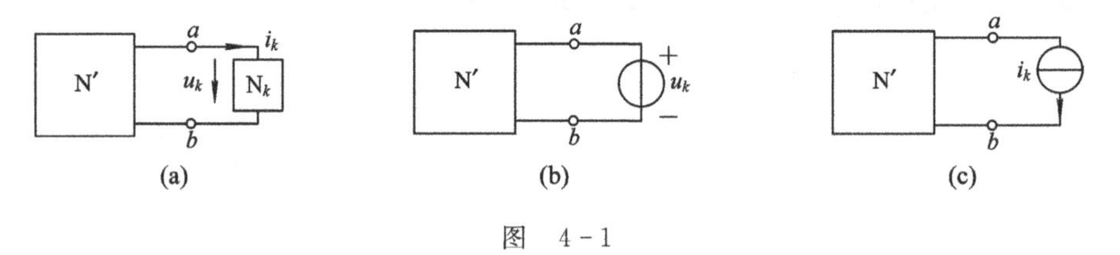

图　4-1

3. 戴维南定理

戴维南定理：一个由线性电阻元件、线性受控源和独立源构成的线性有源二端电阻网络 N，对外部电路而言，可等效为一个电压源和一个线性电阻元件串联的电路（称为二端网络 N 的戴维南等效电路）。其中电压源的电压等于网络 N 的端口开路电压 u_{oc}，串联的电阻等于网络 N 中所有独立源置零时所得网络 N_0 的端口等效电阻 R_{eq}。

戴维南定理可用图 4-2 说明。在求解外电路 M 时，图 4-2(a)所示原电路可等效为图 4-2(b)所示电路，其中开路电压 u_{oc} 及等效电阻 R_{eq} 分别由图 4-2(c)及图 4-2(d)所示的电路求得。

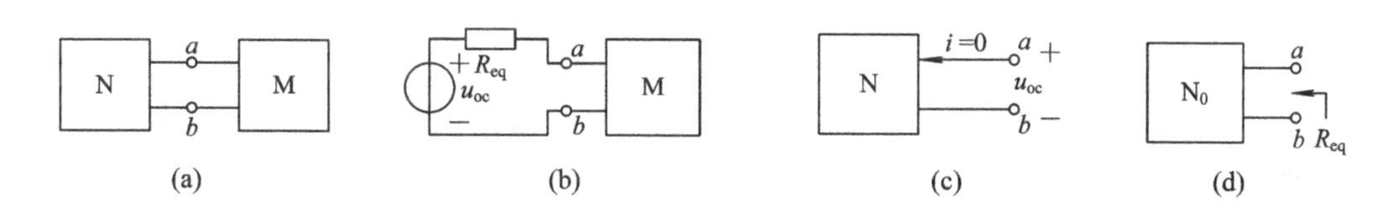

图 4-2

4. 诺顿定理

诺顿定理：一个由线性电阻元件、线性受控源和独立源构成的线性有源二端电阻网络N，对外部电路而言，可等效为一个电流源和一个线性电阻并联的电路(称为二端网络N的诺顿等效电路)。其中电流源的电流等于网络N的端口短路电流 i_{sc}，并联的电阻等于网络N中所有独立源置零时所得网络 N_0 的端口等效电阻 R_{eq}。

诺顿定理可用图4-3说明。图4-3(a)中N为线性电阻有源二端网络，M为任一外电路。对外电路而言，图4-3(b)与图4-3(a)是等效的。图4-3(b)中的电流源 i_{sc} 及并联电阻 R_{eq} 分别由图4-3(c)和图4-3(d)所示的电路求得。

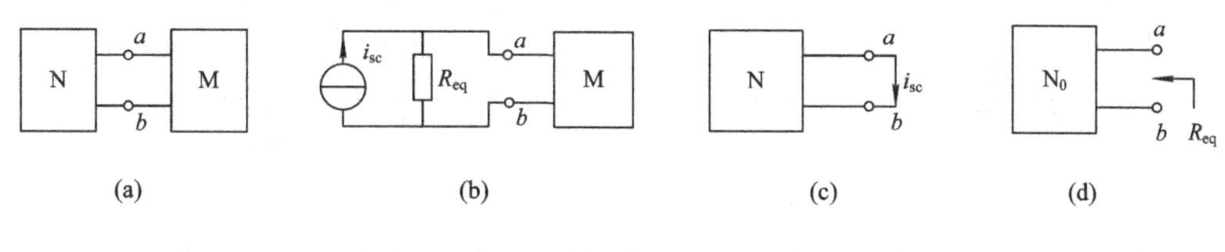

图 4-3

5. 最大功率传输条件

最大功率传输条件：若含独立源的线性电阻二端网络N接有一可变的负载电阻 R_L，则当负载电阻与网络N的戴维南等效电路的 R_{eq} 相等时，负载电阻获得的功率达最大值，即

$$P_{max}=\frac{u_{oc}^2}{4R_{eq}} \tag{4-1}$$

6. 特勒根定理

特勒根定理1：任意一个具有 n 个节点和 b 条支路的集总参数电路，令各支路电流和电压分别为 i_1、i_2、…、i_b 及 u_1、u_2、…、u_b，且各支路电流和电压都取关联参考方向，则有

$$\sum_{k=1}^{b}u_k i_k=0 \tag{4-2}$$

特勒根定理1表明一个电路任一时刻的功率是守恒的，又称为特勒根功率定理。

特勒根定理2：任意两个具有 n 个节点、b 条支路且有向图相同的集总参数电路，令其中一个电路的支路电流和电压表示为 i_1、i_2、…、i_b 及 u_1、u_2、…、u_b，另一个电路的支路电流和电压表示为 $\hat{i}_1$、$\hat{i}_2$、…、$\hat{i}_b$ 及 $\hat{u}_1$、$\hat{u}_2$、…、$\hat{u}_b$，各支路电流和电压均取为关联参考方向，则有

$$\sum_{k=1}^{b}u_k \hat{i}_k=0 \tag{4-3}$$

$$\sum_{k=1}^{b} \hat{u}_k i_k = 0 \tag{4-4}$$

特勒根定理 2 表达的是一个电路的支路电压与另一电路的支路电流乘积之和为零，又称为特勒根似功率定理。

7. 互易定理

互易定理指出：线性无源网络在单一激励的情况下，若将激励和响应互换位置且保持激励值不变，则响应值也不变。设图 4-4～图 4-6 各图中，网络 N 内部是由线性电阻元件构成的无源网络(既无独立源也无受控源)，则该网络存在以下三种互易情况。

互易定理形式 1：将电压源激励和电流响应互换位置，若电压激励值不变，则电流响应值不变。如图 4-4(a)、(b)所示两个电路中，在图示参考方向下，若它们的电压源 u_s 相等，则有

$$\hat{i}_1 = i_2$$

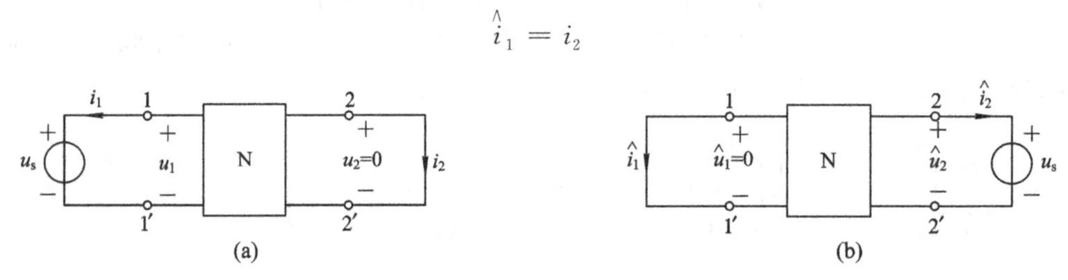

图 4-4

互易定理形式 2：将电流源激励和电压响应互换位置，若电流激励值不变，则电压响应值不变。如图 4-5(a)、(b)所示两个电路中，在图示参考方向下，若它们的电流源 i_s 相等，则有

$$\hat{u}_1 = u_2$$

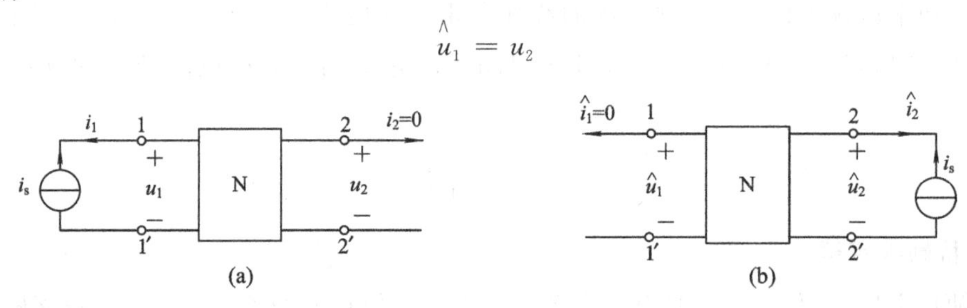

图 4-5

互易定理形式 3：将电流源激励、电流响应换成电压源激励、电压响应，并将响应和激励的位置互换。若互换前后激励的数值相等，则互换前后响应的数值相同。如图 4-6 所示，在图示参考方向下，若图(a)中的 i_s 与图(b)中的 u_s 数值相等，则有

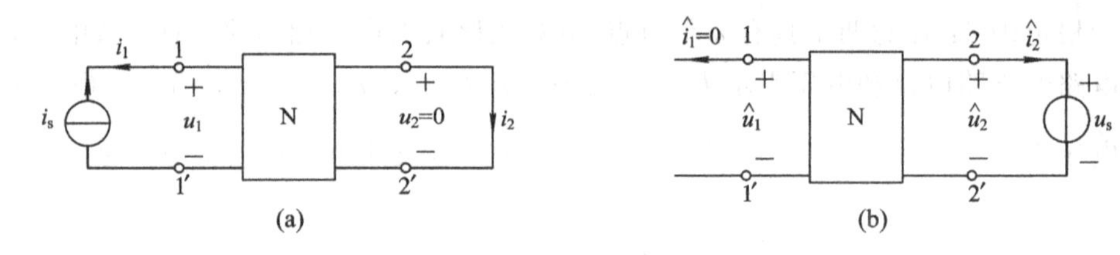

图 4-6

$$\hat{u}_1 \text{的值} = i_2 \text{的值}$$

应用互易定理应注意互易前后激励与响应的参考方向。

4.2 重点、难点

1. 叠加定理

叠加定理是线性电路的一个重要定理，是推导其他一些定理和分析方法的重要理论依据，也可应用叠加定理对具体线性电路进行计算。如果电路中有多个独立电源，而每个电源单独作用时电路是串并联结构等简单电路形式，则采用叠加定理求解电路常可使计算过程较为简便。

应用叠加定理时要注意：

(1) 某一独立源单独作用时，其他独立源应为零，其他元件(包括受控源)的参数及连接方式都不能改变。

(2) 叠加定理不适用于功率的计算，因为功率是电流、电压的二次函数。

当某一独立源单独作用时，其他的独立源置零。独立电压源置零是用一短路线代替，独立电流源置零是用开路代替，不要混淆，这是用叠加定理计算电路的易错之处。

2. 二端电路的等效电阻

由线性电路的齐次性可证明：一个不含独立源的线性电阻性二端电路可等效为一个线性电阻。不含独立源二端电路的等效电阻的求解是本章要掌握的重点内容之一。

求含受控源二端电路的等效电阻是本章难点之一。求这类二端电路的等效电阻应先求出其端口伏安关系(VAR)，再由端口 VAR 获得其等效电阻。

3. 戴维南定理和诺顿定理

戴维南定理和诺顿定理是本章重点之一。这两个定理常用来简化复杂电路中不需进行研究的部分，以利于电路其他部分的分析计算。应用时要注意：

(1) 被简化的二端网络 N 内部与外电路内部之间不能有控制与被控制的关系。

(2) 戴维南等效电路中电压源的数值及参考方向均应与网络 N 的开路电压 u_{oc} 保持一致，应特别注意电压源的参考方向不要标错，也要特别注意诺顿等效电路中电流源的参考方向与 N 的短路电流 i_{sc} 之间的对应关系，不要标错。

(3) 网络 N_0 是将原网络 N 中独立源置零后得到的，原网络 N 中的受控源仍应保留。

应用戴维南定理和诺顿定理求解电路的难点在于二端网络 N 的 u_{oc}(或 i_{sc})及 R_{eq} 的求取。求网络 N 的戴维南或诺顿等效电路有三种途径：

(1) 分别求出该网络的端口开路电压 u_{oc}(或短路电流 i_{sc})及所有独立源置零时的端口等效电阻 R_{eq}。

(2) 直接求该网络的端口伏安关系式，再根据端口伏安关系画出戴维南等效电路或诺顿等效电路。

(3) 若二端网络 N 是电阻和独立源的串并联结构，可由其内部电路逐步化简得到戴维南等效电路或诺顿等效电路。

在求解戴维南或诺顿等效电路的过程中，灵活应用前面学过的电路分析方法，常可使问题简化。例如，先将二端网络 N 的内部电路作一些局部化简处理，再求其戴维南或诺顿等效电路等。

4. 最大功率传输条件

应用戴维南定理可推得最大功率传输条件，这一研究结果在电子工程领域有较重要的应用。

4.3 典型例题

【例 4-1】 求图 4-7 所示电路的 I 和 U。

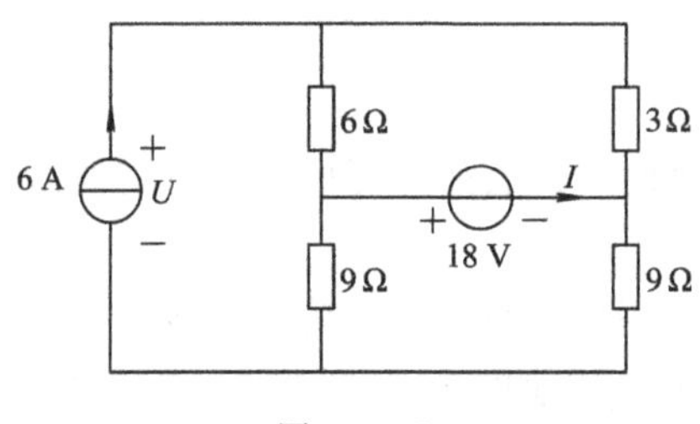

图 4-7

解 该电路有两个电源，每个电源单独作用时，电路较简单，为串、并联电路结构，因此用叠加原理求解该题较为方便。

电流源单独作用时，将电压源用短路线代替，电路如图 4-8(a)所示。可求得

$$I_1' = \frac{3}{6+3} \times 6 = 2 \text{ A}$$

$$I_2' = \frac{9}{9+9} \times 6 = 3 \text{ A}$$

$$I' = I_1' - I_2' = 2 - 3 = -1 \text{ A}$$

$$U' = I_1' \times 6 + I_2' \times 9 = 2 \times 6 + 3 \times 9 = 39 \text{ V}$$

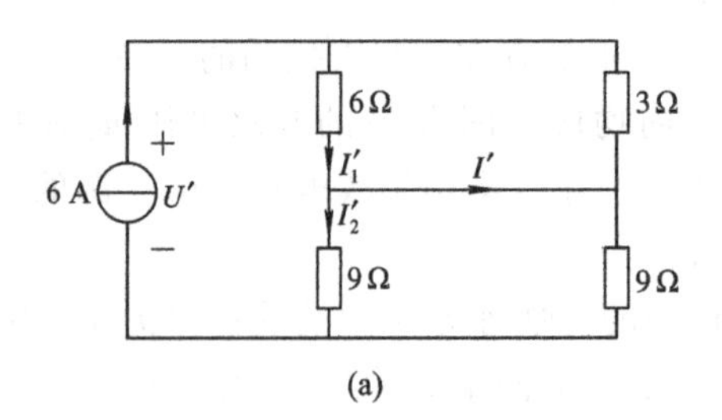

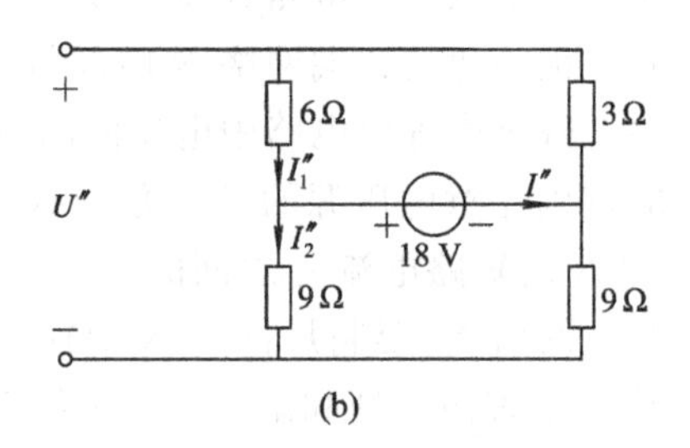

图 4-8

电压源单独作用时，原电路中电流源断开，电路如图 4-8(b)所示。可求得

$$I_1'' = -\frac{18}{6+3} = -2 \text{ A}$$

$$I_2'' = \frac{18}{9+9} = 1 \text{ A}$$

$$I'' = I_1'' - I_2'' = -2 - 1 = -3 \text{ A}$$

$$U'' = I_1'' \times 6 + I_2'' \times 9 = -2 \times 6 + 1 \times 9 = -3 \text{ V}$$

原电路的解为

$$I = I' + I'' = -1 - 3 = -4 \text{ A}$$
$$U = U' + U'' = 39 - 3 = 36 \text{ V}$$

【解题指南与点评】 本例题应用叠加定理，将原来较复杂的电路分成两个串并联电路求解。求解过程中注意在画某电源单独作用的电路时，其余的独立电源应置零，即：电压源要用短路线代替，电流源要断开。本题中，由于电压源的电流 I 是待求变量，因此在电流源单独作用的图 4-8(a)电路中，代替零值电压源的短路线应清楚地画在电路中，并标注 I'的参考方向。

【例 4-2】 电路如图 4-9 所示，用叠加定理求电压 u_0。

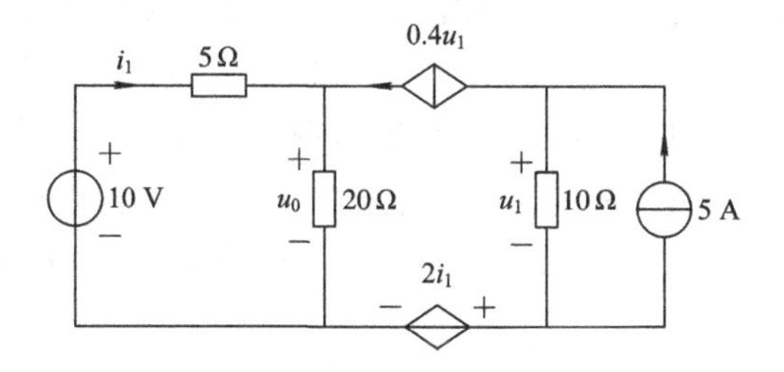

图 4-9

解 图 4-9 中含受控源，在用叠加定理解题时，应注意受控源要保留在各独立源单独作用的电路中。

独立电压源单独作用时，5 A 电流源断开，电路如图 4-10(a)所示。10 Ω 电阻的电流为受控电流源的电流 $0.4u_1'$，故有

$$u_1' = -0.4u_1' \times 10$$

得

$$u_1' = 0$$

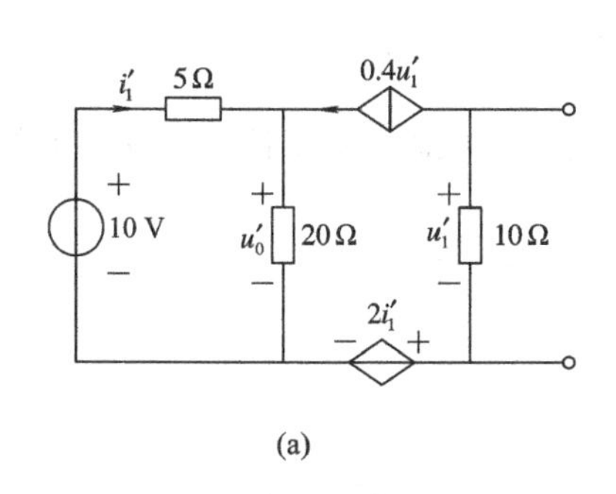

(a)

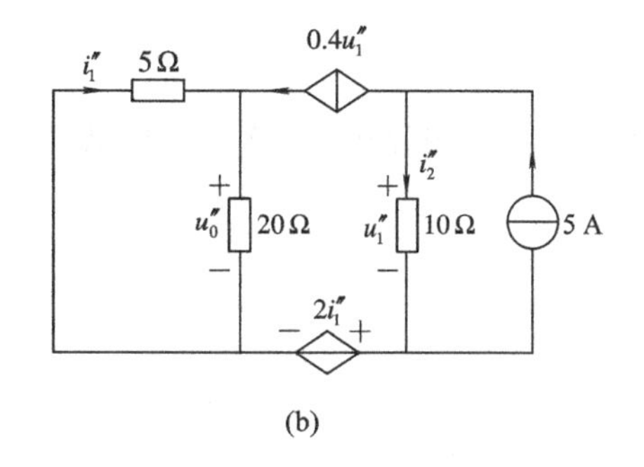

(b)

图 4-10

由于 u_1'为零，因此受控电流源的电流为零。该支路可看成开路，于是有

$$u_0' = \frac{10}{5+20} \times 20 = 8 \text{ V}$$

当 5 A 独立电流源单独作用时，10 V 独立电压源用短路线代替，电路如图 4-10(b)所示。

$$i_2'' = 5 - 0.4u_1''$$

$$u_1'' = i_2'' \times 10 = (5 - 0.4u_1'') \times 10 = 50 - 4u_1''$$

解得

$$u_1'' = 10\ \text{V}$$

电路中 5 Ω 和 20 Ω 电阻并联，并联后的总电流为受控电流源的电流，而电压 u_0'' 就是该并联支路的电压，为

$$u_0'' = 0.4u_1'' \times \frac{5 \times 20}{5 + 20} = 0.4 \times 10 \times 4 = 16\ \text{V}$$

原电路的解为

$$u_0 = u_0' + u_0'' = 8 + 16 = 24\ \text{V}$$

【解题指南与点评】 本例题含有受控源，在每一独立源单独作用的电路中，受控源都应保留。计算图 4-10(a)、(b)所示电路时，可考虑采用网孔法等方法求解。由于这两个电路中受控电流源所在网孔的电流即为该受控电流源的电流 $0.4u_1'$ 或 $0.4u_1''$，且控制量 u_1' 或 u_1'' 容易求得，因此在求解过程中先算出受控电流源的电流，再计算 u_0' 或 u_0''。

【例 4-3】 分别求图 4-11(a)、(b)、(c)所示电路中的 i_1、i_2 和 i_3。

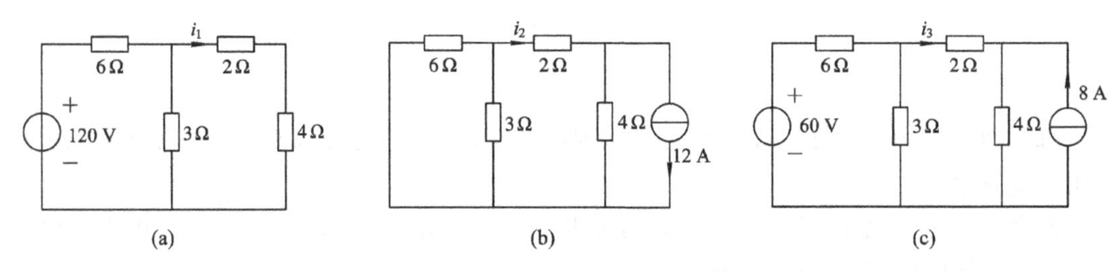

图 4-11

解 图 4-11(a)电路是一个电阻串联电路。从电压源两端看过去，等效电阻为

$$R = 6 + 3 \mathbin{//} (2 + 4) = 6 + 2 = 8\ \Omega$$

求出电压源电流，再利用并联电路分流公式可得

$$i_1 = \frac{120}{R} \times \frac{3}{3 + 6} = \frac{120}{8} \times \frac{1}{3} = 5\ \text{A}$$

图 4-11(b)电路中，6 Ω 与 3 Ω 电阻并联后再与 2 Ω 电阻串联，该复合支路的等效电阻为

$$R_1 = 3 \mathbin{//} 6 + 2 = 2 + 2 = 4\ \Omega$$

由分流公式求得

$$i_2 = \frac{4}{R_1 + 4} \times 12 = 6\ \text{A}$$

可用叠加定理解图 4-11(c)电路。当 60 V 电压源单独作用时，电路结构与图 4-11(a)相同，但电压源的电压值与图 4-11(a)不同。由线性电路的齐次性，得

$$i_3' = i_1 \times \frac{60}{120} = 5 \times \frac{1}{2} = 2.5\ \text{A}$$

当 8 A 电流源单独作用时，电路结构与图 4-11(b)相同，但电流源的数值和方向有所变化。由齐次性可得

$$i_3'' = i_2 \times \left(\frac{-8}{12}\right) = 6 \times \left(-\frac{2}{3}\right) = -4\ \text{A}$$

故图 4 - 11(c)电路的解为

$$i_3 = i_3' + i_3'' = 2.5 + (-4) = -1.5\ \text{A}$$

【解题指南与点评】 本例题的图 4 - 11(a)、(b)两个电路是电阻的串并联电路，求解简便。解电路图 4 - 11(c)时利用前两个电路的计算结果并综合运用线性电路的齐次性和叠加定理进行计算，使过程简化。

【例 4 - 4】 电路如图 4 - 12 所示，求该二端电路的戴维南等效电路和诺顿等效电路。

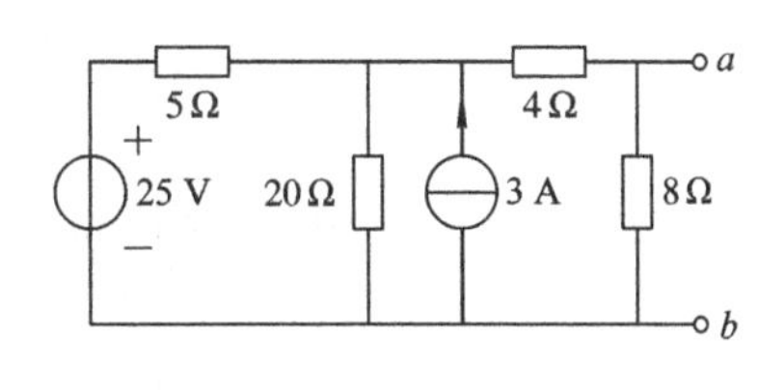

图 4 - 12

解 求戴维南等效电路有多种方法，方法之一是分别求等效电阻和开路电压(或短路电流)；方法之二是先求出二端电路的端口伏安关系，再根据伏安关系得到等效电路；方法之三是对独立电源和电阻的串并联电路采用逐步等效变换法，得到戴维南和诺顿等效电路。

本题电路采用方法一和方法三都较方便。这里用方法一求解，方法三的求解留给读者自己练习。

求等效电阻 R_{eq} 时将二端电路中的电压源用短路线代替，电流源断开，得到无独立源的电路，如图 4 - 13(a)所示。求得 R_{eq} 为

$$R_{eq} = [(5 \mathbin{/\!/} 20) + 4] \mathbin{/\!/} 8 = 4\ \Omega$$

考虑到将图 4 - 12 二端电路端口短路会使 8 Ω 电阻短路。因此求短路电流比求开路电压更容易。将该电路端口短接，得电路如图 4 - 13(b)所示，由叠加定理求得

$$i_{sc} = \frac{\frac{1}{4}}{\frac{1}{5} + \frac{1}{20} + \frac{1}{4}} \times 3 + \frac{25}{5 + 20 \mathbin{/\!/} 4} \times \frac{20}{20 + 4} = 1.5 + 2.5 = 4\ \text{A}$$

开路电压为

$$u_{oc} = i_{sc} \times R_{eq} = 4 \times 4 = 16\ \text{V}$$

图 4 - 12 二端电路的戴维南和诺顿等效电路分别如图 4 - 13(c)、(d)所示。

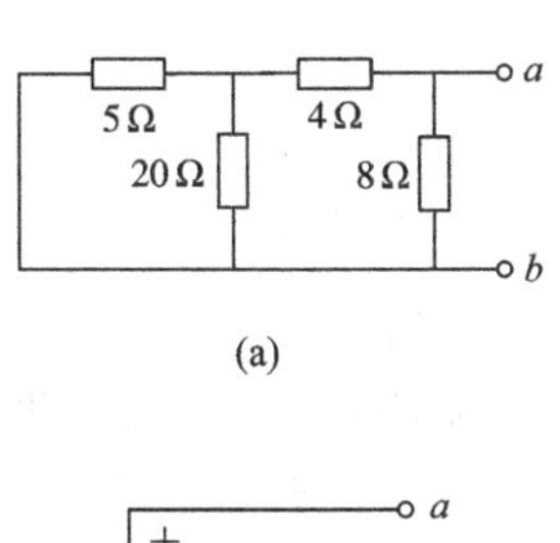

(a)

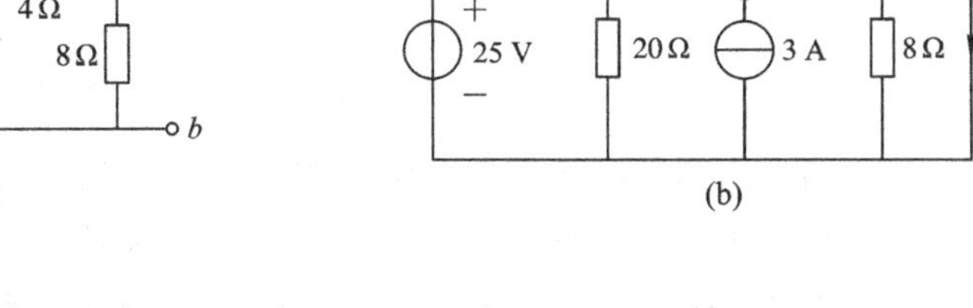

(b)

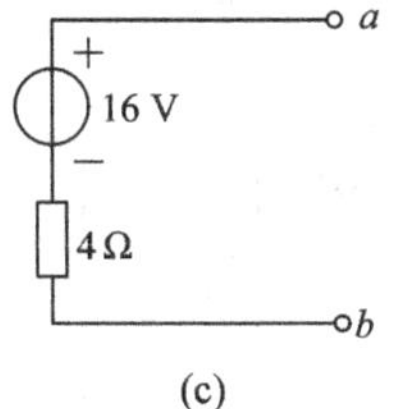

(c)

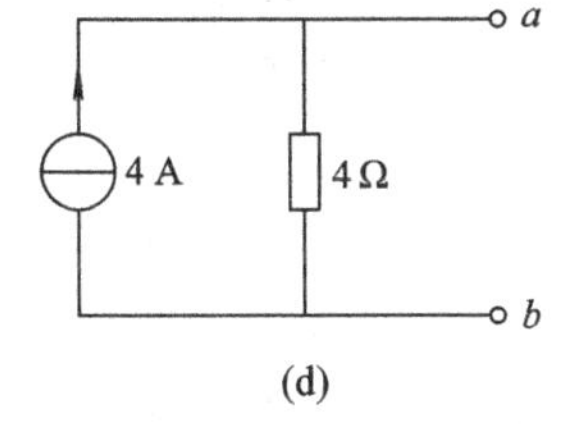

(d)

图 4 - 13

【解题指南与点评】 本例题的二端电路不含受控源，内部独立源置零后的 N_0 网络是电阻的串并联，故 R_{eq} 容易求得。通过分析发现求该二端电路的短路电流比求开路电压更容易，故先求出 i_{sc}，再由 i_{sc} 和 R_{eq} 求得 u_{oc}。求 i_{sc} 的过程中应用了叠加定理。

【例 4-5】 电路如图 4-14 所示，求该二端电路的戴维南等效电路。

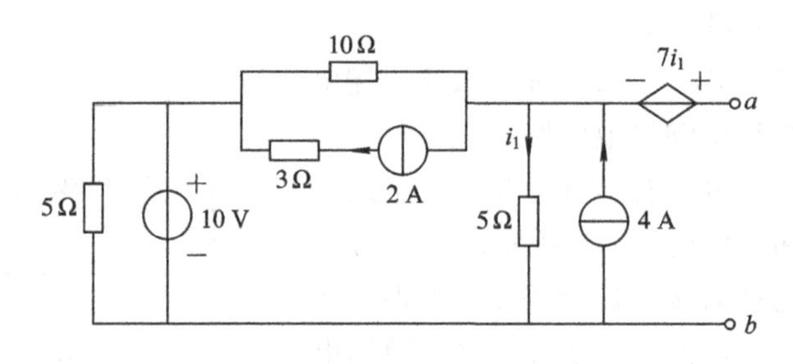

图 4-14

解 该电路看上去比较复杂，但观察后发现可先作一些化简。化简后的电路如图 4-15(a)所示。

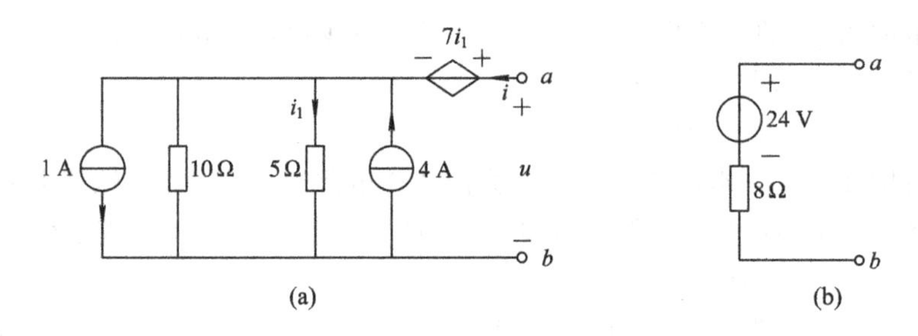

图 4-15

该电路含受控源，先求其端口伏安关系，再根据端口伏安关系求戴维南等效电路较简便。标出端口电压、电流参考方向，如图 4-15(a)所示。设 i 已知，由并联电阻的分流公式可求得

$$i_1 = \frac{10}{10+5} \times (i+4-1) = \frac{2}{3}i + 2$$

端口伏安关系为

$$u = 7i_1 + 5i_1 = 12i_1 = 12\left(\frac{2}{3}i + 2\right) = 8i + 24$$

由此可得图 4-14 二端电路的戴维南等效电路如图 4-15(b)所示。

【解题指南与点评】 本例题求解时首先对该二端电路内部作了一些局部化简。考虑到电路含受控源，分别求 R_{eq} 和 u_{oc} 的电路也不会简单，不如直接求出该二端电路的端口 VAR，虽然电路较复杂，但只需解一个电路就可解决问题。

【例 4-6】 电路如图 4-16 所示，求电压 u。

解 可用戴维南定理先将电路化简，再求 u。100 kΩ 支路之外的二端电路如图 4-17(a)所示。用叠加原理求得

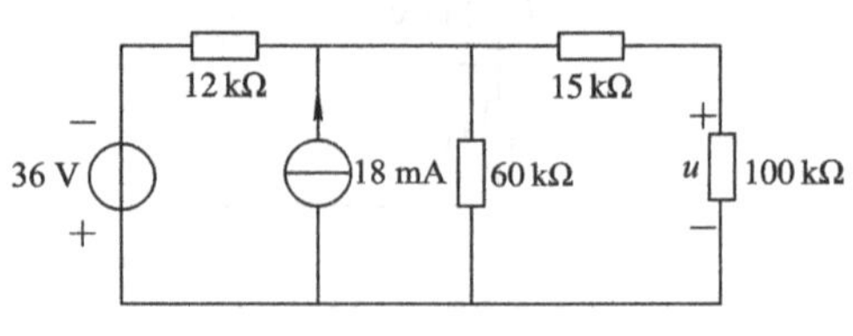

图 4-16

$$u_{oc} = 18\ \text{mA} \times (60\ \text{k}\Omega\ /\!/\ 12\ \text{k}\Omega) - \frac{36}{12+60} \times 60$$
$$= 180 - 30$$
$$= 150\ \text{V}$$

令图 4－17(a)二端电路中的电源为零，得

$$R_{eq} = 12\ \text{k}\Omega\ /\!/\ 60\ \text{k}\Omega + 15\ \text{k}\Omega = 25\ \text{k}\Omega$$

图 4－16 电路化简为图 4－17(b)所示电路，可求得

$$u = \frac{100}{100+25} \times 150 = 120\ \text{V}$$

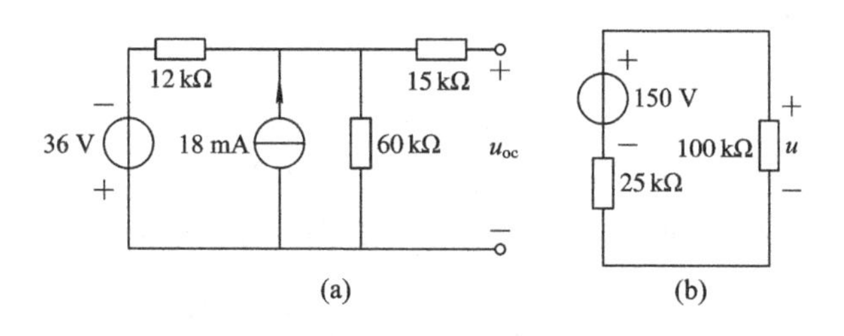

图 4－17

【解题指南与点评】 本例题求解的仅是一个电阻的电压。在解这类只需计算一条支路的电流或电压的电路时，常将待求支路以外的部分用戴维南定理或诺顿定理化简。

【例 4－7】 图 4－18 电路中的 R 为多少时能获得最大功率？求该最大功率。

解 断开 R，二端电路如图 4－19(a)所示，端口电压和电流的参考方向标于图中。由 KCL 可得从上至下流过 1 Ω 电阻的电流为 $3I_1$，对左下方回路列写 KVL 方程，得

$$2I_1 + 1 \times 3I_1 = 5$$
$$I_1 = 1\ \text{A}$$
$$u = (I - 2I_1) \times 2 + 5 = 2I + 1$$

上式为图 4－19(a)所示二端电路的端口 VAR，由该 VAR 可画出该二端电路的戴维南等效电路，故而可将图 4－18 所示电路简化为图 4－19(b)所示的电路。由最大功率传输条件知 R 为 2 Ω 时可获得最大功率，该最大功率为

$$P_{max} = \left(\frac{1}{2+2}\right)^2 \times 2 = \frac{1}{8}\ \text{W}$$

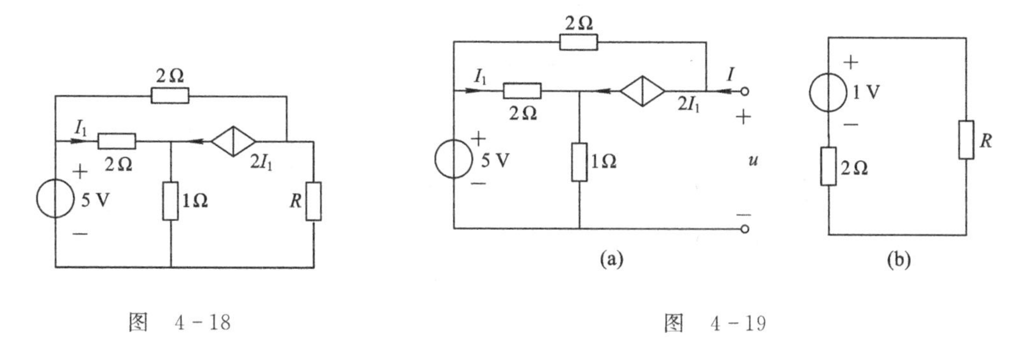

图 4－18　　　　图 4－19

【解题指南与点评】 本例题是最大功率传输问题。首先应将 R 支路以外的二端电路用

戴维南定理化简，再根据最大功率传输条件回答问题即可。本例题采用直接求二端电路端口 VAR 的方法求其戴维南等效电路，对于含受控源的二端电路，这种方法较常用。

【例 4-8】 图 4-20 所示电路中，N 为含独立源的线性电阻性网络，R_2 为可变电阻。已知：$R_2=70\ \Omega$ 时，$I_1=1$ A，$I_2=0.5$ A；$R_2=30\ \Omega$ 时，$I_1=4$ A，$I_2=1$ A。(1) R_2 为多大时，它可获得最大功率？求该最大功率；(2) 当 R_2 获得最大功率时，I_1 为多少？

解 该题可采用戴维南定理、叠加定理和替代定理综合求解。

(1) 根据戴维南定理，图 4-20 电路可简化为如图 4-21(a)所示的电路，有

$$u_{oc} = I_2(R_{eq}+R_2)$$

代入已知条件，可得方程：

$$\begin{cases} u_{oc} = 0.5\times(R_{eq}+70) \\ u_{oc} = 1\times(R_{eq}+30) \end{cases}$$

得

$$R_{eq}=10\ \Omega,\quad u_{oc}=40\ \text{V}$$

由最大功率传输条件可知，当 $R_2=R_{eq}=10\ \Omega$ 时，可获最大功率，该最大功率为

$$P_{max}=\frac{u_{oc}^2}{4R_{eq}}=\frac{40^2}{4\times 10}=40\ \text{W}$$

此时

$$I_2=\frac{40}{10+10}=2\ \text{A}$$

(2) 设 R_2 的电流 I_2 已知，根据替代定理，可将 R_2 用一电流源替代，图 4-20 电路变为图 4-21(b)所示电路。

根据叠加定理，有

$$I_1=\alpha+KI_2$$

其中，α 为 N 中独立电源单独作用时产生的 I_1 的分量，K 为 I_2 单独作用时 I_1 与 I_2 间的比例系数。代入已知条件得

$$1=\alpha+K\times 0.5$$
$$4=\alpha+K\times 1$$

解得

$$K=6,\quad \alpha=-2\ \text{A}$$

前面已求得，当 R_2 获得最大功率时，$I_2=2$ A，可求得此时 I_1 为

$$I_1=\alpha+KI_2=-2+6\times 2=10\ \text{A}$$

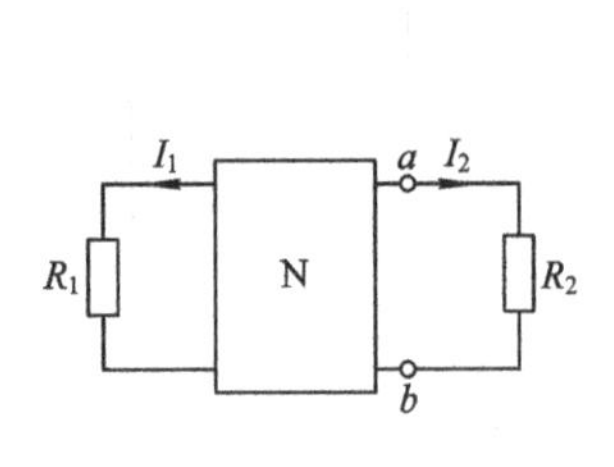

图 4-20

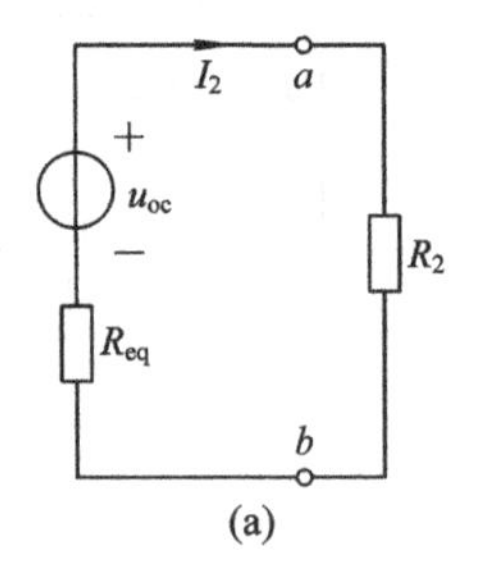

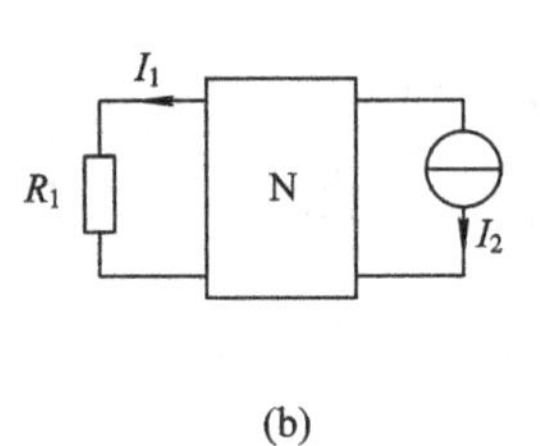

图 4-21

【解题指南与点评】 本例题的第一问是最大功率传输问题，将除 R_2 支路以外的二端电路用戴维南定理化简，并根据已知条件求出 u_{oc} 和 R_{eq}，再根据最大功率传输条件回答该问。本题第二问的解答综合应用了替代定理和叠加定理。将 R_2 用电流源替代，将 I_1 看做由该电流源及 N 中内部电源分别作用结果的叠加，代入已知条件求出 α 和 K，再将第一问得到的 I_2 代入，即求得第二问解答。

【例 4-9】 图 4-22(a)所示电路中，N_0 是纯电阻网络，已知 $u_{s1}=5$ V，$i_1=2$ A，$i_2=1$ A；在图 4-22(b)所示电路中，$u_{s1}=5$ V，$u_{s2}=15$ V，求图 4-22(b)所示电路中的 i。

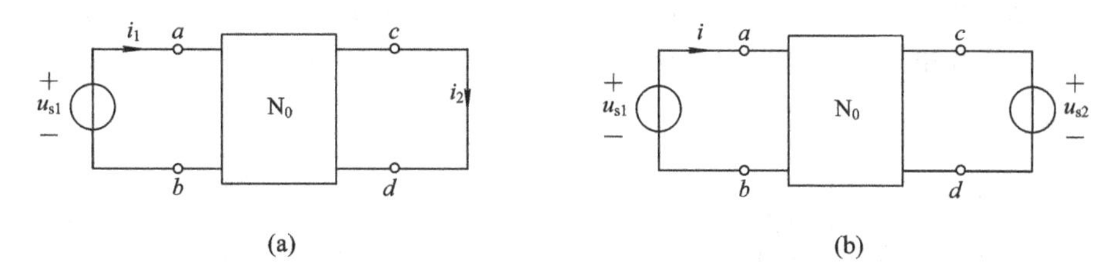

图 4-22

解 本题可采用叠加定理和互易定理求解。

根据叠加定理，图 4-22(b)电路可分为图 4-23(a)、(b)所示两个电路求解。

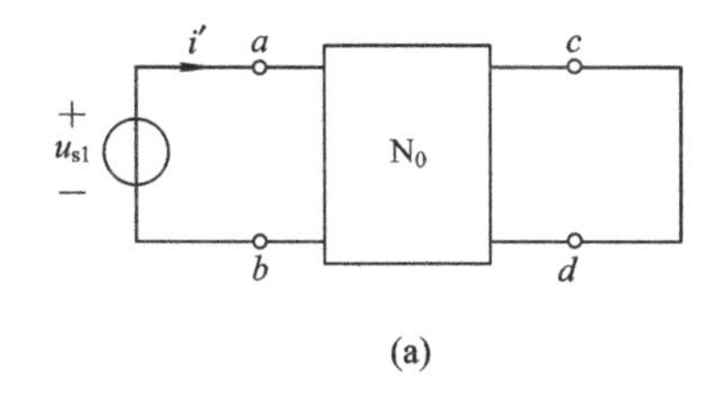

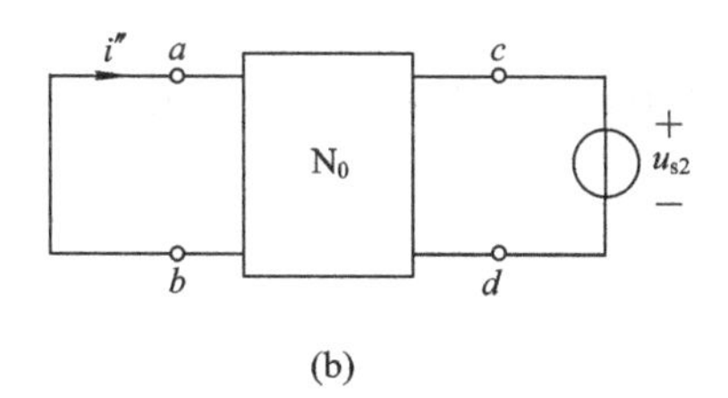

图 4-23

图 4-22(a)和图 4-23(a)两图相同，故有

$$i' = i_1 = 2\ \text{A}$$

由互易定理及线性电路的齐次性，根据图 4-22(a)的已知条件，可得图 4-23(b)电路的解为

$$i'' = -i_2 \times \frac{15}{5} = -1 \times 3 = -3\ \text{A}$$

故图 4-22(b)电路的解为

$$i = i' + i'' = 2 + (-3) = -1\ \text{A}$$

【解题指南与点评】 本例题综合应用叠加定理、互易定理及线性电路的齐次性求解。所求图 4-22(b)电路中的 i，可看做由 u_{s1} 和 u_{s2} 分别作用结果的叠加。当 u_{s1} 单独作用时，电路与图 4-22(a)相同；当 u_{s2} 单独作用时，电路结构与图 4-22(a)电路的结构满足互易定理形式 1，但这两个电路中电压源的电压值不同，因此要同时应用互易定理及线性电路的齐次性，才可根据图 4-22(a)的已知条件求得 u_{s2} 单独作用时的 i''。

【例 4-10】 图 4-24(a)电路中，N_0 仅由线性电阻组成。已知 $u_s=100$ V，$u_2=20$ V，求当电路改为如图 4-24(b)所示电路时的电流 i。

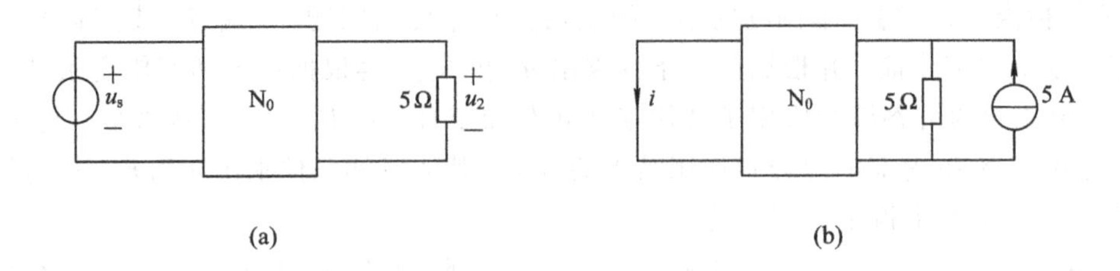

图 4-24

解 该题采用特勒根定理求解。将图 4-24(a)、(b)所示电路的端口支路标上序号，并标出各支路电流和电压参考方向，分别如图 4-25(a)和(b)所示。其中图 4-25(a)中的支路 3 为开路。

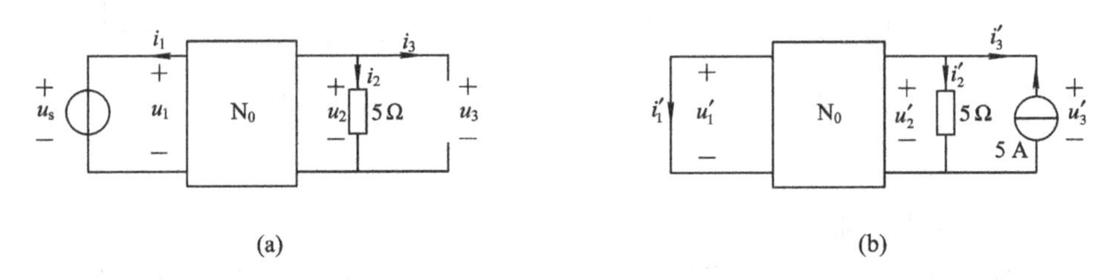

图 4-25

考虑到 N_0 中各支路电阻分别相等，有

$$\frac{u_k}{i_k}=\frac{u_k'}{i_k'}$$

即

$$u_k i_k' = i_k u_k'$$

根据特勒根定理写出方程，并将上式代入，得

$$u_1 i_1' + u_2 i_2' + u_3 i_3' = u_1' i_1 + u_2' i_2 + u_3' i_3$$

代入已知条件，得

$$100\times i_1' + 20\times i_2' + 20\times(-5) = 0\times i_1 + 5i_2'\times 4 + 5i_2'\times 0$$

解得

$$i_1' = 1\ \text{A}$$

即图 4-24(b)中，$i=1$ A。

【解题指南与点评】 本例题应用特勒根定理求解。图 4-24(a)、(b)所示两个电路中各有三条端口支路，它们的 N_0 内部支路相同。由特勒根定理 2 可得到两个电路三条端口支路电流和电压的关系式，将已知条件代入，可得本题的解。

4.4 习题解答

4-1 用叠加定理求图 4-26 所示电路中的电流 i_R。

解 2 A 电流源单独作用时，电路如图 4-27(a)所示，有

$$i_R' = -\frac{10}{10+10}\times 2 = -1\ \text{A}$$

80 V 电压源单独作用时，电路如图 4－27(b)所示，有

$$i_R'' = \frac{80}{10+10} = 4\ \text{A}$$

因而原电路的解为

$$i_R = i_R' + i_R'' = -1 + 4 = 3\ \text{A}$$

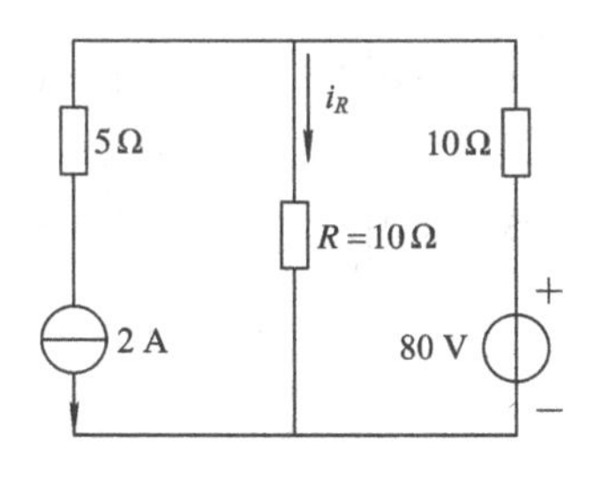

图 4－26

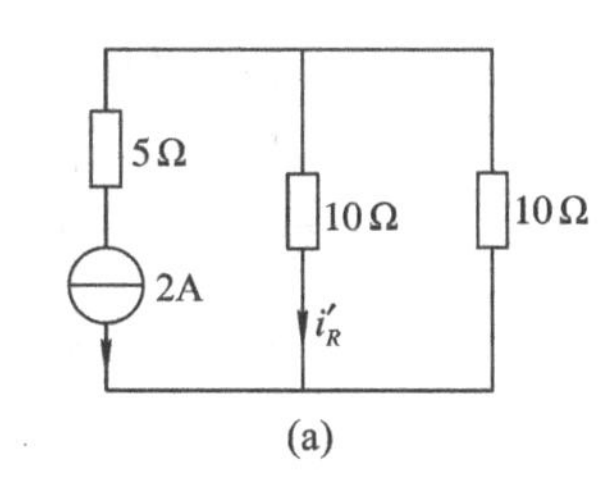

(a)

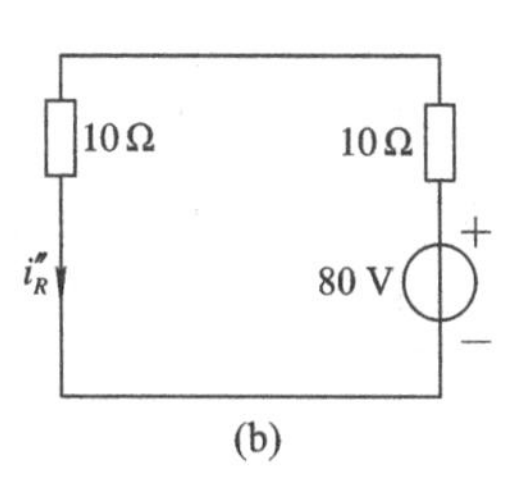

(b)

图 4－27

4－2 用叠加定理求图 4－28 所示电路中的电压 u_{ab}。

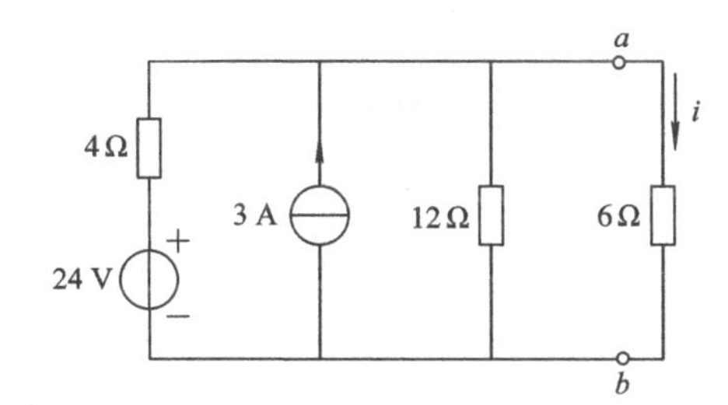

图 4－28

解 24 V 电压源单独作用时，电路如图 4－29(a)所示，有

$$R_1 = 12 \,//\, 6 = \frac{12\times 6}{12+6} = 4\ \Omega$$

$$u_{ab}' = \frac{R_1}{4+R_1}\times 24 = 12\ \text{V}$$

3 A 电流源单独作用时，电路如图 4－29(b)所示，有

$$i'' = \frac{\frac{1}{6}}{\frac{1}{4}+\frac{1}{12}+\frac{1}{6}}\times 3 = \frac{2}{6}\times 3 = 1\ \text{A}$$

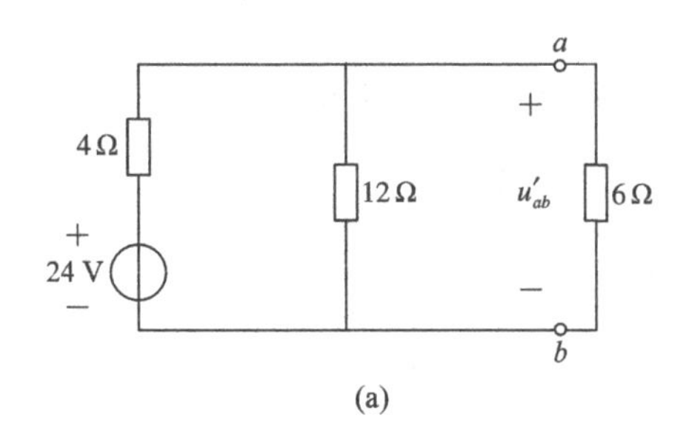

(a)

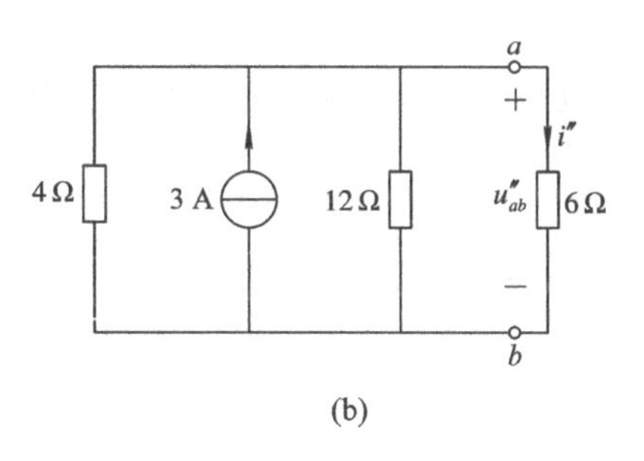

(b)

图 4－29

$$u_{ab}'' = i'' \times 6 = 1 \times 6 = 6\ \text{V}$$

因而原电路的解为

$$u_{ab} = u_{ab}' + u_{ab}'' = 12 + 6 = 18\ \text{V}$$

4-3　用叠加定理求图 4-30 所示电路中的电流 i。

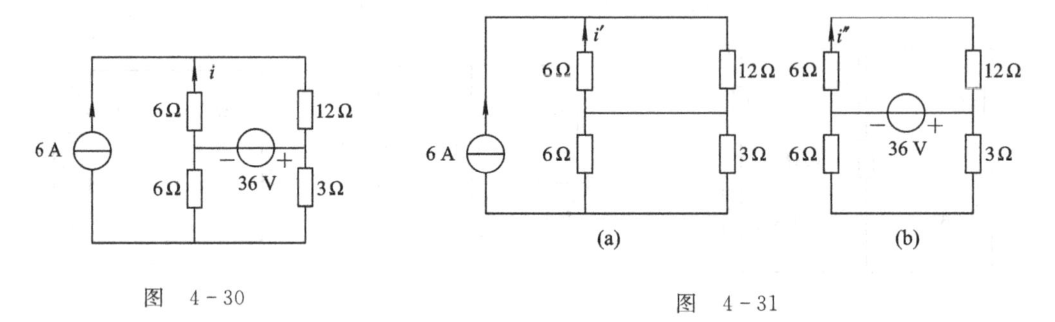

图　4-30　　　　　　图　4-31

解　6 A 电流源单独作用时，电路如图 4-31(a)所示，有

$$i' = -\frac{12}{6+12} \times 6 = -4\ \text{A}$$

36 V 电压源单独作用时，电路如图 4-31(b)所示，有

$$i'' = \frac{-36}{12+6} = -2\ \text{A}$$

因而原电路的解为

$$i = i' + i'' = (-4) + (-2) = -6\ \text{A}$$

4-4　图 4-32 所示电路中，$R=6\ \Omega$，求 R 消耗的功率。

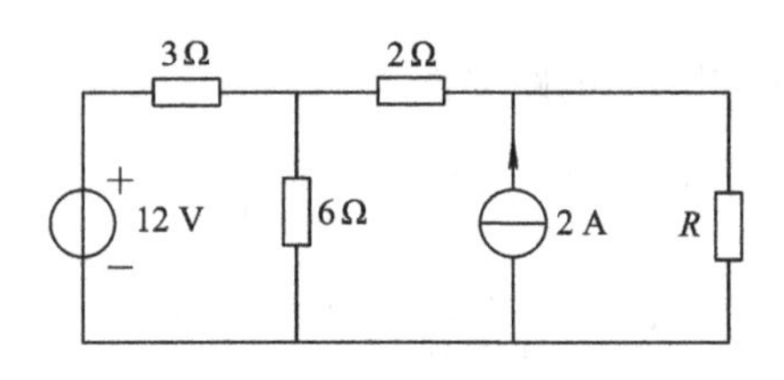

图　4-32

解　将 R 支路以外的部分看作一个二端电路，如图 4-33(a)所示。可采用叠加原理求 u_{oc}，有

$$u_{oc} = \frac{6}{3+6} \times 12 + 2 \times \left(\frac{3 \times 6}{3+6} + 2\right) = 8 + 8 = 16\ \text{V}$$

令该二端电路内部电源为零，得图 4-33(b)所示电路，求其等效电阻，有

$$R_{eq} = \frac{3 \times 6}{3+6} + 2 = 4\ \Omega$$

原图 4-32 电路简化为图 4-33(c)所示电路，求得

$$i_R = \frac{u_{oc}}{R + R_{eq}} = \frac{16}{6+4} = 1.6\ \text{A}$$

$$P_R = i_R^2 \times R = 1.6^2 \times 6 = 15.36\ \text{W}$$

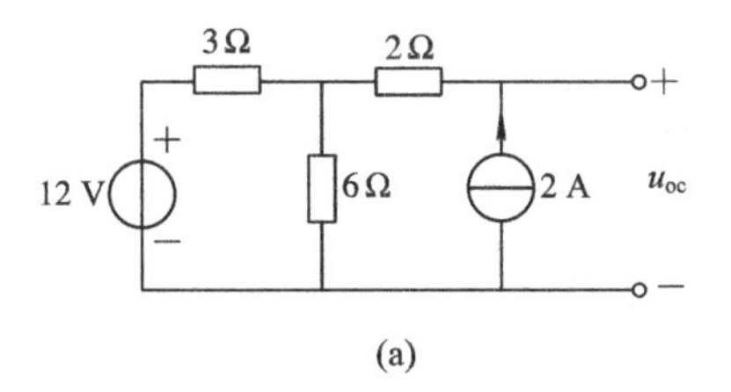

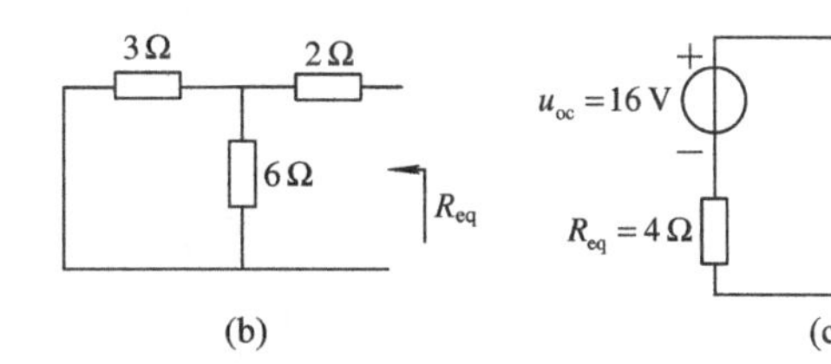

图 4－33

4－5 图 4－34 所示电路中，$R_1=1.5\ \Omega$，$R_2=2\ \Omega$，求：(1) 从 a、b 端看进去的等效电阻；(2) i_1 与 i_s 的函数关系。

解 (1) a、b 右端电路如图 4－35 所示，其端口电流、电压的参考方向标于图中。设端电压 u 已知，可得

$$\begin{cases} i = i_1 + \dfrac{u-0.5i_1}{R_2} = \dfrac{u}{R_2} + \left(1-\dfrac{0.5}{R_2}\right)i_1 \\ i_1 = \dfrac{u}{R_1} \end{cases}$$

解得

$$i = \frac{u}{R_2} + \left(1-\frac{0.5}{R_2}\right)\frac{1}{R_1}u = \frac{u}{2} + \left(1-\frac{0.5}{2}\right)\frac{1}{1.5}u = 1 \times u$$

$$R_{eq} = \frac{u}{i} = 1\ \Omega$$

(2) 从原电路中，求得

$$u_{ab} = i_s \times R_{eq} = 1 \times i_s$$

$$i_1 = \frac{u_{ab}}{R_1} = \frac{1}{1.5} \times u_{ab} = \frac{1}{1.5}i_s = \frac{2}{3}i_s$$

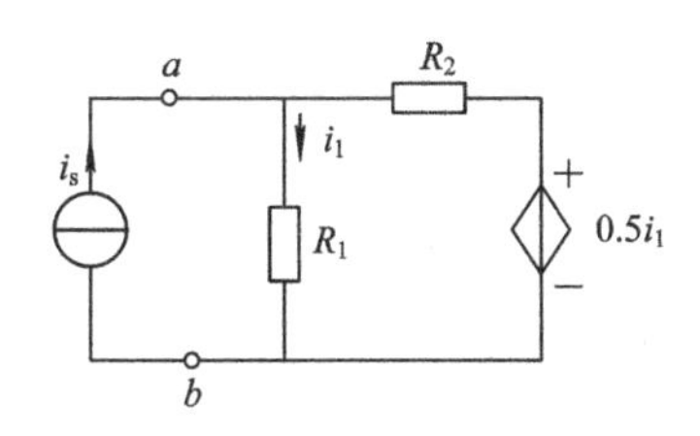

图 4－34

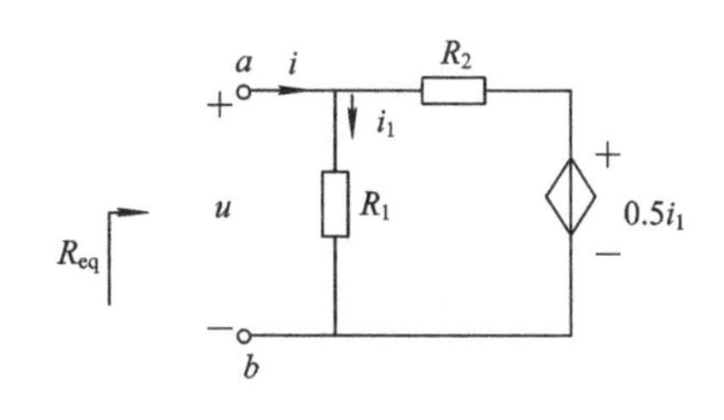

图 4－35

4－6 求图 4－36(a)、(b)所示二端电路的等效电阻。

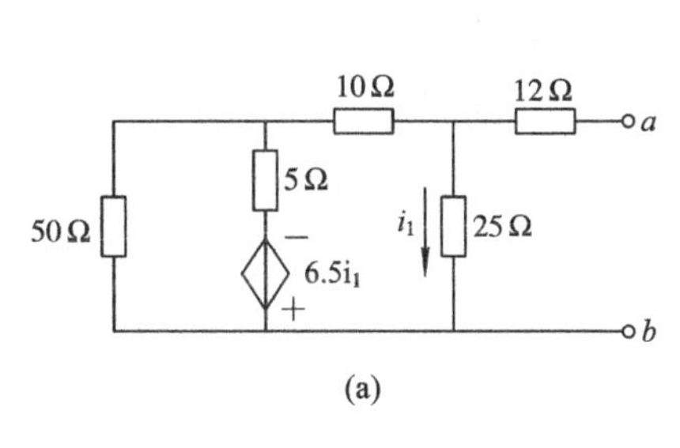

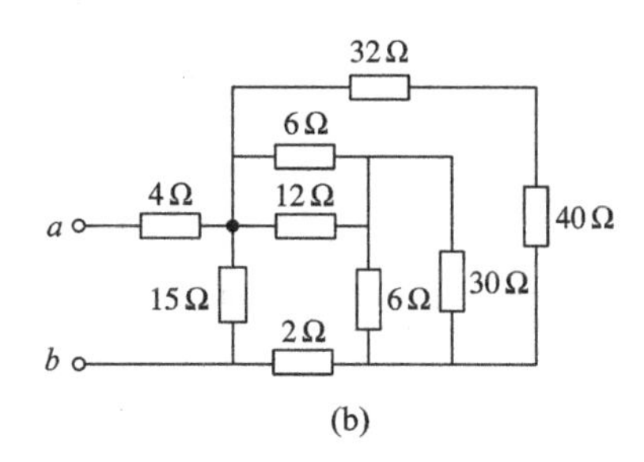

图 4－36

解　图 4-36(a)所示电路端口电流和电压的参考方向标于图 4-37 中。

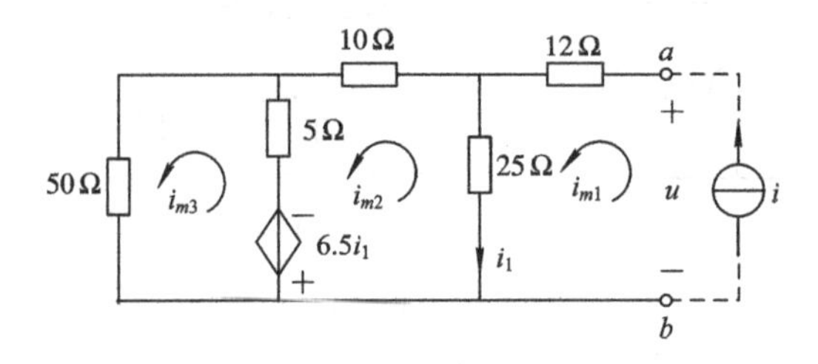

图　4-37

设端电流 i 已知，则相当于在端口接一个电流源。采用网孔法求解，可列出方程：

$$\begin{cases} i_{m1} = i \\ -25i_{m1} + 40i_{m2} - 5i_{m3} = 6.5i_1 \\ -5i_{m2} + 55i_{m3} = -6.5i_1 \\ i_1 = i_{m1} - i_{m2} \end{cases}$$

整理得

$$46.5i_{m2} - 5i_{m3} = 31.5i$$

$$-11.5i_{m2} + 55i_{m3} = -6.5i$$

求得

$$i_{m2} = 0.68i,\quad i_{m3} = 0.024i$$

$$u = 12i + 25(i - i_{m2}) = 20i$$

$$R_{ab} = \frac{u}{i} = 20\ \Omega$$

图 4-36(b)所示电路是由电阻串并联组成的，求得

$$R_1 = 32 + 40 = 72\ \Omega$$

$$R_2 = 12 /\!/ 6 + 30 /\!/ 6 = 9\ \Omega$$

$$R_3 = R_1 /\!/ R_2 + 2 = 72 /\!/ 9 + 2 = 10\ \Omega$$

$$R_{ab} = 4 + 15 /\!/ R_3 = 4 + 15 /\!/ 10 = 10\ \Omega$$

4-7　用叠加定理求图 4-38 所示电路中的电压 u_2。

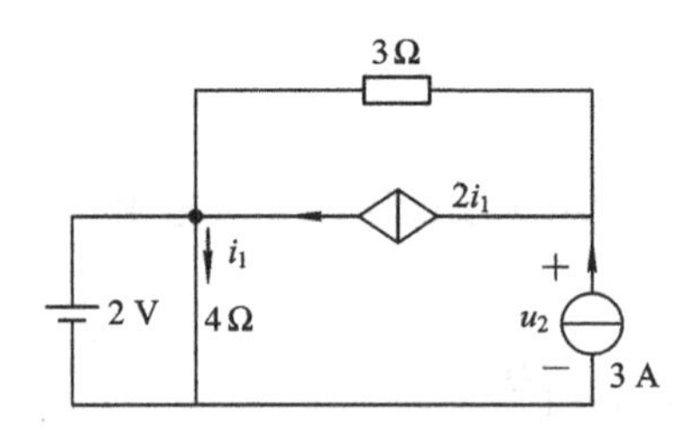

图　4-38

解　2 V 电压源单独作用时，电路如图 4-39(a)所示，从而有

$$i_1' = \frac{2}{4} = 0.5\ \text{A}$$

$$u_2' = -2i_1' \times 3 + 2 = -1\ \text{V}$$

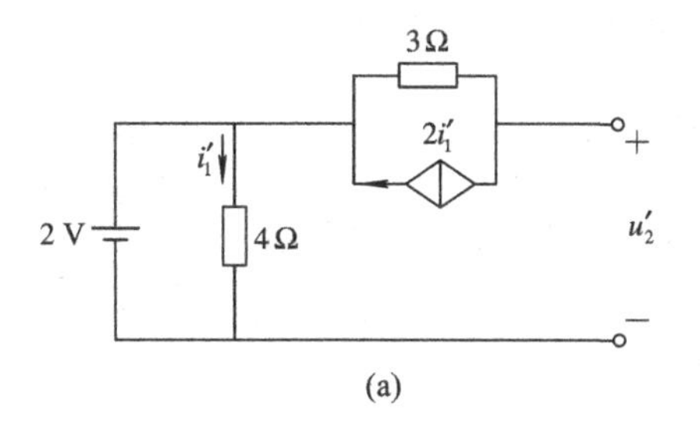

(a)

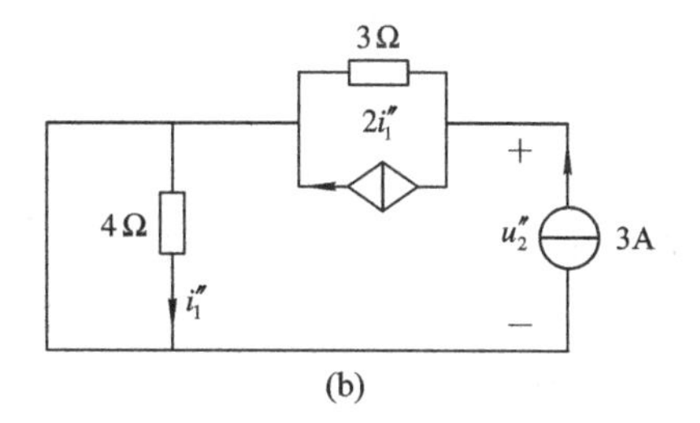

(b)

图 4-39

3 A 电流源单独作用时，电路如图 4-39(b)所示，从而有

$$i_1'' = 0$$

$$u_2'' = 3 \times 3 = 9 \text{ V}$$

因而原电路的解为

$$u_2 = u_2' + u_2'' = -1 + 9 = 8 \text{ V}$$

4-8　用戴维南定理化简图 4-40 所示电路，求 i。

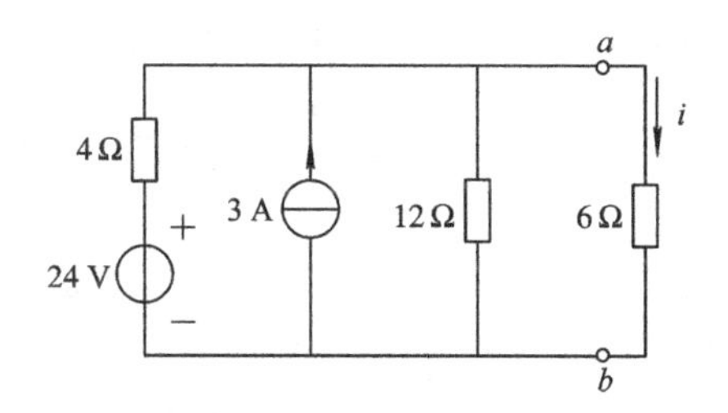

图 4-40

解　将图 4-40 中 6 Ω 电阻以外的部分看作一个二端电路，如图 4-41(a)所示。用叠加定理求得开路电压为

$$u_{oc} = \frac{12}{4+12} \times 24 + 3 \times \frac{4 \times 12}{4+12} = 18 + 9 = 27 \text{ V}$$

将该二端电路内部电源设为零，得图 4-41(b)所示电路，其等效电阻为

$$R_{eq} = \frac{4 \times 12}{4+12} = 3 \ \Omega$$

因而图 4-40 所示电路简化为图 4-41(c)所示电路，并求得

$$i = \frac{27}{6+3} = 3 \text{ A}$$

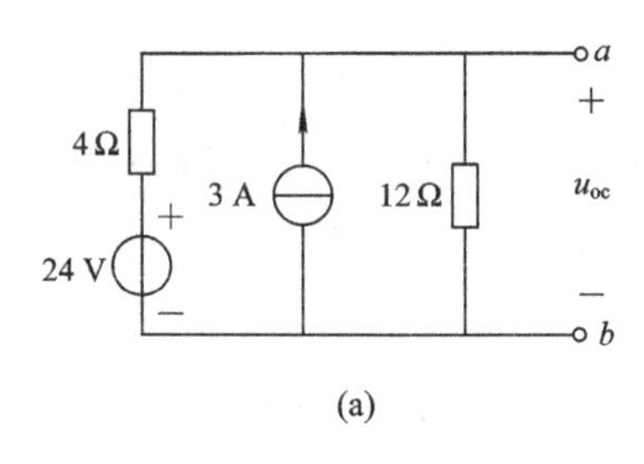

(a)

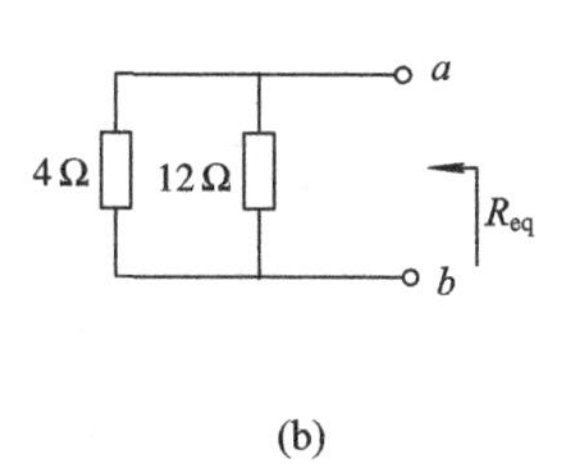

(b)

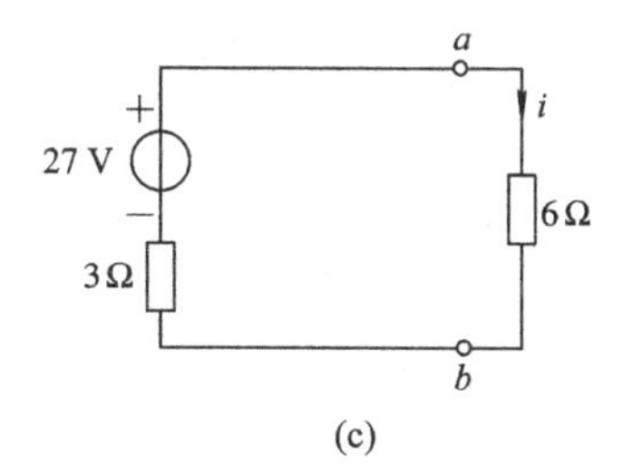

(c)

图 4-41

4－9　用戴维南定理化简图 4－42 所示各电路，求各电路中的 i。

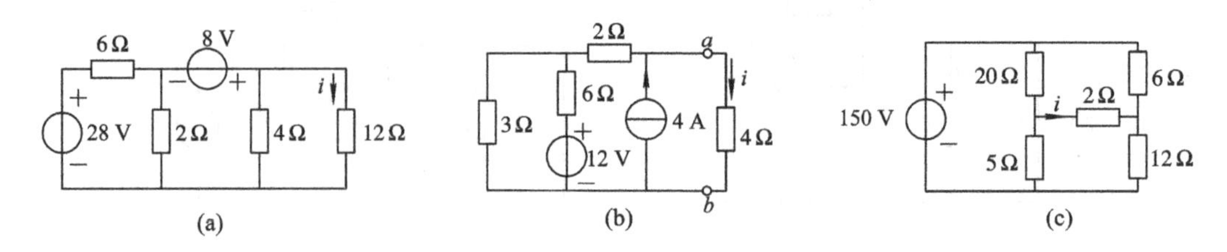

图　4－42

解　图 4－42(a)电路中，将 12 Ω 支路以外的部分看做一个二端电路，如图 4－43(a)所示。可多次运用戴维南定理将该二端电路化简。先将其左边两条并联支路用戴维南定理化简后得图 4－43(b)所示电路，进一步求得

$$u_{oc}=\frac{8+7}{1.5+4}\times 4=\frac{60}{5.5}\text{ V}$$

$$R_{eq}=\frac{1.5\times 4}{1.5+4}=\frac{6}{5.5}\ \Omega$$

再将图 4－42(a)所示电路化简为图 4－43(c)所示电路，求得

$$i=\frac{u_{oc}}{R_{eq}+12}=\frac{60/5.5}{6/5.5+12}=\frac{5}{6}\text{ A}$$

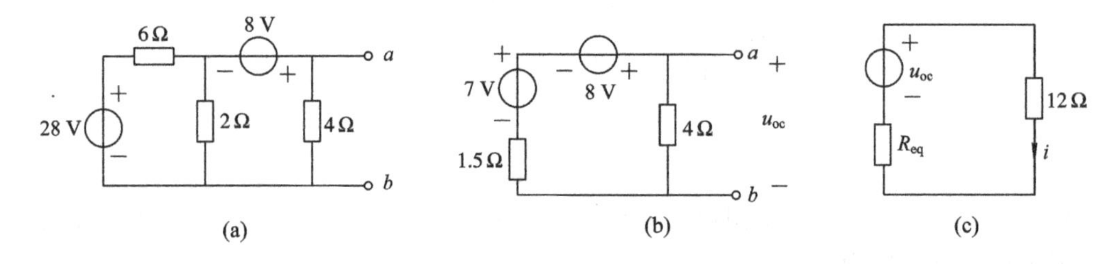

图　4－43

图 4－42(b)电路中，将 4 Ω 支路以外的部分看作一个二端电路，如图 4－44(a)所示，可采用叠加定理求得其开路电压：

$$u_{oc}=\frac{3}{3+6}\times 12+4\times\left(2+\frac{3\times 6}{3+6}\right)=4+16=20\text{ V}$$

令该二端电路内部电源为零，得图 4－44(b)所示电路，求得等效电阻为

$$R_{eq}=\frac{3\times 6}{3+6}+2=4\ \Omega$$

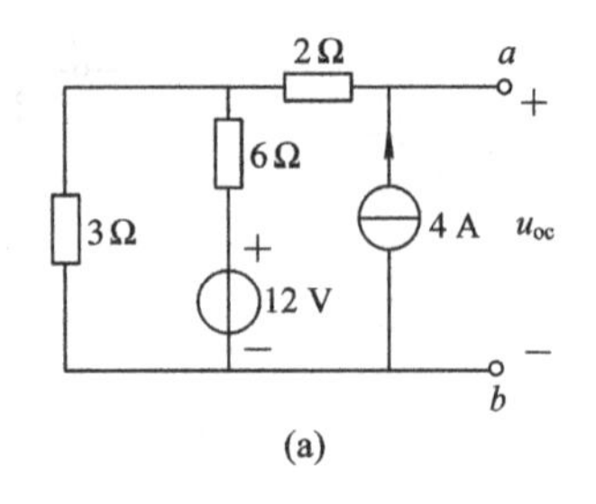

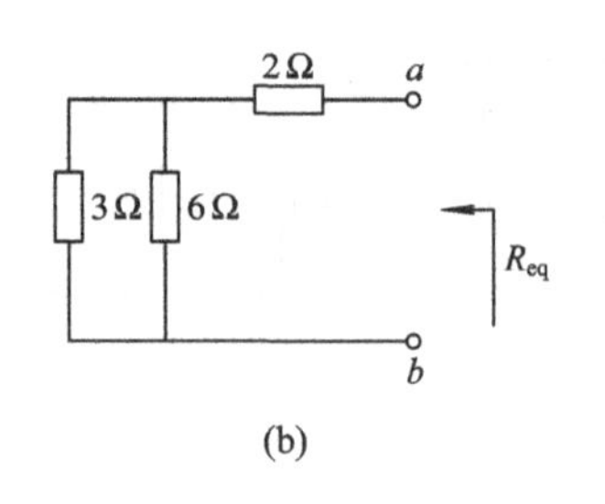

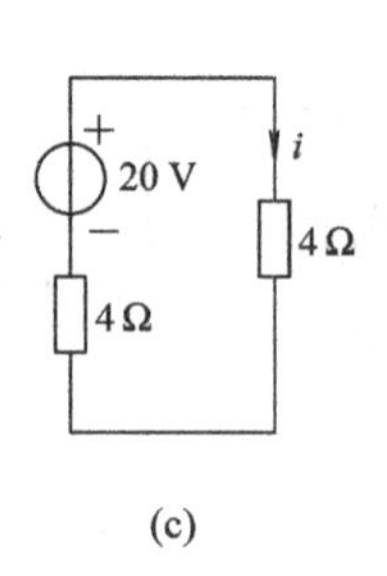

图　4－44

再将原图 4-42(b)所示电路化简为图 4-44(c)所示电路，求得

$$i=\frac{20}{4+4}=2.5\ \text{A}$$

图 4-42(c)电路中，将 2 Ω 电阻支路以外的部分看做一个二端电路，如图 4-45(a)所示，求得开路电压为

$$u_{oc}=\frac{5}{20+5}\times150-\frac{12}{12+6}\times150=\left(\frac{1}{5}-\frac{2}{3}\right)\times150=-\frac{7}{15}\times150=-70\ \text{V}$$

令该二端电路内部电源为零，得图 4-45(b)所示电路，该电路可改画成图 4-45(c)所示，求得等效电阻为

$$R_{eq}=\frac{5\times20}{5+20}+\frac{6\times12}{6+12}=4+4=8\ \Omega$$

再将图 4-42(c)电路化简为图 4-45(d)所示电路，求得

$$i=\frac{-70}{8+2}=-7\ \text{A}$$

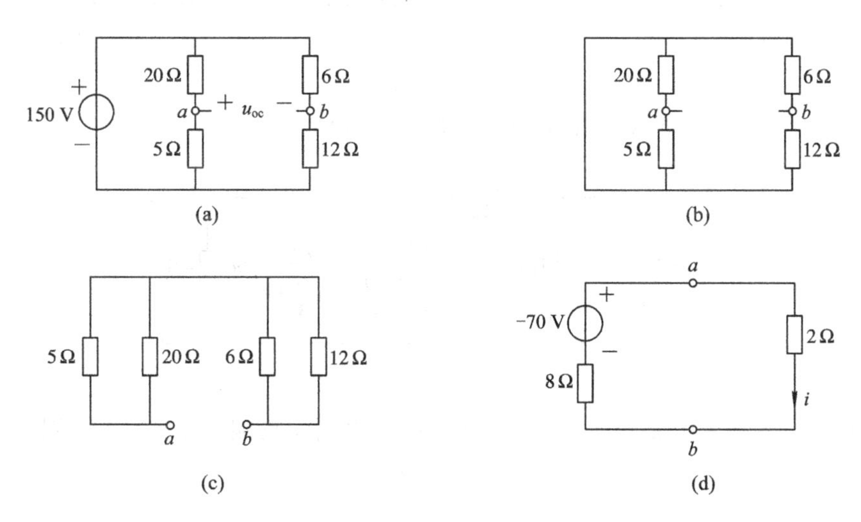

图 4-45

4-10 电路如图 4-46 所示，求 a、b 端左边网络的诺顿等效电路，并求 i。

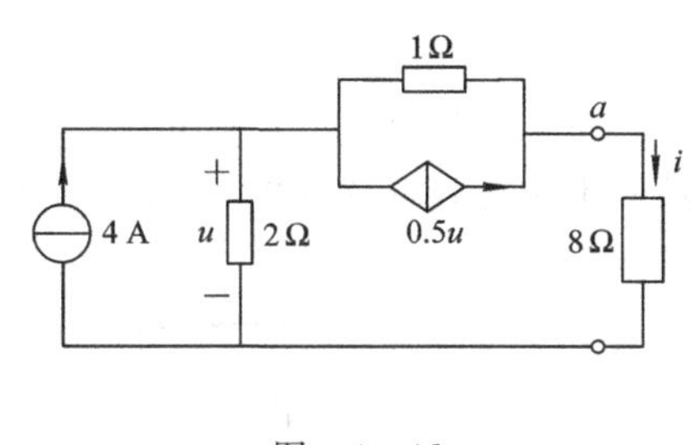

图 4-46

解 图 4-46 所示电路 a、b 端左边网络可变换为图 4-47(a)所示电路。设端口电压和电流分别为 u_1、i_1，假设电流 i_1 已知，则

$$\begin{cases}u_1=0.5u+1\times i_1+u=1.5u+1\times i_1\\ u=8+2i_1\end{cases}$$

求得

$$u_1 = 12 + 4i_1$$

即

$$i_1 = -3 + \frac{1}{4}u_1$$

由上式得该二端电路的诺顿等效电路如图 4-47(b)所示。

将图 4-46 所示电路简化为图 4-47(c)所示电路，求得

$$i = \frac{4}{4+8} \times 3 = 1\ \text{A}$$

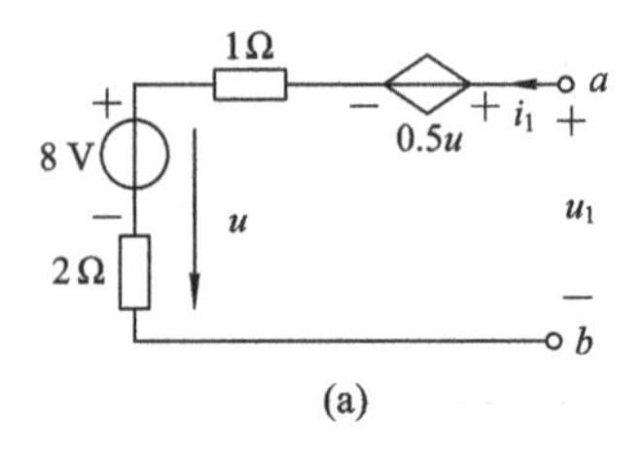

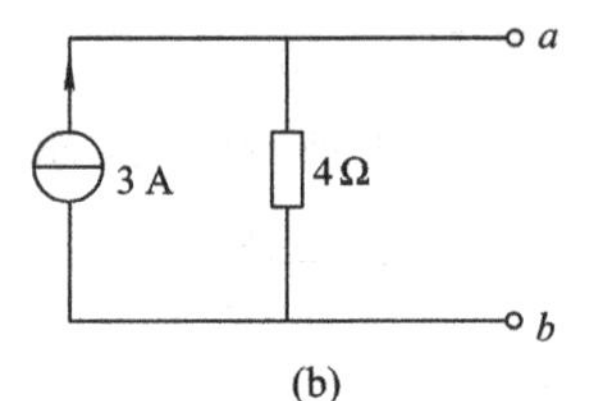

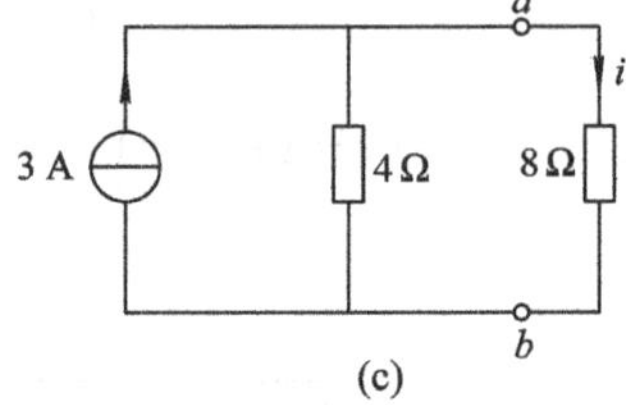

图 4-47

4-11 求图 4-48 所示二端网络的戴维南等效电路。

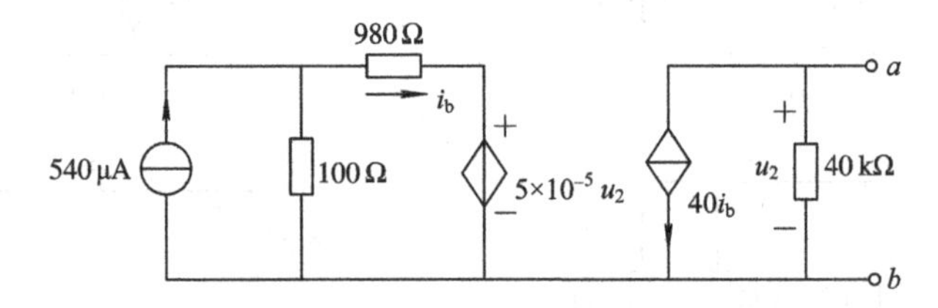

图 4-48

解 图 4-48 所示电路变换为图 4-49(a)所示电路，设端电压 u 已知，则有

$$u_2 = u$$

$$i_b = \frac{0.054 - 5 \times 10^{-5} u_2}{100 + 980} = 5 \times 10^{-5} - 4.63 \times 10^{-8} u$$

$$i = \frac{u}{40k} + 40i_b = 2 \times 10^{-3} + 2.315 \times 10^{-5} u$$

即

$$u \approx 43.2 \times 10^3 i - 86.4$$

由此可得图 4-48 所示电路的戴维南等效电路如图 4-49(b)所示。

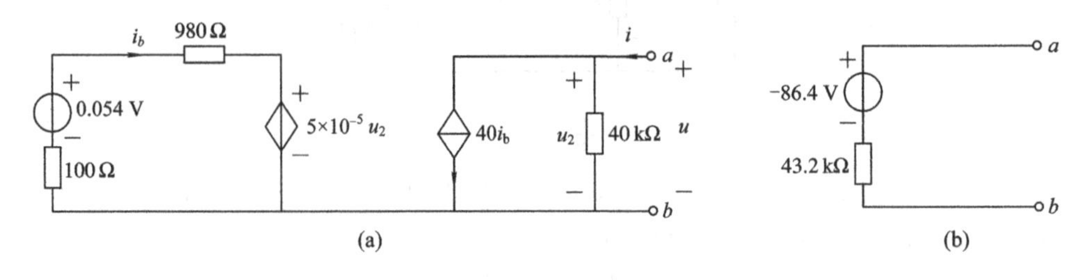

图 4-49

4－12　求图 4－50 所示二端网络的诺顿等效电路。

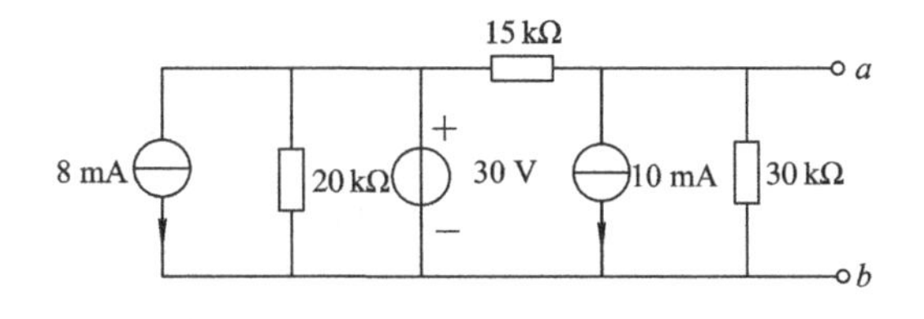

图　4－50

解　可采用逐步化简法得到该二端电路的诺顿等效电路。首先将 30 V 电压源和20 kΩ 电阻及 8 mA 电流源的并联结构等效成一个 30 V 电压源，得到图 4－51(a)电路；再将30 V 电压源和 15 kΩ 电阻的串联支路变换成电流源和电阻的并联结构，得到图4－51(b)电路；进一步化简得到原二端电路的诺顿等效电路，如图 4－51(c)所示。

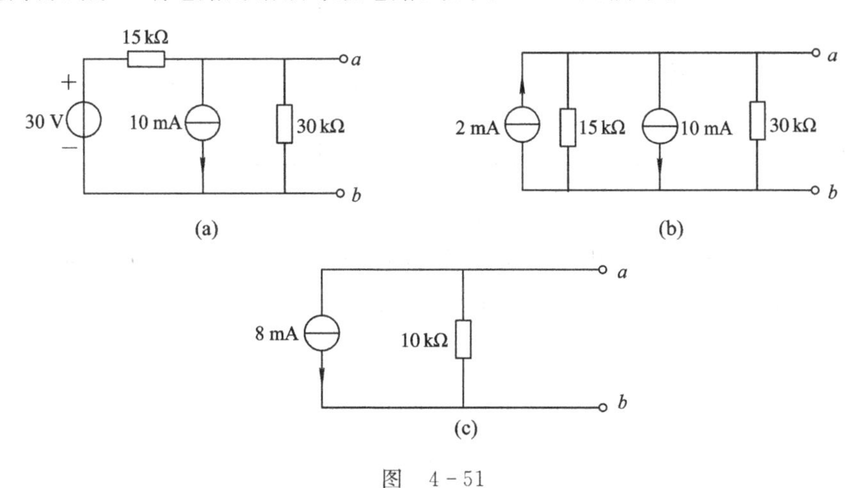

图　4－51

4－13　电路如图 4－52 所示，当 R 取何值时，R 吸收的功率最大？求 R 消耗的最大功率。

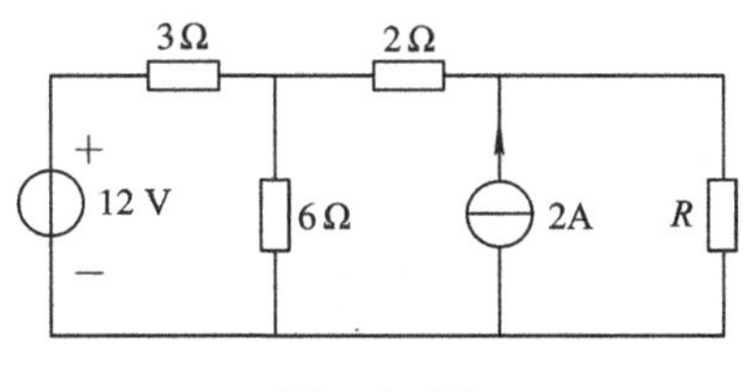

图　4－52

解　将 R 支路以外的部分作为一个二端电路，如图 4－53(a)所示。采用叠加定理，求得

$$u_{oc}=\frac{6}{3+6}\times 12+2\times\left(2+\frac{3\times 6}{3+6}\right)=8+8=16\ \mathrm{V}$$

令该二端电路内部电源为零，得图 4－53(b)所示电路，求得等效电阻为

$$R_{eq}=\frac{3\times 6}{3+6}+2=4\ \Omega$$

图 4－52 所示电路简化为图 4－53(c)所示电路，由最大功率传输条件可知，当 $R=R_{eq}=4\ \Omega$ 时，其吸收功率最大。其吸收的最大功率为

$$P_{max} = \frac{u_{oc}^2}{4 \times R_{eq}} = \frac{16^2}{4 \times 4} = 16 \text{ W}$$

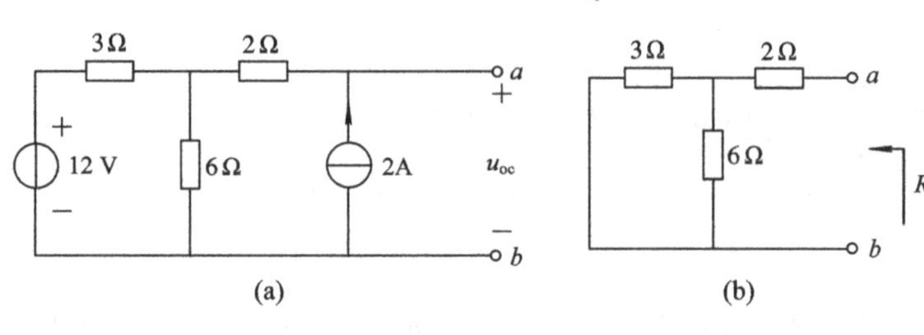

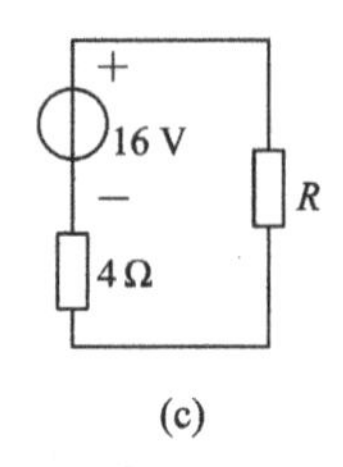

图 4-53

4-14 用戴维南定理化简图 4-54 所示电路，求电压 u。

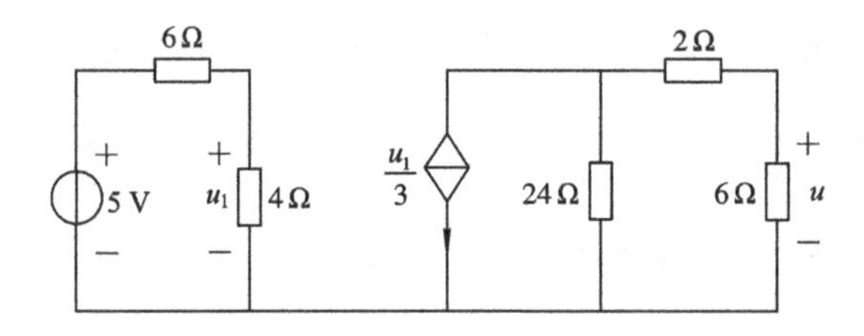

图 4-54

解 将右边 6 Ω 和 2 Ω 电阻串联支路以外的部分作为二端电路，如图 4-55(a)所示。设端电压 u 已知，求得该二端电路的端口 VAR 为

$$i = \frac{u}{24} + \frac{u_1}{3} = \frac{u}{24} + \frac{1}{3} \times \left(\frac{4}{6+4} \times 5\right) = \frac{u}{24} + \frac{2}{3}$$

即

$$u = 24i - 16$$

由端口 VAR 得该二端电路的戴维南等效电路如图 4-55(b)所示。将图 4-54 所示电路化简为图4-55(c)电路，求得

$$u = \frac{-16}{6+2+24} \times 6 = -3 \text{ V}$$

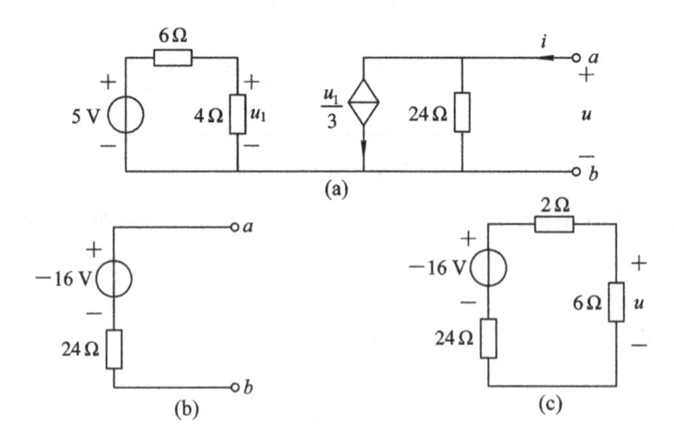

图 4-55

4-15 求图 4-56 所示二端网络的戴维南等效电路。

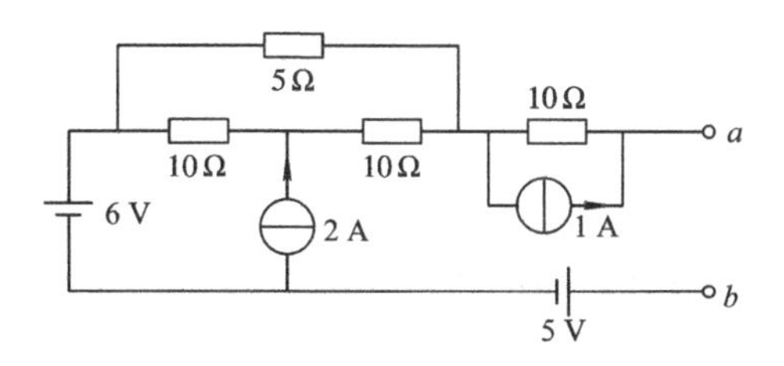

图 4-56

解 求开路电压，如图 4-57(a)所示，有

$$i_1 = \frac{10}{15+10} \times 2 = \frac{4}{5}\ \text{A}$$

$$u_{oc} = 1 \times 10 + i_1 \times 5 + 6 - 5 = 15\ \text{V}$$

令该二端电路内部电源为零，得图 4-57(b)所示电路，求得等效电阻为

$$R_{eq} = 10 + \frac{20 \times 5}{20+5} = 14\ \Omega$$

该二端电路的戴维南等效电路如图 4-57(c)所示。

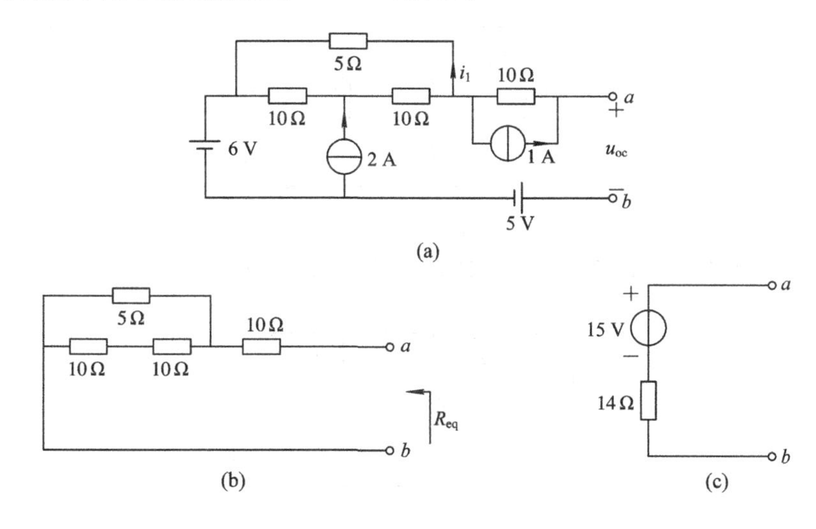

图 4-57

4-16 求图 4-58 所示二端网络的诺顿等效电路。

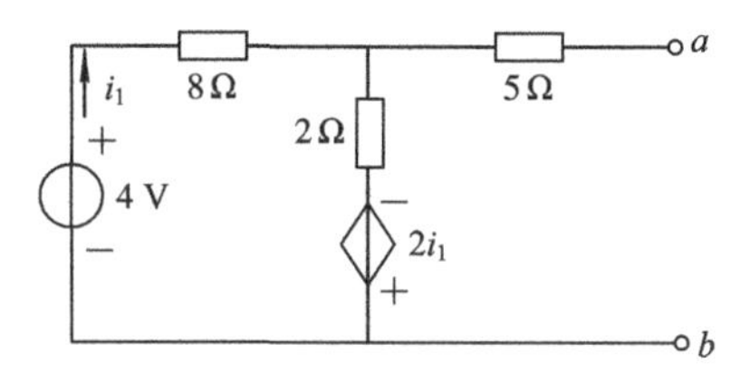

图 4-58

解 可先求出该二端电路的端口 VAR，再由端口 VAR 得到其诺顿等效电路。标出端口电流和电压的参考方向，如图 4-59(a)所示。设 i 已知，有

$$8i_1 + 2(i_1 + i) - 2i_1 = 4$$

解得

$$i_1 = 0.5 - \frac{1}{4}i$$

则端口 VAR 为

$$u = 5i + 2(i_1 + i) - 2i_1 = 7i$$

由端口 VAR 得该二端电路的诺顿等效电路如图 4-59(b)所示，即

$$i_{sc} = 0, \quad R_{eq} = 7\ \Omega$$

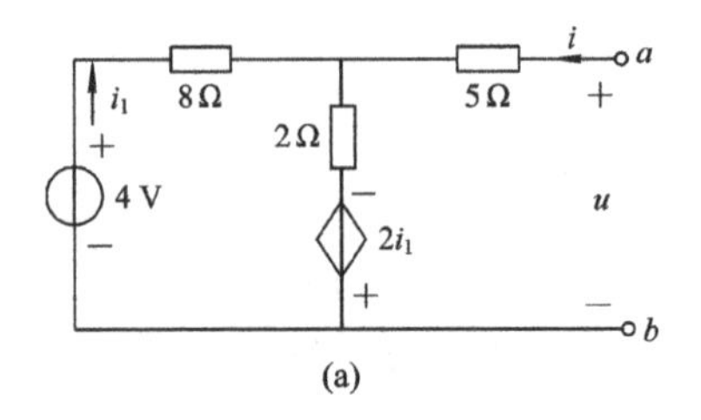

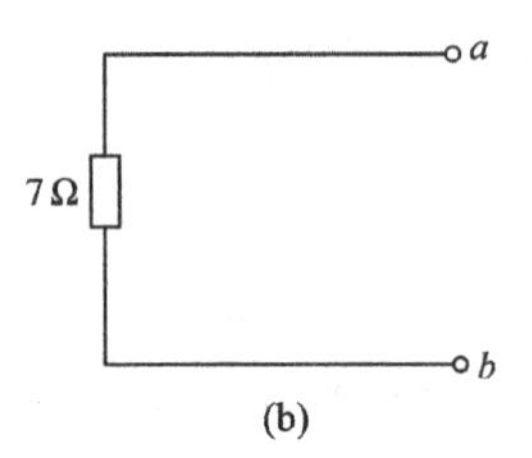

图 4-59

4-17 图 4-60 所示电路中的 R 可调，当 R 为多大时，其功率最大？求此最大功率。

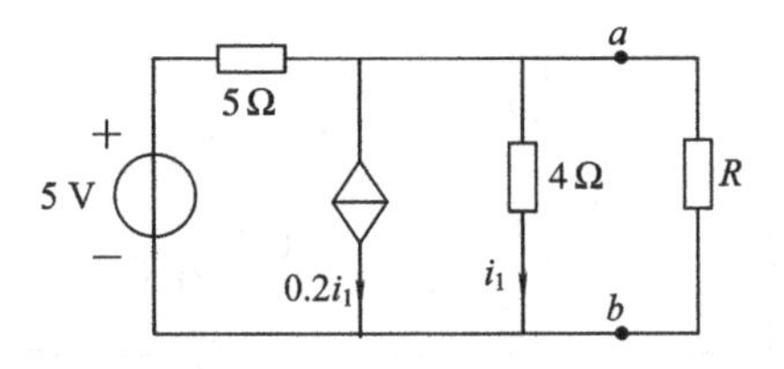

图 4-60

解 先求 a、b 左端的戴维南等效电路，如图 4-61 所示。

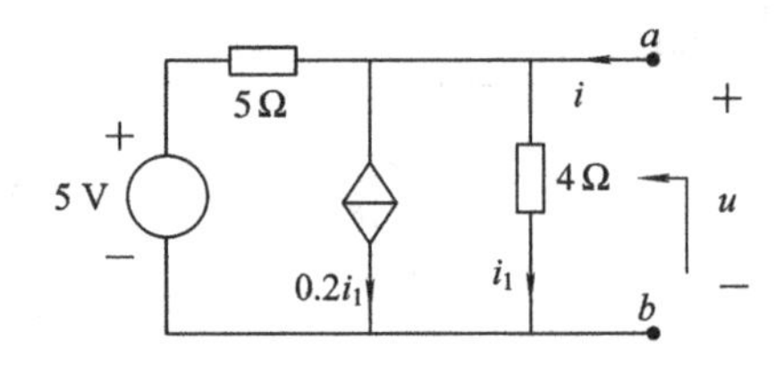

图 4-61

由图 4-60 知：

$$i = \frac{u}{4} + 0.2i_1 + \frac{u-5}{5} \tag{1}$$

$$i_1 = \frac{u}{4} \tag{2}$$

解得

$$u = 2i + 2$$

当 $R = 2\ \Omega$ 时，功率最大，为

$$P_{max} = \frac{U_{oc}^2}{4R_{eq}} = \frac{2^2}{4 \times 2} = 0.5\ \text{W}$$

4-18 电路如图 4-62 所示，当 R 取何值时，R 吸收的功率最大？求此最大功率值。

解 将 R 支路以外的部分看作二端电路，如图 4-63(a)所示。设 i 已知，采用回路法

求解，取独立回路如图中箭头所示，有

$$i_{l1}=i,\quad i_{l2}=0.5u_1,\quad i_{l3}=1\ \text{A},\ i_{l4}=i_1$$

对第四个回路列 KVL 方程，且将以上关系代入，得

$$\begin{cases}12i_1+6i+6\times0.5u_1=-3\\ u_1=(1-i)\times3\end{cases}$$

求得

$$i_1=\frac{1}{4}i-1$$

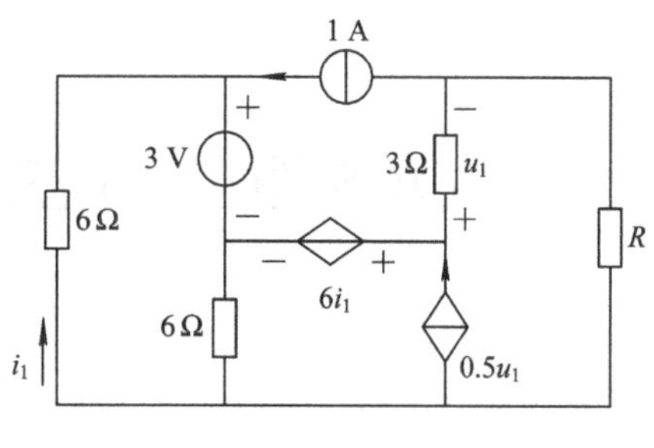

图 4-62

则端口 VAR 为

$$u=3(i-1)+6i_1+6(i_1+0.5u_1+i)=3i-6$$

由端口 VAR 可得该二端电路的戴维南等效电路，从而将图 4-62 所示电路简化为图 4-61(b)所示电路。由最大功率传输条件可知，当 $R=R_{eq}=3\ \Omega$ 时，其吸收功率最大，该最大功率为

$$P_{max}=\frac{u_{oc}^2}{4R_{eq}}=\frac{6^2}{4\times3}=\frac{36}{12}=3\ \text{W}$$

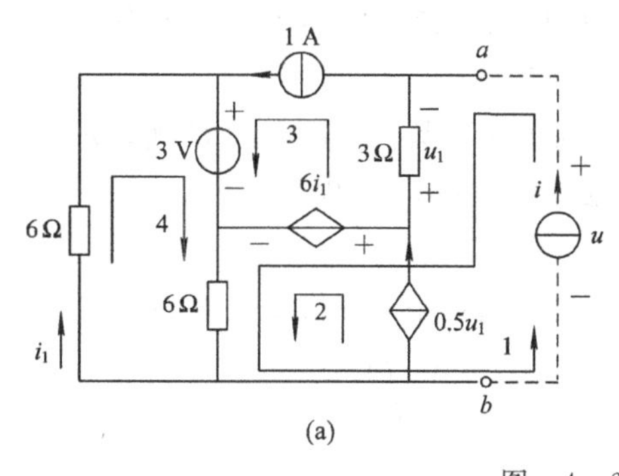

(a)

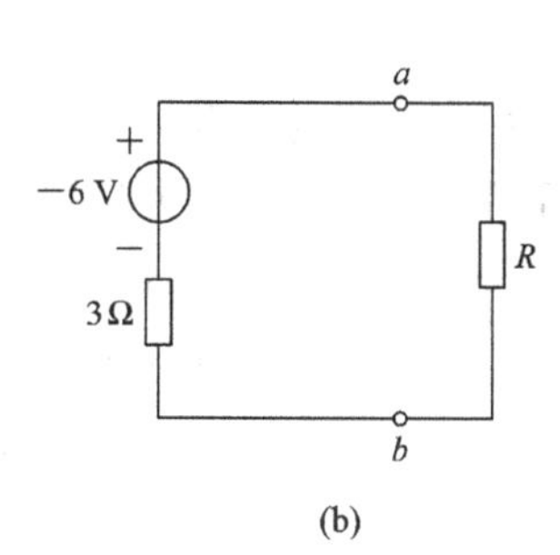

(b)

图 4-63

第 5 章　动态原件及动态电路导论

5.1　内 容 提 要

1. 电容元件

1）电容元件的定义

一个二端元件，如果在任一时刻 t，它的电荷 $q(t)$ 同它的端电压 $u(t)$ 之间的关系可以用 $u-q$ 平面上的一条曲线来确定，则此二端元件称为电容元件。如果 $u-q$ 平面上的特性曲线是一条通过原点的直线，且不随时间而变，则此电容元件称为线性非时变电容元件。若不加以说明，本书电容都是指线性非时变电容。

对于线性非时变电容，其电荷瞬时值和电压瞬时值之间的关系表述为

$$q(t)=Cu(t)$$

其中，电容 C 是一个与电荷 q 和电压 u 无关的正实常数。电路中的 C 既表示电容元件，也表示这个元件的参数，单位为法拉(F)，一般用微法(μF)和皮法(pF)。

2）电容的伏安关系(VAR)

在电容电压 $u(t)$ 和电流 $i(t)$ 参考方向一致的前提下，其伏安关系为

$$i(t)=\frac{\mathrm{d}Cu(t)}{\mathrm{d}t}=C\frac{\mathrm{d}u(t)}{\mathrm{d}t}$$

或

$$u(t)=\frac{1}{C}\int_{-\infty}^{t_0}i(\xi)\,\mathrm{d}\xi+\frac{1}{C}\int_{t_0}^{t}i(\xi)\,\mathrm{d}\xi=u(t_0)+\frac{1}{C}\int_{t_0}^{t}i(\xi)\,\mathrm{d}\xi$$

式中，$u(t_0)=\frac{1}{C}\int_{-\infty}^{t_0}i(\xi)\,\mathrm{d}\xi$，称为电容电压在初始时刻 t_0 的取值，即通常所说的初始值。上两式分别为电容伏安关系的微分和积分形式。

3）电容电压的连续性和记忆性

通过电容的伏安关系，可以证明若电容电流 $i(t)$ 在闭区间 $[t_a, t_b]$ 内有界，则电容电压在开区间 (t_a, t_b) 内连续，即电容电压不能发生跃变。特别是对任何时间 t，且 $t_a<t<t_b$，有

$$u_C(t_-)=u_C(t_+)\quad（换路定理）$$

电容是一种记忆元件，电容电压具有“记忆”电流的性质。由电容伏安关系的积分形式可见，电容电压取决于电流的全部历史，它是电流积累作用的具体体现。

4）电容的功率与能量

取 u、i 为关联参考方向时，则电容吸收的功率为

$$p=u(t)i(t)=Cu(t)\frac{\mathrm{d}u(t)}{\mathrm{d}t}$$

电容元件的功率有正、负值。当 $u(t)>0$ 且 $\frac{\mathrm{d}u(t)}{\mathrm{d}t}>0$ 时，则 $P>0$，表明电容吸收能量；当 $u(t)>0$ 且 $\frac{\mathrm{d}u(t)}{\mathrm{d}t}<0$ 时，则 $P<0$，表明电容也能释放能量，且释放的能量不会超过吸收的能量。因此电容是一种储能元件。在 t_1 到 t_2 期间，电容 C 吸收的能量为

$$E_C(t)=\int_{t_1}^{t_2}P(\xi)\,\mathrm{d}\xi=\int_{t_1}^{t_2}u(\xi)i(\xi)\,\mathrm{d}\xi=\int_{t_1}^{t_2}Cu(\xi)\,\frac{\mathrm{d}u}{\mathrm{d}\xi}=\frac{1}{2}Cu^2(t_2)-\frac{1}{2}Cu^2(t_1)$$

电容在某一时刻 t 的储能只与该时刻的电压有关，即

$$E_C(t)=\frac{1}{2}Cu^2(t)$$

5）电容元件的串、并联公式

在电容串、并联情况下，由第 2 章一端口网络等效概念可推算出等效电容、串联分压公式以及并联分流公式，分别如下：

（1）N 个电容串联的等效电容为

$$\frac{1}{C}=\frac{1}{C_1}+\frac{1}{C_2}+\cdots+\frac{1}{C_N}$$

（2）N 个电容并联的等效电容为

$$C=C_1+C_2+\cdots+C_N$$

（3）两个电容元件的串联分压公式为

$$u_1(t)=\frac{C_2}{C_1+C_2}u(t)$$

$$u_2(t)=\frac{C_1}{C_1+C_2}u(t)$$

（4）两个电容元件的并联分流公式为

$$i_1(t)=\frac{C_1}{C_1+C_2}i(t)$$

$$i_2(t)=\frac{C_2}{C_1+C_2}i(t)$$

2. 电感元件

1）电感元件的定义

一个二端元件，如果在任一时刻 t，它的电流 $i(t)$ 同它的磁链 $\psi(t)$ 之间的关系可以用 $i-\psi$ 平面上的一条曲线来确定，则此二端元件称为电感元件。如果 $i-\psi$ 平面上的特性曲线是一条通过原点的直线，且不随时间而变，则此电感元件称为线性非时变电感元件。

当磁链 ψ 的参考方向与电流 i 的参考方向之间满足右手螺旋关系时，电感元件磁链 ψ 和电流 i 之间的关系为

$$\psi(t)=Li(t)$$

线性电感元件的电感是一个与自感磁链 ψ 和电流 i 无关的正实常数。电路中的 L 既表示电感元件，也表示这个元件的参数，单位为亨利(H)，一般用毫亨(mH)和微亨(μH)。

2）电感的伏安关系(VAR)

在电感电压 $u(t)$ 和电流 $i(t)$ 参考方向关联的前提下，其伏安关系为

$$u = \frac{\mathrm{d}Li}{\mathrm{d}t} = L\frac{\mathrm{d}i}{\mathrm{d}t}$$

或

$$i(t) = \frac{1}{L}\int_{-\infty}^{t} u(\xi)\,\mathrm{d}\xi = i(t_0) + \frac{1}{L}\int_{t_0}^{t} u(\xi)\,\mathrm{d}\xi$$

式中，$i(t_0) = \frac{1}{L}\int_{-\infty}^{t_0} u(\xi)\,\mathrm{d}\xi$，称为电感电流在初始时刻 t_0 的取值，即通常所说的初始值。上两式分别为电感伏安关系的微分和积分形式。

3）电感电流的连续性和记忆性

通过电感的伏安关系，可以证明，若电感电压 $u(t)$在闭区间$[t_a, t_b]$内有界，则电感电流在开区间(t_a, t_b)内连续，即电感电流不能发生跃变。特别是对任何时间 t，且 $t_a<t<t_b$，有

$$i_L(t_-) = i_L(t_+) \quad \text{（换路定理）}$$

电感是一种记忆元件，电感电流具有“记忆”电压的性质。由电感的伏安关系的积分形式可见，电感电流取决于电压的全部历史，它是电压积累作用的具体体现。

4）电感的功率与能量

取 u，i 为关联参考方向时，电感吸收的功率为

$$P(t) = u(t)\cdot i(t) = Li\frac{\mathrm{d}i}{\mathrm{d}t}$$

电感元件的功率有正、负值，表明电感既能吸收能量，也能释放能量，且释放的能量不会超过吸收的能量。因此电感是一种储能元件。在 t_1 到 t_2 期间，电感 L 吸收的能量为

$$E_L(t) = \frac{1}{2}Li^2(t_2) - \frac{1}{2}Li^2(t_1)$$

电感在某一时刻 t 的储能只与该时刻的电流有关，即

$$E_L(t) = \frac{1}{2}Li^2(t)$$

5）电感元件的串、并联公式

在电感串、并联情况下，由第 2 章二端口网络等效概念可推算出等效电感、串联分压公式以及并联分流公式，分别如下：

（1）N 个电感串联的等效电感为

$$L = L_1 + L_2 + \cdots + L_N$$

（2）N 个电感并联的等效电感为

$$\frac{1}{L} = \frac{1}{L_1} + \frac{1}{L_2} + \cdots + \frac{1}{L_N}$$

（3）两个电感元件的串联分压公式为

$$u_1(t) = \frac{L_1}{L_1 + L_2}u(t)$$

$$u_2(t) = \frac{L_2}{L_1 + L_2}u(t)$$

（4）两个电感元件的并联分流公式为

$$i_1(t) = \frac{L_2}{L_1 + L_2}i(t)$$

$$i_2(t) = \frac{L_1}{L_1 + L_2} i(t)$$

3. 换路定律

1）换路定律 1

若电路在 t_0时刻换路，换路瞬间电容电流 i_C为有限值，则

$$u_C(t_{0-}) = u_C(t_{0+})$$

$$q_C(t_{0-}) = q_C(t_{0+})$$

2）换路定律 2

若换路瞬间电感电压 u_L为有限值，则

$$i_L(t_{0+}) = i_L(t_{0-})$$

$$\Psi_L(t_{0+}) = \Psi_L(t_{0-})$$

4. 初始值(初始条件)的确定

根据换路定律，计算独立初始条件 $u_C(0_+)$和 $i_L(0_+)$，一般可以通过求解换路前的电路在 $t=0_-$时刻的 $u_C(0_-)$和 $i_L(0_-)$来确定。对于电路中其他一些电压和电流的初始值(非独立初始条件)，例如电阻上的电压和电流、电容电流、电感电压等，由于这些量不满足换路定律所描述的 0_-与 0_+时刻的等值规律，因此这些初始值需由电路中的独立初始条件和 $t=0_+$时刻的激励值确定。具体步骤如下：

(1) 根据换路前的电路求出 $u_C(0_-)$和 $i_L(0_-)$，依据换路定律确定 $u_C(0_+)$和 $i_L(0_+)$。

(2) 画出 $t=0_+$时刻的等效电路。即将每一电感用一电流源替换，其值为 $i_L(0_+)$；每一电容用一电压源替换，其值为 $u_C(0_+)$；电路中其他元件参数取 0_+时刻数值。

(3) 求解 $t=0_+$时刻等效电路即可得出所需要的初始电流和电压。

5.2 重点、难点

1. 关于状态变量

电容和电感这两种元件与前面所学电阻元件有所不同，即其伏安关系是由微分和积分形式描述的。这也导致电容电压和电感电流这两个变量具有记忆和连续性，我们把这两个变量称为动态电路的状态变量。准确理解状态变量的特性，尤其是换路定理所揭示的连续性，对于求解动态电路具有非常重要的意义。一般来说，求解动态电路中各元件上的电流和电压都是首先从状态变量入手，它们的换路特性可以方便地为我们提供求解微分方程的初始条件。

2. 原始状态及初始状态的区分

原始状态：各电容电压和各电感电流在 $t=0_-$时的数值集合。

初始状态：动态电路中各电容电压和各电感电流在 $t=0_+$时的数值集合。

3. 换路定律及电路初始值的确定

电路在换路时，仅电容电压和电感电流受换路定律的约束不能跃变，而电容电流和电感电压以及电路中其他的电压、电流是可以跃变的。

初始条件就是指电路中所求变量(电压或电流)及其$(n-1)$阶导数在$t=0_+$时的值，也称的初始值。其中除独立电源的初始值外，电容电压u_C和电感电流i_L的初始值，即$u_C(0_+)$和$i_L(0_+)$称为独立的初始条件，其余称为非独立的初始条件。

计算独立初始条件$u_C(0_+)$和$i_L(0_+)$，一般可以通过求解换路前的电路在$t=0_-$时刻的$u_C(0_-)$和$i_L(0_-)$来确定。对于电路中其他一些电压和电流的初始值(非独立初始条件)，例如电阻上的电压和电流、电容电流、电感电压等，由于这些量不满足换路定律所描述的0_-与0_+时刻的等值规律，因此这些初始值需由电路中的独立初始条件和$t=0_+$时刻的激励值确定。

5.3 典型例题

【例5-1】 流过1.25 μF电容的电流波形如图5-1所示，求$t>-1$ s，$t>0$和$t>2$ s时电容的等效电路。(电容的初始电压为零)

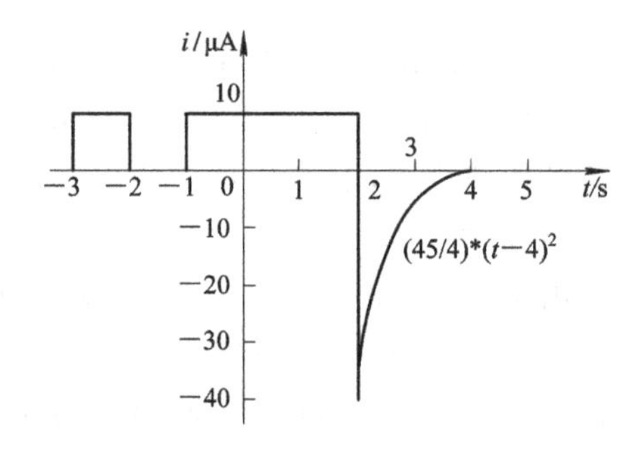

图 5-1

解 (1) $t>-1$ s时，

$$u_C(t)=\frac{1}{C}\int_{-\infty}^{t}i\,\mathrm{d}t=u_C(-1)+\frac{1}{C}\int_{-1}^{t}i\,\mathrm{d}t$$

$$u_C(-1)=\frac{1}{C}\int_{-\infty}^{-1}i\,\mathrm{d}t=\frac{1}{C}\int_{-3}^{-2}10\times10^{-6}\,\mathrm{d}t=8\ \mathrm{V}$$

等效电路如图5-2(a)所示。

(2) $t>0$时，

$$u_C(t)=u_C(0)+\frac{1}{C}\int_{0}^{t}i\,\mathrm{d}t$$

$$u_C(0)=u_C(-1)+\frac{1}{C}\int_{-1}^{0}i\,\mathrm{d}t=16\ \mathrm{V}$$

等效电路如图5-2(b)所示。

(3) $t>2$时，

$$u_C(t)=u_C(2)+\frac{1}{C}\int_{2}^{t}i\,\mathrm{d}t$$

$$u_C(2)=u_C(0)+\frac{1}{C}\int_{0}^{2}i\,\mathrm{d}t=32\ \mathrm{V}$$

等效电路如图5-2(c)所示。

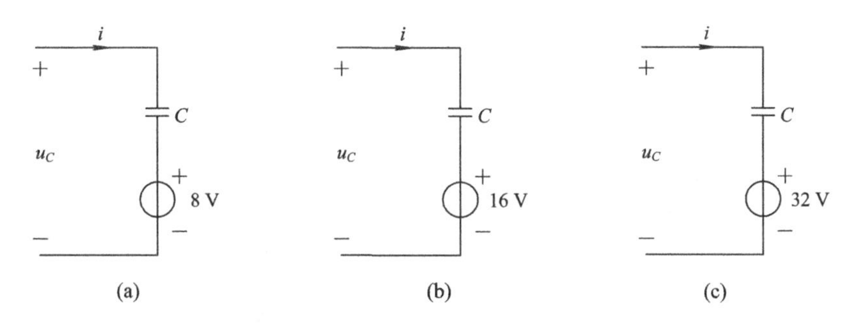

图 5-2

【解题指南与点评】 该例题要求重点掌握电容伏安关系的积分形式，以及通过电容电压初始值构造电容的等效电路。

【例 5-2】 图 5-3 所示为一电容的电压和电流波形。(1) 求 C；(2) 计算电容在 $0<t<1$ ms 期间所得到的电量；(3) 计算电容在 $t=2$ ms 时吸收的功率；(4) 计算电容在 $t=2$ ms 时储存的能量。

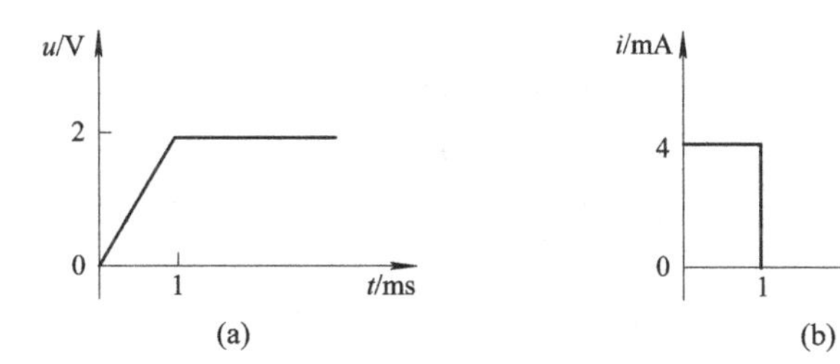

图 5-3

解 (1)

$$i(t)=C\frac{\mathrm{d}u(t)}{\mathrm{d}t}$$

由图(a)可得 $0<t\leqslant 1$ ms 时，$u(t)=2\times 10^3 t$，所以

$$C=\frac{i}{\dfrac{\mathrm{d}u(t)}{\mathrm{d}t}}=2\ \mu\mathrm{F}$$

(2) 由图(b)得

$$q=\int_0^{10^{-3}} 4\times 10^{-3}\,\mathrm{d}t=4\ \mu\mathrm{C}$$

(3) $t=2$ ms 时，$u=2$，$i=0$，所以此时 $p=0$，表明电容储能没有变化。

(4) $t=2$ ms 时，$u=2$，由储能公式 $E_C(t)=\dfrac{1}{2}Cu^2(t)$得

$$E_C(t)=4\times 10^{-6}\ \mathrm{J}$$

【解题指南与点评】 该例题要求重点掌握电容伏安关系的微分形式，以及瞬时功率和电容储能公式。

【例 5-3】 图 5-4(a)中，$L=4$ H，且 $i(0)=0$，电压的波形如图 5-4(b)所示。试求当 $t=1$ s，$t=2$ s，$t=3$ s 和 $t=4$ s 时的电感电流 i。

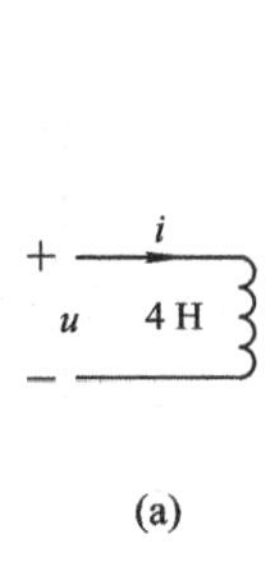

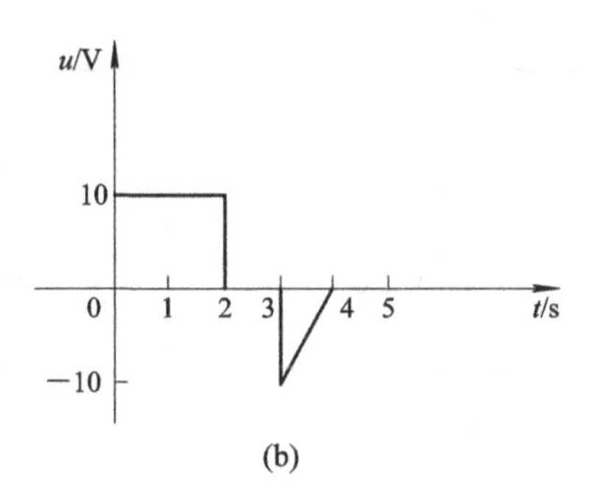

图 5-4

解 因为电感元件的 u，i 为关联参考方向，因此其伏安关系积分形式为

$$i(t)=i(t_0)+\frac{1}{L}\int_{t_0}^{t}u(x)\ \mathrm{d}x$$

电感电压的函数表示式为

$$\begin{cases}t\leqslant 0,\ u(t)=0\\ 0\leqslant t\leqslant 2,\ u(t)=10\\ 2\leqslant t\leqslant 3,\ u(t)=0\\ 3\leqslant t\leqslant 4,\ u(t)=0\end{cases}$$

则 $t=1$ s 时，$$i(1)=i(0)+\frac{1}{L}\int_0^1 u(t)\ \mathrm{d}t=0+\frac{1}{4}\int_0^1 10\ \mathrm{d}t=2.5\ \mathrm{A}$$

$t=2$ s 时，$$i(2)=i(1)+\frac{1}{L}\int_1^2 u(t)\ \mathrm{d}t=2.5+\frac{1}{4}\int_1^2 10\ \mathrm{d}t=5\ \mathrm{A}$$

$t=3$ s 时，$$i(3)=i(2)+\frac{1}{L}\int_2^3 u(t)\ \mathrm{d}t=5+\frac{1}{4}\int_2^3 0\ \mathrm{d}t=5\ \mathrm{A}$$

$t=4$ s 时，$$i(4)=i(3)+\frac{1}{L}\int_3^4 u(t)\ \mathrm{d}t=5+\frac{1}{4}\int_3^4 (10t-40)\ \mathrm{d}t=3.75\ \mathrm{A}$$

【解题指南与点评】 该例题要求重点掌握电感伏安关系的积分形式。

【例 5-4】 如图 5-5(a)所示 RL 并联电路，已知电压 $u(t)$ 如图 5-5(b)所示，电感电流的初始值 $i_L(0)=1$ A，求该 RL 电路在 0～3 s 期间所吸收的能量。

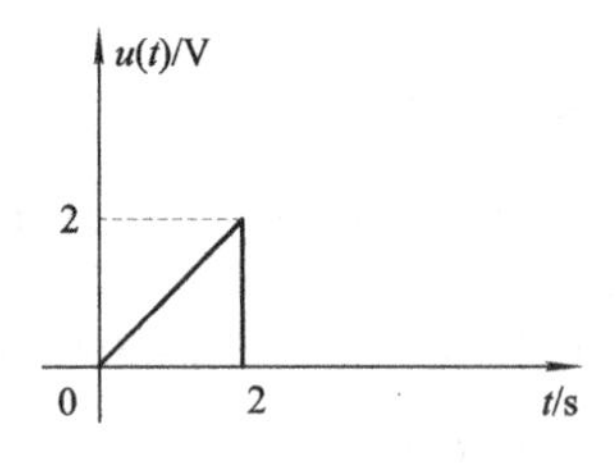

图 5-5

解 由电压 $u(t)$ 的波形可知，当 $0<t<2$ s 时，$u(t)=t$ V；其他时刻 $u(t)=0$。

$0<t<2$ s 时，电阻 R 吸收的功率为

$$P_R(t)=\frac{u^2(t)}{R}=t^2\ \mathrm{W}$$

在 0～3 s 期间，电阻 R 吸收的能量为

$$E_R = \int_0^3 P_R(t)\ dt = \int_0^2 t^2\ dt = \frac{8}{3}\ \text{J}$$

在 0～3 s 期间，电感 L 吸收的能量为

$$E_L = \frac{1}{2}Li_L^2(3) - \frac{1}{2}Li_L^2(0)$$

而其中电感电流：

$$i_L(3) = i_L(0) + \int_0^3 u(t)\ dt = 1 + \int_0^2 t\ dt = 3\ \text{A}$$

所以

$$E_L = \frac{1}{2}\times 1\times 3^2 - \frac{1}{2}\times 1\times 1^2 = 4\ \text{J}$$

因此图 5-5(a)所示 RL 并联电路在 0～3 s 期间所吸收的能量为

$$E = E_R + E_L = 6\frac{2}{3}\ \text{J}$$

【解题指南与点评】 该例题要求重点掌握电感伏安关系的积分形式、电感储能公式、功率与吸收能量的关系以及能量叠加的概念。

【例 5-5】 已知图 5-6 所示电路由一个电阻 R、一个电感 L、一个电容 C 组成。当 $t\geqslant 0$ 时，$i_1(t)=10e^{-t}-20e^{-2t}$ A，$u_1(t)=-5e^{-t}+20e^{-2t}$ V。若在 $t=0$ 时电路总储能为 25 J，试求 R，L，C 的值。

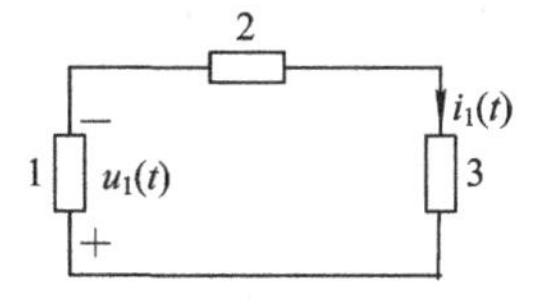

图 5-6

解 由已知条件可得 $u_1(t)\neq ki(t)$，不存在线性关系，故元件 1 不是电阻元件。由 $i_1(t)\neq k\dfrac{du_1(t)}{dt}$，不存在线性关系，故元件 1 不是电容。因此该元件必为电感，由已知条件有

$$u_1(t) = L\frac{di_1(t)}{dt}$$

即

$$-5e^{-t} + 20e^{-2t} = L(-10e^{-t} + 40e^{-2t})$$

所以 $L=0.5$ H。

$t=0$ 时，电路的总能量为

$$E(0) = \frac{1}{2}Cu_C^2(0) + \frac{1}{2}Li_1^2(0)$$

即

$$25 = \frac{1}{2}Cu_C^2(0) + \frac{1}{2}\times\frac{1}{2}\times 10^2$$

所以 $u_C(0)=0$。

由 KVL 有

$$u_C(0) = -u_R(0) - u_1(0)$$

得 $0=10R-15$，所以 $R=1.5\ \Omega$。

电容上电压为

$$u_C(t) = u_C(0) + \frac{1}{C}\int_0^t i_1(\tau)\,\mathrm{d}\tau = -\frac{10}{C}\mathrm{e}^{-t} + \frac{10}{C}\mathrm{e}^{-2t}$$

同时由 KVL 有

$$u_C(t) = -u_R(t) - u_1(t) = -Ri_1(t) + 5\mathrm{e}^{-t} + 20\mathrm{e}^{-2t} = -10\mathrm{e}^{-t} + 10\mathrm{e}^{-2t}$$

比较两式，得 $C=1\ \mathrm{F}$。

【解题指南与点评】 该例题要求综合理解电阻、电容和电感的伏安关系。

【例 5-6】 电路如图 5-7 所示，开关闭合前电路已达到稳态，求换路后的瞬间，电容的电压和各支路的电流。

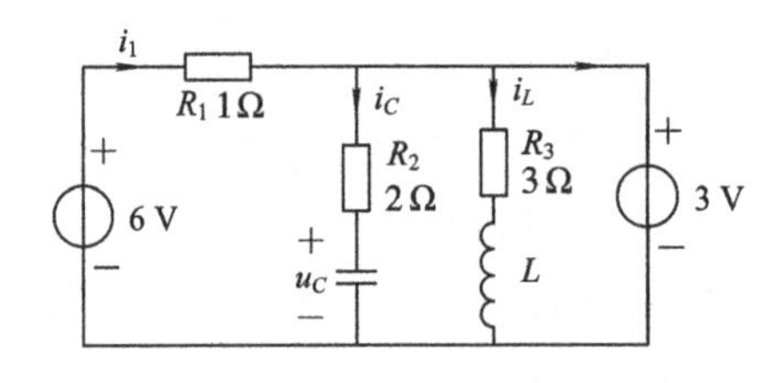

图 5-7

解 开关闭合之前，电容对直流稳态电路相当于开路，电感对直流稳态相当于短路，所以有

$$u_C(0_-) = -i_C(0_-)R_2 + 3 = 3\ \mathrm{V}$$

$$i_L(0_-) = \frac{3}{R_3} = 1\ \mathrm{A}$$

开关闭合后，根据换路定律有

$$u_C(0_+) = u_C(0_-) = 3\ \mathrm{V}$$

$$i_L(0_+) = i_L(0_-) = 1\ \mathrm{A}$$

根据 KVL 有

$$i_1(0_+)R_1 + 3 - 6 = 0$$

$$i_C(0_+)R_2 + u_C(0_+) - 3 = 0$$

解得

$$i_1(0_+) = \frac{3}{R_1} = 3\ \mathrm{A}$$

$$i_C(0_+) = \frac{3 - u_C(0_+)}{R_2} = 0$$

根据 KCL 得

$$i(0_+) = i_1(0_+) - i_C(0_+) - i_L(0_+) = 3 - 0 - 1 = 2\ \mathrm{A}$$

【解题指南与点评】 该例题要求理解换路定律。

【例 5-7】 图 5-8 中电路已达稳定状态。已知：$u_s=10\ \mathrm{V}$，$R_1=2\ \Omega$，$R_2=3\ \Omega$，$R_3=1\ \Omega$，$C=0.1\ \mathrm{F}$，$L=0.1\ \mathrm{H}$，求开关打开时各储能元件储的电压、电流值。

解 (1) 在图(a)电路中，原已达稳态，首先求初始状态。则电感 L 相当于短接线，电

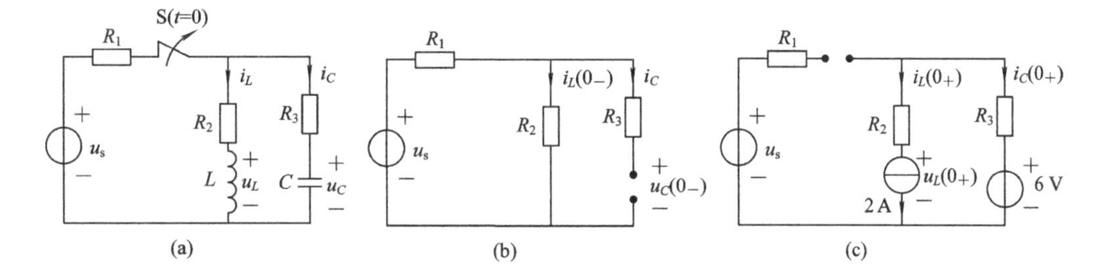

图 5-8

容 C 相当于断开。$t=0_-$ 时的等效电路如图(b)所示，得

$$i_L(0_-)=\frac{u_s}{R_1+R_2}=\frac{10}{2+3}=2\ \text{A}$$

$$u_C(0_-)=R_2 i_L(0_-)=3\times 2=6\ \text{V}$$

(2) 由换路定理得

$$u_C(0_+)=u_C(0_-)=6\ \text{V}$$

$$i_L(0_+)=i_L(0_-)=2\ \text{A}$$

(3) 做换路后等效电路：电感 L 用 2 A 电流源替代，电容 C 用 6 V 电压源替代，等效电路如图(c)所示。得

$$i_C(0_+)=-i_L(0_+)=-2\ \text{A}$$

$$u_L(0_+)=-R_2 i_L(0_+)+R_3 i_C(0_+)+6$$

$$=-3\times 2+1\times(-2)+6\ \text{V}$$

故储能元件的电压、电流为

$$i_L(0_+)=2\ \text{A},\quad u_L(0_+)=-2\ \text{A}$$

$$i_C(0_+)=-2\ \text{V},\quad u_C(0_+)=6\ \text{V}$$

【解题指南与点评】 求初始值，应先求 $u_C(0_-)$ 和 $i_L(0_-)$(对应于换路前电路)。由换路定理可得：$u_C(0_+)=u_C(0_-)$，$i_L(0_+)=i_L(0_-)$，据此做换路后的等效电路，再求其他待求的初始值。

5.4 习题解答

5-1 已知电容 $C=1$ mF，无初始储能，通过电容的电流波形如图 5-9 所示。试求与电流参考方向关联的电容电压，并画出波形图。

解

$$u_C(t)=u_C(t_0)+\frac{1}{C}\int_{t_0}^{t} i_C(\xi)\,d\xi$$

当 $t\leqslant -1$ s 时，$i_C=0$，$u_C(t)=0$，所以

$$u_C(-1)=0$$

当 $-1\ \text{s}\leqslant t\leqslant 1$ s 时，

$$i_C=1\ \text{A}$$

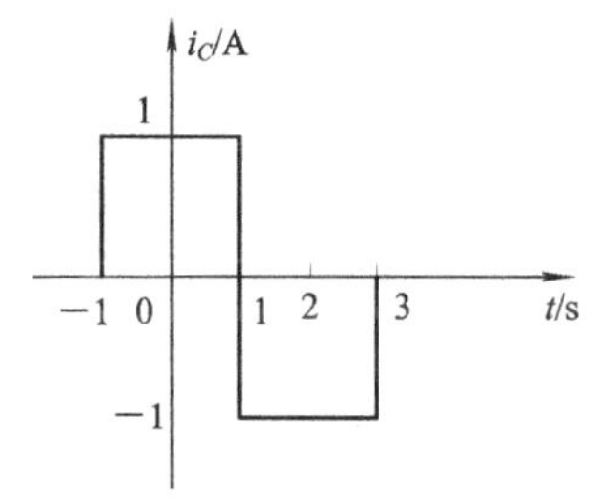

图 5-9

$$u_C(t) = u_C(-1) + \frac{1}{C}\int_{-1}^{t} i_C(\xi)\,\mathrm{d}\xi = 0 + \frac{1}{10^{-3}}\int_{-1}^{t} 1\,\mathrm{d}\xi$$
$$= (t+1) \times 10^3\ \mathrm{V}$$

所以

$$u_C(1) = 2 \times 10^3\ \mathrm{V}$$

当 1 s$\leqslant t \leqslant$3 s 时，

$$i_C = -1\ \mathrm{A}$$

$$u_C(t) = u_C(1) + \frac{1}{C}\int_{1}^{t} i_C(\xi)\,\mathrm{d}\xi = 2 \times 10^3 + \frac{1}{10^{-3}}\int_{1}^{t} (-1)\,\mathrm{d}\xi$$
$$= 2 \times 10^3 - 10^3(t-1) = 3 \times 10^3 - 10^3 t\ \mathrm{V}$$

所以

$$u_C(3) = 3 \times 10^3 - 3 \times 10^3 = 0$$

当 $t \geqslant$3 s 时，

$$i_C = 0$$

$$u_C(t) = u_C(3) + \frac{1}{C}\int_{3}^{t} i_C(\xi)\,\mathrm{d}\xi = 0 + 10^3 \times 0 = 0$$

波形如图 5－10 所示。

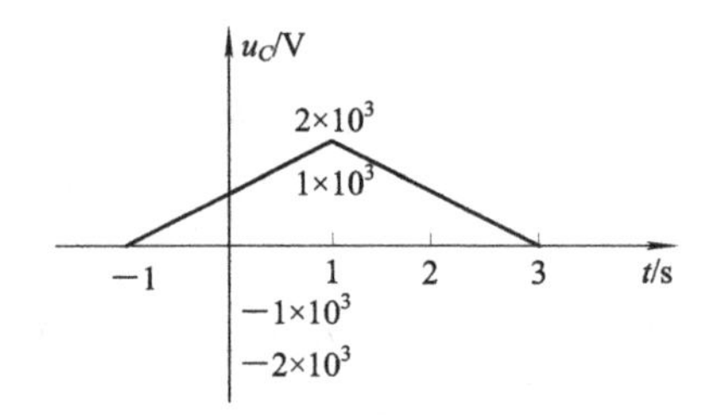

图　5－10

5－2　已知电感 L=0.5 H，其电流波形如图 5－11 所示。试求电感电压，并画出波形图。

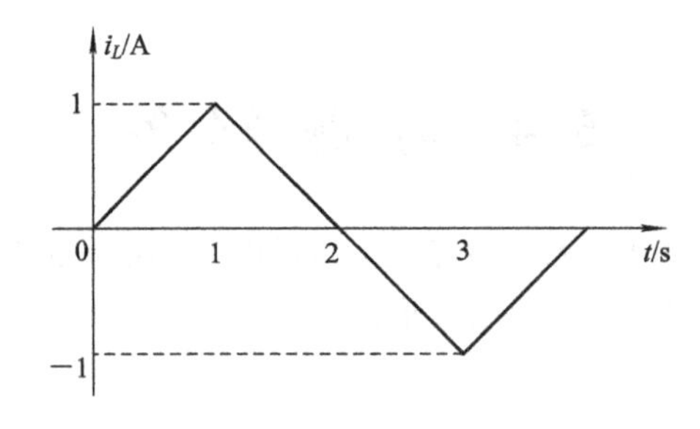

图　5－11

解

$$u_L = L\frac{\mathrm{d}i_L(t)}{\mathrm{d}t}$$

$t<0$ 时，$i_L=0$，所以 $u_L=0$。

$0<t<1$ s 时，$i_L=t$，所以 $u_L(t)=0.5\times 1=0.5$ V。

1 s$<t<$3 s 时，$i_L=-(t-2)=2-t$，所以 $u_L(t)=0.5\times(0-1)=-0.5$ V。

$3\ \text{s}<t<4\ \text{s}$ 时，$i_L=t-4$，所以 $u_L(t)=0.5\ \text{V}$。

$t>4\ \text{s}$ 时，$i_L=0$，所以 $u_L=0$。

$u_L(t)$的波形如图 5-12 所示。

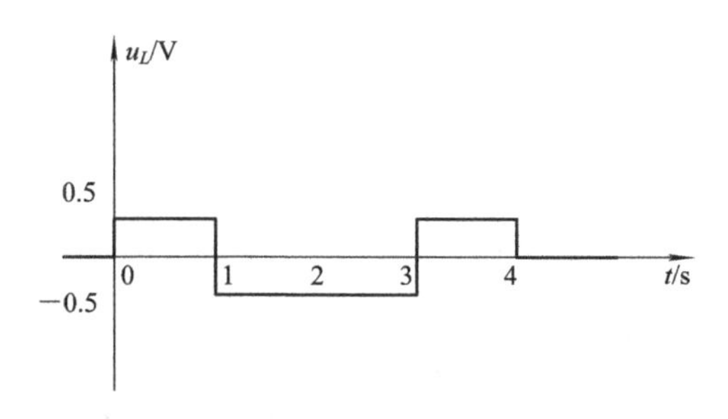

图 5-12

5-3 作用于 25 μF 电容的电流如图 5-13 所示，若 $u_C(0)=0$，试确定 $t=17$ ms 和 $t=40$ ms 时的电容电压、吸收功率以及储能。

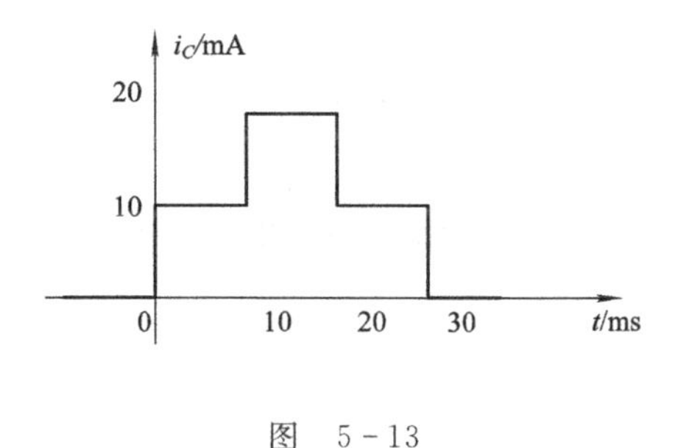

图 5-13

解 因为

$$u_C(t)=\int_{-\infty}^{t}\frac{1}{C}i(\xi)\ \mathrm{d}\xi$$

所以，$t=17$ ms 时，

$$\begin{aligned}u_C(17)&=\frac{1}{C}\int_{-\infty}^{17}i(\xi)\ \mathrm{d}\xi\\&=\frac{1}{C}\int_{-\infty}^{0}i(\xi)\ \mathrm{d}\xi+\frac{1}{C}\int_{0}^{10}i(\xi)\ \mathrm{d}\xi+\frac{1}{C}\int_{10}^{17}i(\xi)\ \mathrm{d}\xi\\&=0+\frac{1}{25\times10^{-6}}\times10\times10\times10^{-6}+\frac{1}{25\times10^{-6}}\times20\times7\times10^{-6}\\&=4+5.6\\&=9.6\ \text{V}\end{aligned}$$

$$p=u_C(t)i(t)=9.6\times20\times10^{-3}=192\ \text{mW}$$

$$E(t)=\frac{1}{2}Cu_C^2(t)=\frac{1}{2}\times25\times10^{-6}\times9.6^2=1.152\ \text{mJ}$$

$t=40$ ms 时，

$$u_C(40)=\frac{1}{C}\int_{-\infty}^{0}i(\xi)\ \mathrm{d}\xi+\frac{1}{C}\int_{0}^{10}i(\xi)\ \mathrm{d}\xi+\frac{1}{C}\int_{10}^{20}i(\xi)\ \mathrm{d}\xi$$

$$+\frac{1}{C}\int_{20}^{30}i(\xi)\ \mathrm{d}\xi+\frac{1}{C}\int_{30}^{40}i(\xi)\ \mathrm{d}\xi$$

$$=\frac{1}{25\times10^{-6}}(0+10\times10+20\times10+10\times10)\times10^{-6}$$

$$=16\ \mathrm{V}$$

$$P=u_C(t)i(t)=16\times0=0$$

$$E(t)=\frac{1}{2}Cu_C^2(t)=\frac{1}{2}\times25\times10^{-6}\times16^2=3.20\ \mathrm{mJ}$$

5-4　图 5-14 所示电路处于直流稳态，试计算电容和电感储存的能量。

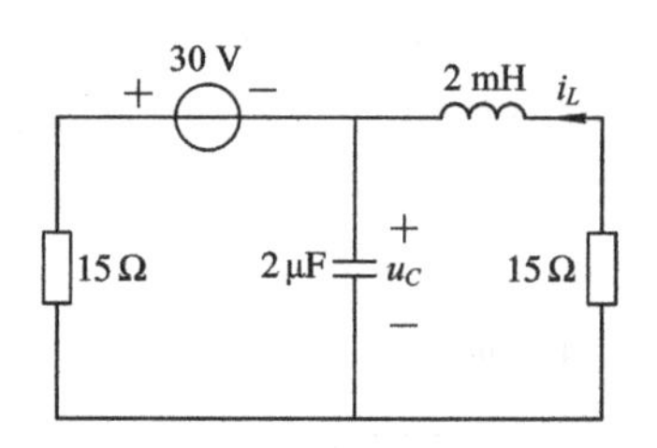

图　5-14

解　直流稳态电路中，电容可视作断路，电感可视作短路，原电路可等效为如图 5-15 所示电路。所以有

$$i_L=\frac{30}{15+15}=1\ \mathrm{A}$$

$$u_C=-1\times15=-15\ \mathrm{V}$$

$$E_C=\frac{1}{2}Cu_C^2=\frac{1}{2}\times2\times10^{-6}\times15^2=225\ \mu\mathrm{J}$$

$$E_L=\frac{1}{2}Li_L^2=\frac{1}{2}\times2\times10^{-3}\times1^2=1\ \mathrm{mJ}$$

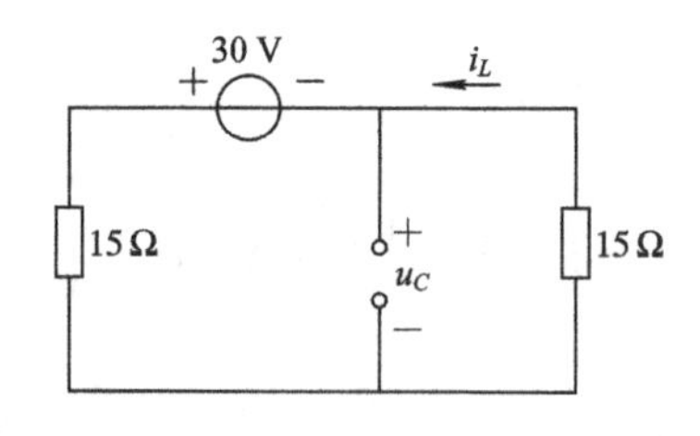

图　5-15

5-5　为什么电容元件可以隔开直流分量？电感元件在恒定直流电路中为什么最终可以等效为短路？

解　对于电容，有

$$i_C=C\frac{\mathrm{d}u_C(t)}{\mathrm{d}t}$$

因为直流电路 $u_C(t)$ 恒定，所以 $i_C=0$，相当于直流被隔断。

对于电感，有

$$u_L = L\frac{\mathrm{d}i_L(t)}{\mathrm{d}t}$$

因为直流电路 $i_L(t)$恒定，所以 $u_L=0$，因此电感可视作短路。

5-6　图5-16电路中的开关闭合已经很久，$t=0$ 时断开开关，试求 $u_C(0_+)$和$u(0_+)$。

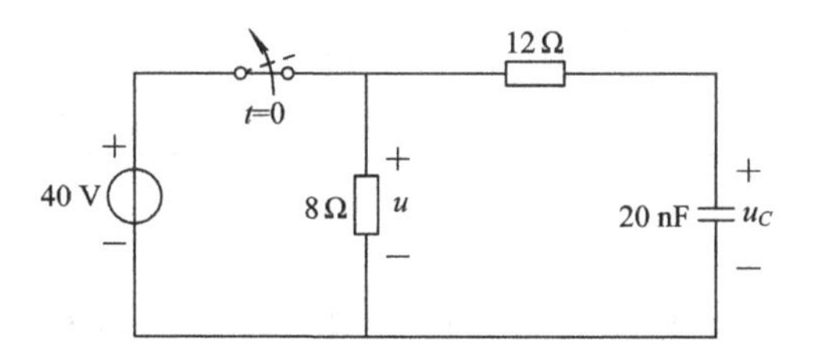

图　5-16

解　换路前的等效电路如图5-17所示，解得

$$u_C(0_-) = 40\ \mathrm{V}$$

换路瞬间电容电流不可能是无穷大，故有

$$u_C(0_+) = u_C(0_-) = 40\ \mathrm{V}$$

换路后，$t=0_+$ 等效电路如图5-18所示，求得

$$u(0_+) = \frac{8}{12+8}\times 40 = 16\ \mathrm{V}$$

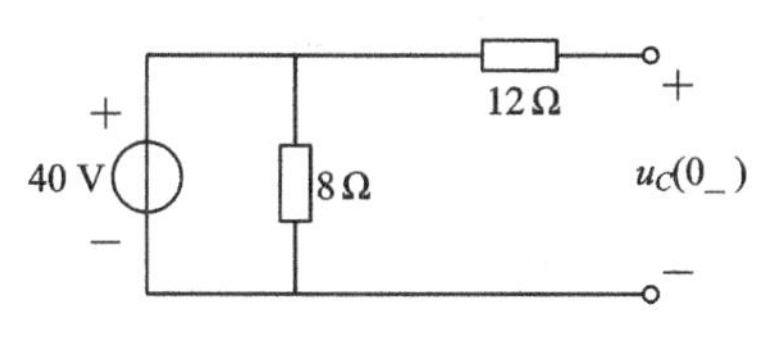

图　5-17

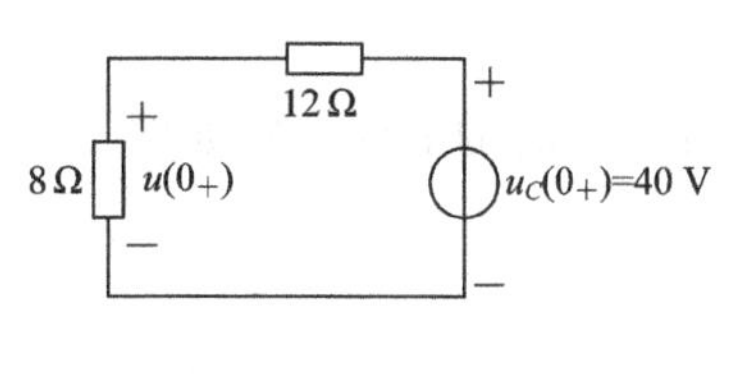

图　5-18

5-7　图5-19电路中的开关闭合已经很久，$t=0$ 时断开开关，试求 $i_L(0_-)$和 $i(0_+)$。

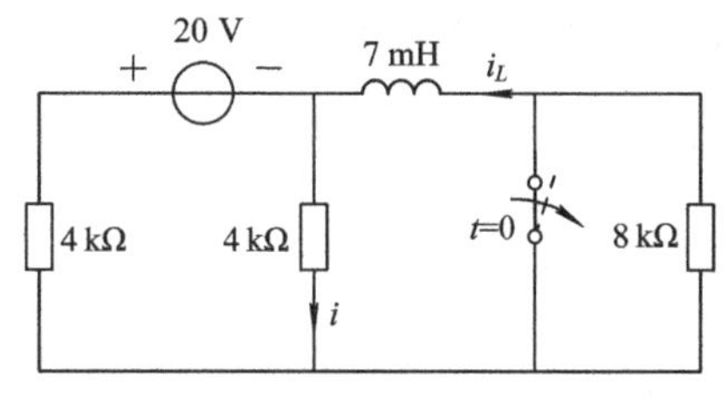

图　5-19

解　开关断开前的等效电路如图5-20所示，求得

$$i_L(0_-) = \frac{20}{4\ \mathrm{k}} = 5\ \mathrm{mA}$$

$$i_L(0_+) = i_L(0_-) = 5\ \mathrm{mA}$$

$t=0_+$时的等效电路如图5-21所示。对此电路列网孔方程：

$$(4000+4000)i_1 - 4000\times 5\times 10^{-3} = 20$$

得

$$i_1 = \frac{40}{8000} = 0.005\ \text{A} = 5\ \text{mA}$$

$$i(0_+) = i_L(0_+) - i_1(0_+) = 5\ \text{mA} - 5\ \text{mA} = 0$$

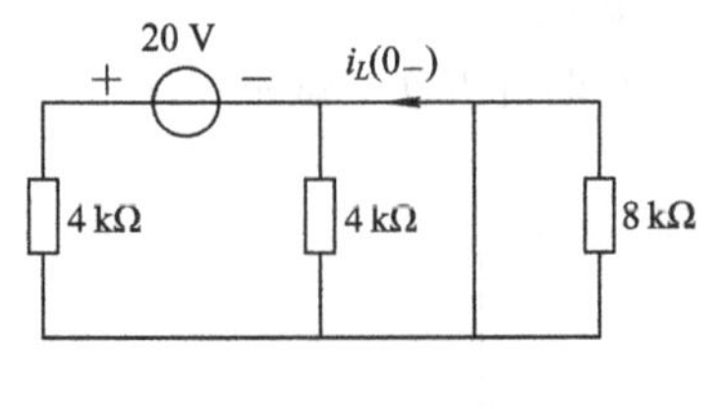

图 5-20

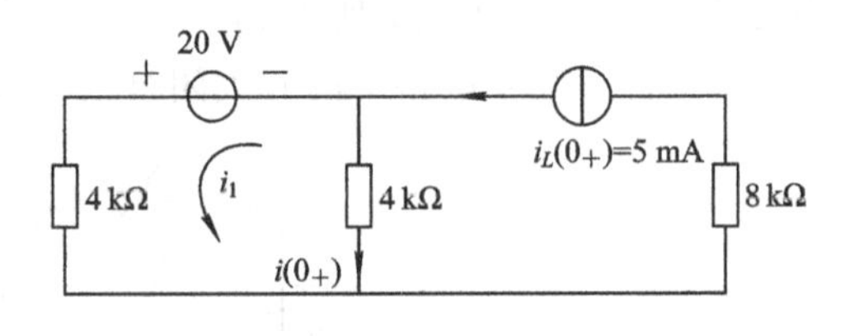

图 5-21

5-8 图 5-22 电路中的开关闭合已经很久，$t=0$ 时断开开关，试求 $u_C(0_+)$ 和 $i_L(0_+)$。

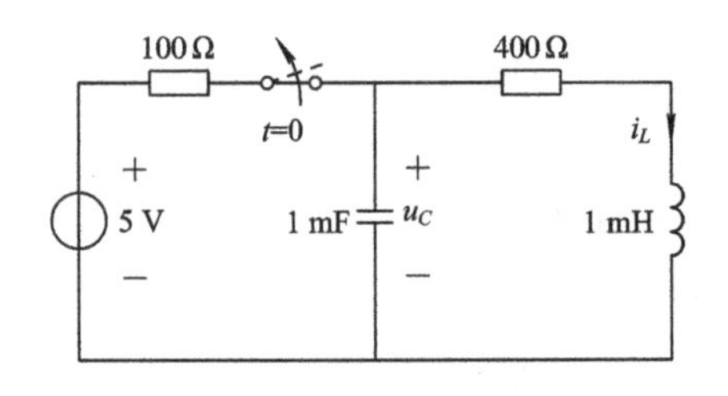

图 5-22

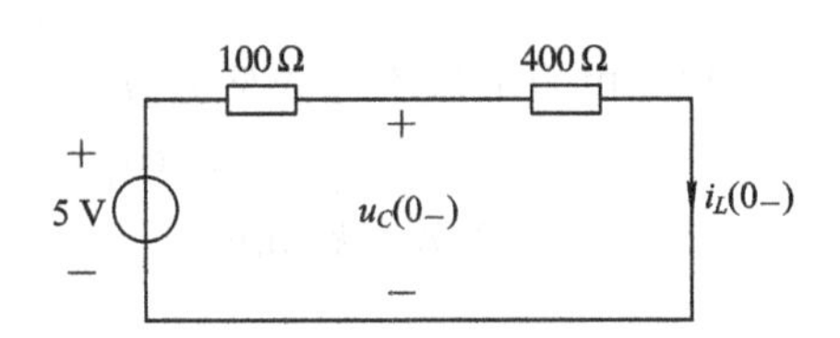

图 5-23

解 $t=0_-$ 时的等效电路如图 5-23 所示，解得

$$i_L(0_-) = \frac{5}{500} = 0.01\ \text{A} = 10\ \text{mA}$$

$$u_C(0_-) = i_L(0_-) \times 400 = 4\ \text{V}$$

$$u_C(0_+) = u_C(0_-) = 4\ \text{V}$$

$$i_L(0_+) = i_L(0_-) = 10\ \text{mA}$$

5-9 求解下列一阶线性常系数微分方程：

(1) $\dfrac{\mathrm{d}y(t)}{\mathrm{d}t}+y(t)=\mathrm{e}^{-t}$，$y(0)=1$；

(2) $\dfrac{\mathrm{d}y(t)}{\mathrm{d}t}+y(t)=\mathrm{e}^{-t}\cos t$，$y(0)=1$；

(3) $5\dfrac{\mathrm{d}y(t)}{\mathrm{d}t}+10y(t)=0$，$y(0)=2$；

(4) $2\dfrac{\mathrm{d}y(t)}{\mathrm{d}t}+6y(t)=18$，$y(0)=5$。

解 (1) 原方程对应的齐次方程为

$$\frac{\mathrm{d}y(t)}{\mathrm{d}t} + y(t) = 0$$

特征方程为 $\lambda+1=0$，所以 $\lambda=-1$。原方程的通解为 $y_h(t)=k\mathrm{e}^{-1t}$。

下面求特解。设 $y_p(t)=Et\mathrm{e}^{-t}$，代入原方程得

$$E\mathrm{e}^{-t} - Et\mathrm{e}^{-t} + Et\mathrm{e}^{-t} = \mathrm{e}^{-t}$$

所以

$$E = 1$$

所以

$$y_p(t) = te^{-t}$$

综上，原方程的解为

$$y(t) = y_h(t) + y_p(t) = ke^{-t} + te^{-t}$$

根据初始条件 $y(0)=1$，得 $k=1$，故原方程的解为

$$y(t) = e^{-t} + te^{-t}$$

(2) 原方程对应的齐次方程为

$$\frac{dy(t)}{dt} + y(t) = 0$$

特征方程为 $\lambda+1=0$，所以 $\lambda=-1$。原方程的通解为 $y_h(k)=ke^{-t}$。

下面求特解。设 $y_p(t)=Ee^{-t}\cos t+Le^{-t}\sin t$，代入原方程得

$$-Le^{-t}\sin t + Le^{-t}\cos t - Ee^{-t}\cos t - Ee^{-t}\sin t + Ee^{-t}\cos t + Le^{-t}\sin t = e^{-t}\cos t$$

$$\sin t(-Le^{-t} - Ee^{-t} + Le^{-t}) + \cos t(Le^{-t} - Ee^{-t} + Ee^{-t} - 1) = 0$$

解得 $E=0$，$L=1$，所以

$$y_p(t) = e^{-t}\sin t$$

综上，原方程的解为

$$y(t) = y_h(t) + y_p(t) = ke^{-t} + e^{-t}\sin t$$

根据初始条件 $y(0)=1$，得 $k=1$。故原方程的解为

$$y(t) = e^{-t} + e^{-t}\sin t$$

(3) 特征方程为 $5\lambda+10=0$，得 $\lambda=-2$。原方程的通解为 $y_h(t)=Ae^{-2t}$。

代入原始条件 $y(0)=2$，得 $A=2$，故完整解为

$$y(t) = 2e^{-2t}$$

(4) 特征方程为 $2\lambda+6=0$，得 $\lambda=-3$。原方程的通解为 $y_h(t)=Ae^{-3t}$。

设特解为 $y_p(t)=k$，代入原方程 $6k=18$，得 $k=3$，故完整解为

$$y(t) = Ae^{-3t} + 3$$

代入初始条件 $y(0)=5$，得 $A=2$，故解为

$$y(t) = 2e^{-3t} + 3$$

5-10 求解下列二阶线性常系数微分方程：

(1) $\dfrac{d^2y(t)}{dt^2}+\dfrac{dy(t)}{dt}+y(t)=e^{-t}$，$y(0)=0$，$\left.\dfrac{dy(t)}{dt}\right|_{t=0}=0$；

(2) $\dfrac{d^2y(t)}{dt^2}+2\dfrac{dy(t)}{dt}+y(t)=\cos t$，$y(0)=0$，$\left.\dfrac{dy(t)}{dt}\right|_{t=0}=0$；

(3) $\dfrac{d^2y(t)}{dt}+3\dfrac{dy(t)}{dt}+2y(t)=8$，$y(0)=2$，$\left.\dfrac{dy(t)}{dt}\right|_{t=0}=0$。

解 (1) 原方程对应的齐次方程为

$$\frac{d^2y(t)}{dt} + \frac{dy(t)}{dt} + y(t) = 0$$

由特征方程 $\lambda^2+\lambda+1=0$ 解得

$$\lambda=-\frac{1}{2}\pm\sqrt{\frac{1}{4}-1}=-\frac{1}{2}\pm\frac{\sqrt{3}}{2}\mathrm{i}$$

所以

$$y_h(t)=\mathrm{e}^{-\frac{1}{2}t}\left(A_1\cos\frac{\sqrt{3}}{2}t+A_2\sin\frac{\sqrt{3}}{2}t\right)$$

下面求特解。令 $y_p(t)=E\mathrm{e}^{-t}$，代入原方程得

$$(E\mathrm{e}^{-t})''+(E\mathrm{e}^{-t})'+E\mathrm{e}^{-t}=\mathrm{e}^{-t}$$

$$(-E\mathrm{e}^{-t})'-E\mathrm{e}^{-t}+E\mathrm{e}^{-t}=\mathrm{e}^{-t}$$

$$E\mathrm{e}^{-t}=\mathrm{e}^{-t}$$

所以

$$E=1$$

也即

$$y_p(t)=\mathrm{e}^{-t}$$

所以

$$y(t)=\mathrm{e}^{-\frac{1}{2}t}\left(A_1\cos\frac{\sqrt{3}}{2}t+A_2\sin\frac{\sqrt{3}}{2}t\right)+\mathrm{e}^{-t}$$

利用初始条件 $y(0)=0$，得 $A_1=-1$。利用$\left.\frac{\mathrm{d}y(t)}{\mathrm{d}t}\right|_{t=0}=0$，得 $y'(0)=0$。因为

$$y'(t)=-\frac{1}{2}\mathrm{e}^{-\frac{1}{2}t}\left(A_1\cos\frac{\sqrt{3}}{2}t+A_2\sin\frac{\sqrt{3}}{2}t\right)-\mathrm{e}^{-t}$$

$$+\mathrm{e}^{-\frac{1}{2}t}\left(-A_1\frac{\sqrt{3}}{2}\sin\frac{\sqrt{3}}{2}t+\frac{\sqrt{3}}{2}A_2\cos\frac{\sqrt{3}}{2}t\right)$$

所以

$$-\frac{1}{2}(-1+0)-1+\frac{\sqrt{3}}{2}A_2=0$$

所以

$$A_2=\frac{1}{\sqrt{3}}$$

综上，得

$$y(t)=\mathrm{e}^{-\frac{1}{2}t}\left[-\cos\frac{\sqrt{3}}{2}t+\frac{1}{\sqrt{3}}\sin\frac{\sqrt{3}}{2}t\right]+\mathrm{e}^{-t}$$

(2) 原方程对应的齐次方程为

$$\frac{\mathrm{d}^2y(t)}{\mathrm{d}t^2}+2\frac{\mathrm{d}y(t)}{\mathrm{d}t}+y(t)=0$$

依特征方程 $\lambda^2+2\lambda+1=0$，得 $\lambda=-1$。所以有

$$y_h(t)=A_1\mathrm{e}^{-t}+A_2t\mathrm{e}^{-t}$$

设特解为 $y_p(t)=k_1\cos t+k_2\sin t$，则代入原方程得

$$(k_1\cos t+k_2\sin t)''+2(k_1\cos t+k_2\sin t)'+(k_1\cos t+k_2\sin t)=\cos t$$

$$(-k_1\sin t+k_2\cos t)'+2(-k_1\sin t+k_2\cos t)+k_1\cos t+k_2\sin t=\cos t$$

$$-k_1\cos t-k_2\sin t-2k_1\sin t+2k_2\cos t+k_1\cos t+k_2\sin t=\cos t$$

$$\cos t(-k_1+2k_2+k_1-1)+\sin t(-k_2-2k_1+k_2)=0$$

所以

$$k_1=0,\quad k_2=\frac{1}{2}$$

所以

$$y_p(t)=\frac{1}{2}\sin t$$

所以

$$y(t)=y_h(t)+y_p(t)=A_1e^{-t}+A_2te^{-t}+\frac{1}{2}\sin t$$

利用初始条件 $y(0)=0$，得 $A_1=0$。因为

$$y'(t)=A_2e^{-t}-A_2te^{-t}+\frac{1}{2}\cos t$$

又利用初始条件$\frac{dy(t)}{dt}=0$，得

$$A_2+\frac{1}{2}=0$$

即

$$A_2=-\frac{1}{2}$$

综上，得

$$y(t)=-\frac{1}{2}te^{-t}+\frac{1}{2}\sin t$$

(3) 由特征方程 $\lambda^2+3\lambda+2=0$ 解得 $\lambda_1=-2$，$\lambda_2=-1$，所以

$$y_h(t)=A_1e^{-2t}+A_2e^{-t}$$

下面求特解。令 $y_p(t)=k$，代入原方程得 $k=4$。故

$$y_p(t)=4$$

所以

$$y(t)=A_1e^{-2t}+A_2e^{-t}+4$$

利用初始条件 $y(0)=2$，得

$$A_1+A_2+4=2 \tag{1}$$

又利用初始条件$\left.\frac{dy(t)}{dt}\right|_{t=0}=0$ 得

$$-2A_1-A_2=0 \tag{2}$$

由式(1)和式(2)得

$$A_1=2,\ A_2=-4$$

综上，得

$$y(t)=2e^{-2t}-4e^{-t}+4$$

第6章　一阶电路

6.1　内容提要

1. 线性非时变电路的基本性质

线性：当满足均匀性与叠加性时，称系统为线性系统。

均匀性：若激励 $x(t)$产生响应 $y(t)$，则激励 $kx(t)$产生响应 $ky(t)$。

叠加性：若激励 $x_1(t)$产生响应 $y_1(t)$，$x_2(t)$产生响应 $y_2(t)$，则激励 $x_1(t)+x_2(t)$产生响应 $y_1(t)+y_2(t)$。

因此，线性系统的数学描述为：若激励 $x_1(t)$产生响应 $y_1(t)$，$x_2(t)$产生响应 $y_2(t)$，则激励 $k_1x_1(t)+k_2x_2(t)$产生响应 $k_1y_1(t)+k_2y_2(t)$。

时不变性：若激励 $x(t)$产生响应 $y(t)$，则激励 $x(t-t_0)$产生的响应为 $y(t-t_0)$。

2. 一阶电路的零输入响应

1）一阶 RC 电路的零输入响应

对如图 6-1 所示的电路列微分方程，有

$$RC\frac{\mathrm{d}u_C}{\mathrm{d}t}+u_C=0 \quad t\geqslant 0$$

其特征方程为 $RC\lambda+1=0$，从而得 $\lambda=-\frac{1}{RC}$，则

$$u_C(t)=k\mathrm{e}^{-\frac{1}{RC}t}$$

将 $u_C(0)=U_0$ 代入上式，得 $U_0=k\mathrm{e}^0=k$，则

$$u_C(t)=U_0\mathrm{e}^{-\frac{1}{RC}t} \quad t\geqslant 0$$

$$i(t)=-C\frac{\mathrm{d}u_C}{\mathrm{d}t}=\frac{U_0}{R}\mathrm{e}^{-\frac{1}{RC}t} \quad t\geqslant 0$$

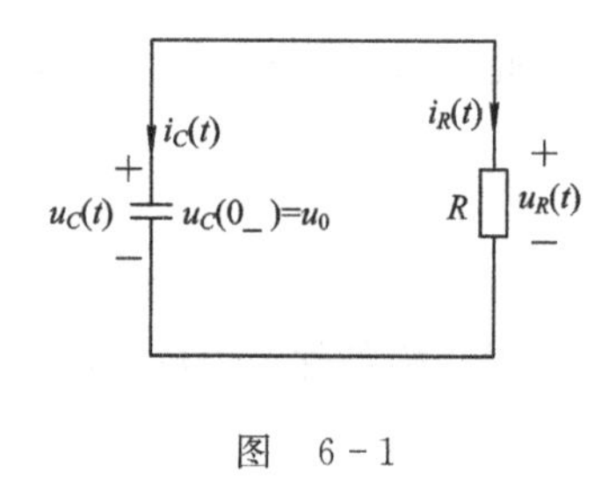

图　6-1

2）一阶 RL 电路的零输入响应

对如图 6-2 所示的电路列微分方程，有

$$L\frac{\mathrm{d}i_L}{\mathrm{d}t}+Ri_L=0 \quad t\geqslant 0$$

其特征方程为 $L\lambda+R=0$，从而得 $\lambda=-\frac{R}{L}$，则

$$i_L=k\mathrm{e}^{-\frac{R}{L}t}$$

将 $i_L(0)=I_0$ 代入上式，得 $I_0=k\mathrm{e}^0=k$，则

$$i_L=I_0\mathrm{e}^{-\frac{R}{L}t} \quad t\geqslant 0$$

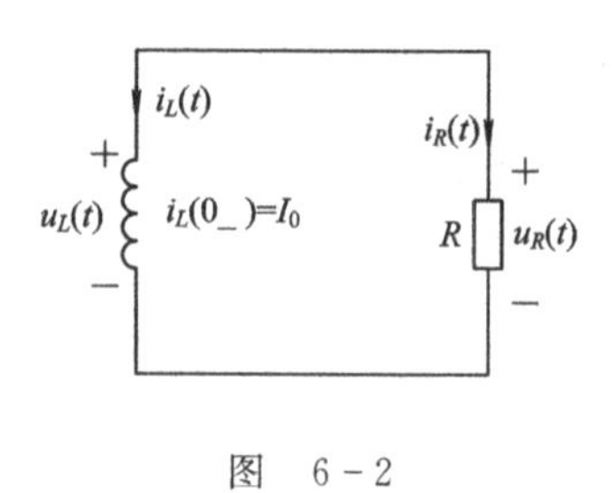

图　6-2

3. 一阶电路的零状态响应

1) 恒定电源作用下一阶 RC 电路的零状态响应

对如图 6－3 所示电路列微分方程，有

$$C\frac{\mathrm{d}u_C}{\mathrm{d}t}+\frac{1}{R}u_C=I_s \quad t\geqslant 0$$

微分方程的初始条件为 $u_C(0)=0$，则特征方程为 $C\lambda+\frac{1}{R}=0$，得 $\lambda=-\frac{1}{CR}$。所以，齐次解为

$$u_{Ch}=k\mathrm{e}^{-\frac{1}{RC}t}$$

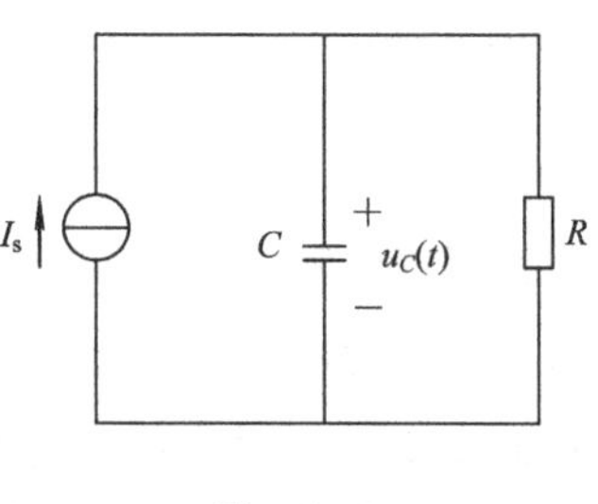

图 6－3

令特解为 $u_{Cp}=Q$(Q 为常数)，将特解代入原方程，得 $Q=I_sR$。则微分方程的完全解为

$$u_C(t)=u_{Ch}+u_{Cp}=k\mathrm{e}^{-\frac{1}{RC}t}+I_sR$$

由 $u_C(0)=k+I_sR=0$ 得 $k=-I_sR$，所以

$$u_C(t)=I_sR(1-\mathrm{e}^{-\frac{1}{RC}t}) \quad t\geqslant 0$$

2) 恒定电源作用下一阶 RL 电路的零状态响应

对如图 6－4 所示电路列微分方程，有

$$L\frac{\mathrm{d}i_L(t)}{\mathrm{d}t}+Ri_L(t)=U_s(t) \quad t\geqslant 0$$

微分方程的初始条件为 $i_L(0)=0$，则特征方程为 $L\lambda+R=0$，得 $\lambda=-\frac{R}{L}$。所以，齐次解为

$$i'_{Lh}=k\mathrm{e}^{-\frac{R}{L}t}$$

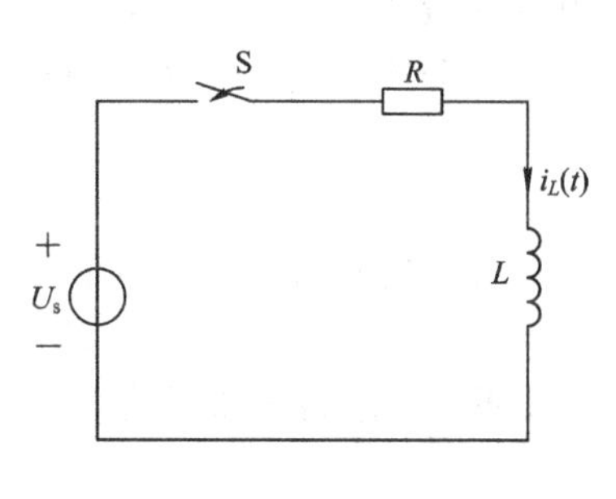

图 6－4

令特解为 $i''_{Lp}=Q$(Q 为常数)，将特解代入原方程，得 $Q=\frac{U_s}{R}$。则微分方程的完全解为

$$i_L(t)=i'_{Lh}+i''_{Lp}=k\mathrm{e}^{-\frac{R}{L}t}+\frac{U_s}{R}$$

由

$$i_L(0)=k+\frac{U_s}{R}=0$$

得

$$k=-\frac{U_s}{R}$$

所以

$$i_L(t)=\frac{U_s}{R}(1-\mathrm{e}^{-\frac{R}{L}t}) \quad t\geqslant 0$$

4. 线性动态电路的叠加定理

线性动态电路具有叠加性，线性动态电路的完全响应是来自电源的输入和来自初始状态的输入分别作用时所产生的响应的代数和。

5. 完全响应

利用叠加定理，完全响应可理解为零输入响应与零状态响应的叠加，即

$$\text{完全响应}=\text{零输入响应}+\text{零状态响应}$$

同时，在恒定电源作用下，完全响应也可以理解为暂态分量和稳态分量之和。其中，暂态分量是指随时间变化逐渐趋向于零的响应部分，而稳态分量是不随时间变化的响应部分。

6. 阶跃函数及阶跃响应

阶跃函数可以描述信号的接入特性。电路对单位阶跃电源的零状态响应称为单位阶跃响应。一阶电路的阶跃响应可用三要素法求解。

7. 分段常量信号作用下一阶电路的响应

分段常量信号可以表示为一系列阶跃函数之和。

1）*叠加分析法*

根据叠加定理，各阶跃信号分量单独作用于电路的零状态响应之和即为该分段常量信号作用下电路的零状态响应，因此可用叠加分析法对这类问题进行分析。具体方法如下：

（1）将分段常量信号 $f(t)$分解：

$$f(t)=\sum_{k=1}^{L} F_k u(t-t_k)$$

（2）计算电路对每一分量的零状态响应：

$$F_k s(t-t_k) \quad k=1, 2, \cdots, L$$

（3）叠加，求得电路对信号 $f(t)$总的零状态响应：

$$\text{零状态响应}=\sum_{k=1}^{L} F_k s(t-t_k)$$

（4）如电路原始状态不为零，求出电路的零输入响应，从而得到全响应：

$$\text{全响应}=\text{零状态响应}+\text{零输入响应}$$

2）*子区间分析法（分段分析法）*

设分段常量信号在 $t=0$ 时作用于电路，我们可以把 $0\leqslant t<\infty$这段时间划分为若干子区间$[t_j, t_{j+1})$，$j=1, 2, \cdots$，使在每一段区间内输入信号为一常量，这样就可以把原电路分解为不同的恒定电源作用下的一阶电路序列，其中每一个恒定电源作用下的一阶电路均可以使用三要素法进行分析。在每个子区间开始时，电路相当于进行一次换路，需要注意每一个子区间的初始值的计算。由于在两个子区间交接时刻 t_j，输入信号发生跃变，因而除了电容电压 u_C、电感电流 i_L能保持连续不变外，其他电流、电压一般都要发生跃变。同时需要注意在子区间$[t_j, t_{j+1})$内，电压、电流的初始值应是该区间初始时刻，即 $t=t_{j+}$ 时的数值。

6.2 重点、难点

1. 求解一阶线性非时变电路的三要素法

三要素法是求解一阶动态电路的重要方法，为本章的核心内容。使用三要素法时应准确理解动态元件的稳态特性、换路定理、戴维南等效电路以及 0_+ 等效电路等概念，同时应

注意三要素法的适用范围为恒定电源作用下的一阶动态电路各支路电压、电流的求解。

1）电路响应的三要素法公式

对于电容电压，有

$$u_C(t)=[u_C(0_+)-u_C(\infty)]e^{-\frac{t}{\tau}}+u_C(\infty)$$

对于电感电流，有

$$i_L(t)=[i_L(0_+)-i_L(\infty)]e^{-\frac{t}{\tau}}+i_L(\infty)$$

对于其他非状态变量，类似地有

$$f(t)=[f(0_+)-f(\infty)]e^{-\frac{t}{\tau}}+f(\infty)$$

2）三要素的计算

（1）计算 $u_C(0_+)$，$i_L(0_+)$。

假定开关在 $t=0$ 时刻动作，根据开关动作前的电路，计算出 $t=0_-$ 时刻的电容电压 $u_C(0_-)$或电感电流 $i_L(0_-)$，这是一个直流电阻电路的计算问题。这种计算是基于电路在开关动作前已达稳定状态，而动态元件的稳态特性为电容开路电感短路的。其次，根据电容电压和电感电流的连续性，即换路定理 $u_C(0_+)=u_C(0_-)$和 $i_L(0_+)=i_L(0_-)$，确定电容电压或电感电流在 0_+ 时刻的初始值。如果要计算非状态变量的初始值，由于非状态变量不具备连续性，即换路定理不适用，这时必须引入 0_+ 等效电路的概念，即将电路中的电容用电压源 $u_C(0_+)$替代（或将电感用电流源 $i_L(0_+)$替代），电路其他部分保持不变，由此可得到 $t=0_+$ 时的等效电路，依据该电路计算出所需要的非状态变量的 0_+ 初始值。注意，该电路只在$t=0_+$ 时刻成立，仅仅是为了计算其他非状态变量的初始值而已。

（2）计算稳态值 $u_C(\infty)$和 $i_L(\infty)$。

根据 $t>0$ 的电路，当 $t\to\infty$时该电路进入稳定状态，电容相当于开路，电感相当于短路，可得到一个直流电阻电路，从此电路可计算稳态值 $u_C(\infty)$和 $i_L(\infty)$。其他非状态变量的计算也可由该电路得出。

（3）计算时间常数 τ。

将与电容、电感连接的其余电路看做线性电阻单口网络，计算其戴维南等效电阻 R_{eq}，然后利用 $\tau=R_{eq}C$ 或 $\tau=L/R_{eq}$ 计算出时间常数。注意该时间常数对于状态变量和非状态变量均适用。

3）响应表达式的求解

求出三要素 $u_C(0_+)$（或 $i_L(0_+)$）、$u_C(\infty)$（或 $i_L(\infty)$）和 τ 后，直接代入三要素法公式即可求得响应 $u_C(t)$（或 $i_L(t)$）的一般表达式。其余非状态变量也可类似得出。

2. 线性动态电路的叠加定理及一阶电路全响应的求解

求线性时不变动态电路的完全响应时，可以采用三种方法。

第一种方法是应用动态电路的叠加定理，分别计算出电路在仅有初始储能激励作用下的零输入响应和在外加激励作用下的零状态响应，完全响应就是两者之和。对于具有多个电源激励电路的完全响应，也可以用叠加定理。

第二种方法是直接求解电路的微分方程，分别求出齐次微分方程的通解，即暂态响应分量和非齐次微分方程的特解，即稳态响应分量，完全响应也是两者之和，最后由初始条件来确定常数 k。

第三种方法是用三要素法求解。

以上三种方法中都可以结合分解分析法。

6.3 典型例题

【例 6-1】 图 6-5(a)所示电路中，开关 S 在 $t=0$ 时动作，试求电路在 $t=0_+$ 时刻的各支路电压电流。

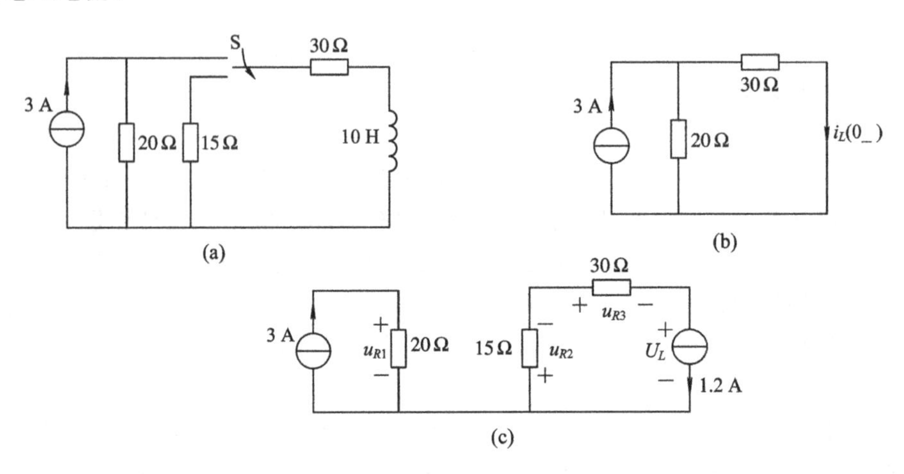

图 6-5

解 (1) 确定电路的初始状态。在 $t<0$ 时，电路处于稳定状态，电感看做短路，电路如图 6-5(b)所示，根据分流关系有

$$i_L(0_-)=3\times\frac{20}{20+30}=1.2\ \text{A}$$

因为电感电流不能跳变，得

$$i_L(0_+)=i_L(0_-)=1.2\ \text{A}$$

(2) 当 $t=0_+$ 时的等效电路如图 6-5(c)所示。由图可知：

$$u_{R1}(0_+)=20\times 3=60\ \text{V}$$

$$u_{R2}(0_+)=1.2\times 15=18\ \text{V}$$

$$u_{R3}(0_+)=1.2\times 30=36\ \text{V}$$

$$u_L(0_+)=-u_{R2}(0_+)-u_{R3}(0_+)=-(18+36)=-54\ \text{V}$$

【解题指南与点评】 该例题要求掌握电感的稳态特性(短路)以及电感电流的换路定律。同时在计算其他非状态变量的初始值时构造 0_+ 等效电路。

【例 6-2】 图 6-6(a)所示电路中，开关 S 在 $t=0$ 时动作，试求电路在 $t=0_+$ 时刻的电压、电流。

解 (1) 确定电路的初始状态。在 $t<0$ 时，电路处于稳定状态，电容看做开路，电容电压为

$$u_C(0_-)=\frac{30-10}{15+5}\times 5+10=15\ \text{V}$$

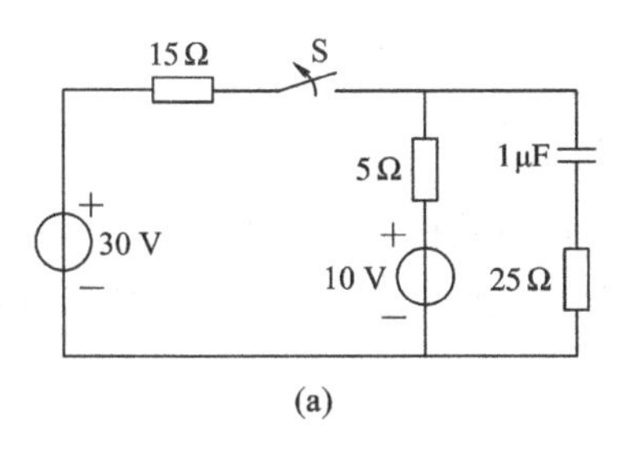

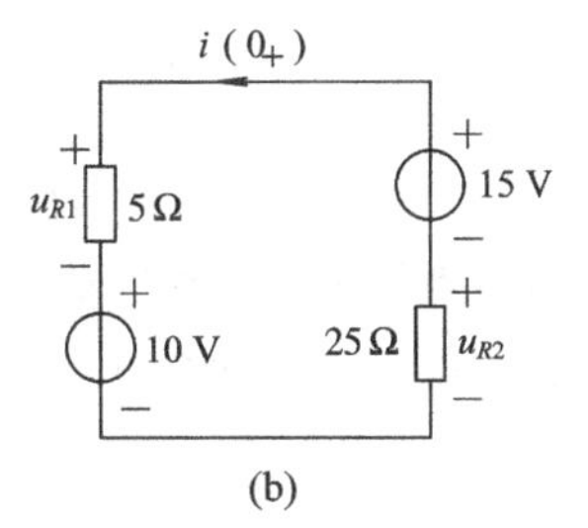

图 6-6

（2）根据

$$u_C(0_+) = u_C(0_-) = 15\ \text{V}$$

画出 $t=0_+$ 时的等效电路，如图 6-6(b)所示。

由图可得

$$i(0_+) = \frac{15-10}{25+5} = \frac{1}{6}\ \text{A}$$

$$u_{R1}(0_+) = 5 \times i(0_+) = \frac{5}{6}\ \text{V}$$

$$u_{R2}(0_+) = -25 \times i(0_+) = -\frac{25}{6}\ \text{V}$$

【解题指南与点评】 该例题要求掌握电容的稳态特性(开路)以及电容电压的换路定律。同时在计算其他非状态变量的初始值时构造 0_+ 等效电路。

【例 6-3】 图 6-7(a)所示电路原已达稳定，已知 $I_s=3$ A，$U_s=150$ V，$R_1=200\ \Omega$，$R_3=R_2=100\ \Omega$，$C=0.5$ F。当 $t=0$ 时开关 S 打开，求 $t\geqslant 0$ 的响应 u_C 及 i。

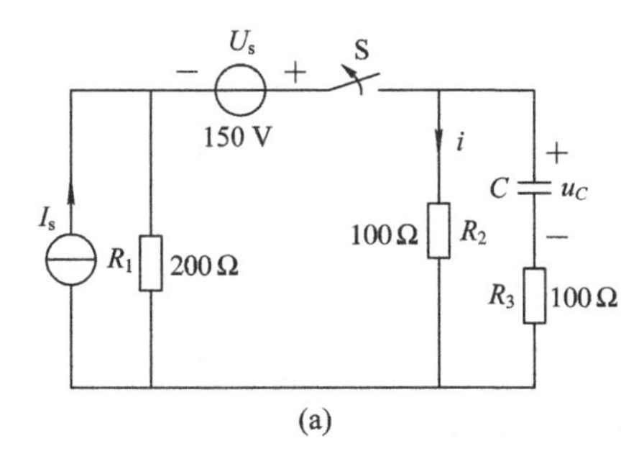

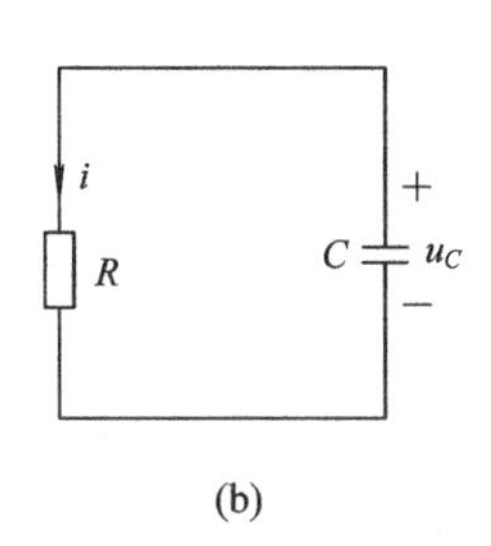

图 6-7

解 （1）确定电路的初始状态。开关动作前电路达到稳态，电容相当于开路。由 KVL 方程可知：

$$[i(0_-) - I_s]R_1 + i(0_-) \times R_2 = U_s$$

可得 $i(0_-)=2.5$ A，所以电路的初始状态为

$$u_C(0_-) = R_2 \times i(0_-) = 250\ \text{V}$$

（2）当 $t=0$ 时，S 打开后电路为零输入，其等效电路如图 6-7(b)所示。图中，

$$R = R_2 + R_3 = 200\ \Omega$$

$$u_C(0_+) = u_C(0_-) = 250\ \text{V}$$

因此，响应 u_C 及 i 为

$$u_C = u_C(0_+) \times \mathrm{e}^{-\frac{t}{RC}} = 250 \times \mathrm{e}^{-\frac{t}{100}}\ \mathrm{V} \quad t \geqslant 0$$

$$i = \frac{u_C}{R} = 1.25 \times \mathrm{e}^{-\frac{t}{100}}\ \mathrm{V} \quad t \geqslant 0$$

【解题指南与点评】 该例题要求掌握一阶 RC 电路的零输入响应。

【例 6-4】 图 6-8(a)所示电路中，开关 S 在位置 1 已久，$t=0$ 时合向位置 2，求换路后的 $i(t)$ 和 $u_L(t)$。

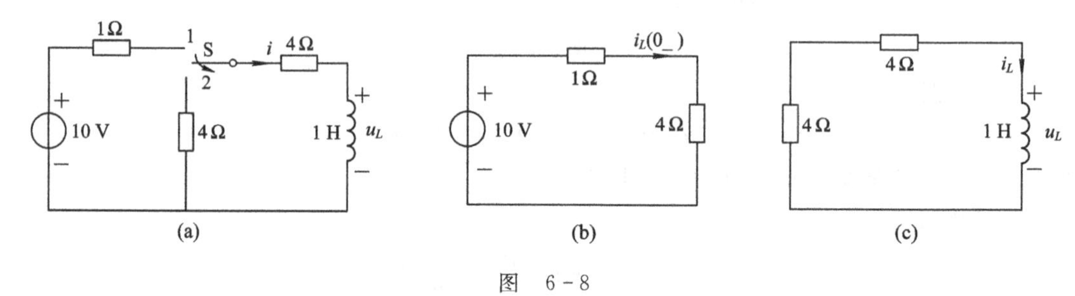

图 6-8

解 (1) 当 $t<0$ 时，电路如图 6-8(b)所示，此时电感相当于短路。由图可得

$$i_L(0_-) = \frac{10}{1+4} = 2\ \mathrm{A}$$

因为换路时 i_L 不能跃变，所以有

$$i_L(0_+) = i_L(0_-) = 2\ \mathrm{A}$$

(2) 当 $t>0$ 后，电路如图 6-8(c)所示。这是一个一阶 RL 零输入电路。其时间常数为

$$\tau = \frac{L}{R} = \frac{1}{4+4} = \frac{1}{8}\ \mathrm{s}$$

所以电感电流和电压分别为

$$i(t) = i_L(t) = i_L(0_+)\mathrm{e}^{-\frac{t}{\tau}} = 2\mathrm{e}^{-8t}\ \mathrm{A}$$

$$u_L(t) = L\frac{\mathrm{d}i}{\mathrm{d}t} = 1 \times 2\mathrm{e}^{-8t} \times (-8) = -16\mathrm{e}^{-8t}\ \mathrm{V}$$

另外，也可以利用 KVL 计算：

$$u_L(t) = -(4+4)i_L(t) = -16\mathrm{e}^{-8t}\ \mathrm{V}$$

【解题指南与点评】 该例题要求掌握一阶 RL 电路的零输入响应。

【例 6-5】 电路如图 6-9(a)所示。当 $t=0$ 时开关 S 闭合，闭合前电路已达稳态。求 $t \geqslant 0$ 时的响应 $i(t)$。

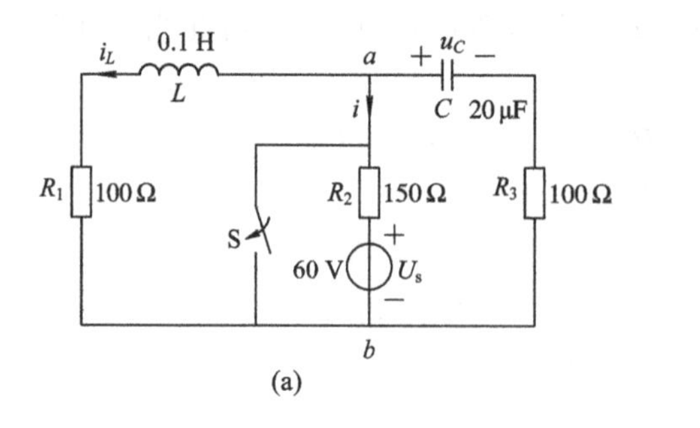

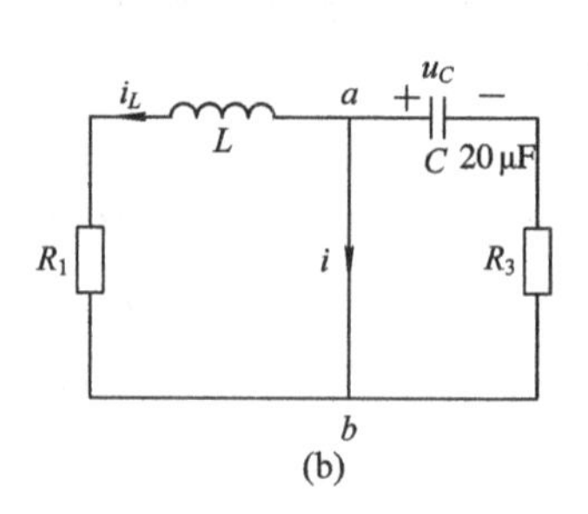

图 6-9

解　(1) 当 $t=0$ 时，S 合上，a、b 两点被短接，左边为 RL 电路，右边为 RC 电路，该电路实际上为两个一阶零输入电路。电路的初始状态为

$$i_L(0_-)=\frac{U_s}{R_1+R_2}=\frac{6}{25}\ \text{A}$$

$$u_C(0_-)=R_1\times i_L(0_-)=24\ \text{V}$$

(2) S 闭合后的等效电路如图 6-9(b)所示。对 a、b 左边的 RL 电路，显然有

$$i_L(0_+)=i_L(0_-)=\frac{6}{25}\ \text{A}$$

$$\tau_1=\frac{L}{R}=10^{-3}\ \text{s}$$

所以

$$i_L=i_L(0_+)\text{e}^{-\frac{t}{\tau_1}}=\frac{6}{25}\text{e}^{-1000t}\ \text{A}\quad t\geqslant 0$$

对 a、b 右边的 RC 电路，显然有

$$u_C(0_+)=u_C(0_-)=24\ \text{V}$$

$$\tau_2=R_3\times C=2\times 10^{-3}\ \text{s}$$

所以

$$u_C(t)=u_C(0_+)\times \text{e}^{-\frac{t}{\tau_2}}=24\times \text{e}^{-500t}\ \text{V}\quad t\geqslant 0$$

$$i_C(t)=C\frac{\text{d}u_C}{\text{d}t}=-\frac{u_C(t)}{R_3}=-0.24\times \text{e}^{-500t}\ \text{A}\quad t\geqslant 0$$

由 KCL 方程知：

$$i=-i_L-i_C=0.24\times(\text{e}^{-500t}-\text{e}^{-1000t})\ \text{A}\quad t\geqslant 0$$

【解题指南与点评】　该例题的难点在于应理解开关闭合后该电路是两个一阶电路而非二阶电路，这是因为描述电路的方程是两个一阶微分方程。

【例 6-6】　图 6-10(a)所示电路中，开关 S 闭合前，电容电压 u_C 为零。在 $t=0$ 时，S 闭合，求 $t>0$ 时的 $u_C(t)$ 和 $i_C(t)$。

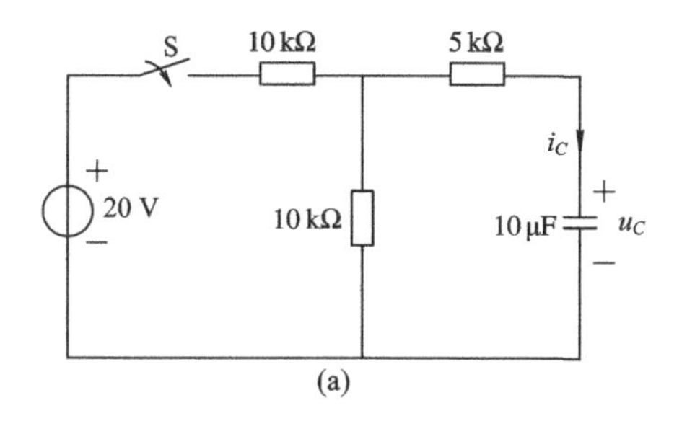

(a)

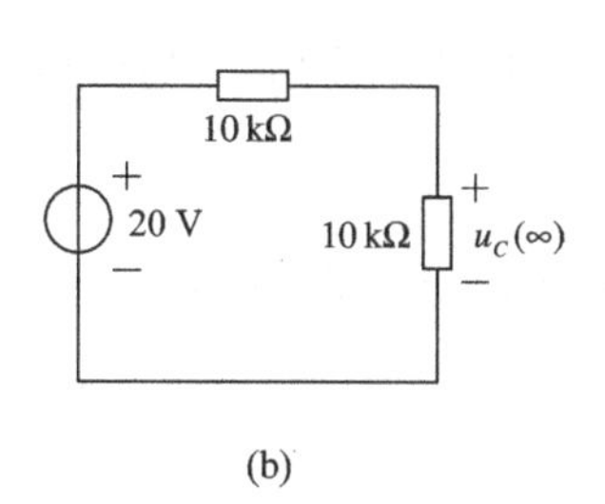

(b)

图　6-10

解　(1) 由题意知：$u_C(0_+)=u_C(0_-)=0$ V，所以这是零状态响应的问题。

(2) 在 $t\to\infty$ 时，电容相当于开路，等效电路如图 6-10(b)所示。由图可知：

$$u_C(\infty)=\frac{20\times 10}{10+10}=10\ \text{V}$$

等效电阻为

$$R_0 = \frac{10 \times 10}{10 + 10} + 5 = 10\ \text{k}\Omega$$

所以时间常数为

$$\tau = R_0 \times C = 10 \times 10^3 \times 10 \times 10^{-6} = 0.1\ \text{s}$$

所以当 $t>0$ 时，电容电压为

$$u_C(t) = u_C(\infty) \times (1 - \text{e}^{-\frac{t}{\tau}}) = 10 \times (1 - \text{e}^{-10t})\ \text{V}$$

电容电流为

$$i_C(t) = C\frac{\text{d}u_C}{\text{d}t} = \text{e}^{-10t}\ \text{mA}$$

【解题指南与点评】 该例题要求掌握一阶 RC 电路的零状态响应，同时掌握等效电阻的计算方法。

【例 6-7】 图 6-11(a)所示电路在开关打开前已处稳定状态。当 $t=0$ 时，开关 S 打开，求 $t \geqslant 0$ 时的 $u_L(t)$。

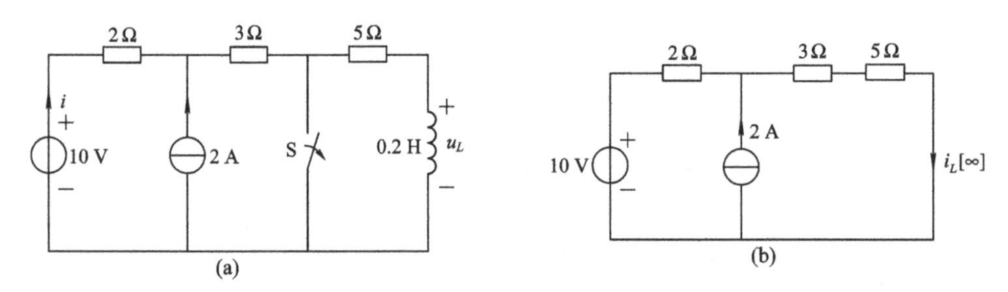

图 6-11

解 (1) 由图 6-11(a)可知，当 $t<0$ 时，电感支路被短路，所以有

$$i_L(0_+) = i_L(0_-) = 0\ \text{A}$$

这是一个求零状态响应的问题。

(2) 当 $t \to \infty$ 时，电感相当于短路，等效电路如图 6-11(b)所示。应用叠加定理求 $i_L(\infty)$。

当只有电压源作用于电路时，

$$i_L'(\infty) = \frac{10}{2 + 3 + 5} = 1\ \text{A}$$

只有电流源作用于电路时，

$$i_L''(\infty) = \frac{2 \times 2}{2 + 3 + 5} = 0.4\ \text{A}$$

所以

$$i_L(\infty) = i_L'(\infty) + i_L''(\infty) = 1.4\ \text{A}$$

此时从电感两端向电路看去，电路的等效电阻为

$$R_0 = 2 + 3 + 5 = 10\ \Omega$$

则时间常数为

$$\tau = \frac{L}{R_0} = \frac{0.2}{10} = \frac{1}{50}\ \text{s}$$

(3) 由(2)可知，当 $t>0$ 后，电感电流为

$$i_L(t) = i_L(\infty) \times (1 - e^{-\frac{t}{\tau}}) = 1.4 \times (1 - e^{-50t})\ \text{A}$$

电感电压为

$$u_L(t) = L\,\frac{\mathrm{d}i_L}{\mathrm{d}t} = 14 \times e^{-50t}\ \text{V}$$

【解题指南与点评】 该例题要求掌握一阶 RL 电路的零状态响应，同时掌握等效电阻的计算方法。

【例 6－8】 图 6－12 所示电路中，$L=8$ H，$i_L(0_-)=3$ A，求全响应 $i_L(t)$。

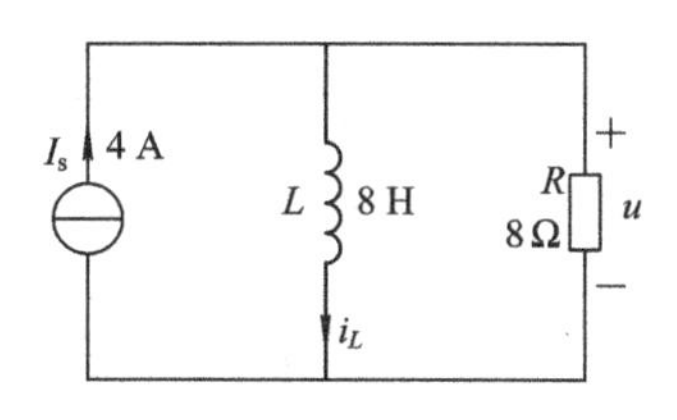

图 6－12

解 直接用三要素法求解。

$t=0_+$ 时，$i_L(0_+)=i_L(0_-)=3$ A；当 $t\to\infty$ 时，$i_L(\infty)=4$ A，且 $\tau=\dfrac{L}{R}=1$ s。因此，由三要素法可得电路的响应为

$$i_L(t) = [i_L(0_+) - i_L(\infty)] \times e^{-\frac{t}{\tau}} + i_L(\infty) = (4 - e^{-t})\ \text{A} \quad t \geqslant 0$$

当然，也可以使用叠加定理，即

全响应＝零输入响应＋零状态响应

的方法求解(见例6－9)。

【解题指南与点评】 重点掌握三要素法，体会三要素法在求解一阶电路全响应时的便捷。

【例 6－9】 图 6－13 所示电路中，当 $t=0$ 时闭合开关 S，在下列两种情况下求 u_C、i_C：

(1) $u_C(0_-)=3$ V；

(2) $u_C(0_-)=15$ V。

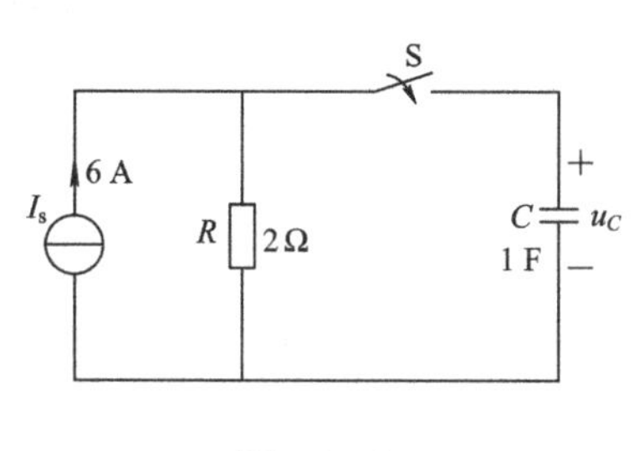

图 6－13

解 由题意知，$u_C(0_+)=u_C(0_-)\neq 0$，且当 $t>0$ 后，电路有外加激励电源的作用，所以本题为一阶电路的全响应问题。对线性电路而言，

全响应＝零输入响应＋零状态响应

即

$$u_C(t) = u_C(0_+) \times e^{-\frac{t}{\tau}} + u_C(\infty) \times (1 - e^{-\frac{t}{\tau}})$$

由图可知，当 $t\to\infty$ 时，

$$u_C(\infty) = R \times i_s = 2 \times 6 = 12\ \text{V}$$

时间常数为

$$\tau = R \times C = 2 \times 1 = 2\ \text{s}$$

(1) 当 $u_C(0_+)=3$ V 时，

$$u_C(t)=3\times e^{-0.5t}+12\times(1-e^{-0.5t})=(12-9e^{-0.5t})\ \text{V}$$

$$i_C(t)=C\frac{du_C}{dt}=1\times(-9)\times e^{-0.5t}\times(-0.5)=4.5\times e^{-0.5t}\ \text{A}$$

(2) 当 $u_C(0_+)=15$ V 时，零输入响应为

$$u_C'(t)=15\times e^{-0.5t}\ \text{V}$$

零状态响应为

$$u_C''(t)=12\times(1-e^{-0.5t})\ \text{V}$$

所以电容电压的全响应为

$$u_C(t)=u_C'(t)+u_C''(t)=12+3\times e^{-0.5t}\ \text{V}$$

$$i_C(t)=C\frac{du_C}{dt}=1\times 3\times e^{-0.5t}\times(-0.5)=-1.5\times e^{-0.5t}\ \text{A}$$

【解题指南与点评】 本题重点掌握利用叠加定理求解全响应的方法，实际上与三要素法无本质区别。

【例 6-10】 图 6-14(a)所示电路中，当 $t=0$ 时开关 S_1 打开，S_2 闭合，在开关动作前，电路已达稳态。试求 $t\geqslant 0$ 时的 $u_L(t)$和 $i_L(t)$。

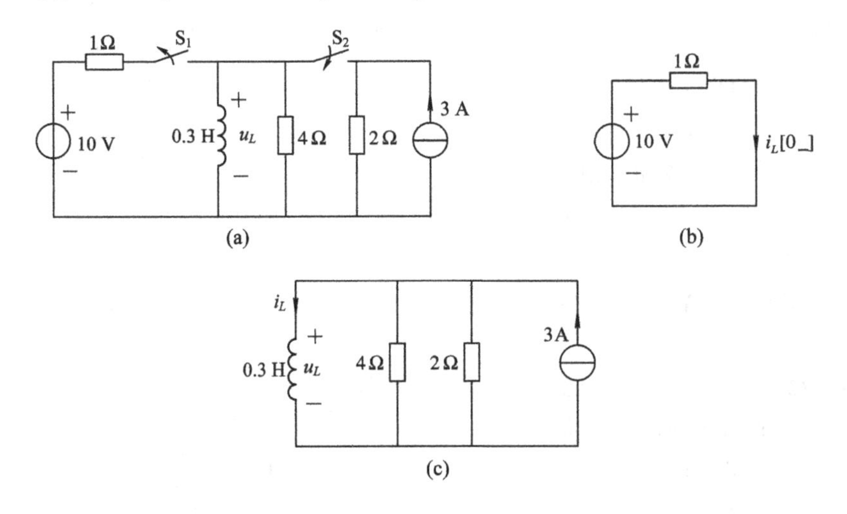

图 6-14

解 (1) 当 $t<0$ 时，电路处于稳态，电感相当于短路，如图 6-14(b)所示。可得

$$i_L(0_-)=\frac{10}{1}=10\ \text{A}$$

所以电感电流的初始值为

$$i_L(0_+)=i_L(0_-)=10\ \text{A}$$

(2) 当 $t>0$ 后，电路如图 6-14(c)所示。当 $t\to\infty$时，电感看做短路，因此 $i_L(\infty)=3$ A。从电感两端向电路看去的等效电阻为

$$R_0=\frac{4\times 2}{4+2}=\frac{4}{3}\ \Omega$$

时间常数为

$$\tau=\frac{L}{R_0}=\frac{0.3\times 3}{4}=\frac{9}{40}\ \text{s}$$

根据三要素公式，有

$$i_L = [i_L(0_+) - i_L(\infty)] \times e^{-\frac{t}{\tau}} + i_L(\infty) = (3 + 7 \times e^{-\frac{40t}{9}})\ \text{A}$$

则电感电压为

$$u_L(t) = L\frac{\mathrm{d}i_L}{\mathrm{d}t} = 0.3 \times 7e^{-\frac{40t}{9}} \times \left(-\frac{40}{9}\right) = \frac{-28 \times e^{-\frac{40t}{9}}}{3}\ \text{V}$$

【解题指南与点评】 本题重点掌握三要素法，同时掌握等效电阻的计算方法。

【例 6-11】 图 6-15(a)所示电路中，已知 $i_s = 10\varepsilon(t)$ A，$R_1 = 1\ \Omega$，$R_2 = 2\ \Omega$，$C = 1\ \mu\text{F}$，$u_C(0_-) = 2$ V，$g = 0.25$ S。求全响应 $i_1(t)$、$i_C(t)$、$u_C(t)$。

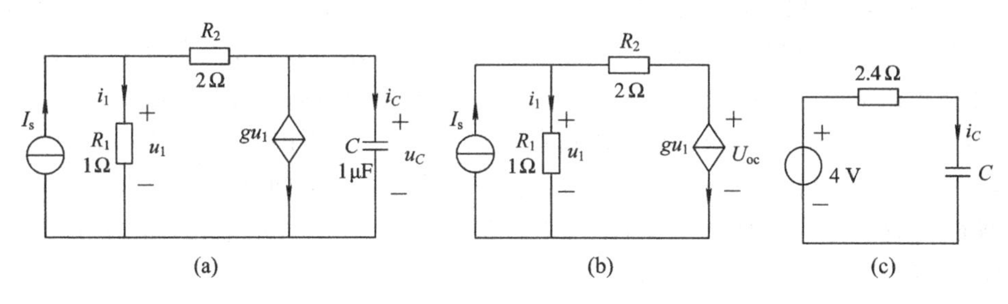

图 6-15

解 把电容断开，如图 6-15(b)所示，先求当 $t>0$ 时一端口电路的戴维南等效电路。

由 KVL 得

$$u_{oc} = u_1 - R_2 \times g \times u_1$$

由 KVL 得

$$I_s = \frac{u_1}{R_1} + g \times u_1$$

联立求解以上两个方程，解得

$$u_{oc} = \frac{(1 - R_2 \times g) \times I_s \times R_1}{1 + R_1 \times g} = \frac{(1 - 2 \times 0.25) \times 10 \times 1}{1 + 1 \times 0.25} = 4\ \text{V}$$

把端口短路，得到短路电流：

$$I_{sc} = \frac{R_1 \times I_s}{R_1 + R_2} - g \times u_1 = \frac{R_1 \times I_s \times (1 - g \times R_2)}{R_1 + R_2}$$

$$= \frac{1 \times 10 \times (1 - 0.25 \times 2)}{1 + 2} = \frac{5}{3}\ \text{A}$$

故等效电阻为

$$R_0 = \frac{u_{oc}}{I_{sc}} = \frac{4 \times 3}{5} = 2.4\ \Omega$$

等效电路如图 6-15(c)所示。由三要素法，得

$$u_C(0_+) = u_C(0_-) = 2\ \text{V}$$

根据图 6-15(c)所示电路，有

$$u_C(\infty) = u_{oc} = 4\ \text{V}$$

$$\tau = R_0 \times C = 2.4 \times 1 \times 10^{-6} = 2.4 \times 10^{-6}\ \text{s}$$

代入三要素公式，得电容电压为

$$u_C(t) = 4 + (2 - 4) \times e^{-\frac{10^6 t}{2.4}} = (4 - 2e^{-4.17 \times 10^5 t})\ \text{V}$$

电容电流为

$$i_C(t) = C\frac{\mathrm{d}u_C}{\mathrm{d}t} = 0.833 \times \mathrm{e}^{-4.17\times 10^5 t}\ \mathrm{A}$$

列出 KCL 方程：

$$I_s = i_1 + g \times u_1 + i_C$$

代入 $u_1 = R_1 \times i_1$，解得电流

$$i_1 = \frac{I_s - i_C}{1 + g \times R_1} = (8 - 0.667\mathrm{e}^{-4.17\times 10^5 t})\ \mathrm{A}$$

【解题指南与点评】 本题求解电路的阶跃响应。单位阶跃函数 $\varepsilon(t)$ 作用于电路，相当于单位直流源在 $t=0$ 时接入电路。该题仍可用三要素法求解，但要特别注意等效电阻的计算。本题利用戴维南等效电路的方法计算了 $u_C(\infty)$ 和等效电阻。同时在求解 $i_1(t)$ 时，由于 $i_1(t)$ 本身并不是状态变量，故而应先求解状态变量 $u_C(t)$，再间接地求出 $i_1(t)$。当然也可以利用三要素法直接求解 $i_1(t)$，这时就涉及到 0_+ 等效电路的问题。

【例 6-12】 有一延时脉冲 $u_s(t)$ 作用于例图 6-16(a) 所示电路，$u_s(t)$ 的波形如图 6-16(b) 所示，已知 $i_L(0_+)=0$，求 $i(t)$。

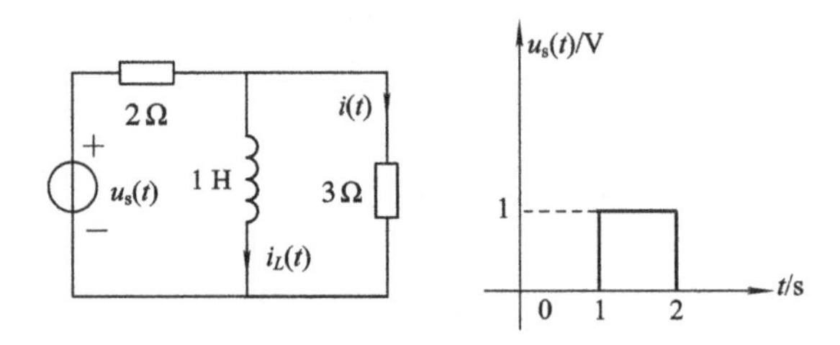

图 6-16

解 当 $u_s(t) = u(t)$，即 $t>0$ 时，1 V 的电压源加入电路，又 $i_L(0_+)=0$，由三要素法知：

$$i(0_+) = \frac{1}{2+3} = 0.2\ \mathrm{A}$$

$$i(\infty) = 0,\quad \tau = \frac{1}{2/3} = \frac{5}{6}\ \mathrm{s}$$

故

$$i(t) = 0.2\mathrm{e}^{-1.2t}$$

即

$$s(t) = i(t) = 0.2\mathrm{e}^{-1.2t}u(t)$$

由线性电路的叠加性和时不变性，再结合图(b)，得当 $u_s(t) = u(t-1) - u(t-2)$ 时，

$$i(t) = s(t-1) - s(t-2) = 0.2\mathrm{e}^{-1.2(t-1)}u(t-1) - 0.2\mathrm{e}^{-1.2(t-2)}u(t-2)\ \mathrm{A}$$

【解题指南与点评】 当分段常量信号作用于电路时，首先要求出阶跃响应 $s(t)$，然后利用线性电路的叠加性和时不变性便可求出零状态响应。

【例 6-13】 RC 电路中，电容 C 原未充电，所加 $u_s(t)$ 的波形如图 6-17 所示，其中 $R=1000\ \Omega$，$C=10\ \mu\mathrm{F}$。求：(1) 电容电压 u_C；(2)用分段形式写出 u_C；(3)用一个表达式写出 u_C。

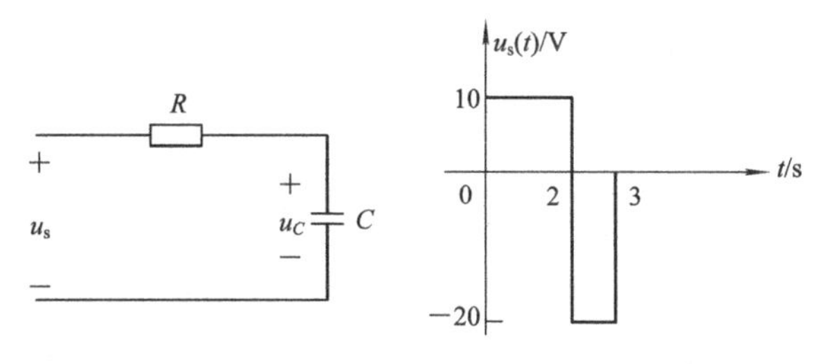

图 6-17

解 (1) 分段求解。在 $0\leqslant t\leqslant 2$ 区间，RC 电路的零状态响应为

$$u_C(t)=10(1-e^{-100t})$$

$t=2$ s 时，

$$u_C(2)=10(1-e^{-100\times 2})\approx 10\ \text{V}$$

在 $2\leqslant t<3$ 区间，RC 的全响应为

$$u_C(t)=-20+[10-(-20)]e^{-100(t-2)}=-20+30e^{-100(t-2)}\ \text{V}$$

$t=3$ s 时，

$$u_C(3)=-20+30e^{-100(3-2)}\approx -20\ \text{V}$$

在 $3\leqslant t<\infty$ 区间，RC 的零输入响应为

$$u_C(t)=u_C(3)e^{-100(t-3)}=-20e^{-100(t-3)}\ \text{V}$$

(2) 用阶跃函数表示激励，有

$$u_s(t)=10u(t)-30u(t-2)+20u(t-3)$$

而 RC 串联电路的单位阶跃响应为

$$s(t)=(1-e^{-\frac{t}{RC}})u(t)=(1-e^{-100t})u(t)$$

根据电路的线性时不变特性，有

$$\begin{aligned}u_C(t)&=10s(t)-30s(t-2)+20s(t-3)\\&=10(1-e^{-100t})u(t)-30(1-e^{-100(t-2)})u(t-2)\\&\quad+20(1-e^{-100(t-3)})u(t-3)\ \text{V}\end{aligned}$$

【解题指南与点评】 该题可以通过在不同的时间段分别求电路的响应来求解。

6.4 习题解答

6-1 电路如图 6-18 所示，列出以电感电流为变量的一阶微分方程。

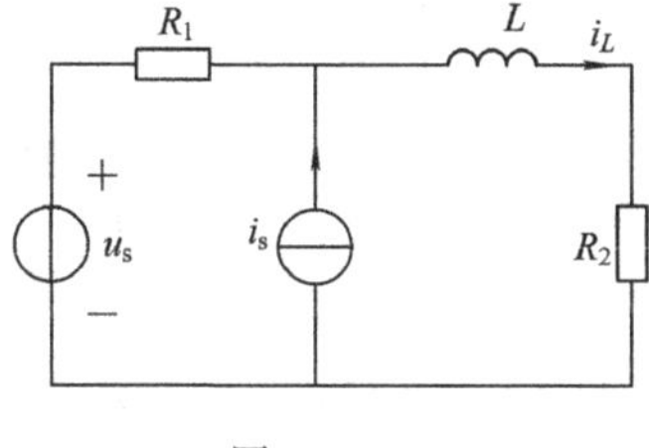

图 6-18

解 由 KVL 得

$$L\frac{\mathrm{d}i_L}{\mathrm{d}t}+i_LR_2+(i_L-i_s)R_1=u_s$$

整理得

$$L\frac{\mathrm{d}i_L}{\mathrm{d}t}+(R_1+R_2)i_L=u_s+R_1i_s$$

6－2　电路如图 6－19 所示，列出以电感电流为变量的一阶微分方程。

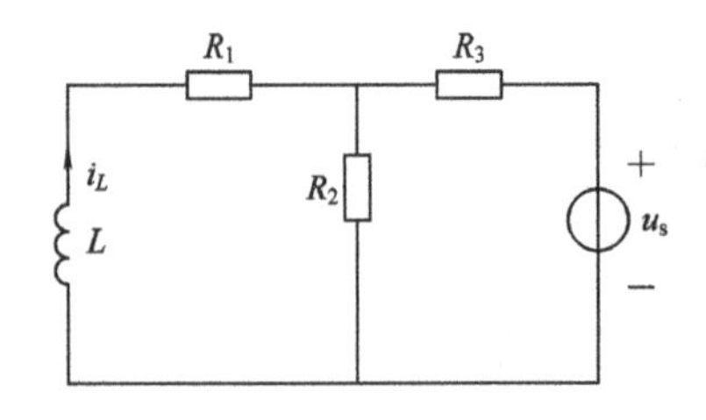

图　6－19

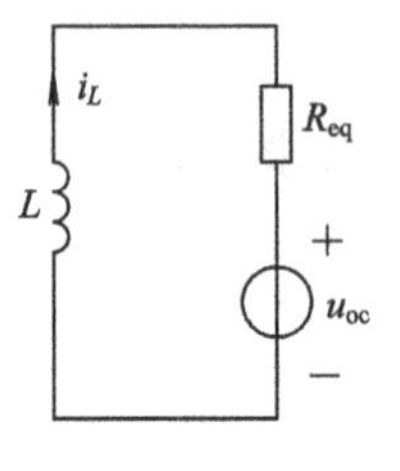

图　6－20

解　原电路化简为如图 6－20 所示电路。其中，

$$u_{oc}=\frac{R_2}{R_2+R_3}u_s,\quad R_{eq}=R_1+\frac{R_2R_3}{R_2+R_3}$$

对化简后的电路列写 KVL 方程，有

$$L\frac{\mathrm{d}i_L}{\mathrm{d}t}+i_LR_{eq}=-u_{oc}$$

代入 u_{oc} 及 R_{eq}，化简后得

$$(R_2+R_3)L\frac{\mathrm{d}i_L}{\mathrm{d}t}+(R_1R_2+R_1R_3+R_2R_3)i_L=-R_2u_s$$

6－3　电路如图 6－21 所示，列出以电容电流为变量的一阶微分方程。

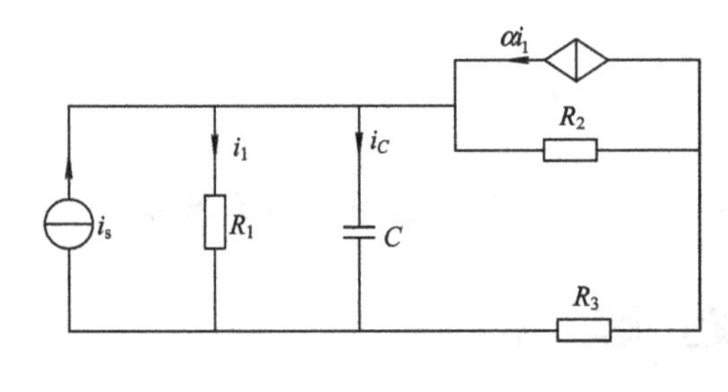

图　6－21

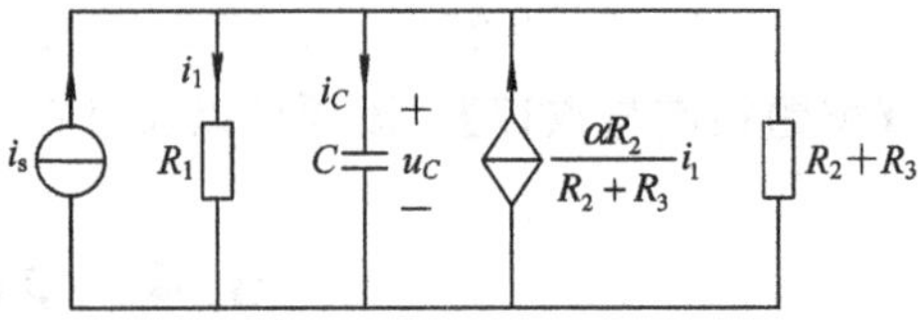

图　6－22

解　原电路变换为图 6－22 所示电路。

由节点的 KCL 方程得

$$i_C+\frac{u_C}{R_1}+\frac{u_C}{R_2+R_3}=i_s+\frac{\alpha R_2}{R_2+R_3}i_1$$

将上式两边求导，得

$$\frac{\mathrm{d}i_C}{\mathrm{d}t}+\frac{1}{R_1}\frac{\mathrm{d}u_C}{\mathrm{d}t}+\frac{1}{R_2+R_3}\frac{\mathrm{d}u_C}{\mathrm{d}t}=\frac{\mathrm{d}i_s}{\mathrm{d}t}+\frac{\alpha R_2}{R_2+R_3}\frac{\mathrm{d}i_1}{\mathrm{d}t}\tag{1}$$

由于 $i_C=C\frac{\mathrm{d}u_C}{\mathrm{d}t}$，因此

$$\frac{\mathrm{d}u_C}{\mathrm{d}t}=\frac{i_C}{C} \tag{2}$$

由于 $i_1=\frac{u_C}{R_1}$，因此

$$\frac{\mathrm{d}i_1}{\mathrm{d}t}=\frac{1}{R_1}\frac{\mathrm{d}u_C}{\mathrm{d}t}=\frac{i_C}{R_1 C} \tag{3}$$

将式(2)、(3)代入式(1)，整理得

$$(R_2+R_3)R_1 C\frac{\mathrm{d}i_C}{\mathrm{d}t}+(R_1+R_2+R_3-\alpha R_2)i_C=R_1(R_2+R_3)C\frac{\mathrm{d}i_s}{\mathrm{d}t}$$

6-4　图 6-23 所示电路的开关闭合已经很久了，$t=0$ 时断开开关，试求 $t\geqslant 0$ 时的电流$i(t)$，并判断该响应是零状态响应还是零输入响应。

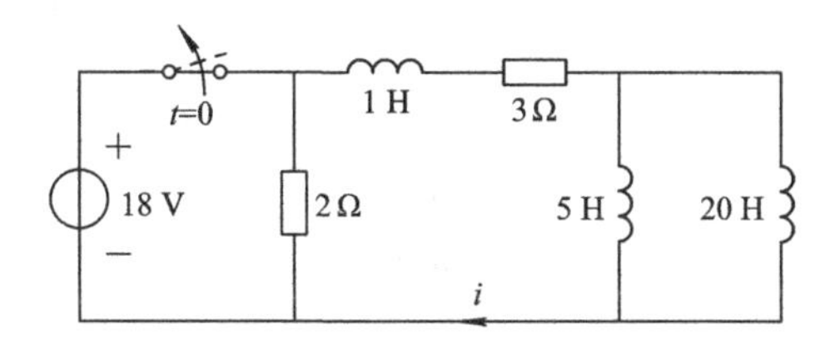

图　6-23

解　开关断开前，$t=0_-$ 时的等效电路如图 6-24 所示，求得

$$i(0_-)=\frac{18}{3}=6\ \text{A}$$

开关断开后，电路等效为如图 6-25 所示的电路，从而有

$$L=1+\frac{1}{\frac{1}{5}+\frac{1}{20}}=5\ \text{H}$$

由 KVL 及换路定理得

$$\begin{cases}5\frac{\mathrm{d}i}{\mathrm{d}t}+5i=0\\ i(0_+)=i(0_-)=6\end{cases}$$

解得

$$i(t)=6\mathrm{e}^{-t}\ \text{A}\quad t\geqslant 0$$

换路后无电源，故是零输入响应。

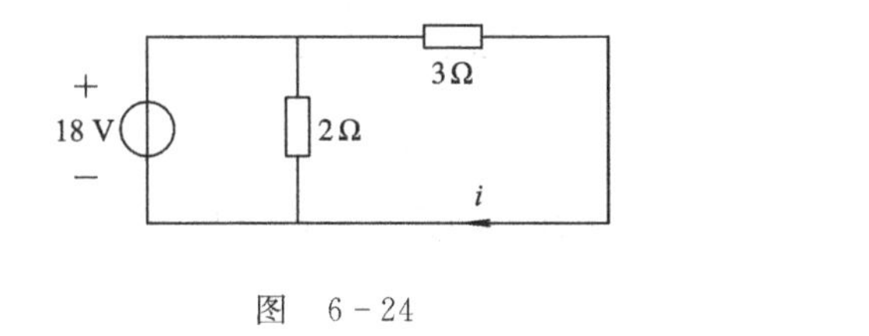

图　6-24

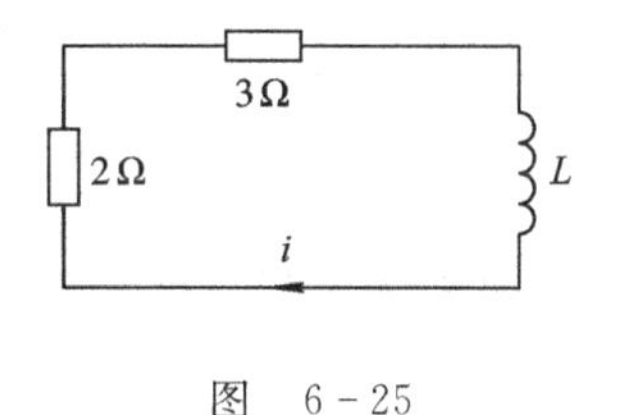

图　6-25

6-5　电路如图 6-26 所示，开关接在 a 点时间已久，$t=0$ 时开关接至 b 点，试求$t\geqslant 0$ 时的电容电压 $u_C(t)$，并判断该响应是零状态响应还是零输入响应。

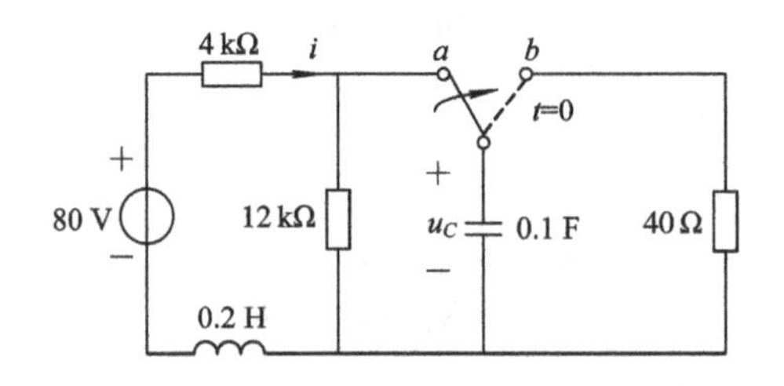

图 6-26

解 $t=0_-$ 时的等效电路如图 6-27 所示，求得

$$u_C(0_-)=\frac{12\ \text{k}}{12\ \text{k}+4\ \text{k}}\times 80=60\ \text{V}$$

开关动作后的电路等效为如图 6-28 所示的电路。由节点的 KCL 方程及电容的换路定理，得

$$\begin{cases}0.1\dfrac{\mathrm{d}u_C}{\mathrm{d}t}+\dfrac{u_C}{40}=0\\ u_C(0_+)=u_C(0_-)=60\ \text{V}\end{cases}$$

解得

$$u_C(t)=60\mathrm{e}^{-0.25t}\ \text{V}\quad t\geqslant 0$$

是零输入响应。

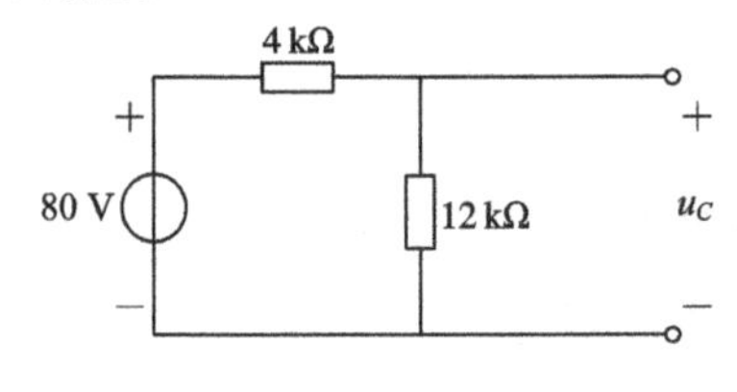

图 6-27

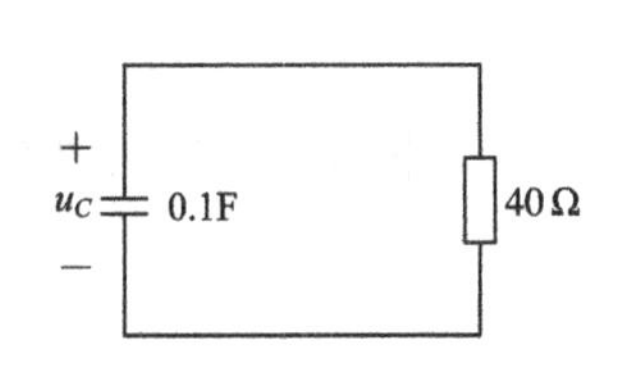

图 6-28

6-6 电路如图 6-29 所示，开关闭合在 a 端已经很久了，$t=0$ 时开关接至 b 端，试求 $t\geqslant 0$ 时的电容电压 $u_C(t)$ 和电阻电流 $i(t)$，并判断该响应是零状态响应还是零输入响应。

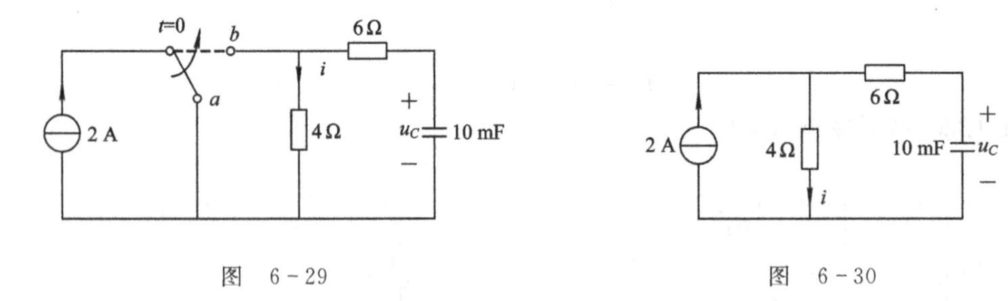

图 6-29

图 6-30

解 用三要素法求解。开关动作前，$u_C(0_-)=0$。开关动作后的电路如图 6-30 所示。$t=0_+$ 时，

$$u_C(0_+)=u_C(0_-)=0$$

此时电容相当于短路，由分流公式可得

$$i(0_+)=\frac{6}{4+6}\times 2=1.2\ \text{A}$$

$t=\infty$时，电路进入直流稳态，电容相当于开路，有

$$i(\infty)=2\ \text{A}$$

$$u_C(\infty)=2\times4=8\ \text{V}$$

将电流源置零，从电容两端看进去的等效电阻为

$$R=6+4=10\ \Omega$$

得
$$\tau=RC=10\times10\times10^{-3}=0.1\ \text{s}$$

由三要素公式，得

$$u_C(t)=8+(0-8)\text{e}^{-10t}=8-8\text{e}^{-10t}\ \text{V}\quad t\geqslant0$$

$$i(t)=2+(1.2-2)\text{e}^{-10t}=2-0.8\text{e}^{-10t}\ \text{A}\quad t\geqslant0$$

由于电容初始电压为零，因此是零状态响应。

6－7　电路如图 6－31 所示，开关断开已经很久了，$t=0$ 时闭合开关，试求 $t\geqslant0$ 时的电感电流 $i_L(t)$和电阻电压 $u(t)$，并判断该响应是零状态响应还是零输入响应。

解　用三要素法求解。开关动作前，$i_L(0_-)=0$。开关动作后，电路等效为如图 6－32 所示。$t=0_+$时，

$$i_L(0_+)=i_L(0_-)=0$$

此时，电感相当于断开，即有

$$u(0_+)=0.1\times(100\ /\!/\ 100)=0.1\times50=5\ \text{V}$$

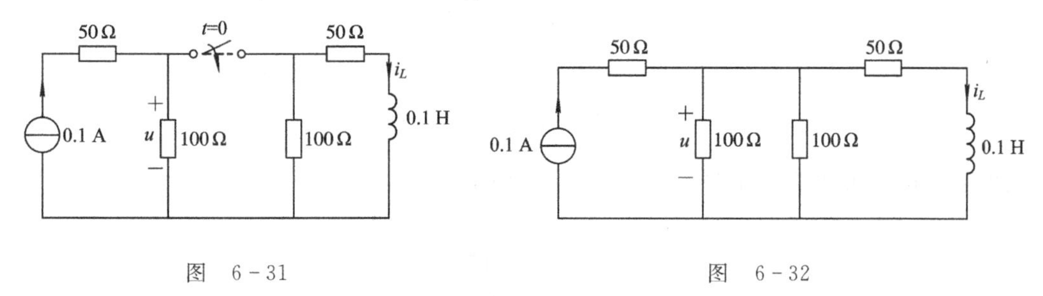

图　6－31　　　　　　　　图　6－32

$t=\infty$时，电路进入直流稳态，电感相当于短路。由分流公式得

$$i_L(\infty)=\frac{\frac{1}{50}}{\frac{1}{100}+\frac{1}{100}+\frac{1}{50}}\times0.1=0.05\ \text{A}$$

$$u(\infty)=0.1\times(100\ /\!/\ 100\ /\!/\ 50)=0.1\times25=2.5\ \text{V}$$

将电流源置零，从电感两端看进去的等效电阻为

$$R_{\text{eq}}=50+\frac{100\times100}{100+100}=100\ \Omega$$

$$\tau=\frac{L}{R_{\text{eq}}}=\frac{0.1}{100}=\frac{1}{1000}\ \text{s}$$

由三要素公式，得

$$i_L(t)=0.05+(0-0.05)\text{e}^{-1000t}=0.05-0.05\text{e}^{-1000t}\ \text{A}\quad t\geqslant0$$

$$u(t)=2.5+(5-2.5)\text{e}^{-1000t}=(2.5+2.5\text{e}^{-1000t})\ \text{V}\quad t\geqslant0$$

是零状态响应。

6－8　电路如图 6－33 所示，开关断开已经很久了，$t=0$ 时闭合开关，试求 $t\geqslant0$ 时的

电感电流 $i_L(t)$。

解 开关动作前，$i_L(0_-)=0$。将开关动作后的电路化简。电感左边的二端电路如图 6-34 所示。

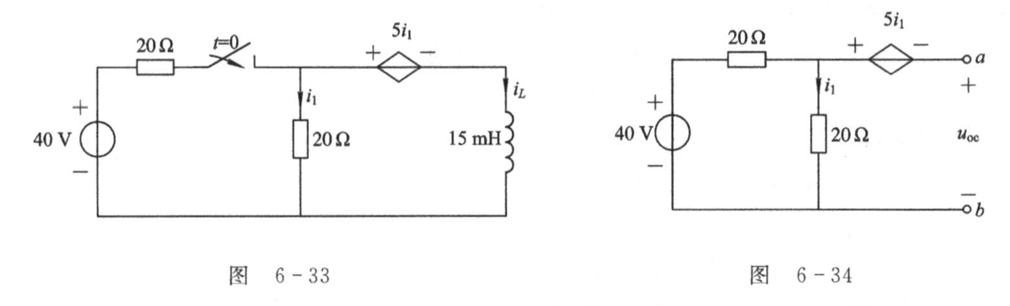

图 6-33　　　　图 6-34

令端口电流为 0，求 u_{oc}。

$$i_1=\frac{40}{20+20}=1\ \text{A}$$

$$u_{oc}=-5i_1+20i_1=15i_1=15\ \text{V}$$

令独立电压源为零，求等效电阻 R_{eq}。假设端电压 u 和端电流 i 的参考方向如图 6-35 所示，设 i 已知，则有

$$i_1=\frac{20}{20+20}\times i=0.5i$$

$$u=-5i_1+20i_1=15i_1=15\times 0.5i=7.5i$$

$$R_{eq}=\frac{u}{i}=7.5\ \Omega$$

换路后的电路可化简为如图 6-36 所示，从而求得

$$i_L(0_+)=i_L(0_-)=0$$

$$i_L(\infty)=\frac{15}{7.5}=2\ \text{A}$$

$$\tau=\frac{L}{R}=\frac{15\times 10^{-3}}{7.5}=2\times 10^{-3}\ \text{s}$$

由三要素公式，得

$$i_L(t)=2(1-\mathrm{e}^{-500t})\ \text{A}\quad t\geqslant 0$$

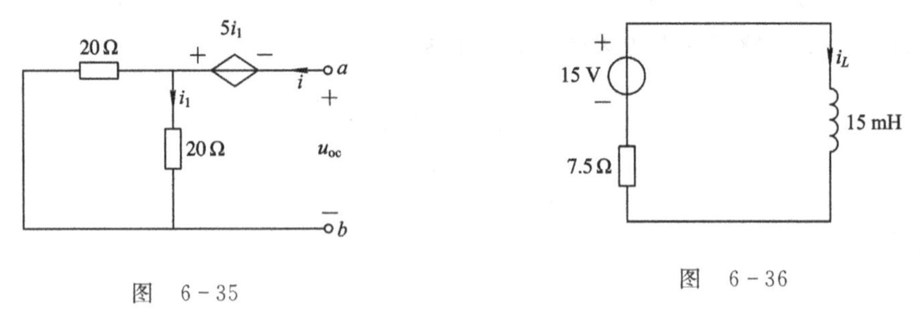

图 6-35　　　　图 6-36

6-9　电路如图 6-37 所示，开关闭合在 a 端已经很久了，$t=0$ 时开关接至 b 端。求 $t\geqslant 0$ 时电压 $u(t)$ 的零输入响应、零状态响应和全响应，并判断 $u(t)$ 中的暂态响应分量和稳态响应分量。

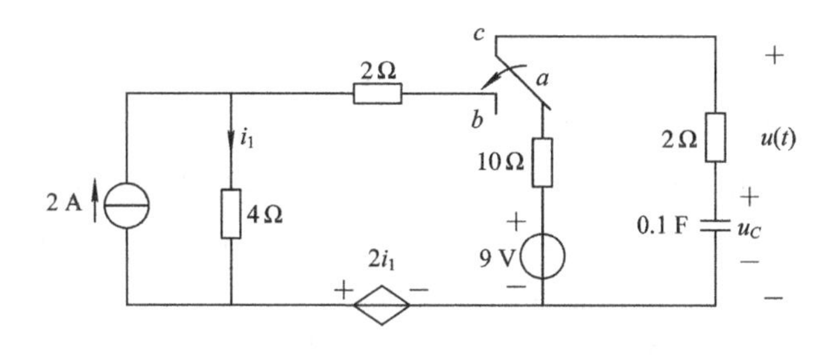

图 6-37

解 开关动作前，$u_C(0_-)=9$ V。将开关动作后的电路化简。电容和 2 Ω 电阻串联支路左边的二端电路如图 6-38 所示。求得该二端电路的端口 VAR，便可得其等效电路。

设端电压 u 和端电流 i 的参考方向如图 6-38 所示，设 i 已知，则有

$$\begin{cases} u = 2i + 4i_1 + 2i_1 \\ i_1 = 2 + i \end{cases}$$

解得

$$u = 12 + 8i$$

即该二端电路

$$u_{oc} = 12\ \text{V}, \quad R_{eq} = 8\ \Omega$$

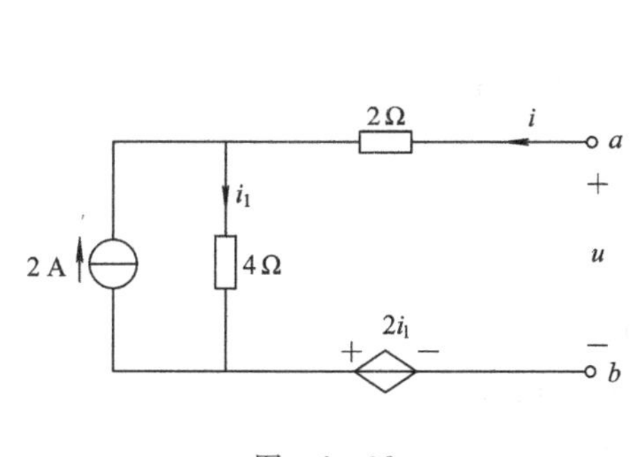

图 6-38

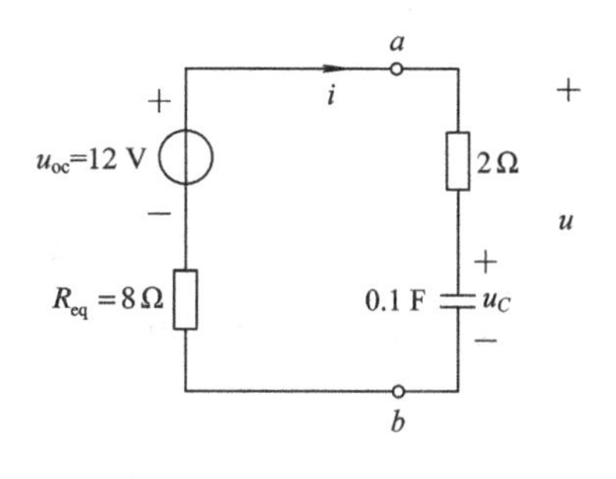

图 6-39

开关动作后的电路可简化如图 6-39 所示，从而求得

$$u_C(0_+) = u_C(0_-) = 9\ \text{V}$$

$$i(0_+) = \frac{12-9}{8+2} = 0.3\ \text{A}$$

$$u(0_+) = i(0_+) \times 2 + u_C(0_+) = 9.6\ \text{V}$$

$$u(\infty) = 12\ \text{V}$$

$$\tau = RC = (8+2) \times 0.1 = 1\ \text{s}$$

由三要素公式，得全响应为

$$u(t) = 12 + (9.6 - 12)\text{e}^{-t} = 12 - 2.4\text{e}^{-t}\ \text{V} \quad t \geqslant 0$$

其中，暂态分量为 -2.4e^{-t} V，稳态分量为 12 V。

若令换路后的电路中的独立电源为零，则图6-39 中 $u_{oc}=0$。用三要素法可求得零输

入响应为(过程略去)

$$u(t) = 7.2e^{-t}\ \text{V} \quad t \geqslant 0$$

该零输入响应中只含暂态分量，稳态分量为零。

若令 $u_C(0_+)=0$，用三要素法对简化后的电路求得零状态响应为(过程略去)

$$u(t) = 12 + (2.4 - 12)e^{-t} = 12 - 9.6e^{-t}\ \text{V} \quad t \geqslant 0$$

其中，暂态分量为 $-9.6e^{-t}$ V，稳态分量为 12 V。

6-10　电路如图 6-40 所示，已知 $u_C(0_-)=12$ V，$t=0$ 时闭合开关，试求 $t\geqslant 0$ 时电容电压 $u_C(t)$ 的零输入响应、零状态响应和全响应，并判断 $u_C(t)$ 中的暂态响应和稳态响应及其固有响应分量和强制响应分量。

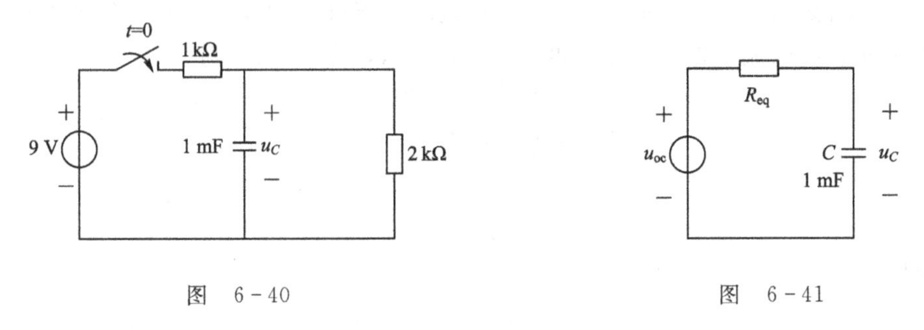

图　6-40　　　　图　6-41

解　换路后的电路变换为如图 6-41 所示，其中，

$$u_{oc} = \frac{2\ \text{k}}{2\ \text{k} + 1\ \text{k}} \times 9 = 6\ \text{V}$$

$$R_{eq} = \frac{1\ \text{k} \times 2\ \text{k}}{1\ \text{k} + 2\ \text{k}} = \frac{2}{3}\ \text{k}\Omega$$

$$\tau = R_{eq} \times C = \frac{2}{3} \times 10^3 \times 10^{-3} = \frac{2}{3}\ \text{s}$$

令原电路中独立源为零，得

$$u_{oc} = 0$$

$$u_C(0_+) = u_C(0_-) = 12\ \text{V}$$

$$u_C(\infty) = 0$$

由三要素法，求得零输入响应为

$$u_C(t) = 12e^{-\frac{3}{2}t}\ \text{V} \quad t \geqslant 0$$

令 $u_C(0_+)=0$，独立源不为零，得

$$u_C(\infty) = 6\ \text{V}$$

由三要素法求得零状态响应为

$$u_C(t) = 6(1 - e^{-\frac{3}{2}t})\ \text{V} \quad t \geqslant 0$$

据“全响应=零输入响应+零状态响应”，因此，全响应为

$$u_C(t) = 12e^{-1.5t} + 6(1 - e^{-1.5t}) = 6 + 6e^{-1.5t}\ \text{V} \quad t \geqslant 0$$

其中，暂态分量(固有分量)为 $6e^{-1.5t}$ V，稳态分量(强制分量)为 6 V。

6-11　图 6-42 所示电路在换路前已达稳态，当 $t=0$ 时开关闭合，求 $t\geqslant 0$ 时的 $i(t)$。

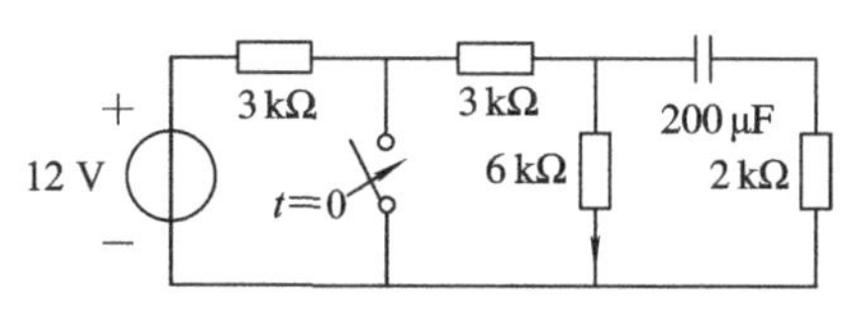

图 6-42

解 换路前电路如图 6-43 所示，其中，

$$u_C(0_+) = u_C(0_-) = 6\ \text{V}$$

换路后电路如图 6-44 所示，其中，

$$u_C(\infty) = 0,\ R_{\text{eq}} = 4\ \text{k}\Omega$$

$$\tau = R_{\text{eq}}C = 4 \times 10^3 \times 0.2 \times 10^{-3} = 0.8\ \text{s}$$

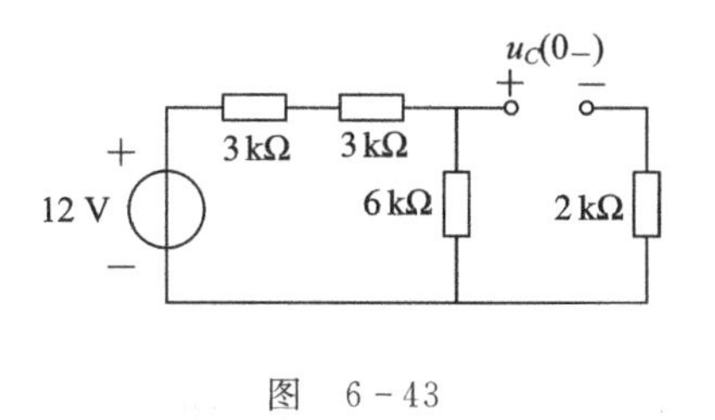

图 6-43

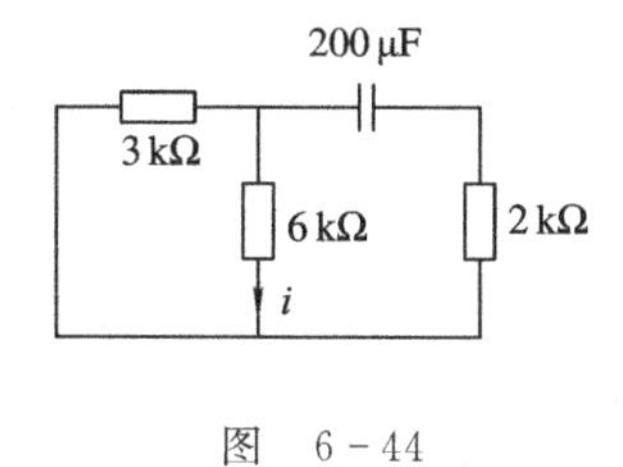

图 6-44

所以

$$u_C(t) = u_C(\infty) + [u_C(0_+) - u_C(\infty)]\text{e}^{-\frac{t}{\tau}} = 6\text{e}^{-1.25t} \quad t \geqslant 0$$

$$i(t) = \frac{u_C(t) + C\dfrac{\text{d}u_C(t)}{\text{d}t} \times 2 \times 10^3}{6 \times 10^3}$$

$$= \frac{6\text{e}^{-1.25t} + 0.2 \times 10^{-3} \times 2 \times 10^{-3} \times (-1.25 \times 6)\text{e}^{-1.25t}}{6 \times 10^{-3}}$$

$$= 0.5\text{e}^{-1.25t}\ \text{mA} \quad t \geqslant 0$$

6-12 电路如图 6-45 所示，开关闭合前电路已进入稳态，求开关闭合后的$i_L(t)$并画出波形图。

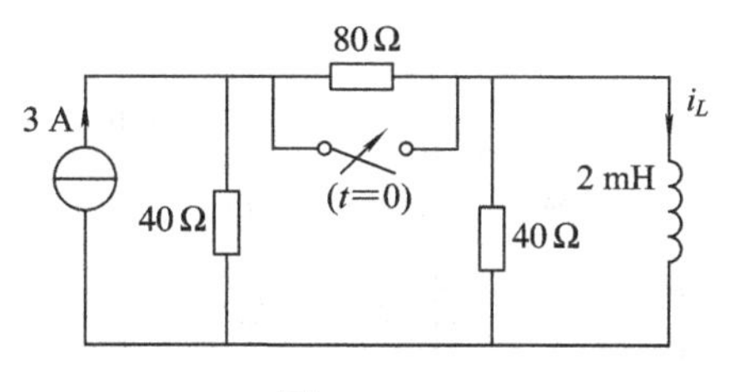

图 6-45

解 换路前电路如图 6-46 所示，其中，

$$i_L(0_-) = \frac{40}{80 + 40} \times 3 = 1\ \text{A}$$

$$i_L(0_+) = i_L(0_-) = 1\ \text{A}$$

换路后电路如图 6-47 所示，其中，

$$i_L(\infty) = 3\ \text{A}$$

$$R_{eq} = 20\ \Omega$$

$$\tau = \frac{L}{R_{eq}} = \frac{2 \times 10^{-3}}{20} = 10^{-4}\ \mathrm{s}$$

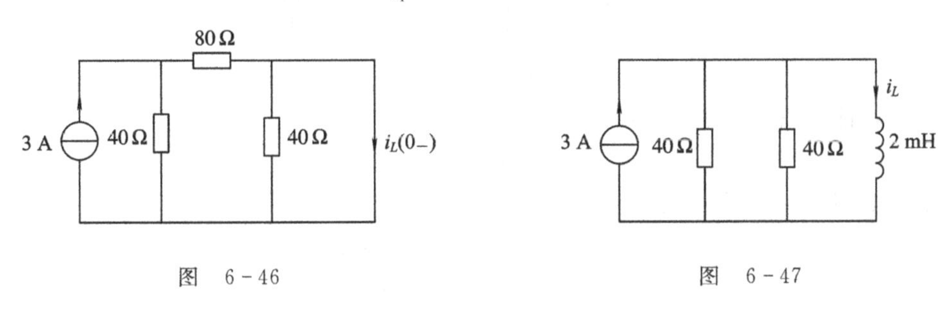

图 6-46　　　　图 6-47

所以

$$\begin{aligned} i_L(t) &= i_L(\infty) + [i_L(0_+) - i_L(\infty)]\mathrm{e}^{-\frac{t}{\tau}} \\ &= 3 + (1-3)\mathrm{e}^{-10^4 t} \\ &= 3 - 2\mathrm{e}^{-10^4 t}\ \mathrm{A} \quad t \geqslant 0 \end{aligned}$$

波形略。

6-13　电路如图 6-48 所示，开关已经断开很久了，当 $t=0$ 时开关闭合，求 $t \geqslant 0$ 时的 $i_L(t)$ 和 $i(t)$。

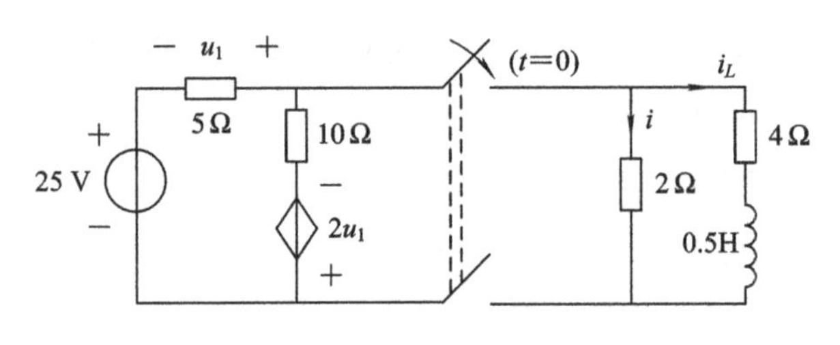

图 6-48

解　换路前电路如图 6-49 所示，其中，

$$i_L(0_-) = 0$$

$$i_L(0_+) = i_L(0_-) = 0$$

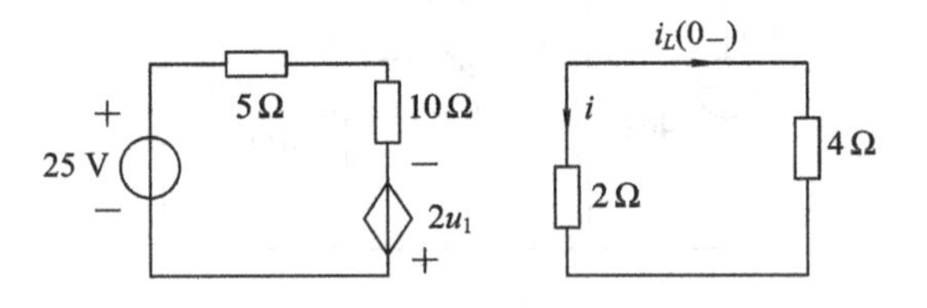

图 6-49

换路后电路如图 6-50 所示，将 a、b 左边电路作戴维南等效，取端电压 u 上正下负，端电流 i' 方向向左，有

$$i' = \frac{u}{2} + \frac{u + 2u_1}{10} + \frac{u - 25}{5}$$

$$u_1 = u - 25$$

得

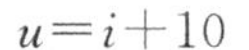

$$u=i+10$$

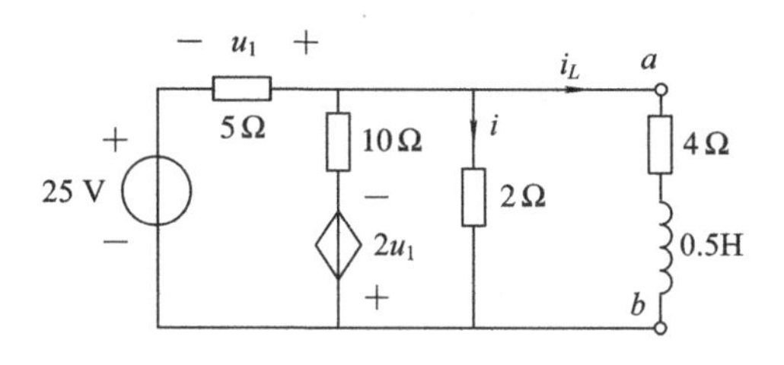

图　6－50

原电路变为如图 6－51 所示，其中，

$$i_L(\infty)=2\ \text{A}$$

$$\tau=\frac{L}{R_{\text{eq}}}=\frac{0.5}{5}=10^{-1}\ \text{s}$$

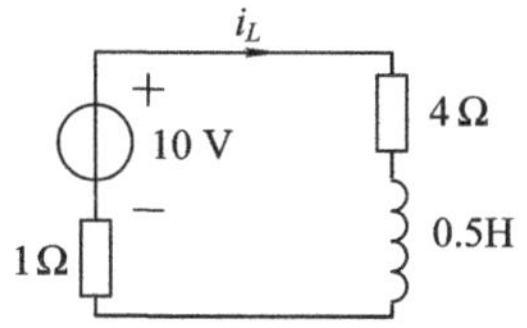

图　6－51

所以

$$i_L(t)=i_L(\infty)+[i_L(0_+)-i_L(\infty)]\text{e}^{-\frac{t}{\tau}}=2-2\text{e}^{-10t}\ \text{A}\quad t\geqslant 0$$

$$i(t)=\frac{\left[4i_L(t)+L\,\dfrac{\text{d}i_L(t)}{\text{d}t}\right]}{2}=4-4\text{e}^{-10t}+\frac{0.5}{2}\times 20\text{e}^{-10t}=4+\text{e}^{-10t}\ \text{A}\quad t\geqslant 0$$

6－14　电路如图 6－52 所示，电流源 $3u(t)$ mA 为阶跃电流源，试求 $t\geqslant 0$ 时的电感电流 $i_L(t)$。

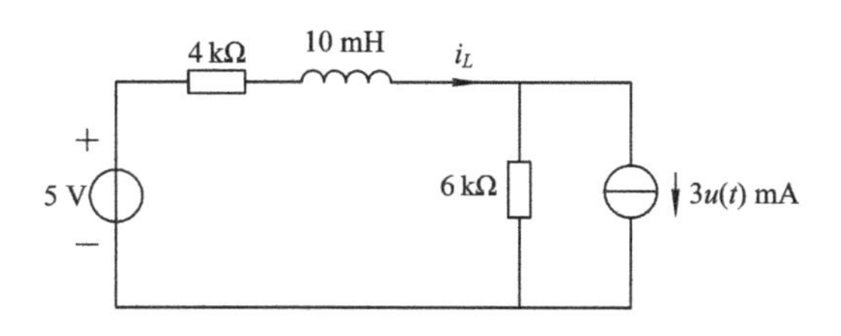

图　6－52

解　用三要素法求解。$t=0_-$ 时，电路是直流稳态，电感可视为短路。此时阶跃电流源为零，可求得

$$i_L(0_-)=\frac{5}{4\ \text{k}+6\ \text{k}}=0.5\ \text{mA}$$

$$i_L(0_+)=i_L(0_-)=0.5\ \text{mA}$$

$t=\infty$ 时，电路进入新的直流稳态，电感可视作短路。电流源为 3 mA，由叠加原理求得

$$i_L(\infty)=\frac{5}{4\ \text{k}+6\ \text{k}}+\frac{6\ \text{k}}{6\ \text{k}+4\ \text{k}}\times 3\times 10^{-3}=(0.5+1.8)\ \text{mA}=2.3\ \text{mA}$$

令独立源置零，则从电感两端看过去的二端电路的等效电阻为

$$R = 4\ \mathrm{k} + 6\ \mathrm{k} = 10\ \mathrm{k\Omega}$$

$$\tau = \frac{L}{R} = \frac{10 \times 10^{-3}}{10 \times 10^{3}} = 10^{-6}\ \mathrm{s}$$

由三要素公式，求得

$$i_L(t) = 2.3 + (0.5 - 2.3)\mathrm{e}^{-10^6 t} = 2.3 - 1.8\mathrm{e}^{-10^6 t}\ \mathrm{mA} \quad t \geqslant 0$$

第7章 二 阶 电 路

7.1 内 容 提 要

1. *RLC* 串联电路的零输入响应

1）定义

若外激励为零，仅由初始条件在二阶电路中产生的响应，称为二阶电路的零输入响应。如图7-1所示的 *RLC* 串联电路，如初始时刻 $u_C(t)$、$i(t)$不为零，则产生的响应均为零输入响应。

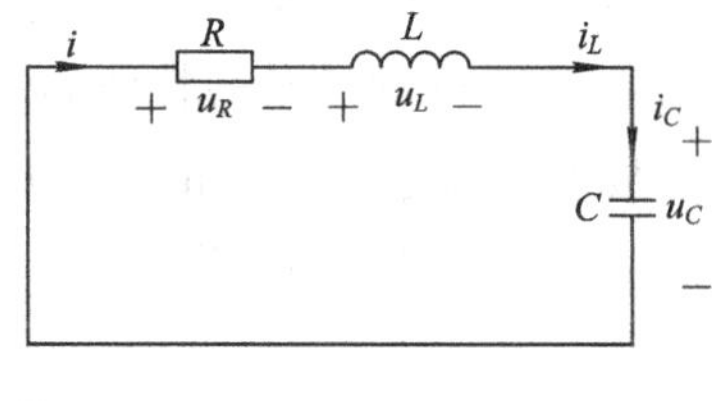

图 7-1

2）电路的微分方程

由 KVL 得

$$u_R(t)+u_L(t)+u_C(t)=0$$

代入 *R*、*L*、*C* 的电压电流关系，得到一个线性齐次常系数二阶微分方程：

$$LC\frac{\mathrm{d}^2u_C(t)}{\mathrm{d}t^2}+RC\frac{\mathrm{d}u_C(t)}{\mathrm{d}t}+u_C(t)=0$$

其特征方程为

$$LC\lambda^2+RC\lambda+1=0$$

$$\lambda_{1,2}=-\frac{R}{2L}\pm\sqrt{\left(\frac{R}{2L}\right)^2-\frac{1}{LC}}$$

式中，$\lambda_{1,2}$即为电路的固有频率。

根据 *R*、*L*、*C* 的量值大小以及特征根的不同取值，其与响应形式之间的关系为

(1) 当 $R>2\sqrt{\frac{L}{C}}$时，λ_1、λ_2 为两个不等的负实根，响应为非振荡放电过程，也称为过阻尼。

(2) 当 $R=2\sqrt{\frac{L}{C}}$时，λ_1、λ_2为两个相等的负实根，响应为非振荡放电过程，也称为临界阻尼。

(3) 当 $R<2\sqrt{\frac{L}{C}}$时，λ_1、λ_2为一对共轭复数根，响应为衰减振荡放电过程，也称为欠阻尼。

应特别注意，当二阶电路中无耗能元件 *R* 时，此时 λ_1、λ_2为一对共轭纯虚根，响应为等幅振荡过程，也称为自由振荡。

2. 二阶电路的零状态响应

1）定义

当电路的初始条件 $u_C(0_-)=i_C(0_-)=0$ 时，仅由外激励产生的响应，称为二阶电路的零状态响应。如图 7-2 所示的 RLC 串联电路，如初始时刻 $u_C(t)$、$i(t)$ 均为零，则由外激励产生的响应为零状态响应。

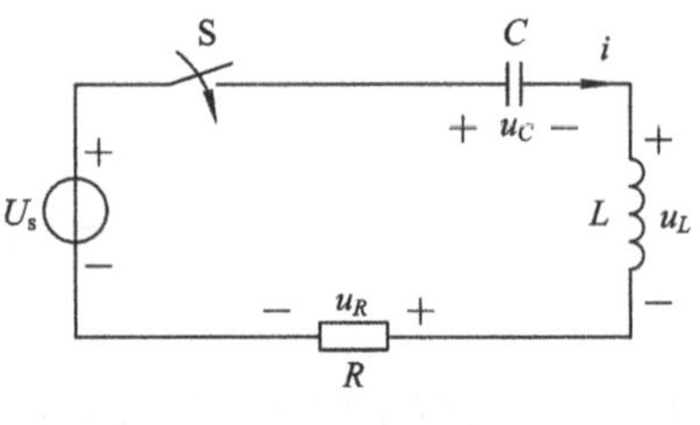

图 7-2

2）电路的微分方程

由 KVL 得

$$u_R(t)+u_L(t)+u_C(t)=U_s(t)$$

代入 R、L、C 的电压电流关系，得到

$$LC\frac{d^2u_C(t)}{dt^2}+RC\frac{du_C(t)}{dt}+u_C(t)=U_s(t)$$

上述二阶常系数线性非齐次方程的解包括两个部分，即取决于电路参数的齐次解 $u_C'(t)$和取决于外加激励的特解 $u_C''(t)$，即 $u_C(t)=u_C'(t)+u_C''(t)$。$u_C''(t)$的函数形式由外加激励的函数形式确定，$u_C'(t)$的函数形式与零输入响应类似，因而电路的零状态响应也相应地分为过阻尼、欠阻尼和临界阻尼三种情况。

7.2 重点、难点

1. 全响应定义

RLC 二阶电路的全响应是电路在外加激励和初始状态共同作用下产生的响应。二阶电路的全响应从产生的物理过程来看可分解为零输入响应和零状态响应，从数学的角度看也可以分解为齐次解和特解。

2. 电路的微分方程

如图 7-3 所示的 RLC 串联电路，设电压源在 $t=0$ 时接入电路，电容、电感的初始值分别为$u_C(0_+)=u_0$，$i_L(0_+)=i_0$。

由 KVL 得

$$u_R(t)+u_L(t)+u_C(t)=u_s(t)$$

代入 R、L、C 的电压电流关系，得到一个线性非齐次常系数二阶微分方程：

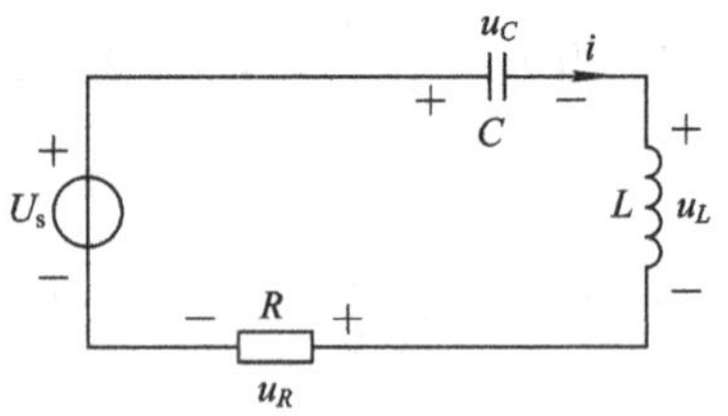

$$LC\frac{d^2u_C(t)}{dt^2}+RC\frac{du_C(t)}{dt}+u_C(t)=U_s(t)$$

图 7-3

其解由两部分组成：

$$u_C(t)=u_{Ch}(t)+u_{Cp}(t)$$

其中，$u_{Ch}(t)$为齐次常系数二阶微分方程的通解（令 $U_s=0$），它的确定与零输入响应类似；$u_{Cp}(t)$为非齐次常系数二阶微分方程的特解，即为 U_s。

令上述微分方程右边 $U_s=0$，非齐次变为齐次方程，则此时的响应是由初始条件引起的零输入响应；当 $u_C(0_+)=0$，$i_L(0_+)=0$ 时，此时的响应为零状态响应，是由 U_s 激励产生的。把上述两种情况下的方程、初始条件分别相加，可以证实电路的全响应为零输入响应与零状态响应之和。

7.3 典 型 例 题

【例 7-1】 图 7-4 所示电路已达稳态，当 $t=0$ 时开关 S 打开，求零输入响应 u_C。

解 (1) 确定初始状态。对于恒定输入，当电路达到稳态时电感相当于短路，电容相当于开路，故

$$i_L(0_-)=\frac{U_s}{R+R_0}=1\ \mathrm{A}$$

$$u_C(0_-)=Ri_L(0_-)=4\ \mathrm{V}$$

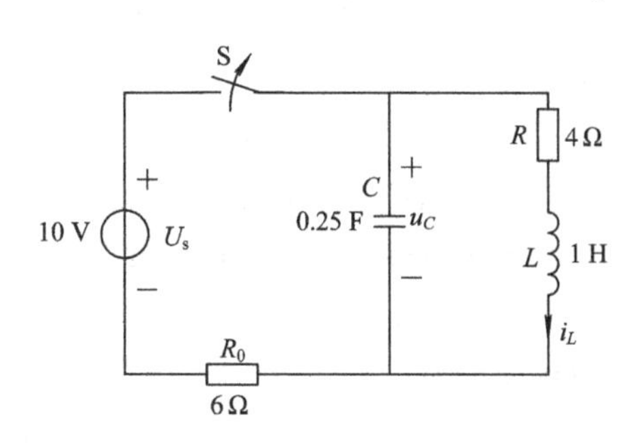

图 7-4

(2) 以 u_C 为直接求解变量建立描述电路的微分方程。当 $t=0$ 时，S 打开后，电路为 RLC 串联电路，且输入为零。故以 u_C 变量描述电路的方程为

$$LC\frac{\mathrm{d}^2u_C(t)}{\mathrm{d}t^2}+RC\frac{\mathrm{d}u_C(t)}{\mathrm{d}t}+u_C(t)=0$$

代入元件参数值得

$$\frac{\mathrm{d}^2u_C(t)}{\mathrm{d}t^2}+4\frac{\mathrm{d}u_C(t)}{\mathrm{d}t}+4u_C(t)=0$$

相应的初始条件为

$$u_C(0_+)=u_C(0_-)=4\ \mathrm{V}$$

$$\left.\frac{\mathrm{d}u_C(t)}{\mathrm{d}t}\right|_{0_+}=\frac{-i_L(0_+)}{C}=\frac{-i_L(0_-)}{C}=-4$$

(3) 求响应 u_C。上述微分方程的特征方程为

$$\lambda^2+4\lambda+4=0$$

特征根为

$$\lambda_1=\lambda_2=-2$$

故响应为临界阻尼情况，所以有

$$u_C(t)=(k_1+k_2t)\mathrm{e}^{-2t}$$

$$\frac{\mathrm{d}u_C(t)}{\mathrm{d}t}=k_2\mathrm{e}^{-2t}-2(k_1+k_2t)\mathrm{e}^{-2t}$$

代入 $t=0_+$ 时的初始条件，得

$$k_1=u_C(0_+)=4$$

$$k_2-2k_1=\left.\frac{\mathrm{d}u_C(t)}{\mathrm{d}t}\right|_{0_+}=-4$$

由以上两个方程知 $k_1=4$，$k_2=4$，所以

$$u_C(t)=(4+4t)\mathrm{e}^{-2t}\quad t\geqslant 0$$

【解题指南与点评】 该例题要求重点掌握零输入情况下，临界阻尼状态时，二阶常系数微分方程的解法以及微分方程解中任意常数的确定。

【例 7-2】 图 7-5 所示电路中，电容原先已充电，$u_C(0_-)=U_0=6$ V，试求：(1) 开关闭合后的 $u_C(t)$、$i(t)$；(2) 使电路在临界阻尼下放电，当 L 和 C 不变时，电阻 R 的值。

解 (1) 开关闭合后，电路的微分方程为

$$LC\frac{\mathrm{d}^2u_C(t)}{\mathrm{d}t^2}+RC\frac{\mathrm{d}u_C(t)}{\mathrm{d}t}+u_C(t)=0$$

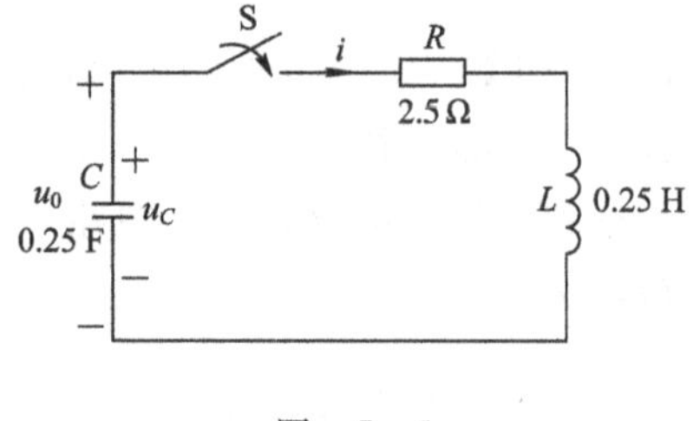

图 7-5

初始条件为

$$u_C(0_+)=u_C(0_-)=6\ \mathrm{V}$$
$$i_L(0_+)=i_L(0_-)=0$$

上述二阶齐次微分方程的特征方程为

$$LC\lambda^2+RC\lambda+1=0$$

方程的特征根为

$$\lambda_1=-\frac{R}{2L}+\left[\left(\frac{R}{2L}\right)^2-\frac{1}{LC}\right]^{\frac{1}{2}}=-\frac{2.5}{2\times0.25}+\left[\left(\frac{2.5}{2\times0.25}\right)^2-\frac{1}{0.25\times0.25}\right]^{\frac{1}{2}}=-2$$

$$\lambda_2=-\frac{R}{2L}-\left[\left(\frac{R}{2L}\right)^2-\frac{1}{LC}\right]^{\frac{1}{2}}=-8$$

这是两个不相等的实根，因此电路处于过阻尼状态。所以微分方程的通解为

$$u_C(t)=k_1\mathrm{e}^{\lambda_1t}+k_2\mathrm{e}^{\lambda_2t}=k_1\mathrm{e}^{-2t}+k_2\mathrm{e}^{-8t}$$

代入初始值，得

$$u_C(0_+)=k_1+k_2=6$$

$$\left.\frac{\mathrm{d}u_C(t)}{\mathrm{d}t}\right|_{0_+}=-2k_1-8k_2=0$$

由以上两式解得 $k_1=8$，$k_2=-2$，所以

$$u_C(t)=8\mathrm{e}^{-2t}-2\mathrm{e}^{-8t}\ \mathrm{V}$$

$$i(t)=-C\frac{\mathrm{d}u_C(t)}{\mathrm{d}t}=4\times(\mathrm{e}^{-2t}-\mathrm{e}^{-8t})\ \mathrm{A}$$

(2) 使电路在临界阻尼下放电，应满足：

$$\left(\frac{R}{2L}\right)^2-\frac{1}{LC}=0$$

即

$$R=2\left(\frac{L}{C}\right)^{\frac{1}{2}}=2\ \Omega$$

【解题指南与点评】 该例题要求重点掌握零输入情况下，过阻尼状态时，二阶常系数微分方程的解法以及微分方程解中任意常数的确定。

【例 7-3】 电路如图 7-6 所示，当 $t=0$ 时开关 S 闭合，设 $u_C(0_-)=0$ V，$i(0_-)=0$。试分别求 (1) 电阻 $R=3$ kΩ；(2) 电阻 $R=2$ kΩ；(3) 电阻

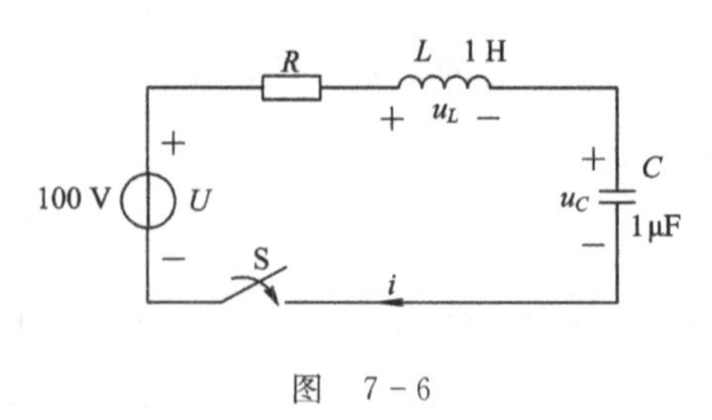

图 7-6

$R=200\ \Omega$ 时电路中的电流 i 和电压 u_C。

解 当 $t>0$ 后，电路的微分方程为

$$LC\frac{d^2u_C(t)}{dt^2}+RC\frac{du_C(t)}{dt}+u_C(t)=U_s$$

由题意可知电路的初始条件为

$$u_C(0_+)=u_C(0_-)=0,\quad i_L(0_+)=i_L(0_-)=0$$

所以这是一个求二阶电路零状态响应的问题。设

$$u_C(t)=u_C'(t)+u_C''(t)$$

式中，u_C'为方程的特解，满足 $u_C'=u=100$ V；u_C''为对应的齐次方程的通解，其函数形式与特征根的值有关。据特征方程：

$$LC\lambda^2+RC\lambda+1=0$$

可得

$$\lambda_1=-\frac{R}{2L}+\left[\left(\frac{R}{2L}\right)^2-\frac{1}{LC}\right]^{\frac{1}{2}}$$

$$\lambda_2=-\frac{R}{2L}-\left[\left(\frac{R}{2L}\right)^2-\frac{1}{LC}\right]^{\frac{1}{2}}$$

（1）当 $R=3$ kΩ 时，有

$$\lambda_1=-\frac{3000}{2\times1}+\left[\left(\frac{3000}{2\times1}\right)^2-\frac{1}{1\times10^{-6}}\right]^{\frac{1}{2}}=-381.97$$

$$\lambda_2=-\frac{3000}{2\times1}-\left[\left(\frac{3000}{2\times1}\right)^2-\frac{1}{1\times10^{-6}}\right]^{\frac{1}{2}}=-2618.03$$

特征根为两个不相等的负实数，电路处于过阻尼放电过程。

$$u_C''(t)=k_1e^{\lambda_1\times t}+k_2e^{\lambda_2\times t}=k_1e^{-381.97t}+k_2e^{-2618.03t}$$

根据初始条件，可得

$$u_C(t)=u_C'(t)+u_C''(t)=100+k_1+k_2=0$$

$$i(0_+)=C\frac{du_C(t)}{dt}\bigg|_{0_+}=C\times(-381.97k_1-2618.03k_2)=0$$

解得 $k_1=-117$，$k_2=17$，所以电容电压为

$$u_C(t)=100-117e^{-381.97t}+17e^{-2618.03t}\ \text{V}$$

电流 i 为

$$i(t)=C\frac{du_C(t)}{dt}=44.69e^{-381.97t}-44.51e^{-2618.03t}\ \text{mA}$$

（2）当 $R=2$ kΩ 时，有

$$\lambda_1=-\frac{2000}{2\times1}+\left[\left(\frac{2000}{2\times1}\right)^2-\frac{1}{1\times10^{-6}}\right]^{\frac{1}{2}}=-1000$$

$$\lambda_2=-\frac{2000}{2\times1}+\left[\left(\frac{2000}{2\times1}\right)^2-\frac{1}{1\times10^{-6}}\right]^{\frac{1}{2}}=-1000$$

电路处于临界阻尼情况。

$$u_C''(t)=(k_1+k_2t)e^{-1000t}$$

根据初始条件，可得

$$u_C(0_+) = 100 + k_1 = 0$$

$$i(0_+) = C\frac{\mathrm{d}u_C(t)}{\mathrm{d}t}\bigg|_{0_+} = C \times (-1000k_1 + k_2) = 0$$

即 $k_1 = -100$，$k_2 = -10^5$。所以电容电压为

$$u_C(t) = u_C'(t) + u_C''(t) = 100 - (100 + 10^5 t)\mathrm{e}^{-1000t}\ \mathrm{V}$$

电流 i 可通过求导自行求解。

(3) 当 $R=200\ \Omega$ 时，有

$$\lambda_1 = -\frac{200}{2\times 1} + \left[\left(\frac{200}{2\times 1}\right)^2 - \frac{1}{1\times 10^{-6}}\right]^{\frac{1}{2}} = -100 + \mathrm{j}995$$

$$\lambda_2 = -\frac{200}{2\times 1} + \left[\left(\frac{200}{2\times 1}\right)^2 - \frac{1}{1\times 10^{-6}}\right]^{\frac{1}{2}} = -100 + \mathrm{j}995$$

为两个共轭复根，可知电路处于欠阻尼状态。

$$u_C'(t) = k\ \sin(\omega t + \theta)$$

其中，$\delta=100$，$\omega=995$，根据初始条件，可得

$$u_C(0_+) = 100 + k\ \sin\theta = 0$$

$$u(0_+) = [-\delta k\ \sin\theta + \omega k\ \cos\theta]C = 0$$

解得

$$\theta = \arctan\frac{\omega}{\delta} = \arctan\frac{995}{100} = 84.26$$

$$k = \frac{-100}{\sin\theta} = \frac{-100}{\sin 84.26} = -100.5$$

故电容电压为

$$u_C(t) = u_C'(t) + u_C''(t) = 100 - 100.5\mathrm{e}^{100t}\ \sin(995 + 84.26)\ \mathrm{V}$$

电流 i 可通过求导自行求解。

【解题指南与点评】 该例题要求重点掌握过阻尼、临界阻尼以及欠阻尼情况下二阶电路零状态响应的求解以及微分方程解中任意常数的确定。特别需要注意在利用初始条件求任意常数时，不要遗漏特解在初始时刻的值。

7.4 习题解答

7-1 电路如图 7-7 所示，已知 $u_C(0)=1$ V，$i_L(0)=1$ A，试求 $t\geqslant 0$ 时电容电压 $u_C(t)$ 和电感电流 $i_L(t)$ 的零输入响应，并画出波形。

解 对零输入电路，可列如下方程式：

$$LC\frac{\mathrm{d}^2 u_C}{\mathrm{d}t^2} + RC\frac{\mathrm{d}u_C}{\mathrm{d}t} + u_C = 0$$

$$0.5\frac{\mathrm{d}^2 u_C}{\mathrm{d}t^2} + 1.5\frac{\mathrm{d}u_C}{\mathrm{d}t} + u_C = 0$$

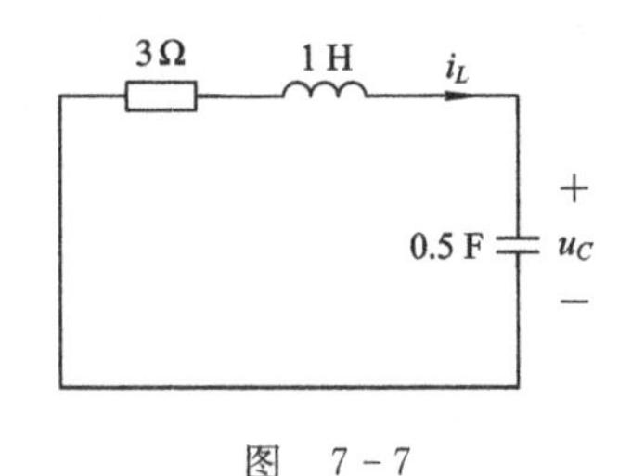

图 7-7

特征方程为

$$0.5\lambda^2 + 1.5\lambda + 1 = 0$$

特征根为

$$\lambda_1 = -1, \quad \lambda_2 = -2$$

过阻压情况下，有

$$u_C(t) = k_1 e^{-t} + k_2 e^{-2t}$$

代入初始条件，$u_C(0)=1$，$i_L(0)=1$，得 $k_1=4$，$k_2=3$。因而有

$$u_C(t) = 4e^{-t} - 3e^{-2t}\ \text{V} \quad t \geqslant 0$$

$$i_L(t) = C\frac{\mathrm{d}u_C(t)}{\mathrm{d}t} = -2e^{-t} + 3e^{-2t}\ \text{A} \quad t \geqslant 0$$

波形略。

7-2　电路如图 7-8 所示，已知 $u_C(0)=6$ V，$i_L(0)=0$，试求 $t\geqslant 0$ 时电容电压 $u_C(t)$ 和电感电流 $i_L(t)$ 的零输入响应，并画出波形。

解　对零输入电路，可得方程如下：

$$LC\frac{\mathrm{d}^2u_C}{\mathrm{d}t^2} + RC\frac{\mathrm{d}u_C}{\mathrm{d}t} + u_C = 0$$

$$4\times 10^2\frac{\mathrm{d}^2u_C}{\mathrm{d}t^2} + 3.2\times 10^{-1}\frac{\mathrm{d}u_C}{\mathrm{d}t} + u_C = 0$$

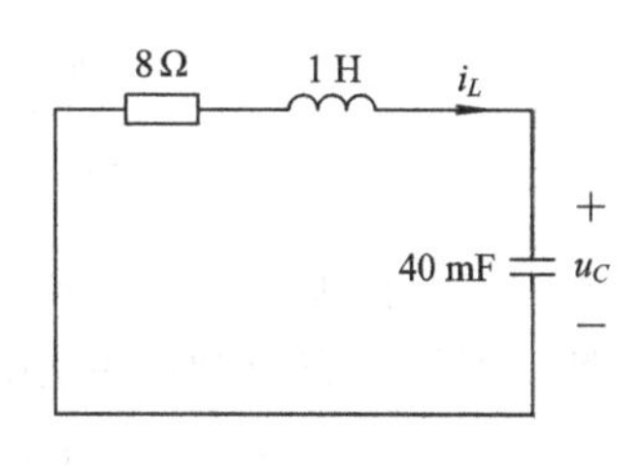

图　7-8

特征方程为

$$4\times 10^2\lambda^2 + 3.2\times 10^{-1}\lambda + 1 = 0$$

特征根为

$$\lambda = -4 \pm 3\mathrm{j}$$

欠阻压情况下，有

$$u_C(t) = e^{-4t}(k_1\cos 3t + k_2\sin 3t)$$

代入初始条件 $u_C(0)=6$，$i_L(0)=0$，得 $k_1=6$，$k_2=8$。因而有

$$\begin{aligned} u_C(t) &= e^{-4t}(6\cos 3t + 8\sin 3t)\ \text{V} \quad t\geqslant 0 \\ &= 10e^{-4t}\cos(3t - 53.1^\circ)\ \text{V} \quad t\geqslant 0 \end{aligned}$$

$$\begin{aligned} i_L(t) &= C\frac{\mathrm{d}u_C(t)}{\mathrm{d}t} \\ &= 0.04\times[-4e^{-4t}(6\cos 3t + 8\sin 3t) + e^{-4t}(-18\sin 3t + 24\cos 3t)] \\ &= -2e^{-4t}\sin 3t\ \text{A} \quad t\geqslant 0 \\ &= 2e^{-4t}\cos(3t + 90^\circ)\ \text{A} \quad t\geqslant 0 \end{aligned}$$

波形略。

7-3　如图 7-9 所示电路原来处于零状态，$t=0$ 时闭合开关，试求 $t\geqslant 0$ 时电容电压 $u_C(t)$ 和电感电流 $i_L(t)$ 的零状态响应。

解　对该电路，可列如下方程：

$$LC\frac{\mathrm{d}^2u_C}{\mathrm{d}t} + RC\frac{\mathrm{d}u_C}{\mathrm{d}t} + u_C = u_s$$

$$0.125\frac{\mathrm{d}^2u_C}{\mathrm{d}t^2} + 0.75\frac{\mathrm{d}u_C}{\mathrm{d}t} + u_C = 6$$

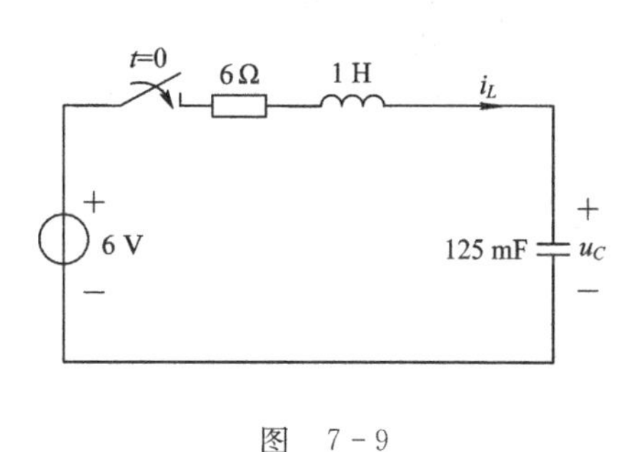

图　7-9

特征方程为

$$0.125\lambda^2+0.75\lambda+1=0$$

特征根为

$$\lambda_1=-2,\quad \lambda_2=-4$$

齐次方程的通解为

$$u_{Ch}(t)=k_1\mathrm{e}^{-2t}+k_2\mathrm{e}^{-4t}$$

非齐次方程的特解为

$$u_{Cp}(t)=6$$

则

$$u_C(t)=u_{Ch}(t)+u_{Cp}(t)=6+k_1\mathrm{e}^{-2t}+k_2\mathrm{e}^{-4t}$$

代入初始条件 $u_C(0)=0$，$i_L(0)=0$，得 $k_1=-12$，$k_2=6$。因而有

$$u_C(t)=6-12\mathrm{e}^{-2t}+6\mathrm{e}^{-4t}\ \mathrm{V}\quad t\geqslant 0$$

$$i_L(t)=C\frac{\mathrm{d}u_C(t)}{\mathrm{d}t}=3\mathrm{e}^{-2t}-3\mathrm{e}^{-4t}\ \mathrm{A}\quad t\geqslant 0$$

7-4　电路如图 7-10 所示，试求电容电压 $u_C(t)$和电感电流 $i_L(t)$的零状态响应。

解　对该电路可列如下方程：

$$LC\frac{\mathrm{d}^2u_C}{\mathrm{d}t}+RC\frac{\mathrm{d}u_C}{\mathrm{d}t}+u_C=u_s$$

$$0.0625\frac{\mathrm{d}^2u_C}{\mathrm{d}t^2}+0.625\frac{\mathrm{d}u_C}{\mathrm{d}t}+u_C=15$$

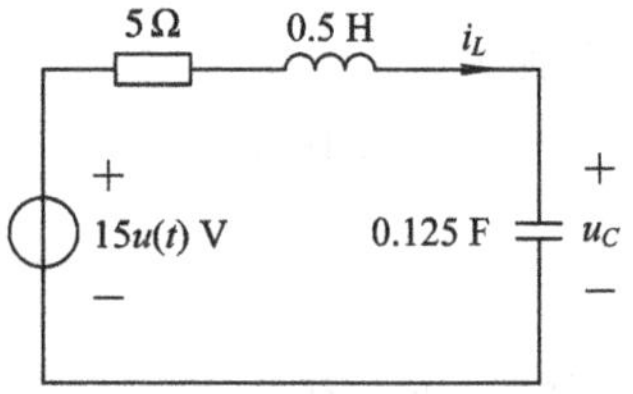

图　7-10

特征方程为

$$0.0625\lambda^2+0.625\lambda+1=0$$

与习题 7-3 类似，可得

$$u_C(t)=15+k_1\mathrm{e}^{-2t}+k_2\mathrm{e}^{-8t}$$

代入初始条件 $u_C(0)=0$，$i_L(0)=0$，得 $k_1=-20$，$k_2=5$。因而有

$$u_C(t)=(15-20\mathrm{e}^{-2t}+5\mathrm{e}^{-4t})\times u(t)\ \mathrm{V}$$

$$i_L(t)=(5\mathrm{e}^{-2t}-5\mathrm{e}^{-8t})\times u(t)\ \mathrm{A}$$

7-5　如图 7-11 所示，已知 $u_C(0)=2$ V，$i_L(0)=1$ A，试求 $t\geqslant 0$ 时电容电压 $u_C(t)$和电感电流 $i_L(t)$的零输入响应。

解　对该电路可列如下方程：

$$LC\frac{\mathrm{d}^2i_L}{\mathrm{d}t^2}+\frac{L}{R}\frac{\mathrm{d}i_L}{\mathrm{d}t}+i_L=0$$

$$\frac{1}{3}\frac{\mathrm{d}^2i_L}{\mathrm{d}t^2}+\frac{4}{3}\frac{\mathrm{d}i_L}{\mathrm{d}t}+i_L=0$$

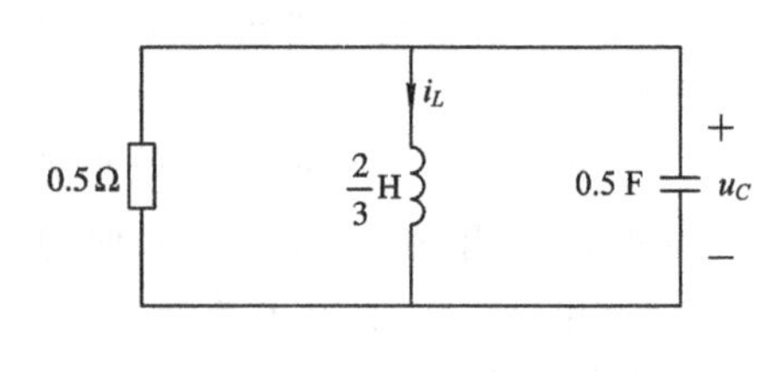

图　7-11

特征方程为

$$\frac{1}{3}\lambda^2+\frac{4}{3}\lambda+1=0$$

特征根为

$$\lambda_1=-1,\quad \lambda_2=-3$$

因而有

$$i_L(t) = k_1 e^{-t} + k_2 e^{-3t}$$

代入初始条件 $u_C(0)=2$，$i_L(0)=1$，得 $k_1=3$，$k_2=-2$。因而有

$$i_L(t) = 3e^{-t} - 2e^{-3t}\ \text{A} \quad t \geqslant 0$$

$$u_C(t) = L\frac{\mathrm{d}i_L(t)}{\mathrm{d}t} = -2e^{-t} + 4e^{-3t}\ \text{V} \quad t \geqslant 0$$

7-6　电路如图 7-12 所示，试求电容电压 $u_C(t)$和电感电流 $i_L(t)$的单位阶跃响应。

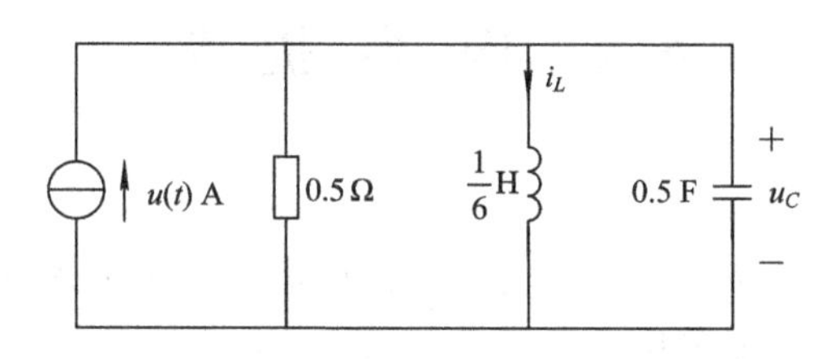

图　7-12

解　对该电路可列如下方程：

$$LC\frac{\mathrm{d}^2 i_L}{\mathrm{d}t^2} + \frac{L}{R}\frac{\mathrm{d}i_L}{\mathrm{d}t} + i_L = 1$$

$$\frac{1}{12}\frac{\mathrm{d}^2 i_L}{\mathrm{d}t^2} + \frac{1}{3}\frac{\mathrm{d}i_L}{\mathrm{d}t} + i_L = 1$$

对应的特征方程为

$$\frac{1}{12}\lambda^2 + \frac{1}{3}\lambda + 1 = 0$$

解得特征根为 $\lambda_{1,2}=-2\pm 2\sqrt{2}\,\mathrm{i}$，其响应为

$$i_L(t) = [e^{-2t}(k_1\cos 2\sqrt{2}t + k_2\sin 2\sqrt{2}t) + 1]\times u(t)$$

由于 $i_L(0)=0$，$u_C(0)=0$，将它们代入上式，得 $k_1=-1$，$k_2=-\frac{\sqrt{2}}{2}$。因而有

$$i_L(t) = \left[e^{-2t}\left(-\cos 2\sqrt{2}t - \frac{\sqrt{2}}{2}\sin 2\sqrt{2}t\right) + 1\right]\times u(t)\ \text{A}$$

$$u_C(t) = L\frac{\mathrm{d}i_L(t)}{\mathrm{d}t} = \left(\frac{\sqrt{2}}{2}e^{-2t}\sin 2\sqrt{2}t\right)\times u(t)\ \text{V}$$

第8章 相量法基础

8.1 内容提要

1. 正弦电压和电流

正弦电压、正弦电流等按正弦规律变化的物理量简称为正弦量。正弦量可用正弦函数或余弦函数表示，本书中一般采用余弦函数表示正弦量。

1）正弦量的三要素

振幅、初相位和角频率称为正弦量的三要素。

设正弦电流的时间函数表达式为 $i=I_m\cos(\omega t+\theta_i)$。式中，$I_m$ 是电流 i 的最大值，称为电流 i 的振幅或幅值。$\omega t+\theta_i$ 为电流 i 的瞬时相角，简称相角或相位。相角随时间而变化的速度 ω 称为电流 i 的角频率，单位为弧度/秒(rad/s)。ω 与频率 f 及周期 T 的关系为 $\omega=2\pi f=2\pi/T$。θ_i 为电流 i 在时间为零时的相角，称为初相角或初相位，单位为弧度(rad)或度(°)。

2）同频率正弦量的相位差

设两个同频率正弦电压分别为 $u_1=U_{m1}\cos(\omega t+\theta_1)$，$u_2=U_{m2}\cos(\omega t+\theta_2)$，$u_1$ 与 u_2 的相位差为 $\varphi=(\omega t+\theta_1)-(\omega t+\theta_2)=\theta_1-\theta_2$，即同频率正弦量在任何时刻的相位差等于其初相位之差。若 $\varphi=\theta_1-\theta_2>0$，则称 u_1 超前 u_2；若 $\varphi=\theta_1-\theta_2<0$，则称 u_1 滞后 u_2；若 $\varphi=\theta_1-\theta_2=0$，则称 u_1 与 u_2 同相；若 $\varphi=\theta_1-\theta_2=\pm\pi$，则称 u_1 与 u_2 反相；若 $\varphi=\theta_1-\theta_2=\pm\frac{\pi}{2}$，则称 u_1 与 u_2 正交。

3）正弦量的有效值

设周期电流 i 的周期为 T，其有效值 I 定义为

$$I=\sqrt{\frac{1}{T}\int_0^T i^2\,\mathrm{d}t} \tag{8-1}$$

将正弦电流 i 的时间函数式代入上式，可求得正弦电流的有效值为 $I=\frac{1}{\sqrt{2}}I_m$，即 $I_m=\sqrt{2}I$，于是可将电流 i 的时间函数式写作 $i=\sqrt{2}I\cos(\omega t+\theta_i)$。同理可得正弦电压 u 的有效值为 $U=\frac{1}{\sqrt{2}}U_m$，即 $U_m=\sqrt{2}U$。

2. 复数运算

复数 A 的直角坐标表达式为 $A=a_1+\mathrm{j}a_2$，其中，a_1、a_2 分别称为 A 的实部和虚部；复数 A 的极坐标表达式为 $A=a\angle\theta$，其中，a 为 A 的模，θ 为 A 的辐角。

1）复数两种坐标的相互转换

$$a_1 = a\cos\theta, \quad a_2 = a\sin\theta \tag{8-2}$$

$$a = \sqrt{a_1^2 + a_2^2}, \quad \theta = \arctan\frac{a_2}{a_1} \tag{8-3}$$

2）复数的加减运算和乘除运算

设 $A = a_1 + \mathrm{j}a_2 = a\angle\theta_a$，$B = b_1 + \mathrm{j}b_2 = b\angle\theta_b$，则有

$$A \pm B = (a_1 \pm b_1) + \mathrm{j}(a_2 \pm b_2)$$

$$AB = a\angle\theta_a b\angle\theta_b = ab\angle(\theta_a + \theta_b)$$

$$\frac{A}{B} = \frac{a\angle\theta_a}{b\angle\theta_b} = \frac{a}{b}\angle(\theta_a - \theta_b)$$

或

$$AB = (a_1 + \mathrm{j}a_2)(b_1 + \mathrm{j}b_2) = (a_1b_1 - a_2b_2) + \mathrm{j}(a_1b_2 + a_2b_1)$$

$$\frac{A}{B} = \frac{(a_1 + \mathrm{j}a_2)}{(b_1 + \mathrm{j}b_2)} = \frac{(a_1 + \mathrm{j}a_2)(b_1 - \mathrm{j}b_2)}{(b_1 + \mathrm{j}b_2)(b_1 - \mathrm{j}b_2)} = \frac{a_1b_1 + a_2b_2}{b_1^2 + b_2^2} + \mathrm{j}\,\frac{a_2b_1 - a_1b_2}{b_1^2 + b_2^2}$$

3. 正弦量的相量表示

以正弦电流为例，设 $i = I_{\mathrm{m}}\cos(\omega t + \theta_i) = \sqrt{2}I\cos(\omega t + \theta_i)$，则定义该正弦电流的相量为

$$\dot{I}_{\mathrm{m}} = I_{\mathrm{m}}\mathrm{e}^{\mathrm{j}\theta_i} = I_{\mathrm{m}}\angle\theta_i \quad （振幅相量）$$

$$\dot{I} = I\mathrm{e}^{\mathrm{j}\theta_i} = I\angle\theta_i \quad （有效值相量）$$

正弦电流 i 与其相量的关系为

$$i = \mathrm{Re}[\sqrt{2}\dot{I}\mathrm{e}^{\mathrm{j}\omega t}] = \mathrm{Re}[\dot{I}_{\mathrm{m}}\mathrm{e}^{\mathrm{j}\omega t}]$$

4. 基尔霍夫定律的相量形式

1）基尔霍夫电流定律的相量形式

在正弦电流电路中，任一节点所连接的所有支路电流的相量之代数和等于零，即

$$\sum\dot{I}_{\mathrm{m}} = 0, \quad \sum\dot{I} = 0$$

2）基尔霍夫电压定律的相量形式

在正弦电流电路中，沿任一回路选定的绕行方向，该回路中所有支路电压的相量之代数和等于零，即

$$\sum\dot{U}_{\mathrm{m}} = 0, \quad \sum\dot{U} = 0$$

5. 电路元件伏安特性的相量形式

在正弦电流电路中，若取元件电流和电压的参考方向为关联参考方向，则各元件伏安特性的相量形式如下。

1）电阻元件

$$\dot{U} = R\dot{I}, \quad \dot{U}_{\mathrm{m}} = R\dot{I}_{\mathrm{m}}$$

即

$$\begin{cases} U = RI \quad 或 \quad U_{\mathrm{m}} = RI_{\mathrm{m}} \\ \theta_u = \theta_i \end{cases}$$

2）电感元件

$$\dot{U} = \mathrm{j}\omega L\dot{I}, \quad \dot{U}_{\mathrm{m}} = \mathrm{j}\omega L\dot{I}_{\mathrm{m}}$$

即

$$\begin{cases} U = \omega LI \quad 或 \quad U_{\mathrm{m}} = \omega LI_{\mathrm{m}} \\ \theta_u = \theta_i + \dfrac{\pi}{2} \end{cases}$$

3）电容元件

$$\dot{U} = -\mathrm{j}\frac{1}{\omega C}\dot{I}, \quad \dot{U}_{\mathrm{m}} = -\mathrm{j}\frac{1}{\omega C}\dot{I}_{\mathrm{m}}$$

即

$$\begin{cases} U = \dfrac{1}{\omega C}I \quad 或 \quad U_{\mathrm{m}} = \dfrac{1}{\omega C}I_{\mathrm{m}} \\ \theta_u = \theta_i - \dfrac{\pi}{2} \end{cases}$$

8.2 重点、难点

1. 正弦量的有关概念

正弦量的三要素、时间函数表达式、有效值及同频率正弦量的相位差等概念是研究正弦稳态电路的一些基础知识，应理解并掌握。注意正弦量的有效值或振幅应为正数。比较两个同频率正弦量的相位差时应将它们统一用 cos 函数表示。正弦量的初相位及同频率正弦量的相位差一般在主值范围取值。

2. 正弦量的相量表示

正弦量的相量表示是本章重点之一。应着重理解正弦量与其相量的对应关系：正弦量的相量是一个复数，其模为正弦量的有效值(或振幅)，其辐角为正弦量的初相位。应熟练掌握由正弦量写出对应相量及由相量写出对应正弦量的方法。要注意由正弦量写相量时，应先将正弦量用 cos 函数而不是 sin 函数表示；如果正弦量时间函数表达式前有一负号，则将该负号去掉并将其初相位加上或减去 π 弧度。另外，还要注意正弦量的时间函数表达式和相量之间不能直接用等号连接。

3. 复数运算

采用相量法后，正弦电流电路的计算问题归结为复数的运算，因此熟练掌握复数运算对正弦电流电路的求解是很重要的。复数运算的难点在于对复数作四则运算时经常要在复数两种坐标(直角坐标和极坐标)之间转换。转换时要注意判别复数位于复平面的哪个象限，并注意复数实部及虚部的正负号与辐角之间的关系。

4. 基尔霍夫定律及元件伏安关系的相量形式

基尔霍夫定律及元件伏安关系的相量形式是本章重点之一。要深入理解相量方程的含义。相量方程是复数方程，相量的运算是复数运算。由相量方程可推出一个模的方程(有效值的方程)和一个辐角的方程(相位的方程)。应通过元件伏安关系的相量形式深入了解正

弦稳态电路中 R、L、C 元件的特性。

8.3 典型例题

【例 8-1】 正弦电流的最大值 $I_m=30$ A，频率 $f=50$ Hz，初相 $\theta_i=45^\circ$，写出该电流的瞬时表达式，并求 $t=0.02$ s 时电流的相位和瞬时值。

解

$$\omega=2\pi f=2\times50\times\pi=314$$

$$i=I_m\cos(\omega t+\theta_i)=30\cos(314t+45^\circ)\ \text{A}$$

$t=0.02$ s 时，其相位为

$$314\times0.02\times\frac{180^\circ}{\pi}+45^\circ=360^\circ+45^\circ=405^\circ$$

此刻电流为

$$i(0.02)=30\cos(360^\circ+45^\circ)=30\cos45^\circ=21.2\ \text{A}$$

【解题指南与点评】 本例题根据正弦电流的三要素写出其时间函数表达式，由时间函数表达式求出该电流在某一给定时刻的相位和瞬时值。

【例 8-2】 已知电流 $i=2\cos(314t-30^\circ)$ A。(1) 画出 i 的波形图。(2) 求 i 的最大值、有效值、角频率、频率、周期及初相位。(3) 求 i 与以下各电流的相位关系：$i_1=2\cos314t$ A，$i_2=5\sin314t$ A，$i_3=3\sin(314t+60^\circ)$ A，$i_4=8\sin(314t-60^\circ)$ A。

解 (1) i 的波形如图 8-1 所示。

(2) i 的最大值 $I_m=2$ A

i 的有效值 $I=\dfrac{I_m}{\sqrt{2}}=\dfrac{2}{\sqrt{2}}=\sqrt{2}=1.41$ A

i 的角频率 $\omega=314$ rad/s

i 的频率 $f=\dfrac{\omega}{2\pi}=\dfrac{314}{2\times3.14}=50$ Hz

i 的周期 $T=\dfrac{1}{f}=0.02$ s

i 的初相位 $\theta_i=-30^\circ$

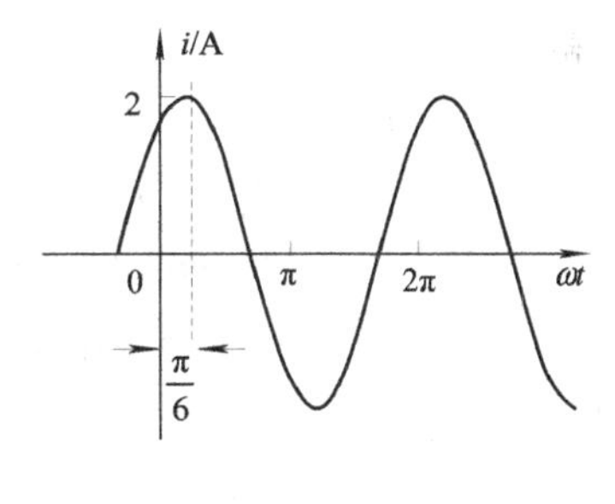

图 8-1

(3)

$$i_1=2\cos314t\ \text{A},\quad \theta_1=0^\circ$$

i 与 i_1 的相位差为 $\theta_i-\theta_1=-30^\circ-0^\circ=-30^\circ$，即 i 滞后 i_1 30°。

$$i_2=5\sin314t=5\cos(314t-90^\circ)\ \text{A},\quad \theta_2=-90^\circ$$

i 与 i_2 的相位差为 $\theta_i-\theta_2=-30^\circ-(-90^\circ)=60^\circ$，即 i 超前 i_2 60°。

$$i_3=3\sin(314t+60^\circ)=3\cos(314t-30^\circ)\ \text{A},\quad \theta_3=-30^\circ$$

i 与 i_3 的相位差为 $\theta_i-\theta_3=-30^\circ-(-30^\circ)=0^\circ$，即 i 与 i_3 同相位。

$$i_4=8\sin(314t-60^\circ)=8\sin(314t-150^\circ)\ \text{A},\quad \theta_4=-150^\circ$$

i 与 i_4 的相位差为 $\theta_i-\theta_4=-30^\circ-(-150^\circ)=120^\circ$，即 i 超前 i_4 120°。

【解题指南与点评】 本例题根据正弦电流时间函数表达式画波形图，并求出该电流的最大值、有效值、角频率、频率、周期、初相位及与其他同频率正弦电流的相位差。在求相位差时，要注意先将各正弦电流都表示为 cos 函数，再将它们的相位相减。

【例 8-3】 设 $A=-3+\mathrm{j}4$，$B=10\angle-120°$，求 $A+B$、$A\times B$ 及 $\dfrac{A}{B}$。

解 $A=-3+\mathrm{j}4=5\angle(180°-53.13°)=5\angle126.87°$

$$B=10\angle-120°=-(10\times\cos60°)-\mathrm{j}(10\times\sin60°)=-5-\mathrm{j}8.66$$

$$A+B=(-3+\mathrm{j}4)+(-5-\mathrm{j}8.66)=-8-\mathrm{j}4.66=9.26\angle-149.78°$$

$$A\times B=5\angle126.87°\times10\angle-120°=50\angle6.87°=49.64+\mathrm{j}5.98$$

$$\frac{A}{B}=\frac{5\angle126.87°}{10\angle-120°}=0.5\angle246.87°=-0.196-\mathrm{j}0.460$$

【解题指南与点评】 本例题做复数的加法和乘除运算。做复数加法运算时，应将复数表示为直角坐标式；做复数乘除运算时，将复数表示为极坐标式较简便。复数的直角坐标和极坐标相互转换时，要注意复数的辐角与其实部及虚部正负号之间的关系。

【例 8-4】 电路如图 8-2 所示，已知 $i_1=3\cos(314t+60°)$ A，$i_2=3\cos(314t-60°)$ A，求 i_3。

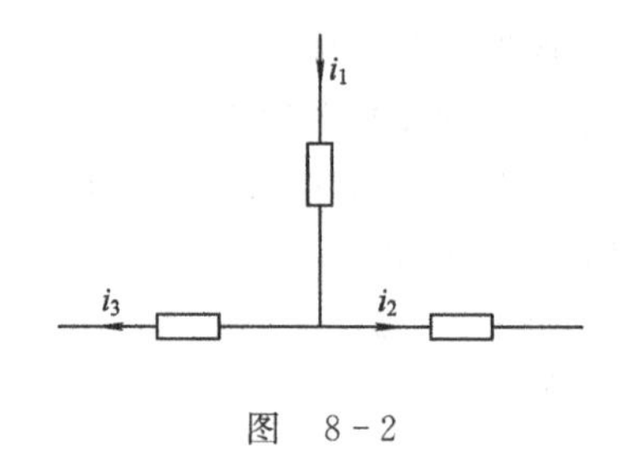

图 8-2

解

$$\dot{I}_{1\mathrm{m}}=3\angle60°\ \mathrm{A},\quad \dot{I}_{2\mathrm{m}}=3\angle-60°\ \mathrm{A}$$

$$\begin{aligned}\dot{I}_{3\mathrm{m}}&=\dot{I}_{1\mathrm{m}}-\dot{I}_{2\mathrm{m}}=3\angle60°-3\angle-60°\\&=[3\cos60°+\mathrm{j}3\sin60°]-[3\cos(-60°)+\mathrm{j}3\sin(-60°)]\\&=\mathrm{j}2\times3\sin60°=\mathrm{j}3\times\sqrt{3}=3\times\sqrt{3}\angle90°\ \mathrm{A}\end{aligned}$$

所以

$$i_3=3\times\sqrt{3}\cos(314t+90°)\ \mathrm{A}=5.20\cos(314t+90°)\ \mathrm{A}$$

【解题指南与点评】 本例题利用相量形式的基尔霍夫电流定律求解。将各支路电流用其振幅相量表示，根据基尔霍夫电流定律求出待求电流 i_3 的振幅相量，再根据振幅相量与正弦量的对应关系写出 i_3 的时间函数表达式。

【例 8-5】 正弦稳态电路如图 8-3 所示，已知 ac 间电压相量及 bc 间电压相量分别为 $\dot{U}_{ac}=200\angle-90°$ V，$\dot{U}_{bc}=150\angle45°$ V。(1) 求 ab 间电压相量 $\dot{U}_{ab}$ 及该电压有效值及 $\dot{U}_{ab}$ 与 $\dot{U}_{cb}$ 的相位差；(2) 若电源频率 $f=50$ Hz，写出 u_{ab} 的瞬时表达式。

解 (1)

$$\begin{aligned}\dot{U}_{ab}&=\dot{U}_{ac}-\dot{U}_{bc}=200\angle-90°-150\angle45°\\&=-\mathrm{j}200-\left(150\times\frac{\sqrt{2}}{2}+\mathrm{j}150\times\frac{\sqrt{2}}{2}\right)\\&=-\mathrm{j}200-(106.07+\mathrm{j}106.07)\\&=-106.07-\mathrm{j}306.07\\&=323.93\angle-109.11°\ \mathrm{V}\end{aligned}$$

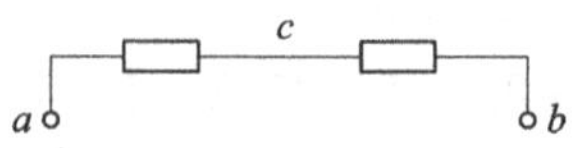

c
a
b

图 8-3

有效值为

$$U_{ab}=323.93\ \text{V}$$

由于

$$\dot{U}_{cb}=-\dot{U}_{bc}=-150\angle 45^\circ=150\angle(45^\circ-180^\circ)=150\angle-135^\circ\ \text{V}$$

因此 $\dot{U}_{ab}$ 与 $\dot{U}_{cb}$ 的相位差为

$$\varphi=-109.11^\circ-(-135^\circ)=25.89^\circ$$

即 $\dot{U}_{ab}$ 超前 $\dot{U}_{cb}$ 25.89°。

(2) $$f=50\ \text{Hz},\ \omega=2\pi f=100\pi=314$$

$$u_{ab}=\sqrt{2}\times 323.93\cos(314t-109.11^\circ)=458.11\cos(314t-109.11^\circ)\ \text{V}$$

【解题指南与点评】 本例题利用相量形式的基尔霍夫电压定律求解。由已知元件电压的有效值相量，根据基尔霍夫电压定律求出待求电压 u_{ab} 的有效值相量，进而得到 u_{ab} 的有效值、瞬时表达式及该电压与其他电压的相位差。

【例 8-6】 将一个线圈接在 12 V 的直流电压源上，测得其稳态电流为 2 A。若将该线圈接在 $f=100$ Hz，$U=22$ V 的正弦交流电源上，稳态时电流为 $I=2.82$ A，求该线圈的电阻和电感。

解 线圈可等效为电阻和电感的串联，如图 8-4 所示。若电源为直流，稳态时电感可视为短路，则有

$$R=\frac{U}{I}=\frac{12}{2}=6\ \Omega$$

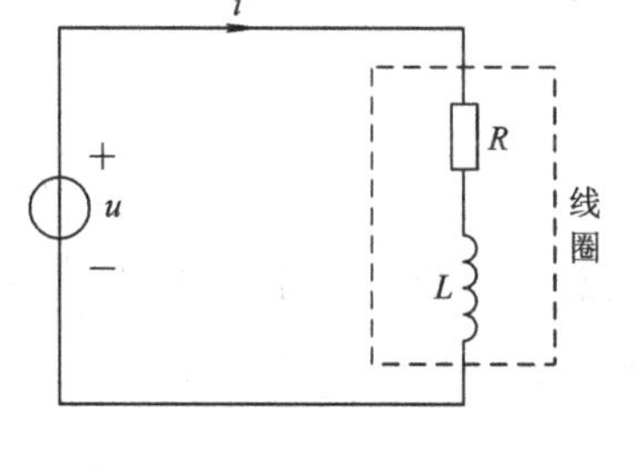

图 8-4

若电压源为正弦电源，正弦稳态时可用相量法求解，则有

$$\dot{U}=\dot{I}R+\dot{I}(\text{j}\omega L)=\dot{I}(R+\text{j}\omega L)$$

由复数运算规则可得

$$U=I\sqrt{R^2+(\omega L)^2}$$

即

$$\sqrt{R^2+(\omega L)^2}=\frac{U}{I}=\frac{22}{2.82}=7.80\ \Omega$$

解得

$$\omega L=\sqrt{(7.80)^2-R^2}=\sqrt{7.8^2-6^2}=4.98\ \Omega$$

由于

$$\omega=2\pi f=200\pi$$

因此

$$L=\frac{4.98}{200\pi}=7.93\ \text{mH}$$

可见，该线圈的电阻为 6 Ω，电感为 7.93 mH。

【解题指南与点评】 本例题是测量元件参数的一个实例，通过直流稳态电路和交流稳态电路的两次测量，计算线圈的电阻和电感。在直流稳态电路中，电感可视为短路，由线圈直流电压和电流的测量值可算出电阻 R。交流稳态电路中，元件的伏安关系及基尔霍夫定律都可表达为相量形式，由测得的线圈电压和电流的有效值，通过相量方程的求解，可

进一步算出电感 L。

8.4 习题解答

8-1 已知一正弦电压 $u=170\cos(120\pi t-60°)$ V，求该电压的振幅、频率、周期及 $t=0$ 之后第一次出现峰值的时间。

解 振幅 $U_m=170$ V，频率 $f=\dfrac{120\pi}{2\pi}=60$ Hz，周期 $T=\dfrac{1}{f}=\dfrac{1}{60}=0.0167$ s。令

$$120\pi t-\frac{\pi}{3}=0$$

求得 $t=0$ 后第一次峰值时间为

$$t=\frac{\pi/3}{120\pi}=\frac{1}{360}\ \text{s}$$

8-2 一个振幅为 10 A 的正弦电流在 $t=150\ \mu$s 时等于零，并在该时刻的增长速率为 $2\times10^4\pi$ A/s，求该电流 i 的角频率及表达式。

解 设

$$i=10\cos(\omega t+\theta)\ \text{A}$$

$$\frac{di}{dt}=-10\omega\sin(\omega t+\theta)\ \text{A/s}$$

由题意，$t=150\ \mu$s 时 $i=0$，且 $\dfrac{di}{dt}=2\times10^4\pi$ A/s>0，此时电流的相位应为 $2k\pi-\pi/2$。将这些已知条件代入上两式，得

$$\begin{cases}\omega\times150\times10^{-6}+\theta=2k\pi-\dfrac{\pi}{2}\\ 10\omega=2\times10^4\pi\end{cases}$$

解得

$$\omega=2000\pi\ \text{rad/s}$$

$$\theta=2k\pi-\frac{\pi}{2}-0.3\pi=2k\pi-0.8\pi$$

取 $k=0$，得

$$\theta=-0.8\pi=-144°$$

则电流表达式为

$$i=10\cos(2000\pi t-144°)\ \text{A}$$

8-3 计算下列各正弦量的相位差：

(1) $u=100\cos(314t+87°)$ V，$i=1.2\cos(314t-12°)$ A；

(2) $u_1=6\cos(1000t+10°)$ V，$u_2=-9\cos(1000t+95°)$ V；

(3) $u_1=50\sin(\omega t+10°)$ V，$u_2=40\cos(\omega t-15°)$ V；

(4) $u=80\cos(\omega t+100°)$ V，$i=2\cos(\omega t-100°)$ A。

解 (1) u 与 i 的相位差为 $\varphi=87°-(-12°)=99°$，u 超前 i 99°。

(2) $$u_2 = -9\cos(1000t + 95^\circ) = 9\cos(1000t - 85^\circ)$$

u_1 与 u_2 的相位差为 $\varphi = 10^\circ - (-85^\circ) = 95^\circ$，$u_1$ 超前 u_2 95°。

(3)

$$u_1 = 50\sin(\omega t + 10^\circ) = 50\cos(\omega t - 80^\circ)$$

u_1 与 u_2 的相位差为 $\varphi = -80^\circ - (-15^\circ) = -65^\circ$，$u_1$ 滞后 u_2 65°。

(4) u 与 i 的相位差为 $\varphi = 100^\circ - (-100^\circ) = 200^\circ$，即 $\varphi = -160^\circ$，u 滞后 i 160°。

8-4　已知 $A = 75 - \mathrm{j}50$，$B = 25 + \mathrm{j}5$，求 $A \times B$ 及 A/B。

解

$$A \times B = (75 - \mathrm{j}50) \times (25 + \mathrm{j}5) = 2125 - \mathrm{j}875$$

$$\frac{A}{B} = \frac{75 - \mathrm{j}50}{25 + \mathrm{j}5} = \frac{(75 - \mathrm{j}50)(25 - \mathrm{j}5)}{25^2 + 5^2} = 2.5 - \mathrm{j}2.5$$

8-5　已知 $A = 90\angle -33.7^\circ$，$B = 25.5\angle 11.3^\circ$，求 $A + B$，$A - B$，$A \times B$ 及 A/B。

解

$$A = 90\angle -33.7^\circ = 74.88 - \mathrm{j}49.94$$

$$B = 25.5\angle 11.3^\circ = 25 + \mathrm{j}5$$

$$A + B = (74.88 + 25) + \mathrm{j}(-49.94 + 5) = 99.88 - \mathrm{j}44.94$$

$$A - B = (74.88 - 25) + \mathrm{j}(-49.94 - 5) = 49.88 - \mathrm{j}54.94$$

$$\begin{aligned} A \times B &= 90\angle -33.7^\circ \times 25.5\angle 11.3^\circ \\ &= 90 \times 25.5\angle(-33.7^\circ + 11.3^\circ) \\ &= 2295\angle -22.4^\circ \end{aligned}$$

$$\frac{A}{B} = \frac{90\angle -33.7^\circ}{25.5\angle 11.3^\circ} = \frac{90}{25.5}\angle(-33.7^\circ - 11.3^\circ) = 3.53\angle -45^\circ$$

8-6　已知 $A = 29 - \mathrm{j}73$，$B = 64 + \mathrm{j}55$，$C = 49 - \mathrm{j}22$，求 $(A \times C)/B$。

解

$$\frac{A \times C}{B} = \frac{(29 - \mathrm{j}73)(49 - \mathrm{j}22)}{64 + \mathrm{j}55} = \frac{(-185 - \mathrm{j}4215)(64 - \mathrm{j}55)}{64^2 + 55^2}$$

$$= \frac{-243\,665 - \mathrm{j}259\,585}{7121} = -34.22 - \mathrm{j}36.45$$

8-7　计算 $B = \dfrac{[(25 + \mathrm{j}15) + (45 - \mathrm{j}50)] \times (33 - \mathrm{j}29)}{(62 + \mathrm{j}70) - (32 + \mathrm{j}100)}$。

解

$$B = \frac{(70 - \mathrm{j}35) \times (33 - \mathrm{j}29)}{30 - \mathrm{j}30} = \frac{1295 - \mathrm{j}3185}{30 - \mathrm{j}30}$$

$$= \frac{3438.2\angle -67.87^\circ}{\sqrt{2} \times 30\angle -45^\circ} = 81.04\angle -22.87^\circ$$

8-8　求下列正弦量的振幅相量和有效值相量：

(1) $u_1 = 50\cos(\omega t + 10^\circ)$ V；

(2) $u_2 = -100\cos(\omega t + 90^\circ)$ V；

(3) $i_1 = 1.5\sin(\omega t - 135^\circ)$ A。

解　(1) $$\dot{U}_{1\mathrm{m}} = 50\angle 10^\circ \text{ V}$$

$$\dot{U}_1=\frac{50}{\sqrt{2}}\angle 10°=35.36\angle 10°\ \text{V}$$

(2)
$$u_2=-100\cos(\omega t+90°)=100\cos(\omega t-90°)\ \text{V}$$
$$\dot{U}_{2m}=100\angle -90°\ \text{V}$$
$$\dot{U}_2=\frac{100}{\sqrt{2}}\angle -90°=70.71\angle -90°\ \text{V}$$

(3) $i_1=1.5\sin(\omega t-135°)=1.5\cos(\omega t-225°)=1.5\cos(\omega t+135°)\ \text{A}$
$$\dot{I}_{1m}=1.5\angle 135°\ \text{A}$$
$$\dot{I}_1=\frac{1.5}{\sqrt{2}}\angle 135°=1.06\angle 135°\ \text{A}$$

8-9　已知 $\omega=1000\ \text{rad/s}$，写出下列相量代表的正弦量：

(1) $\dot{U}_{1m}=100\angle 20°\ \text{V}$；

(2) $\dot{U}_2=10\angle -30°\ \text{V}$；

(3) $\dot{I}_{1m}=0.5+\text{j}0.5\ \text{A}$；

(4) $\dot{I}_2=3+\text{j}4\ \text{A}$。

解　(1) 由题目所给振幅相量，得
$$u_1=100\cos(1000t+20°)\ \text{V}$$

(2) 由题目所给有效值相量，得
$$u_2=10\times\sqrt{2}\cos(1000t-30°)\ \text{V}$$

(3)
$$\dot{I}_{1m}=0.5+\text{j}0.5=0.5\times\sqrt{2}\angle 45°\ \text{A}$$
由该振幅相量，得
$$i_1=0.5\times\sqrt{2}\cos(1000t+45°)\ \text{A}$$

(4)
$$\dot{I}_2=3+\text{j}4=5\angle 53.13°\ \text{A}$$
由该有效值相量，得
$$i_2=5\sqrt{2}\cos(1000t+53.13°)\ \text{A}$$

8-10　已知 $u_1=220\sqrt{2}\sin(314t-120°)\ \text{V}$，$u_2=220\sqrt{2}\cos(314t+30°)\ \text{V}$：(1) 画出它们的波形；(2) 写出它们的相量，画出相量图，并确定它们的相位差；(3) 将 u_2 的参考方向反向，重新回答(1)和(2)。

解　(1) u_1 和 u_2 的波形如图 8-5(a)所示。

(2)
$$u_1=220\sqrt{2}\sin(314t-120°)=220\sqrt{2}\cos(314t-210°)$$
$$=220\sqrt{2}\cos(314t+150°)\ \text{V}$$
$$u_2=220\sqrt{2}\cos(314t+30°)\ \text{V}$$
$$\dot{U}_1=220\angle 150°\ \text{V},\ \dot{U}_2=220\angle 30°\ \text{V}$$
u_1 与 u_2 的相位差为 $\varphi=150°-30°=120°$，即 u_1 超前 u_2 120°。u_1 和 u_2 的相量图如图 8-5(b)所示。

(3) 若将 u_2 的参考方向反向，则 u_2 的表达式应改为

$$u_2 = -220\sqrt{2}\cos(314t + 30^\circ) = 220\sqrt{2}\cos(314t - 150^\circ)\ \text{V}$$

$$\dot{U}_2 = 220\angle -150^\circ\ \text{V}$$

u_1 与 u_2 的相差为 $\varphi = 150^\circ - (-150^\circ) = 300^\circ$，即 $\varphi = -60^\circ$，u_1 滞后 u_2 60°。

这种情况下，u_2 的波形如图 8-5(c)所示，u_1 和 u_2 的相量图如图 8-5(d)所示。

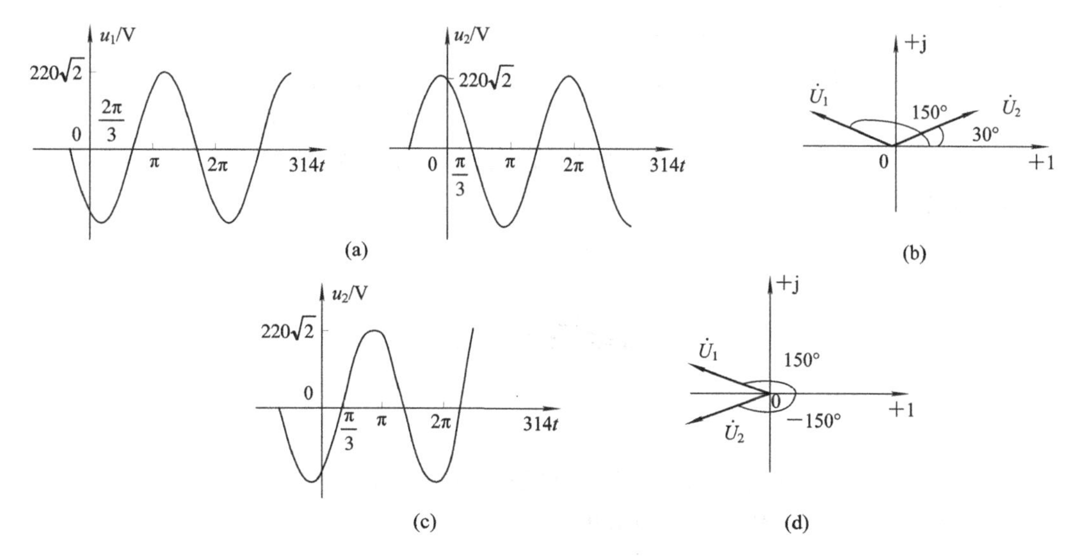

图 8-5

8-11 已知一支路的电压和电流分别为 $u = 10\sin(1000t - 20^\circ)$ V 和 $i = 2\cos(1000t - 50^\circ)$ A：(1) 画出它们的波形和相量图；(2) 求它们的相位差和比值 $\dot{U}/\dot{I}$。

解 (1) u 和 i 的波形如图 8-6(a)所示。

$$u = 10\sin(1000t - 20^\circ) = 10\cos(1000t - 110^\circ)\ \text{V}$$

$$\dot{U} = \frac{10}{\sqrt{2}}\angle -110^\circ\ \text{V}$$

$$\dot{I} = \frac{2}{\sqrt{2}}\angle -50^\circ\ \text{A}$$

u 和 i 的相量图如图 8-6(b)所示。

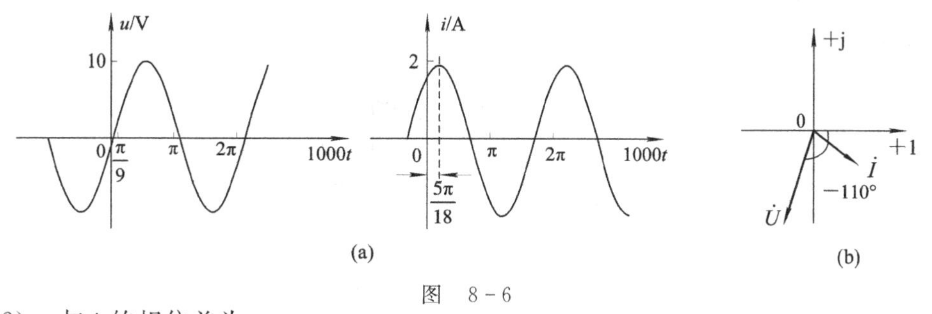

图 8-6

(2) u 与 i 的相位差为

$$\varphi = -110^\circ - (-50^\circ) = -60^\circ$$

$$\frac{\dot{U}}{\dot{I}}=\frac{\frac{10}{\sqrt{2}}\angle-110^{\circ}}{\frac{2}{\sqrt{2}}\angle-50^{\circ}}=5\angle-60^{\circ}\ \Omega$$

8-12 已知 $u_1=47\cos(\omega t)$ V，$u_2=33\cos(\omega t+20^{\circ})$ V，求 u_1+u_2，并画出相量图。

解

$$\dot{U}_{1m}=47\angle0^{\circ}，\dot{U}_{2m}=33\angle20^{\circ}$$

$$\begin{aligned}\dot{U}_{1m}+\dot{U}_{2m}&=47+33\angle20^{\circ}=47+31.01+j11.29\\&=78.01+j11.09=78.79\angle8.09^{\circ}\ V\end{aligned}$$

$$u_1+u_2=78.79\cos(\omega t+8.09^{\circ})\ V$$

相量图如图 8-7 所示。

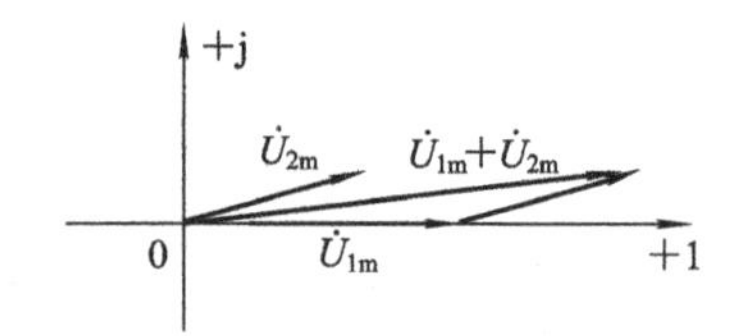

图 8-7

8-13 正弦电流电路如图 8-8 所示，已知 $u_1=50\cos\omega t$ V，$u_2=30\cos(\omega t+25^{\circ})$ V，$u_3=25\cos(\omega t-90^{\circ})$ V，求 u_{ab}，并画出相量图。

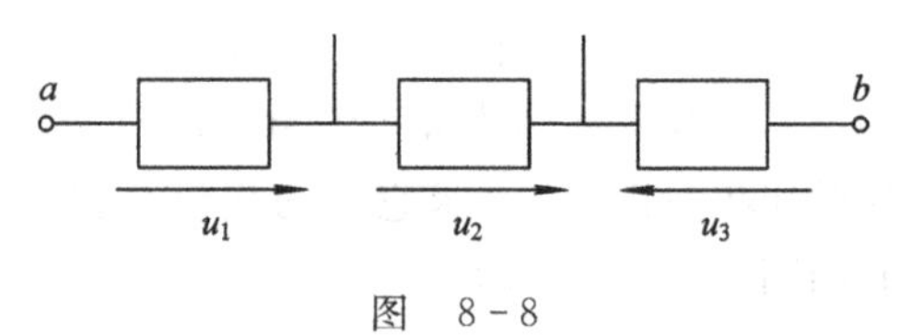

图 8-8

解

$$\dot{U}_{1m}=50\angle0^{\circ}\ V$$

$$\dot{U}_{2m}=30\angle25^{\circ}=(27.19+j12.68)\ V$$

$$\dot{U}_{3m}=25\angle-90^{\circ}=-j25\ V$$

$$\begin{aligned}\dot{U}_{abm}&=\dot{U}_{1m}+\dot{U}_{2m}-\dot{U}_{3m}=50+(27.19+j12.68)-(-j25)\\&=77.19+j37.68=85.9\angle26^{\circ}\ V\end{aligned}$$

$$u_{ab}=85.9\cos(\omega t+26^{\circ})\ V$$

相量图如图 8-9 所示。

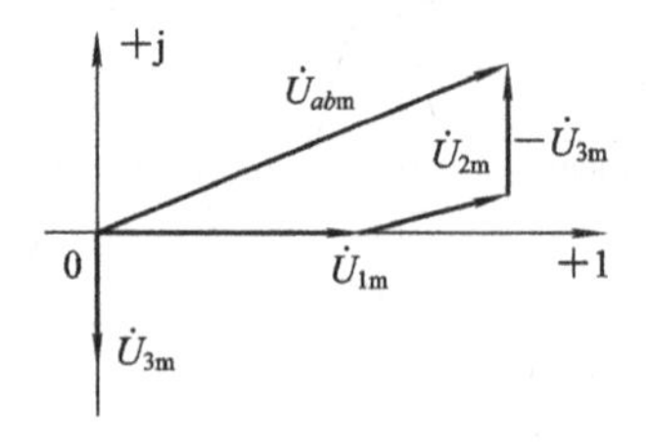

图 8-9

8-14 两个具有相同频率的正弦交流信号发生器，它们的输出电压峰值分别为 $U_{m1}=100$ mV和 $U_{m2}=75$ mV，如果 u_2 滞后 u_1 的相位为 25°，求当两发生器串联时输出电压u_1+u_2的峰值。

解 设$\dot{U}_{1m}=100\angle 0°$ mV，则$\dot{U}_{2m}=75\angle -25°$ mV。

$$\dot{U}_{1m}+\dot{U}_{2m}=100+75\angle -25°=100+67.97-j31.70$$
$$=167.97-j31.70=170.94\angle -10.69° \text{ mV}$$

得u_1+u_2的峰值为170.94 mV。

8-15　正弦电流电路如图8-10所示，已知$\dot{I}_1=12\angle 125°$ A，$\dot{I}_2=10\angle 0°$ A，$\dot{I}_3=15\angle 86°$ A，求$\dot{I}_4$，并画出相量图。

解

$$\dot{I}_1=12\angle 125°=-6.88+j9.83 \text{ A}$$
$$\dot{I}_2=10\angle 0° \text{ A}$$
$$\dot{I}_3=15\angle 86°=1.05+j14.96 \text{ A}$$
$$\dot{I}_4=\dot{I}_1+\dot{I}_2-\dot{I}_3=(-6.88+j9.83)+10-(1.05+j14.96)$$
$$=2.07-j5.13=5.53\angle -68.03° \text{ A}$$

相量图如图8-11所示。

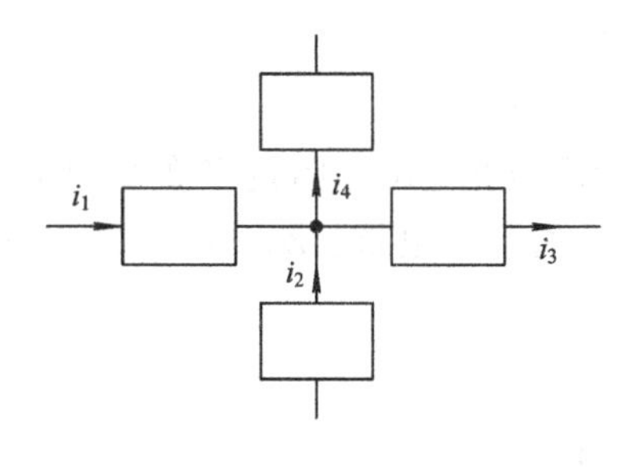

图　8-10

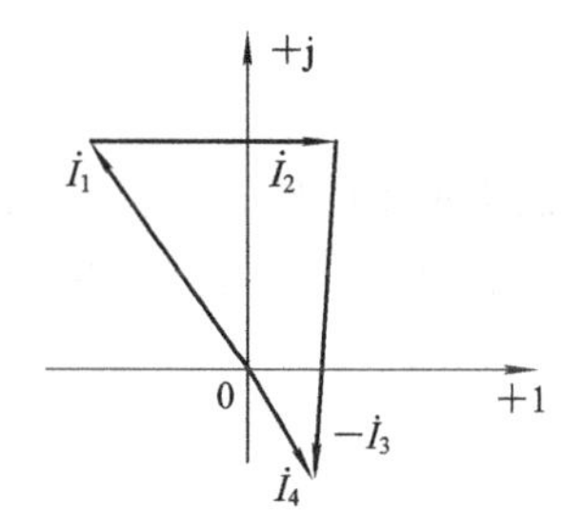

图　8-11

第 9 章　正弦电流电路的分析

9.1 内 容 提 要

1. 阻抗与导纳

1）不含独立源二端网络 N_0 的阻抗 Z

正弦电流电路中，图 9-1 所示不含独立源二端网络 N_0 的阻抗定义为

$$Z=\frac{\dot{U}}{\dot{I}}$$

或

$$Z=|Z|\angle\varphi_Z=R+\mathrm{j}X$$

式中，$|Z|$是阻抗 Z 的模；φ_Z 是阻抗 Z 的辐角，称为阻抗角；R 是阻抗 Z 的实部，称为网络 N_0 的等效电阻；X 是阻抗 Z 的虚部，称为网络 N_0 的等效电抗。Z、$|Z|$、R、X 的单位均为欧姆。

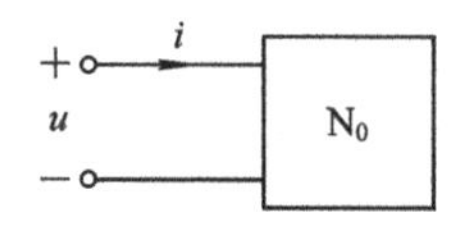

图 9-1

2）不含独立源二端网络 N_0 的导纳 Y

正弦电流电路中，图 9-1 所示不含独立源二端网络 N_0 的导纳定义为

$$Y=\frac{\dot{I}}{\dot{U}}$$

或

$$Y=|Y|\angle\varphi_Y=G+\mathrm{j}B$$

式中，$|Y|$是导纳 Y 的模；φ_Y 称为导纳角；G 称为网络 N_0 的等效电导；B 称为网络 N_0 的等效电纳。Y、$|Y|$、G、B 的单位均为西门子。

3）阻抗 Z 与导纳 Y 的关系

对同一个二端网络，有

$$Y=\frac{1}{Z},\quad |Y|=\frac{1}{|Z|},\quad \varphi_Y=-\varphi_Z$$

4）二端网络 N_0 的端口特性

$$\dot{U}=Z\dot{I}$$

即

$$U=|Z|I,\quad \theta_u=\theta_i+\varphi_Z$$

对二端网络 N_0，若其阻抗角 $\varphi_Z>0$，则端口电压超前于端电流，称网络 N_0 呈感性；若 $\varphi_Z<0$，则端电流超前于端口电压，称网络 N_0 呈容性；若 $\varphi_Z=0$，则端口电流与电压同相，称网络 N_0 呈电阻性。

5）R、L、C 元件的阻抗和导纳

电阻元件：　　$Z_R=R$，$Y_R=\dfrac{1}{R}$

电感元件：　　$Z_L=\mathrm{j}\omega L$，$Y_L=-\mathrm{j}\dfrac{1}{\omega L}$

电容元件：　　$Z_C=-\mathrm{j}\dfrac{1}{\omega C}$，$Y_C=\mathrm{j}\omega C$

2. 正弦电流电路的相量分析法

1）相量模型

正弦电流电路中，将各电流和电压用相量表示，电阻、电感、电容元件的参数用阻抗表示，所得到的电路图称为正弦电流电路的相量模型。

2）相量分析法的一般步骤

用相量法分析正弦电流电路的一般步骤为：由电路的时域模型画出相量模型；求解相量模型，得到所求电流和电压的相量；根据正弦量与其相量的对应关系得到所求的正弦电流和电压。

电阻电路的各种分析方法均可用于求解相量模型，例如串并联电路的分析方法、等效变换的方法、节点法、网孔法、戴维南定理、叠加定理等等。

3）串联电路分析

图 9-2 所示电路为 n 个阻抗的串联，端口等效阻抗为 $Z=Z_1+Z_2+\cdots+Z_n$，分压公式为 $\dot{U}_k=\dfrac{Z_k}{Z}\dot{U}$。

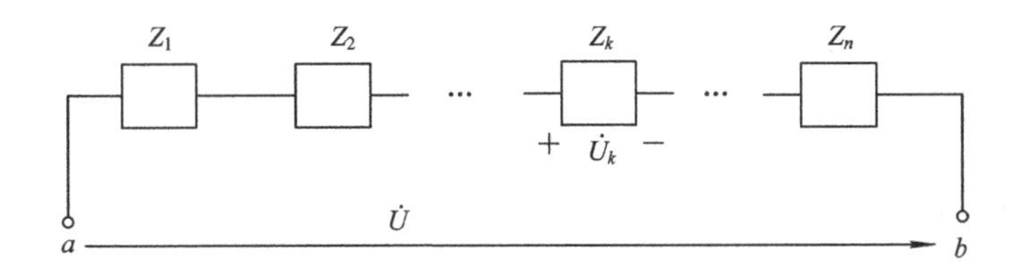

图 9-2

图 9-3(a)所示是 RLC 串联电路的相量模型。端口等效阻抗为 $Z=R+\mathrm{j}\left(\omega L-\dfrac{1}{\omega C}\right)$。各元件电压相量为 $\dot{U}_R=R\dot{I}$，$\dot{U}_L=\mathrm{j}\omega L\dot{I}$，$\dot{U}_C=-\mathrm{j}\dfrac{1}{\omega C}\dot{I}$。令 $\dot{U}_X=\dot{U}_L+\dot{U}_C$，称 $\dot{U}_X$ 为电抗电压相量。端口电压为 $\dot{U}=\dot{U}_R+\dot{U}_L+\dot{U}_C=\dot{U}_R+\dot{U}_X$。

以端电流相量为参考相量，各电压和电流的相量图如图 9-3(b)、(c)所示。其中，图 9-3(b)为端口性质为感性的情况，图 9-3(c)为端口性质为容性的情况。在这两个相量图中，$\dot{U}_R$、$\dot{U}_X$、$\dot{U}$ 构成直角三角形，称为电压三角形。电压有效值的关系为 $U=\sqrt{U_R^2+U_X^2}$。

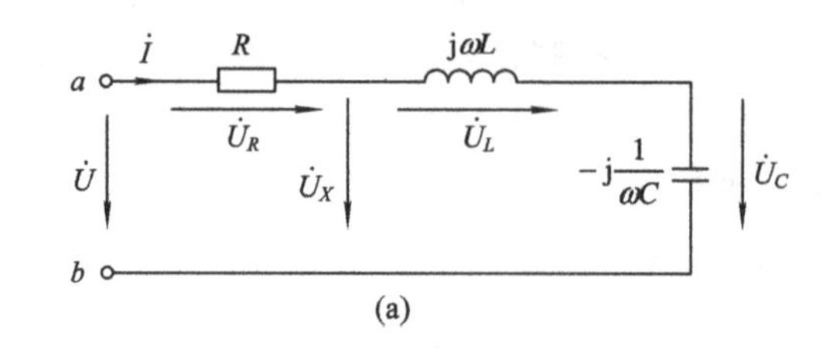

(a)

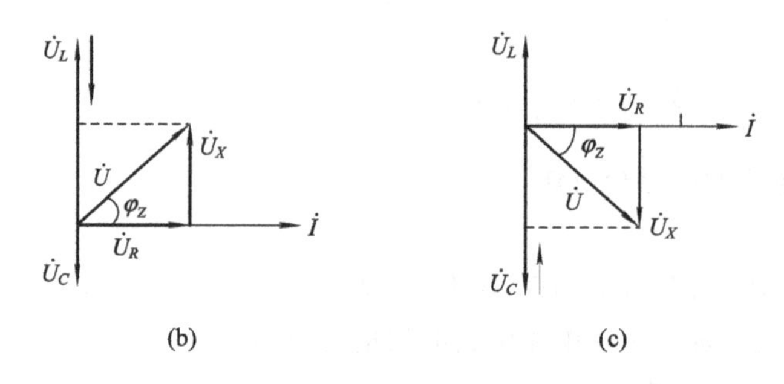

(b) (c)

图 9-3

4）并联电路分析

图 9-4 所示为 n 个导纳相并联，端口等效导纳为 $Y=Y_1+Y_2+\cdots+Y_n$，分流公式为 $\dot{I}_k=\dfrac{Y_k}{Y}\dot{I}$。

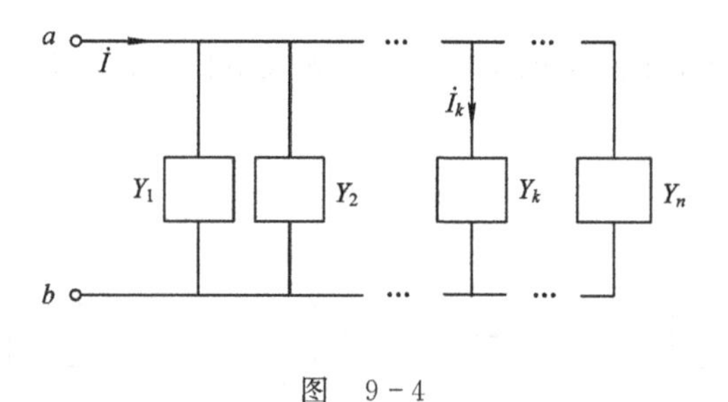

图 9-4

若是两个阻抗并联，则有

$$Z=\frac{Z_1Z_2}{Z_1+Z_2},\quad \dot{I}_1=\frac{Z_2}{Z_1+Z_2}\dot{I}$$

图 9-5(a)所示是 RLC 并联电路的相量模型，端口等效导纳为 $Y=G+\mathrm{j}\left(\omega C-\dfrac{1}{\omega L}\right)$。各元件电流相量为 $\dot{I}_G=G\dot{U}$，$\dot{I}_C=\mathrm{j}\omega C\dot{U}$，$\dot{I}_L=-\mathrm{j}\dfrac{1}{\omega L}\dot{U}$。令 $\dot{I}_X=\dot{I}_L+\dot{I}_C$，称 $\dot{I}_X$ 为电抗电流相量。端电流为 $\dot{I}=\dot{I}_G+\dot{I}_L+\dot{I}_C=\dot{I}_G+\dot{I}_X$。

以端口电压相量为参考相量，各电流和电压的相量图如图 9-5(b)、(c)所示。其中，图 9-5(b)为端口性质为容性的情况，图 9-5(c)为端口性质为感性的情况。在这两个相量图中，$\dot{I}_G$、$\dot{I}_X$、$\dot{I}$ 构成直角三角形，称为电流三角形。电流有效值的关系为 $I=\sqrt{I_G^2+I_X^2}$。

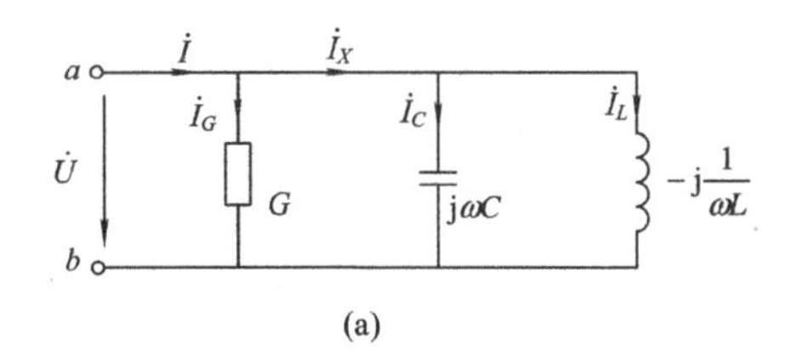

(a)

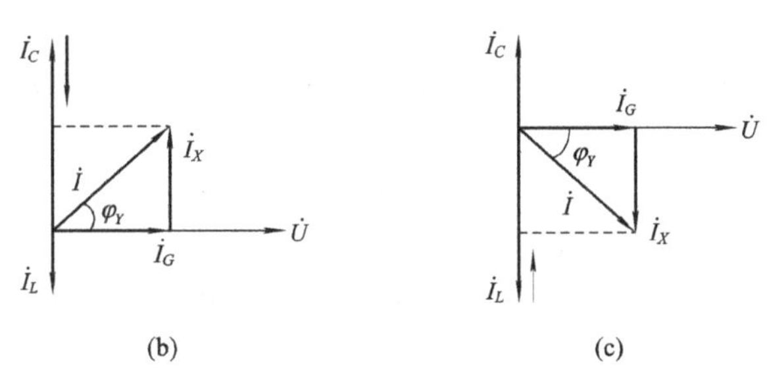

(b)　　(c)

图 9-5

3. 正弦电流电路的功率

图 9-6 所示为正弦电流电路中任一个二端网络 N，设其端口电压和电流分别为 $u=\sqrt{2}\times U\cos(\omega t+\theta_u)$，$i=\sqrt{2}\times I\cos(\omega t+\theta_i)$。

1）瞬时功率

图 9-6 所示网络 N 吸收的瞬时功率为

$$\begin{aligned}P &= ui = \sqrt{2}\times U\cos(\omega t+\theta_u)\times\sqrt{2}\times I\cos(\omega t+\theta_i)\\ &= UI\cos\varphi + UI\cos(2\omega t+2\theta_i+\varphi)\end{aligned}$$

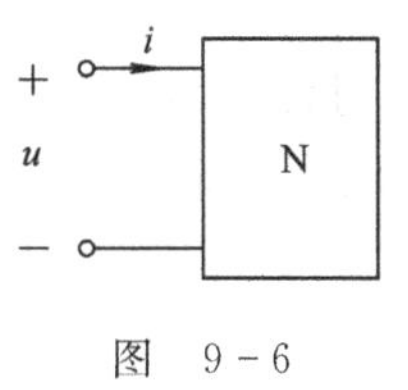

图 9-6

式中，$\varphi=\theta_u-\theta_i$ 是端口电压与端电流的相位差。若 N 是不含独立源的二端网络，则 φ 是其阻抗角。

2）平均功率

平均功率又称为有功功率，简称功率，记为 P，单位为瓦(W)。图 9-6 所示网络 N 吸收的平均功率为 $P=UI\cos\varphi$。

电阻元件吸收的平均功率为 $P=UI=RI^2=U^2/R$。式中，U、I 分别为电阻的电压、电流有效值。电感元件和电容元件的平均功率为零。

3）视在功率

视在功率记为 S，单位为伏安(VA)或千伏安(kVA)。图 9-6 所示网络 N 的视在功率为 $S=UI$。

4）功率因数

不含独立源二端网络的平均功率与视在功率之比称为该二端网络的功率因数，记为 λ，即 $\lambda=\dfrac{P}{S}=\cos\varphi$。其中，$\varphi$ 是该二端电路的阻抗角，又称为功率因数角。

对感性负载，可采用并电容的方法提高负载总的功率因数。

5）无功功率

无功功率记为 Q，单位为无功伏安，简称乏(var)。图 9-6 所示网络 N 的无功功率为 $Q=UI\sin\varphi$。

电阻元件吸收的无功功率为 $Q=UI\ \sin 0=0$，电感元件吸收的无功功率为 $Q=UI\ \sin\frac{\pi}{2}=UI$，电容元件吸收的无功功率为 $Q=UI\ \sin\left(-\frac{\pi}{2}\right)=-UI$。

6）功率三角形

图 9-6 所示网络 N 的视在功率 $S=UI$，平均功率 $P=UI\ \cos\varphi$，无功功率 $Q=UI\ \sin\varphi$，构成了一个直角三角形，称为功率三角形。

7）复功率

图 9-6 所示网络 N 吸收的复功率定义为 $\tilde{S}=\dot{U}\dot{I}^*$。其中，$\dot{U}$ 是端口电压相量；$\dot{I}^*$ 是端电流相量的共轭复数。

$$\begin{aligned}\tilde{S}&=U\angle\theta_u\cdot I\angle-\theta_i=UI\angle(\theta_u-\theta_i)\\&=UI\angle\varphi=UI\ \cos\varphi+\mathrm{j}UI\ \sin\varphi=P+\mathrm{j}Q\end{aligned}$$

由特勒根定理可证明复功率是守恒的。复功率守恒包含有功功率守恒和无功功率守恒两部分。

8）最大功率传输条件

当负载阻抗与含源二端网络等效阻抗共轭时，负载可获得最大功率。这一条件称为负载与含源二端网络之间的阻抗共轭匹配，或称为最大功率匹配。

***4. 三相电路**

1）三相电源

对称三相电源是 3 个频率相同、振幅相同、相位依次相差 120°的正弦电压源，分别称为 A 相、B 相、C 相电源。时间函数表达式为

$$\begin{cases}u_A=\sqrt{2}U_p\cos\omega t\\u_B=\sqrt{2}U_p\cos(\omega t-120°)\\u_C=\sqrt{2}U_p\cos(\omega t+120°)\end{cases}$$

2）星形连接的三相电源

图 9-7 所示为星形连接的三相电源，各线电压和相电压的关系为 $\dot{U}_{AB}=\sqrt{3}\dot{U}_A\angle30°$，$\dot{U}_{BC}=\sqrt{3}\dot{U}_B\angle30°$，$\dot{U}_{CA}=\sqrt{3}\dot{U}_C\angle30°$。即线电压的有效值 U_l 是相电压有效值 U_p 的$\sqrt{3}$倍。

3）三角形连接的三相电源

图 9-8 所示为三角形连接的三相电源，在这种结构中，线电压等于相电压。

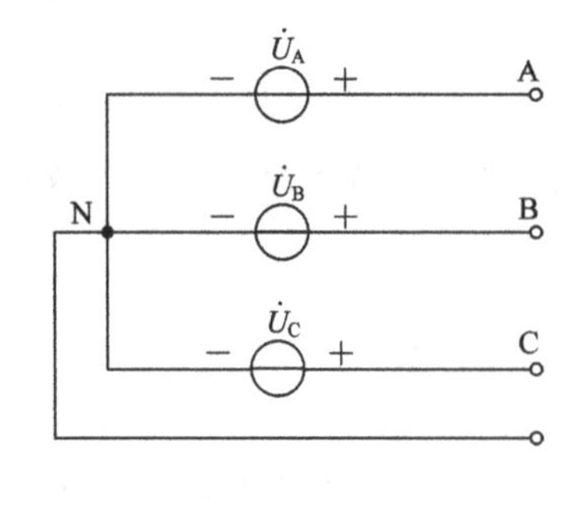

图 9-7

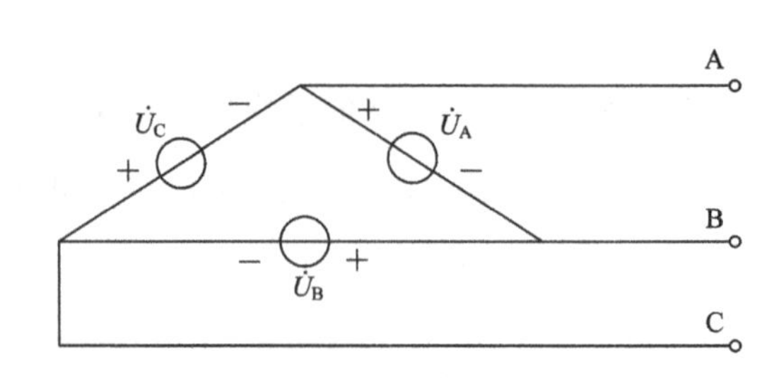

图 9-8

4）三相电路的结构

三相负载与三相电源连接，构成三相电路。根据电源及负载采取的连接方式，可分为Y－Y、Y－△、△－Y及△－△四种连接方式的三相电路。三相供电制分为三相三线制和三相四线制。Y－Y连接的电路中，若电源中性点与负载中性点之间接有中线，则为三相四线制；其余没有中线的情况，为三相三线制。

5）对称Y－Y三相电路

图9－9所示为对称Y－Y三相电路。该电路中，可求得$\dot{U}_{N'N}=0$，三个相电流是对称三相电流，中线电流$\dot{I}_N=\dot{I}_A+\dot{I}_B+\dot{I}_C=0$，（中线可省去）。计算时，可画出一相计算电路进行计算。

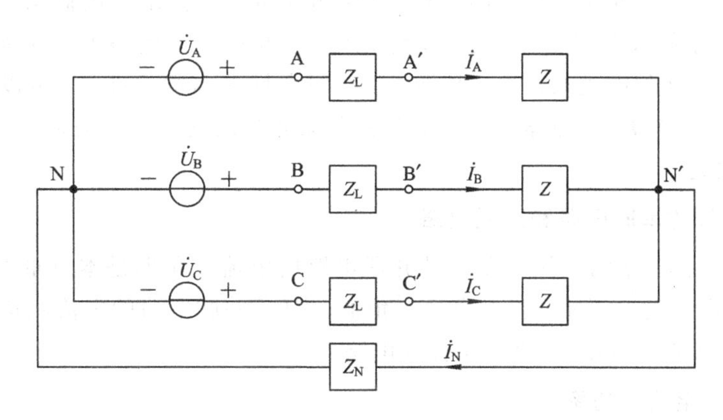

图　9－9

6）对称三角形三相负载

图9－10所示为对称三角形三相负载，若将其接到对称三相电源，并忽略端线阻抗，则负载的相电压等于电源的线电压，可求得三个相电流为对称三相电流。线电流与相电流的关系为$\dot{I}_A=\sqrt{3}\dot{I}_{AB}\angle-30°$，$\dot{I}_B=\sqrt{3}\dot{I}_{BC}\angle-30°$，$\dot{I}_C=\sqrt{3}\dot{I}_{CA}\angle-30°$。线电流的有效值$I_l$是相电流有效值$I_p$的$\sqrt{3}$倍。

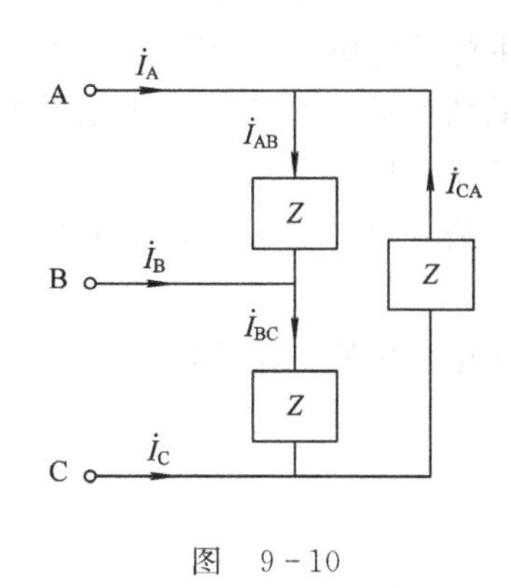

图　9－10

7）对称三相负载的平均功率

$$P=3U_pI_p\cos\varphi=\sqrt{3}U_lI_l\cos\varphi$$

式中，U_p、I_p分别为负载的相电压和相电流有效值；U_l、I_l分别为负载的线电压和线电流有效值；φ为每相负载的阻抗角。

9.2　重点、难点

1. 阻抗与导纳

阻抗与导纳是正弦电流电路中的重要概念。要理解阻抗的含义：阻抗的模等于不含独立源二端电路的端口电压与电流有效值之比，阻抗角等于该电压与电流的相位差。阻抗或导纳全面地反映了正弦电流电路中不含独立源二端电路的端口特性。

要熟记 R、L、C 的阻抗和导纳，理解正弦电流电路中 R、L、C 的特性。熟练掌握二端电路阻抗的求解方法：对于 RLC 元件的串并联二端电路，用串并联公式求端口阻抗或导纳；对于一般的不含独立源的二端电路，求出其端口 VAR，再根据定义求得阻抗或导纳。

应掌握根据阻抗或导纳判断二端电路是容性负载或感性负载的方法，能根据阻抗或导纳画出二端电路的串联或并联等效相量模型。

2. 相量分析法

相量分析法是求解正弦电流电路的基本方法，应重点掌握电路的相量模型概念及相量模型的求解方法，掌握相量分析法的步骤及参考正弦量(参考相量)的概念。

相量方程的求解涉及到复数的运算，计算复杂。正弦电流电路中各变量之间不仅有有效值的关系，还有相位的关系，关系复杂。这些复杂性是本章的难点，可以适当借助于相量图以帮助思考和计算。正弦量的瞬时表达式与其相量之间有对应关系，但不能直接画等号，这是易错之处。

3. *RLC* 元件的串联电路和并联电路

RLC 元件串联电路的电压三角形及并联电路的电流三角形是本章重点之一。应熟练掌握 RLC 串联电路的电压相量图及电压三角形、RLC 并联电路的电流相量图及电流三角形，并利用这些关系解 RLC 元件的串并联电路。

4. 正弦电流电路的功率

正弦电流电路的功率较复杂，这部分内容的重点是平均功率及功率因数的概念和计算。要注意平均功率的计算公式为 $P=UI\cos\varphi$，即二端电路的平均功率不仅与端电流和电压的有效值有关，还与电压和电流的相位差有关。对于仅含 RLC 元件的二端电路，总的平均功率等于各电阻平均功率之和。因此计算仅含 RLC 元件的二端电路的平均功率时，除了可用以上公式之外，也可用电阻功率求和的方法。对某些电路，后一种方法比前一种方法更简便。

正弦电流电路的最大功率传输条件在电子工程领域有较重要的应用。

9.3 典型例题

【例 9-1】 图 9-11 所示电路为正弦稳态电路中不含独立源的二端电路。已知 $u=\sqrt{2}\times100\sin(314t+45°)$ V，$i=\sqrt{2}\times6\cos(314t+30°)$ A。(1) 求该二端电路的阻抗和导纳，并确定其是感性还是容性；(2) 求串联、并联等效电路。

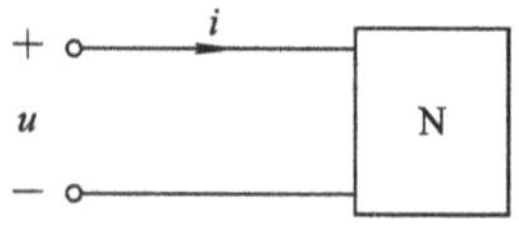

解 (1)

$$u=\sqrt{2}\times100\sin(314t+45°)$$
$$=\sqrt{2}\times100\cos(314t-45°)\ \text{V}$$
$$\dot{U}=100\angle-45°\ \text{V},\quad \dot{I}=6\angle30°\ \text{A}$$
$$Z=\frac{\dot{U}}{\dot{I}}=\frac{100\angle-45°}{6\angle30°}=16.67\angle-75°\ \Omega$$
$$Y=\frac{\dot{I}}{\dot{U}}=\frac{6\angle30°}{100\angle-45°}=0.06\angle75°\ \text{S}$$

+ ——→ i —— [N]
u
− ————— [N]

图 9-11

由于阻抗角为－75°，为负数，因此该二端电路是容性的。

(2) 由于 $Z=16.67\angle-75°=(4.31-\mathrm{j}16.10)\ \Omega$，因此串联等效电路由电阻和电容构成，其中，

$$R=4.31\ \Omega,\quad \frac{1}{\omega C}=16.10\ \Omega$$

$$C=\frac{1}{\omega\times16.10}=\frac{1}{314\times16.10}=197.8\ \mu\mathrm{F}$$

又由于 $Y=0.06\angle75°=(0.0155+\mathrm{j}0.0580)\mathrm{S}$，因此并联等效电路由电导和电容构成，其中，

$$G=0.0155\ \mathrm{S},\ \omega C=0.0580\ \mathrm{S}$$

$$C=\frac{0.0580}{\omega}=\frac{0.0580}{314}=184.7\ \mu\mathrm{F}$$

串、并联等效电路分别如图 9-12(a)、(b)所示。

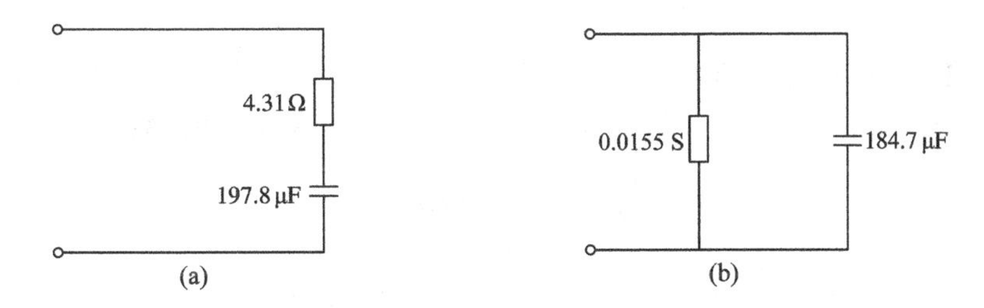

图 9-12

【解题指南与点评】 本例题已知不含独立源二端电路的端口电压和电流，根据定义可求得该电路的阻抗和导纳。由于阻抗角为负，可判断该电路端口呈容性。由阻抗可得串联等效电路，由导纳可得并联等效电路。串联和并联等效电路中都包含电阻和电容。

【例 9-2】 电路如图 9-13 所示，当正弦电源角频率 ω 为多大时，该二端电路呈现纯电阻性？

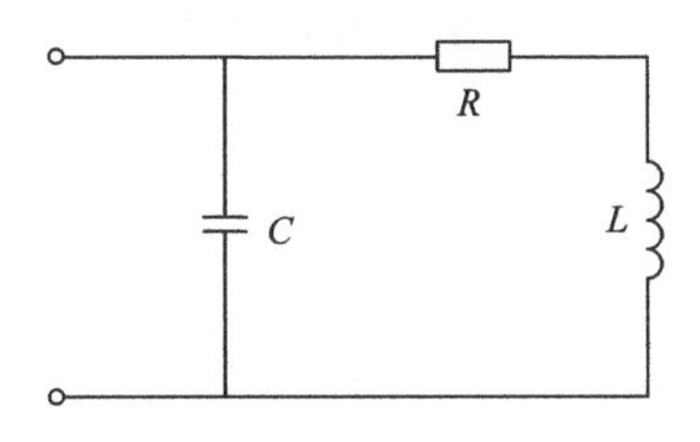

图 9-13

解 当该二端电路的阻抗或导纳为实数时，呈现纯电阻性。由于从端口看，电容与另一支路并联，因此采用导纳进行计算比较简便。

R、L 串联支路的导纳为

$$Y_1=\frac{1}{R+\mathrm{j}\omega L}=\frac{R}{R^2+(\omega L)^2}-\mathrm{j}\frac{\omega L}{R^2+(\omega L)^2}$$

端口输入导纳为

$$Y=\mathrm{j}\omega C+Y_1=\frac{R}{R^2+(\omega L)^2}+\mathrm{j}\left(\omega C-\frac{\omega L}{R^2+(\omega L)^2}\right)$$

令 Y 的虚部为零，得

$$\omega C-\frac{\omega L}{R^{2}+(\omega L)^{2}}=0$$

解得

$$(\omega L)^{2}=\frac{L}{C}-R^{2}$$

当$\frac{L}{C}-R^{2}>0$时，上式ω有正实数解，为

$$\omega=\sqrt{\frac{1}{LC}-\left(\frac{R}{L}\right)^{2}}$$

【解题指南与点评】 本例题说明电路的阻抗及导纳与频率有关。本题解题思路是求出电路的端口阻抗或导纳，令阻抗或导纳的虚部为零(阻抗角或导纳角为零)，从而解得使电路端口呈电阻性的频率条件。解题时先分析了一下，从端口来看，电路是并联结构，故采用导纳计算较简便。

【例 9-3】 正弦稳态电路如图 9-14 所示，已知图中各交流电压表的读数：V 的读数为 25 V，V_1 的读数为 15 V，V_3 的读数为 100 V，求电压表 V_2 的读数。

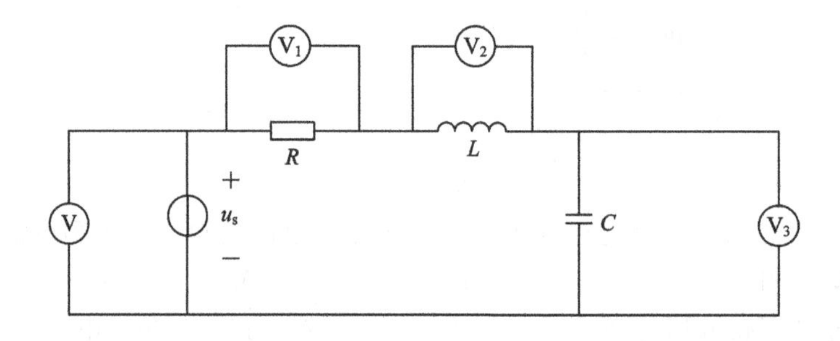

图 9-14

解 电路的相量模型如图 9-15(a)所示。由题可知，电阻电压有效值$U_1=15$ V，电源电压有效值$U=25$ V。设电抗元件总电压有效值为U_X，则由于串联电路中电感电压和电容电压反相，因此有

$$U_X=|U_2-U_3|$$

由串联电路电压三角形关系可得

$$U_X=\sqrt{U^2-U_1^2}=\sqrt{25^2-15^2}=20$$

即

$$U_2-U_3=\pm 20$$

解得U_2的两个解分别为

$$U_{2a}=20+U_3=20+100=120\ \text{V}$$

$$U_{2b}=-20+U_3=-20+100=80\ \text{V}$$

两个解所对应的相量图分别如图 9-15(b)、(c)所示。

【解题指南与点评】 本例题是 RLC 串联电路，用电压三角形的关系解题较简便。首先利用电压三角形得出电抗电压的有效值，而电路的总电抗可能是感性的，也可能是容性的，即所求电感电压可能比电容电压大，也可能比它小，因此本题有两个解。注意在串联电路中，电感电压与电容电压反相。

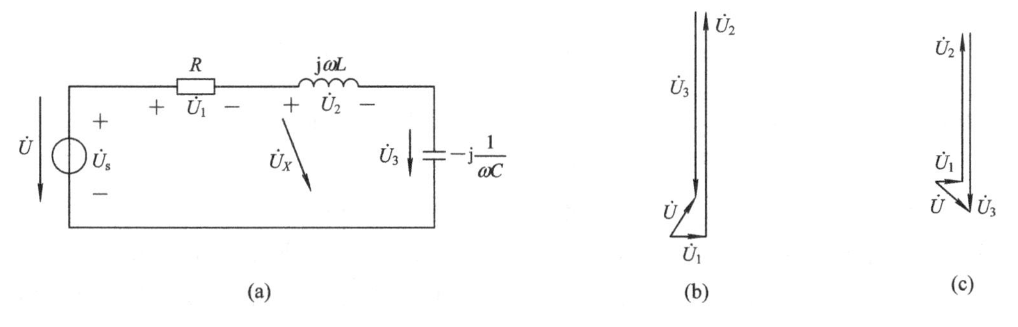

图 9-15

【例 9-4】 正弦电流电路如图 9-16 所示。已知图中各交流电流表的读数：A_1 的读数为 1 A，A_2 的读数为 4 A，A_3 的读数为 5 A。(1) 求电流表 A 的读数；(2) 若正弦电压源 u_s 的幅值不变，其角频率降为原频率的 1/2，再求 A 的读数。

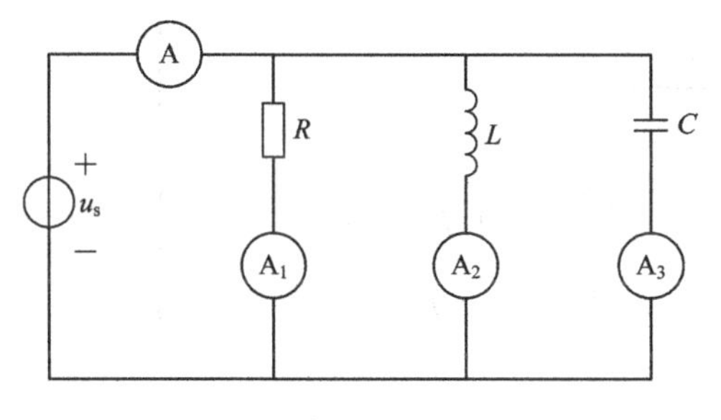

图 9-16

解 该电路的相量模型如图 9-17(a)所示。

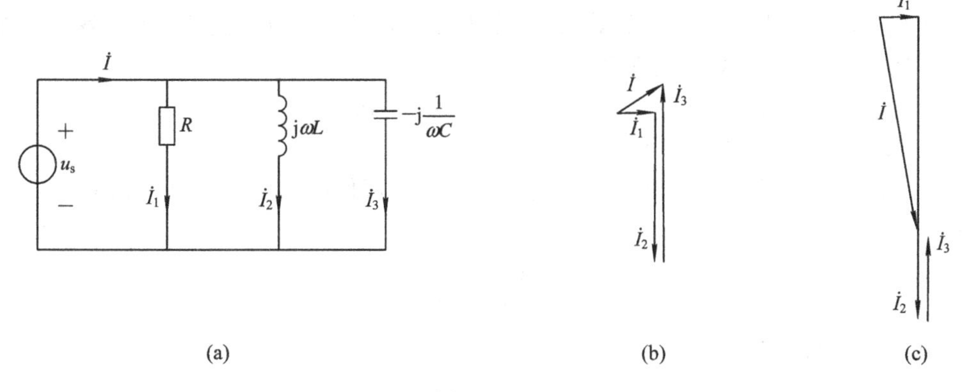

图 9-17

(1) 由并联电路的电流三角形，可得

$$I = \sqrt{I_1^2 + |I_2 - I_3|^2} = \sqrt{1^2 + 1^2} = \sqrt{2} = 1.414 \text{ A}$$

因此电流表 A 的读数为 1.414 A。相量图如图 9-17(b)所示。

(2) 设电源原角频率为 ω_1，变化后的角频率为 ω_2，则有

$$\omega_2 = 0.5\omega_1, \quad j\omega_2 L = 0.5j\omega_1 L, \quad -j\frac{1}{\omega_2 C} = -j2\frac{1}{\omega_1 C}$$

此时，I_1 与以前相同，而 I_2 和 I_3 分别为

$$I_2 = \frac{U_s}{\omega_2 L} = 2\frac{U_s}{\omega_1 L}, \quad I_3 = \frac{U_s}{\frac{1}{\omega_2 C}} = \frac{1}{2}\frac{U_s}{\frac{1}{\omega_1 C}}$$

I_2 应为原值的 2 倍，即 8 A；I_3 应为原值的一半，即 2.5 A。此时

$$I = \sqrt{I_1^2 + |I_2 - I_3|^2} = \sqrt{1^2 + 5.5^2} = 5.59 \text{ A}$$

因而此时电流表 A 的读数为 5.59 A。相量图如图 9－17(c)所示。

【解题指南与点评】 本例题是 RLC 并联电路，用电流三角形的关系解题较简便。当电源频率变小时，电感的阻抗变小，电流增大；电容的阻抗变大，电流变小。此时该 RLC 并联电路由原来的容性变为感性。

【例 9－5】 已知图 9－18 所示电路，有关电压和电流有效值为 U=100 V，I_L=10 A，I_C=15 A，已知 $\dot{U}_{ab}$ 滞后 $\dot{U}$45°，求 R、$\frac{1}{\omega C}$和 ωL 的值。

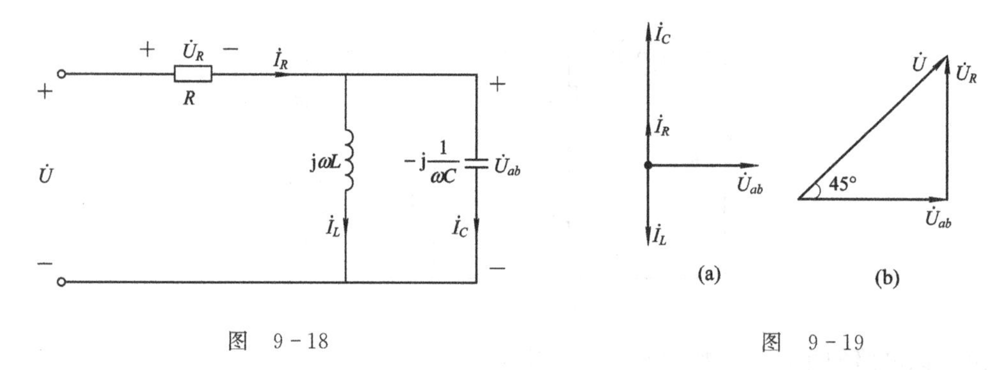

图 9－18　　　　图 9－19

解 本题所求为各元件参数，若设法求出各元件电压和电流的有效值，则元件参数可求得。可借助相量图帮助思考。令 $\dot{U}_{ab}$ 作为参考相量，即 $\dot{U}_{ab}=U_{ab}\angle 0°$，作出各电流相量，如图 9－19(a)所示。由 KCL 方程得

$$\dot{I}_R = \dot{I}_L + \dot{I}_C = 10\angle -90° + 15\angle 90° = -\mathrm{j}10 + \mathrm{j}15 = \mathrm{j}5 = 5\angle 90° \text{ A}$$

即 I_R=5 A，且 $\dot{I}_R$ 超前于 $\dot{U}_{ab}$90°。

考虑到 $\dot{U}_R$ 与 $\dot{I}_R$ 同相位，且已知 $\dot{U}$ 超前 $\dot{U}_{ab}$45°，可作出电压相量图，如图 9－19(b)所示。由该图可得

$$U_R = U_{ab} = \frac{U}{\sqrt{2}} = \frac{100}{\sqrt{2}} = 50\sqrt{2} \text{ V}$$

可求得各元件参数为

$$R = \frac{U_R}{I} = \frac{50\sqrt{2}}{5} = 10\sqrt{2}\ \Omega$$

$$\omega L = \frac{U_{ab}}{I_L} = \frac{50\sqrt{2}}{10} = 5\sqrt{2}\ \Omega$$

$$\frac{1}{\omega C} = \frac{U_{ab}}{I_C} = \frac{50\sqrt{2}}{15} = \frac{10}{3}\sqrt{2}\ \Omega$$

【解题指南与点评】 本例题是已知电路的某些电流或电压，求元件参数。由于正弦电流电路各电流、电压变量间存在有效值的关系和相位的关系，而所给已知条件一部分是有效值、一部分是相位，因此各种关系显得较复杂，使解这类题的难度较大。解这类题可画

出相量图帮助思考，画相量图时要充分利用已知条件及 RLC 元件的伏安特性，并注意各变量间的相位关系。

【例 9-6】 图 9-20 所示正弦电流电路中，$u_{s1}=\sqrt{2}\times100\cos(1000t)$ V，$u_{s2}=\sqrt{2}\times100\cos(1000t-120^\circ)$ V，$i_s=\sqrt{2}\times2\cos(1000t)$ mA，$R=5$ kΩ，$L=5$ H，$C=0.2$ μF，用叠加法求 i_1 和 i_2。

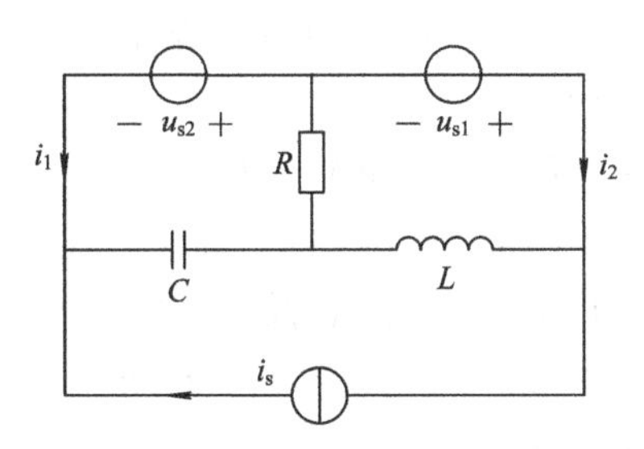

图 9-20

解 该电路的相量模型如图 9-21(a)所示，其中，

$$\dot{U}_{s1}=100\angle0^\circ\ \text{V},\quad \dot{U}_{s2}=100\angle-120^\circ\ \text{V},\quad \dot{I}_s=2\angle0^\circ\ \text{mA}$$

$$\mathrm{j}\omega L=\mathrm{j}1000\times5=\mathrm{j}5\ \text{k}\Omega,\qquad -\mathrm{j}\frac{1}{\omega C}=-\mathrm{j}\frac{1}{1000\times0.2\times10^{-6}}=-\mathrm{j}5\ \text{k}\Omega$$

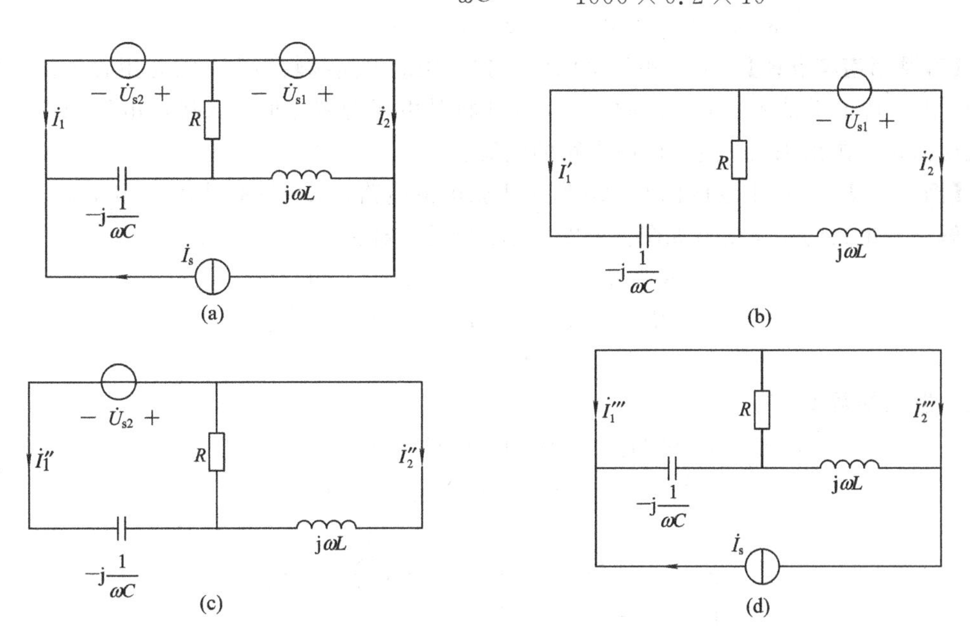

图 9-21

用叠加法求解。当 $\dot{U}_{s1}$ 单独作用时，电路如图 9-21(b)所示，求得

$$\dot{I}_2'=\frac{100\angle0^\circ}{\mathrm{j}5000+\dfrac{-\mathrm{j}5000\times5000}{-\mathrm{j}5000+5000}}=\frac{1-\mathrm{j}}{5000}\times100=20(1-\mathrm{j})\ \text{mA}$$

$$\dot{I}_1'=-\frac{5000}{5000-\mathrm{j}5000}\times\dot{I}_2'=\frac{-1}{1-\mathrm{j}1}\times20(1-\mathrm{j})=-20\ \text{mA}$$

当 $\dot{U}_{s2}$ 单独作用时，电路如图 9-21(c)所示，求得

$$\dot{I}_1'' = \frac{-100\angle -120^\circ}{-j5000 + \dfrac{j5000 \times 5000}{j5000 + 5000}} = -\frac{1+j}{5000} \times 100\angle -120^\circ = 20\sqrt{2}\angle 105^\circ \text{ mA}$$

$$\dot{I}_2'' = -\dot{I}_1'' \frac{5000}{5000 + j5000} = -\frac{1}{1+j} \times 20\sqrt{2}\angle 105^\circ = 20\angle -120^\circ \text{ mA}$$

当 $\dot{I}_s$ 单独作用时，电路如图 9-21(d)所示。在该电路中，R、L、C 并联，电压源用短路线代替，R、L、C 中均无电流，故有

$$\dot{I}_1''' = -\dot{I}_s = -2 \text{ mA}, \quad \dot{I}_2''' = \dot{I}_s = 2 \text{ mA}$$

由叠加定理，得

$$\begin{aligned}
\dot{I}_1 &= \dot{I}_1' + \dot{I}_1'' + \dot{I}_1''' = -20 + 20\sqrt{2}\angle 105^\circ - 2 \\
&= -22 + (-7.32 + j27.32) = -29.32 + j27.32 \\
&= 40.08\angle 137^\circ \text{ mA}
\end{aligned}$$

$$\begin{aligned}
\dot{I}_2 &= \dot{I}_2' + \dot{I}_2'' + \dot{I}_2''' = 20 - j20 + 20\angle -120^\circ + 2 \\
&= 22 - j20 + (-10 - j17.32) = 12 - j37.32 \\
&= 39.2\angle -72.18^\circ \text{ mA}
\end{aligned}$$

$$i_1 = 40.08\sqrt{2}\cos(1000t + 137^\circ) \text{ mA}$$

$$i_2 = 39.2\sqrt{2}\cos(1000t - 72.18^\circ) \text{ mA}$$

【解题指南与点评】 本例题每个电源单独作用的电路都较简单，因此用叠加法求解较简便。由于待求量是两个电压源的电流，因此将某电压源置零时，取代该电压源支路的短路线应清楚地画出来，以便求出该支路的电流。

【例 9-7】 对照上题的图 9-20 所示正弦电流电路，采用网孔法求 i_1 和 i_2。

解 该电路的相量模型如图 9-22 所示。网孔方程为

$$(R + Z_C)\dot{I}_{m1} - R\dot{I}_{m2} - Z_C\dot{I}_{m3} = \dot{U}_{s2}$$

$$-R\dot{I}_{m1} + (R + Z_L)\dot{I}_{m2} - Z_L\dot{I}_{m3} = \dot{U}_{s1}$$

$$\dot{I}_{m3} = \dot{I}_s$$

代入上题已知数据，得

$$(5000 - j5000)\dot{I}_{m1} - 5000\dot{I}_{m2} + j5000\dot{I}_{m3} = 100\angle -120^\circ$$

$$-5000\dot{I}_{m1} + (5000 + j5000)\dot{I}_{m2} - j5000\dot{I}_{m3} = 100$$

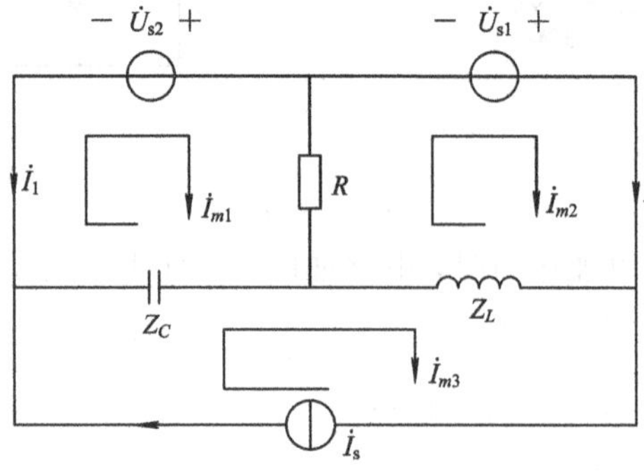

图 9-22

$$\dot{I}_{m3} = 2 \times 10^{-3}$$

解得

$$\dot{I}_1 = -\dot{I}_{m1} = -29.32 + \mathrm{j}27.32 = 40.08\angle 137^\circ \text{ mA}$$

$$\dot{I}_2 = \dot{I}_{m2} = 12 - \mathrm{j}37.32 = 39.2\angle -72.18^\circ \text{ mA}$$

于是

$$i_1 = 40.08\sqrt{2}\cos(1000t + 137^\circ) \text{ mA}$$

$$i_2 = 39.2\sqrt{2}\cos(1000t - 72.18^\circ) \text{ mA}$$

【解题指南与点评】 本例题采用网孔法解正弦电流电路的相量模型。列网孔方程的方法与第 3 章介绍的网孔法相同。

【例 9-8】 电路如图 9-23 所示，用节点法求 $\dot{I}_a$ 和 $\dot{I}_b$。

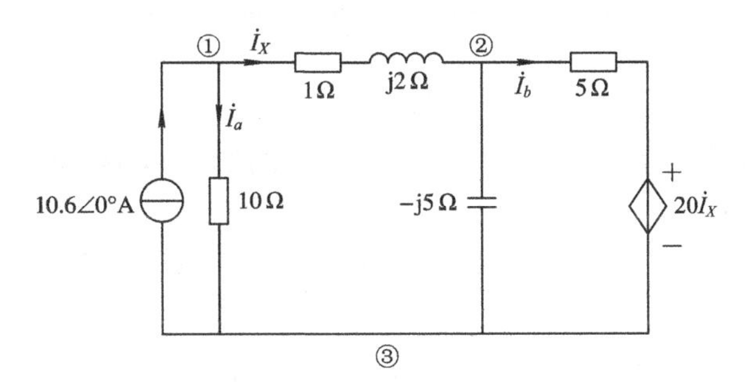

图 9-23

解 节点编号如图 9-23 所示，将③号节点作为参考节点。5 Ω 电阻与受控源的串联可转化为受控电流源和电阻的并联(图略)。

节点方程为

$$\begin{cases} \left(\dfrac{1}{10} + \dfrac{1}{1+\mathrm{j}2}\right)\dot{U}_{n1} - \dfrac{1}{1+\mathrm{j}2}\dot{U}_{n2} = 10.6 \\ -\dfrac{1}{1+\mathrm{j}2}\dot{U}_{n1} + \left(\dfrac{1}{1+\mathrm{j}2} + \dfrac{1}{-\mathrm{j}5} + \dfrac{1}{5}\right)\dot{U}_{n2} = \dfrac{20\dot{I}_X}{5} \end{cases}$$

控制电流 $\dot{I}_X$ 为

$$\dot{I}_X = \frac{\dot{U}_{n1} - \dot{U}_{n2}}{1+\mathrm{j}2}$$

将 $\dot{I}_X$ 代入节点方程，整理后得

$$\begin{cases} (0.3 - \mathrm{j}0.4)\dot{U}_{n1} - (0.2 - \mathrm{j}0.4)\dot{U}_{n2} = 10.6 \\ (-1 + \mathrm{j}2)\dot{U}_{n1} + (1.2 - \mathrm{j}1.8)\dot{U}_{n2} = 0 \end{cases}$$

解得

$$\dot{U}_{n1} = (68.40 - \mathrm{j}16.80) \text{ V}, \ \dot{U}_{n2} = 68 - \mathrm{j}26 \text{ V}$$

$$\dot{I}_a = \frac{\dot{U}_{n1}}{10} = 6.84 - \mathrm{j}1.68 \text{ A}$$

$$\dot{I}_X = \frac{\dot{U}_{n1} - \dot{U}_{n2}}{1+\mathrm{j}2} = 3.76 + \mathrm{j}1.68 \text{ A}$$

$$\dot{I}_b = \frac{\dot{U}_{n2} - 20\dot{I}_X}{5} = -1.44 - \mathrm{j}11.92 \text{ A}$$

【解题指南与点评】 本例题用节点法解正弦电流电路的相量模型。列方程前先对电路作了简化，将电阻与受控电压源的串联转化为受控电流源和电阻的并联。求出各节点电压后，再回到原电路求各支路电流。

【例 9-9】 二端电路如图 9-24 所示，求其戴维南等效相量模型。

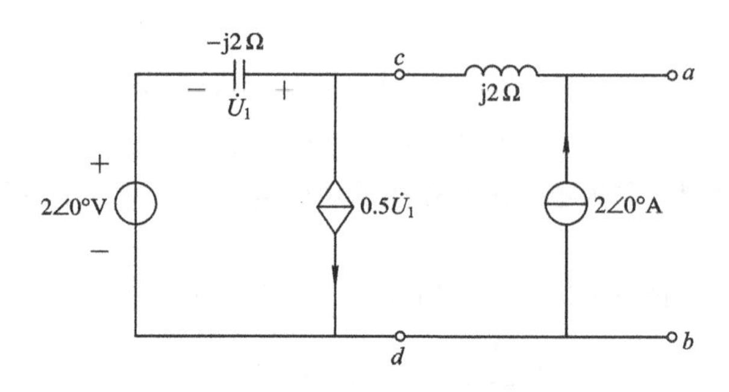

图 9-24

解 可先将最左边两条并联支路作为一个二端电路化简，该二端电路如图 9-25(a)所示。由该图得

$$\dot{U}_1 = (\dot{I} - 0.5\dot{U}_1) \times (-\mathrm{j}2) = -\mathrm{j}2\dot{I} + \mathrm{j}\dot{U}_1$$

由上式解得

$$\dot{U}_1 = \frac{-\mathrm{j}2\dot{I}}{1-\mathrm{j}1} = (1-\mathrm{j}1)\dot{I}$$

图 9-25(a)的端口伏安关系为

$$\dot{U} = \dot{U}_1 + 2 = (1-\mathrm{j}1)\dot{I} + 2$$

于是原电路图可化简为图 9-25(b)电路。令图 9-25(b)中电源为零，得戴维南等效阻抗为

$$Z_{eq} = (1-\mathrm{j}1) + \mathrm{j}2 = 1 + \mathrm{j}1\ \Omega$$

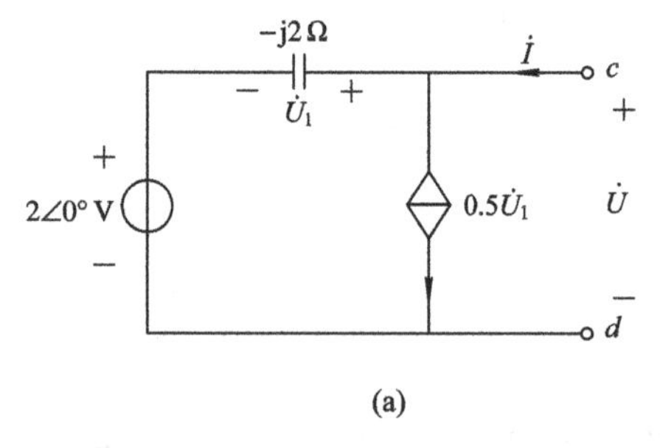

(a)

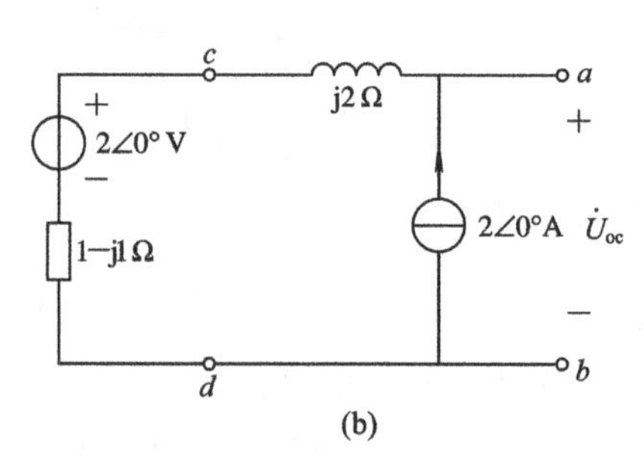

(b)

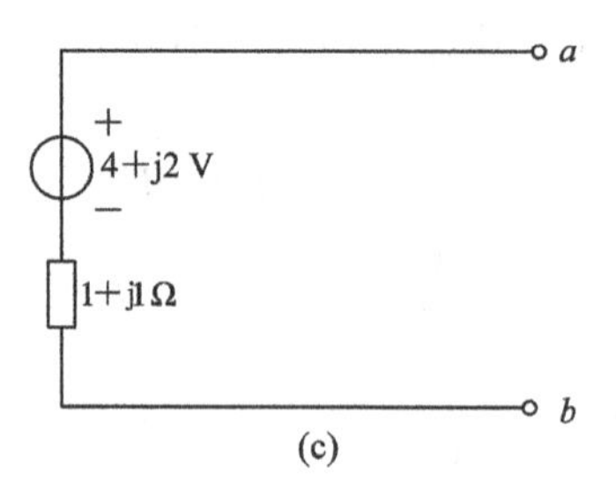

(c)

图 9-25

令图 9-25(b)中端口电流为零，得其开路电压为

$$\dot{U}_{oc}=2\times(j2+1-j1)+2=4+j2\ \text{V}$$

则原电路的戴维南等效相量模型如图 9-25(c)所示。

【解题指南与点评】 本例题最左边的两条并联支路可看做该电路内部的一个二端电路，它含有受控源，但结构并不复杂，采用端口伏安关系法较易得到它的等效电路。将这一内部二端电路化简后，原二端电路就变得简单，其戴维南等效相量模型就容易求得。

【例 9-10】 正弦电流电路如图 9-26 所示，已知：$u_s=4\cos(1000t+45^\circ)$ V，$R_1=R_2=1\ \Omega$，$L_1=L_2=1$ mH，$C=1$ mF。(1) 求负载 1 吸收的平均功率和无功功率；(2) 求 a、b 右边二端电路吸收的平均功率、无功功率、视在功率及该二端电路的功率因数；(3) 求负载 2 吸收的平均功率和无功功率。

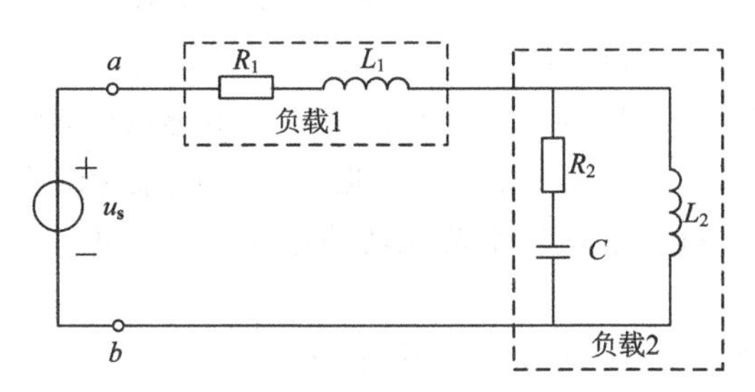

图 9-26

解 该电路的相量模型如图 9-27 所示。

$$\dot{U}_s=2\sqrt{2}\angle 45^\circ\ \text{V},\quad j\omega L_1=j\omega L_2=j1\ \Omega,\quad -j\frac{1}{\omega C}=-j1\ \Omega$$

$$Z_1=R_1+j\omega L_1=1+j1\ \Omega$$

$$Z_2=\frac{\left(R_2-j\dfrac{1}{\omega C}\right)j\omega L_2}{\left(R_2-j\dfrac{1}{\omega C}\right)+j\omega L_2}=(1-j1)\times j1=1+j1\ \Omega$$

$$Z=Z_1+Z_2=(2+j2)=2\sqrt{2}\angle 45^\circ\ \Omega$$

$$\dot{I}=\frac{\dot{U}_s}{Z}=\frac{2\sqrt{2}\angle 45^\circ}{2\sqrt{2}\angle 45^\circ}=1\angle 0^\circ\ \text{A}$$

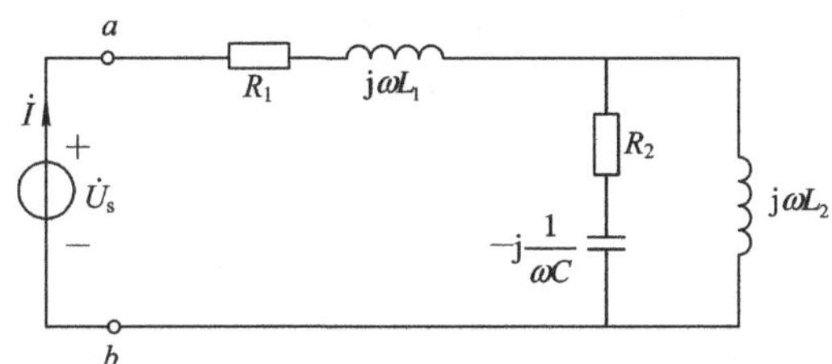

图 9-27

(1) 负载 1 的平均功率及无功功率为

$$P_1=I^2R_1=1^2\times 1=1\ \text{W}$$

$$Q_1 = I^2 \omega L = 1^2 \times 1 = 1 \text{ var}$$

(2) ab 右边二端电路总的平均功率、无功功率及视在功率为

$$P = UI \cos\varphi = 2\sqrt{2} \times 1 \times \cos 45° = 2 \text{ W}$$

$$Q = UI \sin\varphi = 2\sqrt{2} \times 1 \times \sin 45° = 2 \text{ var}$$

$$S = UI = 2\sqrt{2} \times 1 = 2\sqrt{2} \text{ VA}$$

该二端网络的功率因数为

$$\cos\varphi = \cos 45° = \frac{\sqrt{2}}{2}$$

(3) 由平均功率及无功功率守恒，因此得负载 2 的平均功率和无功功率为

$$P_2 = P - P_1 = 2 - 1 = 1 \text{ W}$$

$$Q_2 = Q - Q_1 = 2 - 1 = 1 \text{ var}$$

【解题指南与点评】 本例题的负载 1 仅由电阻和电感构成，该负载的平均功率即电阻的平均功率，无功功率即电感的无功功率。根据 ab 端的电流和电压，可算出右边二端电路的各种功率和功率因数，再由平均功率及无功功率守恒，可进一步求得负载 2 的平均功率及无功功率。

【例 9-11】 电路如图 9-28 所示，其中 Z_1 和 Z_2 分别为负载 1 和负载 2 的阻抗，$Z_L = R_L + \mathrm{j}X_L$，为传输线阻抗。已知：负载 1 吸收的平均功率为 8 kW，其功率因数为 0.8(超前)；负载 2 吸收的视在功率为 20 kVA，其功率因数为 0.6(滞后)；$R_L = 0.05\ \Omega$，$X_L = 0.5\ \Omega$，$\dot{U} = 250\angle 0°$ V。(1) 求两个负载并联后的功率因数；(2) 求两个负载并联后的视在功率、电流有效值 I 及传输线上的平均功率损耗；(3) 若电源频率 $f = 50$ Hz，将一电容与 Z_1 及 Z_2 并联，假设 Z_1 及 Z_2 的功率和功率因数仍为题目所给的已知条件，希望 Z_1、Z_2 及电容并联后的功率因数提高到 1，求该电容值，在这种情况下重新计算第(2)问。

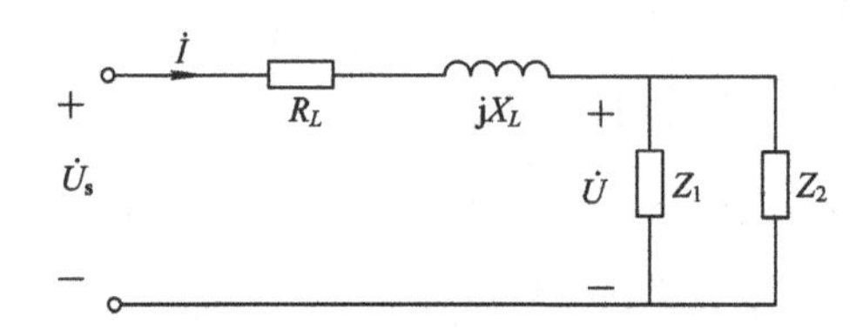

图 9-28

解 (1) 已知 $\cos\varphi_1 = 0.8$(超前)，故 Z_1 的阻抗角为

$$\varphi_1 = -\arccos 0.8 = -36.87°$$

已知 $P_1 = S_1 \cos\varphi_1 = 8000$ W，故

$$S_1 = \frac{8000}{\cos\varphi_1} = 10\ 000 \text{ VA}$$

$$Q_1 = S_1 \sin\varphi_1 = 10\ 000 \times \sin(-36.87°) = -6000 \text{ var}$$

又已知 $\cos\varphi_2 = 0.6$(滞后)，$S_2 = 20$ kVA，得

$$\varphi_2 = \arccos 0.6 = 53.13°$$

$$P_2 = S_2 \cos\varphi_2 = 20\ 000 \cos 53.13° = 12\ 000 \text{ W}$$

$$Q_2 = S_2 \sin\varphi_2 = 20\ 000 \times \sin 53.13° = 16\ 000 \text{ var}$$

Z_1 与 Z_2 并联后总的复功率为

$$\begin{aligned}\tilde{S} &= (P_1 + P_2) + \mathrm{j}(Q_1 + Q_2) \\ &= (8000 + 12\,000) + \mathrm{j}(-6000 + 16\,000) \\ &= 20\,000 + \mathrm{j}10\,000 \\ &= \sqrt{5} \times 10^4 \angle 26.57^\circ \text{ VA}\end{aligned}$$

并联后总的功率因数为

$$\cos\varphi = \cos 26.57^\circ = 0.89 \quad (\text{滞后})$$

（2）由 $\tilde{S}$ 可得两个负载并联后的视在功率：

$$S = \sqrt{5} \times 10^4 = 22.36 \text{ kVA}$$

由于 $S=UI$，因此

$$I = \frac{S}{U} = \frac{22\,360}{250} = 89.44 \text{ A}$$

传输线上损耗的功率为

$$P_L = I^2 R_L = 89.44^2 \times 0.05 = 400 \text{ W}$$

（3）并电容后功率因数为 1，即 Z_1、Z_2 及电容的无功功率之和为零。

$$Q_C + Q_1 + Q_2 = 0$$

$$Q_C = -(Q_1 + Q_2) = -10\,000 \text{ var}$$

由于 $Q_C = -UI_C = -U^2 \omega C$，因此

$$\frac{1}{\omega C} = -\frac{U^2}{Q_C} = -\frac{250^2}{-10\,000} = 6.25\ \Omega$$

$$C = \frac{1}{\omega \times 6.25} = \frac{1}{2\pi \times 50 \times 6.25} = 509.3\ \mu\text{F}$$

即应并联 509.3 μF 的电容。

并联后总的复功率为

$$\tilde{S} = (P_1 + P_2) + \mathrm{j}(Q_1 + Q_2 + Q_C) = (20\,000 + \mathrm{j}0)\text{VA}$$

$$S = UI = 20\,000 \text{ VA}$$

此时电流为

$$I = \frac{20\,000}{250} = 80 \text{ A}$$

线路上损耗的平均功率为

$$P_L = I^2 R_L = 80^2 \times 0.05 = 320 \text{ W}$$

【解题指南与点评】 本例题先求出两个负载各自的平均功率和无功功率，求和得两个负载并联后的总平均功率和无功功率，从而得到负载的总复功率、功率因数及电流有效值。计算提高功率因数所需的并联电容值时，从计算该电容的无功功率入手较容易。由本例题的结果可见，负载功率因素的提高可使得线路上的功率损耗减少。

【*例 9-12】 对称三相电源如图 9-29 所示。已知电源线电压有效值 $U_L=380$ V，负载阻抗 $Z_1=-\mathrm{j}12\ \Omega$，$Z_2=3+\mathrm{j}4\ \Omega$，求两个电流表的读数及三相负载吸收的平均功率。

解 三个 Z_1 构成对称三角形连接的负载，电流表 A_1 为该负载的线电流。流过每相 Z_1 的相电流有效值 I_{p1} 为

$$I_{p1} = \frac{U_L}{|Z_1|} = \frac{380}{|-j12|} = \frac{380}{12}\ A$$

该三相负载的线电流为

$$I_{L1} = \sqrt{3} \times I_{p1} = \sqrt{3} \times \frac{380}{12} = 54.85\ A$$

图 9-29

即电流表 A_1 的读数为 54.85 A。

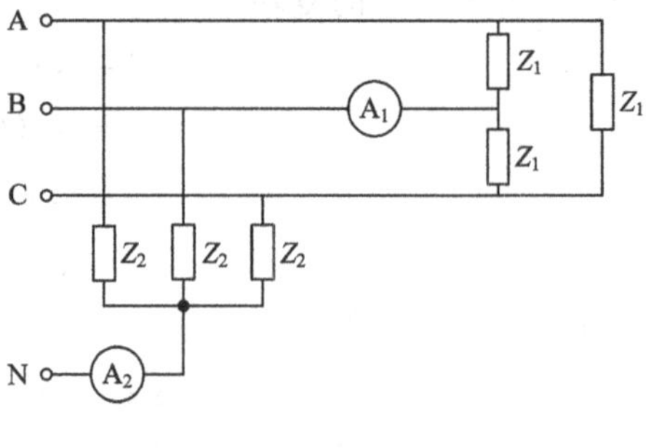

三个 Z_2 构成对称星形连接的三相负载，由于该负载的三个相电流是对称三相电流，因此中线电流为零，即 A_2 表的读数为 0。

三相负载的平均功率为各相负载平均功率之和。由于 Z_1 为纯电抗元件，因此其平均功率为零。

电源相电压有效值为

$$U_p = \frac{U_L}{\sqrt{3}} = 220\ V$$

Z_2 相电流为

$$I_{p2} = \frac{U_p}{|Z_2|} = \frac{220}{|3+j4|} = \frac{220}{5} = 44\ A$$

三相 Z_2 吸收的总的平均功率为

$$P = 3 \times I_{p2}^2 \times 3 = 3 \times 44^2 \times 3 = 17.424\ kW$$

【解题指南与点评】 本例题涉及到三相电路中对称三角形负载及对称星形负载的计算。计算过程中注意应用对称三相电路的一些基本概念：对称三角形负载的线电流是其相电流的$\sqrt{3}$倍，对称星形负载的线电压是其相电压的$\sqrt{3}$倍，对称星形负载的中线电流为零。

9.4 习题解答

9-1 正弦电流电路如图 9-30 所示，N_0 内部不含独立源，若端口电流 i 和端口电压 u 分别为以下几种情况，求各种情况时 N_0 的阻抗和导纳：

(1) $u=150\cos(8000\pi t+20°)$ V，$i=3\sin(8000\pi t+38°)$ A；

(2) $u=20\cos(1000\pi t+60°)$ V，$i=10\cos(1000\pi t+15°)$ mA；

(3) $u=220\sqrt{2}\cos(314t)$ V，$i=-2\sqrt{2}\cos(314t-60°)$ A。

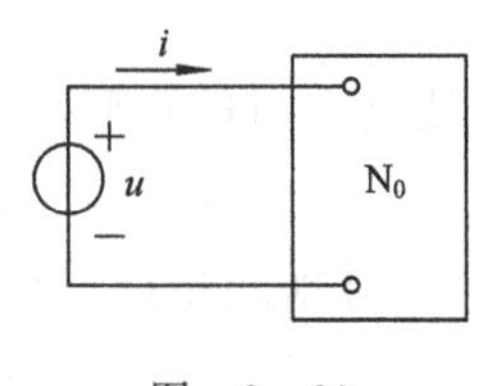

图 9-30

解 (1)

$$\dot{U}_m = 150\angle 20°\ V$$

$$i = 3\sin(8000\pi t + 38°) = 3\cos(8000\pi t - 52°)\ A$$

$$\dot{I}_m = 3\angle -52°\ A$$

$$Z = \frac{\dot{U}_m}{\dot{I}_m} = \frac{150\angle 20°}{3\angle -52°} = 50\angle 72°\ \Omega$$

$$Y = \frac{\dot{I}_m}{\dot{U}_m} = \frac{1}{50}\angle -72°\ S$$

(2)
$$\dot{U}_m = 20\angle 60°\ \text{V}$$
$$\dot{I}_m = 10\angle 15°\ \text{mA}$$
$$Z = \frac{\dot{U}_m}{\dot{I}_m} = \frac{20\angle 60°}{10\angle 15°} = 2\angle 45°\ \text{k}\Omega$$
$$Y = \frac{\dot{I}_m}{\dot{U}_m} = 0.5\angle -45°\ \text{mS}$$

(3)
$$\dot{U} = 220\angle 0°\ \text{V}$$
$$i = -2\sqrt{2}\cos(314t - 60°) = 2\sqrt{2}\cos(314t + 120°)\ \text{A}$$
$$\dot{I} = 2\angle 120°\ \text{A}$$
$$Z = \frac{\dot{U}}{\dot{I}} = \frac{220\angle 0°}{2\angle 120°} = 110\angle -120°\ \Omega$$
$$Y = \frac{\dot{I}}{\dot{U}} = \frac{1}{110}\angle 120°\ \text{S}$$

9-2　一个电感线圈的绕线电阻为 700 Ω，电感量为 64 mH。它与一个 3.3 kΩ 的电阻串联后接到一个频率为 5 kHz，电压有效值为 10 V 的正弦交流电压源两端。试计算电路中的电流及电感线圈两端电压的有效值。

解　电路如图 9-31 所示。

$$\omega = 2\pi f = 2\pi \times 5 \times 10^3 = \pi \times 10^4$$
$$Z_L = R_L + j\omega L = 700 + j64 \times 10^{-3} \times \pi \times 10^4$$
$$= 700 + j2010.62 = 2128.99\angle 70.80°$$
$$Z = Z_L + R = 700 + j2010.62 + 3300$$
$$= 4000 + j2010.62 = 4476.90\angle 26.69°$$

电流有效值为

$$I = \frac{U_s}{|Z|} = \frac{10}{4476.9} = 2.23\ \text{mA}$$

电感线圈两端电压的有效值为

$$U_L = I|Z_L| = 2.23 \times 10^{-3} \times 2128.99 = 4.75\ \text{V}$$

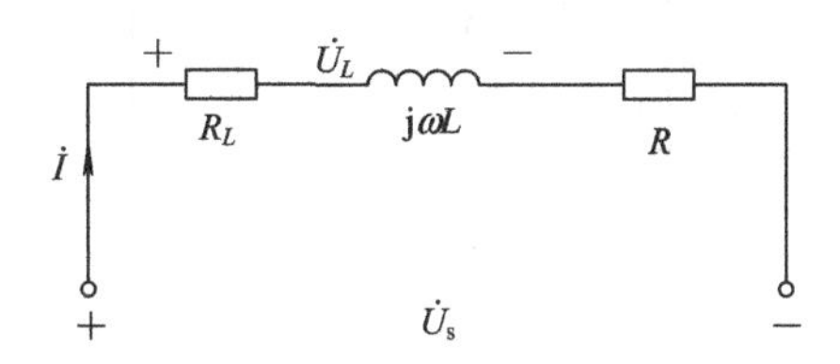

图　9-31

9-3　一个电感与一个 2.7 kΩ 的电阻串联后接到一个正弦交流电压源(U=100 mV，f=250 kHz)上，测得电阻的电压有效值为 40.5 mV，试计算电感的大小。

解　电路如图 9-32 所示。根据 RLC 串联电路电压三角形关系，有

$$U_L = \sqrt{U_s^2 - U_R^2} = \sqrt{100^2 - 40.5^2} = 91.43\ \text{mV}$$

电流有效值为

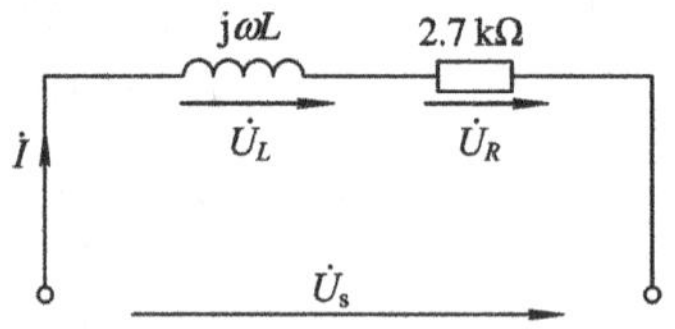

$$I = \frac{U_R}{2.7\ \text{k}} = \frac{40.5 \times 10^{-3}}{2.7 \times 10^3} = 15\ \mu\text{A}$$

$$\omega L = \frac{U_L}{I} = \frac{91.43 \times 10^{-3}}{15 \times 10^{-6}} = 6.10 \times 10^3\ \Omega$$

$$L = \frac{6.10 \times 10^3}{\omega} = \frac{6.10 \times 10^3}{2\pi \times 250 \times 10^3} = 3.88\ \text{mH}$$

图 9-32

9-4 正弦电流电路如图 9-33 所示，已知 $R=120\ \Omega$，$C=3.3\ \mu\text{F}$，$u_s = 12\sqrt{2}\cos(2000\pi t)$ V，求 i 及电阻电压、电容电压的有效值。

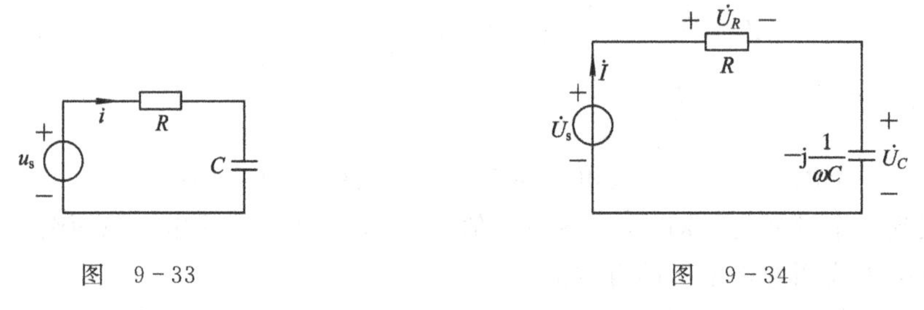

图 9-33　　　　图 9-34

解 电路的相量模型如图 9-34 所示。

$$-j\frac{1}{\omega C} = -j\frac{1}{2000\pi \times 3.3 \times 10^{-6}} = -j48.23\ \Omega$$

$$\dot{I} = \frac{\dot{U}_s}{R - j\dfrac{1}{\omega C}} = \frac{12\angle 0^\circ}{120 - j48.23} = 0.0928\angle 21.9^\circ\ \text{A}$$

$$i = 92.8\sqrt{2}\cos(2000\pi t + 21.9^\circ)\ \text{mA}$$

$$U_R = I \times 120 = 11.1\ \text{V}$$

$$U_C = I \times 48.23 = 4.47\ \text{V}$$

9-5 正弦电流电路如图 9-35 所示，已知 $L=20$ mH，$C=2\ \mu\text{F}$，$R=200\ \Omega$，正弦电源电压的有效值为 15 V，频率为 600 Hz。以电源电压为参考正弦量，求电路中电流相量及各元件电压的有效值。

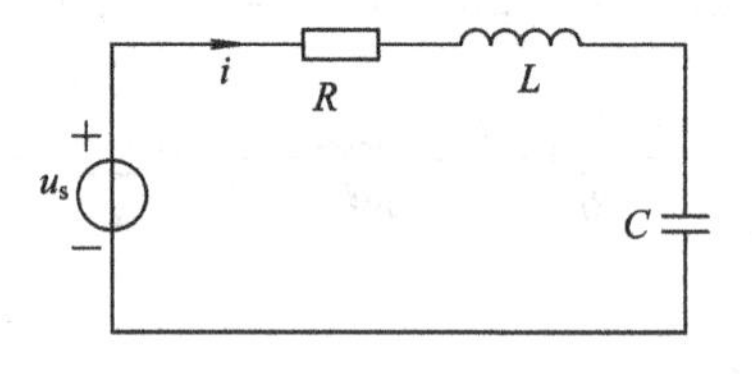

图 9-35

解 电路的相量模型如图 9-36 所示。

$$\dot{U}_s = 15\angle 0^\circ\ \text{V}, \quad \omega = 2\pi \times 600 = 3769.91\ \text{rad/s}$$

$$j\omega L = j3769.91 \times 20 \times 10^{-3} = j75.40\ \Omega$$

$$-j\frac{1}{\omega C} = -j\frac{1}{3769.92 \times 2 \times 10^{-6}} = -j132.63\ \Omega$$

$$\dot{I}=\frac{\dot{U}_s}{R+j\omega L-j\dfrac{1}{\omega C}}=\frac{15}{200+j(75.40-132.63)}=\frac{15}{200-j57.23}$$

$$=0.072\angle 15.97°\ \text{A}$$

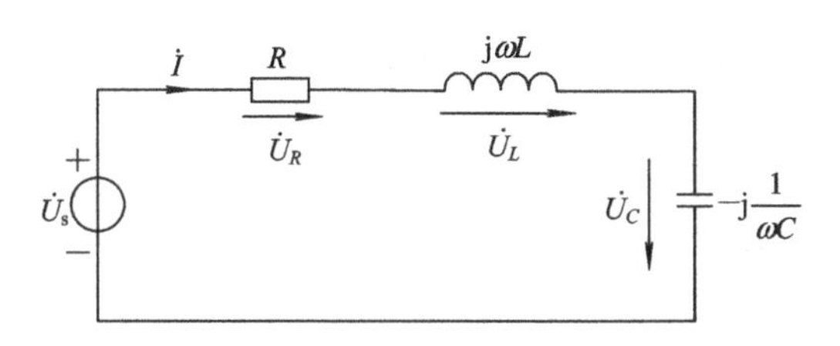

图 9-36

各元件电压有效值为

$$U_R=I\times 200=14.4\ \text{V}$$

$$U_L=I\times 75.4=5.43\ \text{V}$$

$$U_C=I\times 132.63=9.55\ \text{V}$$

9-6 正弦电流电路如图 9-37 所示，已知 $R=100\ \Omega$，$L=20$ mH，$C=10\ \mu$F，正弦电源电压有效值为 35 V，频率为 500 Hz。以电源电压为参考正弦量，求电流 i 的相量及各元件的电流有效值。

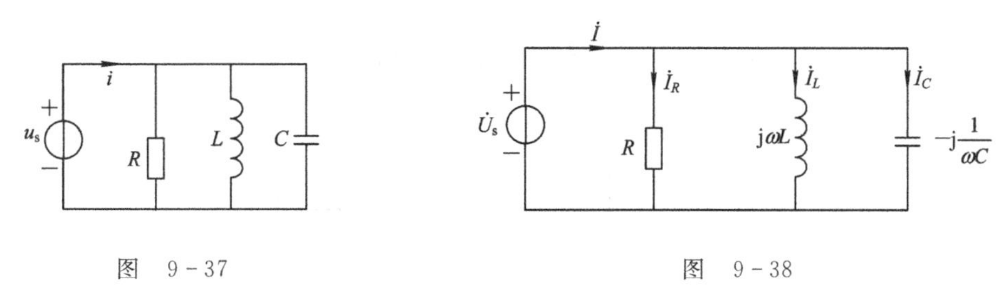

图 9-37　　　　图 9-38

解 电路的相量模型如图 9-38 所示。

$$\omega=2\pi\times 500=1000\pi\ \text{rad/s}$$

$$\dot{U}_s=35\angle 0°\ \text{V}$$

$$-j\frac{1}{\omega L}=-j\frac{1}{1000\pi\times 20\times 10^{-3}}=-j0.0159\ \text{S}$$

$$j\omega C=j1000\pi\times 10\times 10^{-6}=j0.0314\ \text{S}$$

$$\dot{I}=\dot{U}_s\left(\frac{1}{R}+j\omega C-j\frac{1}{\omega L}\right)=35\times\left[\frac{1}{100}+j(0.0314-0.0159)\right]$$

$$=35\times(0.01+j0.0155)=0.646\angle 57.17°\ \text{A}$$

各支路电流的有效值为

$$I_R=U_s\frac{1}{R}=\frac{35}{100}=0.35\ \text{A}$$

$$I_L=U_s\frac{1}{\omega L}=35\times 0.0159=0.557\ \text{A}$$

$$I_C=U_s\omega C=35\times 0.0314=1.099\ \text{A}$$

9-7 正弦电流电路如图 9-39 所示，已知 $Z_1=70.7\angle 45°\ \Omega$，$Z_2=92.4\angle 330°\ \Omega$，

$Z_3=67\angle 60°\ \Omega$，$\dot{U}_s=100\angle 0°\ \text{V}$，求 $\dot{I}$ 并画出电源电压和电流的相量图。

解

$$
\begin{aligned}
Z &= Z_1+Z_2+Z_3 = 70.7\angle 45° + 92.4\angle 330° + 67\angle 60° \\
&= (50+\text{j}50)+(80.02-\text{j}46.2)+(33.5+\text{j}58.02) \\
&= 163.52+\text{j}61.82 = 174.82\angle 20.71°\ \Omega
\end{aligned}
$$

$$
\dot{I}=\frac{\dot{U}_s}{Z}=\frac{100\angle 0°}{174.82\angle 20.71°}=0.572\angle -20.71°\ \text{A}
$$

相量图如图 9-40 所示。

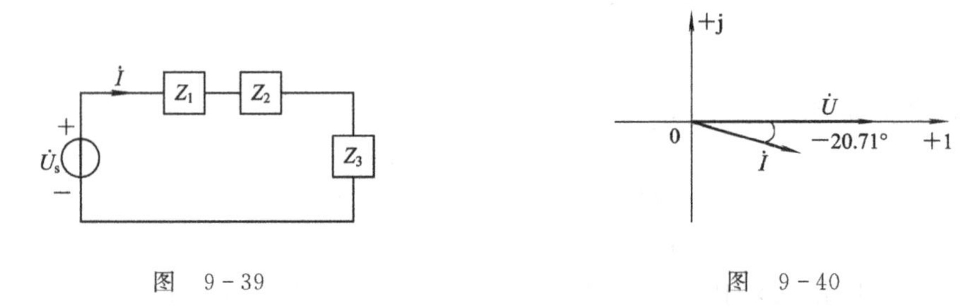

图 9-39　　　　图 9-40

9-8　正弦电流电路如图 9-41 所示，已知 $Z_1=1606\angle 51°\ \Omega$，$Z_2=977\angle -33°\ \Omega$，$Z_3=953\angle -19°\ \Omega$，$\dot{U}_s=33\angle 0°\ \text{V}$，计算电路总的阻抗及 $\dot{I}$。

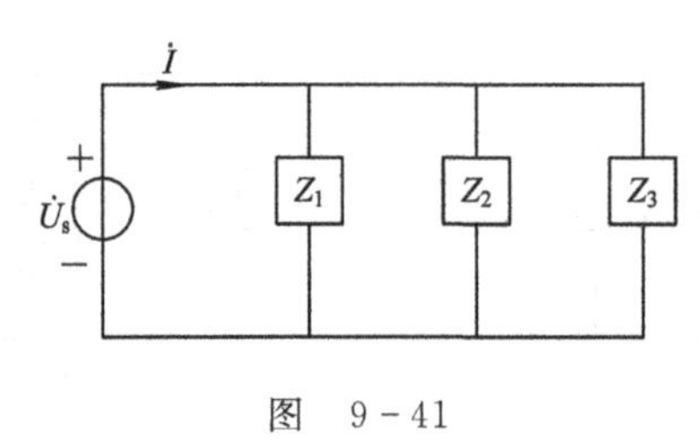

图 9-41

解　总阻抗 Z 为

$$
\begin{aligned}
Z &= \frac{1}{\dfrac{1}{Z_1}+\dfrac{1}{Z_2}+\dfrac{1}{Z_3}} \\
&= \frac{1}{\dfrac{1}{1606\angle 51°}+\dfrac{1}{977\angle -33°}+\dfrac{1}{953\angle -19°}} \\
&= \frac{1}{(22.42+\text{j}4.1518)\times 10^{-4}} \\
&= 438.57\angle -10.49°\ \Omega
\end{aligned}
$$

$$
\dot{I}=\frac{\dot{U}_s}{Z}=\frac{33\angle 0°}{438.57\angle -10.49°}=75.24\angle 10.49°\ \text{mA}
$$

9-9　正弦电流电路如图 9-42 所示，已知图中第一只电压表读数为 30 V，第二只电压表读数为 60 V，求电路的端电压有效值，并作出相量图。

解　电路的相量模型如图 9-43 所示。以 $\dot{U}_1$ 作为参考相量，电压相量图也示于图 9-43 中。

由电压三角形可求得电路的端电压有效值为

$$U=\sqrt{U_1^2+U_2^2}=\sqrt{30^2+60^2}=67.08\ \text{V}$$

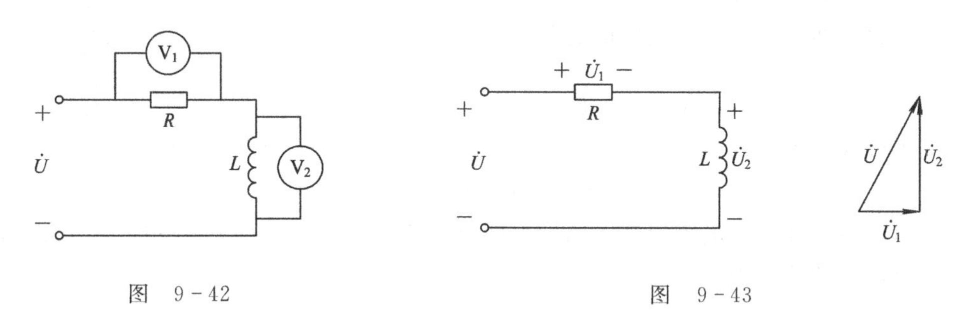

图 9-42　　　　图 9-43

9-10　正弦电流电路如图 9-44 所示，已知图中各电压表读数分别为第一只 15 V，第二只 80 V，第三只 100 V，求电路的端电压有效值，并作出相量图。

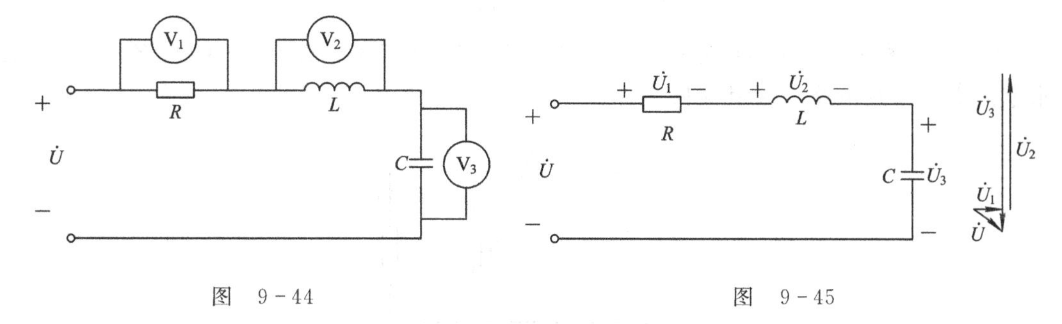

图 9-44　　　　图 9-45

解　电路的相量模型如图 9-45 所示。以 $\dot{U}_1$ 作为参考相量，电压相量图也示于图 9-45 中。

由电压三角形可求得电路的端电压有效值为

$$U=\sqrt{U_1^2+(U_3-U_2)^2}=\sqrt{15^2+20^2}=25\ \text{V}$$

9-11　正弦电流电路如图 9-46 所示，已知各并联支路中电流表的读数分别为第一只 5 A，第二只 20 A，第三只 25 A，求总电流表的读数。

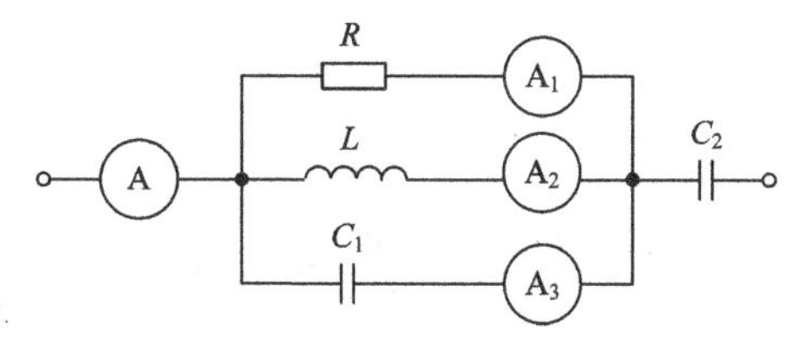

图 9-46

解　由 RLC 并联电路的电流三角形可求得总电流的有效值(即总电流表的读数)为

$$I=\sqrt{I_1^2+(I_3-I_2)^2}=\sqrt{5^2+(25-20)^2}=7.07\ \text{A}$$

9-12　正弦电流电路如图 9-47 所示，已知 $u=220\sqrt{2}\cos(250t+20°)$ V，$R=110\ \Omega$，$C_1=20\ \mu\text{F}$，$C_2=80\ \mu\text{F}$，$L=1$ H，求电路中各电流表的读数和电路的入端阻抗。

解

$$\text{j}\omega L=\text{j}250\ \Omega$$

$$\frac{1}{\omega C_1}=\frac{1}{250\times20\times10^{-6}}=200\ \Omega$$

$$\frac{1}{\omega C_2} = \frac{1}{250 \times 80 \times 10^{-6}} = 50\ \Omega$$

电感和两个电容串联支路的总阻抗为

$$\mathrm{j}\omega L - \mathrm{j}\frac{1}{\omega C_1} - \mathrm{j}\frac{1}{\omega C_2} = \mathrm{j}0$$

等效入端阻抗为

$$Z = R + R \mathbin{/\!/} \mathrm{j}0 = R = 110\ \Omega$$

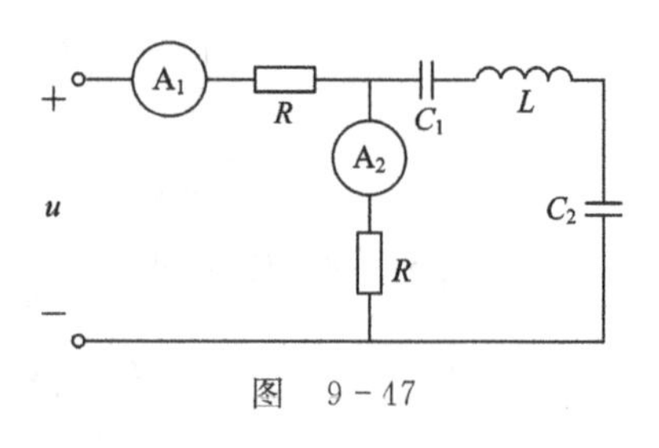

图 9-47

由于电感和两个电容串联支路的总阻抗为零，相当于短路，该支路电压为零，因此第二只电流表的读数为

$$I_2 = 0$$

第一只电流表的读数为

$$I_1 = \frac{U}{|Z|} = \frac{220}{110} = 2\ \mathrm{A}$$

9-13 图 9-48 所示电路中，$U=8$ V，$Z_3=1-\mathrm{j}0.5\ \Omega$，$Z_1=1+\mathrm{j}1\ \Omega$，$Z_2=3-\mathrm{j}1\ \Omega$，求电流 $\dot{I}_1$、$\dot{I}_2$ 及电路入端阻抗和导纳。

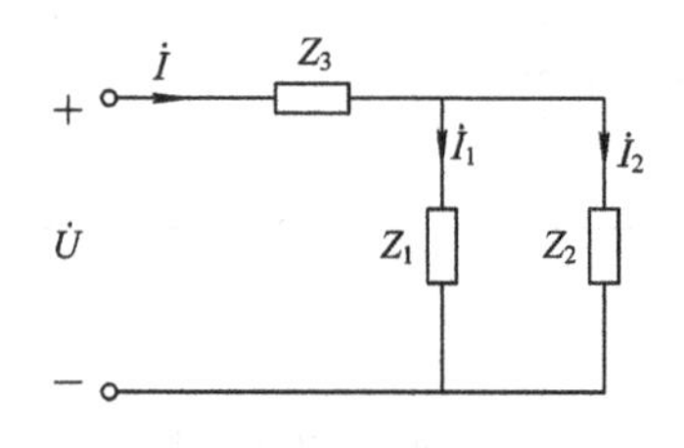

图 9-48

解 令 $\dot{U}$ 为参考相量，即 $\dot{U}=8\angle 0^\circ$ V。等效入端阻抗为

$$Z = Z_3 + \frac{Z_1 Z_2}{Z_1 + Z_2} = 1 - \mathrm{j}0.5 + \frac{(1+\mathrm{j}1)(3-\mathrm{j}1)}{(1+\mathrm{j}1)+(3-\mathrm{j}1)}$$

$$= 1 - \mathrm{j}0.5 + 1 + \mathrm{j}0.5 = 2\ \Omega$$

等效入端导纳为

$$Y = \frac{1}{Z} = 0.5\ \mathrm{S}$$

端电流为

$$\dot{I} = \frac{\dot{U}}{Z} = \frac{8\angle 0^\circ}{2} = 4\angle 0^\circ\ \mathrm{A}$$

利用并联电路的分流公式，得

$$\dot{I}_1 = \frac{Z_2}{Z_1 + Z_2}\dot{I} = \frac{3-\mathrm{j}1}{4} \times 4 = 3 - \mathrm{j}1 = 3.16\angle -18.43^\circ\ \mathrm{A}$$

$$\dot{I}_2 = \frac{Z_1}{Z_1 + Z_2}\dot{I} = \frac{1+\mathrm{j}1}{4} \times 4 = 1 + \mathrm{j}1 = 1.41\angle 45^\circ\ \mathrm{A}$$

9-14 正弦电流电路如图 9-49 所示，已知 $u_s=64\cos(8000t)$ V，求 $u_o(t)$。

解

$$\dot{U}_{sm} = 64\angle 0^\circ\ \mathrm{V}$$

$$-\mathrm{j}\frac{1}{\omega C} = -\mathrm{j}\frac{1}{31.25 \times 10^{-6} \times 8000} = -\mathrm{j}4\ \Omega$$

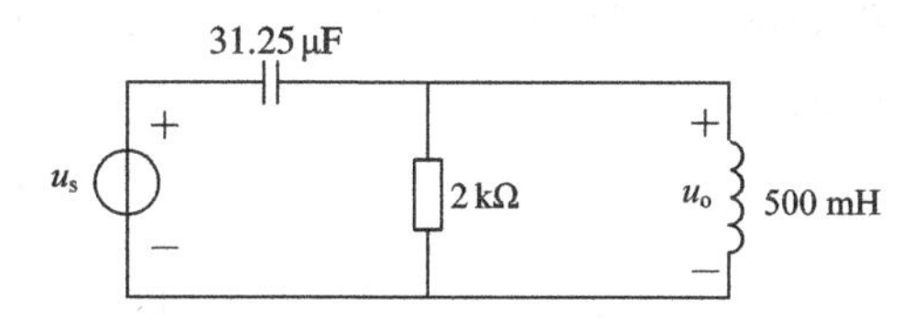

图 9-49

$$j\omega L = j0.5 \times 8000 = j4000\ \Omega$$

$$R \mathbin{/\!/} j\omega L = \frac{1}{\dfrac{1}{2000} + \dfrac{1}{j4000}} = 1600 + j800\ \Omega$$

$$\dot{U}_{om} = \frac{R \mathbin{/\!/} j\omega L}{-j\dfrac{1}{\omega C} + R \mathbin{/\!/} j\omega L}\dot{U}_{sm} \approx \dot{U}_{sm}$$

$$u_o(t) \approx u_s = 64\cos(8000t)\ \text{V}$$

9-15　正弦电流电路如图 9-50 所示，调整电容使电流 i_g 与正弦电压 u_s 同相，则：(1) 当 $u_s=250\cos(1000t)$ V 时，电容值为多少微法？(2) 当 C 取(1)中所得值时，求 i_g 的表达式。

解　(1) 电容和电阻并联后的等效阻抗为

$$Z_{并} = \frac{1}{\dfrac{1}{R} + j\omega C} = \frac{R - j\omega CR^2}{1 + (\omega CR)^2}$$

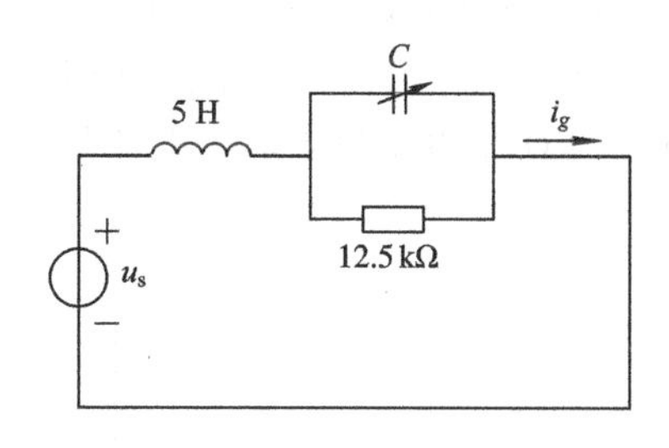

图 9-50

电源右边电路的总阻抗为

$$Z = j\omega L + Z_{并} = j\omega L + \frac{R - j\omega CR^2}{1 + (\omega CR)^2}$$

要 i_g 与 u_s 同相，需 Z 的阻抗角为零，即 Z 的虚部为零。令 $\text{Im}(Z)=0$，得

$$j\omega L - j\frac{\omega CR^2}{1 + (\omega CR)^2} = 0$$

将 $\omega=1000$ rad/s，$L=5$ H，$R=12.5$ kΩ 代入上式，求得电容 C 的两个根为

$$C_1 = 0.16\ \mu\text{F},\quad C_2 = 0.04\ \mu\text{F}$$

(2) 若取 $C=C_1=0.16\ \mu$F，则

$$Z = j\omega L + Z_{并} = \frac{R}{1 + (\omega CR)^2} = 2.5\ \text{k}\Omega$$

$$\dot{I}_{gm} = \frac{\dot{U}_{sm}}{Z} = \frac{250\angle 0^\circ}{2.5\ \text{k}} = 0.1\angle 0^\circ\ \text{A}$$

$$i_g = 0.1\cos 1000t\ \text{A}$$

若取 $C=C_2=0.04\ \mu$F，则

$$Z = j\omega L + Z_{并} = \frac{R}{1 + (\omega CR)^2} = 10\ \text{k}\Omega$$

$$\dot{I}_{gm} = \frac{\dot{U}_{sm}}{Z} = \frac{250\angle 0^\circ}{10\ \text{k}} = 0.025\angle 0^\circ\ \text{A}$$

$$i_g = 25\cos 1000t\ \text{mA}$$

9-16　正弦电流电路如图 9-51 所示，其中，$i_o=0.1\sin(\omega t+81.87°)$ A，$u_s=50\cos(\omega t-45°)$ V，求 ω 的值。

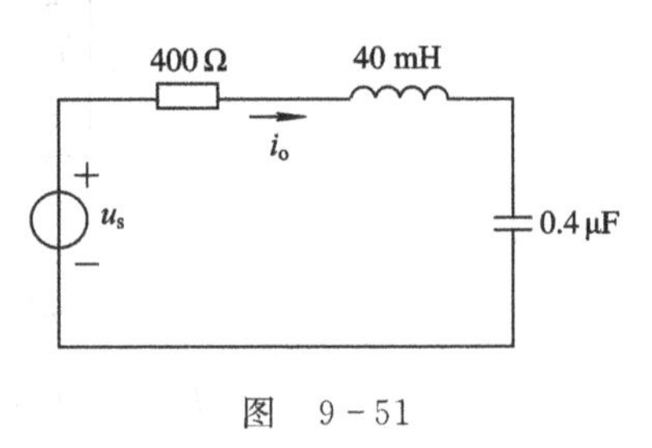

图　9-51

解　$\dot{U}_{sm}=50\angle-45°$ V

$$i_o=0.1\sin(\omega t+81.87°)$$
$$=0.1\cos(\omega t-8.13°)\ \text{A}$$
$$\dot{I}_{om}=0.1\angle-8.13°\ \text{A}$$

电源右边电路的等效阻抗为

$$Z=\frac{\dot{U}_{sm}}{\dot{I}_{om}}=\frac{50\angle-45°}{0.1\angle-8.13°}$$
$$=500\angle-36.87°=400-\text{j}300\ \Omega$$

又有

$$Z=R+\text{j}\omega L-\text{j}\frac{1}{\omega C}=400+\text{j}\left(40\times10^{-3}\times\omega-\frac{1}{0.4\times10^{-6}\times\omega}\right)$$

比较可得

$$40\times10^{-3}\times\omega-\frac{1}{0.4\times10^{-6}\times\omega}=-300$$

解以上方程并舍去负根，得 $\omega=5000$ rad/s。

9-17　正弦电流电路如图 9-52 所示，其中 $Z_1=(1\ \text{k}\Omega+\text{j}2.7\ \text{k}\Omega)$，$Z_2=(790\ \Omega-\text{j}1.6\ \text{k}\Omega)$，电源提供的总电流的有效值为 15 mA，试用分流原理计算两支路的电流有效值。

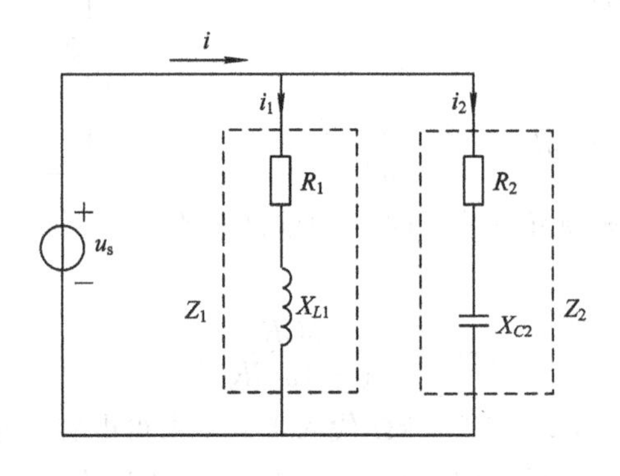

图　9-52

解　设总电流 i 为参考正弦量，则 $\dot{I}=15\angle0°$ mA。由分流原理得

$$\dot{I}_2=\frac{Z_1}{Z_1+Z_2}\dot{I}=\frac{(1+\text{j}2.7)\times10^{-3}}{(1+\text{j}2.7+0.79-\text{j}1.6)\times10^{3}}\times15\angle0°$$
$$=\frac{1+\text{j}2.7}{1.79+\text{j}1.1}\times15=\frac{2.88\angle69.68°}{2.10\angle31.57°}\times15=20.57\angle38.11°\ \text{mA}$$
$$\dot{I}_1=\frac{Z_2}{Z_1+Z_2}\dot{I}=\frac{0.79-\text{j}1.6}{1.79+\text{j}1.1}\times15=\frac{1.78\angle-63.72°}{2.10\angle31.57°}\times15$$
$$=12.71\angle95.29°\ \text{mA}$$

电流有效值为

$$I_1=12.71\ \text{mA},\quad I_2=20.57\ \text{mA}$$

9-18　计算图 9-53 所示电路中 Z_3 和 Z_4 并联的等效阻抗。

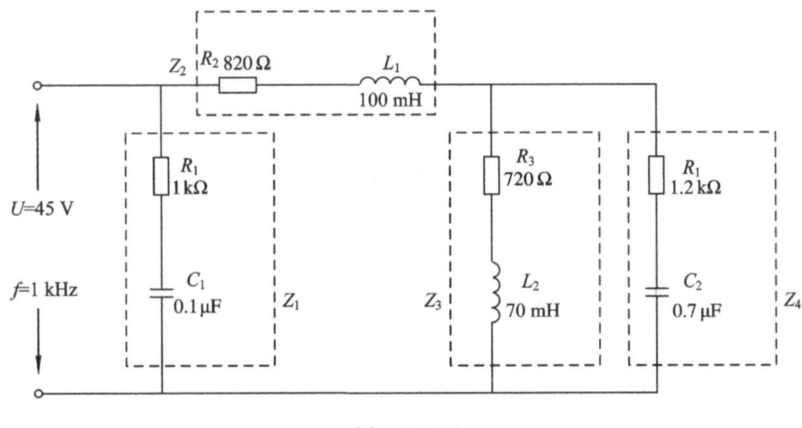

图 9-53

解

$$\omega=2\pi f=2\pi\times1000=2000\pi\ \text{rad/s}$$

Z_3 和 Z_4 并联的等效阻抗为

$$Z=\frac{Z_3Z_4}{Z_3+Z_4}=\frac{(R_3+\text{j}\omega L_2)\left(R_4-\text{j}\,\dfrac{1}{\omega C_2}\right)}{R_3+\text{j}\omega L_2+R_4-\text{j}\,\dfrac{1}{\omega C_2}}$$

$$=\frac{(720+\text{j}439.82)(1.2-\text{j}227.36)}{720+\text{j}439.82+1.2-\text{j}227.36}=67.355-\text{j}246.09$$

$$=255.14\angle-74.69^\circ\ \Omega$$

9-19 在图 9-53 所示电路中，求 L_2 和 C_2 上的电压有效值。

解 该电路的相量模型如图 9-54 所示，图中标出了各电压和电流的参考方向。

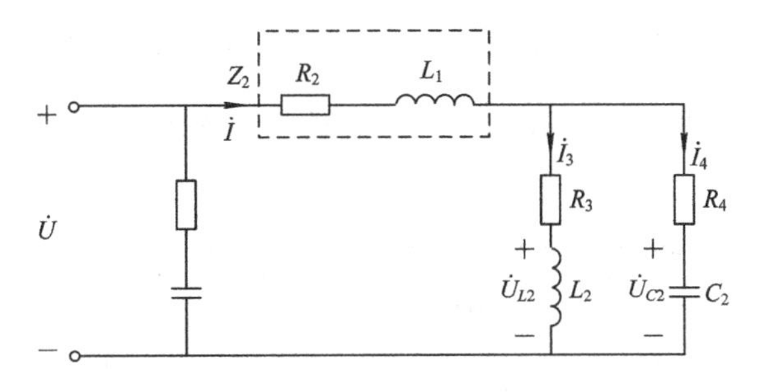

图 9-54

令 $\dot{U}$ 为参考相量，即 $\dot{U}=45\angle0^\circ$ V，上题已求出 ω 及 $Z=Z_3/\!/Z_4$。

$$Z_2=R_2+\text{j}\omega L_1=820+\text{j}2000\pi\times0.1=(820+\text{j}628.32)\ \Omega$$

$$\dot{I}=\frac{\dot{U}}{Z_2+Z}=\frac{45\angle0^\circ}{(820+\text{j}628.32)+(67.355-\text{j}246.09)}$$

$$=(0.0428-\text{j}0.0184)=0.0466\angle-23.26^\circ\ \text{A}$$

由分流公式，得

$$\dot{I}_3=\frac{Z_4\dot{I}}{Z_3+Z_4}=\frac{(1.2-\text{j}227.36)\times0.0466\angle-23.26^\circ}{(720+\text{j}439.82)+(1.2-\text{j}227.36)}$$

$$=-0.0089-\text{j}0.0109=0.0141\angle-129.42^\circ\ \text{A}$$

$$\dot{I}_4 = \dot{I} - \dot{I}_3 = (0.0428 - j0.0184) - (-0.0089 - j0.0109)$$
$$= 0.0517 - j0.0075$$
$$= 0.0523\angle -8.30^\circ \text{ A}$$

L_2 和 C_2 上的电压有效值分别为

$$U_{L2} = I_3 \times \omega L_2 = 0.0141 \times 439.82 = 6.19 \text{ V}$$

$$U_{C2} = I_4 \frac{1}{\omega C_2} = 0.0523 \times 227.36 = 11.88 \text{ V}$$

9-20 求图 9-55 所示电路总的等效阻抗。

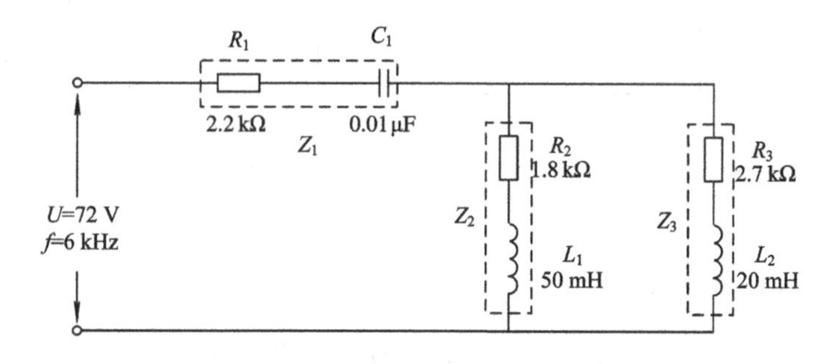

图 9-55

解

$$\omega = 2\pi f = 2\pi \times 6 \times 10^3 = 12\pi \times 10^3 \text{ rad/s}$$

$$Z_1 = R_1 - j\frac{1}{\omega C_1} = 2.2 - j2.653 \text{ k}\Omega$$

$$Z_2 = R_2 + j\omega L_1 = 1.8 + j1.885 \text{ k}\Omega$$

$$Z_3 = R_3 + j\omega L_2 = 2.7 + j0.754 \text{ k}\Omega$$

总的等效阻抗为

$$Z = Z_1 + \frac{Z_2 Z_3}{Z_2 + Z_3} = 3.3937 - j1.9205 \text{ k}\Omega = 3.90\angle -29.5^\circ \text{ k}\Omega$$

9-21 求图 9-56 所示电路从 a、b 两端看进去的等效导纳，并用极坐标和直角坐标两种形式表示。

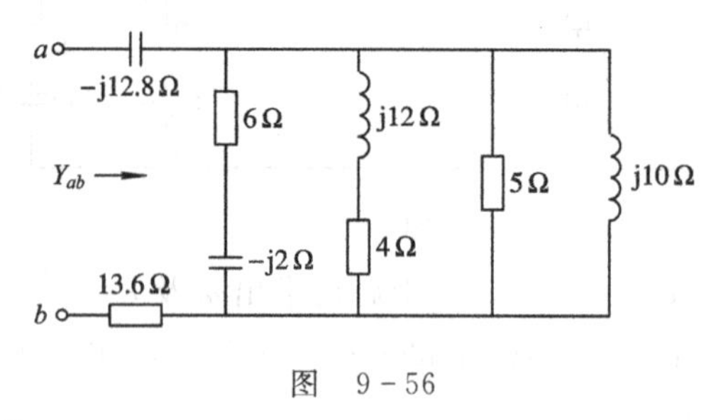

图 9-56

解 端口等效阻抗为

$$Z_{ab} = 13.6 - j12.8 + \frac{1}{\frac{1}{6 - j2} + \frac{1}{4 + j12} + \frac{1}{5} + \frac{1}{j10}}$$
$$= 13.6 - j12.8 + 2.4 + j0.8$$
$$= 16 - j12 \ \Omega$$

端口等效导纳为

$$Y_{ab}=\frac{1}{Z_{ab}}=\frac{1}{16-\mathrm{j}12}=0.04+\mathrm{j}0.03\ \mathrm{S}$$
$$=0.05\angle 36.87^\circ\ \mathrm{S}=50\angle 36.87^\circ\ \mathrm{mS}$$

9-22　求图 9-57 所示电路从 a、b 两端看进去的等效阻抗，并分别用极坐标和直角坐标两种形式表示。

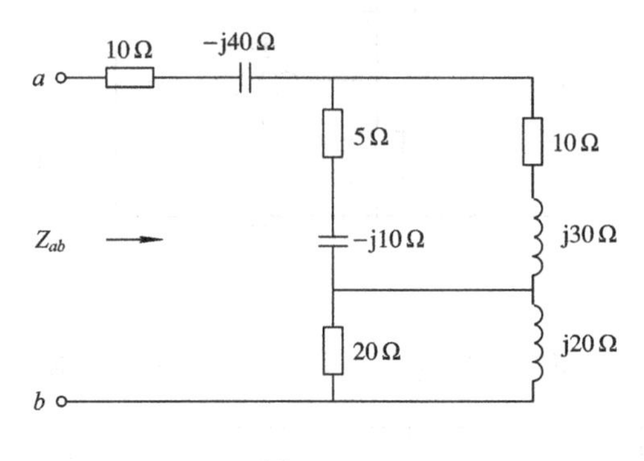

图　9-57

解　端口等效阻抗为

$$Z_{ab}=10-\mathrm{j}40+\frac{(5-\mathrm{j}10)\times(10+\mathrm{j}30)}{(5-\mathrm{j}10)+(10+\mathrm{j}30)}+\frac{20\times \mathrm{j}20}{20+\mathrm{j}20}$$
$$=10-\mathrm{j}40+(10-\mathrm{j}10)+(10+\mathrm{j}10)$$
$$=30-\mathrm{j}40$$
$$=50\angle-53.13^\circ\ \Omega$$

9-23　图 9-58 所示正弦电流电路中，已知 $u_s=75\cos(5000t)$ V，用分压的概念求 $u_o(t)$。

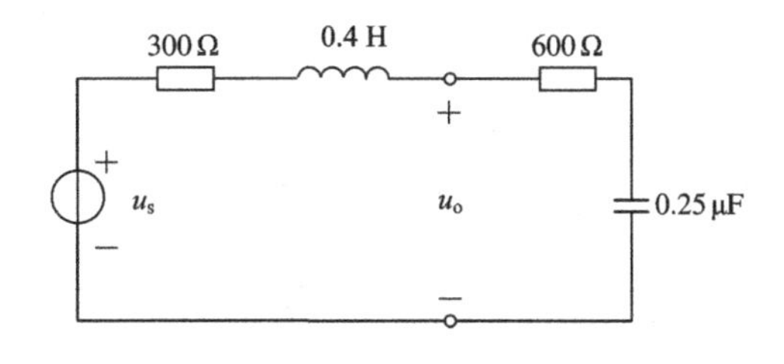

图　9-58

解　用相量法解题，由已知条件，有

$$\dot{U}_{sm}=75\angle 0^\circ\ \mathrm{V}$$
$$\omega=5000\ \mathrm{rad/s}$$

利用串联电路的分压公式，得 u_o 的相量为

$$\dot{U}_{om}=\frac{600-\mathrm{j}\dfrac{1}{5000\times 0.25\times 10^{-6}}}{300+\mathrm{j}5000\times 0.4+600-\mathrm{j}\dfrac{1}{5000\times 0.25\times 10^{-6}}}\times\dot{U}_{sm}$$
$$=\frac{600-\mathrm{j}800}{900+\mathrm{j}1200}\times 75=\frac{1000\angle-53.13^\circ}{1500\angle 53.13^\circ}\times 75$$
$$=50\angle-106.26^\circ\ \mathrm{V}$$

u_o 的瞬时表达式为

$$u_o(t) = 50\cos(5000t - 106.26°)\ \text{V}$$

9-24　图 9-59 所示电路中，已知 $\dot{U}_s = 60\angle 0°$ V，$\dot{I}_1 = 5\angle -90°$ A，求 $\dot{I}_2$ 和 Z。

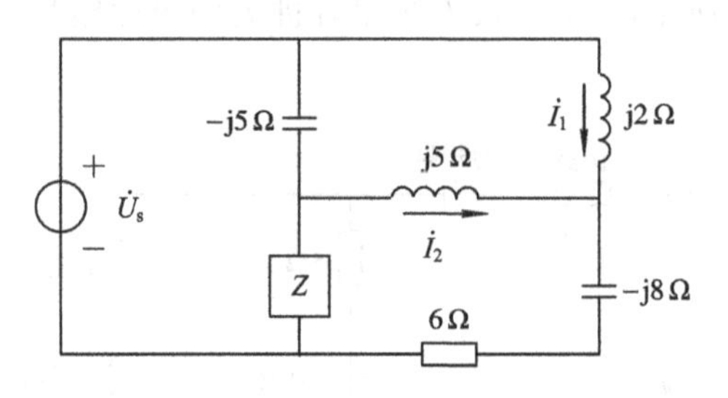

图　9-59

解　在电路中标出各电压和电流的参考方向，如图 9-60 所示。

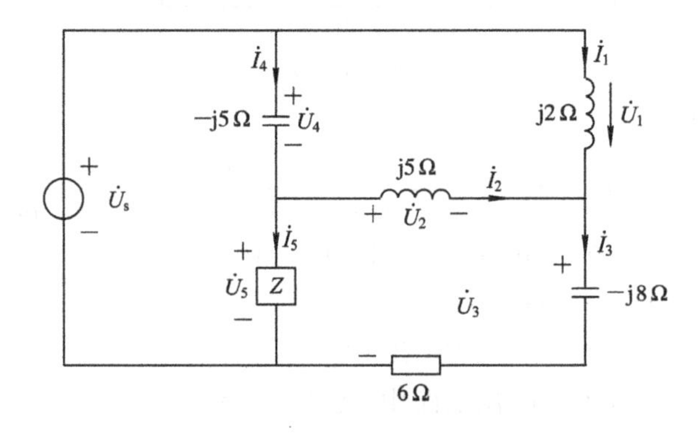

图　9-60

由已知条件解得

$$\dot{U}_1 = \dot{I}_1 \text{j}2 = 5\angle -90° \times \text{j}2 = 10\angle 0°\ \text{V}$$

$$\dot{U}_3 = \dot{U}_s - \dot{U}_1 = 60\angle 0° - 10\angle 0° = 50\ \text{V}$$

$$\dot{I}_3 = \frac{\dot{U}_3}{6 - \text{j}8} = \frac{50}{10\angle -53.13°} = 5\angle 53.13°\ \text{A}$$

$$\dot{I}_2 = \dot{I}_3 - \dot{I}_1 = (3 + \text{j}4) - (-\text{j}5) = 3 + \text{j}9 = 9.49\angle 71.57°\ \text{A}$$

$$\dot{U}_2 = \text{j}5\dot{I}_2 = \text{j}5(3 + \text{j}9) = -45 + \text{j}15 = 47.43\angle 161.57°\ \text{V}$$

$$\dot{U}_4 = \dot{U}_1 - \dot{U}_2 = 10 - (-45 + \text{j}15) = 55 - 15\text{j} = 57.01\angle -15.26°\ \text{V}$$

$$\dot{I}_4 = \frac{\dot{U}_4}{-\text{j}5} = \frac{55 - \text{j}15}{-\text{j}5} = 3 + \text{j}11 = 11.40\angle 74.74°\ \text{A}$$

$$\dot{I}_5 = \dot{I}_4 - \dot{I}_2 = (3 + \text{j}11) - (3 + \text{j}9) = \text{j}2\ \text{A}$$

$$\dot{U}_5 = \dot{U}_s - \dot{U}_4 = 60 - (55 - \text{j}15) = 5 + \text{j}15 = 15.81\angle 71.57°\ \text{V}$$

$$Z = \frac{\dot{U}_5}{\dot{I}_5} = \frac{5 + \text{j}15}{\text{j}2} = 7.5 - \text{j}2.5 = 7.91\angle -18.43°\ \Omega$$

可见，电流 $\dot{I}_2$ 为 $9.49\angle 71.57°$ A，阻抗 Z 为 $7.91\angle -18.43°\ \Omega$。

9-25　图 9-61 所示电路中，已知 $I_s=10$ A，$\omega=5000$ rad/s，$R_1=R_2=10\ \Omega$，$C=10\ \mu$F，$\mu=0.5$，求各支路电流，并作出相量图。

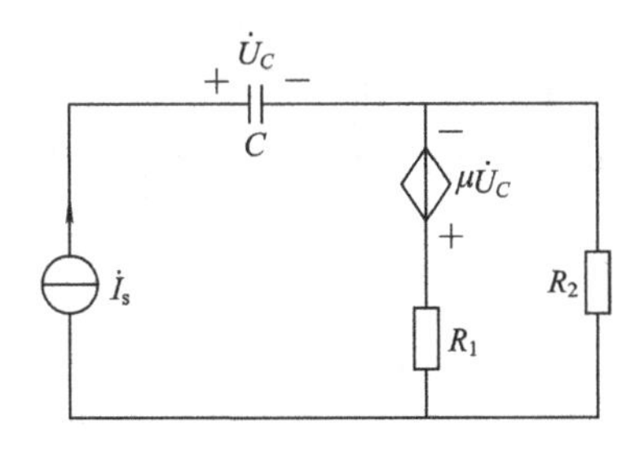

图　9-61

解　在电路中标出各电流参考方向，如图 9-62(a)所示。

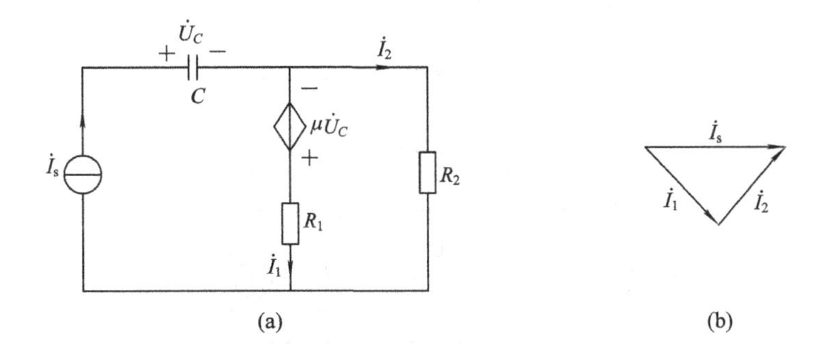

(a)　　　　(b)

图　9-62

令 $\dot{I}_s$ 为参考相量，则

$$\dot{I}_s = 10\angle 0^\circ \text{ A}$$

$$-\mathrm{j}\frac{1}{\omega C} = -\mathrm{j}\frac{1}{5000\times 10^{-5}} = -\mathrm{j}20\ \Omega$$

$$\dot{U}_C = \dot{I}_s\left(-\mathrm{j}\frac{1}{\omega C}\right)$$

根据节点 KCL 及右边网孔的 KVL 列出方程，并将上式代入，得

$$\begin{cases}\dot{I}_1+\dot{I}_2=\dot{I}_s\\ \dot{I}_2R_2-\dot{I}_1R_1+\mu\dot{I}_s\left(-\mathrm{j}\dfrac{1}{\omega C}\right)=0\end{cases}$$

代入数据，整理得

$$\begin{cases}\dot{I}_1+\dot{I}_2=10\\ -10\dot{I}_1+10\dot{I}_2=\mathrm{j}100\end{cases}$$

解得两个支路的电流为

$$\dot{I}_2 = 5+\mathrm{j}5 = 7.07\angle 45^\circ \text{ A}$$

$$\dot{I}_1 = 5-\mathrm{j}5 = 7.07\angle -45^\circ \text{ A}$$

各电流的关系为 $\dot{I}_1+\dot{I}_2=\dot{I}_s$，电流相量图示于图 9-62(b)中。

9-26　用网孔分析法求图 9-63 所示电路中的电流 $\dot{I}_g$。

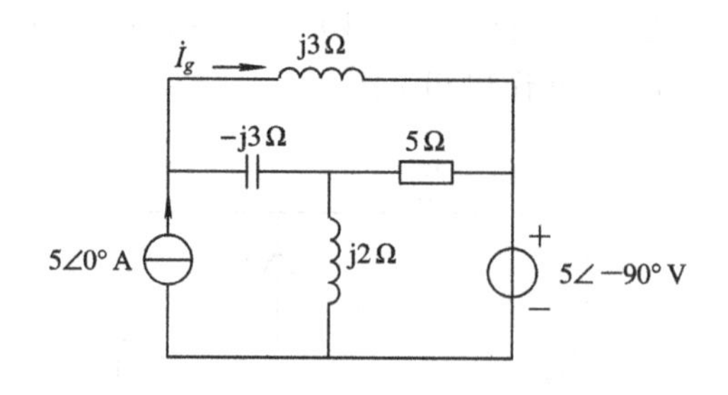

图 9-63

解 标出各网孔电流参考方向，如图 9-64 所示。列出网孔电流方程为

$$\begin{cases}\dot{I}_{m1}=5\angle 0^\circ \\ -(-\mathrm{j}3)\dot{I}_{m1}+(\mathrm{j}3-\mathrm{j}3+5)\dot{I}_{m2}-5\dot{I}_{m3}=0 \\ -\mathrm{j}2\dot{I}_{m1}-5\dot{I}_{m2}+(5+\mathrm{j}2)\dot{I}_{m3}=-5\angle -90^\circ\end{cases}$$

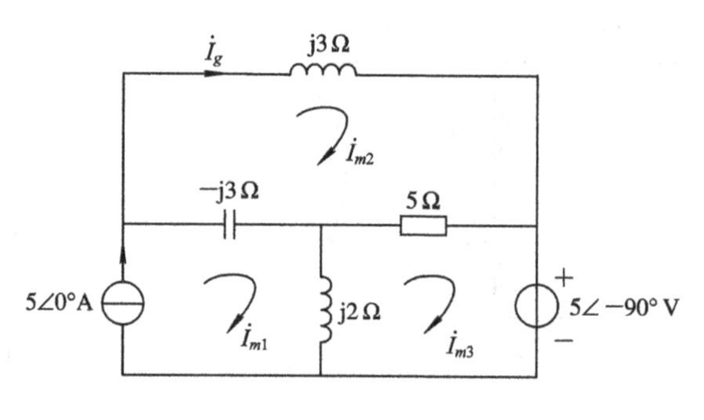

图 9-64

整理得

$$\begin{cases}5\dot{I}_{m2}-5\dot{I}_{m3}=-\mathrm{j}15 \\ -5\dot{I}_{m2}+(5+\mathrm{j}2)\dot{I}_{m3}=\mathrm{j}15\end{cases}$$

求得

$$\dot{I}_{m3}=0\ \mathrm{A},\quad \dot{I}_{m2}=-\mathrm{j}3=3\angle -90^\circ\ \mathrm{A}$$

即

$$\dot{I}_g=\dot{I}_{m2}=3\angle -90^\circ\ \mathrm{A}$$

9-27 图 9-65 所示正弦电流电路中，$u_{s1}=10\cos(5000t+53.13^\circ)$ V，$u_{s2}=8\cos(5000t-90^\circ)$ V，用节点分析法求 $u_o(t)$。

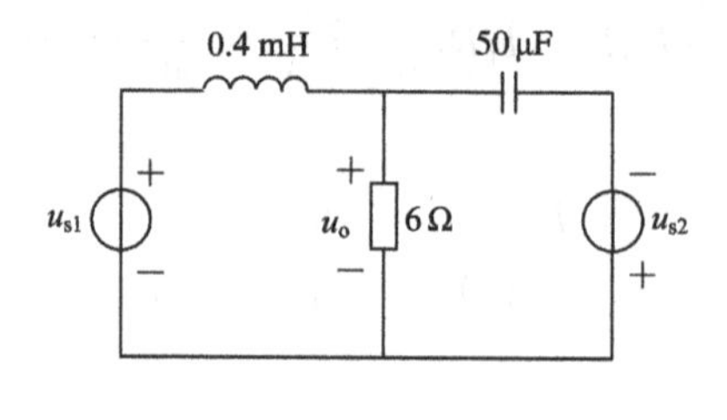

图 9-65

解

$$\mathrm{j}\omega L=\mathrm{j}5000\times 0.4\times 10^{-3}=\mathrm{j}2\ \Omega$$

$$\mathrm{j}\omega C=\mathrm{j}5000\times 50\times 10^{-6}=\mathrm{j}0.25\ \mathrm{S}$$

$$\dot{U}_{s1m} = 10\angle 53.13^\circ = 6 + j8\ \text{V}$$
$$\dot{U}_{s2m} = 8\angle -90^\circ = -j8\ \text{V}$$

将电压源与阻抗的串联支路转换为电流源与阻抗的并联(图略)，可列出节点方程为

$$\dot{U}_{om}\left(-j\frac{1}{\omega L} + j\omega C + \frac{1}{R}\right) = \frac{\dot{U}_{s1m}}{j\omega L} - \dot{U}_{s2m} j\omega C$$

代入数据，整理得

$$\dot{U}_{om}\left(\frac{1}{6} - j0.25\right) = 2 - j3$$

解得
$$\dot{U}_{om} = \frac{2 - j3}{\frac{1}{6} - j0.25} = \frac{24 - j36}{2 - j3} = 12\angle 0^\circ\ \text{V}$$

u_o 的瞬时表达式为

$$u_o(t) = 12\cos(5000t)\ \text{V}$$

9-28　图 9-66 所示正弦电流电路中，已知 $i_s = 5\cos(8\times 10^5 t)$ A，求 $u_o(t)$。

解　电路的相量模型如图 9-67 所示。

$$\dot{I}_{sm} = 5\angle 0^\circ\ \text{A}$$
$$j\omega L = j8\times 10^5 \times 25 \times 10^{-6} = j20\ \Omega$$
$$j\omega C = j8\times 10^5 \times 125 \times 10^{-6} = j100\ \text{S}$$

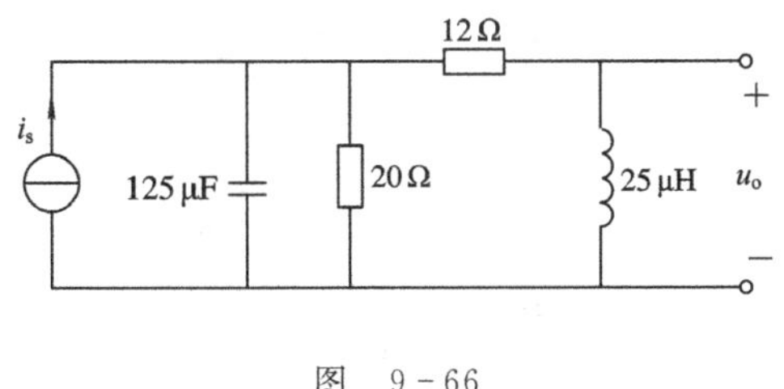

图　9-66

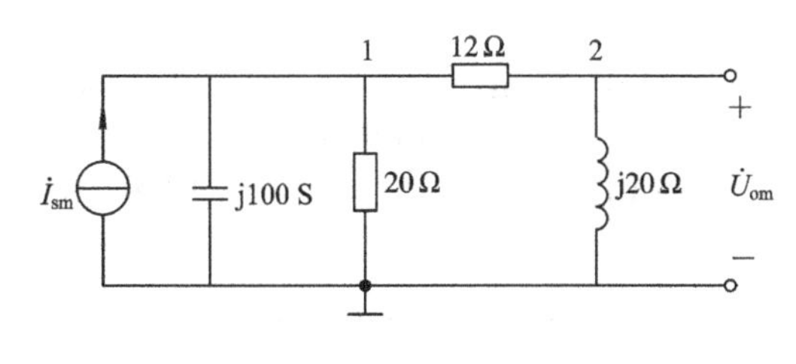

图　9-67

采用节点法解相量模型，节点电压方程为

$$\begin{cases} \dot{U}_{n1m}\left(j100 + \frac{1}{20} + \frac{1}{12}\right) - \frac{1}{12}\dot{U}_{n2m} = \dot{I}_{sm} \\ -\frac{1}{12}\dot{U}_{n1m} + \dot{U}_{n2m}\left(\frac{1}{12} + \frac{1}{j20}\right) = 0 \end{cases}$$

整理得

$$\begin{cases} (8 + j6000)\dot{U}_{n1m} - 5\dot{U}_{n2m} = 300 \\ -5\dot{U}_{n1m} + (5 - j3)\dot{U}_{n2m} = 0 \end{cases}$$

解得

$$\dot{U}_{n1m} = -j0.05\ \text{V},\quad \dot{U}_{n2m} = (0.0221 - j0.0368)\ \text{V}$$
$$\dot{U}_{om} = \dot{U}_{n2m} = 0.0221 - j0.0368 = 0.0429\angle -59^\circ\ \text{V}$$

u_o 的瞬时表达式为

$$u_o(t) = 42.9\cos(8\times 10^5 t - 59^\circ)\ \text{mV}$$

9-29　图 9-68 所示为正弦电流电路中的一个二端网络，已知 $u_s = 247.49\cos(1000t + 45^\circ)$ V，求该二端网络的戴维南等效相量模型。

解　该二端电路的相量模型如图 9-69(a)所示。

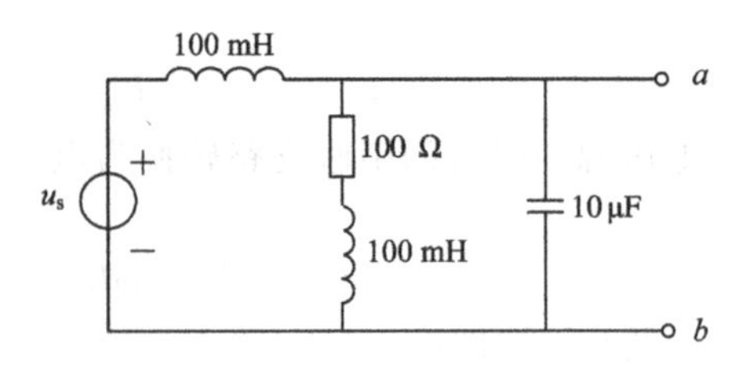

图　9-68

$$\dot{U}_{sm} = 247.49\angle 45^\circ \text{ V}$$
$$j\omega L = j1000 \times 0.1 = j100\ \Omega$$
$$-j\frac{1}{\omega C} = -j\frac{1}{1000 \times 10^{-5}} = -j100\ \Omega$$

两条并联支路的阻抗为

$$Z_{并} = \frac{-j100 \times (100 + j100)}{-j100 + 100 + j100} = 100 - j100\ \Omega$$

由分压公式求得开路电压为

$$\dot{U}_{ocm} = \frac{Z_{并}}{j100 + Z_{并}} \times \dot{U}_{sm} = \frac{100 - j100}{j100 + 100 - j100} \times 247.49\angle 45^\circ$$
$$= \sqrt{2} \times 247.49\angle 0^\circ = 350\angle 0^\circ \text{ V}$$

令内部电压源 $\dot{U}_{sm}$ 为零，求得端口等效阻抗为

$$Z_{eq} = Z_{并} \mathbin{/\!/} j100 = \frac{j100 \times (100 - j100)}{j100 + 100 - j100} = 100 + j100\ \Omega$$

该二端电路的戴维南等效相量模型如图 9-69(b)所示。其中，

$$\dot{U}_{ocm} = 350\angle 0^\circ \text{ V}, \quad Z_{eq} = 100 + j100\ \Omega$$

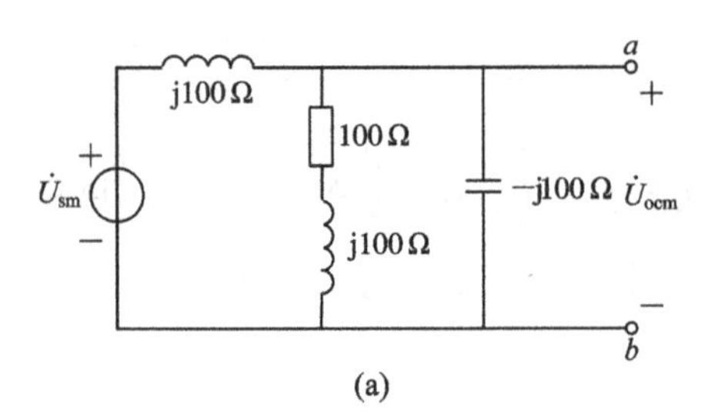

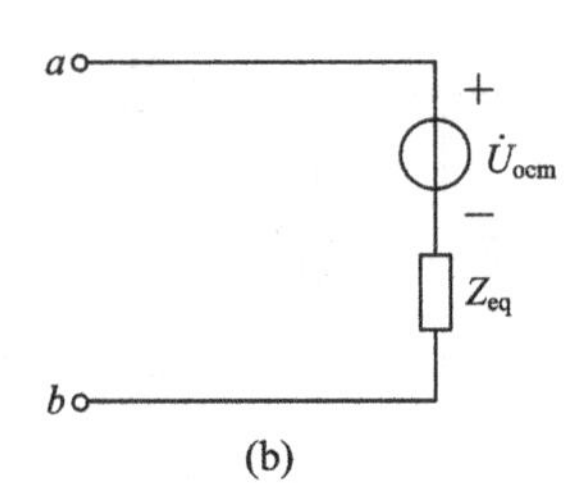

图　9-69

9-30　求图 9-70 所示二端网络的诺顿等效相量模型。

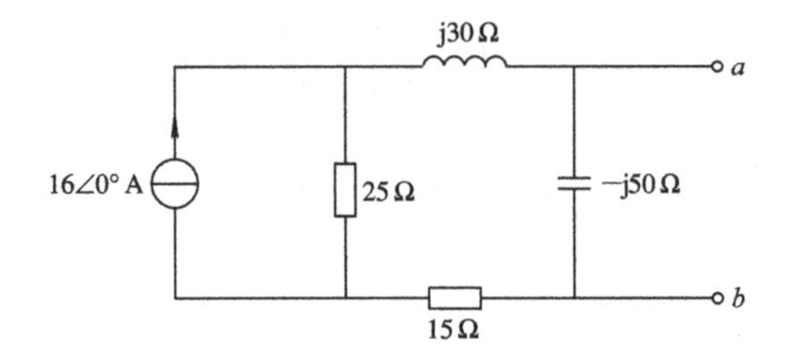

图　9-70

解　将该二端网络的端口短接，如图 9-71(a)所示，求短路电流。由分流公式得

$$\dot{I}_{sc} = \frac{25}{25 + (15 + j30)} \times 16\angle 0^\circ = \frac{25}{50\angle 36.87^\circ} \times 16 = 8\angle -36.87^\circ \text{ A}$$

将该二端网络内部电源置零，如图 9-71(b)所示，求等效阻抗：

$$Z_{eq} = \frac{-j50 \times (40 + j30)}{40 + j30 - j50} = 50 - j25\ \Omega$$

原电路的诺顿等效相量模型如图 9－71(c)所示。其中，

$$\dot{I}_{sc} = 8\angle -36.87°\ \text{A}, \quad Z_{eq} = 50 - j25\ \Omega$$

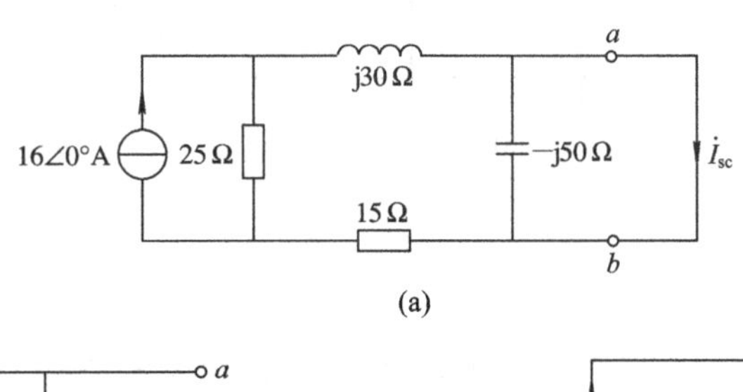

(a)

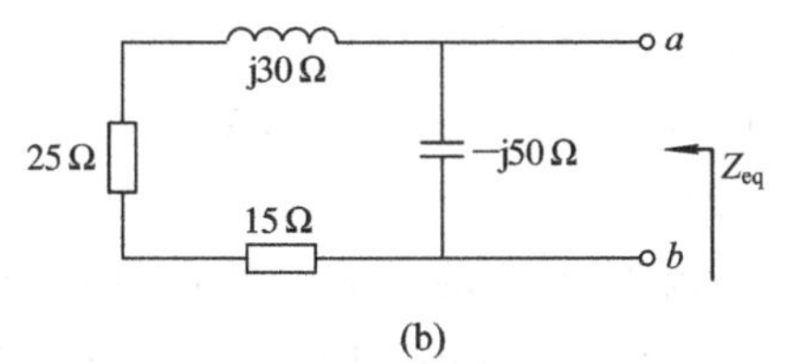

(b)

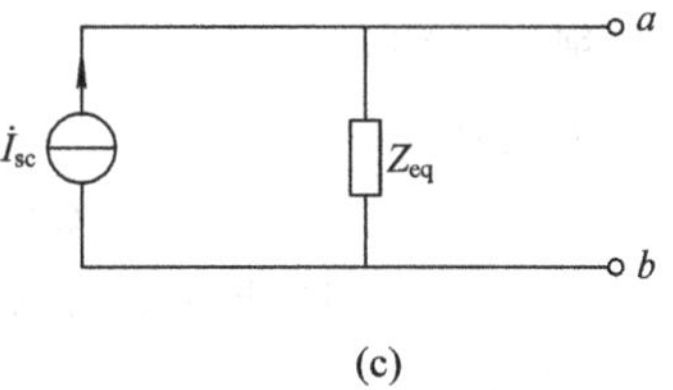

(c)

图　9－71

9－31　求图 9－72 所示二端网络的戴维南等效相量模型。

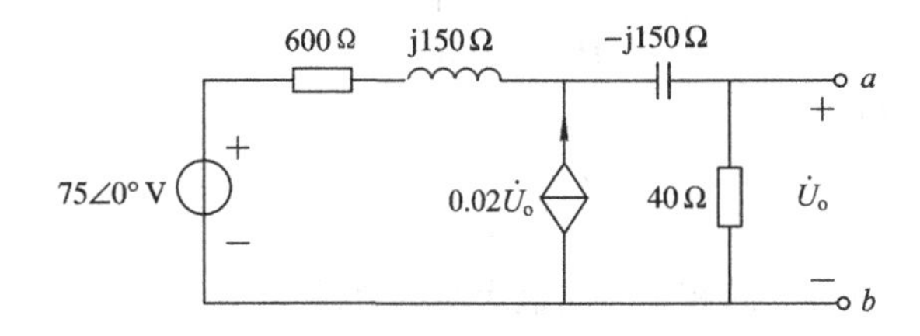

图　9－72

解　设端电压和电流参考方向如图 9－73(a)所示，采用节点法求端口 VAR。设电流 $\dot{I}$ 已知，节点方程为

$$\begin{cases} \left(\dfrac{1}{600 + j150} + \dfrac{1}{-j150}\right)\dot{U}_{n1} - \left(\dfrac{1}{-j150}\right)\dot{U}_{n2} = \dfrac{75}{600 + j150} + 0.02\dot{U}_{n2} \\ -\left(\dfrac{1}{-j150}\right)\dot{U}_{n1} + \left(\dfrac{1}{-j150} + \dfrac{1}{40}\right)\dot{U}_{n2} = \dot{I} \end{cases}$$

整理得

$$\begin{cases} (0.0016 + j0.0063)\dot{U}_{n1} - (0.02 + j0.0067)\dot{U}_{n2} = 0.1176 - j0.0294 \\ -0.0067\dot{U}_{n1} + (0.025 + j0.0067)\dot{U}_{n2} = \dot{I} \end{cases}$$

解得

$$\dot{U} = \dot{U}_{n2} = (12 + j9) + (96 + j72)\dot{I} = 15\angle 36.87° + (96 + j72)\dot{I}$$

由以上 VAR 可得戴维南等效相量模型如图 9－73(b)所示。其中，

$$\dot{U}_{oc} = 15\angle 36.87°\ \text{V}$$

$$Z_{eq} = 96 + j72\ \Omega$$

9－32　一个 RL 串联电路，端口电压有效值为 50 V，端电流有效值为 100 mA，电压与电流的相位差为 25°，计算电路的视在功率、平均功率和无功功率。

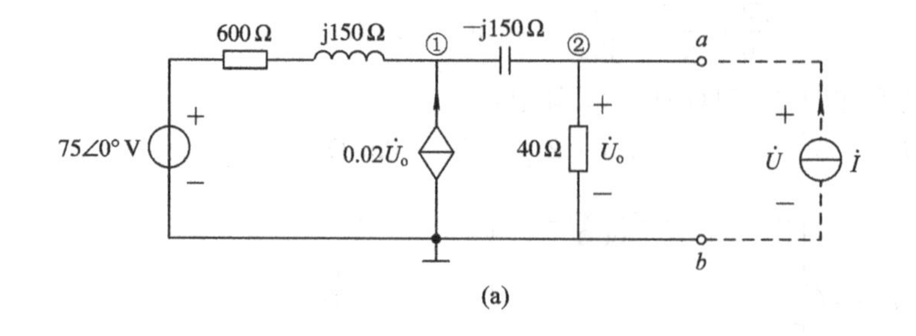

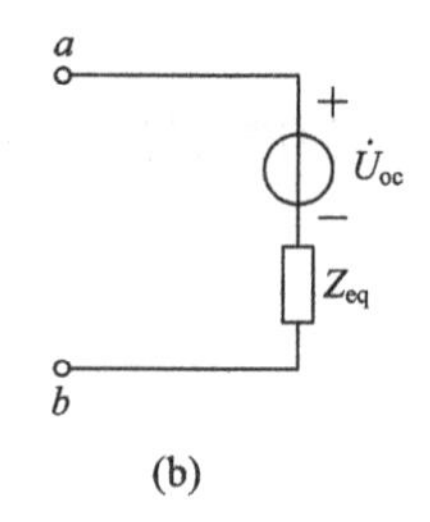

图 9-73

解

视在功率：　　　　$S=UI=50\times0.1=5$ VA

平均功率：　　　　$P=UI\cos\varphi=50\times0.1\times\cos25°=4.53$ W

无功功率：　　　　$Q=UI\sin\varphi=50\times0.1\times\sin25°=2.11$ var

9-33　一个平均功率为 2 kW 的发热元件，由 220 V 的正弦交流电源供电，求：(1) 元件的电阻值；(2) 元件上流过的电流有效值；(3) 该元件消耗的瞬时功率的峰值。

解　这是一个电阻元件。由 $P=\frac{U^2}{R}$ 得电阻为

$$R=\frac{U^2}{P}=\frac{220^2}{2000}=24.2\ \Omega$$

由 $P=UI$ 得电流有效值为

$$I=\frac{P}{U}=\frac{2000}{220}=9.09\ \text{A}$$

瞬时功率 $P=ui$，由于 u 与 i 同相，因此最大瞬时功率为

$$P_{\max}=U_{\text{m}}\times I_{\text{m}}=\sqrt{2}U\times\sqrt{2}I=2UI=2\times2000=4\ \text{kW}$$

9-34　一个电压有效值为 50 V，频率为 400 Hz 的正弦交流电压源给一个由 25 μF 电容和 4.7 Ω 电阻串联组成的负载供电，求负载的视在功率、平均功率和无功功率。

解　电路如图 9-74 所示。电源电压有效值 $U_s=50$ V，角频率为

$$\omega=2\pi\times400=800\pi\ \text{rad/s}$$

$$-\text{j}\,\frac{1}{\omega C}=-\text{j}\,\frac{1}{800\pi\times25\times10^{-6}}=-\text{j}15.92\ \Omega$$

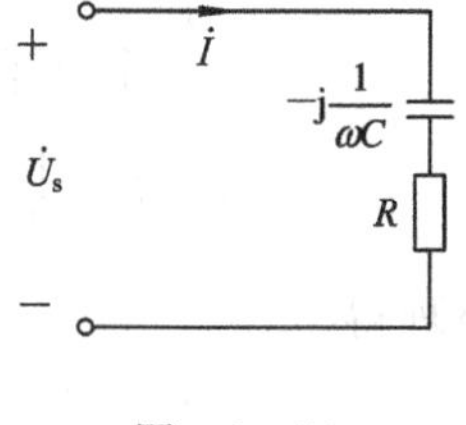

图 9-74

负载阻抗为

$$Z=R-\text{j}\,\frac{1}{\omega C}=4.7-\text{j}15.92\ \Omega$$

端电流有效值为

$$I=\frac{U}{|Z|}=\frac{50}{\sqrt{4.7^2+15.92^2}}=3.01\ \text{A}$$

从而，视在功率为

$$S=UI=50\times3.01=150.5\ \text{VA}$$

平均功率为

$$P=I^2R=3.01^2\times4.7=42.58\ \text{W}$$

无功功率为

$$Q=-I^2\frac{1}{\omega C}=-3.01^2\times 15.92=-144.24\ \text{var}$$

9-35　一个电压有效值为 24 V，频率为 400 Hz 的正弦交流电压源，接有一个功率因数为 0.65(滞后)的负载，已知该负载吸收的平均功率为 4 kW，求连接导线上的电流有效值。现采用并电容的方法提高功率因数，若要将功率因数调整为 0.85(滞后)，求所需的电容值，并求此时电源导线上的电流有效值。

解　电路及电流和电压的相量图如图 9-75 所示。

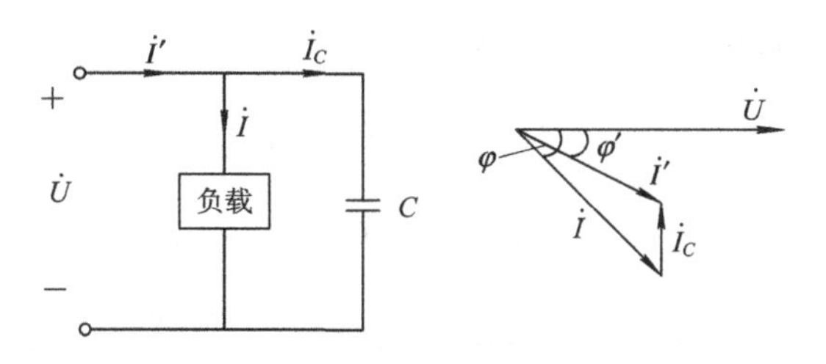

图　9-75

未并电容前，由 $P=UI\cos\varphi$ 得负载电流有效值为

$$I=\frac{P}{U\cos\varphi}=\frac{4000}{24\times 0.65}=256.41\ \text{A}$$

负载阻抗角为

$$\varphi=\arccos 0.65=49.46°$$

并电容后，端电流有效值为

$$I'=\frac{P}{U\cos\varphi'}=\frac{4000}{24\times 0.85}=196.08\ \text{A}$$

总的阻抗角为

$$\varphi'=\arccos 0.85=31.79°$$

由图 9-75 所示相量图可知

$$\begin{aligned}I_C&=I\sin\varphi-I'\sin\varphi'\\&=256.41\times\sin 49.46°-196.08\times\sin 31.79°\\&=91.56\ \text{A}\end{aligned}$$

由

$$\frac{I_C}{U}=\omega C$$

求得所需并联电容值为

$$C=\frac{I_C}{U\omega}=\frac{91.56}{24\times 2\pi\times 400}=1517.94\ \mu\text{F}$$

综上可知，未并电容前，电源导线上的电流有效值为 256.41 A，并上 1517.94 μF 的电容后，导线上的电流有效值为 196.08 A。

9-36　正弦电流电路如图 9-76 所示，已知 $i_s=30\cos(100t)$ mA，求电路中负载的平均功率、无功功率和视在功率。

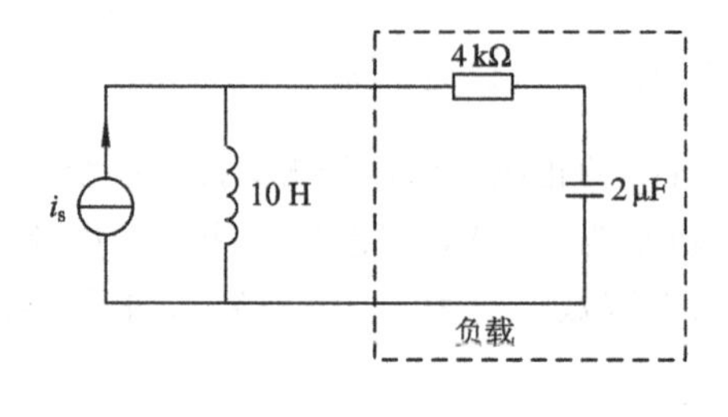

图 9-76

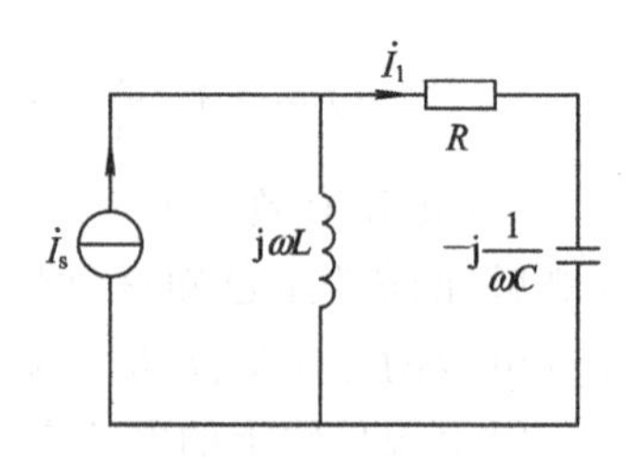

图 9-77

解 电路的相量模型如图 9-77 所示。

$$\dot{I}_s = \frac{30}{\sqrt{2}}\angle 0° \text{ mA}$$

$$j\omega L = j100 \times 10 = j1000\ \Omega$$

$$-j\frac{1}{\omega C} = -j\frac{1}{100 \times 2 \times 10^{-6}} = -j5000\ \Omega$$

$$\dot{I}_1 = \frac{j\omega L}{j\omega L + \left(R - j\frac{1}{\omega C}\right)} \times \dot{I}_s = \frac{j1000}{j1000 + 4000 - j5000} \times \frac{30}{\sqrt{2}}\angle 0°$$

$$= \frac{j1000}{4000 - j4000} \times \frac{30}{\sqrt{2}} = 3.75\angle 135° \text{ mA}$$

负载的平均功率为

$$P = I_1^2 R = (3.75 \times 10^{-3})^2 \times 4000 = 56.25 \text{ mW}$$

负载的无功功率为

$$Q = -I_1^2 \frac{1}{\omega C} = -(3.75 \times 10^{-3})^2 \times 5000 = -70.31 \text{ mvar}$$

负载的视在功率为

$$S = \sqrt{P^2 + Q^2} = \sqrt{56.25^2 + 70.31^2} = 90.04 \text{ mVA}$$

9-37 正弦电流电路如图 9-78 所示，其中三个负载的阻抗分别为 $Z_1 = 240 + j70\ \Omega$、$Z_2 = 160 - j120\ \Omega$、$Z_3 = 30 - j40\ \Omega$，求：(1) 各负载的功率因数；(2) 从电压源看进去的复合负载的功率因数。

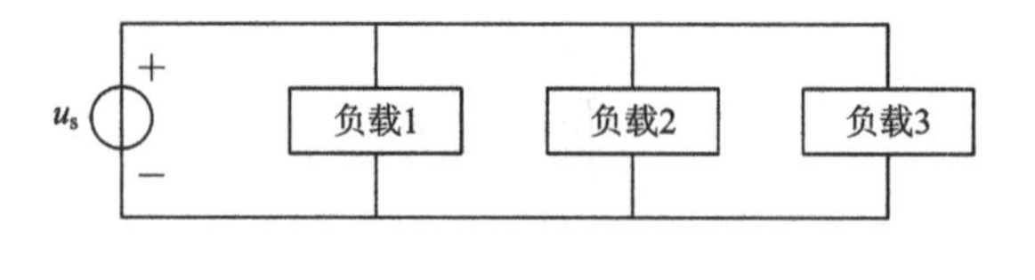

图 9-78

解 负载 1 的阻抗角为

$$\varphi_1 = \arctan\frac{70}{240} = 16.26°$$

功率因数为

$$\cos\varphi_1 = 0.96 \quad (\text{滞后})$$

负载 2 的阻抗角为

$$\varphi_2 = -\arctan\frac{120}{160} = -36.87°$$

功率因数为

$$\cos\varphi_2 = 0.8 \quad (超前)$$

负载 3 的阻抗角为

$$\varphi_3 = -\arctan\frac{40}{30} = -53.13°$$

功率因数为

$$\cos\varphi_3 = 0.6 \quad (超前)$$

三个负载并联后的总导纳为

$$\begin{aligned} Y &= \frac{1}{Z_1} + \frac{1}{Z_2} + \frac{1}{Z_3} \\ &= \frac{1}{240 + \mathrm{j}70} + \frac{1}{160 - \mathrm{j}120} + \frac{1}{30 - \mathrm{j}40} \\ &= 0.0267\angle 42.03° \end{aligned}$$

总阻抗角为

$$\varphi_z = -\varphi_y = -42.03°$$

复合负载的功率因数为

$$\cos\varphi_z = \cos(-42.03°) = 0.74 \quad (超前)$$

9-38　正弦电流电路如图 9-79 所示，若 $i_s = 30\cos(25\,000t)$ mA，求该电流源产生的平均功率。

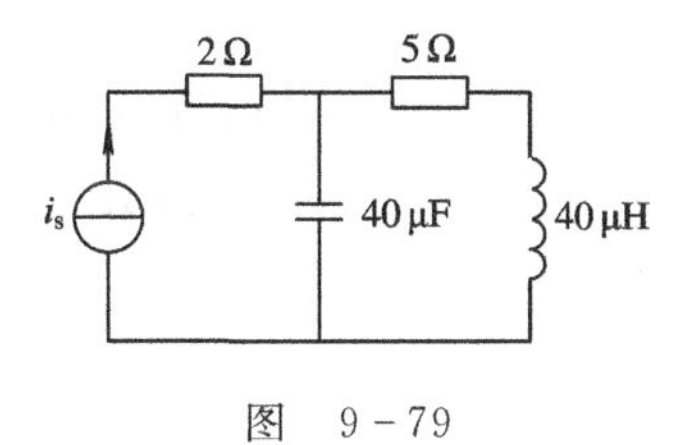

图　9-79

解　电路的相量模型如图 9-80 所示。

$$\dot{I}_s = \frac{30}{\sqrt{2}}\angle 0°\ \mathrm{mA}$$

$$\mathrm{j}\omega L = \mathrm{j}25\,000 \times 40 \times 10^{-6} = \mathrm{j}1\ \Omega$$

$$-\mathrm{j}\frac{1}{\omega C} = -\mathrm{j}\frac{1}{25\,000 \times 40 \times 10^{-6}} = -\mathrm{j}1\ \Omega$$

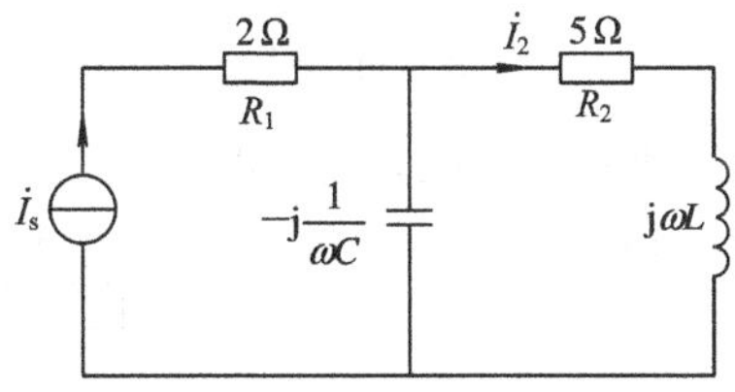

图　9-80

用并联电路的分流公式可求得 $\dot{I}_2$：

$$\dot{I}_2 = \frac{-\mathrm{j}\,\dfrac{1}{\omega C}}{-\mathrm{j}\,\dfrac{1}{\omega C} + (R_2 + \mathrm{j}\omega L)} \times \dot{I}_s = \frac{-\mathrm{j}1}{-\mathrm{j}1 + 5 + \mathrm{j}1} \times \frac{30}{\sqrt{2}}\angle 0^\circ$$

$$= \frac{6}{\sqrt{2}}\angle -90^\circ \text{ mA}$$

电流源产生的平均功率即为负载吸收的平均功率，即电路中两个电阻吸收的平均功率之和，有

$$P = I_s^2 R_1 + I_2^2 R_2 = \left(\frac{30}{\sqrt{2}}\right)^2 \times 2 + \left(\frac{6}{\sqrt{2}}\right)^2 \times 5$$

$$= 900 + 90 = 990 \ \mu\text{W}$$

(注意电流单位为 mA。)

9－39　图 9－81 所示电路中，$\dot{I}_s = 6\angle 30^\circ$ A，$Z_0 = 6 + \mathrm{j}8\ \Omega$，$Z_1 = 100 + \mathrm{j}50\ \Omega$，求负载 Z 在共轭匹配时的功率。

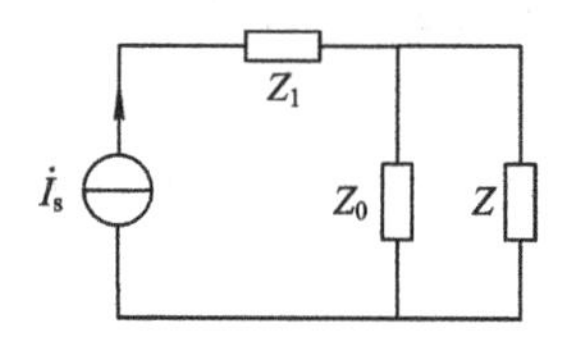

图　9－81

解　将电路 Z 支路之外的部分看做二端电路，如图 9－82(a)所示。求得其开路电压和等效阻抗为

$$\dot{U}_{oc} = \dot{I}_s Z_0 = 6\angle 30^\circ \times (6 + \mathrm{j}8) = 60\angle 83.13^\circ \text{ V}$$

$$Z_{eq} = Z_0 = 6 + \mathrm{j}8\ \Omega$$

因此原电路等效为图 9－82(b)所示。

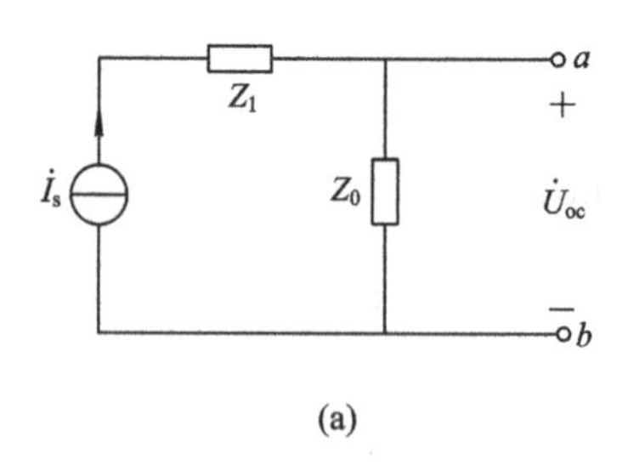

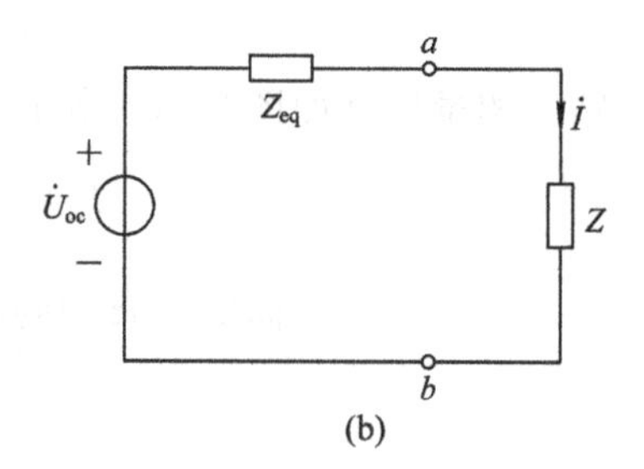

图　9－82

当 $Z = Z_{eq}^* = 6 - \mathrm{j}8\ \Omega$ 时，达到共轭匹配，此时电流为

$$\dot{I} = \frac{\dot{U}_{oc}}{Z_{eq} + Z} = \frac{60\angle 83.13^\circ}{(6 + \mathrm{j}8) + (6 - \mathrm{j}8)} = \frac{60\angle 83.13^\circ}{12} = 5\angle 83.13^\circ \text{ A}$$

负载 Z 吸收的平均功率为

$$P = I^2 \times 6 = 5^2 \times 6 = 150 \text{ W}$$

9－40　已知对称三相电路的星形负载 $Z=165+\mathrm{j}84\ \Omega$，端线阻抗 $Z_1=2+\mathrm{j}1\ \Omega$，中线阻抗 $Z_N=1+\mathrm{j}1\ \Omega$，电源线电压有效值为 380 V。求负载端的电流和线电压有效值，并作出电路的相量图。

解　电路如图 9－83 所示。设 $\dot{U}_{sa}$ 为参考相量，则

$$\dot{U}_{sa}=\frac{380}{\sqrt{3}}\angle 0^\circ=220\angle 0^\circ\ \mathrm{V}$$

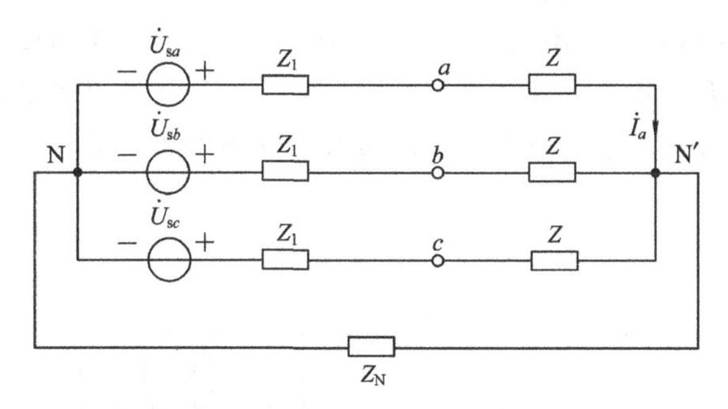

图　9－83

对称三相电路中：

$$\dot{U}_{N'N}=0$$

$$\dot{I}_a=\frac{\dot{U}_{sa}}{Z+Z_1}=\frac{220}{167+\mathrm{j}85}=1.174\angle-27^\circ\ \mathrm{A}$$

$$\begin{aligned}\dot{U}_{aN'}&=\dot{I}_aZ=1.174\angle-27^\circ\times(165+\mathrm{j}84)\\&=1.174\angle-27^\circ\times185.15\angle27^\circ=217.34\angle0^\circ\ \mathrm{V}\end{aligned}$$

线电压有效值为

$$U_{ab}=\sqrt{3}U_{aN'}=217.34\times\sqrt{3}=376.5\ \mathrm{V}$$

即负载端相电流有效值为 1.174 A，线电压有效值为 376.5 V。

9－41　三相电路的电源线电压 $U_1=230$ V，每相负载 $Z=12+\mathrm{j}16\ \Omega$，试：(1) 求负载星形连接时的线电流及吸收的总功率；(2) 求负载三角形连接时的线电流、相电流和吸收的总功率；(3) 比较(1)和(2)的结果能得到什么结论？

解　每相负载阻抗角为

$$\varphi=\arctan\frac{16}{12}=53.13^\circ$$

(1) 负载星形连接时，线电流有效值为

$$I_1=\frac{U_p}{|Z|}=\frac{U_1/\sqrt{3}}{|Z|}=\frac{230/\sqrt{3}}{|12+\mathrm{j}16|}=\frac{230/\sqrt{3}}{20}=6.64\ \mathrm{A}$$

因而三相负载总功率为

$$P=\sqrt{3}U_1I_1\cos\varphi=\sqrt{3}\times230\times6.64\times\cos53.13^\circ=1587\ \mathrm{W}$$

(2) 负载三角形连接时，负载相电压有效值等于线电压有效值，即

$$U_p=U_1=230\ \mathrm{V}$$

负载相电流有效值为

$$I_p=\frac{U_p}{|Z|}=\frac{230}{20}=11.5\ \mathrm{A}$$

负载线电流有效值为

$$I_l = \sqrt{3} I_p = 19.92 \text{ A}$$

因而三相负载总功率为

$$P = 3U_p I_p \cos\varphi = 3 \times 230 \times 11.5 \times \cos 53.13° = 4761 \text{ W}$$

(3) 比较以上结果可知：负载采用三角形连接时，其功率是星形连接时功率的 3 倍，其线电流有效值也是星形连接时的 3 倍。

9-42 图 9-84 所示三相电路中，$Z_1 = -\text{j}10\ \Omega$，$Z_2 = 5 + \text{j}12\ \Omega$，对称电源的线电压为 380 V，单相负载电阻 R 吸收的功率 $P = 24\ 200$ W，试：(1) 求开关 S 闭合时图中各表的读数，根据功率表的读数能否求得整个负载所吸收的功率？(2) 判断开关 S 打开时各表的读数有无变化。

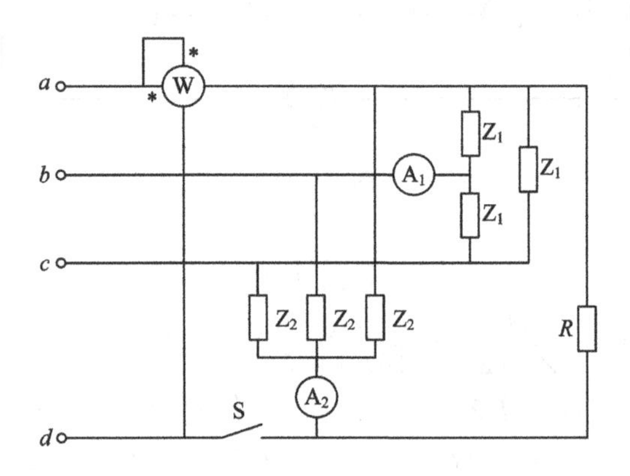

图 9-84

解 (1) 当开关 S 闭合时，是有中线的三相电路，三条 Z_2 支路的电流是对称三相电流，这三条支路的电流之和为零，故 A_2 表读数为 0。

Z_1 的相电流为

$$I_{p1} = \frac{380}{|Z_1|} = \frac{380}{|-\text{j}10|} = 38 \text{ A}$$

A_1 表读数是 Z_1 负载的线电流，即该读数为

$$I_{L1} = \sqrt{3} I_{p1} = \sqrt{3} \times 38 = 65.82 \text{ A}$$

Z_2 的相电流为

$$I_{p2} = \frac{220}{|Z_2|} = \frac{220}{|5 + \text{j}12|} = \frac{220}{13} = 16.92 \text{ A}$$

阻抗角为

$$\varphi_2 = \arctan \frac{12}{5} = 67.38°$$

功率表的读数为 A 相负载的平均功率，即 Z_2 的单相功率与 R 的功率之和，有

$$P = P_2 + P_R = 220 \times 16.92 \cos\varphi_2 + 24\ 200 = 25\ 631.7 \text{ W}$$

综上可知，当开关 S 闭合时，A_1 的读数为 65.82 A，A_2 的读数为 0，功率表读数为 25 631.7 W。

(2) 当开关断开时，三相对称三角形负载 Z_1 的工作情况不变，故 A_1 表读数不变。

Z_2 负载及 R 的工作情况可用图 9-85 所示等效电路分析。这是一个不对称、无中线的三相电路，A_2 表读数不再为 0。

$$R=\frac{220^2}{24\ 200}=2\ \Omega$$

A 相负载为

$$Z_A=Z_2\ /\!/\ R=\frac{2\times(5+\text{j}12)}{2+5+\text{j}12}=1.8549+\text{j}0.2487$$

设 $\dot{U}_{sA}$ 为参考相量，即 $\dot{U}_{sA}=220\angle 0^\circ$ V，由节点分析法可求得

$$\dot{U}_{N'N}=\frac{\dfrac{\dot{U}_{sA}}{Z_A}+\dfrac{\dot{U}_{sB}}{Z_2}+\dfrac{\dot{U}_{sC}}{Z_2}}{\dfrac{1}{Z_A}+\dfrac{1}{Z_2}+\dfrac{1}{Z_2}}=\frac{\dfrac{220\angle 0^\circ}{1.8549+\text{j}0.2487}+\dfrac{220\angle -120^\circ}{5+\text{j}12}+\dfrac{220\angle 120^\circ}{5+\text{j}12}}{\dfrac{1}{1.8549+\text{j}0.2487}+\dfrac{2}{5+\text{j}12}}$$

$$=165.21+\text{j}59.77=175.69\angle 19.89^\circ\ \text{V}$$

$$\dot{I}_R=\frac{\dot{U}_{sA}-\dot{U}_{N'N}}{R}=\frac{220\angle 0^\circ-(165.21+\text{j}59.77)}{2}=40.54\angle -47.49^\circ\ \text{A}$$

即 A_2 表读数为 40.54 A。

此时功率表已不能反映负载的功率。

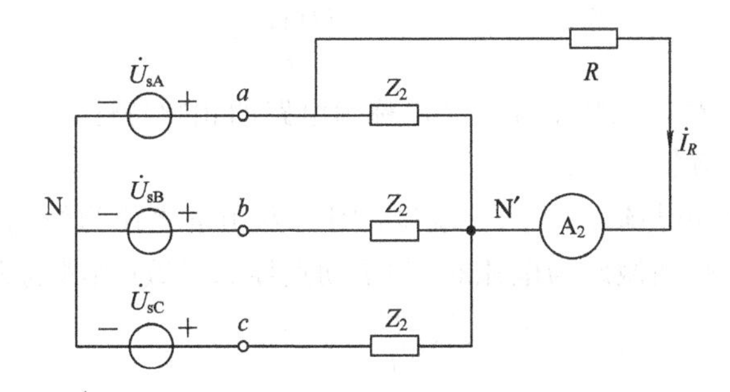

图 9-85

第 10 章　电路的频率响应

10.1　内 容 提 要

1. 电路的频率响应与网络函数

1）正弦稳态频率响应

电路的输出对不同频率的正弦激励有不同的响应，这一特性称为电路的频率特性或频率响应。

2）正弦稳态网络函数的定义

有唯一激励源的正弦稳态电路，其激励源（又称为输入）的相量为 $\dot{E}$，电路中某一电流或电压响应为电路的输出，其相量为 $\dot{R}$，则该电路的正弦稳态网络函数定义为

$$H(\mathrm{j}\omega)=\frac{\dot{R}}{\dot{E}}$$

$$H(\mathrm{j}\omega)=\frac{|H(\mathrm{j}\omega)|}{\varphi(\omega)}$$

其中，$|H(\mathrm{j}\omega)|$称为电路的幅频特性，$\varphi(\omega)$称为电路的相频特性。

3）正弦稳态网络函数的分类

策动点函数：若输出与输入在同一端口，则二者相量之比为策动点函数。策动点函数又分为策动点阻抗函数（当激励为电流时）和策动点导纳函数（当激励为电压时）。

策动点阻抗（阻抗）：　$Z(\mathrm{j}\omega)=\dfrac{\dot{U}}{\dot{I}}$

策动点导纳（导纳）：　$Y(\mathrm{j}\omega)=\dfrac{\dot{I}}{\dot{U}}$

转移函数：若输出与输入在不同的端口，则二者相量之比为转移函数。

电压转移函数：　$A_u(\mathrm{j}\omega)=\dfrac{\dot{U}_2}{\dot{U}_1}$

电流转移函数：　$A_i(\mathrm{j}\omega)=\dfrac{\dot{I}_2}{\dot{I}_1}$

转移阻抗函数：　$Z_{\mathrm{T}}(\mathrm{j}\omega)=\dfrac{\dot{U}_2}{\dot{I}_1}$

转移导纳函数：　$Y_{\mathrm{T}}(\mathrm{j}\omega)=\dfrac{\dot{I}_2}{\dot{U}_1}$

截止频率：幅频特性值下降到其最大值 0.707 倍时所对应的频率称为截止频率（又称为半功率点频率），记为 ω_c。

通频带：幅频特性值不小于其最大值的 $1/\sqrt{2}$ 倍时所对应的频带称为通频带，记为 BW。

2. 串联谐振电路

电路的谐振：网络 N_0 中含有电感和电容，一般情况下，其端电压 $\dot{U}$ 和端电流 $\dot{I}$ 不同相位，但在某一特定频率下，$\dot{U}$ 和 $\dot{I}$ 可达到同相位，称电路在该频率下发生谐振。

RLC 串联电路的频率响应：

$$\left|\frac{Y}{Y_0}\right| = \frac{1}{\sqrt{1+Q^2\left(\frac{\omega}{\omega_0}-\frac{\omega_0}{\omega}\right)^2}}, \quad \varphi_Y(\omega) = -\arctan Q\left(\frac{\omega}{\omega_0}-\frac{\omega_0}{\omega}\right)$$

$$Q = \frac{\omega_0 L}{R} = \frac{1}{\omega_0 CR}, \quad BW = \omega_{c2}-\omega_{c1} = \frac{R}{L} = \frac{\omega_0}{Q}$$

$$Q = \frac{\omega_0}{BW} = \frac{\omega_0}{\omega_2-\omega_1}$$

3. 并联谐振电路

RLC 并联电路的谐振频率为

$$f_0 = \frac{\omega_0}{2\pi} = \frac{1}{2\pi\sqrt{LC}}$$

RLC 并联电路的品质因数 Q 为

$$Q = \frac{\omega_0 C}{G} = \frac{1}{\omega_0 LG}$$

4. 非正弦周期电流电路的分析

非正弦周期电源作用下电路的稳态响应求解：

(1) 根据傅立叶级数将非正弦周期电源分解成直流分量及各次谐波分量，相当于在电路输入端施加多个等效电压源串联。

(2) 分别计算各次谐波分量单独作用时电路的响应分量。

(3) 由于电路是线性的，根据叠加原理，上述响应分量的代数和就是非正弦周期电源作用下电路的稳态响应。

非正弦周期电流和电压的有效值为

$$I = \sqrt{\frac{1}{T}\int_0^T i^2(t)\,\mathrm{d}t}, \quad U = \sqrt{\frac{1}{T}\int_0^T u^2(t)\,\mathrm{d}t}$$

非正弦周期电流电路的平均功率等于直流分量构成的功率和各次谐波分量构成的平均功率之和。

10.2 重点、难点

1. RLC 串联谐振电路

特点：

(1) RLC 串联电路的谐振频率为

$$f_0 = \frac{\omega_0}{2\pi} = \frac{1}{2\pi\sqrt{LC}}$$

(2) RLC 串联电路的品质因数为

$$Q = \frac{\omega_0 L}{R} = \frac{1}{\omega_0 CR}$$

(3) 谐振时阻抗的模最小。

(4) 谐振时电流最大。

(5) 谐振时电感和电容的电压各为总电压的 Q 倍，且相互抵消。

(6) 谐振时电路吸收的平均功率最大。

(7) 谐振时电路吸收的无功功率为零，电磁场能量为一常数。品质因数又可以表示为

$$Q=\frac{\omega_0 L}{R}=\frac{2\pi}{T_0}\cdot\frac{(1/2)I_{\mathrm{m}}^2\cdot L}{(1/2)I_{\mathrm{m}}^2\cdot R}$$

(8) 上、下截止频率为

$$\omega_{\mathrm{c2,\,c1}}=\left(\sqrt{1+\frac{1}{4Q^2}}\pm\frac{1}{2Q}\right)\omega_0$$

(9) 通频带为

$$BW=\omega_{\mathrm{c2}}-\omega_{\mathrm{c1}}=\frac{R}{L}=\frac{\omega_0}{Q}$$

2. *RLC* 并联谐振

RLC 并联电路谐振的特征：

(1) 谐振时导纳的模最小。

(2) 谐振时电压最大。

(3) 谐振时电感和电容的电流各为总电流的 Q 倍，且相互抵消。

(4) 谐振时电路吸收的平均功率最大。

(5) 谐振时电路吸收的无功功率为零，电磁场能量为一常数。

(6) 上、下截止频率为

$$\omega_{\mathrm{c2,\,c1}}=\pm\frac{G}{2C}+\sqrt{\left[\frac{G}{2C}\right]^2+\frac{1}{LC}}$$

(7) 通频带为

$$BW=\omega_2-\omega_1=\frac{G}{C}=\frac{\omega_0}{Q}$$

(8) 品质因数为

$$Q=\frac{\omega_0}{\mathrm{BW}}=\frac{\omega_0}{\omega_2-\omega_1}$$

3. 非正弦周期电路电压、电流的有效值及平均功率

$$I=\sqrt{I_0^2+I_1^2+I_2^2+\cdots+I_L^2}$$

$$U=\sqrt{U_0^2+U_1^2+U_2^2+\cdots+U_L^2}$$

$$P=U_0\cdot I_0+\sum_{k=1}^{L}U_k\cdot I_k\cdot\cos\varphi_k=P_0+P_1+P_2+\cdots+P_L$$

应注意，每一个谐波的功率必须是电压和电流频率相同的项时才可以求平均功率。

10.3 典 型 例 题

【例 10－1】 求图 10－1 所示波形的傅立叶级数的系数。

解 $f(t)$在半个周期$\left[0,\ \frac{T}{2}\right]$内表示为

$$\begin{cases} f(t)=\dfrac{E_m}{a}t & 0\leqslant t\leqslant a \\ f(t)=\dfrac{2E_m}{2a-T}t-\dfrac{TE_m}{2a-T} & a\leqslant t\leqslant \dfrac{T}{2} \end{cases}$$

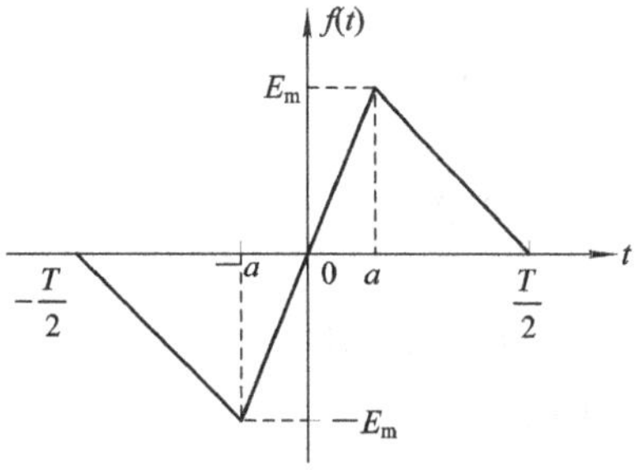

图 10-1

由于 $f(t)$为奇函数，因此

$$a_k=0 \quad k=0,\ 1,\ 2,\ 3,\ \cdots$$

$$\begin{aligned} b_k &= \frac{4}{T}\int_0^{\frac{T}{2}} f(t)\ \sin k\omega t\ \mathrm{d}t \\ &= \frac{4}{T}\int_0^a \frac{E_m}{a}\ t\ \sin k\omega t\ \mathrm{d}t+\int_a^{\frac{T}{2}}\left(\frac{2E_m}{2a-T}t-\frac{TE_m}{2a-T}\right)\sin k\omega t\ \mathrm{d}t \\ &= \frac{2E_m}{k^2a(\pi-a)}\cdot\sin(ka) \quad k=1,\ 2,\ 3,\ \cdots \end{aligned}$$

由此可得周期性函数表达式为

$$f(t)=\sum_{k=1}^{\infty} b_k\ \sin(k\omega t)$$

其中，$\omega=\frac{T}{2\pi}=1$。

【解题指南与点评】 电工技术中遇到的周期函数常具有某种对称性，利用函数的对称性可使系数 a_0、a_k、b_k 的确定简化。本题为奇函数，即 $f(t)=-f(-t)$，则其傅立叶级数的系数 $a_k=0(k=0,\ 1,\ 2,\ 3,\ \cdots)$。

【例 10-2】 已知某信号半周期的波形如图 10-2 所示，试在下列不同条件下画出整个周期的波形：

(1) $a_0=0$；(2) 对所有 k，$b_k=0$；(3) 对所有 k，$a_k=0$；(4) k 为偶数，$a_k=0$，$b_k=0$。

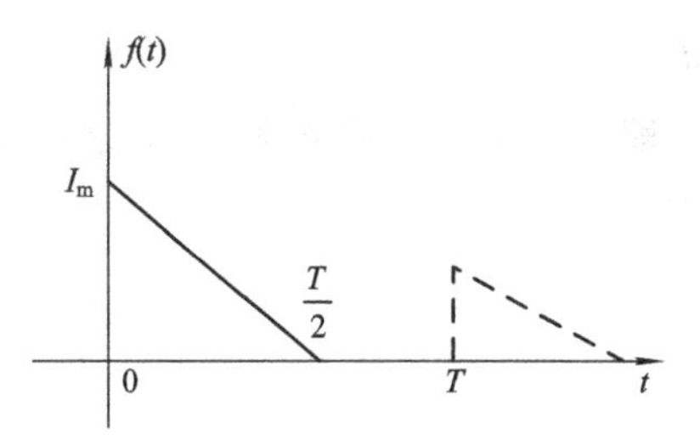

图 10-2

解 (1) $a_0=0$，即傅立叶级数的直流分量是零，则 $f(t)$可能是奇函数，关于原点对称，如图 10-3 所示。另外，当 $f(t)$是奇谐波时，其傅立叶级数的直流分量也为零，所以$f(t)$也可能是奇谐波函数，如图 10-4 所示。

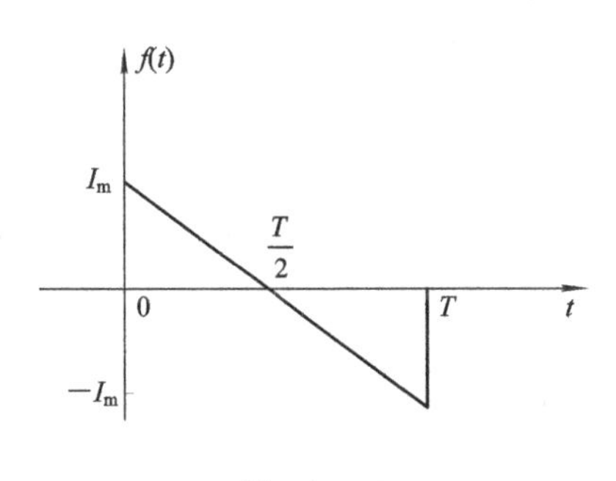

图 10-3

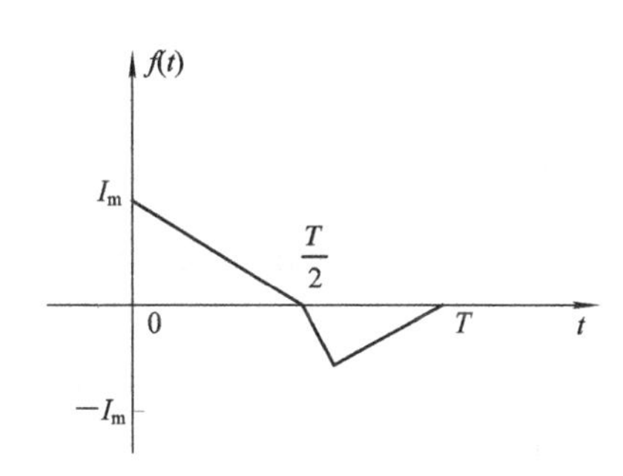

图 10-4

(2) $b_k=0(k=0, 1, 2, \cdots)$，偶函数的傅立叶级数满足此要求，即 $f(t)=-f(-t)$，如图 10－5 所示。

(3) $a_k=0$，$a_0=0(k=0, 1, 2, \cdots)$，奇函数的傅立叶级数满足此要求，即 $f(t)=f(-t)$，如图 10－6 所示。

(4) $a_{2k}=0$，$b_{2k}=0(k=0, 1, 2, \cdots)$，奇谐波函数的傅立叶级数满足此要求，即 $f(t)=-f(t\pm T/2)$，如图 10－7 所示。

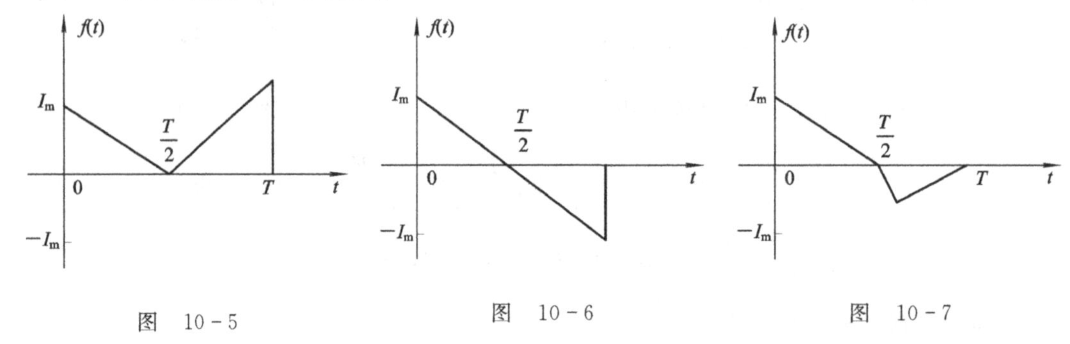

图 10－5　　图 10－6　　图 10－7

【解题指南与点评】 本题利用傅立叶级数中某些系数为零的情况来判断周期性函数的对称性与奇偶性：(1) 若 $a_k=0(k=0, 1, 2, \cdots)$，即展开式中不含有余弦项，则该周期性函数为奇函数；(2) 若 $b_k=0(k=0, 1, 2, \cdots)$，即展开式中不含有正弦项，则该周期性函数为偶函数；(3) 若 $a_{2k}=0$，$b_{2k}=0(k=0, 1, 2, \cdots)$，即展开式中不含有偶次谐波，则该周期性函数为奇谐波函数。

【例 10－3】 一个 RLC 串联电路，其 $R=11\ \Omega$，$L=0.015$ H，$C=70\ \mu$F，外加电压为 $u(t)=11+141.4\cos 1000t-35.4\sin 2000t$ V，试求电路中的电流 $i(t)$ 和电路中消耗的功率。

解 设 ω 为基波频率，k 为谐波次数，电路如图 10－8 所示，则电流相量的一般表达式为

$$\dot{I}_{\mathrm{m}}=\frac{\dot{U}_{k\mathrm{m}}}{R+\mathrm{j}\left(k\omega L-\dfrac{1}{k\omega C}\right)}$$

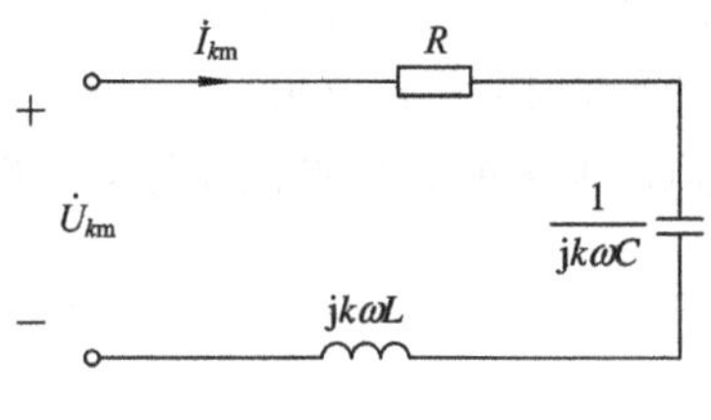

图 10－8

(1) 当 $k=0$ 时，即在直流分量 $U_0=11$ V 作用下，电容相当于开路，电感相当于短路，则

$$I_0=0,\quad P_0=0$$

(2) 当 $k=1$ 时，即在基波 $U_{1\mathrm{m}}=141.4\angle 0^\circ$ V 作用下，响应为

$$\dot{I}_{1\mathrm{m}}=\frac{141.4\angle 0^\circ}{11+\mathrm{j}(15-14.28)}=12.83\angle-3.74^\circ\ \mathrm{A}$$

$$i_1 = 12.83\cos(1000t - 3.74°)\ \text{A}$$

$$P_1 = \frac{1}{2}U_{1m}I_{1m}\cos 3.74° = 905\ \text{W}$$

(3) 当 $k=2$ 时，即在二次谐波 $\dot{U}_{2m}=35.4\angle 0°$ V 作用下，响应为

$$\dot{I}_{2m} = \frac{35.4\angle 0°}{11 + j(30 - 7.14)} = 1.395\angle -64.3°\ \text{A}$$

$$i_2 = 1.395\sin(2000t - 64.3°)\ \text{A}$$

$$P_2 = \frac{1}{2}U_{2m}I_{2m}\cos 64.3° = 11\ \text{W}$$

(4) 电路中的电流 $i(t)$按时域形式叠加：

$$i = I_0 + i_1 - i_2 = 12.83\cos(1000t - 3.74°) - 1.395\sin(2000t - 64.3°)\ \text{A}$$

(5) 电路中消耗的功率等于各次谐波平均功率的叠加：

$$P = P_1 + P_2 = 905 + 11 = 916\ \text{W}$$

【解题指南与点评】 非正弦周期性电流电路的分析法又称为“谐波分析法”，主要分下列三步：(1) 截取有限项(本题中已给定分解式，这一步不用做)；(2) 根据叠加定理，分别计算在直流分量与各次谐波分量单独作用下的电路稳态响应；(3) 对每一步响应，将它们的直流响应分量各次谐波响应分量的瞬时值叠加，得到电路在非正弦周期电流电路作用下的稳态响应的瞬时值。

【例 10-4】 电路如图 10-9 所示，$u_s(t)=50+100\sin 314t-40\cos 628t+10\sin 942t+20°$ V，试求电流 $i(t)$和电源发出的功率及电压和电流的有效值。

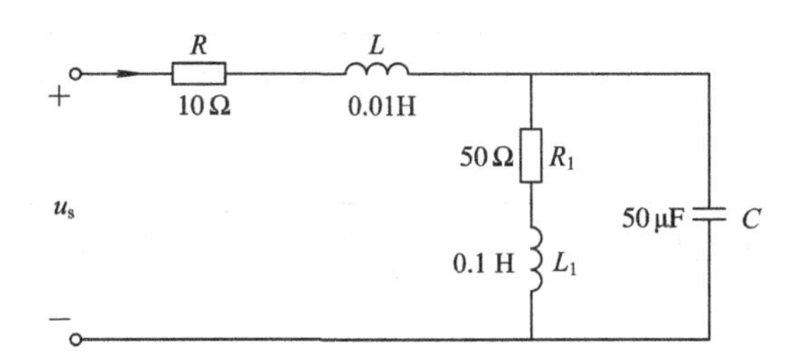

图 10-9

解 应用谐波分析法求电压源的直流分量和各谐波分量单独作用时的响应。

$k=0$ 时，即在直流分量 $U_0=50$ V 作用下的响应为

$$I_0 = \frac{U_0}{R + R_1} = \frac{50}{60} = 0.833\ \text{A}$$

$$P_0 = U_0 I_0 = 50 \times 0.833 = 41.65\ \text{W}$$

$k=1$ 时，即在基波 $\dot{U}_{1m}=100\angle 0°$ V 作用下的响应为

$$Z(j\omega) = 10 + j3.14 + \frac{(50 + j31.4)(-j63.69)}{50 + j31.4 - j63.69} = 71.26\angle 19.32°\ \Omega$$

$$\dot{I}_{1m} = \frac{\dot{U}_{1m}}{Z(j\omega)} = \frac{100\angle 0°}{71.26\angle -19.32°} = 1.403\angle 19.32°\ \text{A}$$

$$i_1 = 1.403\sin(314t + 19.32°)\ \text{A}$$

$$P_1 = \frac{1}{2}U_{1m} \times I_{1m}\cos -19.32° = \frac{1}{2} \times 100 \times 1.403\cos 19.32° = 66.2\ \text{W}$$

$k=2$ 时，即在二次谐波 $\dot{U}_{2m}=40\angle 0°$作用下的响应为

$$Z(\mathrm{j}2\omega)=10+\mathrm{j}6.28+\frac{(50+\mathrm{j}62.8)(-\mathrm{j}31.85)}{50+\mathrm{j}62.8-\mathrm{j}31.85}=42.53\angle-54.56°\ \Omega$$

$$\dot{I}_{2m}=\frac{\dot{U}_{2m}}{Z(\mathrm{j}2\omega)}=\frac{40\angle 0°}{42.53\angle-54.56°}=0.941\angle 54.56°\ \mathrm{A}$$

$$i_2=0.941\cos(628t+54.56°)\ \mathrm{A}$$

$$P_2=\frac{1}{2}U_{2m}\times I_{2m}\cos\varphi_2=\frac{1}{2}\times 40\times 0.941\cos-54.56°=10.91\ \mathrm{W}$$

$k=3$ 时，即在三次谐波 $\dot{U}_{3m}=10\angle 20°$ V 作用下的响应为

$$Z(\mathrm{j}3\omega)=10+\mathrm{j}9.42+\frac{(50+\mathrm{j}94.2)(-\mathrm{j}21.23)}{50+\mathrm{j}94.2-\mathrm{j}21.23}=20.56\angle-51.2°\ \Omega$$

$$\dot{I}_{3m}=\frac{\dot{U}_{3m}}{Z(\mathrm{j}3\omega)}=0.486\angle 71.2°\ \mathrm{A}$$

$$i_3=0.486\sin(942t+71.2°)\ \mathrm{A}$$

$$P_3=\frac{1}{2}U_{3m}\times I_{3m}\cos\varphi_3=\frac{1}{2}\times 10\times 0.486\cos(20-71.2)°=1.52\ \mathrm{W}$$

所以，端口电流按时域形式叠加为

$$\begin{aligned}i(t)&=I_0+i_1-i_2+i_3\\&=0.833+1.403\sin(314t+19.32°)-0.941\cos(628t+54.56°)\\&\quad+0.486\sin(942t+71.2°)\end{aligned}$$

电流的有效值为

$$I=\sqrt{I_0^2+\frac{1}{2}I_{1m}^2+\frac{1}{2}I_{2m}^2+\frac{1}{2}I_{3m}^2}=\sqrt{0.833^2+\frac{1}{2}(1.403^2+0.941^2+0.486^2)}=1.496\ \mathrm{A}$$

电压有效值为

$$U=\sqrt{U_0^2+\frac{1}{2}U_{1m}^2+\frac{1}{2}U_{2m}^2+\frac{1}{2}U_{3m}^2}=\sqrt{50^2+\frac{1}{2}(100^2+40^2+10^2)}=91.38\ \mathrm{V}$$

电源发出的功率为

$$P=P_0+P_1+P_2+P_3=41.65+66.2+10.91+1.52=120.28\ \mathrm{W}$$

【解题指南与点评】 此题利用非正弦周期性电流电路的谐波分析法求解电路响应。非正弦周期信号 $f(t)$的有效值 F 及它与各次谐波的有效值 F_0，F_1，F_2，…之间的关系为

$$F=\sqrt{F_0^2+F_1^2+F_2^2+\cdots}=\sqrt{F_0^2+\sum_{k=1}^{\infty}F_k^2}$$

或

$$F=\sqrt{F_0^2+\frac{1}{2}F_{1m}^2+\frac{1}{2}F_{2m}^2+\cdots}=\sqrt{F_0^2+\frac{1}{2}\sum_{k=1}^{\infty}F_{km}^2}$$

【例 10-5】 有效值为 100 V 的正弦电压加在电感 L 两端时，得电流 $I=10$ A；当电压中有三次谐波分量而有效值仍为 100 V 时，得电流 $I=8$ A。试求这一电压的基波和三次谐波电压的有效值。

解 由题意可知，基波感抗 $\omega L=\frac{U}{I}=\frac{100}{10}=10\ \Omega$，则当电源电压中含三次谐波分量时，满足下列关系式：

$$\begin{cases} U = \sqrt{U_1^2 + U_3^2} = 100 \\ I = \sqrt{I_1^2 + I_3^2} = 8 \end{cases}$$

同时又满足：

$$\begin{cases} \dfrac{U_1}{I_1} = \omega L = 10 \\ \dfrac{U_3}{I_3} = 3\omega L = 30 \end{cases}$$

可得

$$U_1 = 77.14\ \text{V}, \quad U_3 = 63.64\ \text{V}$$

【解题指南与点评】 解此题应注意两点：(1) 当电压源中含有基波与三次谐波分量时，其电压有效值为基波有效值与三次谐波有效值的方均根值，即 $U=\sqrt{U_1^2+U_3^2}$；(2) 在基波作用下，感抗为 X_L，则在三次谐波作用下，感抗为 $3X_L$。

【例 10-6】 图 10-10 所示电路中，已知一 RLC 串联电路的端口电压和电流为

$$u(t) = 100\cos 314t + 50\cos(942t - 30^\circ)\ \text{V}$$

$$i(t) = 10\cos 314t + 1.755\cos(942t + \theta_3)\ \text{A}$$

试求：(1) R、L、C 的值；(2) θ_3 的值；(3) 电路消耗的功率。

解 由端口电压、电流的瞬时量可知，在基波 $U_{1m}=100\angle 0^\circ$ V 作用下，$I_{1m}=10\angle 0^\circ$ A，电压电流同相位，即此时电路发生串联谐振，则

$$R = \frac{100}{10} = 10\ \Omega, \quad LC = \frac{1}{314^2} \tag{1}$$

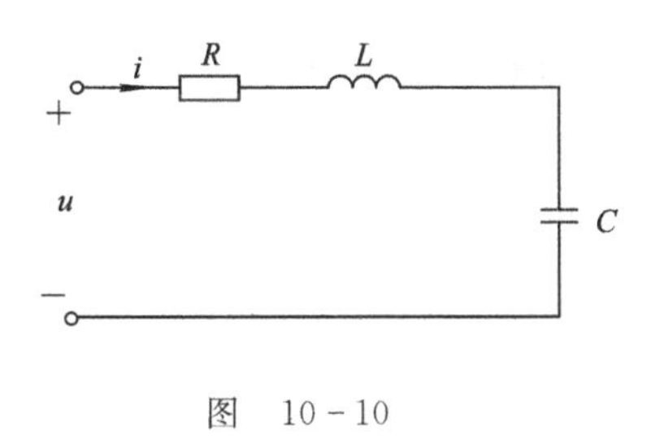

图 10-10

当 $k=3$，即为三次谐波作用时，$U_{3m}=50\angle -30^\circ$ V，$I_{3m}=1.755\angle\theta_3$ A，同时由 RLC 串联电路可得 $Z(\text{j}3\omega)=10+\text{j}942L-\text{j}\dfrac{1}{942C}$，则利用模与相位角对应相等的关系得

$$|Z| = \sqrt{10^2 + \left(942L - \frac{1}{942C}\right)^2} = \frac{U_{3m}}{I_{3m}} = 28.49 \tag{2}$$

$$-30^\circ - \theta_3 = \arctan\frac{942L - \dfrac{1}{942C}}{10} \tag{3}$$

联立式(1)、式(2)、式(3)求解得

$$L = 31.86\ \text{mH}, \quad C = 318.3\ \mu\text{F}, \quad \theta_3 = -99.45^\circ$$

电路消耗的功率为

$$\begin{aligned} P &= \frac{1}{2}U_{1m}I_{1m}\cos 0^\circ + \frac{1}{2}U_{3m}I_{3m}\cos(-30^\circ + 99.45^\circ) \\ &= \frac{1}{2}\times 100\times 10 + \frac{1}{2}\times 50\times 1.755\cos 69.45^\circ \\ &= 500 + 15.4 = 515.4\ \text{W} \end{aligned}$$

【解题指南与点评】 在基波 $\dot{U}_{1m}=100\angle 0^\circ$ V 作用下，$\dot{U}_{1m}=100\angle 0^\circ$ V，$\dot{I}_{1m}=10\angle 0^\circ$ A，

电压电流同相位，则电路发生串联谐振。端口等效阻抗虚部为零，呈纯电阻性，即满足 $\omega L=\frac{1}{\omega C}$，$R=\frac{U_{1m}}{I_{1m}}$。

【例 10-7】 图 10-11 所示电源电压为

$$U_0=6\ \text{V},\quad u_1=100\sqrt{2}\cos\omega_1 t+20\sqrt{2}\cos5\omega_1 t\ \text{V}$$

$$u_2=50\sqrt{2}\cos3\omega_1 t\ \text{V},\quad u_3=30\sqrt{2}\cos\omega_1 t+20\sqrt{2}\cos3\omega_1 t\ \text{V}$$

$$u_4=80\sqrt{2}\cos\omega_1 t+10\sqrt{2}\cos5\omega_1 t\ \text{V},\quad u_5=10\sqrt{2}\sin\omega_1 t\ \text{V}$$

(1) 试求 U_{ab}、U_{ac}、U_{ad}、U_{ae}、U_{af}；(2) 如将 U_0 换为电流源 $i_s=2\sqrt{2}\cos(7\omega_1 t)$，试求电压 U_{ac}、U_{ad}、U_{ae}（U_{ab} 等表示对应电压的有效值）。

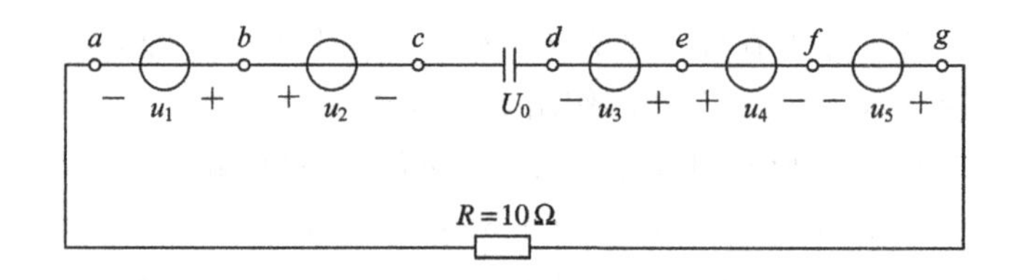

图 10-11

解 (1) 由于 $U_{ab}=-u_1=-(100\sqrt{2}\cos\omega_1 t+20\sqrt{2}\cos5\omega_1 t)$V，因此

$$U_{ab}=\sqrt{100^2+20^2}=102\ \text{V}$$

又由于

$$u_{ac}=u_2-u_1=-100\sqrt{2}\cos\omega_1 t+50\sqrt{2}\cos3\omega_1 t-20\sqrt{2}\cos5\omega_1 t\ \text{V}$$

因此

$$U_{ac}=\sqrt{100^2+20^2+50^2}=113.6\ \text{V}$$

同理可得

$$U_{ad}=\sqrt{100^2+20^2+50^2+60^2}=128.45\ \text{V}$$

$$U_{ae}=\sqrt{60^2+130^2+30^2+20^2}=147.6\ \text{V}$$

$$U_{af}=\sqrt{60^2+50^2+30^2+10^2}=84.26\ \text{V}$$

(2) 用电流源 i_s 置换 U_0，电流源的电流方向由 d 指向 c，则

$$U_{ag}=i_sR=20\sqrt{2}\cos(7\omega_1 t)\ \text{V}$$

所以

$$U_{ag}=20\ \text{V}$$

由于

$$u_{ac}=u_2-u_1=-100\sqrt{2}\cos\omega_1 t+50\sqrt{2}\cos3\omega_1 t-20\sqrt{2}\cos5\omega_1 t\ \text{V}$$

因此

$$U_{ac}=\sqrt{100^2+20^2+50^2}=113.6\ \text{V}$$

电流源 i_s 两端电压未知，利用 KVL 得

$$u_{ad} = u_{ag} + u_5 - u_4 + u_3$$
$$= -50\sqrt{2}\cos\omega_1 t + 10\sqrt{2}\cos 3\omega_1 t + 20\sqrt{2}\cos 3\omega_1 t$$
$$-10\sqrt{2}\cos 5\omega_1 t + 20\sqrt{2}\cos 7\omega_1 t \text{ V}$$

因此

$$U_{ad} = \sqrt{20^2 + 10^2 + 50^2 + 10^2 + 20^2} = 59.16 \text{ V}$$

同理可得

$$U_{ae} = \sqrt{20^2 + 10^2 + 80^2 + 10^2} = 83.67 \text{ V}$$

【解题指南与点评】 本题强调两个概念：(1) 当 n 个理想电压源 u_i 串联时，其端口的等效电压为 $u_s = \sum_{i=1}^{n} u_i$；(2) 非正弦周期信号的有效值 F 与各次谐波的有效值 F_0，F_1，F_2，…之间的关系为

$$F = \sqrt{F_0^2 + F_1^2 + F_2^2 + \cdots} = \sqrt{F_0^2 + \sum_{k=1}^{\infty} F_k^2}$$

【例 10-8】 如图 10-12 所示为滤波器电路，要求负载中不含基波分量，但 $4\omega_1$ 的谐波分量能全部传送至负载。若 $\omega_1 = 1000$ rad/s，$C = 1\ \mu$F，求 L_1 和 L_2。

解 由题意可知，当基波分量 $\omega = \omega_1 = 1000$ rad/s 作用于电路时，L_1 和 C 组成的并联部分发生并联谐振，该部分电路相当于开路，使 ω_1 频率分量无法通过。由 $\omega_1 = \frac{1}{\sqrt{L_1 C}}$ 可得 $L_1 = \frac{1}{\omega_1^2 C} = 1$ H。同理可推得：该电路对 $4\omega_1 = 4000$ rad/s 的谐波分量没有阻碍作用，即当 $\omega = 4\omega_1 = 4000$ rad/s 作用于电路时，L_1、C 与 L_2 的串并联电路相当于短路，此时该电路发生串联谐振，则 $4\omega_1$ 谐波分量可以全部通过。所以

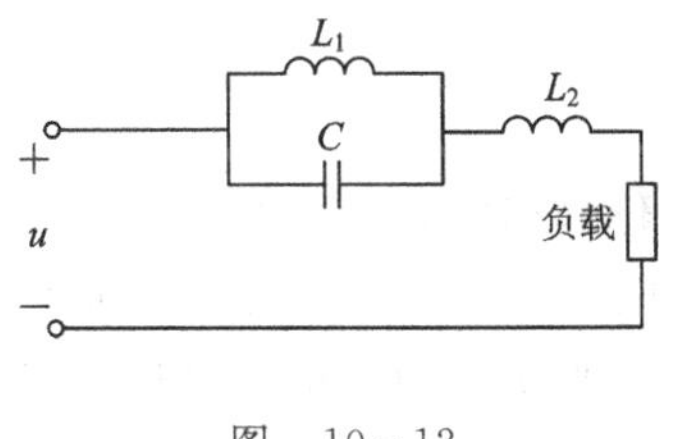

图 10-12

$$Z(j\omega) = j\omega_1 L_2 + \frac{j4\omega_1 L_1 \left(-j\frac{1}{j4\omega_1 L_1}\right)}{j4\omega_1 L_1 - j\frac{1}{4\omega_1 L_1}} = j4\omega_1 L_2 - j\frac{1}{3.75 \times 10^{-3}} = 0$$

求得

$$L_2 = \frac{1}{4 \times 3.75} = 0.066\ 67 \text{ H} = 66.67 \text{ mH}$$

【解题指南与点评】 负载中不含基波分量，说明该电路对基波分量的阻碍作用无穷大，这时相当于电路在基波作用下发生并联谐振，阻抗无穷大；$4\omega_1$ 的谐波分量能全部传送至负载，说明该电路对四次谐波无阻碍作用，相当于电路短路，此时电路发生串联谐振。

【例 10-9】 如图 10-13 所示电路中，$u_s(t)$ 为非正弦周期电压，其中含有 $3\omega_1$ 及 $7\omega_1$ 的谐波分量。如要求在输出电压 $u(t)$ 中不含这两个谐波分量，L、

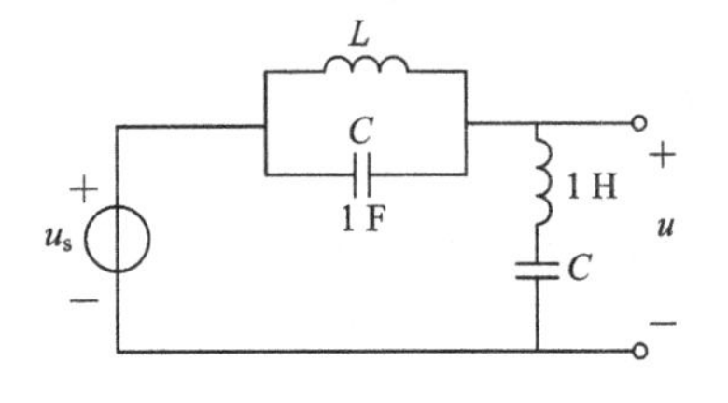

图 10-13

C应为多少？

解 (1) 若当 $3\omega_1$ 的谐波分量通过并联部分(电感 L 与 1 F 电容并联部分电路)时，发生并联谐振，则 $3\omega_1$ 频率分量无法含在输出电压 $u(t)$ 中。由谐振角频率 $3\omega_1=\dfrac{1}{\sqrt{L\times 1}}$可得 $L=\dfrac{1}{9\omega_1^2}$ H。

要输出电压中不含 $7\omega_1$ 的谐波分量，则需该谐波在串联部分(电感 1 H 和 C 串联部分)发生串联谐振。由谐振角频率 $7\omega_1=\dfrac{1}{\sqrt{1\times C}}$ 可得 $C=\dfrac{1}{49\omega_1^2}$ F。

(2) 同时也可能：$7\omega_1$ 通过时发生并联谐振，则 $7\omega_1=\dfrac{1}{\sqrt{L\times 1}}$，求得 $L=\dfrac{1}{49\omega_1^2}$ H；$3\omega_1$ 通过时发生串联谐振，则 $3\omega_1=\dfrac{1}{\sqrt{1\times C}}$，求得 $C=\dfrac{1}{9\omega_1^2}$ F。

所以，本题有两组解：

$$L=\frac{1}{9\omega_1^2}\ \text{H},\quad C=\frac{1}{49\omega_1^2}\ \text{F}$$

或

$$L=\frac{1}{49\omega_1^2}\ \text{H},\quad C=\frac{1}{9\omega_1^2}\ \text{F}$$

【解题指南与点评】 当 $3\omega_1$ 及 $7\omega_1$ 的谐波分量经过电路时，若并联支路发生并联谐振，则阻抗无穷大，谐波分量不能传送到输出端；若串联支路发生串联谐振，则串联支路两端，即 $u(t)$两端的等效阻抗为零，输出电压 $u(t)$为零。应利用串、并联谐振电路的特点分析电路。

【例 10-10】 如图 10-14 所示电路中，$i_s(t)=5+10\cos(10t-20^\circ)-5\sin(30t+60^\circ)$ A，$L_1=L_2=2$ H，$M=0.5$ H，求图中交流电表的读数和 u_{21}。

解 (1) i_s 的有效值为

$$I_s=\sqrt{5^2+\frac{1}{2}(10^2+5^2)}=9.35\ \text{A}$$

即交流电流表的读数为 9.35 A。

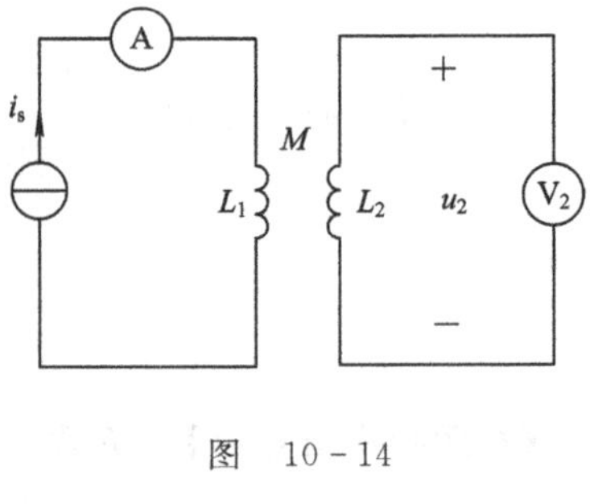

(2) i_s 中的直流分量 $I_0=5$ A，此时，电路中无互感电压，则

$$U_{20}=0\ \text{V}$$

图 10-14

(3) 在基波分量 $\dot{I}_{sm1}=10\angle-20^\circ$ A 作用下，有

$$\dot{U}_{2m1}=-\text{j}10M\dot{I}_{sm1}=-\text{j}5\times 10\angle-20^\circ=50\angle-110^\circ\ \text{V}$$

所以

$$u_{21}=50\cos(10t-110^\circ)\ \text{V}$$

(4) 在三次谐波 $\dot{I}_{sm3}=5\angle 60^\circ$ A 作用下，有

$$\dot{U}_{2m3}=-\text{j}30M\dot{I}_{sm3}=-\text{j}15\times 5\angle 60^\circ=75\angle-30^\circ\ \text{V}$$

$$u_{22}=75\sin(30t-30^\circ)\ \text{V}$$

(5) 按时域形式叠加求 u_2：

$$u_2 = U_{20} + u_{21} - u_{22} = 50\cos(10t - 110^\circ) - 75\sin(30t - 30^\circ)\ \text{V}$$

所以电压表的读数为

$$U_2 = \sqrt{\frac{1}{2}(50^2 + 75^2)} = 63.74\ \text{V}$$

【解题指南与点评】 本题副边线圈上虽然接了一个电压表，但是副边电路仍然开路，所以副边不存在回路电流。u_2 中不含自感电压，只有互感电压。同理，副边线圈对原边线圈的互感电压为零。

【例 10-11】 如图 10-15 所示电路中，已知两个电源为 $u_{s1}=1.5+5\sqrt{2}\sin(2t+90^\circ)$ V，$i_{s2}=2\sin 1.5t$ A，求 u_R 及 u_1 发出的功率。

解 本题有两个独立源作用，可以应用叠加定理。

(1) 在电源 u_{s1} 单独作用时，电流源不作用，电流源支路开路。

① 当 u_s 中的直流分量作用时，有

$$U_0 = 1.5\ \text{V},\quad U_{R0} = \frac{U_0}{3} = 0.5\ \text{V}$$

$$I_0 = 0.5\ \text{A},\quad P_0 = U_0 I_0 = 1.5 \times 0.5 = 0.75\ \text{W}$$

② 当 u_s 中的交流分量作用时，电路如图 10-16 所示。设 $\dot{U}_{s1}=5\angle 90^\circ$ V，应用 KVL，得

$$3\dot{U}_R + \text{j}4\dot{I}_1 = (3 + \text{j}4)\dot{I}_1 = \dot{U}_{s1}$$

可得

$$\dot{I}_1 = \frac{5\angle 90^\circ}{3 + \text{j}4} = 1\angle 36.87^\circ\ \text{A}$$

所以

$$\dot{U}_{R1} = I_1 \times 1 = 1\angle 36.87^\circ$$

则

$$u_{R1} = \sqrt{2}\sin(2t + 36.87^\circ)\ \text{V}$$

因此

$$P_1 = U_{s1} I_1 \cos(90^\circ - 36.87^\circ) = 5 \times 1 \times \cos 53.13^\circ = 3\ \text{W}$$

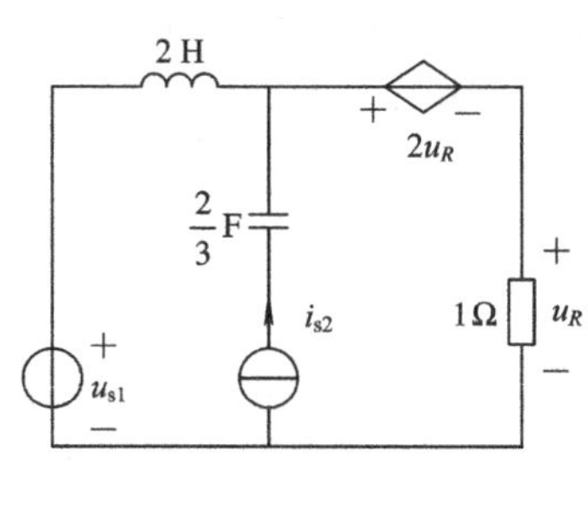

图 10-15

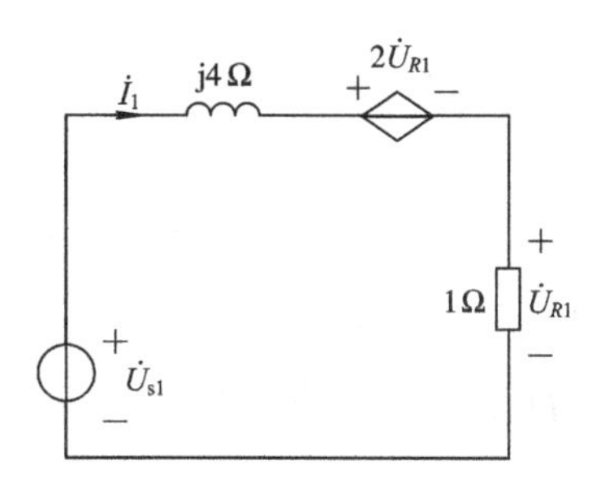

图 10-16

(2) 在 i_{s2} 单独作用时，电压源不作用，电压源支路短路，等效相量模型图如图 10-17 所示。

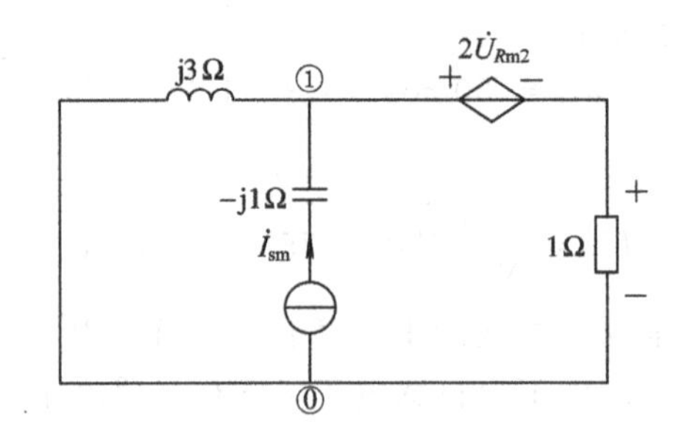

图 10-17

设 $\dot{I}_{sm}=2\angle 0°$ A，列节点电压方程，可得

$$(1-j)\dot{U}_{Rm2}=2\angle 0°$$

则

$$\dot{U}_{Rm2}=\sqrt{2}\angle 45°\ \text{V}$$

所以

$$u_{R2}=\sqrt{2}\sin(1.5t+45°)\ \text{V},\quad P_2=0$$

（3）进行时域形式的响应叠加：

$$\begin{aligned}u_R&=U_{R0}+u_{R1}+u_{R2}\\&=0.5+\sqrt{2}\sin(2t+36.87°)+\sqrt{2}\sin(1.5t+45°)\ \text{V}\end{aligned}$$

电压源 u_{s1} 发出的功率为

$$P=P_0+P_1+P_2=0.75+3+0=3.75\ \text{W}$$

【解题指南与点评】 本题由两个电源作用，并且两个电源的谐波不同，所以仍然需要应用谐波分析法求解。

10.4 习题解答

10-1 已知转移函数 $H(j\omega)=\dfrac{j\omega+1}{j\omega+10}$，求 $\omega=1$ rad/s 及 $\omega=10$ rad/s 时的函数值。

解 $\omega=1$ rad/s 时，

$$H(j)=\frac{j+1}{j+10}=\frac{(1+j)(10-j)}{10^2+1}=\frac{10+1+9j}{101}=\frac{11+9j}{101}$$

$$|H(j)|=\sqrt{\left(\frac{11}{101}\right)^2+\left(\frac{9}{101}\right)^2}=0.1407$$

$\omega=10$ rad/s 时，

$$H(j10)=\frac{10j+1}{10j+10}=\frac{(1+10j)(10-10j)}{10^2+10^2}=\frac{10+100+90j}{200}=\frac{11+9j}{20}$$

$$|H(j10)|=\frac{\sqrt{11^2+9^2}}{20}=0.7106$$

10-2 求图 10-18 所示 RC 电路的电压转移比 $A_u(j\omega)=\dot{U}_2/\dot{U}_1$；绘出电路的频率响应曲线；说明该电路具有高通及相位超前的性质；分析截止频率与电路参数的关系。

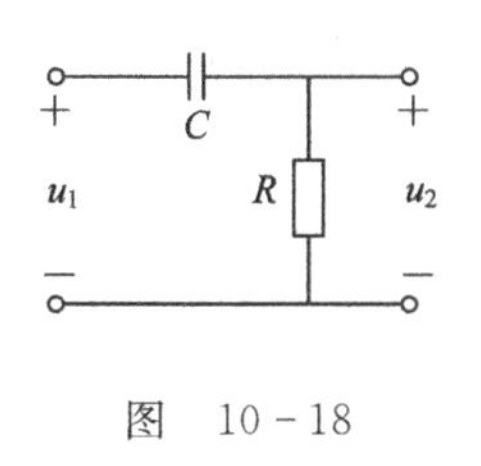

图 10-18

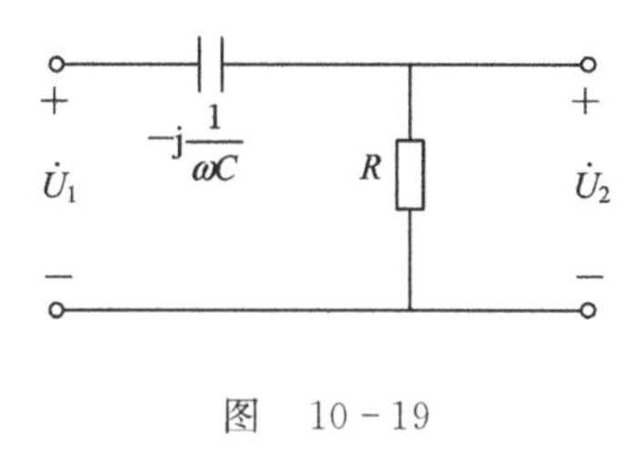

图 10-19

解 电路的相量模型如图 10-19 所示。

$$A_u(\mathrm{j}\omega)=\frac{\dot{U}_2}{\dot{U}_1}=\frac{R}{R-\mathrm{j}\,\dfrac{1}{\omega C}}=\frac{1}{1-\mathrm{j}\,\dfrac{1}{\omega RC}}=\frac{\mathrm{j}\omega RC}{1+\mathrm{j}R\omega C}$$

$$|A_u(\mathrm{j}\omega)|=\frac{1}{\sqrt{1+\left(\dfrac{1}{\omega RC}\right)^2}}$$

$$\varphi(\omega)=\arctan\frac{1}{\omega RC}$$

当 $\omega=\dfrac{1}{RC}$时，$|A_u(\mathrm{j}\omega)|=\dfrac{1}{\sqrt{2}}$，所以 $\omega=\dfrac{1}{RC}$为截止频率。此时，$\varphi(\omega)=45°$。电路的频率响应曲线如图 10-20 所示。

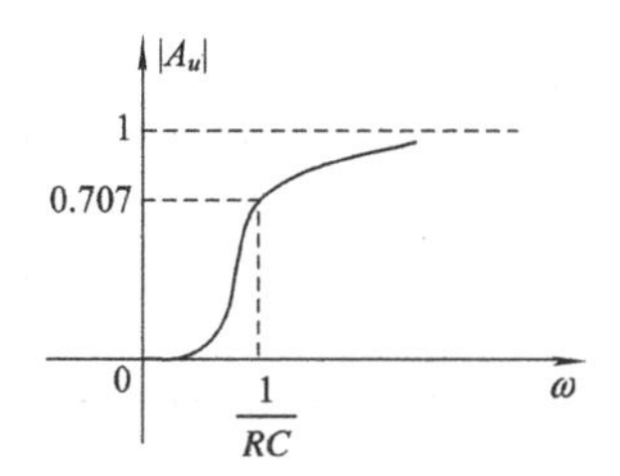

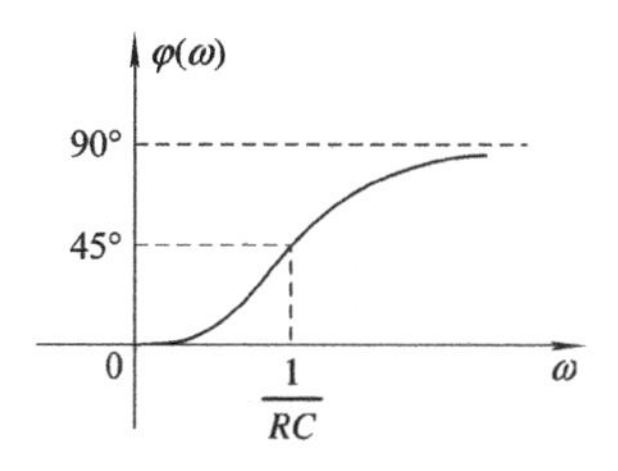

图 10-20

从幅频特性看，当 $\omega=0$ 时输出趋于 0；当 $\omega\to\infty$时有大输出，故对低频信号有遏制作用，对高频信号有较大输出，具有高通特性。

从相频特性看，$\omega=0$ 时输出与输入同相；随着 $\omega\uparrow$，相位$\uparrow$；$\omega\to\infty$时，输出相位等于 90°，说明输出超前输入，该网络具有相位超前特性。

10-3 求图 10-21 所示滞后网络的电压转移比 $A_u(\mathrm{j}\omega)=\dot{U}_2/\dot{U}_1$。

解 网络的相量模型如图 10-22 所示。

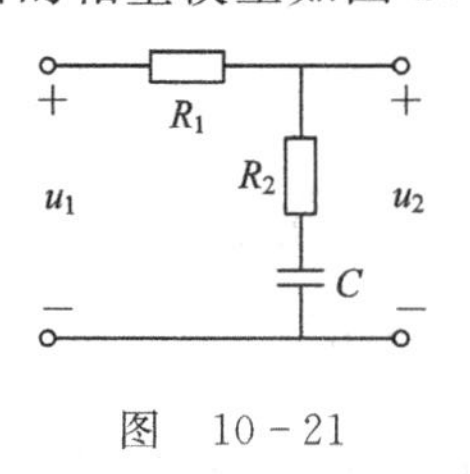

图 10-21

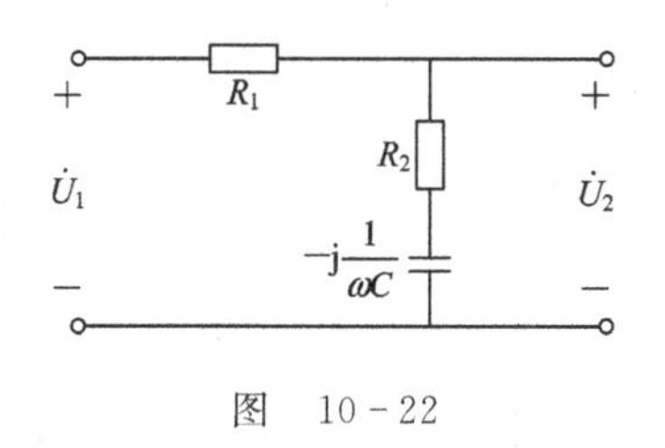

图 10-22

$$A_u(\mathrm{j}\omega)=\frac{\dot{U}_2}{\dot{U}_1}=\frac{R_2-\mathrm{j}\,\dfrac{1}{\omega C}}{R_1+R_2-\mathrm{j}\,\dfrac{1}{\omega C}}=\frac{1+\mathrm{j}R_2\omega C}{1+\mathrm{j}(R_1+R_2)\omega C}$$

10－4　一低通 RC 滤波器，$C=100\ \mu\text{F}$，$R=100\ \Omega$，分别求 10 Hz 输入频率及 250 Hz 输入频率时电路的衰减。

解　低通滤波器的频率响应为

$$A_u(\text{j}\omega)=\frac{\dot{U}_2}{\dot{U}_1}=\frac{1}{1+\text{j}\omega RC}$$

$$|A_u(\text{j}\omega)|=\frac{1}{\sqrt{1+(\omega RC)^2}}$$

当 $f=10$ Hz 时，

$$\text{衰减}=\frac{1}{\sqrt{1+(10\times100\times100\times10^{-6}\times2\times3.14)^2}}=\frac{1}{\sqrt{1+0.394}}=0.85$$

当 $f=250$ Hz 时，

$$\text{衰减}=\frac{1}{\sqrt{1+(250\times2\times3.14\times100\times100\times10^{-6})^2}}=\frac{1}{\sqrt{1+246.5}}=6.35\times10^{-2}$$

10－5　图 10－23 所示低通 LC 滤波器，$L=50$ mH，$C=0.2\ \mu\text{F}$，输入正弦信号的峰值为 1 V，频率为 3 kHz。输入信号中混有一振幅为 0.3 V。频率为 25 kHz 的噪声，求输出信号和噪声各自的振幅及信噪比(信号与噪声幅值之比)。

解　该网络的相量模型如图 10－24 所示。

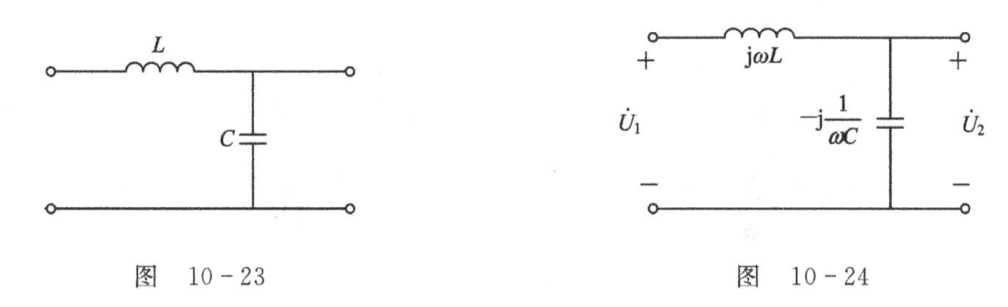

图　10－23　　　　图　10－24

电路的频率响应为

$$A_u(\text{j}\omega)=\frac{-\text{j}\,\dfrac{1}{\omega C}}{\text{j}\omega L-\text{j}\,\dfrac{1}{\omega C}}=\frac{1}{1-\omega^2LC}=\frac{\dot{U}_2}{\dot{U}_1}$$

$$U_{2\text{m}}=U_{1\text{m}}\cdot\left|\frac{1}{1-\omega^2LC}\right|=1\times\frac{1}{1-(2\times\pi\times3\times10^3)^2\times50\times10^{-3}\times0.2\times10^{-6}}=0.39\text{ V}$$

噪声振幅为

$$N_\text{m}=0.3\times\frac{1}{1-(2\times\pi\times25\times10^3)^2\times50\times10^{-3}\times0.2\times10^{-6}}\approx1.22\text{ mV}$$

$$\text{信噪比}=\frac{U_{2\text{m}}}{N_\text{m}}=\frac{0.39\times10^3}{1.22}=319$$

10－6　图 10－18 所示的 RC 高通滤波器，若要求其截止频率为 200 Hz，且 $R=5\ \text{k}\Omega$，计算合适的电容值，并计算当频率为 200 Hz 时电路的相移(输出信号与输入信号相位差)。

解　因为截止频率为

$$\omega_\text{c}=\frac{1}{RC}=\frac{1}{5\times10^3\times C}=2\times3.14\times200$$

所以

$$C=\frac{1}{5\times10^{3}\times2\times3.14\times200}=0.159\ \mu\text{F}$$

电路的相移为

$$\varphi(\omega)=\arctan\frac{1}{\omega RC}=\arctan\frac{1}{2\times3.14\times200\times5\times10^{3}\times0.159\times10^{-6}}=45^{\circ}$$

10-7　图 10-25 所示高通滤波器电路中，$C=1\ \mu\text{F}$，$L=0.47\ \text{mH}$，一个 5 kHz 的输入信号中混有 60 Hz 的噪声，如果输入信号的振幅峰值为 2 V，噪声的峰值为 10 V，计算两种信号的输出振幅。

解　该网络的相量模型如图 10-26 所示。

$$A_u(\text{j}\omega)=\frac{\dot{U}_2}{\dot{U}_1}=\frac{\text{j}\omega L}{\text{j}\omega L-\text{j}\dfrac{1}{\omega C}}=\frac{1}{1-\dfrac{1}{\omega^{2}LC}}$$

$$\begin{aligned}U_{2\text{m}}&=U_{1\text{m}}\cdot\left|\frac{1}{1-\dfrac{1}{\omega^{2}LC}}\right|\\&=2\times\left|\frac{1}{1-\dfrac{1}{(2\times3.14\times5\times10^{3})^{2}\times0.47\times10^{-3}\times10^{-6}}}\right|\\&=2\times0.86=1.73\ \text{V}\end{aligned}$$

$$\begin{aligned}N_{2\text{m}}&=N_{1\text{m}}\times\left|\frac{1}{1-\dfrac{1}{(2\times3.14\times60)^{2}\times0.47\times10^{-3}\times10^{-6}}}\right|\\&=10\times6.67\times10^{-5}=667\ \mu\text{V}\end{aligned}$$

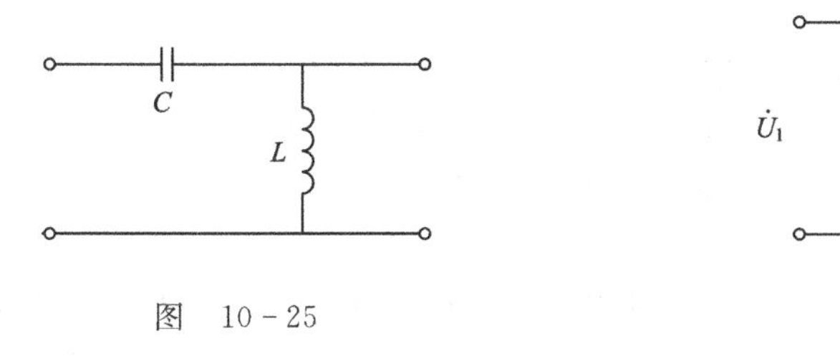

图　10-25

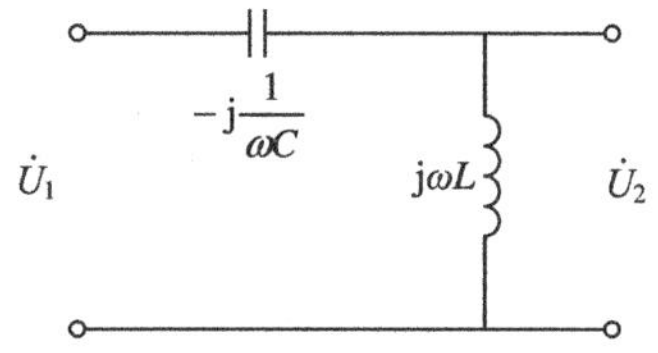

图　10-26

10-8　多级放大器常用图 10-18 所示电路来进行级间耦合。若 $C=10\ \mu\text{F}$，$R=1.5\ \text{k}\Omega$，求该电路的通频带。若增大电容，对通频带有何影响？(在电子电路中，C 称为耦合电容。)

解　图 10-18 所示电路的截止频率为

$$\omega_{\text{c}}=\frac{1}{RC}$$

$$BW=\omega-\infty=\frac{1}{1.5\times10^{3}\times10\times10^{-6}}-\infty=66.67\ \text{rad/s}$$

10－9　在电子仪器中，经过放大后的电压如在相位上比原来的电压超前而引起误差，可以加一个滞后网络进行补偿。图 10－27 所示为一个滞后网络，当 $f=50$ Hz 时，输出对输入的相移是多少？

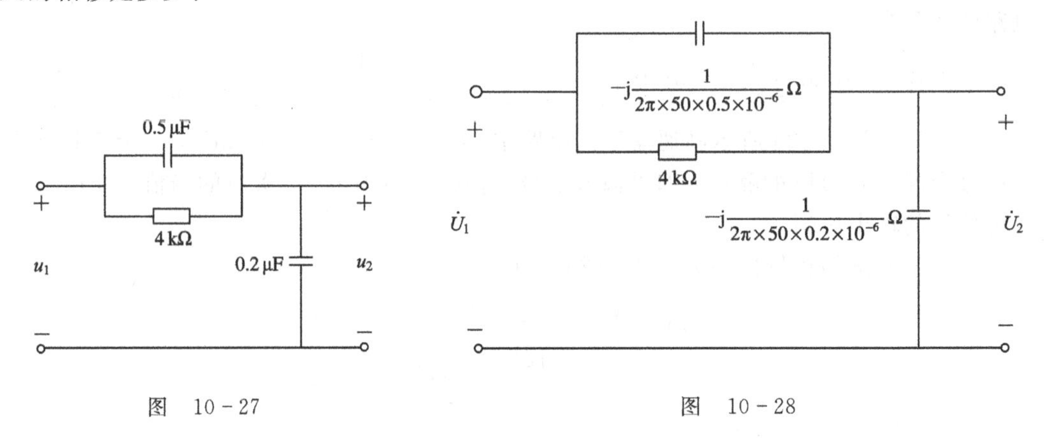

图　10－27　　　　　　　　　　图　10－28

解　该电路的相量模型如图 10－28 所示。

$$\frac{\dot{U}_2}{\dot{U}_1}=\frac{-\mathrm{j}\,\dfrac{1}{2\pi\times10^{-5}}}{-\mathrm{j}\,\dfrac{1}{2\pi\times10^{-5}}+\dfrac{4000\times\left(-\mathrm{j}\,\dfrac{1}{5\pi\times10^{-5}}\right)}{4000-\mathrm{j}\,\dfrac{1}{5\pi\times10^{-5}}}}$$

$$=\frac{-\mathrm{j}\,\dfrac{1}{2\pi\times10^{-5}}}{-\mathrm{j}\,\dfrac{1}{2\pi\times10^{-5}}+\dfrac{4000}{1+4000\times5\pi\times10^{-5}\mathrm{j}}}$$

$$=\frac{1}{1+\dfrac{4000-4000\times0.628\mathrm{j}}{1+0.628^2}\times2\pi\times10^{-5}\mathrm{j}}$$

$$=\frac{1}{1+\dfrac{0.16}{1+0.628^2}+\dfrac{4000\times2\pi\times10^{-5}}{1+0.628^2}\mathrm{j}}$$

$$\varphi=-\arctan\frac{4000\times2\pi\times10^{-5}}{0.16+1+0.628^2}=-9.2^\circ$$

10－10　求图 10－29 所示电路的转移电压比 $A_u(\mathrm{j}\omega)=\dot{U}_2/\dot{U}_1$。当 $R_1C_1=R_2C_2$ 时，此网络函数有何特性？

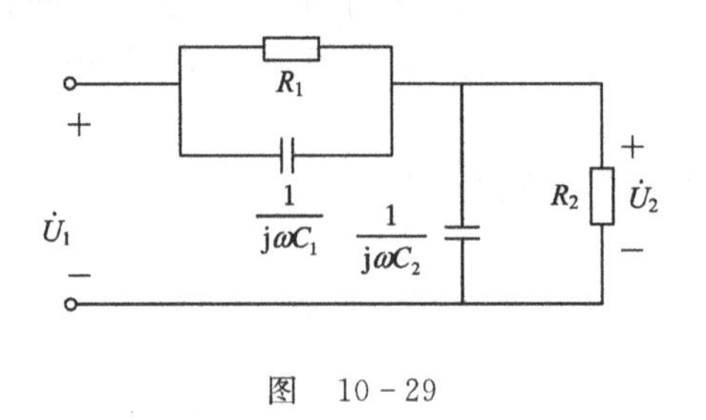

图　10－29

解
$$\frac{\dot{U}_2}{\dot{U}_1}=\frac{\dfrac{1}{\dfrac{1}{R_2}+j\omega C_2}}{\dfrac{1}{\dfrac{1}{R_1}+j\omega C_1}+\dfrac{1}{\dfrac{1}{R_2}+j\omega C_2}}=\frac{1}{1+\dfrac{1}{\dfrac{1}{R_1}+j\omega C_1}\cdot\left(\dfrac{1}{R_2}+j\omega C_2\right)}$$

$$=\frac{1}{1+\dfrac{R_1+j\omega R_2C_2R_1}{R_2+j\omega R_1R_2C_1}}=\frac{1}{1+\dfrac{\dfrac{1+j\omega R_2C_2}{R_2}}{\dfrac{1+j\omega R_1C_1}{R_1}}}$$

当 $R_1C_1=R_2C_2$ 时，有

$$\frac{\dot{U}_2}{\dot{U}_1}=\frac{1}{1+\dfrac{R_1}{R_2}}$$

可见，该网络函数为实数，相移为 0，不随频率变化。

10-11　当 $\omega=5000$ rad/s 时，RLC 串联电路发生谐振。已知 $R=5\ \Omega$，$L=400$ mH，端电压 $U=1$ V，求电容 C 及电路中电流和各元件电压的瞬时表达式。

解　RLC 串联电路谐振时的谐振角频率为

$$\omega_0=\frac{1}{\sqrt{LC}}=\frac{1}{\sqrt{400\times10^{-3}C}}=5000$$

所以

$$C=\frac{1}{5000^2\times4000\times10^{-3}}=0.1\ \mu\text{F}$$

谐振时，电路中电流为

$$I=\frac{U}{R}=\frac{1}{5}=0.2\ \text{A}$$

$$i(t)=0.2\sqrt{2}\cos5000t\ \text{A}$$

电感电压为

$$\dot{U}_{L0}=j\omega_0L\dot{I}_0=j5000\times400\times10^{-3}\times0.2=400\angle90^\circ$$

$$u_{L0}(t)=400\sqrt{2}\cos\left(5000t+\frac{\pi}{2}\right)\ \text{V}$$

$$\dot{U}_{C0}=-\dot{U}_{L0}=-400\angle90^\circ=400\angle-90^\circ$$

$$u_C(t)=400\sqrt{2}\cos\left(5000t-\frac{\pi}{2}\right)\ \text{V}$$

$$u_R(t)=i(t)R=5\times0.2\sqrt{2}\cos5000t=1.414\cos5000t\ \text{V}$$

10-12　一个 RLC 串联电路，$R=25\ \Omega$，$L=100\ \mu$H，$C=1000$ pF，求谐振频率和品质因数。

解　RLC 串联电路的谐振频率为

$$f_0=\frac{1}{2\pi\sqrt{LC}}=\frac{1}{2\times 3.14\times\sqrt{100\times 10^{-6}\times 1000\times 10^{-12}}}=503.5\ \text{kHz}$$

$$Q=\frac{\omega_0 L}{R}=\frac{503.5\times 2\times 3.14\times 100\times 10^{-6}\times 10^3}{25}=12.6$$

10-13　一个 RLC 串联电路，$R=25\ \Omega$，$L=200\ \mu\text{H}$，电路的谐振频率为 500 kHz，求电容的值，品质因数，上、下截止频率和通频带宽。

解

$$f_0=\frac{1}{2\pi\sqrt{LC}}\Rightarrow C=\frac{1}{4\pi^2 L f_0^2}=\frac{1}{4\times 3.14^2\times 200\times 10^{-6}\times(500\times 10^3)^2}=507\ \text{pF}$$

$$Q=\frac{\omega_0 L}{R}=\frac{2\pi\times 200\times 10^{-6}\times 500\times 10^3}{25}=25$$

$$BW=\frac{\omega_0}{Q}=\frac{2\pi\times 500\times 10^3}{25}=125\ \text{krad/s}=20\ \text{kHz}$$

$$\omega_{c2}=\left[\sqrt{1+\frac{1}{4Q^2}}+\frac{1}{2Q}\right]\omega_0=\left(\sqrt{1+\frac{1}{4\times 25^2}}-\frac{1}{2\times 25}\right)\times 2\pi\times 500\times 10^3$$

$$=2\pi\times 510\ \text{krad/s}\Rightarrow f_{c2}=510\ \text{kHz}$$

$$f_{c1}=\left[\sqrt{1+\frac{1}{4Q^2}}-\frac{1}{2Q}\right]f_0=\left(\sqrt{1+\frac{1}{4\times 25^2}}-\frac{1}{2\times 25}\right)\times 500\times 10^3=490\ \text{kHz}$$

10-14　一个 RLC 串联电路的谐振频率为 876 Hz，通频带为 750 Hz～1 kHz，所接电压源的电压有效值为 23.2 V，已知 $L=0.32$ H，求 R、C 及 Q，并求谐振时电感及电容电压的有效值。

解　因为谐振频率 $f_0=\frac{1}{2\pi\sqrt{LC}}$，所以

$$C=\frac{1}{f_0^2\times 4\pi^2\times L}=\frac{1}{876^2\times 4\times 3.14^2\times 0.32}=0.103\ \mu\text{F}$$

$$BW=1000-750=250\ \text{Hz}$$

$$BW=\frac{\omega_0}{Q}=\frac{2\pi\times f_0}{Q}\Rightarrow Q=\frac{2\pi\times 876}{2\pi\times 250}=3.5$$

$$Q=\frac{\omega_0 L}{R}\Rightarrow R=\frac{\omega_0 L}{Q}=\frac{2\pi\times 876\times 0.32}{3.5}=503\ \Omega$$

谐振时：

$$\dot{U}_{L0}=\text{j}Q\dot{U}_s$$

$$U_{L0}=QU_s=3.5\times 23.2=81.2\ \text{V}$$

$$\dot{U}_{C0}=-\text{j}Q\dot{U}_s$$

$$U_{C0}=QU_s=3.5\times 23.2=81.2\ \text{V}$$

10-15　GCL 并联电路的谐振角频率为 1000 rad/s。谐振时，电路的阻抗为 100 kΩ，通频带宽为 100 rad/s，求 R、L 和 C 的值。

解　因为 $\omega_0=\frac{1}{\sqrt{LC}}$，谐振时 $Z=R$，所以 $R=100$ kΩ。

因为 $BW=\frac{\omega_0}{Q}=\frac{G}{C}$，所以

$$C=\frac{G}{BW}=\frac{1}{R\,BW}=\frac{1}{100\times10^{3}\times100}=0.1\ \mu\text{F}$$

所以

$$L=\frac{1}{\omega_0^2C}=\frac{1}{1000^2\times0.1\times10^{-6}}=10\ \text{H}$$

10－16　一个 GCL 并联谐振电路的谐振频率为 1 MHz，已知 $R=25\ \Omega$，$C=200$ pF，求 L 和 Q 的值。

解　因为 $\omega_0=\frac{1}{\sqrt{LC}}$，所以

$$L=\frac{1}{\omega_0^2C}=\frac{1}{(2\pi\times10^6)^2\times200\times10^{-12}}=127\ \mu\text{H}$$

所以

$$Q=\frac{\omega_0C}{G}=R\sqrt{\frac{C}{L}}=25\sqrt{\frac{200\times10^{-12}}{127\times10^{-6}}}=31.4\times10^{-3}$$

10－17　一个 GCL 并联谐振电路的谐振角频率为 10^7 rad/s，通频带宽为 10^5 rad/s，已知 $R=100$ kΩ，求：(1) 电感、电容和 Q 的值；(2) 上、下截止频率。

解　(1) 因为 $BW=\frac{\omega_0}{Q}=\frac{G}{C}$ rad/s，所以有

$$Q=\frac{\omega_0}{BW}=\frac{10^7}{10^5}=100$$

$$C=\frac{G}{BW}=\frac{1}{100\times10^3\times10^5}=100\ \text{pF}$$

又因为 $\omega_0=\frac{1}{\sqrt{LC}}$，所以

$$L=\frac{1}{\omega_0^2C}=\frac{1}{100\times10^{-12}\times10^{14}}=100\ \mu\text{H}$$

(2)

$$\omega_{c2}=\omega_0+\frac{BW}{2}=10^7+\frac{10^5}{2}=10.05\times10^6\ \text{rad/s}$$

$$\omega_{c1}=\omega_0-\frac{BW}{2}=10^7-\frac{10^5}{2}=9.95\times10^6\ \text{rad/s}$$

10－18　一个电感量为 300 μH，绕线电阻为 5 Ω 的电感线圈与一个 300 pF 的电容并联：(1) 求谐振时电路的阻抗；(2) 求 Q 值和通频带宽。

解　画出示意图，如图 10－30 所示。谐振时电路的导纳为

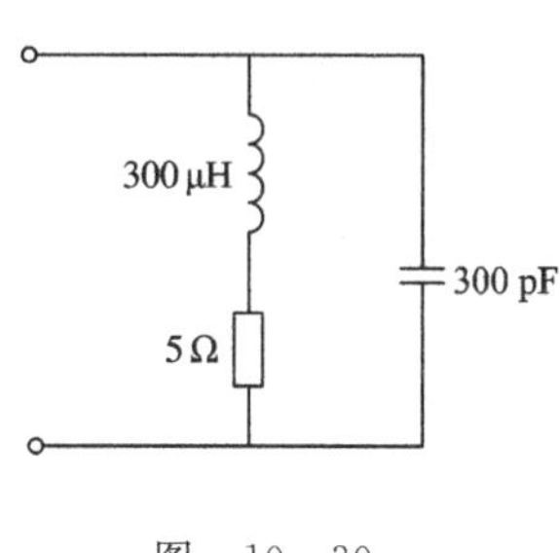

图　10－30

$$Y_0=\frac{R}{R^2+(\omega_0L)^2}=\frac{CR}{L}$$

则

$$Z_0=\frac{L}{CR}=\frac{300\times10^{-6}}{300\times10^{-12}\times5}=200\ \text{k}\Omega$$

因为

$$\omega_0=\frac{1}{\sqrt{LC}}\sqrt{1-\frac{CR^2}{L}}$$

所以

$$Q=\frac{\omega_0 L}{R}=\sqrt{\frac{L}{C}}\cdot\sqrt{\frac{1}{R^2}-\frac{C}{L}}=\sqrt{\frac{300\times10^{-6}}{300\times10^{-12}}}\times\sqrt{\frac{1}{5^2}-\frac{300\times10^{-12}}{300\times10^{-6}}}$$

$$=10^3\sqrt{\frac{1}{5^2}-10^{-6}}=200$$

$$BW=\frac{\omega_0}{Q}=\frac{R}{L}=\frac{5}{300\times10^{-6}}=16.7\ \text{krad/s}=2.65\ \text{kHz}$$

10-19　一个电感量为 100 μH，绕线电阻为 12 Ω 的电感线圈与一个可调电容并联。该电容的可调范围是 200～300 pF：（1）求电路的高、低端的谐振频率；（2）分别求电路在高、低端谐振时的 Q 值和通频带宽。

解　（1）$\omega_0=\dfrac{1}{\sqrt{LC}}$

$$\omega_{0h}=\frac{1}{\sqrt{100\times10^{-6}\times200\times10^{-12}}}=7.07\times10^6\ \text{rad/s}\Rightarrow f_{0h}=1.13\ \text{MHz}$$

$$\omega_{0l}=\frac{1}{\sqrt{100\times10^{-6}\times300\times10^{-12}}}=5.77\times10^6\ \text{rad/s}\Rightarrow f_{0l}=919\ \text{kHz}$$

（2）

$$Q_h=\frac{\omega_{0h}L}{R}=\frac{100\times10^{-6}}{12}\times7.07\times10^6=58.9$$

$$Q_l=\frac{\omega_{0l}L}{R}=\frac{100\times10^{-6}}{12}\times5.77\times10^6=48$$

$$BW=\frac{\omega_0}{Q}=\frac{R}{L}=\frac{12}{100\times10^{-6}}=120\ \text{krad/s}=19.1\ \text{kHz}$$

10-20　图 10-31 所示电路由正弦电流源供电。已知 $I_s=1$ A，当 $\omega=1000$ rad/s 时电路发生谐振，$R_1=R_2=100$ Ω，$L=0.2$ H，求电路谐振时电容 C 的值和电流源的端电压有效值。

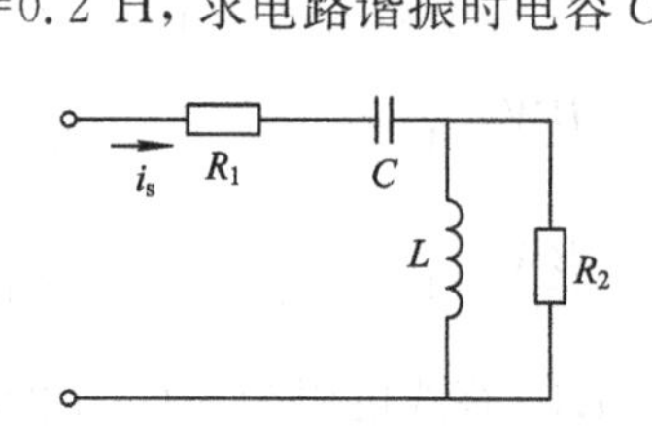

图　10-31

解　R_2 和 L 相并联电路的阻抗为

$$Z_L=\frac{R_2\cdot j\omega L}{R_2+j\omega L}=\frac{R_2}{1+\dfrac{R_2}{j\omega L}}=\frac{R_2}{1-j\dfrac{R_2}{\omega L}}$$

$$=\frac{R_2\left(1+j\dfrac{R_2}{\omega L}\right)}{1+\left(\dfrac{R_2}{\omega L}\right)^2}=\frac{R_2}{1+\left(\dfrac{R_2}{\omega L}\right)^2}+j\frac{\dfrac{R_2^2}{\omega L}}{1+\left(\dfrac{R_2}{\omega L}\right)^2}$$

$$=R'+jX$$

原电路总阻抗为

$$Z = -\mathrm{j}\,\frac{1}{\omega C} + R_1 + R' + \mathrm{j}X$$

谐振时 $X=\dfrac{1}{\omega C}$，即$\dfrac{\dfrac{R_2^2}{\omega L}}{1+\left(\dfrac{R_2}{\omega L}\right)^2}=\dfrac{1}{\omega C}$。将 $\omega=1000$ rad/s 代入，得

$$C = \frac{1}{\omega\cdot\dfrac{R_2^2}{\omega L}}\cdot\left[1+\left(\frac{R_2}{\omega L}\right)^2\right] = \frac{0.2}{100^2}\cdot\left[1+\left(\frac{100}{0.2\times1000}\right)^2\right] = 25\ \mu\mathrm{F}$$

谐振时阻抗为

$$Z_0 = R_1 + R' = 100 + \frac{R_2}{1+\left(\dfrac{R_2}{\omega L}\right)^2} = 100 + \frac{100}{1+\left(\dfrac{100}{1000\times0.2}\right)^2} = 180\ \Omega$$

电流源端电压有效值为

$$U_s = I_s Z_0 = 180\times1 = 180\ \mathrm{V}$$

10－21　电路如图 10－32 所示，电源电压为

$$u_s = 50 + 100\sin314t - 40\cos628t + 10\sin(942t+20^\circ)\ \mathrm{V}$$

试求电流 $i(t)$、电源发出的功率、电源电压和电流的有效值。

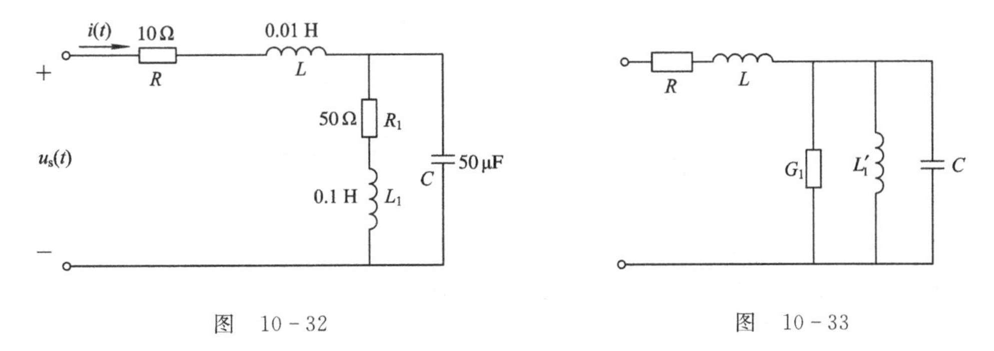

图　10－32　　　　图　10－33

解　先把 R_1L_1 支路等效为一个电导 G_1' 与 L_1' 并联，原电路变为如图 10－33 所示。其中，

$$G_1' = \frac{R_1}{R_1^2+(\omega L_1)^2},\quad L_1' = \frac{R_1^2+(\omega L_1)^2}{\omega^2 L_1}$$

再求 $G_1'L_1'$ 的导纳：

$$Y' = G_1' - \mathrm{j}\,\frac{1}{\omega L_1'} + \mathrm{j}\omega C = G_1' + \mathrm{j}\left(\omega C - \frac{1}{\omega L_1'}\right)$$

$$Z' = \frac{1}{G_1' + \mathrm{j}\left(\omega C - \dfrac{1}{\omega L_1'}\right)} = \frac{G_1' - \mathrm{j}\left(\omega C - \dfrac{1}{\omega L_1'}\right)}{G_1'^2 + \left(\omega C - \dfrac{1}{\omega L_1'}\right)^2}$$

因而总阻抗为

$$Z = R + \mathrm{j}\omega L + Z'$$

(1) 当 $U_0=50$ 时，有

$$I_0 = \frac{50}{R+R_1} = \frac{50}{60} = \frac{5}{6} = 0.833\ \text{A}$$

(2) 当 $u_1=100\ \sin 314t$ 时，用相量法求得 $\dot{U}_s=\frac{100}{\sqrt{2}}\angle -90^\circ$，从而

$$\dot{I}_1 = \frac{\dot{U}_s}{Z} = \frac{\frac{100}{\sqrt{2}}\angle -90^\circ}{Z}$$

$$Z = 10 + \text{j}314 \times 0.01 + Z'$$

$$Z' = \frac{G_1' - \text{j}\left(\omega C - \frac{1}{\omega L_1'}\right)}{G_1'^2 + \left(\omega C - \frac{1}{\omega L_1'}\right)^2}$$

$$G_1' = \frac{R_1}{R_1^2 + (\omega L_1)^2} = \frac{50}{50^2 + (314 \times 0.1)^2} = \frac{1}{70} = 0.0143\ \text{S}$$

$$L_1' = \frac{R_1^2 + (\omega L_1)^2}{\omega^2 L_1} = \frac{50^2 + (314 \times 0.1)^2}{314^2 \times 0.1} = \frac{3486}{9869.6} = 0.3532$$

$$Z' = \frac{1}{Y'} = \frac{1}{0.0143 + \text{j}\left(314 \times 50 \times 10^{-6} - \frac{1}{314 \times 0.3532}\right)} = \frac{1}{0.0143 + 0.0067\text{j}}$$

$$= \frac{0.0143 - 0.0067\text{j}}{0.0143^2 + 0.0067^2} = \frac{0.0143 - 0.0067\text{j}}{0.000\,204 + 0.000\,044\,89} = 57.5 - 26.9\text{j}$$

$$Z = 10 + 3.14\text{j} + 57.5 - 27\text{j} = 67.5 - 23.8\text{j} = 71.57\angle -19.4^\circ$$

$$\dot{I}_{1\text{m}} = \frac{\dot{U}_{\text{sm}}}{Z} \Rightarrow I_{1\text{m}} = \frac{U_{\text{sm}}}{|Z|} = \frac{100}{71.57} = 1.4$$

所以

$$i_1(t) = 1.4\cos(314t - 90^\circ + 19.4^\circ) = 1.4\sin(314t + 19.4^\circ)$$

(3) 当 $u_2=-40\ \cos 628t$ 时，$\omega=628$ rad/s，从而

$$G_1' = \frac{R_1}{R_1^2 + (\omega L_1)^2} = \frac{50}{50^2 + (628 \times 0.1)^2} = 0.007\,76$$

$$L_1' = \frac{R_1^2 + (\omega L_1)^2}{\omega^2 L_1} = \frac{50^2 + (628 \times 0.1)^2}{628^2 \times 0.1} = \frac{6443.84}{39\,438.4} = 0.1634$$

$$Z' = \frac{1}{Y'} = \frac{1}{0.007\,76 + \text{j}\left(628 \times 50 \times 10^6 - \frac{1}{628 \times 0.1634}\right)}$$

$$= \frac{1}{0.007\,76 + 0.021\,65\text{j}}$$

$$= \frac{0.007\,76 - 0.021\,65\text{j}}{0.007\,76^2 + 0.021\,65^2}$$

$$= \frac{0.007\,76 - 0.021\,65\text{j}}{0.000\,060\,217 + 0.000\,468\,722}$$

$$= 14.67 - 40.93\text{j}$$

$$Z = 10 + 6.28\mathrm{j} + 14.67 - 40.93\mathrm{j} = 24.67 - 34.56\mathrm{j} = 42.53\angle -54.6^\circ$$

$$I_{2\mathrm{sm}} = \frac{U_{2\mathrm{sm}}}{|Z|} = -\frac{40}{42.53} = -0.94$$

所以

$$i_2(t) = -0.94\cos(628t + 54.6^\circ)$$

(4) 当 $u_3 = 10\sin(942t + 20^\circ) = 10\cos(942t - 90^\circ + 20^\circ)$时，$\omega = 942$ rad/s，从而

$$G_1' = \frac{R_1}{R_1^2 + (\omega L_1)^2} = \frac{50}{50^2 + (942 \times 0.1)^2} = 0.004\ 396$$

$$L_1' = \frac{R_1^2 + (\omega L_1)^2}{\omega^2 L_1} = \frac{50^2 + (942 \times 0.1)^2}{942^2 \times 0.1} = \frac{11\ 373.64}{88\ 736.4} = 0.128\ 17$$

$$Z' = \frac{1}{Y'} = \frac{1}{0.004\ 396 + \mathrm{j}\left(942 \times 50 \times 10^{-6} - \frac{1}{942 \times 0.128\ 17}\right)}$$

$$= \frac{1}{0.004\ 396 + 0.038\ 82\mathrm{j}}$$

$$= \frac{0.004\ 396 - 0.038\ 82\mathrm{j}}{0.000\ 019\ 324 + 0.001\ 506\ 99}$$

$$= 2.88 - 25.43\mathrm{j}$$

$$Z = 10 + 9.42\mathrm{j} + 2.88 - 25.43\mathrm{j} = 12.88 - 16\mathrm{j} = 20.5\angle -51.2^\circ$$

$$I_{3\mathrm{sm}} = \frac{U_{3\mathrm{sm}}}{|Z|} = \frac{10}{20.5} = 0.488$$

所以

$$i_3(t) = 0.488\sin(942t + 71.2^\circ)$$

综上，有

$$i(t) = 0.833 + 1.4\sin(314t + 19.4^\circ) - 0.94\cos(628t + 54.6^\circ) + 0.488\sin(942t + 71.2^\circ)\ \mathrm{A}$$

$$P = 50 \times 0.833 + \frac{100}{\sqrt{2}} \times \frac{1.4}{\sqrt{2}}\cos(-19.4^\circ) - \frac{40}{\sqrt{2}} \times \frac{(-0.94)}{\sqrt{2}}\cos(-54.6^\circ) + \frac{10}{\sqrt{2}} \times \frac{0.488}{\sqrt{2}}\cos(-51.2^\circ)$$

$$= 41.65 + 0.943 \times 70 + 18.8 \times 0.5797 + 2.04 \times 0.627$$

$$= 41.65 + 66 + 10.9 + 1.28$$

$$= 120\ \mathrm{W}$$

$$I = \sqrt{0.833^2 + \left(\frac{1.4}{\sqrt{2}}\right)^2\left(\frac{0.94}{\sqrt{2}}\right)^2 + \left(\frac{0.488}{\sqrt{2}}\right)^2}$$

$$= \sqrt{0.6939 + 0.98 + 0.442 + 0.1191}$$

$$= 1.495\ \mathrm{A}$$

$$U_s = \sqrt{50^2 + \left(\frac{100}{\sqrt{2}}\right)^2 + \left(\frac{40}{\sqrt{2}}\right)^2 + \left(\frac{10}{\sqrt{2}}\right)^2} = \sqrt{2500 + 5000 + 800 + 50} = 91.38\ \mathrm{V}$$

10-22　有效值为 100 V 的正弦电压加在电感 L 两端时，得电流 $I = 10$ A。当电压中

有三次谐波分量，而电压有效值仍为 100 V 时，得电流 $I=8$ A。试求这一电压中的基波和三次谐波分量的有效值。

解
$$\omega L=\frac{100}{10}=10,\ 3\omega L=30$$

$$I=\sqrt{I_1^2+I_3^2}=\sqrt{\left(\frac{U_1}{10}\right)^2+\left(\frac{U_3}{30}\right)^2}$$

即
$$8^2=\left(\frac{U_1}{10}\right)^2+\left(\frac{U_3}{30}\right)^2 \tag{1}$$

$$U=\sqrt{U_1^2+U_3^2}$$

所以
$$100^2=U_1^2+U_3^2 \tag{2}$$

联立式(1)、(2)解得 $U_1=77.14$ V，$U_3=63.63$ V。

10-23　已知图 10-34 所示无源网络 N 的电压和电流为

$$u(t)=100\cos 314t+50\cos(942t-30^\circ)\ \text{V}$$
$$i(t)=10\cos 314t+1.755\cos(942t+\theta_3)\ \text{A}$$

如果 N 可以看做是 RLC 串联电路，试求：(1) R、L、C 的值；(2) θ_3 的值；(3) 电路消耗的功率。

解　u_1、i_1 同频同相角，说明 $\omega_1=314$ rad/s 时发生谐振，因而

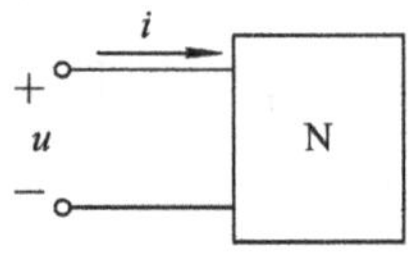

$$R=\frac{U_m}{I_m}=\frac{100}{10}=10\ \Omega$$

$$\omega_0=\sqrt{\frac{1}{LC}}=314 \tag{1}$$

图　10-34

因为

$$P_2=I_2^2R=\left(\frac{1.755}{\sqrt{2}}\right)^2\times 10=U_2I_2\cos\varphi$$

所以

$$\cos(-30^\circ+\theta_3)=\frac{\left(\frac{1.755}{\sqrt{2}}\right)^2\times 10}{\frac{50}{\sqrt{2}}\cdot\frac{1.755}{\sqrt{2}}}=0.351$$

所以$-30^\circ-\theta_3=69.4^\circ$，即 $\theta_3=-99.4^\circ$。

$$Z_2=\frac{\dot{U}_2}{\dot{I}_2}=\frac{U_2\angle-30^\circ}{I_2\angle-99.4^\circ}=\frac{50}{1.755}\angle 69.4^\circ=28.49\angle 69.4^\circ$$

$$Z_2=R+\mathrm{j}\left(\omega L-\frac{1}{\omega C}\right)=\sqrt{R^2+\left(\omega L-\frac{1}{\omega C}\right)^2}\angle\arctan\frac{\omega L-\frac{1}{\omega C}}{R}$$

所以

$$10^2+\left(\omega L-\frac{1}{\omega C}\right)^2=28.49^2 \tag{2}$$

联立式(1)、(2)解得 $L=31.86$ mH，$C=318.3\ \mu$F。

$$P = U_1 I_1 \cos\varphi_1 + U_2 I_2 \cos\varphi_2$$
$$= \frac{100}{\sqrt{2}} \cdot \frac{10}{\sqrt{2}} + \frac{50}{\sqrt{2}} \cdot \frac{1.755}{\sqrt{2}} \cos 69.4^\circ$$
$$= 500 + 15.4 = 515.4 \text{ W}$$

10-24　图 10-35 中，$u(t) = 10 + 80\sqrt{2}\cos(\omega t + 30^\circ) + 18\sqrt{2}\cos 3\omega t$ V，$R = 12\ \Omega$，$\omega L = 2\ \Omega$，$\frac{1}{\omega C} = 18\ \Omega$，求 i 及各交流电表读数。

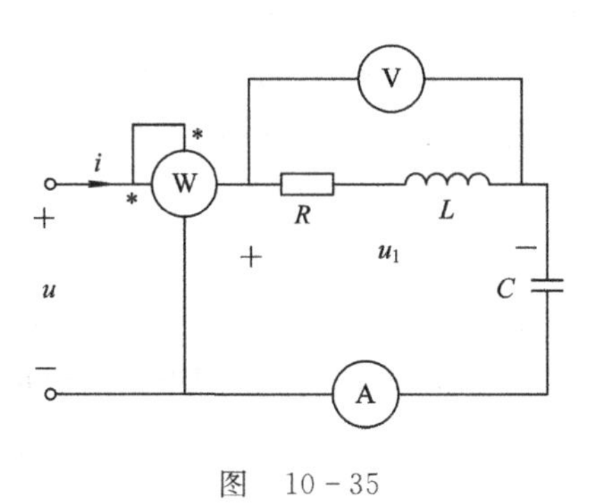

图　10-35

解　$u_0' = 10$ V 时，$I_0 = 0$。

$u_1' = 80\sqrt{2}\cos(\omega t + 30^\circ)$时，电路阻抗为

$$Z = R + j\omega L - j\frac{1}{\omega C} = 12 + 2j - 18j = 12 - 16j = 20\angle -53.1^\circ$$

所以

$$I_{1m} = \frac{U_{1m}}{|Z|} = \frac{80\sqrt{2}}{20} = 4\sqrt{2}$$

$u_2' = 18\sqrt{2}\cos 3\omega t$ 时，电路阻抗

$$Z = R + j3\omega L - j\frac{1}{3\omega C} = 12 + 6j - 6j = 12$$

阻抗角为 0°，所以

$$I_{2m} = \frac{U_{2m}}{|Z|} = \frac{18\sqrt{2}}{12} = 1.5\sqrt{2}$$

综上，有

$$i(t) = I_0 + i_1(t) + i_2(t)$$
$$= 4\sqrt{2}\cos(\omega t + 30^\circ + 53.1^\circ) + 1.5\sqrt{2}\cos(3\omega t)$$
$$= 4\sqrt{2}\cos(\omega t + 83.1^\circ) + 1.5\sqrt{2}\cos 3\omega t \text{ A}$$

$$\text{电流表读数} = \sqrt{\left(\frac{4\sqrt{2}}{\sqrt{2}}\right)^2 + \left(\frac{1.5\sqrt{2}}{\sqrt{2}}\right)^2} = \sqrt{16 + 2.25} = 4.27 \text{ A}$$

为求电压表读数，先求 u_1。

$$\dot{U}_{11} = \dot{I}_1 (R + j\omega L) = \dot{I}_1 \sqrt{R^2 + (\omega L)^2}\angle \arctan\frac{\omega L}{R}$$

$$= \dot{I}_1 \sqrt{146} \angle \arctan \frac{\omega L}{R} = \dot{I}_1 \times 12.17 \angle \arctan \frac{\omega}{R}$$

$$U_{11} = I_1 \times 12.17 = 4 \times 12.17 = 48.66 \text{ V}$$

同理有

$$U_{12} = I_2 \times | R + 2\mathrm{j}\omega L | = I_2 \times | 12 + 4\mathrm{j} | = 1.5 \times \sqrt{144 \times 16}$$
$$= 1.5 \times 12.65 = 18.97 \text{ V}$$

所以

$$\text{电压表读数} = \sqrt{U_{11}^2 + U_{12}^2} = \sqrt{48.66^2 + 18.97^2}$$
$$= \sqrt{2368 + 360} = 52.23 \text{ V}$$
$$\text{功率表读数} = I_1 U_1 \cos\varphi_1 + I_2 U_2 \cos\varphi_2$$
$$= 4 \times 80 \times \cos 53.1° + 1.5 \times 18$$
$$= 192.3 + 27 = 219 \text{ W}$$

10-25 图10-36所示电路中，已知 $u_R = 50 + 10\sqrt{2}\cos\omega t$ V，基波频率为 $f = 50$ Hz，$R = 100\ \Omega$，$L = 20$ mH，$C = 40\ \mu$F。试求：(1) 电源电压瞬时值和有效值；(2) 电源提供的功率。

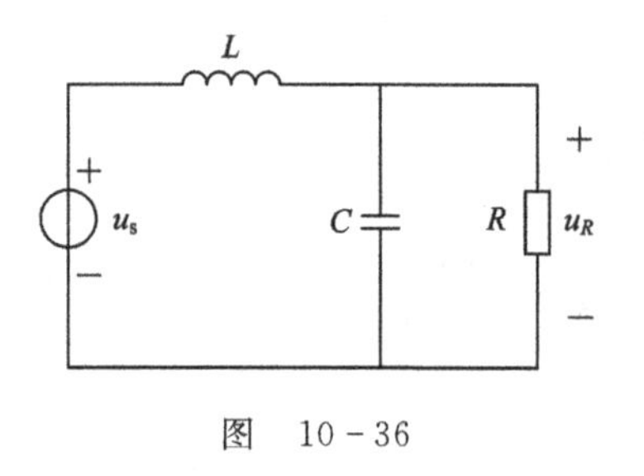

图 10-36

解 (1) 利用叠加定理。

当 $u_R = 50$ 时，电路激励应为直流，电路变为如图10-37所示，所以

$$u_s' = u_R = 50 \text{ V}$$

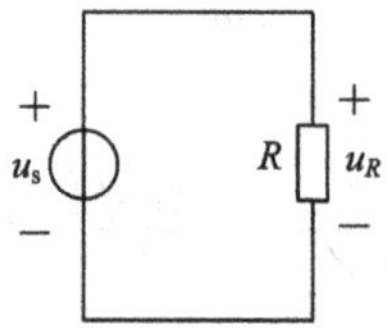

图 10-37

当 $u_R = 10\sqrt{2}\cos\omega t$ V时，电路为正弦激励，相量模型如图10-38所示，因而有

$$\dot{I}_R = \frac{\dot{U}_R}{R} \quad \text{即} \quad \dot{I}_R = \frac{10\angle 0°}{100} = 0.1\angle 0°$$

$$\dot{I}_C = \frac{\dot{U}_R}{-\mathrm{j}\dfrac{1}{\omega C}} = \mathrm{j}\omega C \dot{U}_R = \mathrm{j}2\pi \times 50 \times 40 \times 10^{-6} \times 10\angle 0° = 0.1256\mathrm{j}$$

$$\dot{I} = \dot{I}_C + \dot{I}_R = 0.1\angle 0° + 0.1256\mathrm{j} = 0.16\angle 51.5°$$

$$\dot{U}_s'' = \dot{U}_R + \dot{I} \cdot \mathrm{j}\omega L = 10\angle 0° + 0.16\angle 51.5° \cdot \mathrm{j}2\pi \times 50 \times 20 \times 10^{-3}$$

$$= 10 + 0.628j - 0.789$$

$$= 9.211 + 0.628j = 9.23\angle 3.9^\circ$$

$$u_s''(t) = 9.23\sqrt{2}\cos(\omega t + 3.9^\circ)$$

$$u_s(t) = u_s' + u_s''(t) = 50 + 9.23\sqrt{2}\cos(\omega t + 3.9^\circ)$$

$$U_s = \sqrt{50^2 + 9.23^2} = 50.85\ \text{V}$$

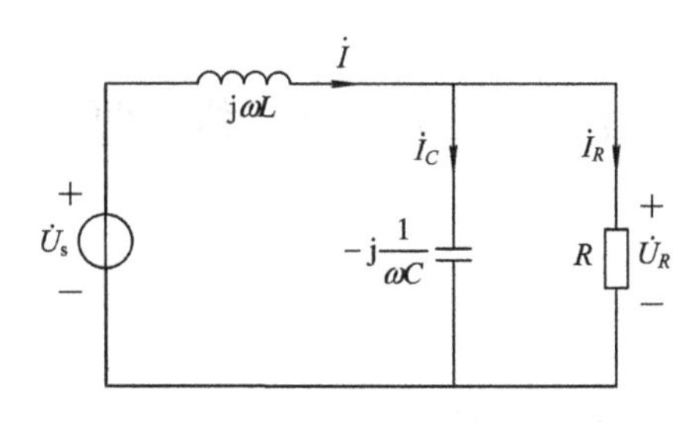

图 10-38

(2) $p=\frac{50^2}{100}+9.23\times 0.16\cos(3.9^\circ-51.5^\circ)=25+0.997=26\ \text{W}$

第 11 章　耦合电感和理想变压器

11.1　内 容 提 要

1. 耦合电感元件

1）耦合电感的概念

两个靠近的线圈，当一个线圈有电流通过时，该电流产生的磁通不仅通过本线圈，还部分或全部地通过相邻线圈。一个线圈电流产生的磁通与另一线圈交链的现象，称为两个线圈的磁耦合。具有磁耦合的线圈称为耦合线圈或互感线圈。忽略线圈的损耗电阻和匝间分布电容的耦合线圈，称为耦合电感元件，或称为互感元件。

2）同名端

任选线圈 1 L_1 的一端与线圈 2 L_2 的一端，假设线圈电流同时从这两端流进，若这两个电流所产生的磁场是相互增强的(即线圈的自感磁通链和互感磁通链方向相同)，则称所选的两端为同名端，否则为异名端。可用一对相同的符号，如“·、*、Δ”表示。

3）互感元件的电路模型

互感元件的电路模型如图 11-1 所示。

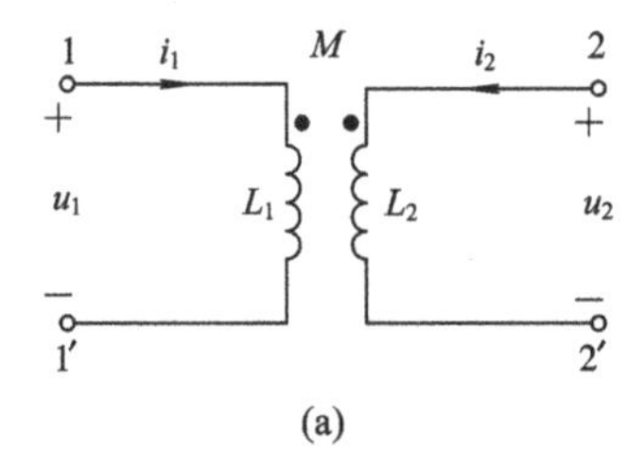

(a)

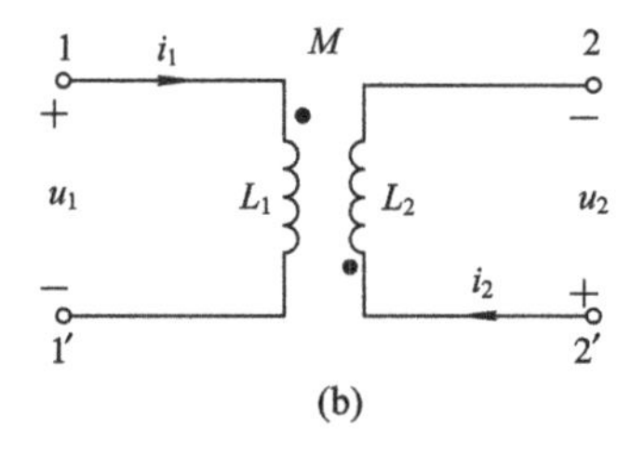

(b)

图　11-1

对于两个相耦合的线圈，一个线圈的电流发生变化将在另一线圈产生感应电压。互感电压的大小为

$$u_{12} = M\frac{\mathrm{d}i_2}{\mathrm{d}t},\quad u_{21} = M\frac{\mathrm{d}i_1}{\mathrm{d}t}$$

由于互感磁通(φ_{12}，φ_{21})与自感磁通(φ_{11}，φ_{22})有彼此加强或削弱两种情况，因此在同一线圈上的互感电压与自感电压$\left(u_{11}=L_1\dfrac{\mathrm{d}i_1}{\mathrm{d}t},\ u_{22}=L_2\dfrac{\mathrm{d}i_2}{\mathrm{d}t}\right)$可能彼此相加，也可能彼此相减。这与两个线圈的相对绕向位置和电流参考方向有关。

当两个施感电流同时作用时，有如下关系：

$$\begin{cases} u_1 = u_{11} \pm u_{12} \\ u_2 = u_{22} \pm u_{21} \end{cases}$$

2. 耦合电感的伏安关系

设耦合电感两个线圈的电压参考方向与对应线圈中电流参考方向为关联参考方向，如图 11-1 所示，则有

$$\begin{cases} u_1 = L_1 \dfrac{\mathrm{d}i_1}{\mathrm{d}t} \pm M \dfrac{\mathrm{d}i_2}{\mathrm{d}t} \\ u_2 = L_2 \dfrac{\mathrm{d}i_2}{\mathrm{d}t} \pm M \dfrac{\mathrm{d}i_1}{\mathrm{d}t} \end{cases}$$

当施感电流为同频正弦量，且为正弦稳态时，可用相量表示伏安关系。上式对应表示为

$$u_1 = L_1 \frac{\mathrm{d}i_1}{\mathrm{d}t} \pm M \frac{\mathrm{d}i_2}{\mathrm{d}t} \rightarrow \dot{U}_1 = \mathrm{j}\omega L_1 \dot{I}_1 \pm \mathrm{j}\omega M \dot{I}_2$$

$$u_2 = L_2 \frac{\mathrm{d}i_2}{\mathrm{d}t} \pm M \frac{\mathrm{d}i_1}{\mathrm{d}t} \rightarrow \dot{U}_2 = \mathrm{j}\omega L_2 \dot{I}_2 \pm \mathrm{j}\omega M \dot{I}_1$$

式中，$\mathrm{j}\omega M$ 为互感阻抗，$\mathrm{j}\omega L_1$、$\mathrm{j}\omega L_2$ 为自感阻抗，单位均为 Ω。

3. 耦合电感的去耦等效电路

1) 受控源去耦等效电路

图 11-2(a)是图 11-1(a)的受控源去耦等效电路，图 11-2(b)是图 11-1(b)的受控源去耦等效电路。

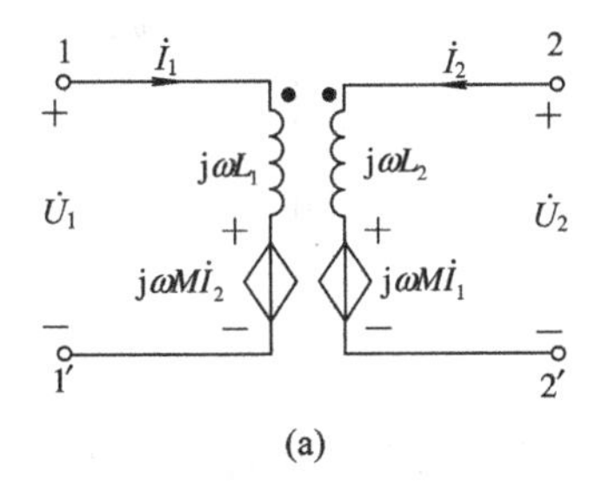

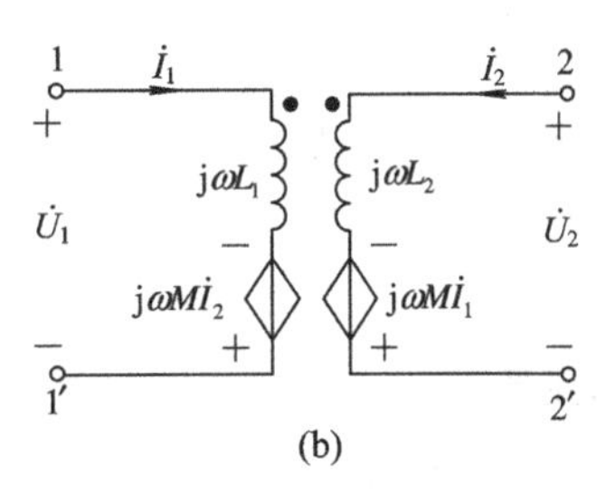

图 11-2

2) 串联时的去耦等效电路

顺接串联及其去耦等效电路如图 11-3 所示。

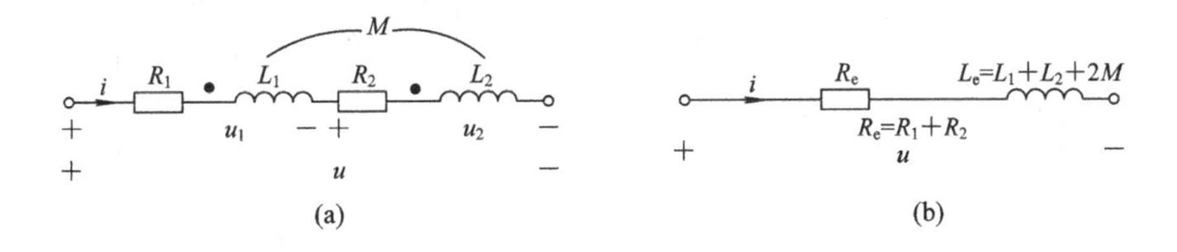

图 11-3

反接串联及其等效电路如图 11－4 所示。

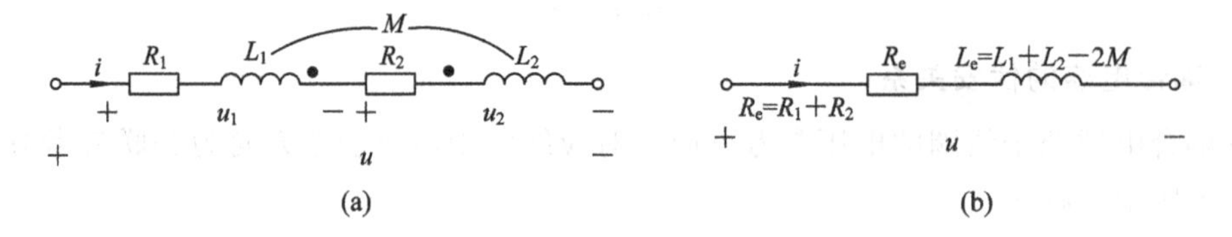

图　11－4

3）一端相连的去耦等效电路

去耦等效电路与各电压电流的参考方向无关，只与其同侧或异侧连接有关。同侧相连及其去耦等效电路如图 11－5 所示，异侧相连及其去耦等效电路如图 11－6 所示。

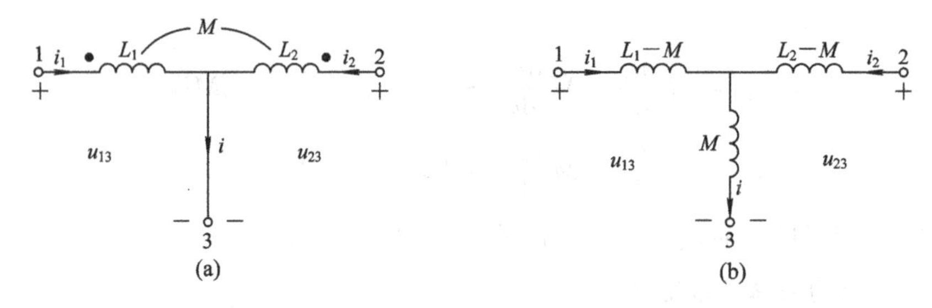

图　11－5

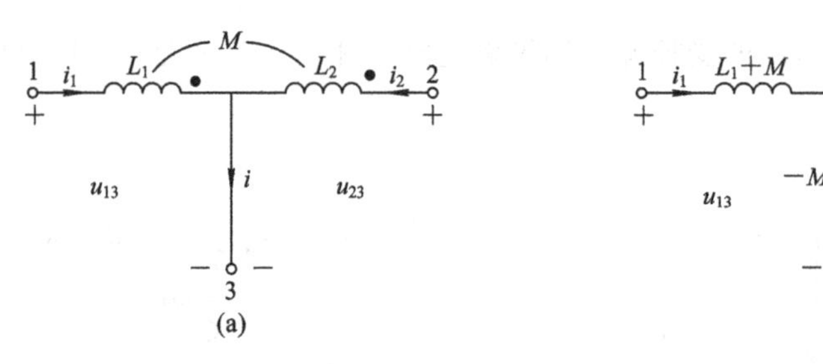

图　11－6

4. 空芯变压器

分析含有空芯变压器的电路，可用去耦法、网孔法列方程，也可用图 11－7 所示的原边回路和副边回路来分析。图中，Z_{11} 和 Z_{22} 分别为原、副边回路的总阻抗；$\dfrac{(\omega M)^2}{Z_{22}}$ 为副边对原边的反映阻抗；$\dfrac{\mathrm{j}\omega M}{Z_{11}}\dot{U}_1$ 为原边对副边产生的互感电压。

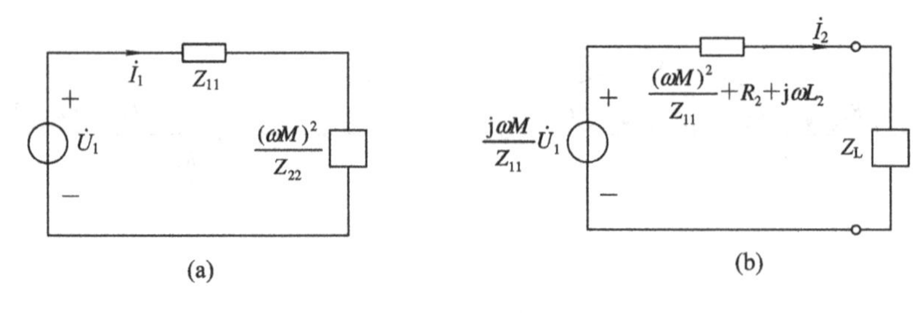

图　11－7

5. 理想变压器

理想变压器电路如图 11－8 所示。

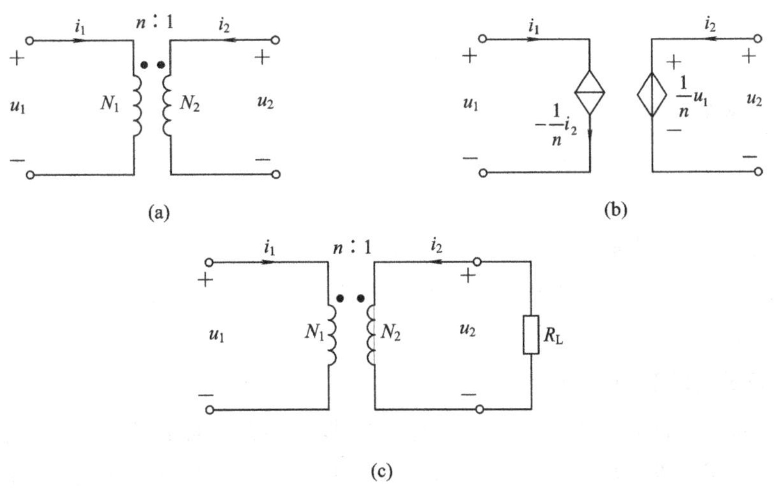

图 11－8

1）理想变压器的三个条件

当耦合电感元件满足无损耗、全耦合(即耦合系数 $k=1$)及 L_1、L_2、M 均为无穷大，但 $\sqrt{L_1/L_2}=n$(n 为匝数)三个条件时，元件模型就是理想变压器。

2）电压电流变换作用

在图 11－8 所示参考方向下，有如下关系：

$$\begin{cases} u_1 = nu_2 \\ i_1 = -\dfrac{1}{n}i_2 \end{cases}$$

3）阻抗变换作用

$$R_{eq} = \frac{u_1}{i_1} = \frac{nu_2}{-\dfrac{1}{n}i_2} = n^2\,\frac{u_2}{-i_2} = n^2 R_L$$

11.2 重点、难点

本章重点是耦合电感元件的伏安关系、同名端的概念，耦合电感的去耦等效，空芯变压器的等效电路，理想变压器的伏安关系和阻抗变换作用。本章难点是互感电压的确定。

1. 耦合电感元件的伏安关系

耦合电感与单个电感一样是动态元件，其电流、电压间的关系要用微分关系表征。即耦合电感需要用三个参数 L_1、L_2 和 M 来表征，其伏安关系要用两个方程来描述。当两线圈中电流 $i_1(t)$与 $i_2(t)$的参考方向符合同名端定义时，耦合电感的伏安关系式中，M 前取“＋”号，否则取“－”号。

2. 同名端

标有“·”号的端钮称为同名端。当电流与互感电压的参考方向对同名端一致时：

$$u_m = M\frac{\mathrm{d}i}{\mathrm{d}t}$$

否则

$$u_m = -M\frac{\mathrm{d}i}{\mathrm{d}t}$$

3. 耦合电感的去耦等效

耦合电感作为一个三端元件出现在电路中时，可以用三个电感组成的 T 形网络来等效。

注意，无论是互感串联二端子等效，还是 T 形去耦多端子等效，都是对端子以外的电压、电流、功率而言，其等效电感参数不但与两耦合线圈的自感系数、互感系数有关，还与同名端位置有关。

4. 空芯变压器的等效电路

不用铁芯的变压器叫空芯变压器，这种变压器的耦合系数较小，属于松耦合。空芯变压器就是互感线圈，或称耦合线圈。空芯变压器中副边回路对原边回路的反映阻抗或引入阻抗为$\frac{(\omega M)^2}{Z_{22}}$，与副边回路的性质相反。如果副边回路自阻抗 Z_{22} 呈容性，则反映阻抗呈感性；如果副边回路自阻抗 Z_{22} 呈感性，则反映阻抗呈容性。同理，空芯变压器中原边回路对副边回路的反映阻抗或引入阻抗为$\frac{(\omega M)^2}{Z_{11}}$，与原边回路的性质相反。如果原边回路自阻抗 Z_{11} 呈容性，则反映阻抗呈感性；如果副边回路自阻抗 Z_{11} 呈感性，则反映阻抗呈容性。理由在于它们的自阻抗都位于分母部分。

5. 理想变压器的伏安关系和阻抗变换作用

当变压器变压时，如果 u_1、u_2 的参考方向的“+”极性端都分别设在同名端，则 u_1/u_2 取正号；如果 u_1、u_2 的参考方向的“+”极性端一个设在同名端，另一个设在异名端，则 u_1/u_2 取负号。

当变压器变流时，如果 i_1、i_2 参考方向分别从同名端同时流入(或同时流出)，则 i_1/i_2 取负号；如果 i_1、i_2 参考方向中的一个从同名端流入，一个从同名端流出，则 i_1/i_2 取正号。

理想变压器的折合阻抗与互感电路的反映阻抗不同。理想变压器的阻抗变换只改变阻抗大小，不改变阻抗性质。如果负载阻抗为感性，则折合到初级也是感性；如果负载阻抗为容性，则折合到初级也是容性。

在学习理想变压器时，应注意它是一个不耗能也不储能的无记忆元件，而互感线圈是具有记忆功能的储能元件。

6. 互感(耦合电感)电压的确定

如何正确书写互感电压是本章的难点。通常，将耦合线圈上的电压看成是自感电压与互感电压的代数和。

先写自感电压，再写互感电压。如果线圈上电压、电流参考方向关联，则其上自感电压取正号；反之取负号。互感电压部分书写时要注意：观察互感线圈所标同名端位置及所设两个线圈中电流的参考方向，如果电流均从同名端流入(或流出)，则互感电压与自感电压同号，也就是说，当自感电压取正号时互感电压也取正号，当自感电压取负号时互感电压也取负号；如果一个电流从互感线圈的同名端流入，另一个电流从互感线圈的同名端流出，则互感电压与自感电压异号，即自感电压取正号时互感电压取负号，当自感电压取负号时互感电压取正号。

按照上述方法书写，不管互感线圈所标同名端位置如何，也不管两个线圈上的电压、电流参考方向是否关联，都能正确书写出它们的电压。

11.3 典 型 例 题

【例 11－1】 电路如图 11－9 所示，$L_1=1$ H，$L_2=4$ H，$R_1=1$ kΩ，$R_2=2$ kΩ。已知：$k=0.5$，$u=220\sqrt{2}\cos(314t+30°)$ V，求电流 i。改为反接再求 i。

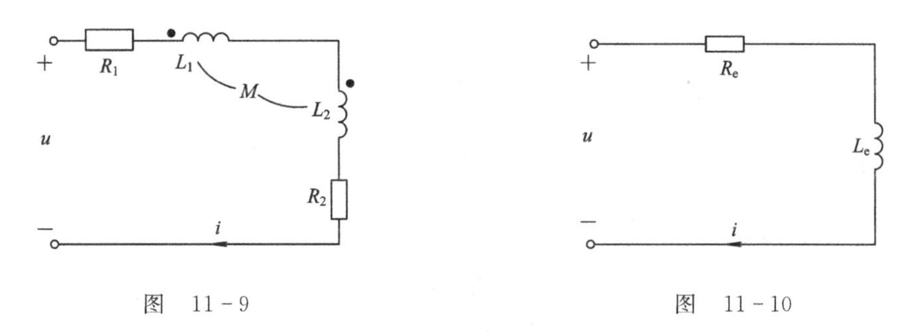

图 11－9　　　　图 11－10

解 求互感系数 M：

$$M=k\sqrt{L_1L_2}=0.5\sqrt{1\times4}=1\text{ H}$$

图 11－10 为图 11－9 的简化等效电路。因为是顺接，故

$$R_e=R_1+R_2=1+2=3\text{ k}\Omega$$

$$L_e=L_1+L_2+2M=1+4+2\times1=7\text{ H}$$

$$Z=R_e+\text{j}\omega L_e=3000+\text{j}314\times7=3719.033\angle36.229°\ \Omega$$

$$\dot{I}=\frac{\dot{U}}{Z}=\frac{220\angle30°}{3719.033\angle36.229°}=59.155\angle-6.229°\text{ mA}$$

$$i=59.155\sqrt{2}\cos(314t-6.229)\text{ mA}$$

反接时：

$$L_e=L_1+L_2-2M=1+4-2\times1=3\text{ H}$$

$$Z=R_e+\text{j}\omega L_e=3000+\text{j}314\times3=3144.418\angle17.432°\ \Omega$$

$$\dot{I}=\frac{\dot{U}}{Z}=\frac{220\angle30°}{3144.418\angle17.432°}=69.965\angle12.568°\text{ mA}$$

$$i=69.965\sqrt{2}\cos(314t+12.568)\text{ mA}$$

【例 11－2】 电路如图 11－11 所示，求各支路电流和支路①、②的复功率。已知：$u=50\sqrt{2}\cos(\omega t+20°)$ V，$R_1=3\ \Omega$，$\omega L_1=7.5\ \Omega$，$R_2=5\ \Omega$，$\omega L_2=12.5\ \Omega$，$\omega M=8\ \Omega$。

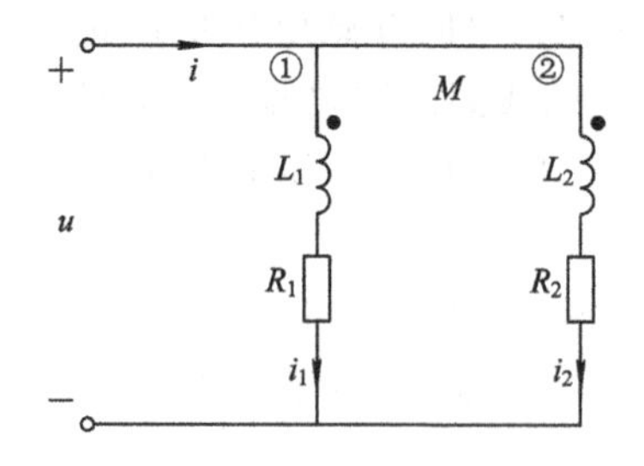

图 11-11

解 根据去耦等效电路，得

$$Z = \mathrm{j}\omega M + \frac{[R_1 + \mathrm{j}\omega(L_1 - M)] \times [R_2 + \mathrm{j}\omega(L_2 - M)]}{R_1 + \mathrm{j}\omega(L_1 - M) + R_2 + \mathrm{j}\omega(L_2 - M)}$$

$$= \frac{(R_1 + \mathrm{j}\omega L_1)(R_2 + \mathrm{j}\omega L_2) + \omega^2 M^2}{R_1 + R_2 + \mathrm{j}\omega(L_1 + L_2 - 2M)}$$

代入参数求得 $Z=8.546\angle 74.561°\ \Omega$。

由 $\dot{I}=\dfrac{\dot{U}}{Z}$，代入参数求得 $\dot{I}=5.851\angle -54.561°\ \mathrm{A}$。

由 $\dot{I}_1=\dfrac{\dot{U}-\mathrm{j}\omega M\dot{I}}{R_1+\mathrm{j}\omega(L_1-M)}$，代入参数求得 $\dot{I}_1=4.4\angle -39.14°\ \mathrm{A}$。

由 $\dot{I}_2=\dfrac{\dot{U}-\mathrm{j}\omega M\dot{I}}{R_2+\mathrm{j}\omega(L_2-M)}$，代入参数求得 $\dot{I}_2=1.99\angle -90.589°\ \mathrm{A}$。

各支路复功率分别为(注意：要回原电路求解)

$$\overline{S}_1 = \dot{U}\dot{I}_1^* = 50\angle 20° \times 4.4\angle 39.14° = 220\angle 59.14°\ \mathrm{VA}$$
$$= 112.847 + \mathrm{j}188.853\ \mathrm{VA}$$
$$\overline{S}_2 = \dot{U}\dot{I}_2^* = 50\angle 20° \times 1.99\angle 90.589° = 99.5\angle 110.589°\ \mathrm{VA}$$
$$= -34.99 + \mathrm{j}93.145\ \mathrm{VA}$$
$$\overline{S} = \dot{U}\dot{I}^* = 50\angle 20° \times 5.851\angle 54.561° = 292.55\angle 74.561°\ \mathrm{VA}$$
$$= 77.88 + \mathrm{j}281.993\ \mathrm{VA}$$

可见 $\overline{S}=\overline{S}_1+\overline{S}_2$，因而复功率守恒。

【例 11-3】 电路如图 11-12 所示，求开关开、闭时的电流 $\dot{I}$，并求线圈①、②的复功率，验证其平衡。已知：$u=50\sqrt{2}\cos(\omega t+60°)$ V。

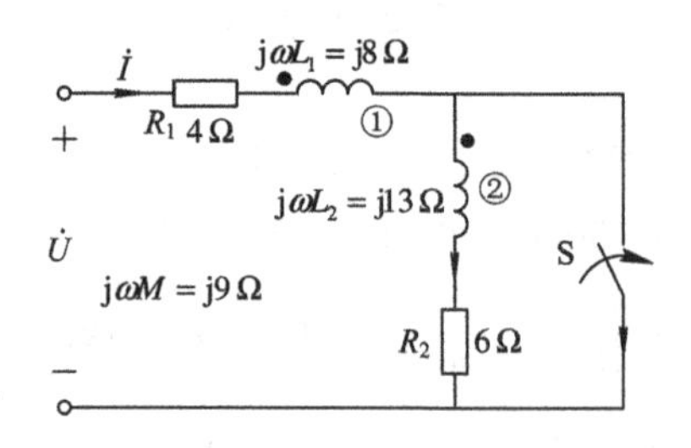

图 11-12

解 开关 S 打开时为顺接串联，电流 $\dot{I}$ 为

$$\dot{I}=\frac{\dot{U}}{R_1+R_2+j\omega(L_1+L_2+2M)}$$

代入参数求得

$$\dot{I}=1.242\angle-15.619^\circ\ \text{A}$$

各支路复功率分别为

$$\overline{S}_1=(R_1\dot{I}+j\omega L_1\dot{I}+j\omega M\dot{I})\dot{I}^*=6.169+j26.218\ \text{VA}$$

$$\overline{S}_2=[R_2+j\omega(L_1+M)]I^2=9.254+j33.93\ \text{VA}$$

$$\overline{S}=\dot{U}\dot{I}^*=15.422+j60.148\ \text{VA}$$

可见，$\overline{S}=\overline{S}_1+\overline{S}_2$，因而复功率平衡。

S闭合时为异侧连接，等效电路如图 11－13 所示。

$$\dot{I}=\frac{\dot{U}}{R_1+j\omega(L_1+M)+\dfrac{-j\omega M[R_2+j\omega(L_2+M)]}{R_2+j\omega(L_2+M)-j\omega M}}$$

代入参数求得

$$\dot{I}=7.159\angle35.798^\circ\ \text{A}$$

$$\dot{I}_2=\frac{\dot{U}-[R_1+j\omega(L_1+M)]\dot{I}}{R_2+j\omega(L_2+M)}$$

各支路复功率分别为

$$\overline{S}_1=(R_1\dot{I}+j\omega L_1\dot{I}+j\omega M\dot{I}_2)\dot{I}^*=326.506+j146.756\ \text{VA}$$

$$\overline{S}_2=[(R_2+j\omega L_2)\dot{I}_2+j\omega M\dot{I}]\dot{I}_2^*=0$$

$$\overline{S}=\dot{U}\dot{I}^*=326.488+j146.743\ \text{VA}$$

可见，$\overline{S}=\overline{S}_1+\overline{S}_2$，因而复功率平稳。

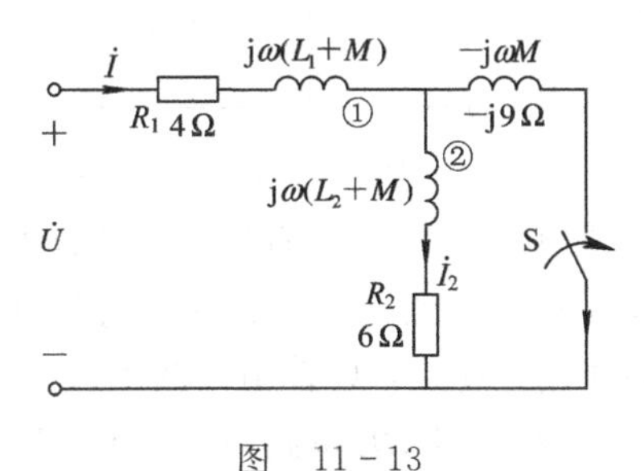

图 11－13

【例 11－4】 电路如图 11－14 所示，求戴维南等效参数。已知：$\omega L_1=\omega L_2=8\ \Omega$，$\omega M=6\ \Omega$，$R_1=R_2=6\ \Omega$，$u_s=10\sqrt{2}\cos(314t+28^\circ)$ V。

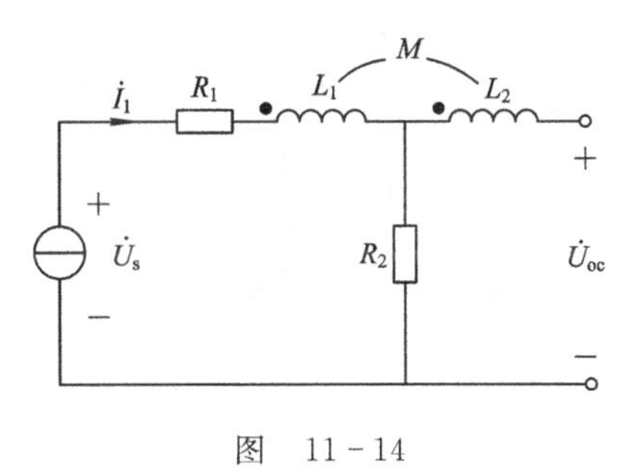

图 11－14

解 采用直接计算法，有

$$\dot{U}_s = R_1\dot{I}_1 + j\omega L_1\dot{I}_1 + R_2\dot{I}_1$$

$$\dot{I}_1 = \frac{\dot{U}_s}{R_1 + R_2 + j\omega L_1}$$

代入参数得

$$\dot{I}_1 = 0.693\angle -5.69^\circ \text{ A}$$

$$\dot{U}_{oc} = j\omega M\dot{I}_1 + R_2\dot{I}_1 = 5.88\angle 39.31^\circ \text{ V}$$

由图 11－15 求戴维南等效电阻：

$$\begin{cases}(R_1 + j\omega L_1 + R_2)\dot{I}_{m1} - R_2\dot{I}_{m2} - j\omega M\dot{I}_{m2} = 0 \\ -R_2\dot{I}_{m1} - j\omega M\dot{I}_{m1} + \dot{I}_{m2}(R_2 + j\omega L_2) = \dot{U} \\ \dot{I} = \dot{I}_{m2}\end{cases}$$

$$\dot{I} = \dot{I}_{m2} = \frac{\dot{U}(R_1 + R_2 + j\omega L_1)}{(R_2 + j\omega L_2)(R_1 + R_2 + j\omega L_1) - (R_2 + j\omega M)^2}$$

$$Z_{eq} = \frac{\dot{U}}{\dot{I}}$$

代入参数得

$$Z_{eq} = 5.023\angle 49.97^\circ\ \Omega$$

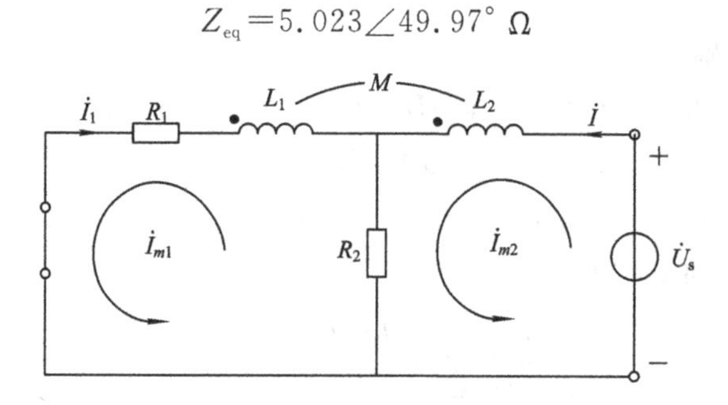

图 11－15

【解题指南与点评】 从上面几个例题可以看出，含耦合电感电路的分析方法有两种：

(1) 直接对原电路列方程计算。注意三点：其一，电路具有含受控源电路的特点；其二，必须正确计入互感电压的作用；其三，只宜用回路电流法，不宜采用结点法。

(2) 先画出去耦等效电路，可按一般 RL 电路对待。正弦稳态时，按一般交流电路处理。

【例 11－5】 电路如图 11－16 所示，求一、二次侧电流及二次回路功率。已知：$R_1 = R_2 = 6\ \Omega$，$L_1 = 6$ H，$L_2 = 3$ H，$M = 4$ H，$\dot{U}_1 = 100\angle 30^\circ$ V，$\omega = 10$ rad/s，$Z_L = R_L + jX_L = 3 + j4\ \Omega$。

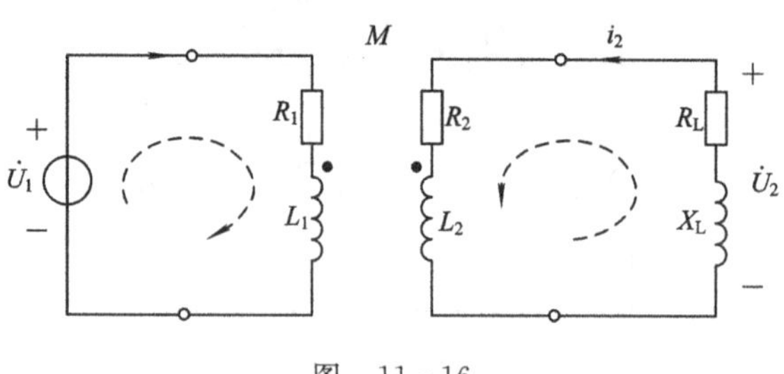

图 11－16

解 利用等效电路求解。

$$Z_{11} = R_1 + j\omega L_1 = 6 + j6 \times 10 = 60.299\angle 84.289^\circ\ \Omega$$

$$Z_{22} = R_2 + j\omega L_2 + Z_L = 9 + j34\ \Omega$$

$$(\omega M)^2 = (10 \times 4)^2 = 1600$$

$$\dot{I}_1 = \frac{\dot{U}_1}{Z_{11} + (\omega M)^2 / Z_{22}} = 4.196\angle -12.248^\circ\ \text{A}$$

$$i_1 = 4.196\sqrt{2}\cos(10t - 12.248^\circ)\ \text{A}$$

$$\dot{I}_2 = \frac{-\dot{U}_1 Z_M / Z_{11}}{Z_{22} + (\omega M)^2 / Z_{11}} = 4.772\angle -177.42^\circ\ \text{A}$$

$$i_2 = 4.772\sqrt{2}\cos(10t - 177.42^\circ)\ \text{A}$$

二次回路功率为

$$P_{R_2+R_L} = (R_2 + R_L) I_2^2 = (6+3) \times 4.772^2 = 204.948\ \text{W}$$

也可按反映阻抗计算：

$$\frac{(\omega M)^2}{Z_{22}} = 11.641 - j43.977\ \Omega$$

$$P_{R_2+R_L} = \text{Re}\left[\frac{(\omega M)^2}{Z_{22}}\right] I_1^2 = 11.641 \times 4.196^2 = 204.956\ \text{W}$$

【例 11-6】 已知空芯变压器的参数 $L_1 = 9$ H，$L_2 = 4$ H，$k = 0.5$，所接负载为 800 Ω 电阻和 1 μF 电容串联，所接正弦电压源频率为 400 rad/s，电压有效值为 300 V，内阻为 500 Ω，内感为 0.25 H。试求传送给负载的功率 P 和空芯变压器的功率传输效率。

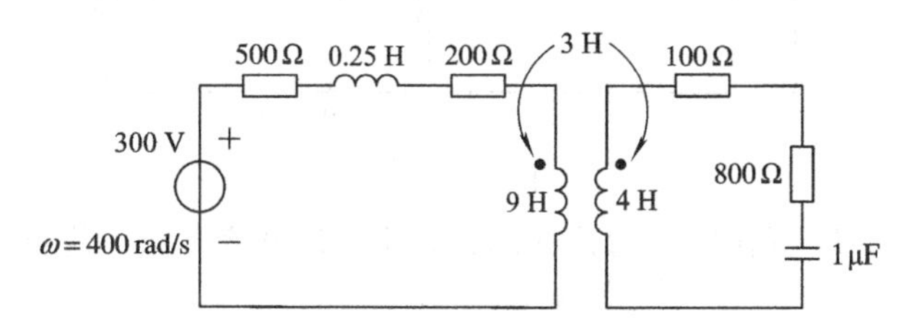

图 11-17

解 (1) 依题意画出电路，如图 11-17 所示。

$$M = k\sqrt{L_1 L_2} = 0.5\sqrt{9 \times 4} = 3\ \text{H}$$

作出相量模型(从略)后可列出网孔方程(设原边电流为 $\dot{I}_1$，副边电流为 $\dot{I}_2$)：

$$\begin{cases}(500 + 200 + j100 + j3600)\dot{I}_1 - j1200\dot{I}_2 = 300 \\ -j1200\dot{I}_1 + (100 + 800 + j1600 - j2500)\dot{I}_2 = 0\end{cases}$$

整理得

$$\begin{cases}(7 + j37)\dot{I}_1 - j12\dot{I}_2 = 3 \\ j12\dot{I}_1 = (9 - j9)\dot{I}_2\end{cases}$$

从而

$$\dot{I}_1 = \frac{9 - j9}{j12}\dot{I}_2 = \frac{3(-1-j)}{4}\dot{I}_2$$

所以

$$(7+\mathrm{j}37)\frac{3(-1-\mathrm{j})}{4}\dot{I}_2-\mathrm{j}12\dot{I}_2=3$$

$$\dot{I}_2=\frac{3}{22.5(1-\mathrm{j}2)}=\frac{3}{22.5\times\sqrt{5}\angle 111.6^\circ}\ \mathrm{A}$$

则

$$P=P_2=0.0596^2\times 800=2.843\ \mathrm{W}$$

(2)
$$\dot{I}_1=\frac{3(-1-\mathrm{j})}{4}\times\frac{3}{22.5(1-\mathrm{j}2)}=\frac{1-\mathrm{j}3}{50}=\frac{\sqrt{10}\angle-71.56^\circ}{50}\ \mathrm{A}$$

$$P_1=300\times\frac{\sqrt{10}}{50}\cos 71.56^\circ=18.97\times 0.316=6\ \mathrm{W}$$

$$\eta=\frac{P_2}{P_1'}\times 100\%=\frac{2.843}{6-500\times\left(\frac{\sqrt{10}}{50}\right)^2}\times 100\%=\frac{2.843}{4}\times 100\%=71.1\%$$

【解题指南与点评】 本例题是空芯变压器功率求解问题，先结合相量模型求解原、副边电流，进而求得功率及传输效率。

【例 11-7】 电路如图 11-18 所示，已知 $\dot{U}_s=100\angle 0^\circ$ V，试求 $\dot{I}_1$、$\dot{I}_2$ 和 $\dot{I}_3$。

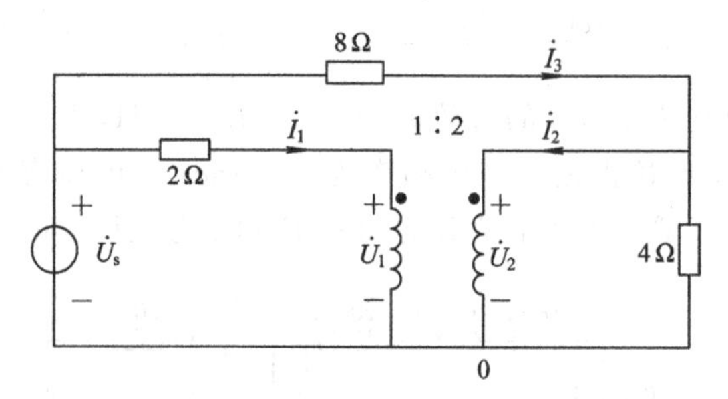

图 11-18

解 选择 $\dot{I}_1$、$\dot{I}_2$、$\dot{I}_3$ 所在回路为独立回路，并选各电流方向为绕行方向，列回路方程：

$$\begin{cases}2\dot{I}_1+\dot{U}_1=\dot{U}_s\\4(\dot{I}_2-\dot{I}_3)+\dot{U}_2=0\\8\dot{I}_3+4(\dot{I}_3-\dot{I}_2)=\dot{U}_s\\\dot{U}_1=\dfrac{1}{2}\dot{U}_2\\\dot{I}_1=-2\dot{I}_2\end{cases}$$

联立求解得 $\dot{I}_1=31.25\angle 0^\circ$ A，$\dot{I}_2=-15.625\angle 0^\circ$ A，$\dot{I}_3=3.125\angle 0^\circ$ A。

【解题指南与点评】 本例题是包含理想变压器的复杂电路，利用 KVL 定律，结合相量模型求解。

11.4 习 题 解 答

11-1 图 11-19 所示耦合电感，$L_1=4$ H，$L_2=3$ H，$M=2$ H，若 $i_1=5\cos 6t$ A，$i_2=3\cos 6t$ A，求 u_2。

解 画出耦合电感的相量模型，如图 11-20 所示。因为

$$\begin{aligned}\dot{U}_2 &= \mathrm{j}\omega L_2\dot{I}_2 + \mathrm{j}\omega M\dot{I}_1 \\ &= \mathrm{j}6\times 3\times\frac{3}{\sqrt{2}}\angle 0^\circ + \mathrm{j}6\times 2\times\frac{5}{\sqrt{2}}\angle 0^\circ \\ &= \mathrm{j}57\sqrt{2} = 57\sqrt{2}\angle 90^\circ\end{aligned}$$

所以

$$u_2 = 114\cos(6t + 90^\circ)\ \mathrm{V}$$

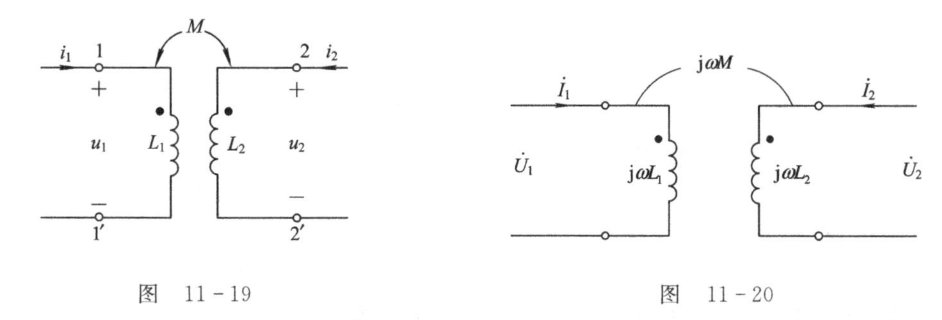

图 11-19　　　　图 11-20

11-2　电路如图 11-21 所示，已知 $L_1=1$ H，$L_2=2$ H，$M=0.5$ H，$R_1=R_2=1$ kΩ，正弦电压源 $u_s=100\sqrt{2}\cos 200\pi t$ V，试求电流 i 以及耦合系数 k。

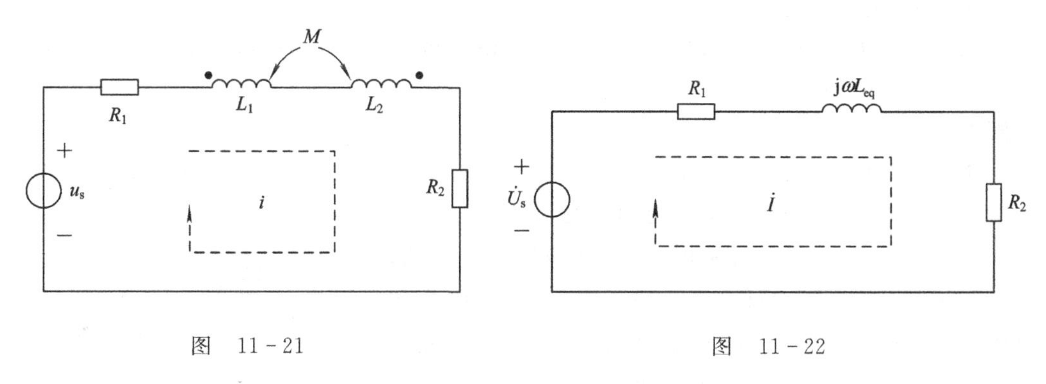

图 11-21　　　　图 11-22

解　电路的相量模型如图 11-22 所示。由于耦合电感两线圈是反串，因此其等效电感为

$$L_{eq} = L_1 + L_2 - 2M = 1 + 2 - 2\times 0.5 = 2\ \mathrm{H}$$

电路总阻抗为

$$\begin{aligned}Z &= (R_1 + R_2) + \mathrm{j}\omega L_{eq} = 2000 + \mathrm{j}400\times 3.14 \\ &= 2361.68\angle 32.15^\circ\ \Omega\end{aligned}$$

于是

$$\dot{I} = \frac{\dot{U}_s}{Z} = \frac{100\angle 0^\circ}{2361.68\angle 32.15^\circ} = 0.0423\angle -32.15^\circ\ \mathrm{A} = 42.3\angle -32.15^\circ\ \mathrm{mA}$$

即

$$i = 59.81\cos(200\pi t - 32.15^\circ)\mathrm{mA}$$

耦合系数为

$$k = \frac{M}{\sqrt{L_1L_2}} = \frac{0.5}{\sqrt{1\times 2}} = 0.3536$$

11-3　两个耦合线圈串联，如图 11-23 所示。已知两个线圈的参数为 $R_1=R_2=100\ \Omega$，$L_1=3$ H，$L_2=10$ H，$M=5$ H，电源的电压 $U=220$ V，$\omega=100$ rad/s，试求两个线圈的端电压相量。

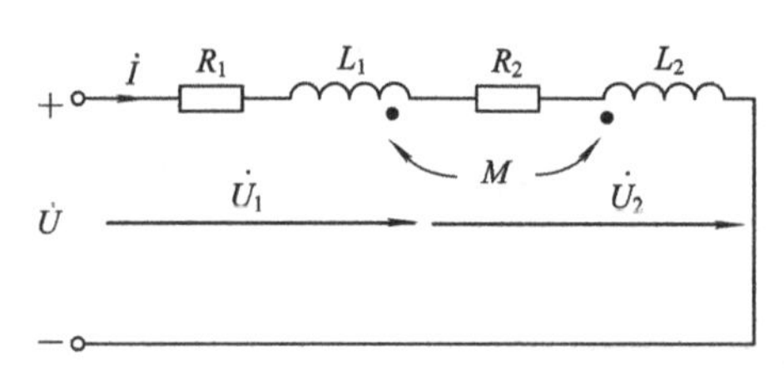

图　11-23

解　由于两个线圈是反串的，故等效电感为

$$L_{\mathrm{eq}}=L_1+L_2-2M=3+10-2\times5=3\ \mathrm{H}$$

电路总阻抗为

$$Z=(R_1+R_2)+\mathrm{j}\omega L_{\mathrm{eq}}=200+\mathrm{j}100\times3=200+\mathrm{j}300$$

令 $\dot{U}$ 为参考相量，即 $\dot{U}=220\angle0^\circ$ V，求得电流为

$$\dot{I}=\frac{\dot{U}}{Z}=\frac{220\angle0^\circ}{200+\mathrm{j}300}=(0.339-\mathrm{j}0.508)\ \mathrm{A}$$

线圈 L_1 的电压为

$$\begin{aligned}\dot{U}_1&=\dot{I}(R_1+\mathrm{j}\omega L_1-\mathrm{j}\omega M)=(0.339-\mathrm{j}0.508)\times(100+\mathrm{j}100\times3-\mathrm{j}100\times5)\\&=-67.7-\mathrm{j}118.6=136.6\angle-119.7^\circ\ \mathrm{V}\end{aligned}$$

线圈 L_2 的电压为

$$\begin{aligned}\dot{U}_2&=\dot{I}(R_2+\mathrm{j}\omega L_2-\mathrm{j}\omega M)=(0.339-\mathrm{j}0.508)\times(100+\mathrm{j}100\times10-\mathrm{j}100\times5)\\&=287.9+\mathrm{j}118.7=311.4\angle22.4^\circ\ \mathrm{V}\end{aligned}$$

11-4　图 11-24 所示电路中，已知 $R_1=50\ \Omega$，$L_1=70$ mH，$L_2=25$ mH，$C=1\ \mu$F，$M=25$ mH，电源电压 $U=500$ V，$\omega=10^4$ rad/s，试求各支路的电流相量。

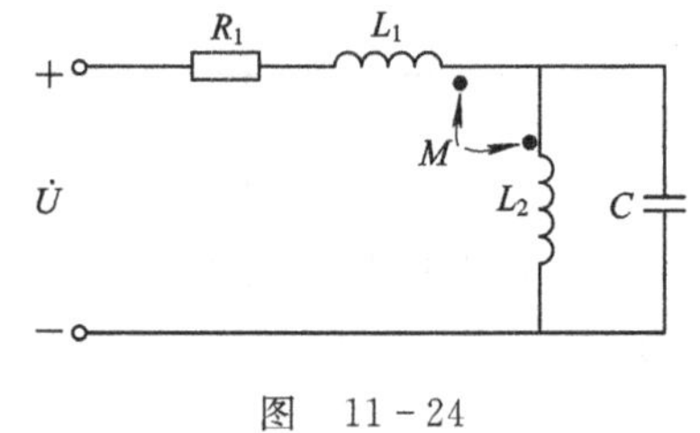

图　11-24

解　解法一：由于耦合电感线圈是同侧相连的，因而将其去耦后，等效相量模型如图 11-25 所示。

依据图 11-25 列出网孔方程为

$$\begin{cases}(Z_1+Z_2+Z_3)\dot{I}_{m1}-Z_3\cdot\dot{I}_{m2}=\dot{U}\\-Z_3\cdot\dot{I}_{m1}+(Z_3+Z_4+Z_5)\cdot\dot{I}_{m2}=0\end{cases}$$

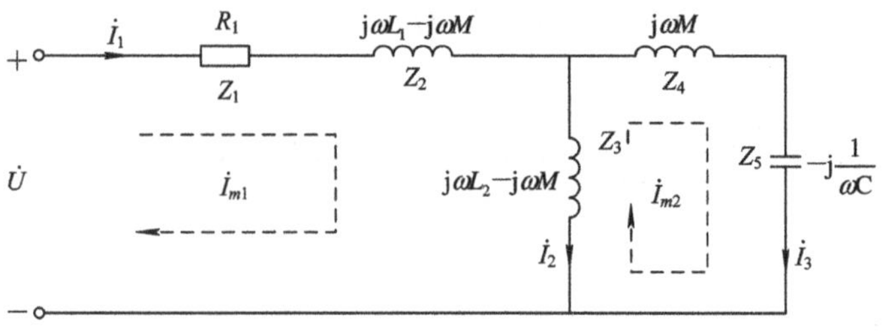

图　11-25

令 $\dot{U}$ 为参考相量，即 $\dot{U}=500\angle 0°$ V。依题意，各阻抗为

$$Z_1 = R_1 = 50\ \Omega$$

$$Z_2 = \mathrm{j}\omega L_1 - \mathrm{j}\omega M = \mathrm{j}10^4 \times 70 \times 10^{-3} - \mathrm{j}10^4 \times 25 \times 10^{-3} = \mathrm{j}450\ \Omega$$

$$Z_3 = \mathrm{j}\omega L_2 - \mathrm{j}\omega M = \mathrm{j}10^4 \times 25 \times 10^{-3} - \mathrm{j}10^4 \times 25 \times 10^{-3} = 0$$

$$Z_4 = \mathrm{j}\omega M = \mathrm{j}10^4 \times 25 \times 10^{-3} = \mathrm{j}250\ \Omega$$

$$Z_5 = -\mathrm{j}\,\frac{1}{\omega C} = -\mathrm{j}\,\frac{1}{10^4 \times 1 \times 10^{-6}} = -\mathrm{j}100\ \Omega$$

将 Z_1、Z_2、Z_3、Z_4、Z_5 代入网孔方程，得

$$\begin{cases}(50 + \mathrm{j}450)\dot{I}_{m1} = 500\angle 0° \\ \mathrm{j}150 \cdot \dot{I}_{m2} = 0\end{cases}$$

解得

$$\begin{cases}\dot{I}_{m_1} = \dfrac{500\angle 0°}{50 + \mathrm{j}450} = 1.104\angle -83.66°\ \mathrm{A} \\ \dot{I}_{m_2} = 0\end{cases}$$

因而所求各支路电流为

$$\dot{I}_1 = \dot{I}_{m_1} = 1.104\angle -83.66°\ \mathrm{A}$$

$$\dot{I}_2 = \dot{I}_{m_1} - \dot{I}_{m_2} = \dot{I}_{m_1} - 0 = \dot{I}_{m_1} = 1.104\angle -83.66°\ \mathrm{A}$$

$$\dot{I}_3 = \dot{I}_{m_2} = 0$$

解法二：用支路电流法求解。对图 11－25 所示等效相量模型直接写出 KVL 和 KCL 方程，有

$$\begin{cases}\dot{U} = (Z_1 + Z_2) \cdot \dot{I}_1 + Z_3 \cdot \dot{I}_2 \\ Z_3 \cdot \dot{I}_2 = (Z_4 + Z_5) \cdot \dot{I}_3 \\ \dot{I}_1 = \dot{I}_2 + \dot{I}_3\end{cases}$$

代入数据后解得

$$\begin{cases}\dot{I}_1 = \dot{I}_2 = 1.104\angle -83.66°\ \mathrm{A} \\ \dot{I}_3 = 0\end{cases}$$

11－5　含有耦合电感的正弦稳态电路如图 11－26 所示，已知 $u_{oc}=5\sqrt{2}\cos(5t-90°)$ V，$L_1=1$ H，$L_2=2$ H，$k=0.5/\sqrt{2}$，$C=\dfrac{1}{5}$ F，试求 i_s。

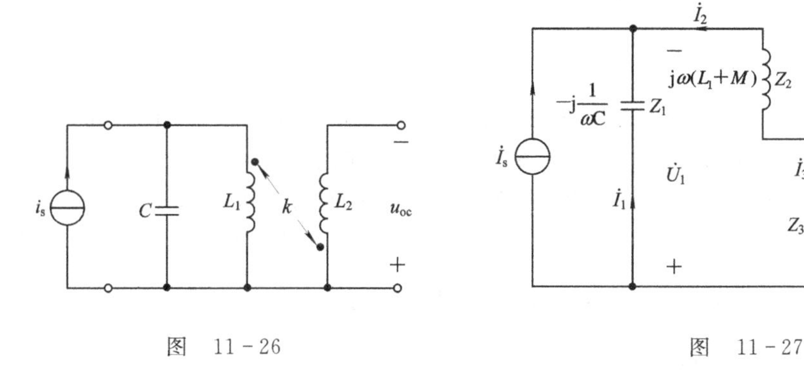

图　11－26　　　　图　11－27

解　由于耦合电感线圈是异侧相连的，因而将其去耦后，等效相量模型如图 11－27 所示。

本题考察L_2端开路时的情形。由图 11-27 可见，当L_2端开路时，Z_4没有电流通过，$\dot{U}_{oc}$为Z_3上的电压，且$\dot{I}_2=\dot{I}_3$。

$$k=\frac{M}{\sqrt{L_1L_2}}\Rightarrow M=k\sqrt{L_1L_2}=\frac{0.5}{\sqrt{2}}\cdot\sqrt{1\times 2}=0.5\ \mathrm{H}$$

$$\dot{I}_3=\frac{\dot{U}_{oc}}{Z_3}=\frac{5\angle-90^\circ}{-\mathrm{j}5\times 0.5}=\mathrm{j}2\angle-90^\circ=2\angle 0^\circ\ \mathrm{A}$$

$$\dot{I}_2=\dot{I}_3=2\angle 0^\circ\ \mathrm{A}$$

Z_2、Z_3两端的总电压为

$$\begin{aligned}\dot{U}_1&=\dot{I}_2\cdot(Z_2+Z_3)=\dot{I}_2\cdot[\mathrm{j}\omega(L_1+M)-\mathrm{j}\omega M]\\&=2\angle 0^\circ\times\mathrm{j}5\times 1=10\mathrm{j}=10\angle 90^\circ\ \mathrm{V}\end{aligned}$$

因而

$$\dot{I}_1=\frac{\dot{U}_1}{Z_1}=\frac{10\angle 90^\circ}{1\angle-90^\circ}=10\angle 180^\circ=-10\ \mathrm{A}$$

$$\dot{I}_s=-(\dot{I}_1+\dot{I}_2)=-(-10+2)=8\ \mathrm{A}$$

所以i_s的时间函数为

$$i_s=8\sqrt{2}\cos 5t\ \mathrm{A}$$

11-6　图 11-28 所示电路中，$L=3$ H，$M=1$ H，试求等值电感L_{ab}。

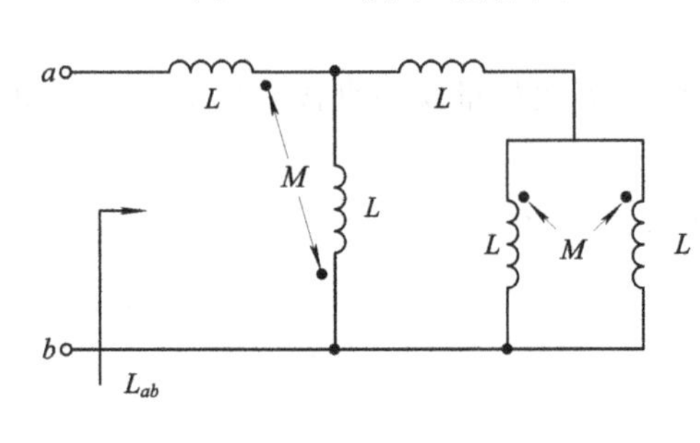

图　11-28

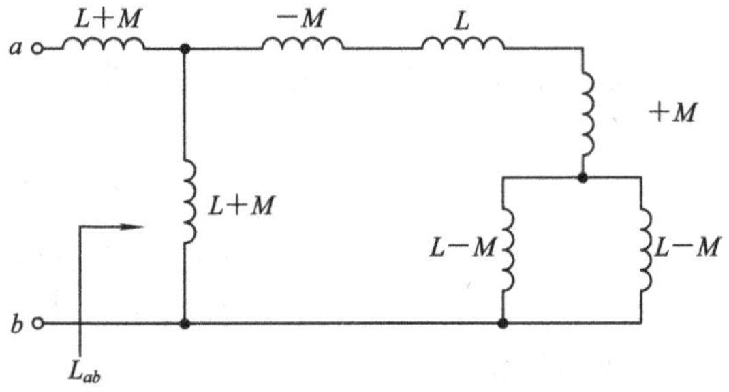

图　11-29

解　图 11-28 的去耦等效电路如图 11-29 所示。从端子a、b看进去的等效电感为

$$\begin{aligned}L_{ab}&=(L+M)+(L+M)\ /\!/\ [L+(L-M)\ /\!/\ (L-M)]\\&=(3+1)+(3+1)\ /\!/\ [3+2\ /\!/\ 2]\\&=(3+1)+4\ /\!/\ 4\\&=3+1+2\\&=6\mathrm{H}\end{aligned}$$

11-7　求图 11-30 所示电路中的输入电流$\dot{I}_1$和输出电压$\dot{U}_2$，各阻抗值的单位为 Ω。

解　思路：对于空芯变压器电路，一般可采用原、副边等效电路来简化计算，有时可用去耦等效法。对于很简单的电路，直接列写出电路的回路方程也很简便。

解法一：原电路的原边等效电路如图 11-31 所示，由于$Z_{22}=\mathrm{j}32-\mathrm{j}32=0$，说明副边回路处于谐振状态，则次级反映到初级的反映阻抗为$\frac{(\omega M)^2}{Z_{22}}\rightarrow\infty$，于是$\dot{I}_1=0$。

对图 11-30 的原边回路列 KVL 方程，有

$$(1+\mathrm{j}2)\dot{I}_1-\mathrm{j}8\dot{I}_2=10\angle 0^\circ$$

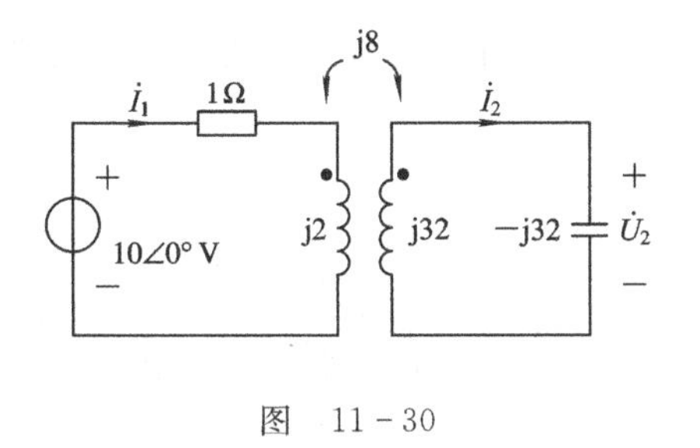

图　11-30

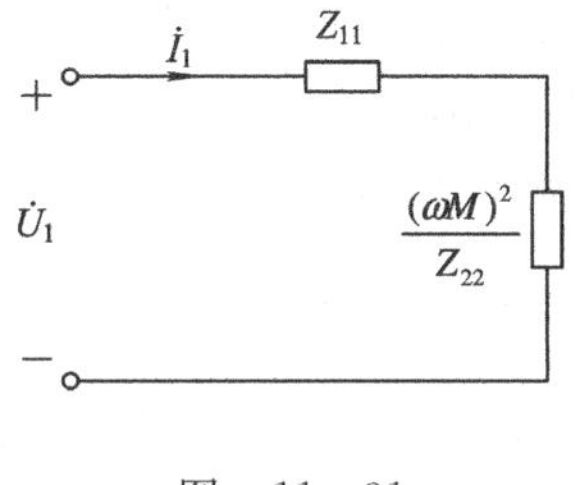

图　11-31

由于 $\dot{I}_1=0$，因此由上式求得

$$\dot{I}_2=\frac{10\angle 0^\circ}{-\mathrm{j}8}=\mathrm{j}1.25\ \mathrm{A}$$

故

$$\dot{U}_2=-\mathrm{j}32\times\dot{I}_2=-\mathrm{j}32\times\mathrm{j}1.25=40\angle 0^\circ\ \mathrm{V}$$

解法二：直接列出原、副边回路的 KVL 方程求解。两个回路的 KVL 方程如下：

$$\begin{cases}(1+\mathrm{j}2)\cdot\dot{I}_1-\mathrm{j}8\cdot\dot{I}_2=10\angle 0^\circ\\(\mathrm{j}32-\mathrm{j}32)\dot{I}_2-\mathrm{j}8\cdot\dot{I}_1=0\end{cases}$$

解得

$$\begin{cases}\dot{I}_1=0\\\dot{I}_2=\mathrm{j}1.25\ \mathrm{A}\end{cases}$$

故

$$\dot{U}_2=-\mathrm{j}32\times\dot{I}_2=-\mathrm{j}32\times\mathrm{j}1.25=40\angle 0^\circ\ \mathrm{V}$$

11-8　图 11-32 所示电路中，$i_s=\sin t$ A，$u_s=\cos t$ V，试求每一元件的电压和电流。

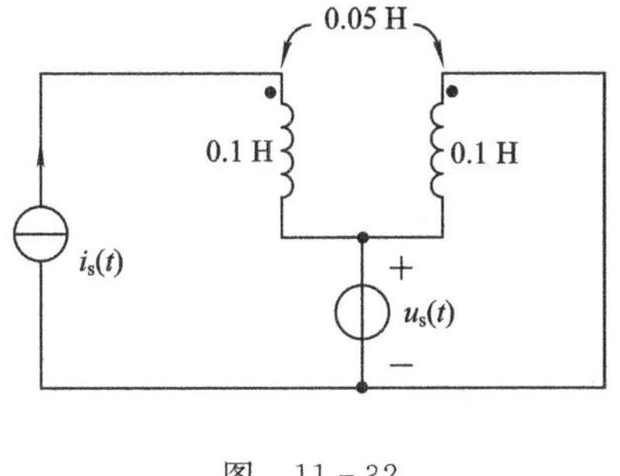

图　11-32

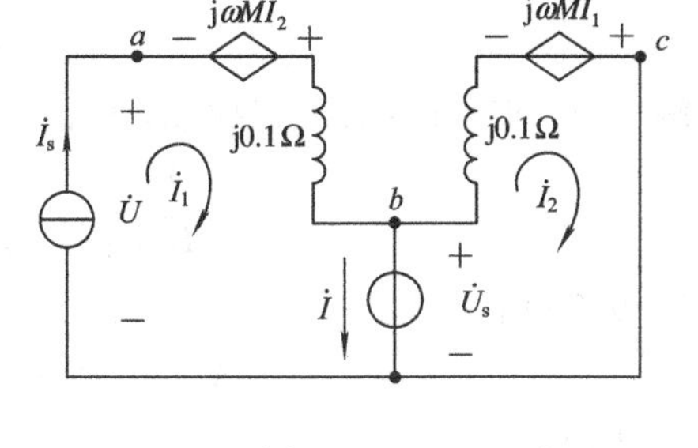

图　11-33

解　图 11-32 所示电路的等效相量模型如图 11-33 所示。采用网孔法，网孔电流标为 $\dot{I}_1$ 和 $\dot{I}_2$，将互感电压用电流控制电压源表示。由已知条件知 $\omega=1$ rad/s，$\mathrm{j}\omega M=\mathrm{j}0.05\ \Omega$。

由图 11-33 可得方程：

$$\begin{cases}\dot{I}_1=\dot{I}_s=\dfrac{1}{\sqrt{2}}\angle-90^\circ\ \mathrm{A}\\\mathrm{j}0.1\cdot\dot{I}_2-\mathrm{j}\omega M\cdot\dot{I}_1=\dot{U}_s=\dfrac{1}{\sqrt{2}}\angle 0^\circ\end{cases}$$

解得

$$\dot{I}_2=\frac{\dot{U}_s+\mathrm{j}\omega M\cdot\dot{I}_1}{\mathrm{j}0.1}=\frac{10.5}{\sqrt{2}}\angle-90^\circ\ \mathrm{A}$$

因而右侧电感电流的时间函数为 $i_2=10.5\cos(t-90^\circ)$ A。由原电路图可见，右侧电感的电压与电压源 u_s 相同。

左侧电感电压为

$$\dot{U}_{ab}=-\mathrm{j}\omega M\cdot\dot{I}_2+\mathrm{j}0.1\times\dot{I}_1=-\mathrm{j}0.05\times\frac{10.5}{\sqrt{2}}\angle-90^\circ+\mathrm{j}0.1\times\frac{1}{\sqrt{2}}\angle-90^\circ=-\frac{0.425}{\sqrt{2}}\ \mathrm{V}$$

因而左侧电感电压的时间函数为 $u_{ab}=-0.425\cos t$ V，该电感的电流与电流源 i_s 相同。

电流源的电压相量为

$$\dot{U}=\dot{U}_{ab}+\dot{U}_s=-\frac{0.425}{\sqrt{2}}+\frac{1}{\sqrt{2}}=\frac{0.575}{\sqrt{2}}\ \mathrm{V}$$

因而电流源电压的时间函数为 $u=0.575\cos t$ V。

电压源的电流相量为

$$\dot{I}=\dot{I}_1-\dot{I}_2=\frac{1}{\sqrt{2}}\angle-90-\frac{10.5}{\sqrt{2}}\angle-90^\circ=\frac{9.5}{\sqrt{2}}\angle90^\circ\ \mathrm{A}$$

因而电压源电流的时间函数为 $i=9.5\cos(t+90^\circ)$ A。

11-9　同轴电缆的外导体与内导体之间总存在一些互感。如图 11-34 所示的电缆用来传送 1 MHz 信号到负载 R_L，试计算耦合系数 k 为 0.75 和 1 时传送给负载的功率。

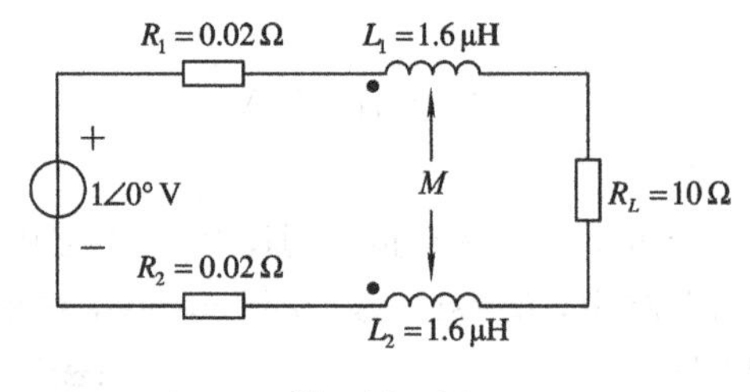

图　11-34

解　(1) 求不同耦合系数时的 M 值。

$$\frac{M}{\sqrt{L_1L_2}}=\frac{M}{\sqrt{(1.6\times10^{-6})^2}}=k$$

$k=0.75$ 时，

$$M=0.75\times1.6\times10^{-6}=1.2\ \mu\mathrm{H}$$

$k=1$ 时，

$$M=1\times1.6\times10^{-6}=1.6\ \mu\mathrm{H}$$

(2) L_1 和 L_2 为反向串联，其等效电感为 $L_{eq}=L_1+L_2-2M$，等效相量模型如图 11-35 所示。

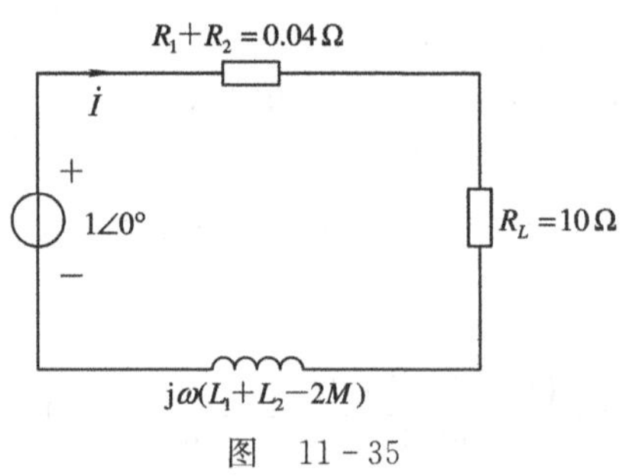

图　11-35

$k=0.75$ 时，

$$L_{eq}=1.6+1.6-2\times1.2=0.8\ \mu\text{H}$$

$$\dot{I}=\frac{1\angle0^\circ}{10.04+\text{j}2\pi\times10^6\times0.8\times10^{-6}}=\frac{1\angle0^\circ}{10.04+\text{j}5.03}$$

$$=\frac{1\angle0^\circ}{11.23\angle26.61^\circ}=0.089\angle-26.61^\circ\ \text{A}$$

$$P_L=I^2R_L-0.089^2\times10=79.3\ \text{mW}$$

$k=1$ 时，

$$L_{eq}=1.6+1.6-2\times1.6=0$$

$$\dot{I}=\frac{1\angle0^\circ}{10.04}=0.0996\angle0^\circ\ \text{A}$$

$$P_L=I^2R_L=0.0996^2\times10=99.2\ \text{mW}$$

11-10　图 11-36 所示电路中，$R_1=1\ \text{k}\Omega$，$R_2=0.4\ \text{k}\Omega$，$R_L=0.6\ \text{k}\Omega$，$L_1=1\ \text{H}$，$L_2=4\ \text{H}$，$k=0.1$，$\dot{U}_s=100\angle0^\circ\ \text{V}$，$\omega=1000\ \text{rad/s}$，求 $\dot{I}_2$。

解　解法一：图 11-36 所示为空芯变压器，当 u_s 作用于电路时，列 KVL 方程：

$$\begin{cases}(R_1+\text{j}\omega L_1)\dot{I}_1+\text{j}\omega M\dot{I}_2=\dot{U}_s\\ \text{j}\omega M\dot{I}_1+[(R_2+R_L)+\text{j}\omega L_2]\dot{I}_2=0\end{cases}$$

此处有

$$M=k\sqrt{L_1L_2}=0.1\sqrt{1\times4}=0.2\ \text{H}$$

代入数值得

$$\begin{cases}(1000+\text{j}1000)\dot{I}_1+\text{j}200\dot{I}_2=100\\ \text{j}200\dot{I}_1+(1000+\text{j}4000)\dot{I}_2=0\end{cases}$$

解得

$$\dot{I}_2=3.44\angle149.4^\circ\ \text{mA}$$

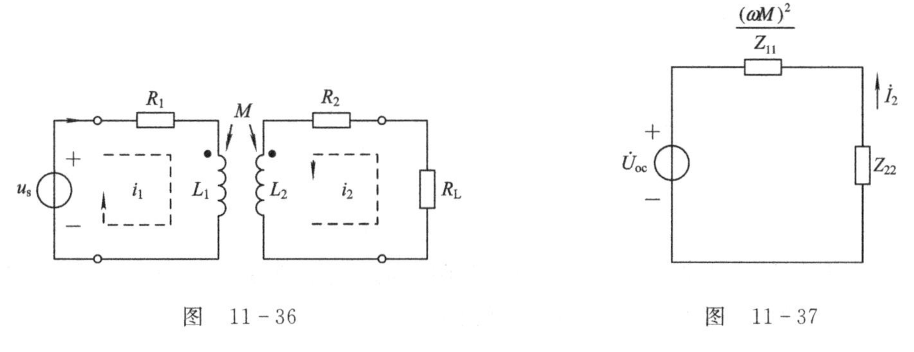

图　11-36　　　　　　　　图　11-37

解法二：副边等效电路如图 11-37 所示，其中 Z_{11} 表示原边回路阻抗，Z_{22} 表示副边回路阻抗，$\dot{U}_{oc}$ 是将负载开路时求得的开路电压。因为

$$\dot{U}_{oc}=\text{j}\omega M\dot{I}_1=\text{j}\omega M\cdot\frac{\dot{U}_s}{R_1+\text{j}\omega L_1}=\text{j}200\times\frac{100}{1000+\text{j}1000}=14.142\angle45^\circ\ \text{V}$$

$$\frac{(\omega M)^2}{Z_{11}}=\frac{(200)^2}{R_1+\text{j}\omega L_1}=\frac{200^2}{1000+\text{j}1000}=\frac{40\ 000}{1000+\text{j}1000}=\frac{40}{1+\text{j}}=20(1-\text{j})$$

$$Z_{22}=R_2+R_L+j\omega L_2=1000+j4000$$

所以

$$\dot{I}_2=\frac{-\dot{U}_{oc}}{\dfrac{(\omega M)^2}{Z_{11}}+Z_{22}}=\frac{-14.142\angle 45^\circ}{1020+3980j}=\frac{-14.142\angle 45^\circ}{4108.625\angle 75.6^\circ}$$

$$=-0.0034\angle -30.6^\circ\ \text{A}=3.4\angle 149.4^\circ\ \text{mA}$$

11－11　用网孔电流法求图 11－38 所示电路中的 $\dot{U}$。

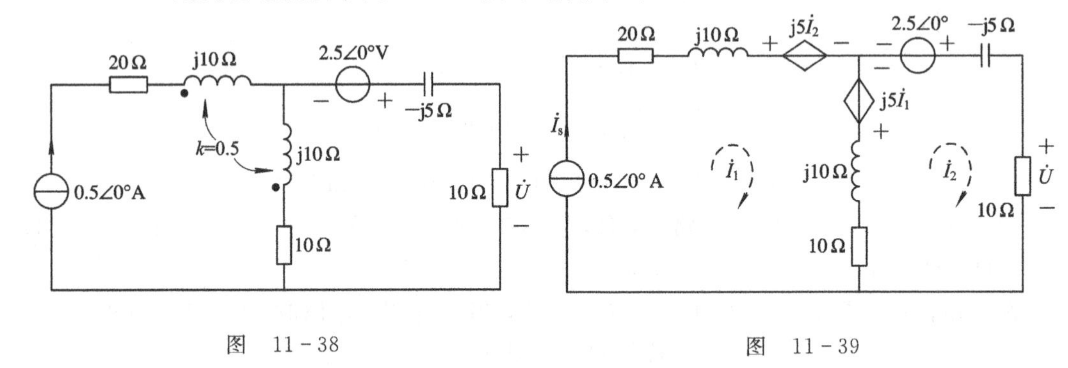

图　11－38　　　　图　11－39

解　由题意，有

$$k=\frac{M}{\sqrt{L_1L_2}}=\frac{j\omega M}{\sqrt{j\omega L_1\cdot j\omega L_2}}=\frac{j\omega M}{\sqrt{j10\times j10}}=0.5$$

因此求得

$$j\omega M=j5$$

采用网孔电流法，网孔电流为 $\dot{I}_1$ 和 $\dot{I}_2$。将互感电压 $j\omega M\dot{I}_1$ 和 $j\omega M\dot{I}_2$ 作为附加电压源后的相量模型如图 11－39 所示。

网孔方程为

$$\begin{cases}\dot{I}_1=\dot{I}_s=0.5\angle 0^\circ\\(20+j10-j5)\dot{I}_2-(10+j10)\dot{I}_1=-j5\cdot\dot{I}_1+2.5\angle 0^\circ\end{cases}$$

解得

$$\dot{I}_2=\frac{(10+j5)\times 0.5\angle 0^\circ+2.5\angle 0^\circ}{20+j5}=\frac{\sqrt{62.5}\angle 18.43^\circ}{\sqrt{425}\angle 14.04^\circ}=0.383\angle 4.39^\circ\ \text{A}$$

因此有

$$\dot{U}=\dot{I}_2\times 10=3.83\angle 4.39^\circ\ \text{V}$$

11－12　全耦合变压器如图 11－40 所示，各阻抗值的单位为 Ω。(1) 求 ab 端的戴维南等效相量模型；(2) 若 ab 端短路，求短路电流相量。

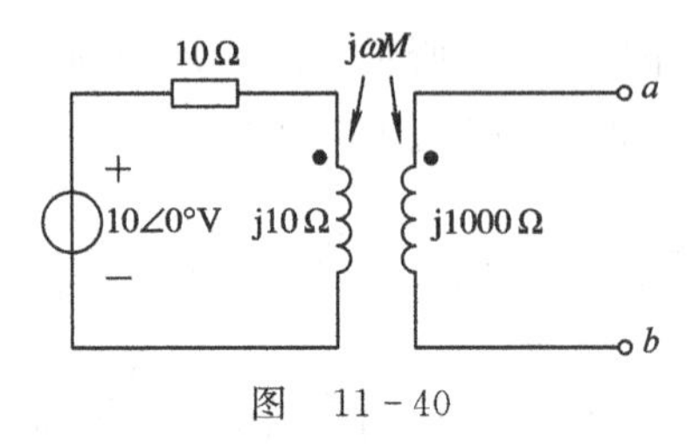

图　11－40

解 (1) 全耦合变压器的耦合系数 $k=1$。由于

$$k=\frac{M}{\sqrt{L_1L_2}}=\frac{\mathrm{j}\omega M}{\sqrt{\mathrm{j}\omega L_1\cdot\mathrm{j}\omega L_2}}=\frac{\mathrm{j}\omega M}{\sqrt{\mathrm{j}10\times\mathrm{j}1000}}=1$$

因此有

$$\mathrm{j}\omega M=\sqrt{\mathrm{j}10\times\mathrm{j}1000}=\mathrm{j}100$$

设初级线圈中电流为 $\dot{I}_1$，流入同名端，则

$$(10+\mathrm{j}10)\dot{I}_1=10\angle0^\circ$$

求得初级线圈的电流及次级线圈的开路电压分别为

$$\dot{I}_1=\frac{10\angle0^\circ}{10+\mathrm{j}10}=\frac{\sqrt{2}}{2}\angle-45^\circ\ \mathrm{A}$$

$$\dot{U}_{ab}=\mathrm{j}\omega M\dot{I}_1=\mathrm{j}100\times\frac{1}{\sqrt{2}}\angle-45^\circ=70.7\angle45^\circ\ \mathrm{V}$$

求 ab 端的戴维南等效阻抗时，将初级线圈所接电压源置零，从初级反映到次级的阻抗 Z 为

$$Z=\frac{(\omega M)^2}{10+\mathrm{j}10}=\frac{10\ 000}{10(1+\mathrm{j})}=500(1-\mathrm{j})\Omega$$

因此有

$$Z_{ab}=Z+\mathrm{j}1000=500(1-\mathrm{j})+\mathrm{j}1000=500+\mathrm{j}500=707.1\angle45^\circ\ \Omega$$

于是 ab 端的戴维南等效相量模型如图 11-41 所示。

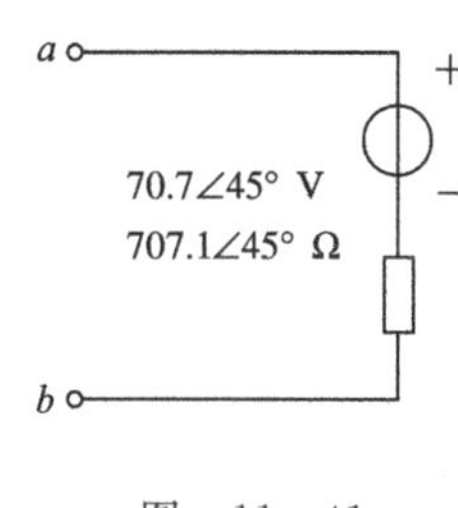

图 11-41

(2) ab 端短路时的短路电流相量为

$$\dot{I}_{\mathrm{sc}}=\frac{\dot{U}_{ab}}{Z_{ab}}=\frac{70.7\angle45^\circ}{707\angle45^\circ}=0.1\angle0^\circ\ \mathrm{A}$$

11-13 电路如图 11-42 所示，已知 $R_1=R_2=5\ \Omega$，$R_{\mathrm{L}}=1\ \mathrm{k}\Omega$，$C=0.25\ \mu\mathrm{F}$，$L_1=1\ \mathrm{H}$，$L_2=4\ \mathrm{H}$，$M=2\ \mathrm{H}$，$u_{\mathrm{s}}=120\cos1000t\ \mathrm{V}$，求 i_1。

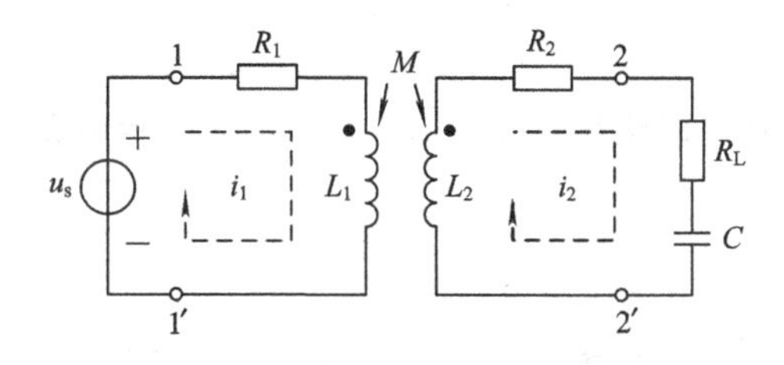

图 11-42

解 等效相量模型如图 11-43 所示。可列网孔方程如下：

$$\begin{cases}(R_1+\mathrm{j}\omega L_1)\dot{I}_1-\mathrm{j}\omega M\dot{I}_2=\dot{U}_{\mathrm{s}}\\ \left(R_2+R_{\mathrm{L}}-\mathrm{j}\dfrac{1}{\omega C}+\mathrm{j}\omega L_2\right)\dot{I}_2-\mathrm{j}\omega M\dot{I}_1=0\end{cases}$$

代入数据得

$$\begin{cases}(5+\mathrm{j}1000)\dot{I}_1-\mathrm{j}2000\dot{I}_2=\dfrac{120}{\sqrt{2}}\angle0^\circ\\ (1005-\mathrm{j}4000+\mathrm{j}4000)\dot{I}_2-\mathrm{j}2000\dot{I}_1=0\end{cases}$$

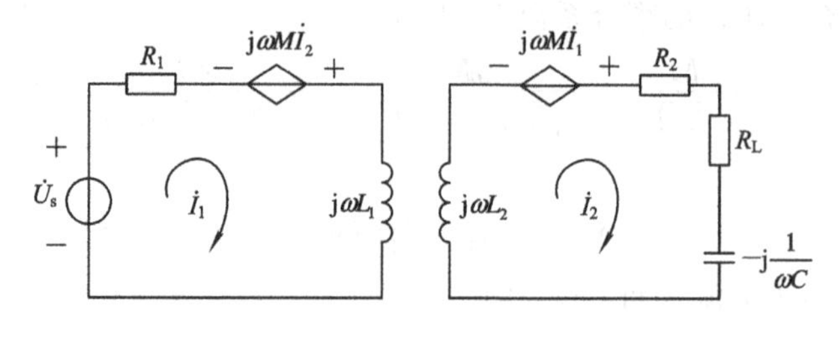

图 11-43

解之得

$$\begin{cases} \dot{I}_2 = 60\sqrt{2}\angle 0^\circ \text{ A} \\ \dot{I}_1 = \dfrac{0.0292}{\sqrt{2}}\angle -14.09^\circ \text{ A} \end{cases}$$

因此有

$$i_1 = 29.2\cos(1000t - 14.09^\circ)\text{mA}$$

11-14　如图 11-44 所示电路中，已知 $M=\mu L_1$，试用戴维南定理求电阻 R_2 中的电流相量。

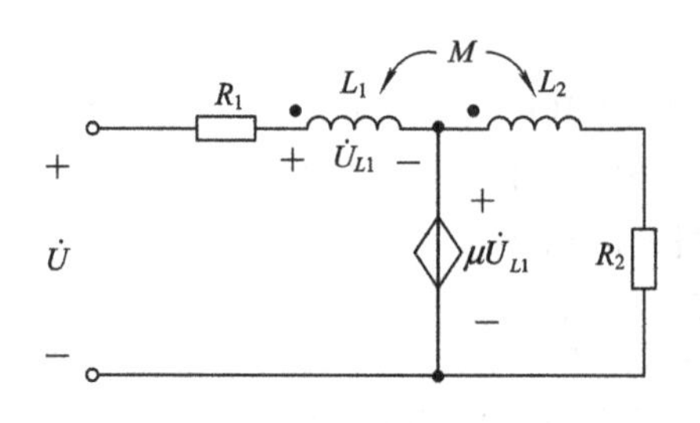

图 11-44

解　求开路电压时，将图 11-44 电路中的 R_2 开路，如图 11-45(a)所示。开路情况下，L_2 中没有电流通过，但存在互感电压。可求得开路电压为

$$\dot{U}_{oc} = -j\omega M\dot{I}_1 + \mu\dot{U}_{L1} = -j\omega M\dot{I}_1 + \mu\cdot j\omega L_1\dot{I}_1 = j\omega\dot{I}_1(-M+\mu L_1) = 0$$

将图 11-44 用戴维南定理化简，得到图 11-45(b)所示电路。由于该图中 $\dot{U}_{oc}=0$，因此 $\dot{I}_{R2}=0$。

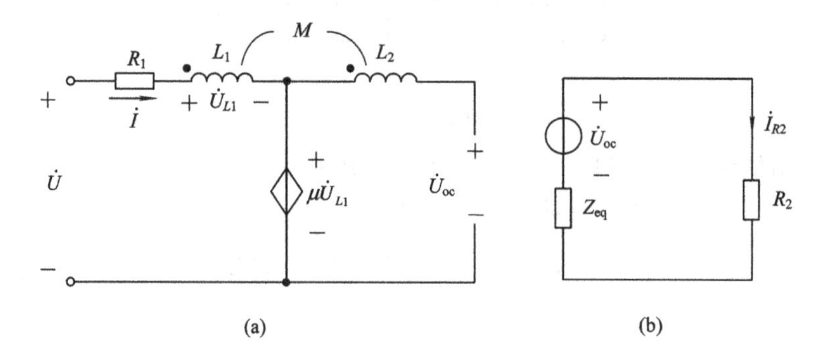

图 11-45

11-15　列出图 11-46 所示电路的网孔电流方程。

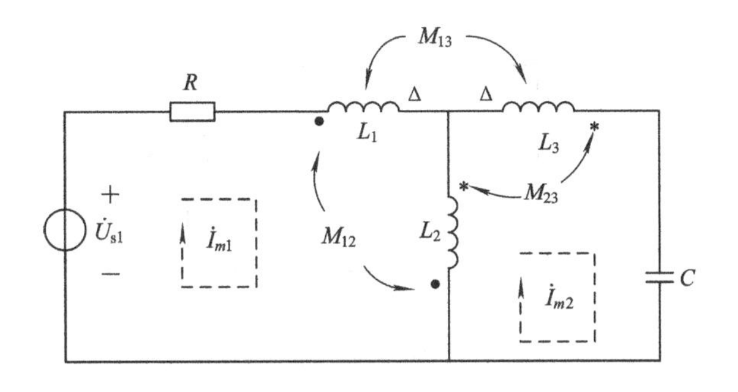

图 11-46

解 列出两个网孔的KVL方程，方程中将元件电压表示为网孔电流的函数，有

$$R\dot{I}_{m1}+[\mathrm{j}\omega L_1\cdot\dot{I}_{m1}-\mathrm{j}\omega M_{12}(\dot{I}_{m1}-\dot{I}_{m2})-\mathrm{j}\omega M_{13}\dot{I}_{m2}]$$
$$+[\mathrm{j}\omega L_2(\dot{I}_{m1}-\dot{I}_{m2})-\mathrm{j}\omega M_{12}\dot{I}_{m1}-\mathrm{j}\omega M_{23}\dot{I}_{m2}]=\dot{U}_{s1}$$
$$-\mathrm{j}\frac{1}{\omega C}\dot{I}_{m2}-[\mathrm{j}\omega L_2(\dot{I}_{m1}-\dot{I}_{m2})+\mathrm{j}\omega M_{12}\dot{I}_{m1}+\mathrm{j}\omega M_{23}\dot{I}_{m2}]$$
$$+[\mathrm{j}\omega L_3\dot{I}_{m2}-\mathrm{j}\omega M_{13}\dot{I}_{m1}-\mathrm{j}\omega M_{23}(\dot{I}_{m1}-\dot{I}_{m2})]=0$$

整理以上两个方程，得到网孔电流方程为

$$[R+\mathrm{j}\omega(L_1+L_2-2M_{12})]\dot{I}_{m1}+\mathrm{j}\omega(M_{12}-M_{13}-M_{23}-L_2)\cdot\dot{I}_{m2}=\dot{U}_{s1}$$
$$\mathrm{j}\omega(M_{12}-M_{13}-M_{23}-L_2)\dot{I}_{m1}+\left[\frac{1}{\mathrm{j}\omega C}+\mathrm{j}\omega(L_2+L_3+2M_{23})\right]\dot{I}_{m2}=0$$

11-16 电路如图11-47所示：(1) 试选择匝数比使传输到负载的功率为最大；(2) 求 R 获得的最大功率。

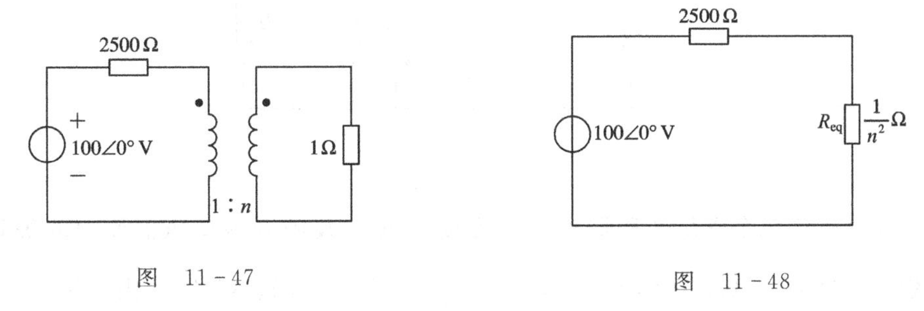

图 11-47　　图 11-48

解 (1) 将1 Ω的负载电阻折算到原边(或初级)，得原边等效电路如图11-48所示。其中：

$$R_{eq}=\frac{1}{n^2}R=\frac{1}{n^2}\ \Omega$$

由最大功率传输定理知，要使1 Ω上能获得最大功率，即 R_{eq} 上能获得最大功率，应有 $R_{eq}=2500\ \Omega$，即

$$R_{eq}=\frac{1}{n^2}=2500\ \Omega$$

可求得

$$n=\frac{1}{50}$$

(2) 令 n 取(1)中算得的值，计算 ab 左侧的戴维南等效电路，从而得到副边等效电路如图11-49所示。

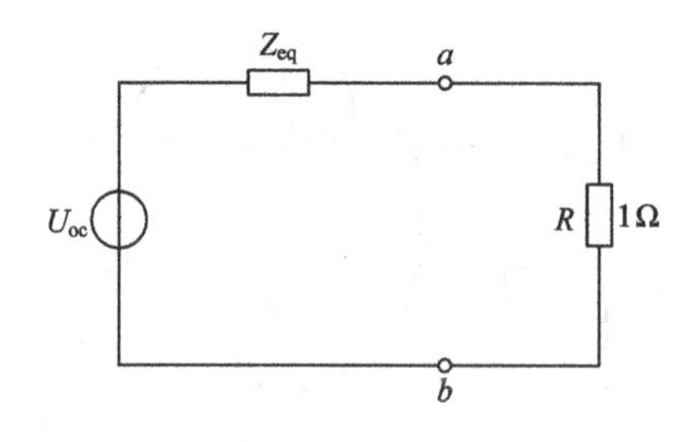

图　11-49

当 R 开路时，其开路电压为

$$\dot{U}_{oc} = n\dot{U}_s = \frac{1}{50} \times 100\angle 0^\circ = 2\angle 0^\circ \text{ V}$$

从次级向初级看过去的等效阻抗为

$$Z_{eq} = n^2 \times 2500 = \frac{1}{2500} \times 2500 = 1\ \Omega$$

可见，负载电阻与二端电路的戴维南等效电阻相等，符合最大功率传输条件，这验证了(1)中算得的匝数比是正确的。此时 R 获得的最大功率为

$$P_{max} = \frac{2^2}{4 \times 1} = 1\ \text{W}$$

11-17　电路如图 11-50 所示，求电路的输入阻抗。

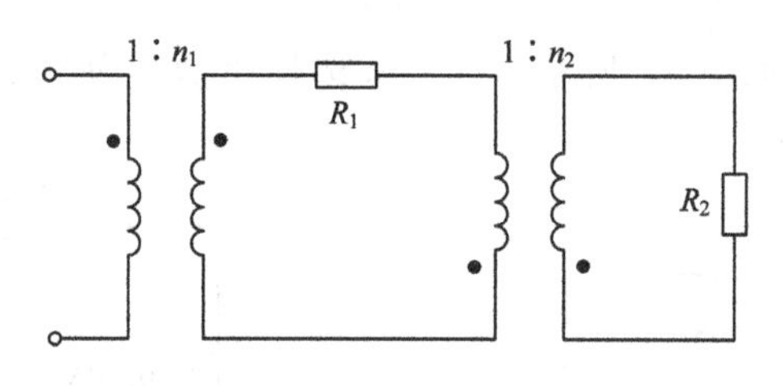

图　11-50

解　先计算第二个理想变压器副边所连接电阻 R_2 反映到该变压器原边的等效阻抗，根据理想变压器的变阻抗性质，该等效阻抗为 $\frac{1}{n_2^2}R_2$。再计算输入阻抗，由于第一个变压器的副边回路的等效阻抗为 $\left(R_1 + \frac{R_2}{n_2^2}\right)$，因此，从该变压器原边看进去的输入阻抗为

$$Z_i = \frac{1}{n_1^2}\left(R_1 + \frac{R_2}{n_2^2}\right)$$

11-18　图 11-51 所示电路中的理想变压器由电流源激励，求输出电压 $\dot{U}_2$。

解　将电流源折算到次级，如图 11-52 所示。对该等效电路进行分析，可求得

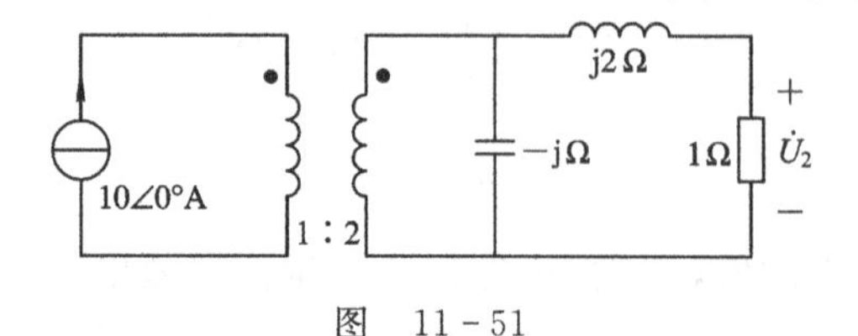

图　11-51

$$\dot{U}=\frac{-\mathrm{j}}{(1+2\mathrm{j})+(-\mathrm{j})}\times 5\angle 0^\circ\times 1=\frac{5\angle -90^\circ}{\sqrt{2}\angle 45^\circ}\times 1=3.54\angle -135^\circ\ \mathrm{V}$$

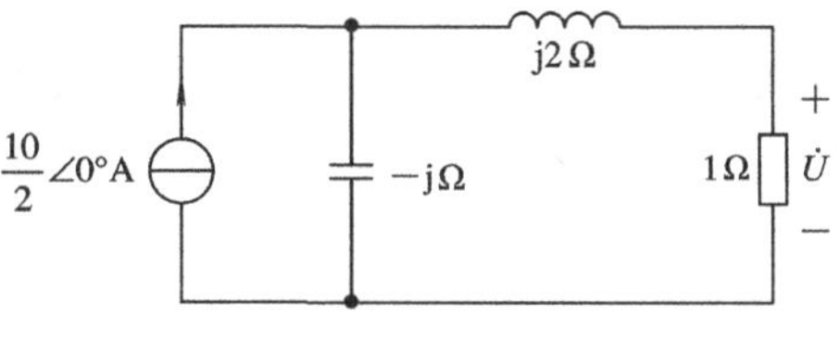

图　11-52

11-19　电路如图 11-53 所示，试确定理想变压器的匝数比 n，使 10 Ω 电阻能获得最大功率。

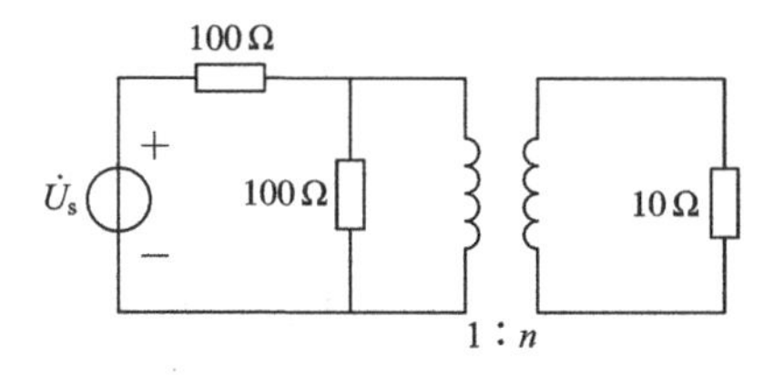

图　11-53

解　变压器初级向电源方向看的等效内阻为

$$R_1=\frac{100\times 100}{100+100}=50\ \Omega$$

要使负载能获得最大功率，变压器初级向负载方向看，得到的等效电阻也应为 50 Ω，即

$$50=\left(\frac{1}{n}\right)^2\times 10$$

可求得匝数比 n 为

$$n=\frac{1}{\sqrt{5}}=0.447$$

11-20　图 11-54 所示电路中，$R_1=1\ \Omega$，$R_2=2\ \Omega$，$\dot{U}_s=9\angle 0^\circ\ \mathrm{V}$，试求响应 $\dot{I}_1$ 和 $\dot{U}_2$。

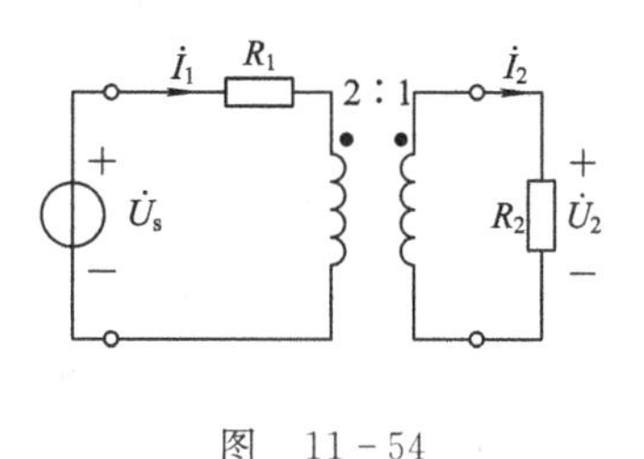

图　11-54

解　(1) 变压器副边折算到原边的等效阻抗为

$$Z=n^2\times R_2=2^2\times 2=8\ \Omega$$

因此，原边的电流为

$$\dot{I}_1=\frac{\dot{U}_s}{R_1+Z}=\frac{9\angle 0^\circ}{1+8}=1\angle 0^\circ\ \mathrm{A}$$

(2) 根据理想变压器副边电流与原边电流的关系，有

$$\dot{I}_2=n\dot{I}_1=2\angle 0^\circ\ \mathrm{A}$$

因此，可求得

$$\dot{U}_2=\dot{I}_2\cdot R_2=2\angle 0^\circ\times 2=4\angle 0^\circ\ \mathrm{V}$$

11-21　电路如图 11-55 所示，为使负载获得最大功率，试求负载阻抗 Z_x。

解　求从负载左边看过去的二端电路的戴维南等效阻抗，相量模型如图 11-56 所

示。有

$$Z_{eq}=j10^4+\frac{(2\times10^3)^2}{10^4+j10^4}=200+j9800\ \Omega$$

为使负载获得最大功率，负载阻抗应与左边二端电路实现共轭匹配，即

$$Z_x=Z_{eq}^*=200-j9800\ \Omega$$

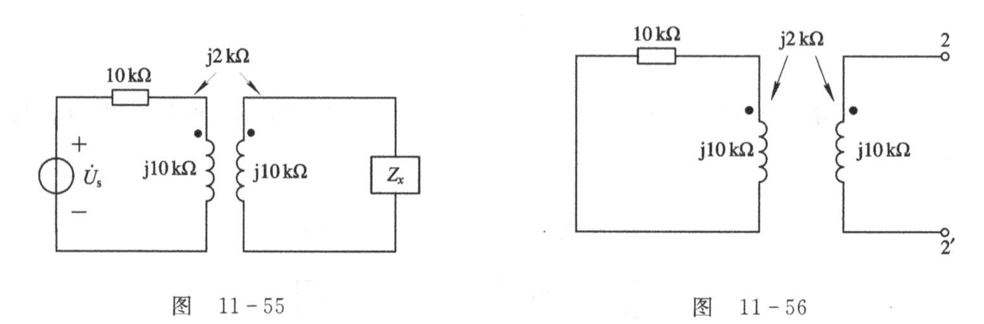

图 11-55　　　　图 11-56

11-22　图 11-57 所示电路中，已知 $C=1\ \mu F$，$L_1=3$ mH，$L_2=2$ mH，$M=1$ mH，求电路的谐振角频率。

解　耦合电感原边的输入阻抗为

$$Z_i=j\omega L_1+\frac{\omega^2M^2}{j\omega L_2}=j\omega\left(L_1-\frac{M^2}{L_2}\right)$$

即，从耦合电感原边看过去的等效电感为

$$L=L_1-\frac{M^2}{L_2}=\left(3-\frac{1}{2}\right)\times10^{-3}=\frac{5}{2}\times10^{-3}=2.5\times10^{-3}\ \text{H}$$

于是得到等效相量模型，如图 11-58 所示。当电路导纳的虚部为零时，发生并联谐振。谐振时有

$$\omega_0C=\frac{1}{\omega_0L}$$

求得谐振角频率为

$$\omega_0=\frac{1}{\sqrt{LC}}=\frac{1}{\sqrt{2.5\times10^{-3}\times1\times10^{-6}}}=2\times10^4\ \text{rad/s}$$

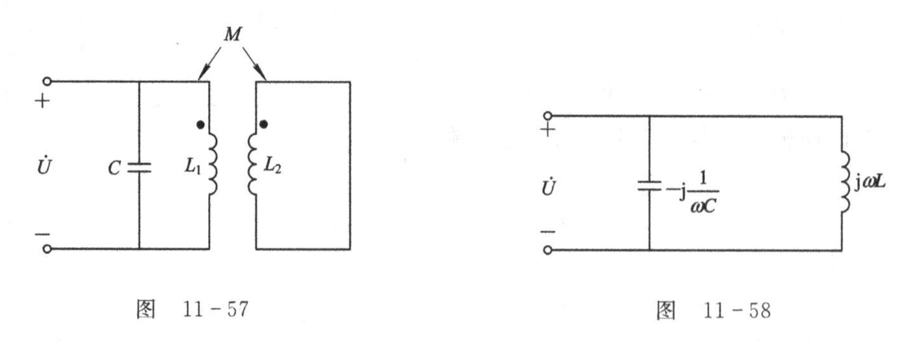

图 11-57　　　　图 11-58

11-23　图 11-59 所示电路中，已知 $R=10\ \Omega$，$L_1=0.1$ H，$L_2=0.4$ H，$M=0.15$ H，$C=1.25\ \mu F$，电压 $u=20\sqrt{2}\cos\omega t$ V。问 ω 分别为何值时，电流 i 的有效值分别为最大和最

小，并求此最大值和最小值。

解　由于耦合电感线圈是异侧相连的，因而图 11-59 的去耦等效电路如图 11-60 所示。该电路的输入阻抗为

$$
\begin{aligned}
Z(\mathrm{j}\omega) &= R+\mathrm{j}\omega(L_1+M)+\frac{\mathrm{j}\omega(L_2+M)\left(-\mathrm{j}\omega M+\dfrac{1}{\mathrm{j}\omega C}\right)}{\mathrm{j}\omega(L_2+M)-\mathrm{j}\omega M+\dfrac{1}{\mathrm{j}\omega C}} \\
&= R+\mathrm{j}\omega(L_1+M)+\frac{\mathrm{j}\omega(L_2+M)(1+\omega^2 CM)}{1-\omega^2 CL_2} \\
&= R+\frac{\mathrm{j}\omega[(L_1+M)(1-\omega^2 CL_2)+(L_2+M)(1+\omega^2 CM)]}{1-\omega^2 CL_2} \\
&= R+\frac{\mathrm{j}\omega(0.8-0.022\times 10^{-6}\omega^2)}{1-\omega^2 CL_2} \\
&= R+\mathrm{j}X
\end{aligned}
$$

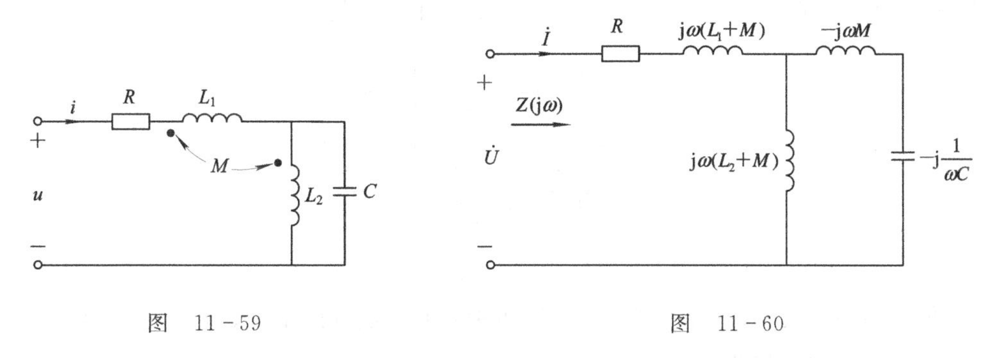

图　11-59　　　　图　11-60

上式中，X 是电路输入阻抗的虚部，它是频率的函数。由于电流的有效值为

$$
I=\frac{U}{|Z|}=\frac{U}{\sqrt{R^2+X^2}}
$$

因此，当 $|X|$ 在某一频率有最大值时，I 有最小值；当 $|X|$ 在某一频率有最小值时，I 有最大值。

(1) 当 $1-\omega^2 CL_2=0$ 时，即 $\omega=\dfrac{1}{\sqrt{CL_2}}=\dfrac{1}{\sqrt{1.25\times 10^{-6}\times 0.4}}=1.414\times 10^3$ rad/s 时，$|X|$ 为无穷大，电流 I 最小。此时，$I=0$。

(2) 观察前面求得的阻抗 Z 的表达式可知，零值是 $|X|$ 的最小值。令 $|X|=0$，有

$$
\omega=0
$$

或者

$$
0.8-0.022\times 10^{-6}\omega^2=0
$$

由上两式可得：$\omega=0$ 或者 $\omega=6030$ rad/s 时，I 最大。该最大电流有效值为

$$
I=\frac{U}{|Z|}=\frac{U}{R}=\frac{20}{10}=2\ \mathrm{A}
$$

第12章 二端口网络

12.1 内容提要

1. 二端口网络的定义

由四个端子、四个变量构成的电路网络称为二端口网络，又称双口网络，如图12-1所示，其电压、电流均为关联参考方向。从端子1流入的电流等于从端子1′流出的电流，则1-1′两个端子构成一个端口。同理，2-2′两个端子构成一个端口。

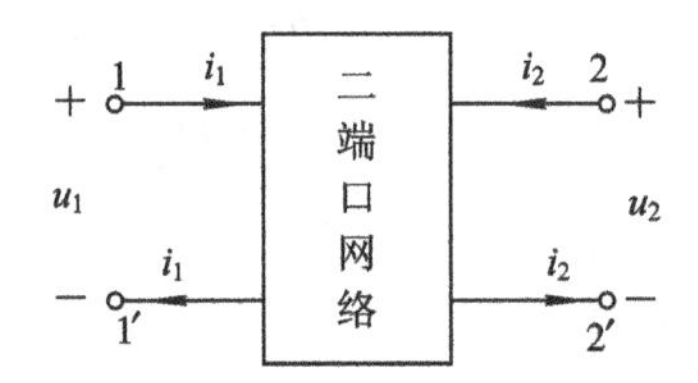

图 12-1

单口网络的伏安特性的计算与等效(置换定理、戴维南定理、诺顿定理)对二端口网络的伏安特性的分析和计算仍然适用。

变压器、滤波器、运算放大器等均属于二端口网络。

2. 二端口网络的参数

二端口网络共有六种不同类型的端口伏安特性方程，即有六种不同类型的端口参数，但常用的有四种：Y 参数、Z 参数、H 参数和 T 参数。

3. 参数和方程

二端口网络的主要参数和方程如表12.1所示。

表 12.1

	Y 参数方程	Z 参数方程	T 参数方程	H 参数方程
方　程	$\dot{I}_1=Y_{11}\dot{U}_1+Y_{12}\dot{U}_2$ $\dot{I}_2=Y_{21}\dot{U}_1+Y_{22}\dot{U}_2$	$\dot{U}_1=Z_{11}\dot{I}_1+Z_{12}\dot{I}_2$ $\dot{U}_2=Z_{21}\dot{I}_1+Z_{22}\dot{I}_2$	$\dot{U}_1=T_{11}\dot{U}_2-T_{12}\dot{I}_2$ $\dot{I}_1=T_{21}\dot{U}_2-T_{22}\dot{I}_2$	$\dot{U}_1=H_{11}\dot{I}_1+H_{12}\dot{U}_2$ $\dot{I}_2=H_{21}\dot{I}_1+H_{22}\dot{U}_2$
含　义	以端口电压表示端口电流，每个参数具有导纳的量纲，因此称为导纳参数	以端口电流表示端口电压，每个参数具有阻抗的量纲，因此称为阻抗参数	以端口2的电压、电流表示端口1的电压、电流，因此叫传输参数(注意负号)	以一个端口的电流、另一个端口的电压表示剩余一个端口的电压和电流，因此称为混合参数

续表

	Y 参数方程	Z 参数方程	T 参数方程	H 参数方程
实验测定	$Y_{11}=\left.\dfrac{\dot{I}_1}{\dot{U}_1}\right\|_{\dot{U}_2=0}$ 自导纳 $Y_{12}=\left.\dfrac{\dot{I}_1}{\dot{U}_2}\right\|_{\dot{U}_1=0}$ 转移导纳 $Y_{21}=\left.\dfrac{\dot{I}_2}{\dot{U}_1}\right\|_{\dot{U}_2=0}$ 转移导纳 $Y_{22}=\left.\dfrac{\dot{I}_2}{\dot{U}_2}\right\|_{\dot{U}_1=0}$ 自导纳	$Z_{11}=\left.\dfrac{\dot{U}_1}{\dot{I}_1}\right\|_{\dot{I}_2=0}$ 自阻抗 $Z_{12}=\left.\dfrac{\dot{U}_1}{\dot{I}_2}\right\|_{\dot{I}_1=0}$ 转移阻抗 $Z_{21}=\left.\dfrac{\dot{U}_2}{\dot{I}_1}\right\|_{\dot{I}_2=0}$ 转移阻抗 $Z_{22}=\left.\dfrac{\dot{U}_2}{\dot{I}_2}\right\|_{\dot{I}_1=0}$ 自阻抗	$T_{11}=\left.\dfrac{\dot{U}_1}{\dot{U}_2}\right\|_{\dot{I}_2=0}$ $T_{21}=\left.\dfrac{\dot{I}_2}{\dot{U}_2}\right\|_{\dot{I}_2=0}$ 开路参数 $T_{12}=\left.\dfrac{\dot{U}_1}{-\dot{I}_2}\right\|_{\dot{U}_2=0}$ $T_{22}=\left.\dfrac{\dot{I}_1}{-\dot{I}_2}\right\|_{\dot{U}_2=0}$ 短路参数	$H_{11}=\left.\dfrac{\dot{U}_1}{\dot{I}_1}\right\|_{\dot{U}_2=0}$ $H_{21}=\left.\dfrac{\dot{I}_2}{\dot{I}_1}\right\|_{\dot{U}_2=0}$ 短路参数 $H_{12}=\left.\dfrac{\dot{U}_1}{\dot{U}_2}\right\|_{\dot{I}_1=0}$ $H_{22}=\left.\dfrac{\dot{I}_2}{\dot{U}_2}\right\|_{\dot{I}_1=0}$ 开路参数
互易二端口	$Y_{12}=Y_{21}$	$Z_{12}=Z_{21}$	$T_{11}T_{22}-T_{12}T_{21}=1$	$H_{12}=-H_{21}$
对称二端口	$Y_{12}=Y_{21}$ $Y_{11}=Y_{22}$	$Z_{12}=Z_{21}$ $Z_{11}=Z_{22}$	$T_{11}T_{22}-T_{12}T_{21}=1$ $T_{11}=T_{22}$	$H_{12}=-H_{21}$ $H_{11}H_{22}-H_{21}H_{12}=1$

注：此外还有逆传输参数和逆混合参数。

4. 二端口的等效电路

(1) Z 参数已知的等效二端口。二端口的 Z 参数已知，用 T 形电路(参数为阻抗)来等效，如图 12-2 所示。

$$\begin{cases} Z_1 = Z_{11} - Z_{21} \\ Z_2 = Z_{12} = Z_{21} \\ Z_3 = Z_{22} - Z_{12} \end{cases}$$

如果给定二端口的其他参数，可根据其他参数和 Z 参数的变换关系求出用其他参数表示的 T 形等效电路中的 Z_1、Z_2 和 Z_3。

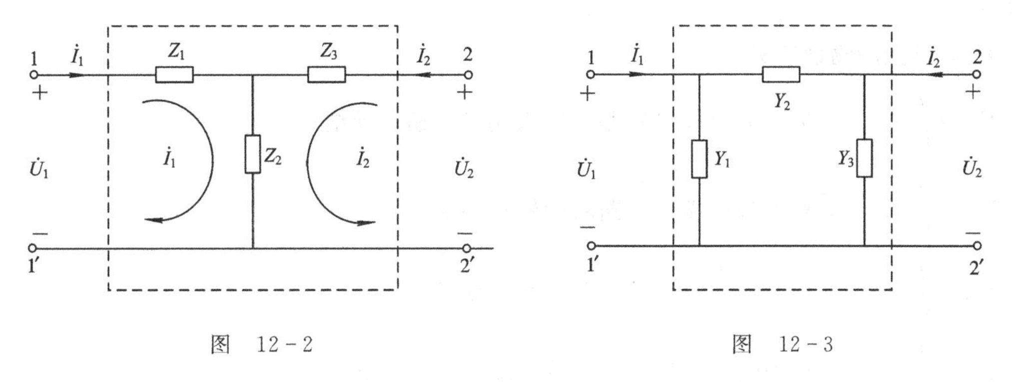

图 12-2　　图 12-3

(2) Y 参数已知的等效二端口。二端口的 Y 参数已知，用 Π 形电路(参数为导纳)来等效，如图 12-3 所示。

$$\begin{cases} Y_1 = Y_{11} + Y_{12} \\ Y_2 = -Y_{21} \\ Y_3 = Y_{22} + Y_{21} \end{cases}$$

如果给定二端口的其他参数，可将其他参数变换为 Y 参数再代入上式，求得等效 Π 形电路的导纳。

(3) 对称二端口，由于 $Y_{11}=Y_{22}$，$Z_{11}=Z_{22}$，因此有 $Y_1=Y_3$，$Z_1=Z_3$，它的等效 Π 形电路和 T 形电路也是对称的。

(4) 欲求二端口的等效 Π 形电路，先求该二端口的 Y 参数，从而确定等效 Π 形电路中的导纳；欲求二端口的等效 T 形电路，先求二端口的 Z 参数，从而确定 T 形电路中的阻抗。

(5) 含有受控源的线性二端口，其外部性能要用 4 个独立参数来确定，在等效 T 形(图 12－4)或等效 Π 形(图 12－5)电路中适当另加一个受控源就可以计算这种情况。

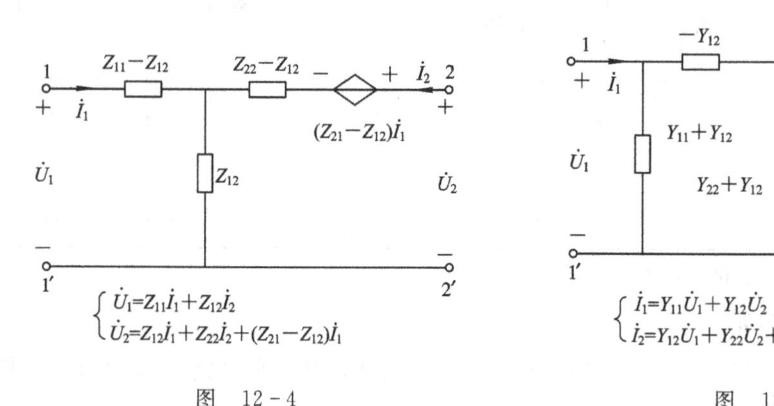

图 12－4

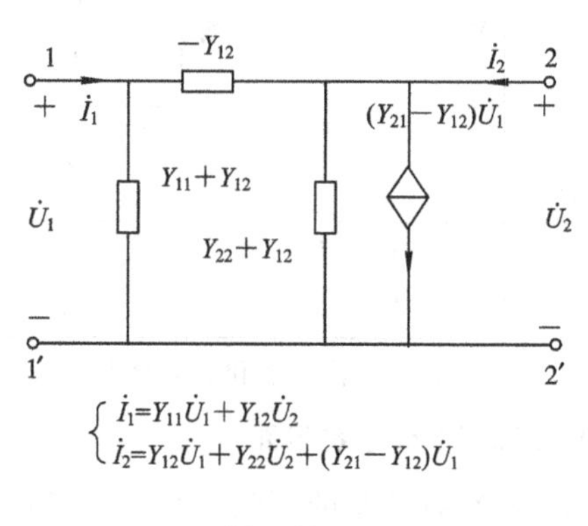

图 12－5

12.2 重点、难点

本章的重点和难点是求 Y、Z、T 和 H 参数，以及求给定参数的两种等效电路。一般应针对多个二端口的不同连接方式，选择合适的参数来描述。首先要牢牢记住以下参数的物理意义。

1. Y 参数的物理意义

$Y_{11}=\left.\dfrac{\dot{I}_1}{\dot{U}_1}\right|_{\dot{U}_2=0}$，称为输出端口短路时输入端口的输入导纳。

$Y_{21}=\left.\dfrac{\dot{I}_2}{\dot{U}_1}\right|_{\dot{U}_2=0}$，称为输出端口短路时的转移导纳。

$Y_{12}=\left.\dfrac{\dot{I}_1}{\dot{U}_2}\right|_{\dot{U}_1=0}$，称为输入端口短路时的转移导纳。

$Y_{22}=\left.\dfrac{\dot{I}_2}{\dot{U}_2}\right|_{\dot{U}_1=0}$，称为输入端口短路时输出端口的输出导纳。

需要指出的是，当 Z 为奇异，即行列式 $|Z|=0$ 时，不存在 Y 矩阵。这就是说，对同一个网络而言，这一种参数存在，但另一种参数则可能不存在。

2. Z 参数的物理意义

$Z_{11}=\left.\frac{\dot{U}_1}{\dot{I}_1}\right|_{\dot{I}_2=0}$，称为输出端口开路时输入端口的输入阻抗。

$Z_{21}=\left.\frac{\dot{U}_2}{\dot{I}_1}\right|_{\dot{I}_2=0}$，称为输出端口开路时的转移阻抗。

$Z_{12}=\left.\frac{\dot{U}_1}{\dot{I}_2}\right|_{\dot{I}_1=0}$，称为输入端口开路时的转移阻抗。

$Z_{22}=\left.\frac{\dot{U}_2}{\dot{I}_2}\right|_{\dot{I}_1=0}$，称为输入端口开路时输出端口的输入阻抗。

Z 参数统称为开路阻抗参数。根据其物理意义，即可求得给定网络的 Z 参数。

3. T 参数的物理意义

$A=\left.\frac{\dot{U}_1}{\dot{U}_2}\right|_{\dot{I}_2=0}$，称为输出端口开路时的反向转移电压比。

$B=\left.\frac{\dot{U}_1}{-\dot{I}_2}\right|_{\dot{U}_2=0}$，称为输出端口短路时的反向转移阻抗。

$C=\left.\frac{\dot{I}_1}{\dot{U}_2}\right|_{\dot{I}_2=0}$，称为输出端口开路时的反向转移导纳。

$D=\left.\frac{\dot{I}_1}{-\dot{I}_2}\right|_{\dot{U}_2=0}$，称为输出端口短路时的反向转移电流比。

4. H 参数的物理意义

$H_{11}=\left.\frac{\dot{U}_1}{\dot{I}_1}\right|_{\dot{U}_2=0}$，称为输出端口短路时输入端口的输入阻抗。

$H_{21}=\left.\frac{\dot{I}_2}{\dot{I}_1}\right|_{\dot{U}_2=0}$，称为输出端口短路时的电流比。

$H_{12}=\left.\frac{\dot{U}_1}{\dot{U}_2}\right|_{\dot{I}_1=0}$，称为输入端口开路时的电压比。

$H_{22}=\left.\frac{\dot{I}_2}{\dot{U}_2}\right|_{\dot{I}_1=0}$，称为输入端口开路时输出端口的输入导纳。

12.3 典型例题

【例 12-1】 图示 12-6 电路，问 Z_L 为何值时它可以从电路中获得最大功率？最大功率等于多少？其中二端口网络的 Z 为多少？

解

$$\boldsymbol{Z}=\begin{pmatrix}5-\mathrm{j}5 & -\mathrm{j}10\\ -\mathrm{j}10 & -\mathrm{j}15\end{pmatrix}$$

解法一：直接利用 Z 参数方程：

$$\dot{U}_1=(5-\mathrm{j}5)\dot{I}_1-\mathrm{j}10\dot{I}_2$$

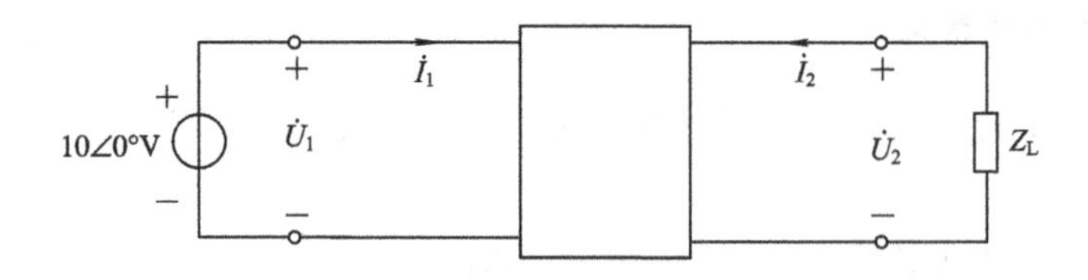

图 12-6

$$\dot{U}_2 = -\text{j}10\dot{I}_1 - \text{j}15\dot{I}_2$$

令 $I_2=0$，则

$$\dot{U}_{2oc} = -\text{j}10 \times \frac{10\angle 0^\circ}{5-\text{j}5} = 14.1\angle -45^\circ \text{ V}$$

将独立电源置零，则有

$$Z_{oc} = \frac{\dot{U}_2}{\dot{I}_2} = 10 - \text{j}5\ \Omega$$

解法二：先由 Z 参数方程导出 T 参数方程。

$$\dot{I}_1 = \text{j}0.1\dot{U}_2 + 1.5(-\dot{I}_2)$$

$$\dot{U}_1 = (0.5+\text{j}0.5)\dot{U}_2 + (7.5+\text{j}2.5)(-\dot{I}_2)$$

$$Z_{oc} = \frac{DZ_s+B}{CZ_s+A} = \frac{B}{A} = \frac{7.5+\text{j}2.5}{0.5+\text{j}0.5}$$

$$\dot{U}_{2oc} = \frac{\dot{U}_1}{0.5+\text{j}0.5} = \frac{10\angle 0^\circ}{0.5+\text{j}0.5} = 14.1\angle -45^\circ \text{ V}$$

$$Z_L = Z_{ou}^* = 10+\text{j}5\ \Omega$$

由以上计算可知，图 12-6 中 Z_L 左端的电路可等效为如图 12-7 所示的电路。

$$P_{max} = \frac{14.1^2}{40} = 4.97 \text{ W}$$

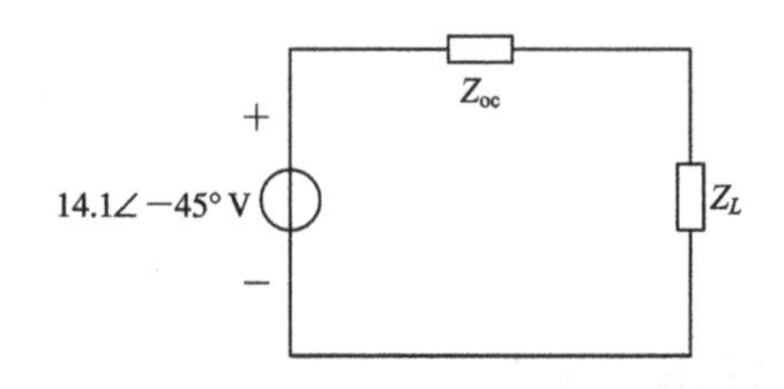

图 12-7

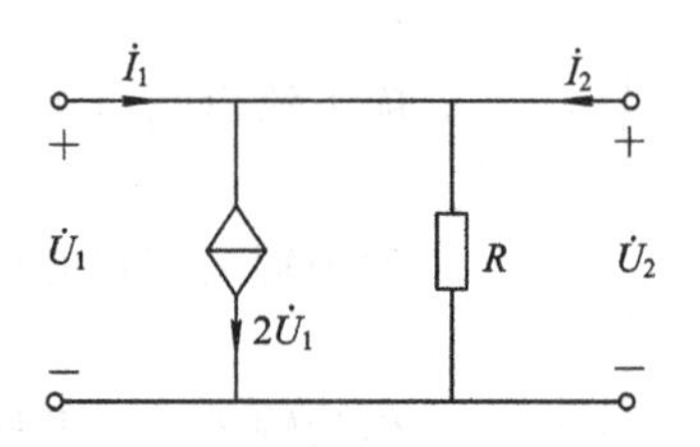

图 12-8

【例 12-2】 求图 12-8 所示电路的 Z 参数。

解

$$Z_{11} = \frac{\dot{U}_1}{\dot{I}_1}\bigg|_{\dot{I}_2=0} = \frac{\dot{U}_1}{2\dot{U}_1+\dfrac{\dot{U}_1}{R}} = \frac{R}{2R+1}$$

$$Z_{21} = \frac{\dot{U}_2}{\dot{I}_1}\bigg|_{\dot{I}_2=0} = \frac{\dot{U}_1}{\dot{I}_1} = \frac{R}{2R+1}$$

$$Z_{12} = \frac{\dot{U}_1}{\dot{I}_2}\bigg|_{\dot{I}_1=0} = \frac{\dot{U}_2}{2\dot{U}_2+\dfrac{\dot{U}_2}{R}} = \frac{R}{2R+1}$$

$$Z_{22} = \frac{\dot{U}_2}{\dot{I}_2}\bigg|_{\dot{I}_1=0} = \frac{R}{2R+1}$$

【解题指南与点评】 本题采用实验的方法，根据定义计算。

【例 12-3】 求图 12-9 所示电路的 Y 参数。

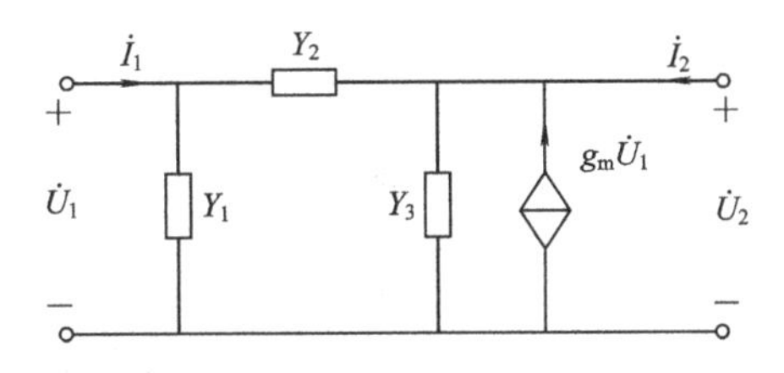

图 12-9

解 本例采用标准方程方法求解，非常方便。

$$\dot{I}_1 = Y_1\dot{U}_1 + Y_2(\dot{U}_1 - \dot{U}_2) = (Y_1 + Y_2)\dot{U}_1 - Y_2\dot{U}_2$$

$$\dot{I}_2 = -g_m\dot{U}_1 + Y_3\dot{U}_2 + Y_2(\dot{U}_2 - \dot{U}_1) = (-g_m - Y_2)\dot{U}_1 + (Y_2 + Y_3)\dot{U}_2$$

则

$$Y_{11} = Y_1 + Y_2$$

$$Y_{12} = -Y_2$$

$$Y_{21} = -g_m - Y_2$$

$$Y_{22} = Y_2 + Y_3$$

【例 12-4】 一电阻二端口 N，其传输参数矩阵为 $\boldsymbol{T}=\begin{bmatrix} 2 & 8\ \Omega \\ 0.5\ \text{S} & 2.5 \end{bmatrix}$。(1) 若端口 1 接 $U_s=6$ V，$R_1=2$ Ω 的串联支路，端口 2 接电阻 R(见图 12-10(a))，求 R 值为多少时可使其上获得最大功率，并求此最大功率值；(2) 若端口 1 接电压源 $u_s=6+10\sin t$ V 与电阻 $R_1=2$ Ω 的串联支路，端口 2 接 $L=1$ H 与 $C=1$ F 的串联支路(见图 12-10(b))，求电容 C 上电压的有效值；(3) $u_s=12\varepsilon(t)$ V，端口 2 接一电容 $C=1$ F，$u_C(0_-)=1$ V，求 $u_C(t)$。

解 (1) 方法一：先求图 12-10(c)中的开路电压 U_{20}。由以下关系：

$$\begin{bmatrix} U_1 = 6-2I_1 \\ I_1 \end{bmatrix} = \begin{bmatrix} 2 & 8 \\ 0.5 & 2.5 \end{bmatrix}\begin{bmatrix} U_{20} \\ 0 \end{bmatrix}$$

求得开路电压 $U_{20}=2$ V。

再求图 12-10(d)中的短路电流 I_{2d}。由以下关系：

$$\begin{bmatrix} U_1 = 6-2I_1 \\ I_1 \end{bmatrix} = \begin{bmatrix} 2 & 8 \\ 0.5 & 2.5 \end{bmatrix}\begin{bmatrix} 0 \\ -I_{2d} \end{bmatrix}$$

求得短路电流 $I_{2d}=-6/13$ A，从而

$$R_{eq} = \frac{U_{20}}{-I_{2d}} = \frac{13}{3}\ \Omega$$

$$P_{max} = \frac{U_{20}^2}{4R_{eq}} = 0.23\ \text{W}$$

方法二：由图 12-10(e)可知：

$$U_1 = 2U_2 - 8I_2$$

$$I_1 = 0.5U_2 - 2.5I_2$$

$$U_1 = 6 - 2I_1$$

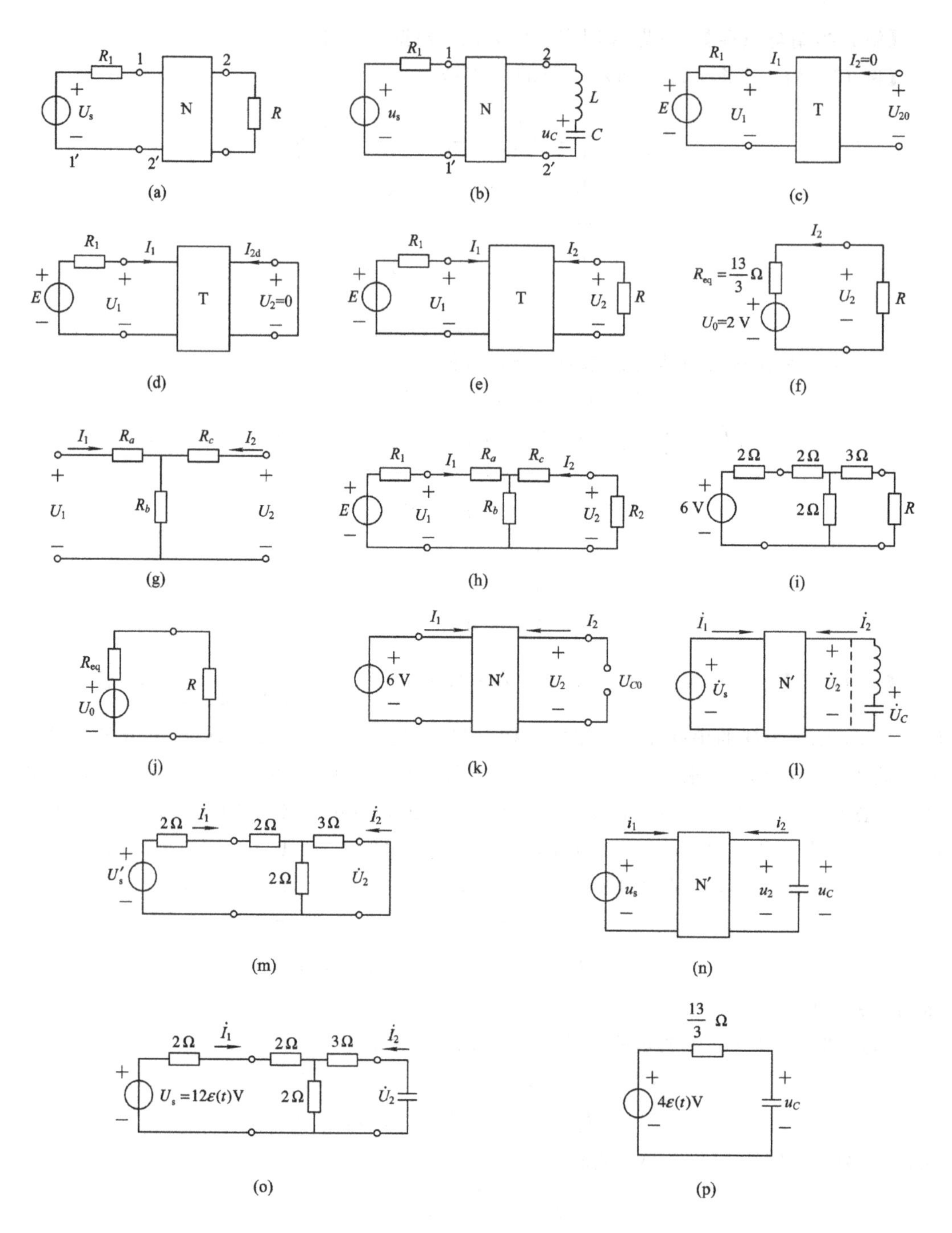

图 12 - 10

整理得

$$U_2 = \frac{13}{3} I_2 + 2$$

由该式，可将图 12 - 10(e)中 R 左端电路等效为如图 12 - 10(f)所示的电路，于是求得：

$$R_{eq} = \frac{13}{3}\ \Omega, \quad U_0 = 2\ \text{V}$$

要使 R 上消耗的功率最大，必须有 $R=R_{eq}=\frac{13}{3}\ \Omega$，此时求得

$$P_{max}=\frac{1}{2}\times\frac{U_0^2}{2R}=\frac{2^2}{4\times(13/3)}=0.23\ \mathrm{W}$$

方法三：先求图 12-10(a)中电阻二端口 N 的 T 形等效电路，如图 12-10(g)所示。再求 T 形网络中的 R_a、R_b、R_c 的值。由 $\boldsymbol{T}=\begin{bmatrix}2 & 8\ \Omega\\ 0.5\ \mathrm{S} & 2.5\end{bmatrix}$，得

$$U_1=AU_2-BI_2$$

$$I_1=CU_2-DI_2$$

$$A=\left.\frac{U_1}{U_2}\right|_{I_2=0}=\frac{R_a+R_b}{R_b}=2$$

$$C=\left.\frac{I_1}{U_2}\right|_{I_2=0}=\frac{1}{R_b}=0.5$$

$$D=\left.\frac{I_1}{-I_2}\right|_{U_2=0}=\frac{R_c+R_b}{R_b}=2.5$$

由以上三个式子解得 $R_a=2\ \Omega$，$R_b=2\ \Omega$，$R_c=3\Omega$。

将图 12-10(g)接入图 12-10(a)中，如图 12-10(h)所示。将具体数值代入，得图 12-10(i)，进一步化简得图 12-10(j)，并求 U_0 和 R_{eq}。将图中 R 去掉后所得开路电压即为 U_0：

$$U_0=\frac{6}{2+2+2}\times 2=2\ \mathrm{V}$$

将图 12-10(i)中的 R 开路，并将 6 V 电压源短路，可求得等效电阻 R_{eq}：

$$R_{eq}=3+\frac{4\times 2}{4+2}=\frac{26}{6}=\frac{13}{3}\ \Omega$$

要使 R 上的功率消耗最大，必须有 $R=R_{eq}=\frac{13}{3}\ \Omega$，此时求得

$$P_{max}=\frac{1}{2}\frac{U_0^2}{2R_{eq}}=\frac{2^2}{4\times\frac{13}{3}}=0.23\ \mathrm{W}$$

(2) 利用叠加定理，当 6 V 电压源单独作用时，L 短路、C 开路，如图 12-10(k)所示。

$$\begin{cases}6=3U_2-13I_2\\ I_1=0.5U_2-2.5I_2\end{cases}$$

$$U_{C0}=U_2\big|_{I_2=0}=2\ \mathrm{V}$$

当正弦电源 $u_s'=10\sin t$ 单独作用时，因为 LC 串联的角频率 $\omega_0=\frac{1}{\sqrt{LC}}=\frac{1}{\sqrt{1\times1}}=1\ \mathrm{rad/s}$，与正弦电源 u_2' 信号的角频率 $\omega=1\ \mathrm{rad/s}$ 相等，故 LC 发生串联谐振，LC 相当于短路($\dot{U}_2=0$)，如图 12-10(l)所示。此时，图 12-10(l)可化简为如图 12-10(m)所示。因为

$$\dot{U}_s'=\frac{10}{\sqrt{2}}\angle 0^\circ=7.07\angle 0^\circ\ \mathrm{V}$$

$$\dot{U}_2=0$$

所以

$$\dot{I}_2 = -\frac{\frac{\dot{U}_s'}{2+2+2}\times 2}{13/3} = -\frac{7.07\angle 0^\circ}{13} = -0.544\angle 0^\circ\ \text{A}$$

此时电容 C 上的电压为

$$\dot{U}_{C\sim} = -\mathrm{j}\,\frac{1}{\omega C}(-\dot{I}_2) = 0.544\angle -90^\circ\ \text{V}$$

根据叠加定理，得端口 1 接电压源 $u_s=6+10\ \sin t$ V 后，电容上的电压为

$$u_C = U_{C0} + u_{C\sim} = 2 + 0.544\sqrt{2}\ \sin(t-90^\circ)\ \text{V}$$

有效值为

$$U_C = \sqrt{2^2+0.544^2} = 2.07\ \text{A}$$

(3) 据题意，绘如图 12-10(n)所示接入网络 N′。将网络 N′等效为 T 形网络原理图 12-10(o)，再将其用戴维南等效定理等效，得图 12-10(p)。

因为 $u_C(0_+)=u_C(0_-)=1$ V，$u_C(\infty)=4$ V，$\tau=RC=4.33$ s，由三要素法公式得

$$u_C(t) = [u_C(0_+) - u_C(\infty)]\mathrm{e}^{-\frac{t}{\tau}} + u_C(\infty) = 4 - 3\mathrm{e}^{-0.231t}\ \text{V}\quad t>0$$

【解题指南与点评】 本例题是个大综合题，涉及 T 形网络、戴维南定理、叠加定理、阶跃响应等内容，值得一做。

12.4 习题解答

12-1 求图 12-11(a)、(b)所示二端口网络的 Y 参数矩阵。

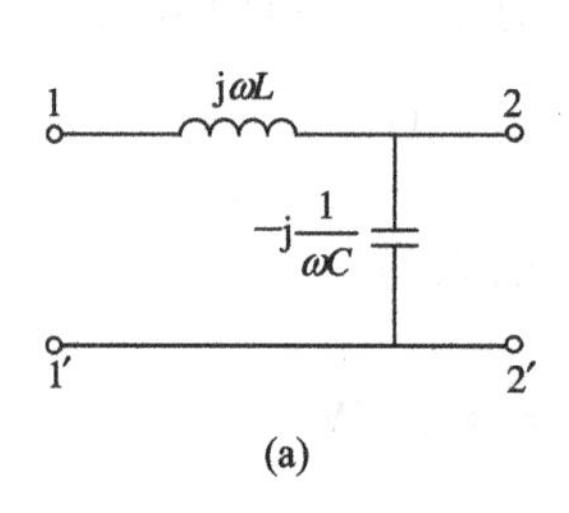

(a)

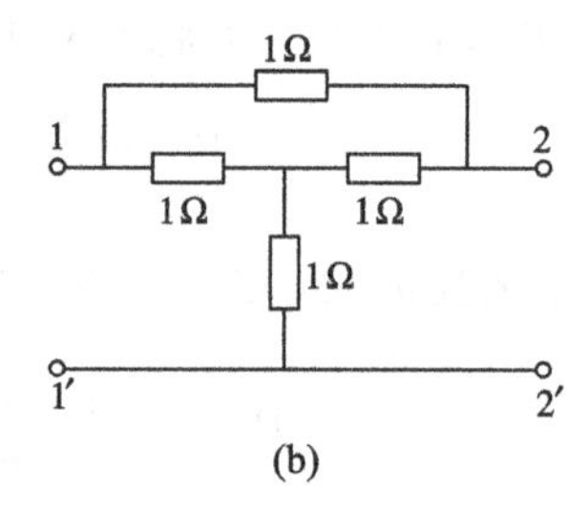

(b)

图 12-11

解 对图(a)写出 Y 参数方程：

$$\begin{cases}\dot{I}_1 = \dfrac{1}{\mathrm{j}\omega L}(\dot{U}_1-\dot{U}_2) = -\mathrm{j}\,\dfrac{1}{\omega L}\dot{U}_1 + \mathrm{j}\,\dfrac{1}{\omega L}\dot{U}_2 \\ \dot{I}_2 = -\dfrac{1}{\mathrm{j}\omega L}(\dot{U}_1-\dot{U}_2) + \mathrm{j}\omega C\dot{U}_2 = \mathrm{j}\,\dfrac{1}{\omega L}\dot{U}_1 + \mathrm{j}(\omega C - \dfrac{1}{\omega L})\dot{U}_2\end{cases}$$

则 Y 参数矩阵为

$$\boldsymbol{Y} = \begin{bmatrix} -\mathrm{j}\,\dfrac{1}{\omega L} & \mathrm{j}\,\dfrac{1}{\omega L} \\ \mathrm{j}\,\dfrac{1}{\omega L} & \mathrm{j}\left(\omega C - \dfrac{1}{\omega L}\right)\end{bmatrix}$$

对图(b)，根据 Y 参数的定义计算。求 Y_{11} 和 Y_{21} 时，把端口 2-2′短路，在端口 1-1′处施加电压 $\dot{U}_1$，可得

$$
\begin{cases}
\dot{I}_1 = \dfrac{\dot{U}_1}{1} + \left(\dfrac{1}{1+\dfrac{1}{2}}\right)\dot{U}_1 = \dfrac{5}{3}\dot{U}_1 \\[2ex]
-\dot{I}_2 = \dfrac{\dot{U}_1}{1} + \dfrac{1}{2} \times \left(\dfrac{1}{1+\dfrac{\ }{2}}\right)\dot{U}_1 = \dfrac{4}{3}\dot{U}_1
\end{cases}
$$

根据定义可求得

$$
Y_{11} = \frac{\dot{I}_1}{\dot{U}_1}\bigg|_{\dot{U}_2=0} = \frac{5}{3}\ \mathrm{S}
$$

$$
Y_{21} = \frac{\dot{I}_2}{\dot{U}_1}\bigg|_{\dot{U}_2=0} = -\frac{4}{3}\ \mathrm{S}
$$

由对称性和互易性可得

$$
Y_{22} = Y_{11} = \frac{5}{3}\ \mathrm{S},\quad Y_{12} = Y_{21} = -\frac{4}{3}\ \mathrm{S}
$$

则 Y 参数矩阵为

$$
\boldsymbol{Y} = \begin{bmatrix} \dfrac{5}{3} & -\dfrac{4}{3} \\[2ex] -\dfrac{4}{3} & \dfrac{5}{3} \end{bmatrix}\ \mathrm{S}
$$

12 - 2　求图 12 - 12 所示二端口网络的 Z 参数矩阵。

解　在求 Z 参数的 Z_{11} 和 Z_{21} 时，把端口 2 - 2′开路，即 $\dot{I}_2=0$，在端口 1 - 1′处施加电流 $\dot{I}_1$，可得

$$
\begin{cases}
\dot{U}_1 = (3\ /\!/\ 3)\dot{I}_1 = \dfrac{3}{2}\dot{I}_1 \\[2ex]
\dot{U}_2 = \dfrac{2}{1+2}\dot{U}_1 - \dfrac{1}{2+1}\dot{U}_1 = \dfrac{1}{3}\dot{U}_1 = \dfrac{1}{2}\dot{I}_1
\end{cases}
$$

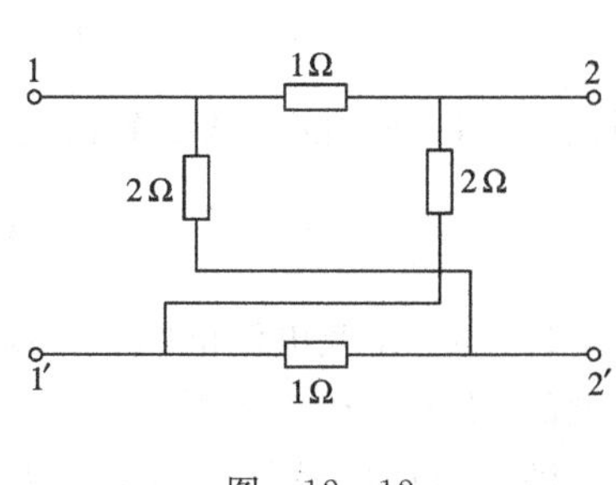

图　12 - 12

根据定义可得

$$
\begin{cases}
Z_{11} = \dfrac{\dot{U}_1}{\dot{I}_1}\bigg|_{\dot{I}_2=0} = \dfrac{3}{2}\ \Omega \\[2ex]
Z_{21} = \dfrac{\dot{U}_2}{\dot{I}_1}\bigg|_{\dot{I}_2=0} = \dfrac{1}{2}\ \Omega
\end{cases}
$$

由对称性和互易性，得

$$
Z_{22} = Z_{11} = \frac{3}{2}\ \Omega,\quad Z_{12} = Z_{21} = \frac{1}{2}\ \Omega
$$

故 Z 参数矩阵为

$$
\boldsymbol{Z} = \begin{bmatrix} \dfrac{3}{2} & \dfrac{1}{2} \\[2ex] \dfrac{1}{2} & \dfrac{3}{2} \end{bmatrix}\ \Omega
$$

12 - 3　求图 12 - 13 所示二端口网络的 T 参数矩阵。

解

$$\dot{I}_1 = \mathrm{j}\omega C\dot{U}_1 + \frac{1}{\mathrm{j}\omega L}(\dot{U}_1 - \dot{U}_2) = \mathrm{j}\left(\omega C - \frac{1}{\omega L}\right)\dot{U}_1 + \mathrm{j}\,\frac{1}{\omega L}\dot{U}_2$$

$$\dot{I}_2 = -\frac{1}{\mathrm{j}\omega L}(\dot{U}_1 - \dot{U}_2) = \mathrm{j}\,\frac{1}{\omega L}\dot{U}_1 - \mathrm{j}\,\frac{1}{\omega L}\dot{U}_2$$

由上两式解得 T 参数方程为

$$\begin{cases}\dot{U}_1 = \dot{U}_2 - \mathrm{j}\omega L\dot{I}_2 \\ \dot{I}_1 = \mathrm{j}\omega C\dot{U}_2 - (1 - \omega^2 LC)\dot{I}_2\end{cases}$$

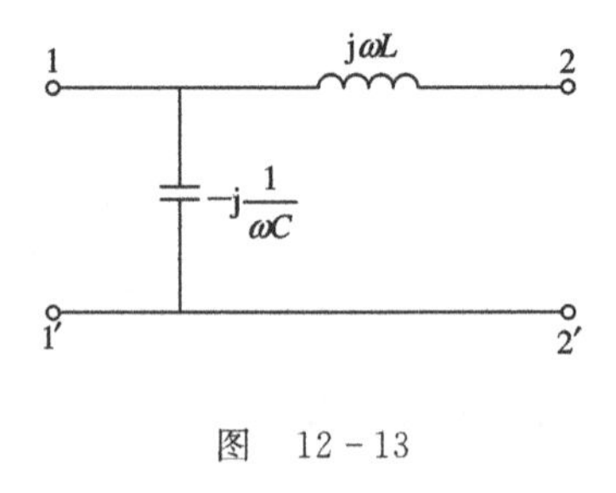

图 12-13

即 T 参数矩阵为

$$\boldsymbol{T} = \begin{bmatrix} 1 & \mathrm{j}\omega L \\ \mathrm{j}\omega C & 1 - \omega^2 LC \end{bmatrix}$$

12-4 对某电阻二端口网络测试结果为：端口 22′短路时，以有效值为 20 V 的电压施加于端口 11′，测得 $\dot{I}_1 = 2$ A，$\dot{I}_2 = -0.8$ A；端口 11′短路时，以有效值为 25 V 电压施加于端口 22′，测得 $\dot{I}_1 = -1$ A，$\dot{I}_2 = 1.4$ A。试求该二端口网络的 Y 参数。

解 据题意，有

$$Y_{11} = \left.\frac{\dot{I}_1}{\dot{U}_1}\right|_{\dot{U}_2=0} = \frac{2}{20} = 0.1\ \mathrm{S}$$

$$Y_{12} = \left.\frac{\dot{I}_1}{\dot{U}_2}\right|_{\dot{U}_1=0} = \frac{-1}{25} = -0.04\ \mathrm{S}$$

$$Y_{21} = \left.\frac{\dot{I}_2}{\dot{U}_1}\right|_{\dot{U}_2=0} = \frac{-0.8}{20} = -0.04\ \mathrm{S}$$

$$Y_{22} = \left.\frac{\dot{I}_2}{\dot{U}_2}\right|_{\dot{U}_1=0} = \frac{1.4}{25} = 0.056\ \mathrm{S}$$

则该二端口网络的 Y 参数矩阵为

$$\boldsymbol{Y} = \begin{bmatrix} 0.1 & -0.04 \\ -0.04 & 0.056 \end{bmatrix}\ \mathrm{S}$$

12-5 正弦电流电路中二端口网络如图 12-14 所示，求电源角频率为 ω 时，其相量模型的 H 参数和 T 参数。

解 该电路较易写出 Z 参数方程，可先求 Z 参数，再通过转换求 T 参数和 H 参数。设电路中 $\dot{I}_1$ 和 $\dot{I}_2$ 已知，求得 Z 参数方程为

$$\begin{cases}\dot{U}_1 = \left(\mathrm{j}\omega + \dfrac{1}{\mathrm{j}\omega}\right)\dot{I}_1 + \mathrm{j}\omega\dot{I}_2 & (1) \\ \dot{U}_2 = \mathrm{j}\omega\dot{I}_1 + \left(\mathrm{j}\omega + \dfrac{1}{\mathrm{j}\omega}\right)\dot{I}_2 & (2)\end{cases}$$

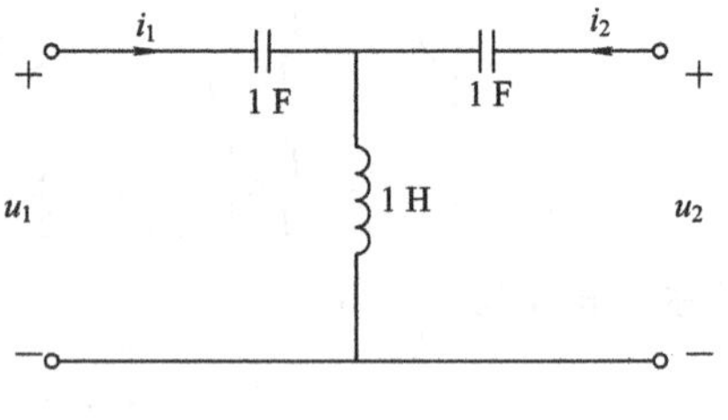

图 12-14

由式(2)得

$$\dot{I}_1 = \frac{\dot{U}_2}{\mathrm{j}\omega} - \frac{\omega^2 - 1}{\omega^2}\dot{I}_2 \qquad (3)$$

将式(3)代入式(1)得

$$\dot{U}_1 = \left(\mathrm{j}\omega + \frac{1}{\mathrm{j}\omega}\right)\left[\frac{\dot{U}_2}{\mathrm{j}\omega} - \frac{\omega^2 - 1}{\omega^2}\dot{I}_2\right] + \mathrm{j}\omega\dot{I}_2 = \frac{\omega^2 - 1}{\omega^2}\dot{U}_2 - \frac{2\omega^2 - 1}{\mathrm{j}\omega^3}\dot{I}_2$$

根据 T 参数的定义，显然有

$$A=\frac{\omega^2-1}{\omega^2},\quad B=\frac{2\omega^2-1}{\mathrm{j}\omega^3}\ \Omega,\quad C=\frac{1}{\mathrm{j}\omega}\mathrm{S},\quad D=\frac{\omega^2-1}{\omega^2}$$

由式(3)得

$$\dot{I}_2=\frac{\omega^2}{1-\omega^2}\dot{I}_1+\frac{\mathrm{j}\omega}{(1-\omega^2)}\dot{U}_2 \tag{4}$$

将式(4)代入式(1)中得

$$\dot{U}_1=\frac{1-2\omega^2}{\mathrm{j}\omega(1-\omega^2)}\dot{I}_1+\frac{\omega^2}{\omega^2-1}\dot{U}_2 \tag{5}$$

由方程(5)和(4)可得 H 参数为

$$H_{11}=\frac{1-2\omega^2}{\mathrm{j}\omega(1-\omega^2)},\quad H_{12}=\frac{\omega^2}{\omega^2-1}$$

$$H_{21}=\frac{\omega^2}{1-\omega^2},\quad H_{22}=\frac{\mathrm{j}\omega}{1-\omega^2}$$

12-6　求图 12-15 所示二端口网络的 Z 参数。

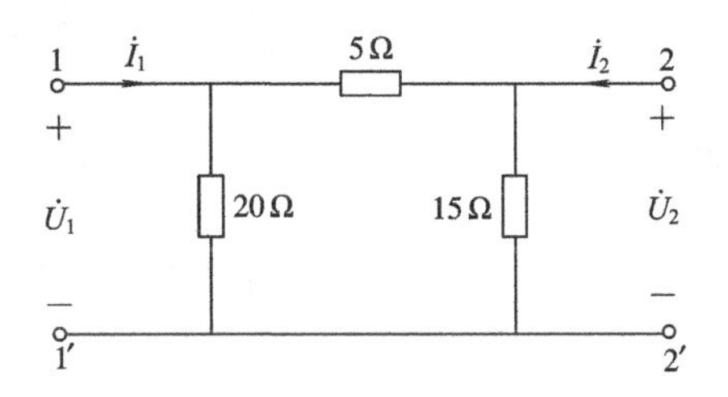

图　12-15

解　由定义，有

$$Z_{11}=\frac{\dot{U}_1}{\dot{I}_1}\bigg|_{\dot{I}_2=0}=\frac{20\times20}{20+20}=10\ \Omega$$

$$Z_{12}=\frac{\dot{U}_1}{\dot{I}_2}\bigg|_{\dot{I}_1=0}=\frac{15\dot{I}_2}{15+25}\times20\times\frac{1}{\dot{I}_2}=7.5\ \Omega$$

$$Z_{21}=\frac{\dot{U}_2}{\dot{I}_1}\bigg|_{\dot{I}_2=0}=\frac{20\dot{I}_1}{20+5+15}\times15\times\frac{1}{\dot{I}_1}=7.5\ \Omega$$

$$Z_{22}=\frac{\dot{U}_2}{\dot{I}_2}\bigg|_{\dot{I}_1=0}=\frac{15\times25}{15+5+20}=\frac{15\times25}{40}=9.375\ \Omega$$

12-7　正弦电流电路中二端口网络如图 12-16 所示，已知 $g=0.1$ S，求电源频率为 1 MHz 时，其相量模型的 H 参数。

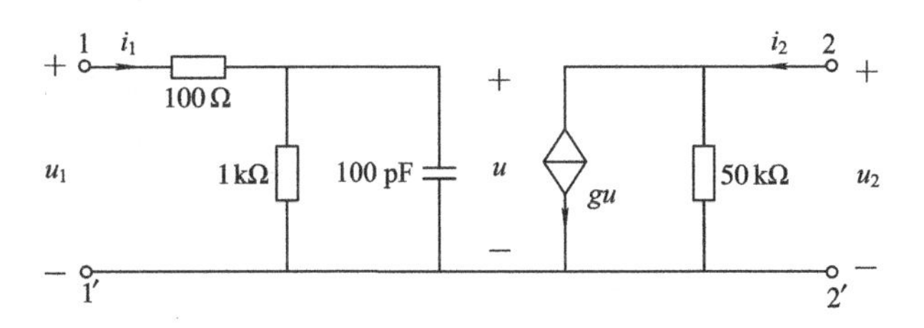

图　12-16

解　$\omega=2\pi f=2\pi\times10^6$ rad/s。端口电流和电压的参考方向如图 12-16 所示，可得如下相量方程式：

$$\begin{cases}\dot{U}_1 = \dot{I}_1\left(100 + \dfrac{1000 \times \dfrac{1}{\mathrm{j}\omega \times 100 \times 10^{-12}}}{1000 + \dfrac{1}{\mathrm{j}\omega \times 100 \times 10^{-12}}}\right) = \dot{I}_1(817.16 - \mathrm{j}450.378) \\ \dot{I}_2 = 0.1(\dot{U}_1 - 100\dot{I}_1) + \dfrac{\dot{U}_2}{50 \times 10^3} = 0.1(717.16 - \mathrm{j}450.378)\dot{I}_1 + 2 \times 10^{-5}\dot{U}_2\end{cases}$$

故相量模型的 H 参数为

$$H_{11} = 817.16 - \mathrm{j}450.378 = 933\angle -28.9^\circ\ \Omega$$

$$H_{12} = 0$$

$$H_{21} = 71.716 - \mathrm{j}45.0378 = 84.7\angle -32.1^\circ$$

$$H_{22} = 2 \times 10^{-5}\ \mathrm{S}$$

12－8　求图 12－17 所示二端口网络的 Z 参数，ω=1000 rad/s。

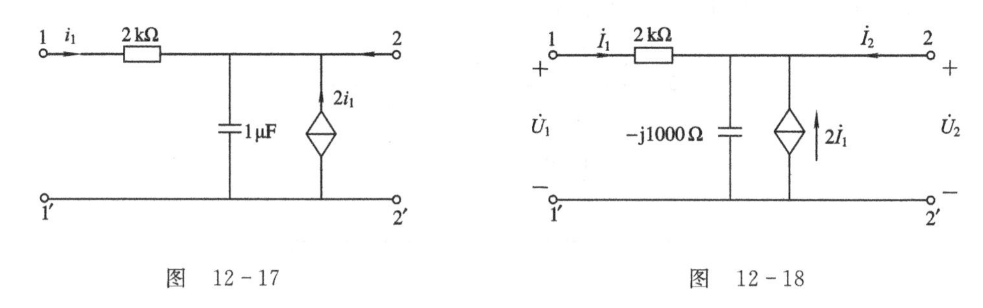

图　12－17　　　　图　12－18

解　由题目所给 ω 可算得电容的阻抗为 $-\mathrm{j}1000\ \Omega$。相量模型如图 12－18 所示，图中标出了端口变量 $\dot{U}_1$、$\dot{U}_2$ 和 $\dot{I}_1$、$\dot{I}_2$ 的参考方向，可列出如下 Z 参数方程：

$$\begin{cases}\dot{U}_1 = \dot{I}_1 \times 2000 + (\dot{I}_2 + 2\dot{I}_1 + \dot{I}_1) \times (-\mathrm{j}1000) = (2000 - \mathrm{j}3000)\dot{I}_1 - \mathrm{j}1000\dot{I}_2 \\ \dot{U}_2 = (\dot{I}_2 + 2\dot{I}_1 + \dot{I}_1) \times (-\mathrm{j}1000) = -\mathrm{j}3000\dot{I}_1 - \mathrm{j}1000\dot{I}_2\end{cases}$$

因此，Z 参数矩阵为

$$\boldsymbol{Z} = \begin{bmatrix}2 - \mathrm{j}3 & -\mathrm{j} \\ -\mathrm{j}3 & -\mathrm{j}\end{bmatrix}\mathrm{k}\Omega$$

12－9　求图 12－19 所示二端口网络的 Y 参数矩阵。

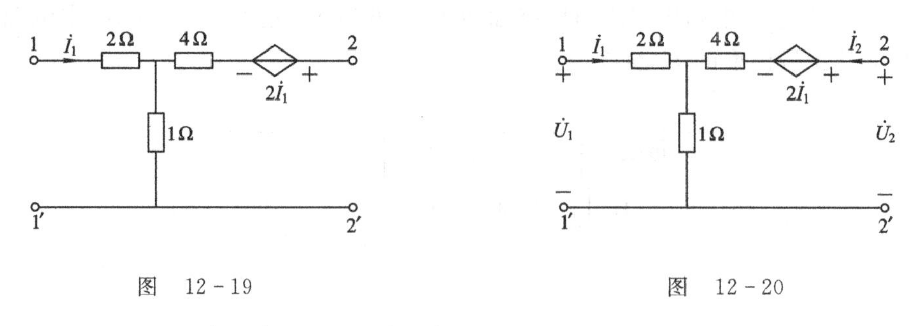

图　12－19　　　　图　12－20

解　标出端口电压 $\dot{U}_1$、$\dot{U}_2$ 和电流 $\dot{I}_1$、$\dot{I}_2$，如图 12－20 所示，可列出 Z 参数方程为

$$\begin{cases}\dot{U}_1 = 2\dot{I}_1 + 1 \times (\dot{I}_1 + \dot{I}_2) = 3\dot{I}_1 + \dot{I}_2 \\ \dot{U}_2 = 2\dot{I}_1 + 4\dot{I}_2 + 1 \times (\dot{I}_1 + \dot{I}_2) = 3\dot{I}_1 + 5\dot{I}_2\end{cases}$$

因此，Z 参数矩阵为 $\boldsymbol{Z}=\begin{bmatrix}3 & 1\\3 & 5\end{bmatrix}\ \Omega$。利用 Y 参数和 Z 参数之间的关系，可得 Y 参数矩阵为

$$\boldsymbol{Y}=\boldsymbol{Z}^{-1}=\begin{bmatrix}\dfrac{5}{12} & -\dfrac{1}{12}\\ -\dfrac{1}{4} & \dfrac{1}{4}\end{bmatrix}\ \text{S}$$

12－10　求图 12－21 所示二端口网络的混合(H)参数矩阵。

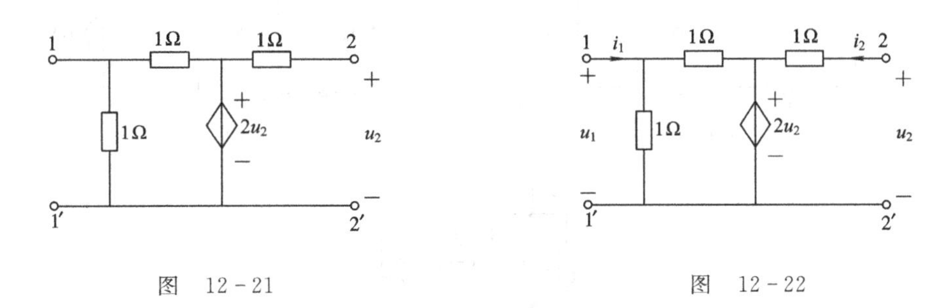

图　12－21　　　　　　　　　　图　12－22

解　标出端口电压 u_1、u_2 和电流 i_1、i_2 的参考方向，如图 12－22 所示。可列出以下方程：

$$u_1=(i_1-\frac{u_1}{1})\times 1+2u_2$$

即

$$u_1=\frac{1}{2}i_1+u_2 \tag{1}$$

又有

$$i_2=\frac{u_2-2u_2}{1}=-u_2 \tag{2}$$

上面的式(1)和式(2)即为 H 参数方程，由此可得 H 参数矩阵为

$$\boldsymbol{H}=\begin{bmatrix}0.5 & 1\\0 & -1\end{bmatrix}$$

12－11　对某电阻二端口网络测试结果为：端口 11′开路时，$U_2=15$ V，$U_1=10$ V，$I_2=30$ A；端口 11′短路时，$U_2=10$ V，$I_2=4$ A，$I_1=-5$ A。试求该双口网络的 Y 参数。

解　短路测试可以求得 Y_{12} 和 Y_{22}，即

$$Y_{12}=\left.\frac{\dot{I}_1}{\dot{U}_2}\right|_{\dot{U}_1=0}=\frac{-5}{10}=-0.5\ \text{S}$$

$$Y_{22}=\left.\frac{\dot{I}_2}{\dot{U}_2}\right|_{\dot{U}_1=0}=\frac{4}{10}=0.4\ \text{S}$$

Y_{21} 和 Y_{11} 不能由开路测试直接求得，需利用 Y 参数方程：

$$\begin{cases}\dot{I}_1=Y_{11}\dot{U}_1+Y_{12}\dot{U}_2\\ \dot{I}_2=Y_{21}\dot{U}_1+Y_{22}\dot{U}_2\end{cases}$$

将题目所给开路测试的数据及已求得的 Y_{12} 和 Y_{22} 代入上面两个方程，有

$$\begin{cases} 0 = 10Y_{11} - 0.5 \times 15 \\ 30 = 10Y_{21} + 0.4 \times 15 \end{cases}$$

由上面两式可求得 $Y_{11}=0.75$ S 及 $Y_{21}=2.4$ S。

12-12　直流稳态电路中的一个互易二端口网络，已知输入电压为 10 V 时，输入端电流为 5 A，而输出端的短路电流为 1 A。若将电压源移到输出端，同时在输入端跨接 2 Ω 电阻，求 2 Ω 电阻的电压。

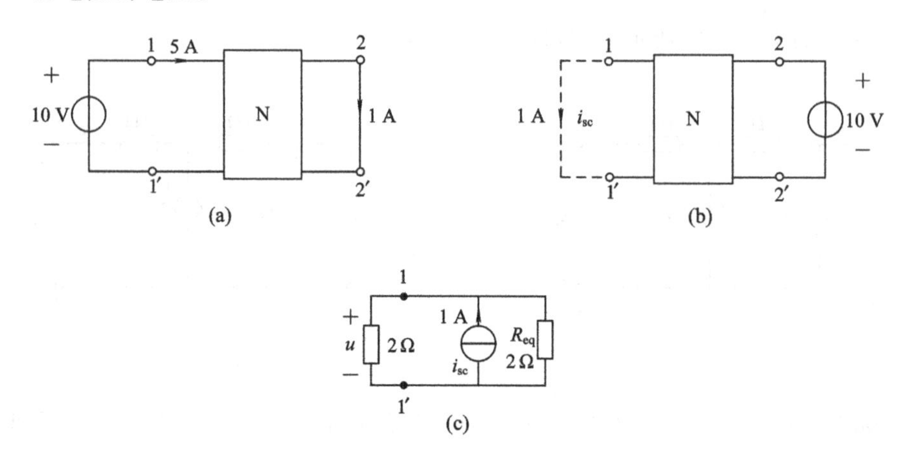

图　12-23

解　(1) 按题意可画出如图 12-23(a)所示的电路，得 11′端等效电阻为

$$R_{eq} = \frac{10}{5}\ \Omega = 2\ \Omega$$

(2) 将 10 V 电压源移到 22′端，电路如图 12-23(b)所示，计算该电路 11′端的诺顿等效电路。将该图 11′端短路，如图中虚线所示，根据互易定理，有 $i_{sc}=1$ A。将该电路中的 10 V 电压源置零，求 11′端的诺顿等效电阻，很明显，该电阻等于(1)中求得的 R_{eq}。

(3) 将图 12-23(b)所示的电路用诺顿定理化简，并在 11′端接 2 Ω 电阻，如图 12-23(c)所示，可求得 2 Ω 电阻的电压为

$$u = \frac{2 \times 2}{2+2} \times 1 = 1\ \text{V}$$

12-13　求图 12-24 所示双 T 电路的 Y 参数(角频率为 ω)。

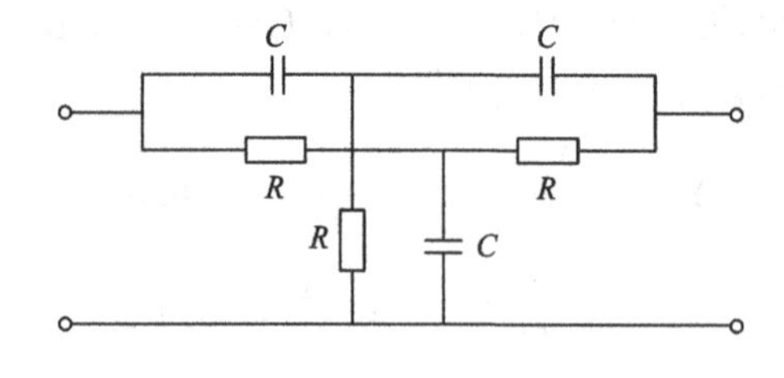

图　12-24

解　此双 T 电路可看成两个 T 形电路的并联，分别画出两个 T 形电路如图 12-25(a)、(b)所示。求 Y_{11} 和 Y_{21} 时，令 22′ 端口短路，如图 12-25(a)、(b)中虚线所示。

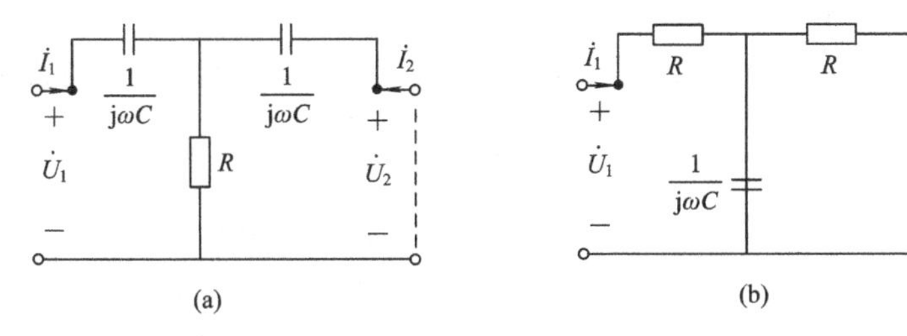

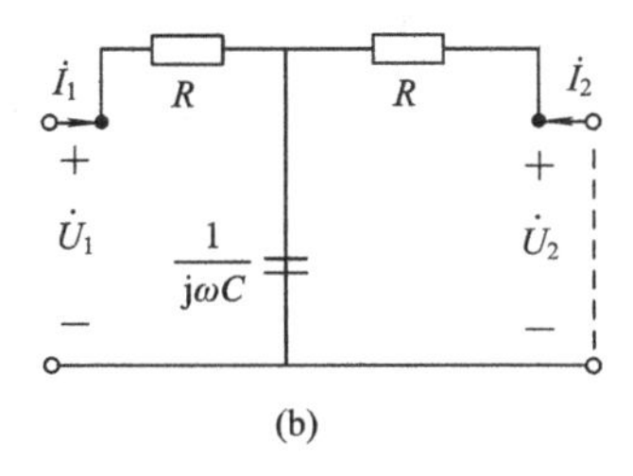

(a) (b)

图 12-25

对于图 12-25(a)电路，在 22′ 端口短路的情况下，端电流为

$$
\begin{cases}
\dot{I}_1 = \dfrac{1}{\dfrac{1}{\mathrm{j}\omega C} + \dfrac{1}{\dfrac{1}{R} + \mathrm{j}\omega C}}\dot{U}_1 = \dfrac{\dfrac{1}{R} + \mathrm{j}\omega C}{\dfrac{1}{\mathrm{j}\omega CR} + 2}\dot{U}_1 = \dfrac{\mathrm{j}\omega C\left(\mathrm{j}\omega + \dfrac{1}{RC}\right)}{2\mathrm{j}\omega + \dfrac{1}{RC}}\dot{U}_1 \\
\dot{I}_2 = -\dot{I}_1 \dfrac{\mathrm{j}\omega C}{\dfrac{1}{R} + \mathrm{j}\omega C} = -\dfrac{\mathrm{j}\omega C}{\dfrac{1}{R} + \mathrm{j}\omega C} \times \dfrac{\dfrac{1}{R} + \mathrm{j}\omega C}{\dfrac{1}{\mathrm{j}\omega CR} + 2}\dot{U}_1 = \dfrac{\omega^2 C}{2\mathrm{j}\omega + \dfrac{1}{RC}}\dot{U}_1
\end{cases}
$$

由上两式求得图 12-25(a)电路的两个 Y 参数为

$$Y'_{11} = \left.\frac{\dot{I}_1}{\dot{U}_1}\right|_{\dot{U}_2=0} = \frac{\mathrm{j}\omega C\left(\mathrm{j}\omega + \dfrac{1}{RC}\right)}{2\mathrm{j}\omega + \dfrac{1}{RC}}$$

$$Y'_{21} = \left.\frac{\dot{I}_2}{\dot{U}_1}\right|_{\dot{U}_2=0} = \frac{\omega^2 C}{2\mathrm{j}\omega + \dfrac{1}{RC}}$$

根据电路的对称性，有 $Y'_{22}=Y'_{11}$ 和 $Y'_{12}=Y'_{21}$。

对于图 12-25(b)电路，在 22′ 端口短路的情况下，端电流为

$$
\begin{cases}
\dot{I}_1 = \dfrac{1}{R + \dfrac{1}{\dfrac{1}{R} + \mathrm{j}\omega C}}\dot{U}_1 = \dfrac{\dfrac{1}{R} + \mathrm{j}\omega C}{\mathrm{j}\omega CR + 2}\dot{U}_1 = \dfrac{\mathrm{j}\omega + \dfrac{1}{RC}}{R\left(\mathrm{j}\omega + \dfrac{2}{RC}\right)}\dot{U}_1 \\
\dot{I}_2 = -\dot{I}_1 \dfrac{\dfrac{1}{R}}{\dfrac{1}{R} + \mathrm{j}\omega C} = -\dfrac{\dfrac{1}{R}}{\dfrac{1}{R} + \mathrm{j}\omega C} \times \dfrac{\dfrac{1}{R} + \mathrm{j}\omega C}{\mathrm{j}\omega CR + 2}\dot{U}_1 = \dfrac{-\dfrac{1}{R^2 C}}{\mathrm{j}\omega + \dfrac{2}{RC}}\dot{U}_1
\end{cases}
$$

由上两式求得图 12-25(b)电路的两个 Y 参数为

$$Y''_{11} = \left.\frac{\dot{I}_1}{\dot{U}_1}\right|_{\dot{U}_2=0} = \frac{\mathrm{j}\omega + \dfrac{1}{RC}}{R\left(\mathrm{j}\omega + \dfrac{2}{RC}\right)}$$

$$Y''_{21} = \left.\frac{\dot{I}_2}{\dot{U}_1}\right|_{\dot{U}_2=0} = \frac{-\dfrac{1}{R^2 C}}{\mathrm{j}\omega + \dfrac{2}{RC}}$$

根据电路的对称性，有 $Y''_{22}=Y''_{11}$ 和 $Y''_{12}=Y''_{21}$。

根据并联二端口网络的 Y 参数计算规则，可得图 12-24 电路的 Y 参数为

$$Y_{11}=Y_{22}=Y'_{11}+Y''_{11}=\frac{j\omega C\left(j\omega+\dfrac{1}{RC}\right)}{2j\omega+\dfrac{1}{RC}}+\frac{j\omega+\dfrac{1}{RC}}{R\left(j\omega+\dfrac{2}{RC}\right)}$$

$$Y_{12}=Y_{21}=Y'_{21}+Y''_{21}=\frac{\omega^2 C}{2j\omega+\dfrac{1}{RC}}+\frac{-\dfrac{1}{R^2 C}}{j\omega+\dfrac{2}{RC}}$$

12-14　求图 12-26 所示二端口网络的 Y 参数(角频率为 ω)。

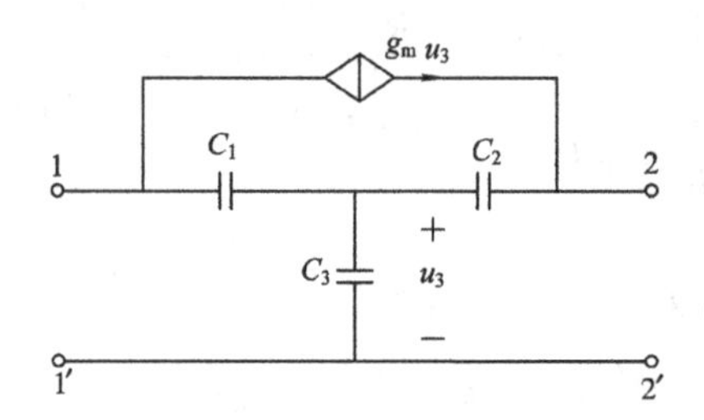

图　12-26

解　求 Y_{11} 和 Y_{21} 时，令 $22'$ 端口短路，如图 12-27(a)所示。求得端电流为

$$\begin{cases}\dot I_1=\dfrac{1}{\dfrac{1}{j\omega C_1}+\dfrac{1}{j\omega C_2+j\omega C_3}}\dot U_1+g_m\times\dfrac{\dfrac{1}{j\omega C_2+j\omega C_3}}{\dfrac{1}{j\omega C_1}+\dfrac{1}{j\omega C_2+j\omega C_3}}\dot U_1=\dfrac{j\omega C_1(C_2+C_3)+g_m C_1}{C_1+C_2+C_3}\dot U_1\\ \dot I_2=j\omega C_3\dot U_3-\dot I_1=j\omega C_3\times\dfrac{\dfrac{1}{j\omega C_2+j\omega C_3}}{\dfrac{1}{j\omega C_1}+\dfrac{1}{j\omega C_2+j\omega C_3}}\dot U_1-\dfrac{j\omega C_1(C_2+C_3)+g_m C_1}{C_1+C_2+C_3}\dot U_1\\ \quad=\dfrac{-C_1(j\omega C_2+g_m)}{C_1+C_2+C_3}\dot U_1\end{cases}$$

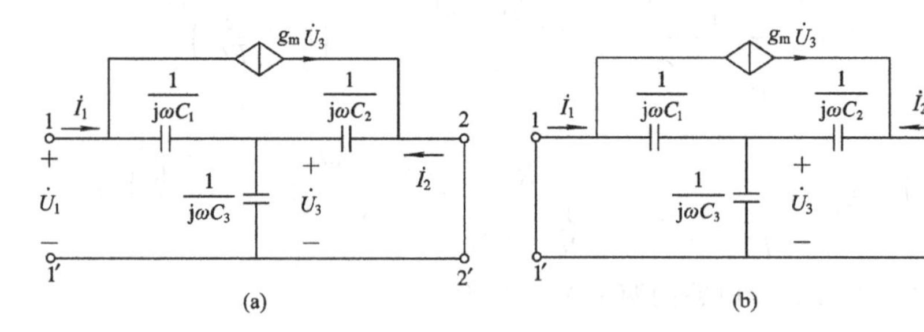

图　12-27

由上两式求得图 12-26 电路的 Y_{11} 和 Y_{21} 为

$$Y_{11}=\left.\frac{\dot I_1}{\dot U_1}\right|_{\dot U_2=0}=\frac{j\omega C_1(C_2+C_3)+g_m C_1}{C_1+C_2+C_3}$$

$$Y_{21}=\left.\frac{\dot I_2}{\dot U_1}\right|_{\dot U_2=0}=\frac{-C_1(j\omega C_2+g_m)}{C_1+C_2+C_3}$$

求 Y_{22} 和 Y_{12} 时，令 11′ 端口短路，如图 12－27(b)所示。求得端电流为

$$\begin{cases} \dot{I}_2 = \dfrac{1}{\dfrac{1}{j\omega C_2} + \dfrac{1}{j\omega C_1 + j\omega C_3}}\dot{U}_2 - g_m \times \dfrac{\dfrac{1}{j\omega C_1 + j\omega C_3}}{\dfrac{1}{j\omega C_2} + \dfrac{1}{j\omega C_1 + j\omega C_3}}\dot{U}_2 \\ \quad = \dfrac{j\omega C_2(C_1 + C_3) - g_m C_2}{C_1 + C_2 + C_3}\dot{U}_2 \\ \dot{I}_1 = j\omega C_3 \dot{U}_3 - \dot{I}_2 = j\omega C_3 \times \dfrac{\dfrac{1}{j\omega C_1 + j\omega C_3}}{\dfrac{1}{j\omega C_2} + \dfrac{1}{j\omega C_1 + j\omega C_3}}\dot{U}_2 - \dfrac{j\omega C_2(C_1 + C_3) - g_m C_2}{C_1 + C_2 + C_3}\dot{U}_2 \\ \quad = \dfrac{C_2(g_m - j\omega C_1)}{C_1 + C_2 + C_3}\dot{U}_2 \end{cases}$$

由上两式求得图 12－26 电路的 Y_{22} 和 Y_{12} 为

$$Y_{22} = \left.\frac{\dot{I}_2}{\dot{U}_2}\right|_{\dot{U}_1=0} = \frac{j\omega C_2(C_1 + C_3) - g_m C_2}{C_1 + C_2 + C_3}$$

$$Y_{12} = \left.\frac{\dot{I}_1}{\dot{U}_2}\right|_{\dot{U}_1=0} = \frac{C_2(g_m - j\omega C_1)}{C_1 + C_2 + C_3}$$

12－15 试求图 12－28 所示二端口网络的 T 参数。

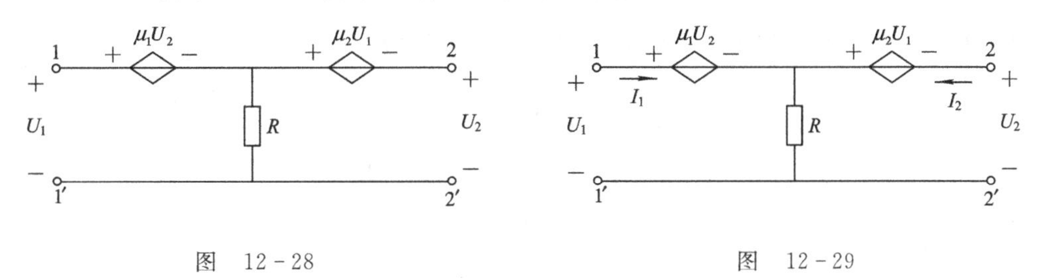

图 12－28　　　　图 12－29

解 标出端电流 I_1 和 I_2 的参考方向，如图 12－29 所示。可列出以下两个方程：

$$\begin{cases} U_1 = \mu_1 U_2 + R \times (I_1 + I_2) \\ U_2 = -\mu_2 U_1 + R \times (I_1 + I_2) \end{cases}$$

由上面两式可解出电路的 T 参数方程为

$$\begin{cases} U_1 = \dfrac{1+\mu_1}{1-\mu_2}U_2 + 0 \times I_2 \\ I_1 = \dfrac{1+\mu_1\mu_2}{R(1-\mu_2)}U_2 - 1 \times I_2 \end{cases}$$

即 T 参数矩阵为

$$\boldsymbol{T} = \begin{bmatrix} \dfrac{1+\mu_1}{1-\mu_2} & 0 \\ \dfrac{1+\mu_1\mu_2}{R(1-\mu_2)} & 1 \end{bmatrix}$$

12－16 试求图 12－30 所示二端口网络的 Y 参数(角频率为 ω)。

解 电路的相量模型如图 12－31 所示。由于电路含有互感，因此可先列出回路的 KVL 方程，再从 KVL 方程中解出 Y 参数方程。

3 个 KVL 方程如下：

$$\begin{cases}\dot{U}_1 = \mathrm{j}\omega L_1(\dot{I}_1 - \dot{I}_3) + \mathrm{j}\omega M(\dot{I}_2 + \dot{I}_3) \\ \dot{U}_2 = \mathrm{j}\omega L_2(\dot{I}_2 + \dot{I}_3) + \mathrm{j}\omega M(\dot{I}_1 - \dot{I}_3) \\ 2R\dot{I}_3 + \dot{U}_2 - \dot{U}_1 = 0\end{cases}$$

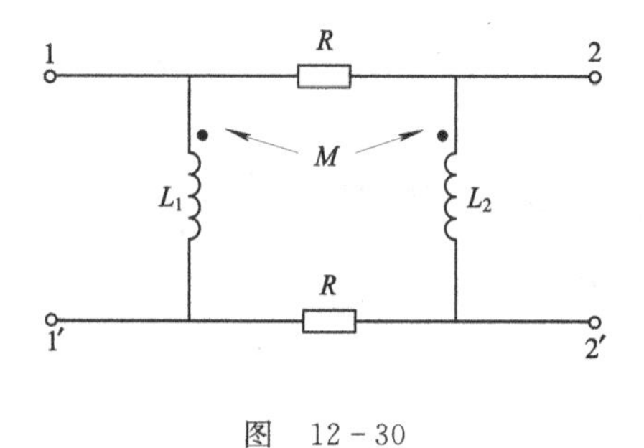

图　12 - 30

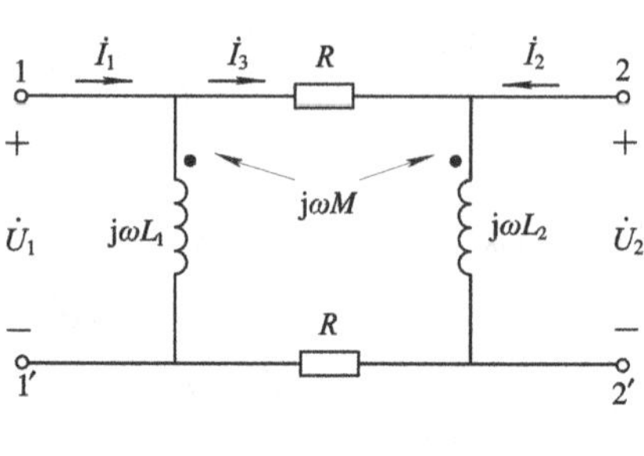

图　12 - 31

从上面的第 3 个方程中解出 $\dot{I}_3$，代入到前面两个方程，整理后有

$$\begin{cases}\mathrm{j}\omega L_1\dot{I}_1 + \mathrm{j}\omega M\dot{I}_2 = \left(1 + \dfrac{\mathrm{j}\omega L_1 - \mathrm{j}\omega M}{2R}\right)\dot{U}_1 - \dfrac{\mathrm{j}\omega L_1 - \mathrm{j}\omega M}{2R}\dot{U}_2 \\ \mathrm{j}\omega M\dot{I}_1 + \mathrm{j}\omega L_2\dot{I}_2 = -\dfrac{\mathrm{j}\omega L_2 - \mathrm{j}\omega M}{2R}\dot{U}_1 + \left(1 + \dfrac{\mathrm{j}\omega L_2 - \mathrm{j}\omega M}{2R}\right)\dot{U}_2\end{cases}$$

由上面两个方程解出 $\dot{I}_1$ 和 $\dot{I}_2$，得到电路的 Y 参数方程为

$$\dot{I}_1 = \left(\frac{L_2}{\mathrm{j}\omega(L_1L_2 - M^2)} + \frac{1}{2R}\right)\dot{U}_1 + \left(\frac{-M}{\mathrm{j}\omega(L_1L_2 - M^2)} - \frac{1}{2R}\right)\dot{U}_2$$

$$\dot{I}_2 = \left(\frac{-M}{\mathrm{j}\omega(L_1L_2 - M^2)} - \frac{1}{2R}\right)\dot{U}_1 + \left(\frac{L_1}{\mathrm{j}\omega(L_1L_2 - M^2)} + \frac{1}{2R}\right)\dot{U}_2$$

即 Y 参数矩阵为

$$\boldsymbol{Y} = \begin{bmatrix}\dfrac{L_2}{\mathrm{j}\omega(L_1L_2 - M^2)} + \dfrac{1}{2R} & \dfrac{-M}{\mathrm{j}\omega(L_1L_2 - M^2)} - \dfrac{1}{2R} \\ \dfrac{-M}{\mathrm{j}\omega(L_1L_2 - M^2)} - \dfrac{1}{2R} & \dfrac{L_1}{\mathrm{j}\omega(L_1L_2 - M^2)} + \dfrac{1}{2R}\end{bmatrix}$$

12 - 17　试求图 12 - 32 所示二端口网络的 H 参数。

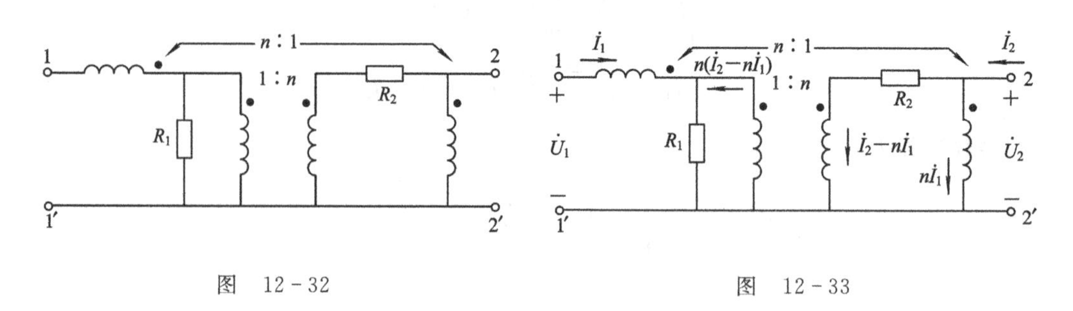

图　12 - 32　　　　图　12 - 33

解　电路的相量模型如图 12 - 33 所示。图中标出了端口电压和电流，并根据变压器原边电流和副边电流的关系以及基尔霍夫电流定律，标出了各线圈的电流。由变压器原边电压和副边电压的关系以及基尔霍夫电压定律，可得以下方程：

$$\begin{cases}\dot{U}_1 = -n\dot{U}_2 + [\dot{I}_1 + n(\dot{I}_2 - n\dot{I}_1)]R_1 \\ \dot{U}_2 = (\dot{I}_2 - n\dot{I}_1)R_2 + n[\dot{I}_1 + n(\dot{I}_2 - n\dot{I}_1)]R_1\end{cases}$$

由上面两式可解出 H 参数方程为

$$\begin{cases}\dot{U}_1 = \dfrac{R_1 R_2}{R_2 + n^2 R_1}\dot{I}_1 + \left(\dfrac{nR_1}{R_2 + n^2 R_1} - n\right)\dot{U}_2 \\ \dot{I}_2 = \left(n - \dfrac{nR_1}{R_2 + n^2 R_1}\right)\dot{I}_1 + \dfrac{1}{R_2 + n^2 R_1}\dot{U}_2\end{cases}$$

因此，电路的 H 参数矩阵为

$$\boldsymbol{H} = \begin{bmatrix}\dfrac{R_1 R_2}{R_2 + n^2 R_1} & \dfrac{nR_1}{R_2 + n^2 R_1} - n \\ n - \dfrac{nR_1}{R_2 + n^2 R_1} & \dfrac{1}{R_2 + n^2 R_1}\end{bmatrix}$$

12-18　图 12-34 所示互易对称双口网络的 Y 参数为 $Y_{11}=1$ S，$Y_{12}=2$ S，且有 $G_s=G_L=2$ S，$I_s=5$ A，试求响应 U_1、I_1、U_2 和 I_2。

解　由题意可得双口网络的 Y 参数方程为

$$\begin{cases}I_1 = 1\times U_1 + 2\times U_2 \\ I_2 = 2\times U_1 + 1\times U_2\end{cases}$$

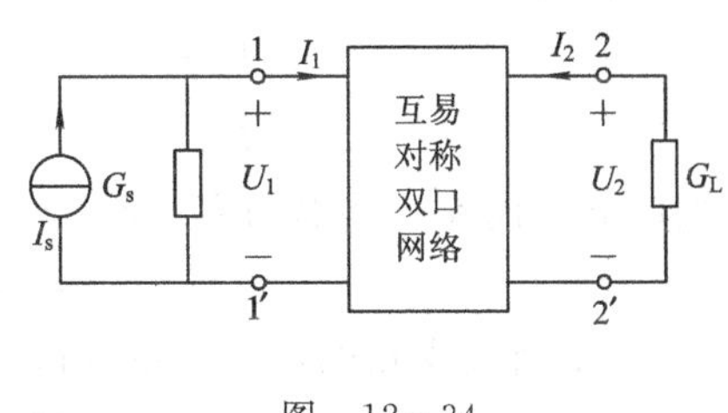

图　12-34

端口支路方程为

$$\begin{cases}I_1 = I_s - G_s U_1 = 5 - 2\times U_1 \\ I_2 = -G_L U_2 = -2\times U_2\end{cases}$$

将端口支路方程代入 Y 参数方程，得

$$\begin{cases}3U_1 + 2U_2 = 5 \\ 2U_1 + 3U_2 = 0\end{cases}$$

由上面两式解得 $U_1=3$ V，$U_2=-2$ V。将解得的电压代入端口支路方程，得 $I_1=-1$ A，$I_2=4$ A。

12-19　图 12-35 所示互易双口网络的 Z 参数为 $Z_{11}=Z_{12}=1$ Ω，$Z_{22}=2$ Ω，$R_s=R_L=1$ Ω，$U_s=10$ V，试求响应 U_1、I_1、U_2 和 I_2。

解　由 Z 参数矩阵写出对应的 Z 参数方程：

$$\begin{cases}U_1 = 1\times I_1 + 1\times I_2 & (1) \\ U_2 = 1\times I_1 + 2\times I_2 & (2)\end{cases}$$

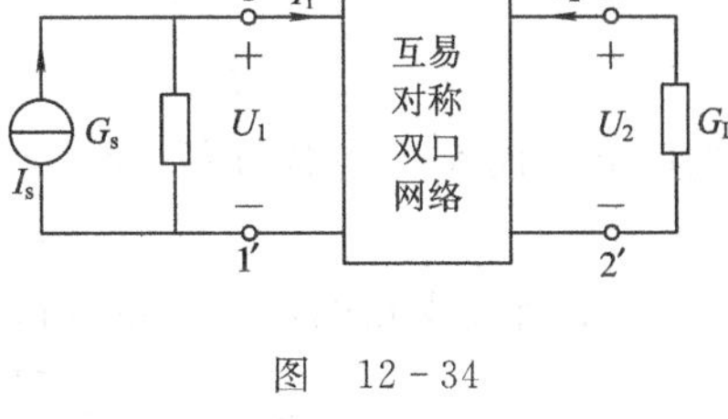

图　12-35

而端口外接电路的伏安特性为

$$\begin{cases}U_1 = U_s - R_s \cdot I_1 & (3) \\ I_2 = -\dfrac{U_2}{R_L} & (4)\end{cases}$$

由式(1)～(4)，并代入数据可得

$$U_1 = 4\ \text{V},\quad I_1 = 6\ \text{A}$$
$$U_2 = 2\ \text{V},\quad I_2 = -2\ \text{A}$$

12-20　图 12-36 所示网络中，设 $i_s=8\sqrt{2}\cos 2t$ A，若要使稳态响应 $i_L=2\cos(2t-$

45°)A，试确定 R、L 的值。已知二端口网络的 T 参数矩阵为 $\boldsymbol{T}=\begin{bmatrix}2 & 1\\1 & 1\end{bmatrix}$。

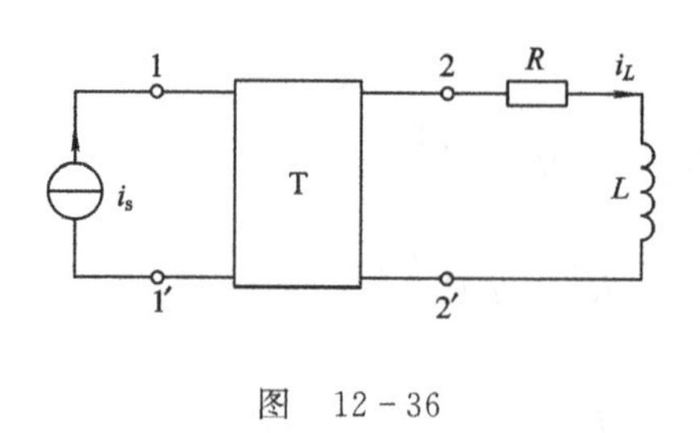

图 12-36

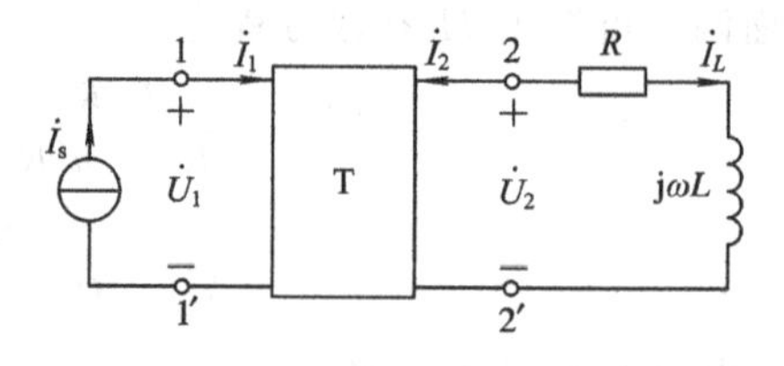

图 12-37

解 标出端口电流和电压的参考方向，相量模型如图 12-37 所示。由题意可得双口网络的 T 参数方程为

$$\begin{cases}\dot{U}_1 = 2\times\dot{U}_2 - 1\times\dot{I}_2\\ \dot{I}_1 = 1\times\dot{U}_2 - 1\times\dot{I}_2\end{cases}$$

端口电流为

$$\begin{cases}\dot{I}_1 = \dot{I}_s = 8\angle 0^\circ\ \text{A}\\ \dot{I}_2 = -\dot{I}_L = -\sqrt{2}\angle -45^\circ = (-1+\text{j}1)\ \text{A}\end{cases}$$

将端口电流代入 T 参数方程，得

$$\dot{U}_2 = 8-1+\text{j}1 = 7+\text{j}1$$

由端口 22′所接支路的伏安关系可得

$$R+\text{j}\omega L = \frac{\dot{U}_2}{\dot{I}_L} = \frac{7+\text{j}1}{1-\text{j}1} = \frac{6}{2}+\text{j}\,\frac{8}{2} = 3+\text{j}4$$

由上式求得

$$R = 3\ \Omega,\quad L = \frac{4}{\omega} = \frac{4}{2} = 2\ \text{H}$$

12-21 求图 12-38(a)、(b)所示二端口网络的 T 参数矩阵，设内部二端口 P_1 的 T 参数矩阵为 $\boldsymbol{T}_1=\begin{bmatrix}A & B\\C & D\end{bmatrix}$。

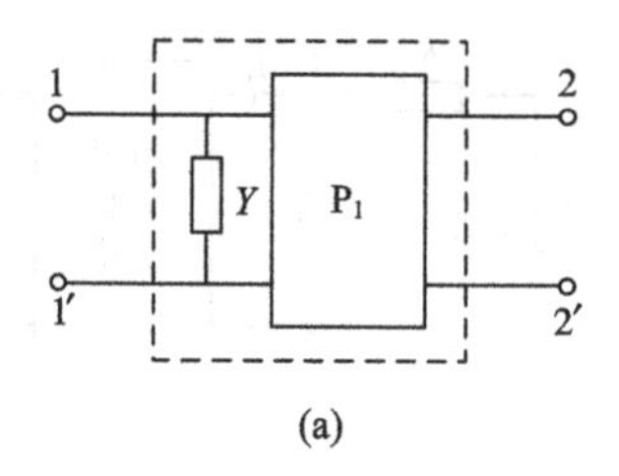

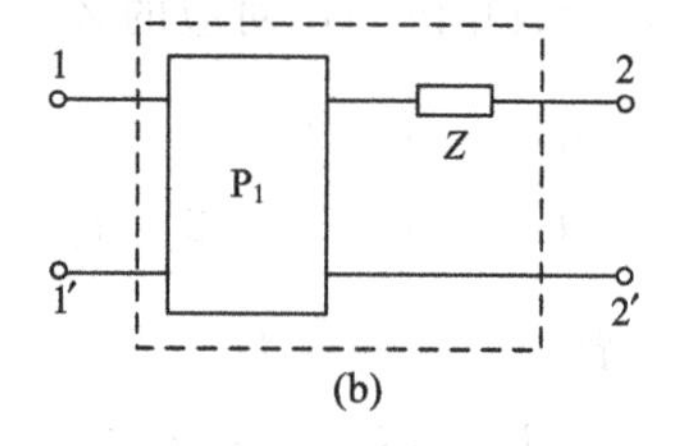

图 12-38

解 在图 12-38(a)电路中，可将导纳 Y 看做与 P_1 级联。由导纳 Y 构成的二端口网络的 T 参数方程为

$$\dot{U}_1 = \dot{U}_2,\quad \dot{I}_1 = Y\dot{U}_2 - \dot{I}_2$$

所以其 T 参数矩阵 $\boldsymbol{T}_r$ 为

$$\boldsymbol{T}_r = \begin{bmatrix} 1 & 0 \\ Y & 1 \end{bmatrix}$$

根据级联双口网络的 T 参数的运算规则，得到图 12－38(a)电路的 T 参数矩阵为

$$\boldsymbol{T} = \boldsymbol{T}_r \cdot \boldsymbol{T}_1 = \begin{bmatrix} 1 & 0 \\ Y & 1 \end{bmatrix} \begin{bmatrix} A & B \\ C & D \end{bmatrix} = \begin{bmatrix} A & B \\ AY + C & BY + D \end{bmatrix}$$

在图 12－38(b)电路中，可将阻抗 Z 看做与 P_1 级联。由阻抗 Z 构成的二端口网络的 T 参数方程为

$$\dot{U}_1 = \dot{U}_2 - Z\dot{I}_2, \quad \dot{I}_1 = -\dot{I}_2$$

所以其 T 参数矩阵 $\boldsymbol{T}_z$ 为

$$\boldsymbol{T}_z = \begin{bmatrix} 1 & Z \\ 0 & 1 \end{bmatrix}$$

于是，图 12－38(b)电路的 T 参数矩阵为

$$\boldsymbol{T} = \boldsymbol{T}_1 \cdot \boldsymbol{T}_z = \begin{bmatrix} A & B \\ C & D \end{bmatrix} \begin{bmatrix} 1 & Z \\ 0 & 1 \end{bmatrix} = \begin{bmatrix} A & AZ + B \\ C & CZ + D \end{bmatrix}$$

12－22　图 12－39 所示电路中，二端口网络 N 的 Z 参数为 $Z_{11} = 3\ \Omega$，$Z_{12} = Z_{21} = 2\ \Omega$，$Z_{22} = 3\ \Omega$，求输出电压 $\dot{U}_o$。

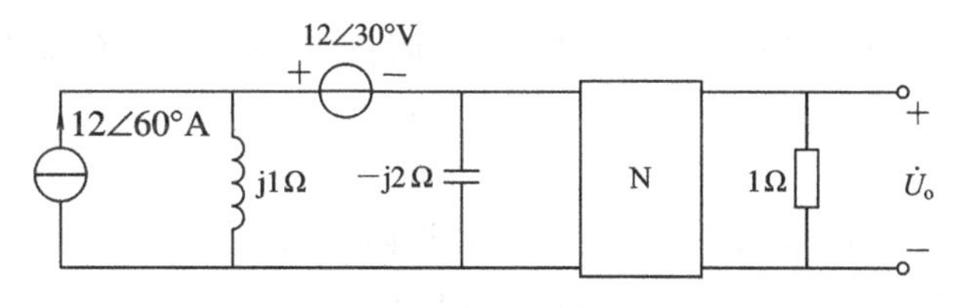

图　12－39

解　将输入端口所接的电路化简，等效电路如图 12－40 所示。由二端口网络 N 的已知 Z 参数，算出其等效 T 形网络，得等效电路如图 12－41 所示。可求得

$$\dot{I} = \frac{-24\sqrt{3}}{\mathrm{j}2 + 1 + 2 \,/\!/\, (1+1)} = \frac{-24\sqrt{3}}{\mathrm{j}2 + 2}$$

$$\dot{I}_1 = \frac{2}{2+2}\dot{I} = \frac{-12\sqrt{3}}{\mathrm{j}2 + 2}$$

$$\dot{U}_o = 1 \times \dot{I}_1 = \frac{-12\sqrt{3}}{\mathrm{j}2 + 2} = \frac{-6\sqrt{3}}{\mathrm{j}1 + 1} = \frac{-6\sqrt{3}}{\sqrt{2}\angle 45^\circ} = 6\sqrt{1.5}\angle 135^\circ = 7.35\angle 135^\circ\ \mathrm{V}$$

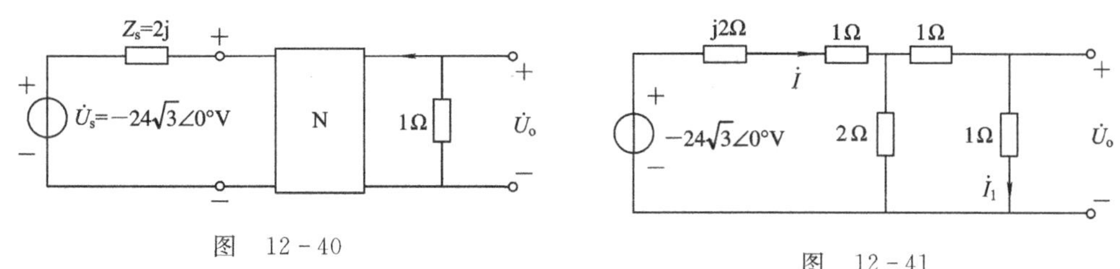

图　12－40

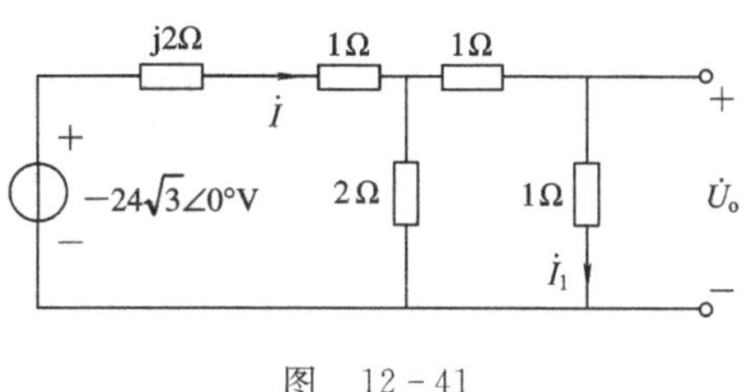

图　12－41

12－23　求图 12－42(a)、(b)所示二端口网络的特性阻抗。

解　标出图 12－42(a)、(b)电路中端口电压和电流的参考方向，如图 12－43(a)、(b)所示。

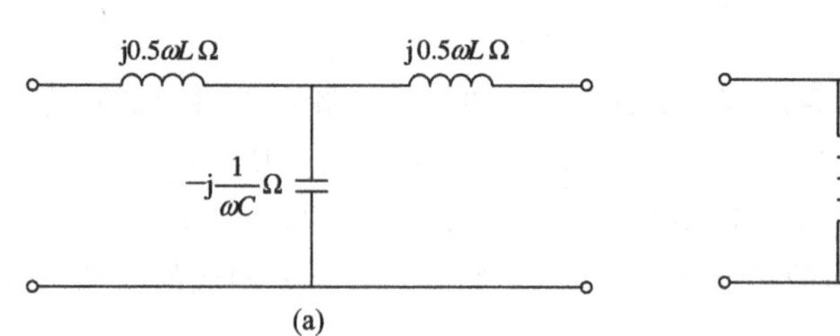

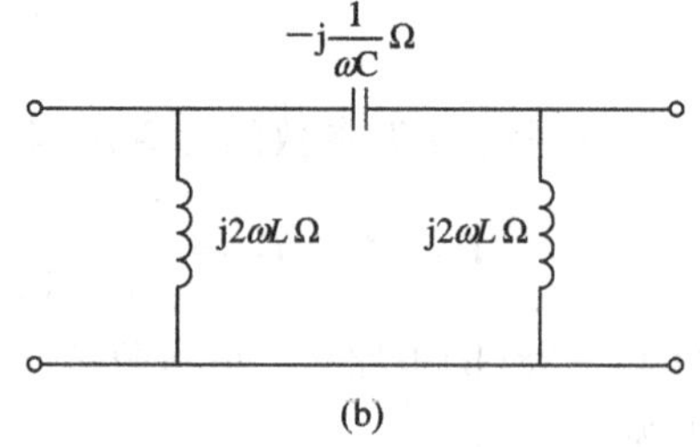

图 12-42

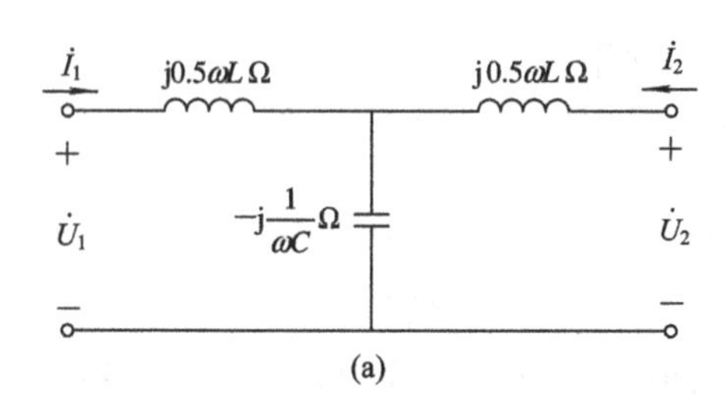

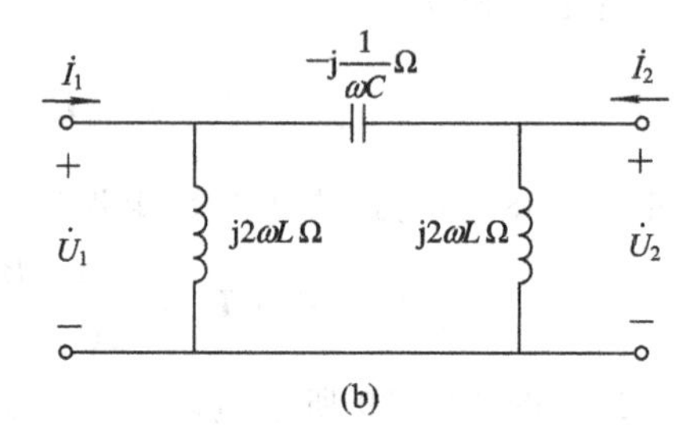

图 12-43

这两个电路都是对称电路，对称电路的特性阻抗 Z_c 与 T 参数的关系为

$$Z_c=\sqrt{\frac{B}{C}}$$

只需将 T 参数中的 B 和 C 求出来，即可求得特性阻抗 Z_c。

对于图 12-43(a)所示电路，计算参数 B 时令 $\dot{U}_2=0$，可列出以下方程：

$$\begin{cases}\dot{I}_1=\dfrac{\dot{U}_1}{\mathrm{j}0.5\omega L+\dfrac{\mathrm{j}0.5\omega L\dfrac{1}{\mathrm{j}\omega C}}{\mathrm{j}0.5\omega L+\dfrac{1}{\mathrm{j}\omega C}}}\\[2ex] -\dot{I}_2=\dfrac{\dfrac{1}{\mathrm{j}\omega C}}{\mathrm{j}0.5\omega L+\dfrac{1}{\mathrm{j}\omega C}}\dot{I}_1\end{cases}$$

将上面第一个式子代入第二个式子，整理后可得到 $\dot{U}_1$ 与 $(-\dot{I}_2)$ 的关系，并进而求得参数 B 为

$$B=\frac{\dot{U}_1}{-\dot{I}_2}\bigg|_{\dot{U}_2=0}=\mathrm{j}\omega L-\mathrm{j}\omega C(0.5\omega L)^2$$

计算参数 C 时令 $\dot{I}_2=0$，可列出方程：

$$\dot{U}_2=\frac{1}{\mathrm{j}\omega C}\dot{I}_1$$

求得参数 C 为

$$C=\frac{\dot{I}_1}{\dot{U}_2}\bigg|_{\dot{I}_2=0}=\mathrm{j}\omega C$$

因此，图 12-43(a)所示电路的特性阻抗为

$$Z_c=\sqrt{\frac{B}{C}}=\sqrt{\frac{\mathrm{j}\omega L-\mathrm{j}\omega C(0.5\omega L)^2}{\mathrm{j}\omega C}}=\sqrt{\frac{L}{C}-\frac{(\omega L)^2}{4}}\ \Omega$$

对于图 12-43(b)所示电路，计算参数 B 时令 $\dot{U}_2=0$，可列出以下方程：

$$-\dot{I}_2=\mathrm{j}\omega C\dot{U}_1$$

求得参数 B 为

$$B=\left.\frac{\dot{U}_1}{-\dot{I}_2}\right|_{\dot{U}_2=0}=\frac{1}{\mathrm{j}\omega C}$$

计算参数 C 时令 $\dot{I}_2=0$，可列出方程

$$\frac{\dot{U}_2}{\mathrm{j}2\omega L}=\frac{\mathrm{j}2\omega L}{\mathrm{j}2\omega L+\mathrm{j}2\omega L+\frac{1}{\mathrm{j}\omega C}}\dot{I}_1$$

求得参数 C 为

$$C=\left.\frac{\dot{I}_1}{\dot{U}_2}\right|_{\dot{I}_2=0}=\frac{\mathrm{j}4\omega L+\frac{1}{\mathrm{j}\omega C}}{(\mathrm{j}2\omega L)^2}$$

综上，图 12-43(b)所示电路的特性阻抗为

$$Z_c=\sqrt{\frac{B}{C}}=\sqrt{\frac{1}{\mathrm{j}\omega C}\times\frac{(\mathrm{j}2\omega L)^2}{\mathrm{j}4\omega L+\frac{1}{\mathrm{j}\omega C}}}=\sqrt{\frac{4\omega^2L^2}{4\omega^2LC-1}}\ \Omega$$

第13章　非线性电阻电路简介

13.1　内 容 提 要

1. 非线性电阻元件

非线性电阻：伏安特性曲线不是通过 $u-i$ 平面原点的一条直线的电阻。

非线性电阻的电路符号如图13－1所示，其伏安特性用下列函数关系表示：

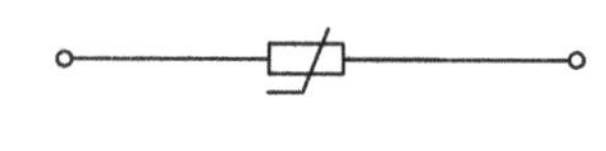

图　13－1

$$u = f(i) \quad 或 \quad i = g(u)$$

端电压是电流单值函数的非线性电阻称为电流控制型电阻，其伏安特性曲线如图13－2所示。端电流是电压单值函数的非线性电阻称为电压控制型电阻，其伏安特性曲线如图13－3所示。

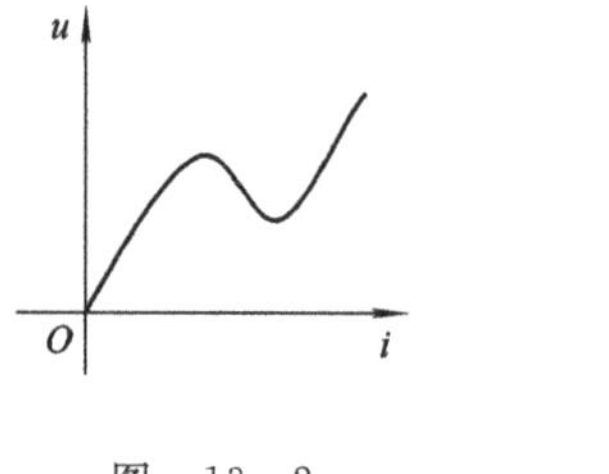

图　13－2

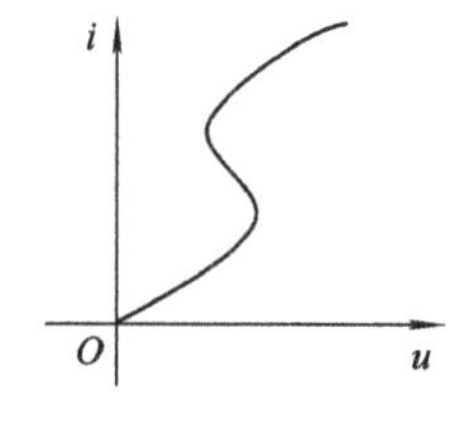

图　13－3

2. 非线性电阻的串联和并联

两个非线性电阻串联时，如图13－4(a)所示，$i=i_1=i_2$，$u=u_1+u_2$，设这两个非线性电阻都为电流控制型，其伏安特性为

$$u_1 = f_1(i_1), \quad u_2 = f_2(i_2)$$

则串联后等效非线性电阻的伏安特性为

$$u = f_1(i_1) + f_2(i_2) = f_1(i) + f_2(i) = f(i)$$

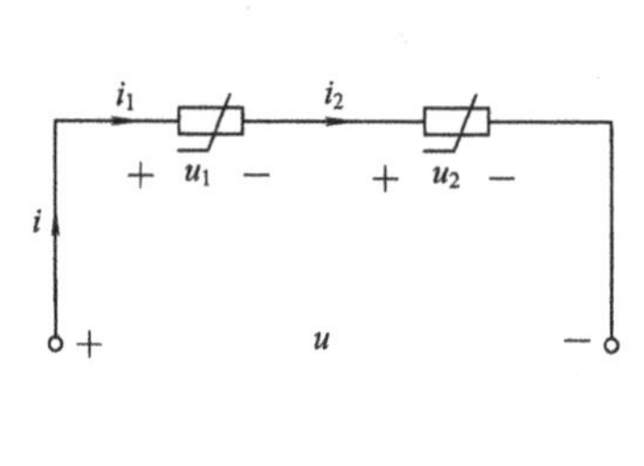

(a)

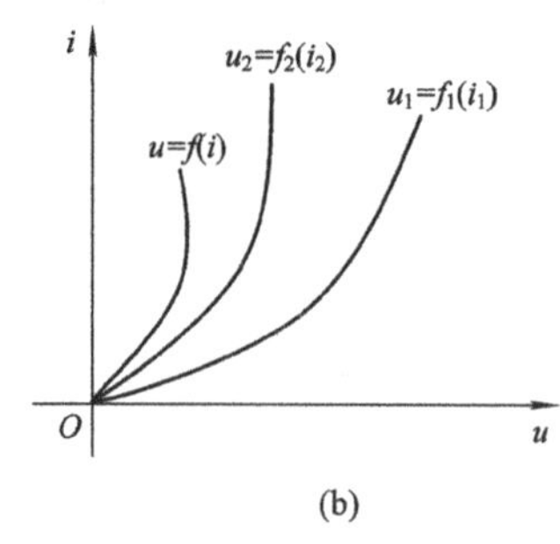

(b)

图　13－4

用图解法求解时，画出两个非线性电阻的伏安特性曲线，把同一电流值下的 u_1 和 u_2 相加，即得到 u。依次逐点画出 $u=f(i)$，如图 13－4(b)所示。

两个非线性电阻并联时，如图 13－5(a)所示，$u=u_1=u_2$，$i=i_1+i_2$，若这两个非线性电阻都为电压控制型，其伏安特性为

$$i_1=g_1(u_1),\quad i_2=g_2(u_2)$$

则并联后等效非线性电阻的伏安特性为

$$i=g_1(u_1)+g_2(u_2)=g_1(u)+g_2(u)=g(u)$$

用图解法求解时，画出两个非线性电阻的伏安特性曲线，把同一电压值下的 i_1 和 i_2 相加即得到 i。依次逐点画出 $i=g(u)$，如图 13－5(b)所示。

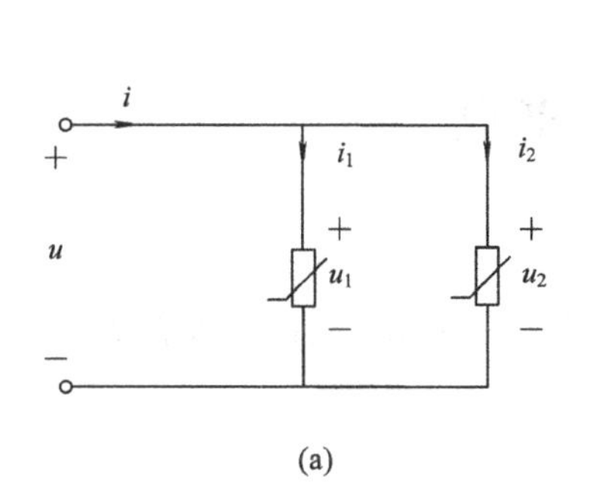

(a)

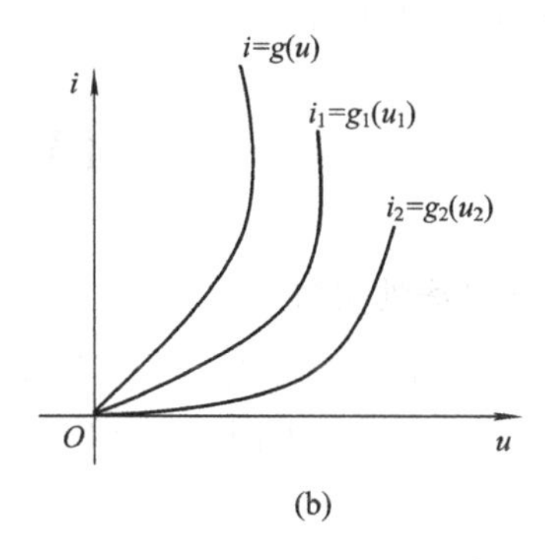

(b)

图 13－5

非线性电阻的混联可用上述串并联方法依次求出串联或并联的等效非线性电阻，最后求出总的等效非线性电阻。

3. 仅含一个非线性电阻的电路

对于仅含一个非线性电阻的电路，可用曲线相交法求解，其步骤为

(1) 断开非线性电阻支路，求剩余的有源线性一端口网络的戴维南等效电路。

(2) 电路变为线性和非线性两部分，如图 13－6(a)所示。对线性电路部分，$u=U_s-R_si$，在 $u-i$ 平面上作出相应的 MN 直线。对非线性电阻部分，在 $u-i$ 平面上作出 $i=g(u)$ 曲线，如图 13－6(b)所示。

(3) 直线 MN 与 $i=g(u)$ 曲线的交点 Q 所对应的 U_Q 和 I_Q 即为电路的解。

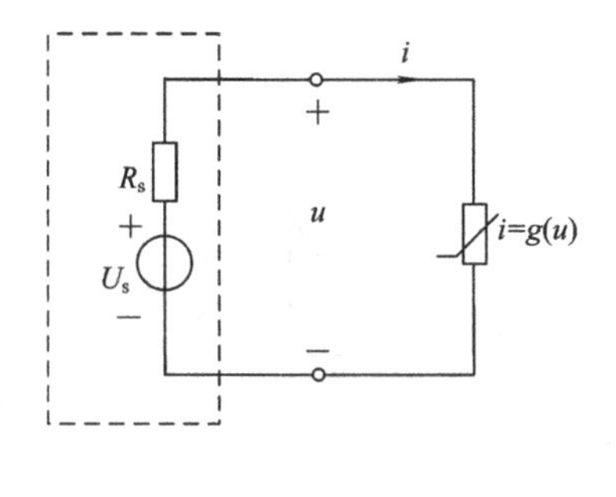

(a)

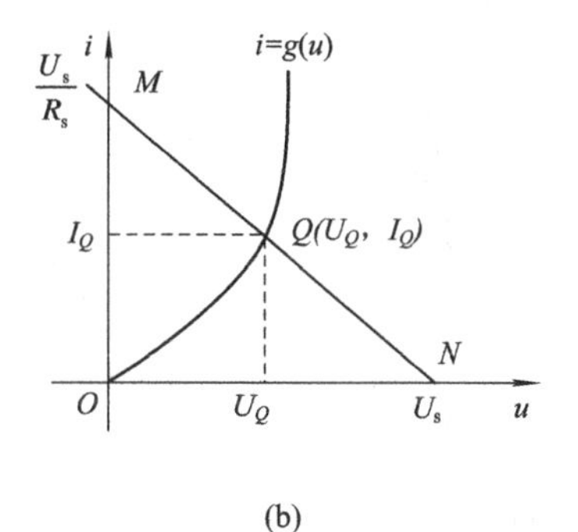

(b)

图 13－6

4. 分段线性化法

分段线性化法又称为折线法，是把非线性电阻的伏安特性曲线近似地用若干条直线段来表示，从而把非线性电路的求解过程分成几个线性区域，在每个线性区域可用线性电路的计算方法求解。

5. 小信号分析法

当电路在直流电源外另有小信号交流电源作用，且交流信号幅值远小于直流电源数值时，可在小范围内将静态工作点 Q 附近的非线性伏安特性线性化，用 Q 点的动态电阻 R_d 代替 Q 点附近的非线性特性，从而画出对应小信号的等效电阻图，此时，就可按线性电路的分析计算方法求解。

13.2 重点、难点

1. 分段线性化法

理想二极管的图形符号及其伏安特性曲线如图 13-7 所示。晶体二极管伏安特性曲线可用两条线段近似，如图 13-8 中的 OB、OA。

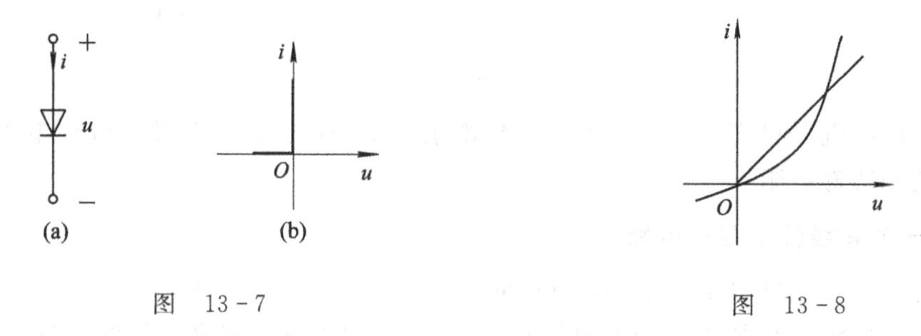

图 13-7　　　　图 13-8

把线性电阻 R、理想二极管和直流电压源 U_s 串联起来，如图 13-9(a)所示。已知各元件的伏安特性曲线分别如图 13-9(b)中 1、2、3 所示，则由非线性电阻串联的图解法，可以得到等效的非线性电阻的伏安特性曲线，如图 13-9(c)所示。由于开头为凹形，故称此非线性电阻为凹电阻，其参数 U_s 为转折点电压，$G=1/R$ 为倾斜段直线的斜率，其电路图形符号如图 13-9(d)所示。

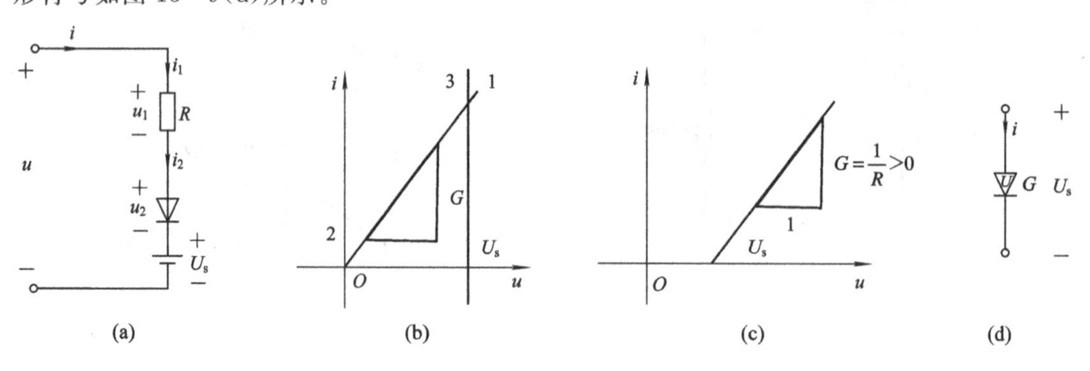

图 13-9

把线性电阻 R、理想二极管和直流电流源 I_s 并联起来，如图 13－10(a)所示。已知各元件的伏安特性曲线分别如图 13－10(b)中 1、2、3 所示，则由非线性电阻串联的图解法，可以得到等效的非线性电阻的伏安特性曲线，如图 13－10(c)所示。由于开头为凸形，因而称此非线性电阻为凸电阻，其参数 I_s 为转折点电压，$G=1/R$ 为倾斜段直线的斜率，其电路图形符号如图 13－10(d)所示。

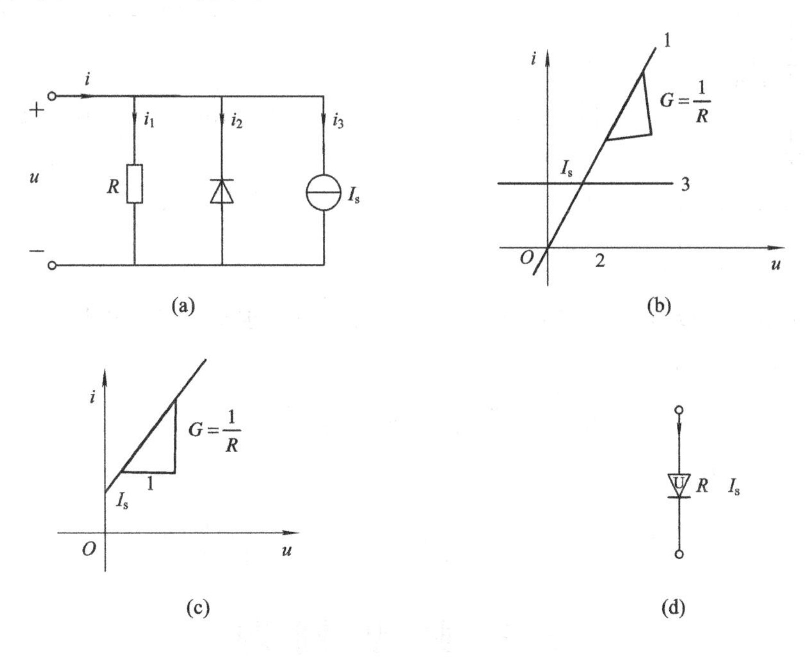

图　13－10

图 13－11 所示隧道二极管伏安特性可用三条直线组成的折线来近似表示，每段伏安特性为

$$u=R_1 i \qquad 0\leqslant u\leqslant u_1$$
$$u=U_{s2}R_2 i \qquad R_2<0,\ u_1\leqslant u\leqslant u_2$$
$$u=U_{s3}R_2 i \qquad u\geqslant u_2$$

从而，对于每段等效电路，可用线性电路的分析方法进行计算。

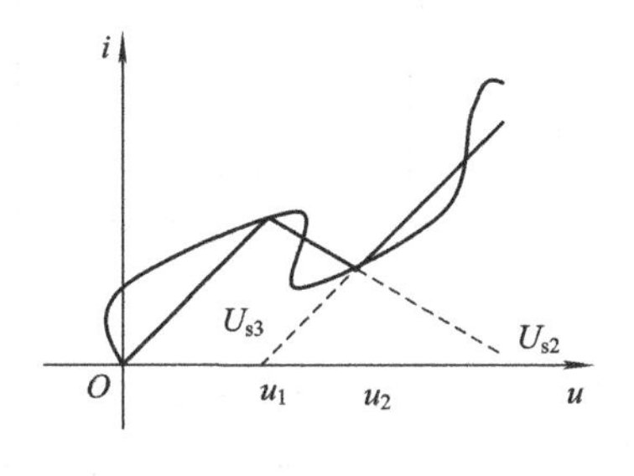

图　13－11

2. 小信号分析法的步骤

(1) 在图 13－12 所示电路中，令 $u_s=0$，由曲线相交法求出静态工作点 $Q(U_Q,\ I_Q)$。

(2) 求 Q 处的动态电导 $G_{\mathrm{d}}=\frac{1}{R_{\mathrm{d}}}=\left.\frac{\mathrm{d}f(u)}{\mathrm{d}u}\right|_{u=U_Q}$。

(3) 令 $U_0=0$，用 R_{d} 代替非线性电阻，画出非线性电阻在工作点 Q 处的小信号等效电路，如图 13-13 所示。

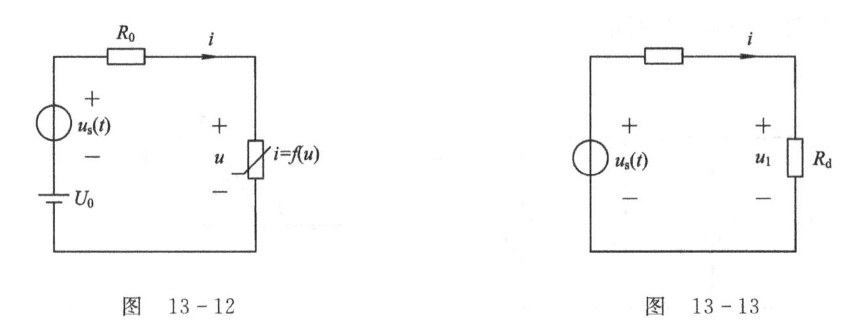

图 13-12　　　　图 13-13

(4) 在小信号等效电路中，用线性电路分析计算方法求出小信号电压所产生的小信号偏差电压 u_1 和电流 i_1：

$$i_1=\frac{u_{\mathrm{s}}}{R_0+R_{\mathrm{d}}},\quad u_1=\frac{R_{\mathrm{d}}}{R_0+R_{\mathrm{d}}}u_{\mathrm{s}}$$

(5) 电路的解为

$$u=U_Q=\frac{R_{\mathrm{d}}}{R_0+R_{\mathrm{d}}}u_{\mathrm{s}},\quad i=I_Q+\frac{u_{\mathrm{s}}}{R_0+R_{\mathrm{d}}}$$

13.3 典型例题

【例】 非线性电阻电路如图 13-14 所示，其中非线性电阻为电流控制型，其伏安关系式为 $u=2i^2+1$ V，小信号电压源电压 $u_{\mathrm{s}}(t)=\cos10^3t$ mV，试用小信号分析法求解非线性电阻的电流 $i(t)$ 和端电压 $u(t)$。

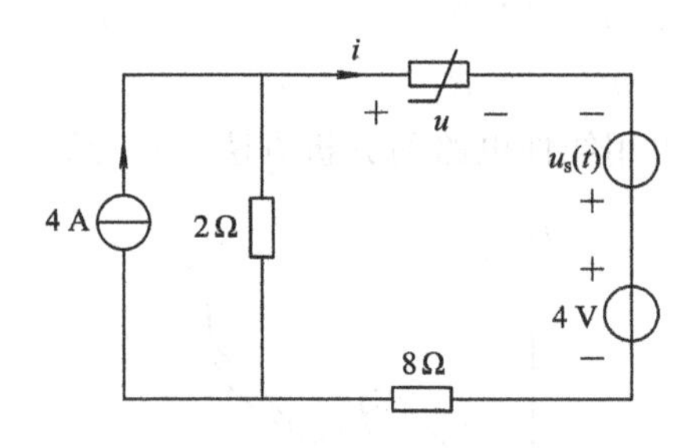

图 13-14

解 小信号分析法是分析非线性电路的一个重要方法，其实质是把非线性元件的特性在直流工作点处进行线性化处理。但要注意，输入的交流信号的幅值相对偏置直流电源的数值要足够小才能称为小信号，才能应用小信号分析法。小信号分析法包括两大步骤：第一步求出在偏置直流电源作用下电路的工作点，常用的方法有数值法、图解法与分段线性化法等；第二步求出在小信号作用下的电压或电流分量，该步的关键是正确地作出小信号等效电路。具体步骤如下：

(1) 求解电路的直流工作点。

在图 13-14 所示电路中，置小信号电源 u_s 为零，电路如图 13-15(a)所示。求 ab 端向下看的由线性元件组成的有源一端口网络的戴维南等效电路，如图 13-15(b)所示，其中：

$$U_s = 4 \times 2 - 4 = 4\ \text{V}$$

$$R = 2 + 8 = 10\ \Omega$$

从而，由 KVL 得

$$RI_Q + U_Q = U_s$$

且已知

$$U_Q = 2I_Q^2 + 1$$

代入数据，整理后有

$$I_Q^2 + 5I_Q - 1.5 = 0$$

得到工作点

$$I_Q = 0.2839\ \text{A},\quad U_Q = 1.1612\ \text{V}$$

或

$$I_Q = -5.2839\ \text{A},\quad U_Q = 56.8392\ \text{V}$$

出现两个工作点。

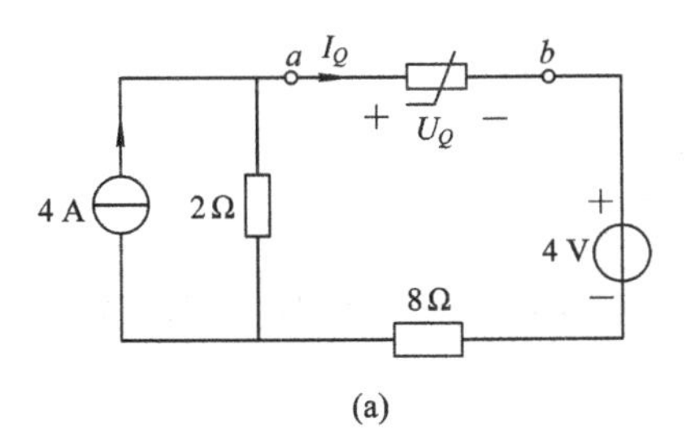

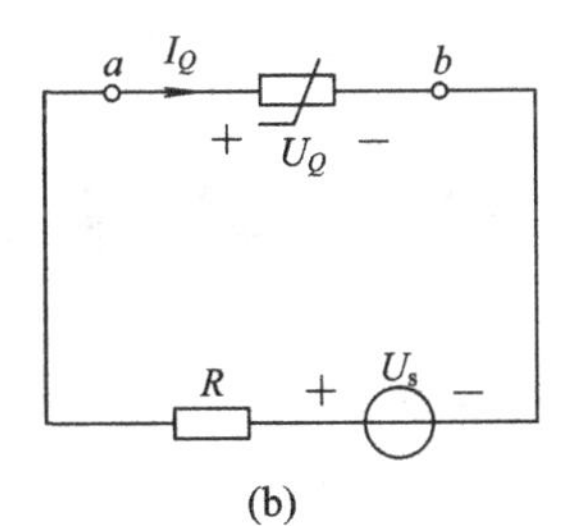

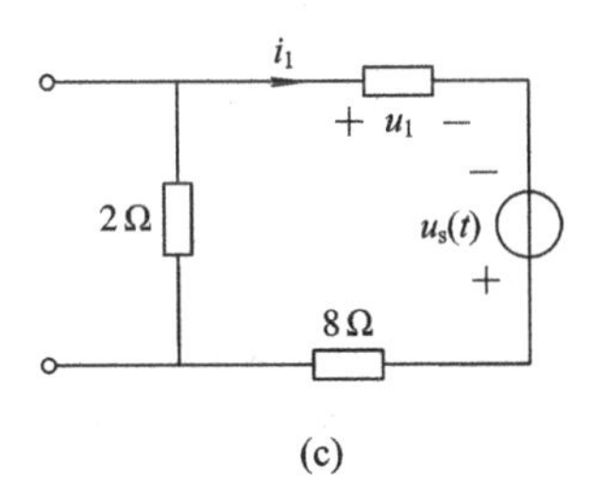

图　13-15

(2) 求解小信号作用下的电压或电流分量。

首先计算非线性电阻在工作点处的动态电阻或电导，目的是把原来的非线性元件用相同类型的线性元件替代，其值等于该非线性元件的特性在直流工作点处的斜率，即动态电阻或电导。在本例中：

$$R_d = \left.\frac{du}{di}\right|_{i=I_Q} = 4i\ |_{i=I_Q}$$

因此

$$R_{d1} = \left.\frac{du}{di}\right|_{i=I_{Q1}=0.2839} = 4i\ |_{i=I_{Q1}=0.2839} = 1.1356\ \Omega$$

$$R_{d2} = \left.\frac{du}{di}\right|_{i=I_{Q2}=-5.2839} = 4i\ |_{i=I_{Q2}=-5.2839} = -21.1356\ \Omega$$

动态电阻出现负值。

然后作出与原来非线性电路具有相同拓扑结构的小信号等效电路，如图 13-15(c)所示。注意，此时直流电源均置零值，线性电阻保留不动，而非线性电阻用线性电阻替代，电阻值等于动态电阻值 R_d。

根据小信号等效电路求出非线性电阻的小信号电流和电压。当 $R_d = 1.1356\ \Omega$ 时，

$$i_1 = \frac{u_s}{R_d + 10} = 0.0898\ \cos 10^3 t\ \text{mA}$$

$$u_1 = R_d i_1 = 0.102\ \cos 10^3 t\ \text{mV}$$

当 $R_d = -21.1356\ \Omega$ 时，

$$i_1 = -0.0898\ \cos 10^3 t\ \text{mA}, \quad u_1 = 1.898\ \cos 10^3 t\ \text{mV}$$

非线性电阻的电流与电压分别为

$$i(t) = I_Q + i_1, \quad u(t) = U_Q + u_1$$

有两组解，第一组解为

$$i(t) = 0.2839 + 0.0898 \times 10^{-3}\ \cos 10^3 t\ \text{A}$$

$$u(t) = 1.1612 + 0.102 \times 10^{-3}\ \cos 10^3 t\ \text{V}$$

第二组解为

$$i(t) = -5.2869 - 0.0898 \times 10^{-3}\ \cos 10^3 t\ \text{A}$$

$$u(t) = 56.8392 + 1.898 \times 10^{-3}\ \cos 10^3 t\ \text{V}$$

注意电流、电压单位的统一。本例中工作点电流 I_Q 与电压 U_Q 的单位分别为安(A)与伏(V)，小信号电流 i_1 与电压 u_2 的单位分别为毫安(mA)与毫伏(mV)，而总电流 i 的单位为安(A)，总电压 u 的单位为伏(V)。1 A$=10^3$ mA，1 V$=10^3$ mV。

13.4 习题解答

13-1 如图 13-16 所示，已知 $U_s=84$ V，$R_1=2$ kΩ，$R_2=10$ kΩ，非线性电阻的伏安特性表示为：$i_s=0.3u_s+0.04u_s^2$，$u_s>0$，试求电流 i_1 和 i_s。

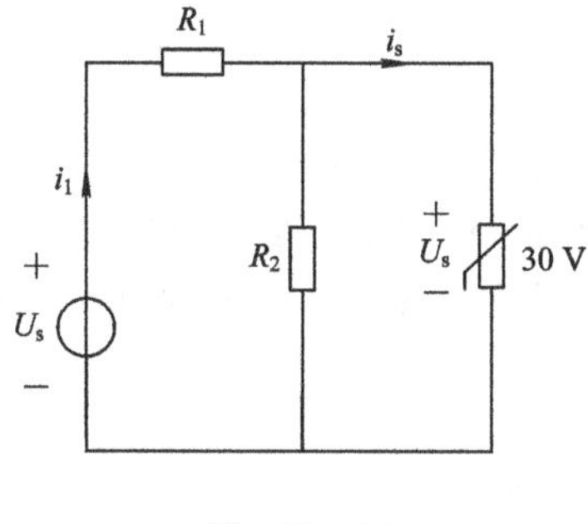

图 13-16

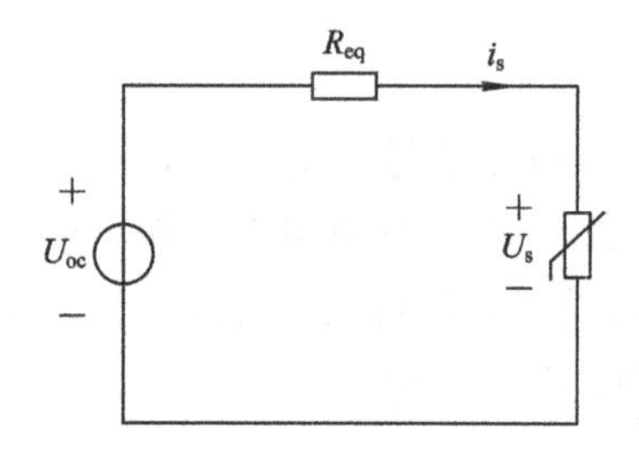

图 13-17

解 由戴维南定理化简，得 $u_{oc}=70$ V，$R_{eq}=\frac{5}{3}$ kΩ，原电路化简为如图 13-17 所示，从而有

$$u_{oc} = R_{eq} \times i_s + u_s$$

$$70 = \frac{5}{3} \times 10^3 \times i_s + u_s$$

$$70 = \frac{5}{3} \times 10^3 (0.3u_s + 0.04u_s^2) + u_s$$

解方程可得 $u_s=0.137$ V，则

$$i_s = 0.3u_s + 0.04u_s^2 = 41.85\ \text{mA}$$

$$i_1 = i_s + \frac{u_s}{R_2} = 41.86 \text{ mA}$$

13－2　电路如图 13－18 所示，非线性电阻的电压电流特性为 $i_1 = 1.5u + u^2$，试计算电压 u 和电流 i。

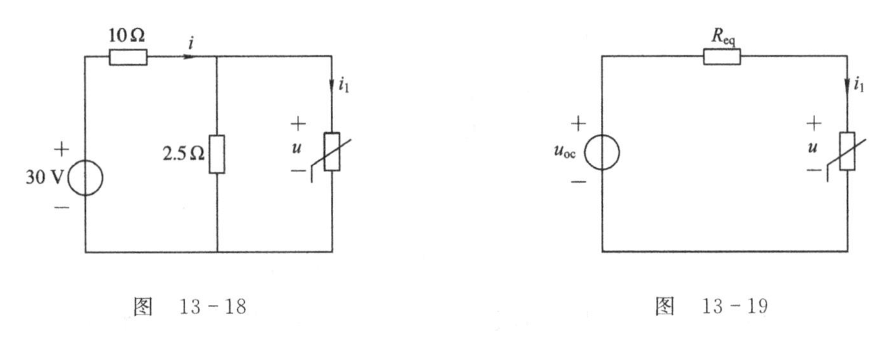

图　13－18　　　　　　　　　　图　13－19

解　由戴维南定理化简，得 $u_{oc} = 6$ V，$R_{eq} = 2$ Ω，原电路化简为如图 13－19 所示，从而有

$$u_{oc} = R_{eq} \times i_1 + u$$
$$6 = 2i_1 + u$$
$$6 = 3u + 2u^2 + u$$

解方程得 $u = \begin{cases} 1 \text{ V} \\ -3 \text{ V} \end{cases}$，从而

$$i_1 = 1.5u + u_s = 2.5 \text{ A}$$
$$i = \frac{u}{2.5} + i_1 = \begin{cases} 2.9 \text{ A} \\ 3.3 \text{ A} \end{cases}$$

13－3　电路如图 13－20(a)所示，电路中非线性电阻的电压电流关系如图 13－20(b)所示，则：(1) 当 $u < 10$ V 时，求在静态工作点处非线性电阻的等效阻值 R_d 的值；(2) 当 $u > 10$ V 时，求在静态工作点处非线电阻的等效阻值 R_d 的值；(3) 令 $U_s = 10$ V，$R_{eq} = 5$ kΩ，求电压 u 和电流 i；(4) 令 $U_s = 30$ V，$R_{eq} = 5$ kΩ，求电压 u 和电流 i。

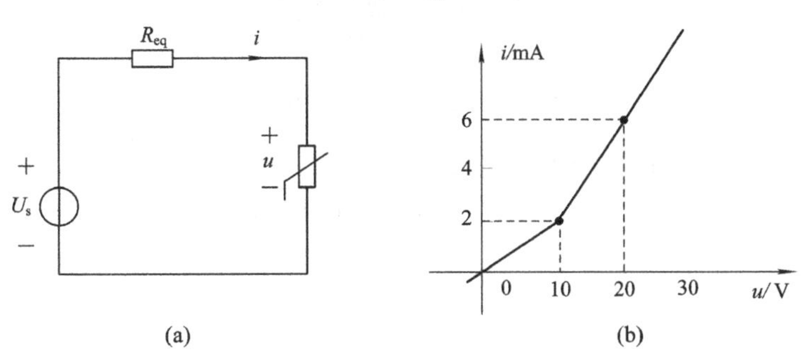

图　13－20

解　(1) $u < 10$ V 时，$i = \frac{1}{5}u \times 10^{-3}$，所以 $G_d = \frac{1}{5} \times 10^{-3}$，从而 $R_d = 5$ kΩ。

(2) $u > 10$ V 时，$i = \left(\frac{2}{5}u - 2\right) \times 10^{-3}$，所以，$G_d = \frac{2}{5} \times 10^{-3}$，从而 $R_d = 2.5$ kΩ。

(3) $u_s=10\text{ V}$，$R_{eq}=5\text{ k}\Omega$，由 KVL 得

$$u_s = R_{eq} \times i + u$$

$$10 = 5 \times 10^{-3} \times \left(\frac{1}{5}u \times 10^{-3}\right) + u \Rightarrow u = 5\text{ V}$$

$$i = \frac{1}{5}u \times 10^{-3} = 1\text{ mA}$$

(4) $u_s=30\text{ V}$，$R_{eq}=5\text{ k}\Omega$，由 KVL 得

$$u_s = R_{eq} \times i + u$$

$$30 = 5 \times 10^{-3} \times \left(\frac{2}{5}u - 2\right) \times 10^{-3} + u \Rightarrow u = \frac{40}{3}\text{ V}$$

$$i = \left(\frac{2}{5}u - 2\right) \times 10^{-3} = 3.33\text{ mA}$$

13-4　在图 13-21 所示非线性电阻电路中，非线性电阻的伏安关系为 $u=2i+i^3$，现已知当 $u_s(t)=0$ 时，回路中的电流为 1 A。如果 $u_s(t)=\sin\omega t$ V 时，试用小信号分析法求回路中的电流 i。

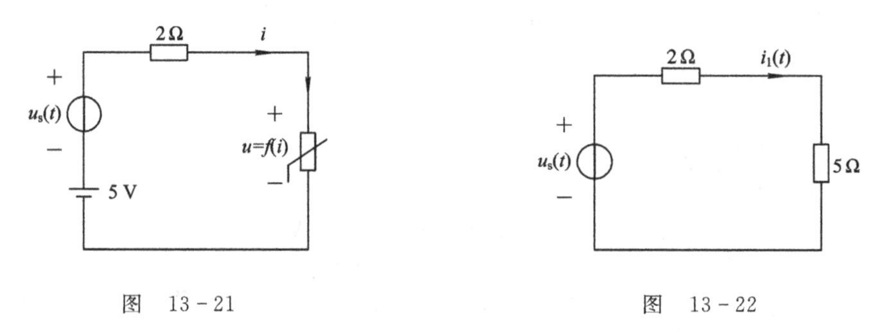

图　13-21　　　　图　13-22

解　当 $u_s(t)=0$ 时，$i=1$ A，得 $G_d=\frac{1}{3}$ S，$I_Q=1$ A，$U_Q=3$ V，动态电导为

$$G_d = \left.\frac{\mathrm{d}f(u)}{\mathrm{d}u}\right|_{U_Q} = \left.\frac{1}{\frac{\mathrm{d}Q(i)}{\mathrm{d}c}}\right|_{I_Q} = \frac{1}{5}\text{ S}$$

$$i_1(t) = \frac{u_s(t)}{7} = 0.1429\sin\omega t$$

得等效电路如图 13-22 所示，所以回路电流为

$$i(t) = I_Q + i_1(t) = 1 + 0.1429\sin\omega t\text{ A}$$

第14章　网络方程的矩阵形式

14.1　内容提要

本章提到的连通图G是含b条支路、n个节点的连通图，选定其一个树，则树支数为$n-1$，连支数为$l=b-n+1$。

1. 基本回路和基本割集

1）基本回路

选定连通图G的一个树，每一连支和若干树支可构成一个回路，称为基本回路或单连支回路。l条连支对应l个单连支回路，称为基本回路组。基本回路组是独立回路组。

2）割集

连通图G的一个割集Q定义为该图的一个支路集合，它满足以下两个条件：① 若将Q的全部支路移去，则图G将分离为两部分(两部分各自是连通的)；② 少移去Q中任一条支路，G仍是连通的。

KCL适用于割集。集总参数电路中，在任一时刻，任一割集的所有支路电流代数和为零。

3）基本割集

选定连通图G的一个树，每一树支和若干连支可构成一个割集，称为基本割集或单树支割集。$n-1$条树支对应$n-1$个单树支割集，称为基本割集组。基本割集组是独立割集组。

2. 关联矩阵、回路矩阵、割集矩阵

1）关联矩阵

连通图G的关联矩阵$\boldsymbol{A}_a$是一个$n\times b$阶的矩阵。$\boldsymbol{A}_a$的每一行对应着一个节点，每一列对应着一条支路，它的第i行第j列的元素a_{ij}定义为：若支路j与节点i无关联，则$a_{ij}=0$；若支路j与节点i有关联，且它的方向背离该节点，则$a_{ij}=1$；若支路j与节点i有关联，且它的方向指向该节点，则$a_{ij}=-1$。

划去$\boldsymbol{A}_a$中的一行，剩下的$(n-1)\times b$阶矩阵用$\boldsymbol{A}$表示，称为降阶关联矩阵(简称为关联矩阵)。该划去行所对应的节点称为参考节点。

2）回路矩阵

连通图G的回路矩阵$\boldsymbol{B}$是一个$l\times b$阶的矩阵，$\boldsymbol{B}$的每一行对应着一个独立回路，每一列对应着一条支路，它的第i行第j列的元素b_{ij}定义为：若支路j与回路i无关联，则$b_{ij}=0$；若支路j与回路i有关联，且支路方向与回路绕行方向相同，则$b_{ij}=1$；若支路j与回路i有关联，且支路方向与回路绕行方向相反，则$b_{ij}=-1$。

若所选独立回路组为基本回路组，则对应的回路矩阵称为基本回路矩阵，用 $\boldsymbol{B}_{\mathrm{f}}$ 表示。

3）割集矩阵

连通图 G 的独立割集数为 $n-1$，每一个独立割集有一个指定方向。割集矩阵 $\boldsymbol{Q}$ 是一个$(n-1)\times b$ 阶的矩阵，$\boldsymbol{Q}$ 的每一行对应着一个独立割集，每一列对应着一条支路，它的第 i 行第 j 列的元素 q_{ij} 定义为：若支路 j 与割集 i 无关联，则 $q_{ij}=0$；若支路 j 与割集 i 有关联，且支路方向与割集方向相同，则 $q_{ij}=1$；若支路 j 与割集 i 有关联，且支路方向与割集方向相反，则 $q_{ij}=-1$。

若所选独立割集组为基本割集组，则对应的割集矩阵称为基本割集矩阵，用 $\boldsymbol{Q}_{\mathrm{f}}$ 表示。

3. 基尔霍夫定律的矩阵形式

(1) 独立节点 KCL 方程的矩阵形式如下：

$$\boldsymbol{A}\boldsymbol{i}_b = 0$$

式中，$\boldsymbol{i}_b$ 为支路电流向量。

(2) 独立回路 KVL 方程的矩阵形式如下：

$$\boldsymbol{B}\boldsymbol{u}_b = 0$$

式中，$\boldsymbol{u}_b$ 为支路电压向量。

(3) 独立割集 KCL 方程的矩阵形式如下：

$$\boldsymbol{Q}\boldsymbol{i}_b = 0$$

4. 矩阵 A、B、Q 之间的关系

对任一连通图 G，其关联矩阵 $\boldsymbol{A}$ 和回路矩阵 $\boldsymbol{B}$ 的关系为

$$\begin{cases}\boldsymbol{A}\boldsymbol{B}^{\mathrm{T}} = 0\\ \boldsymbol{B}\boldsymbol{A}^{\mathrm{T}} = 0\end{cases}$$

其割集矩阵 $\boldsymbol{Q}$ 和回路矩阵 $\boldsymbol{B}$ 的关系为

$$\begin{cases}\boldsymbol{Q}\boldsymbol{B}^{\mathrm{T}} = 0\\ \boldsymbol{B}\boldsymbol{Q}^{\mathrm{T}} = 0\end{cases}$$

若将支路按先连支后树支的顺序排列，可将矩阵 $\boldsymbol{A}$、$\boldsymbol{B}_{\mathrm{f}}$、$\boldsymbol{Q}_{\mathrm{f}}$ 写成如下分块形式：

$$\boldsymbol{A} = [\boldsymbol{A}_l \quad \boldsymbol{A}_t]$$

$$\boldsymbol{B}_{\mathrm{f}} = [\boldsymbol{1}_l \quad \boldsymbol{B}_t]$$

$$\boldsymbol{Q}_{\mathrm{f}} = [\boldsymbol{Q}_l \quad \boldsymbol{1}_t]$$

有 $\boldsymbol{Q}_l=-\boldsymbol{B}_t^{\mathrm{T}}=\boldsymbol{A}_t^{-1}\boldsymbol{A}_l$。

5. 节点方程的矩阵形式

节点方程的矩阵形式如下：

$$\boldsymbol{A}\boldsymbol{Y}\boldsymbol{A}^{\mathrm{T}}\dot{\boldsymbol{U}}_n = \boldsymbol{A}\boldsymbol{Y}\dot{\boldsymbol{U}}_{\mathrm{s}} - \boldsymbol{A}\dot{\boldsymbol{I}}_{\mathrm{s}}$$

可简写作

$$\boldsymbol{Y}_n\dot{\boldsymbol{U}}_n = \dot{\boldsymbol{J}}_n$$

其中，$\boldsymbol{Y}$ 是支路导纳矩阵；$\dot{\boldsymbol{I}}_{\mathrm{s}}$ 和 $\dot{\boldsymbol{U}}_{\mathrm{s}}$ 分别是支路电流源向量及支路电压源向量；$\dot{\boldsymbol{U}}_n$ 为节点电压向量；$\boldsymbol{Y}_n=\boldsymbol{A}\boldsymbol{Y}\boldsymbol{A}^{\mathrm{T}}$，称为节点导纳矩阵；$\dot{\boldsymbol{J}}_n=\boldsymbol{A}\boldsymbol{Y}\dot{\boldsymbol{U}}_{\mathrm{s}}-\boldsymbol{A}\dot{\boldsymbol{I}}_{\mathrm{s}}$，称为节点电流源向量。

6. 回路方程的矩阵形式

回路方程的矩阵形式如下：

$$\boldsymbol{BZB}^{\mathrm{T}}\dot{\boldsymbol{I}}_l = \boldsymbol{BZ}\dot{\boldsymbol{I}}_{\mathrm{s}} - \boldsymbol{B}\dot{\boldsymbol{U}}_{\mathrm{s}}$$

可简写作

$$\boldsymbol{Z}_l\dot{\boldsymbol{I}}_l = \dot{\boldsymbol{U}}_l$$

其中，$\boldsymbol{Z}$ 是支路阻抗矩阵；$\dot{\boldsymbol{I}}_l$ 为回路电流向量；$\boldsymbol{Z}_l=\boldsymbol{BZB}^{\mathrm{T}}$，称为回路阻抗矩阵；$\dot{\boldsymbol{U}}_l=\boldsymbol{BZ}\dot{\boldsymbol{I}}_{\mathrm{s}}-\boldsymbol{B}\dot{\boldsymbol{U}}_{\mathrm{s}}$，称为回路电压源向量。

7. 割集方程的矩阵形式

割集方程的矩阵形式如下：

$$\boldsymbol{Q}_{\mathrm{f}}\boldsymbol{Y}\boldsymbol{Q}_{\mathrm{f}}^{\mathrm{T}}\dot{\boldsymbol{U}}_t = \boldsymbol{Q}_{\mathrm{f}}\boldsymbol{Y}\dot{\boldsymbol{U}}_{\mathrm{s}} - \boldsymbol{Q}_{\mathrm{f}}\dot{\boldsymbol{I}}_{\mathrm{s}}$$

可简写作

$$\boldsymbol{Y}_t\dot{\boldsymbol{U}}_t = \dot{\boldsymbol{J}}_t$$

其中，$\dot{\boldsymbol{U}}_t$ 为 $n-1$ 阶列向量，称为树支电压向量；$\boldsymbol{Y}_t=\boldsymbol{Q}_{\mathrm{f}}\boldsymbol{Y}\boldsymbol{Q}_{\mathrm{f}}^{\mathrm{T}}$，称为割集导纳矩阵；$\dot{\boldsymbol{J}}_t=\boldsymbol{Q}_{\mathrm{f}}\boldsymbol{Y}\dot{\boldsymbol{U}}_{\mathrm{s}}-\boldsymbol{Q}_{\mathrm{f}}\dot{\boldsymbol{I}}_{\mathrm{s}}$，称为割集电流源向量。

14.2 重点、难点

1. 基本回路

基本回路的概念是本章重点之一。第3章讲独立回路的选择时，主要介绍了两种方法：一是选择网孔作为独立回路；二是每选一个回路，引入一条新的支路。前一种方法只能用于平面电路，后一种方法则缺乏一般规律，在电路比较大时，不易实施。本章介绍的基本回路给出了一种选择独立回路的有规律的、系统性的方法，通过选择树就可确定基本回路，从而得到一组独立回路。

确定基本回路的关键在于要记住每个基本回路只有一条连支。方法是首先确定一个树，然后在这个树上逐个加上不同的连支，每加上一条连支就会得到一个基本回路。

2. 网络拓扑结构的矩阵表示

用矩阵 $\boldsymbol{A}$、$\boldsymbol{B}$、$\boldsymbol{Q}$ 描述网络的拓扑结构是本章重点之一，这些内容在计算机辅助电路分析等领域得到重要的应用。用网络矩阵 $\boldsymbol{A}$、$\boldsymbol{B}$、$\boldsymbol{Q}$ 可将基尔霍夫定律写成矩阵方程，这是推导节点方程、回路方程及割集方程的基础。

3. 节点分析法及节点方程的矩阵形式

节点分析法是本章重点之一。列写节点方程不需选树，比列写回路方程或割集方程要简便一些，因此节点分析法应用非常广泛。目前一些通用的电路仿真软件一般都采用节点分析法或改进节点分析法建立电路方程。

节点分析法的难点在于含互感电路的节点方程的列写。电路含互感时，要先写出支路阻抗矩阵 $\boldsymbol{Z}$，通过求逆阵得出支路导纳矩阵 $\boldsymbol{Y}$，即 $\boldsymbol{Y}=\boldsymbol{Z}^{-1}$。由于电路中含互感的支路不会很多，因此在给支路编号时可将有互感耦合关系的支路连续编号，这样可使支路阻抗矩阵 $\boldsymbol{Z}$ 具有分块对角的形式，便于求其逆阵，得到支路导纳矩阵 $\boldsymbol{Y}$。

4. 割集分析法

割集分析法是本章难点之一。割集是本章出现的新概念，割集分析法是本章介绍的新方法。割集分析法的原理与节点分析法类似，但不如节点分析法直观，不易理解。其实节点分析法可以看做割集分析法的特例，可借助节点分析法来理解和掌握割集分析法。

14.3 典型例题

【例 14-1】 画出图 14-1 所示电路的有向拓扑图，写出关联矩阵 $\boldsymbol{A}$。若选择支路①，②，③为树，写出 $\boldsymbol{B}_{\mathrm{f}}$ 和 $\boldsymbol{Q}_{\mathrm{f}}$。

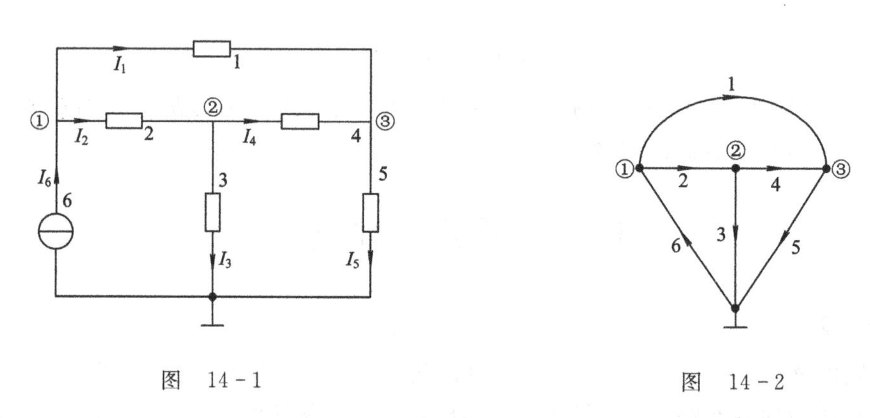

图 14-1　　　　图 14-2

解　图 14-1 所示电路的有向拓扑图如图 14-2 所示，其关联矩阵为

$$\boldsymbol{A}=\begin{bmatrix}1 & 1 & 0 & 0 & 0 & -1\\ 0 & -1 & 1 & 1 & 0 & 0\\ -1 & 0 & 0 & -1 & 1 & 0\end{bmatrix}$$

若选择支路①，②，③为树，则基本回路矩阵为

$$\boldsymbol{B}_{\mathrm{f}}=\begin{bmatrix}-1 & 1 & 0 & 1 & 0 & 0\\ 1 & -1 & -1 & 0 & 1 & 0\\ 0 & 1 & 1 & 0 & 0 & 1\end{bmatrix}$$

基本割集矩阵为

$$\boldsymbol{Q}_{\mathrm{f}}=\begin{bmatrix}1 & 0 & 0 & 1 & -1 & 0\\ 0 & 1 & 0 & -1 & 1 & -1\\ 0 & 0 & 1 & 0 & 1 & -1\end{bmatrix}$$

【解题指南与点评】 本例题根据电路的有向拓扑图及选定的参考节点和树，列写关联矩阵、基本回路矩阵及基本割集矩阵。注意，每个基本回路只有一条连支，取回路的绕行方向与回路中连支的方向相同；每个基本割集只有一条树支，取割集的方向与树支的方向相同。

【例 14-2】 对图 14-3 所示电路列写矩阵形式的节点电压方程。

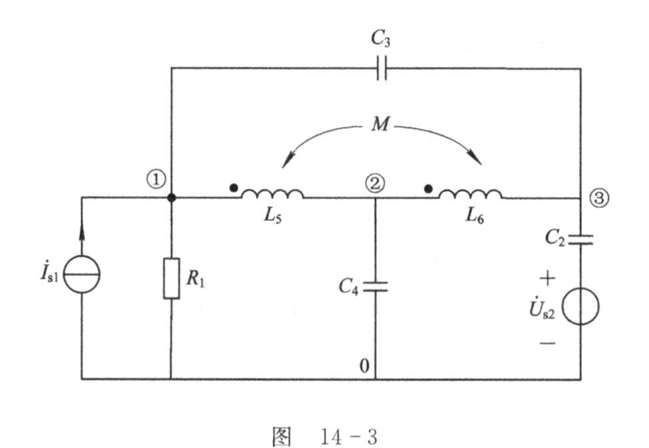

图 14-3

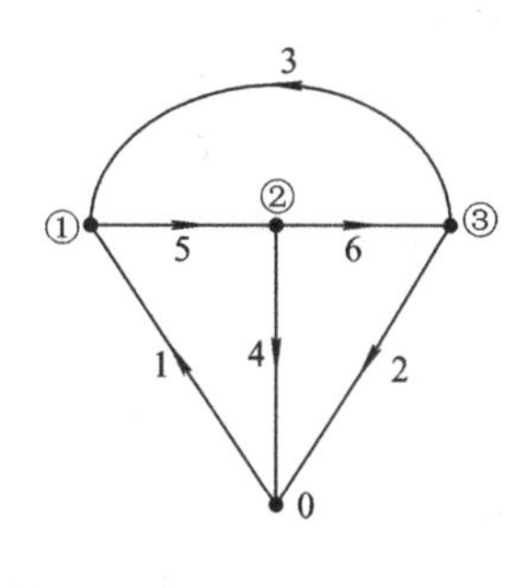

图 14-4

解 该电路的拓扑图如图 14-4 所示，设节点 0 为参考节点，则关联矩阵为

$$\boldsymbol{A}=\begin{bmatrix}-1 & 0 & -1 & 0 & 1 & 0\\ 0 & 0 & 0 & 1 & -1 & 1\\ 0 & 1 & 1 & 0 & 0 & -1\end{bmatrix}$$

支路阻抗矩阵为

$$\boldsymbol{Z}=\begin{bmatrix}R_1 & & & & & \\ & \dfrac{1}{\mathrm{j}\omega C_2} & & & 0 & \\ & & \dfrac{1}{\mathrm{j}\omega C_3} & & & \\ & & & \dfrac{1}{\mathrm{j}\omega C_4} & & \\ & 0 & & & \mathrm{j}\omega L_5 & \mathrm{j}\omega M\\ & & & & \mathrm{j}\omega M & \mathrm{j}\omega L_6\end{bmatrix}$$

支路导纳矩阵为

$$\boldsymbol{Y}=\boldsymbol{Z}^{-1}=\begin{bmatrix}\dfrac{1}{R_1} & & & & & \\ & \mathrm{j}\omega C_2 & & & 0 & \\ & & \mathrm{j}\omega C_3 & & & \\ & & & \mathrm{j}\omega C_4 & & \\ & 0 & & & \dfrac{L_6}{\Delta} & -\dfrac{M}{\Delta}\\ & & & & -\dfrac{M}{\Delta} & \dfrac{L_5}{\Delta}\end{bmatrix}$$

其中

$$\Delta=\mathrm{j}\omega(L_5L_6-M^2)$$

支路电流源列向量为

$$\dot{\boldsymbol{I}}_{\mathrm{s}}=[\dot{I}_{\mathrm{s1}}\quad 0\quad 0\quad 0\quad 0\quad 0]^{\mathrm{T}}$$

支路电压源列向量为

$$\dot{\boldsymbol{U}}_{\mathrm{s}}=\begin{bmatrix}0 & \dot{U}_{\mathrm{s2}} & 0 & 0 & 0 & 0\end{bmatrix}^{\mathrm{T}}$$

节点导纳矩阵为

$$\boldsymbol{Y}_{n}=\boldsymbol{AYA}^{\mathrm{T}}=\begin{bmatrix}\dfrac{1}{R_{1}}+\mathrm{j}\omega C_{3}+\dfrac{L_{6}}{\Delta} & -\dfrac{L_{6}+M}{\Delta} & -\mathrm{j}\omega C_{3}+\dfrac{M}{\Delta}\\ -\dfrac{L_{6}+M}{\Delta} & \mathrm{j}\omega C_{4}+\dfrac{L_{5}+L_{6}+2M}{\Delta} & -\dfrac{L_{5}+M}{\Delta}\\ -\mathrm{j}\omega C_{3}+\dfrac{M}{\Delta} & -\dfrac{L_{5}+M}{\Delta} & \mathrm{j}\omega C_{2}+\mathrm{j}\omega C_{3}+\dfrac{L_{5}}{\Delta}\end{bmatrix}$$

节点电流源向量为

$$\dot{\boldsymbol{J}}_{n}=\boldsymbol{AY}\dot{\boldsymbol{U}}_{\mathrm{s}}-\boldsymbol{A}\dot{\boldsymbol{I}}_{\mathrm{s}}=\begin{bmatrix}\dot{I}_{\mathrm{s1}} & 0 & \mathrm{j}\omega C_{2}\dot{U}_{\mathrm{s2}}\end{bmatrix}^{\mathrm{T}}$$

节点电压方程的矩阵形式为

$$\begin{bmatrix}\dfrac{1}{R_{1}}+\mathrm{j}\omega C_{3}+\dfrac{L_{6}}{\Delta} & -\dfrac{L_{6}+M}{\Delta} & -\mathrm{j}\omega C_{3}+\dfrac{M}{\Delta}\\ -\dfrac{L_{6}+M}{\Delta} & \mathrm{j}\omega C_{4}+\dfrac{L_{5}+L_{6}+2M}{\Delta} & -\dfrac{L_{5}+M}{\Delta}\\ -\mathrm{j}\omega C_{3}+\dfrac{M}{\Delta} & -\dfrac{L_{5}+M}{\Delta} & \mathrm{j}\omega C_{2}+\mathrm{j}\omega C_{3}+\dfrac{L_{5}}{\Delta}\end{bmatrix}\begin{bmatrix}\dot{U}_{n1}\\ \dot{U}_{n2}\\ \dot{U}_{n3}\end{bmatrix}=\begin{bmatrix}\dot{I}_{\mathrm{s1}}\\ 0\\ \mathrm{j}\omega C_{2}\dot{U}_{\mathrm{s2}}\end{bmatrix}$$

【解题指南与点评】 本例题电路的第 5、6 号支路存在互感，应先写出支路阻抗矩阵，求逆后得到支路导纳矩阵。由于互感支路是连续编号，因此支路阻抗矩阵是分块对角阵，求逆比较方便。列出支路导纳矩阵、关联矩阵、支路电流源向量及支路电压源向量后，通过矩阵运算得到节点导纳矩阵和节点电流源向量，从而得到矩阵形式的节点方程。

【例 14－3】 在图 14－5(a)中，各电阻均为 1 Ω，其拓扑图如图 14－5(b)所示。选支路 1、2、6、7 为树，写出矩阵形式的回路电流方程和割集电压方程。

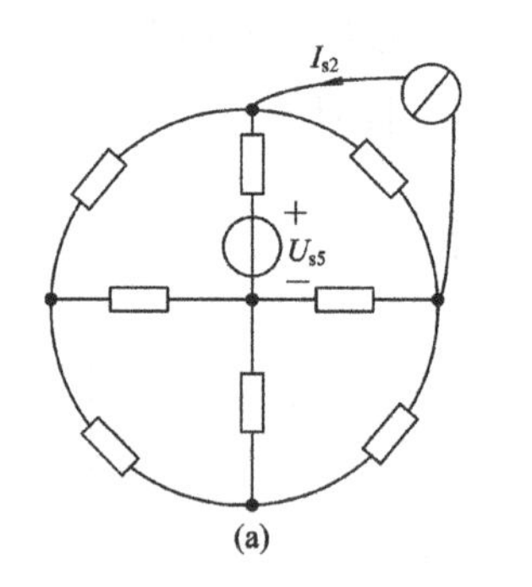

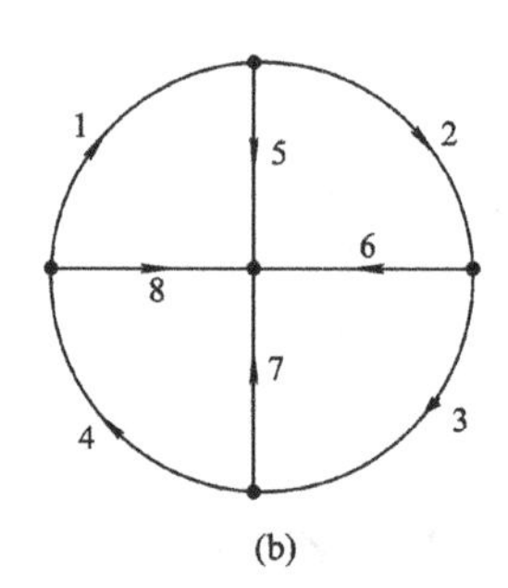

图 14－5

解 基本回路矩阵为

$$\boldsymbol{B}_{\mathrm{f}}=\begin{bmatrix}0 & 0 & 1 & 0 & 0 & -1 & 1 & 0\\ 1 & 1 & 0 & 1 & 0 & 1 & -1 & 0\\ 0 & -1 & 0 & 0 & 1 & -1 & 0 & 0\\ -1 & -1 & 0 & 0 & 0 & -1 & 0 & 1\end{bmatrix}$$

支路阻抗矩阵为

$$\boldsymbol{Z}=\mathrm{diag}\begin{bmatrix}1 & 1 & 1 & 1 & 1 & 1 & 1 & 1\end{bmatrix}$$

支路电压源向量为

$$\boldsymbol{U}_s = [0 \quad 0 \quad 0 \quad 0 \quad U_{s5} \quad 0 \quad 0 \quad 0]^T$$

支路电流源向量为

$$\boldsymbol{I}_s = [0 \quad -I_{s2} \quad 0 \quad 0 \quad 0 \quad 0 \quad 0 \quad 0]^T$$

回路电流方程为

$$\boldsymbol{B}_f\boldsymbol{Z}\boldsymbol{B}_f^T\boldsymbol{I}_l = \boldsymbol{B}_f\boldsymbol{Z}\boldsymbol{I}_s - \boldsymbol{B}\boldsymbol{U}_s$$

即

$$\begin{bmatrix} 3 & -2 & 1 & 1 \\ -2 & 5 & -2 & -3 \\ 1 & -2 & 3 & 2 \\ 1 & -3 & 2 & 4 \end{bmatrix}\begin{bmatrix} I_{l1} \\ I_{l2} \\ I_{l3} \\ I_{l4} \end{bmatrix} = \begin{bmatrix} 0 \\ -I_{s2} \\ -U_{s5}+I_{s2} \\ I_{s2} \end{bmatrix}$$

基本割集矩阵为

$$\boldsymbol{Q}_f = \begin{bmatrix} 1 & 0 & 0 & -1 & 0 & 0 & 0 & 1 \\ 0 & 1 & 0 & -1 & 1 & 0 & 0 & 1 \\ 0 & 0 & 1 & -1 & 1 & 1 & 0 & 1 \\ 0 & 0 & -1 & 1 & 0 & 0 & 1 & 0 \end{bmatrix}$$

支路导纳矩阵为

$$\boldsymbol{Y} = \text{diag}[1 \quad 1 \quad 1 \quad 1 \quad 1 \quad 1 \quad 1 \quad 1]$$

割集电压方程为

$$\boldsymbol{Q}_f\boldsymbol{Y}\boldsymbol{Q}_f^T\boldsymbol{U}_t = \boldsymbol{Q}_f\boldsymbol{Y}\boldsymbol{U}_s - \boldsymbol{Q}_f\boldsymbol{I}_s$$

即

$$\begin{bmatrix} 3 & 2 & 2 & -1 \\ 2 & 4 & 3 & -1 \\ 2 & 3 & 5 & -2 \\ -1 & -1 & -2 & 3 \end{bmatrix}\begin{bmatrix} U_{t1} \\ U_{t2} \\ U_{t3} \\ U_{t4} \end{bmatrix} = \begin{bmatrix} 0 \\ I_{s2}+U_{s5} \\ U_{s5} \\ 0 \end{bmatrix}$$

【解题指南与点评】 本例题的电路不含互感，支路阻抗矩阵和支路导纳矩阵都为对角阵，由矩阵运算列写回路电流方程和割集电压方程都不难。关键之处在于基本回路矩阵和基本割集矩阵的列写。支路电压源和电流源的正负号也要注意。

【例 14-4】 直流电路如图 14-6 所示，试列写割集电压方程。

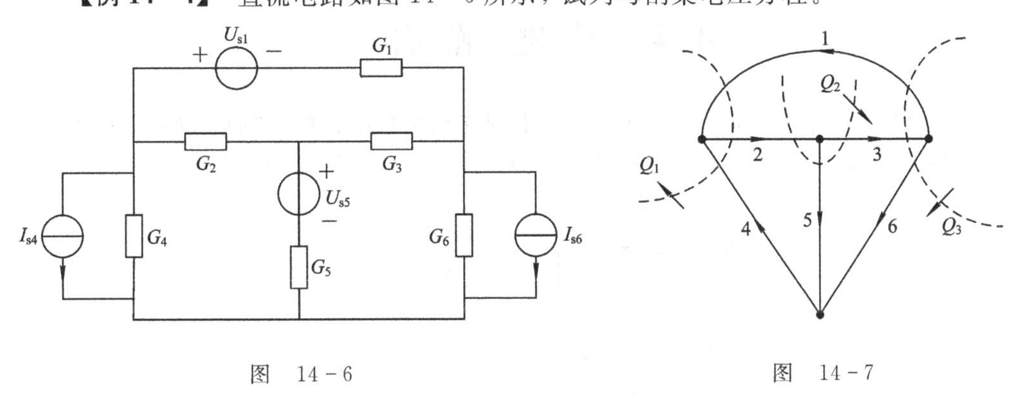

图 14-6　　　　图 14-7

解　该电路拓扑图如图 14-7 所示。选 4、5、6 为树，3 个基本割集示于该拓扑图中。基本割集矩阵为

$$\boldsymbol{Q}_{\mathrm{f}}=\begin{bmatrix}1 & -1 & 0 & 1 & 0 & 0\\ 0 & -1 & 1 & 0 & 1 & 0\\ 1 & 0 & -1 & 0 & 0 & 1\end{bmatrix}$$

支路导纳矩阵为

$$\boldsymbol{Y}=\operatorname{diag}[G_1\quad G_2\quad G_3\quad G_4\quad G_5\quad G_6]$$

支路电压源列向量为

$$\boldsymbol{U}_{\mathrm{s}}=[-U_{\mathrm{s1}}\quad 0\quad 0\quad 0\quad U_{\mathrm{s5}}\quad 0]^{\mathrm{T}}$$

支路电流源列向量为

$$\boldsymbol{I}_{\mathrm{s}}=[0\quad 0\quad 0\quad -I_{\mathrm{s4}}\quad 0\quad I_{\mathrm{s6}}]^{\mathrm{T}}$$

割集导纳矩阵为

$$\boldsymbol{Y}_t=\boldsymbol{Q}_{\mathrm{f}}\boldsymbol{Y}\boldsymbol{Q}_{\mathrm{f}}^{\mathrm{T}}=\begin{bmatrix}G_1+G_2+G_4 & G_2 & G_1\\ G_2 & G_2+G_3+G_5 & -G_3\\ G_1 & -G_3 & G_1+G_3+G_6\end{bmatrix}$$

树支电压列向量为

$$\boldsymbol{U}_t=[U_{t1}\quad U_{t2}\quad U_{t3}]^{\mathrm{T}}=[U_4\quad U_5\quad U_6]^{\mathrm{T}}$$

割集电流源向量为

$$\boldsymbol{J}_t=\boldsymbol{Q}_{\mathrm{f}}\boldsymbol{Y}\boldsymbol{U}_{\mathrm{s}}-\boldsymbol{Q}_{\mathrm{f}}\boldsymbol{I}_{\mathrm{s}}=\begin{bmatrix}-G_1U_{\mathrm{s1}}+I_{\mathrm{s4}}\\ G_5U_{\mathrm{s5}}\\ -G_1U_{\mathrm{s1}}-I_{\mathrm{s6}}\end{bmatrix}$$

因此，割集电压方程 $\boldsymbol{Y}_t\boldsymbol{U}_t=\boldsymbol{J}_t$ 为

$$\begin{bmatrix}G_1+G_2+G_4 & G_2 & G_1\\ G_2 & G_2+G_3+G_5 & -G_3\\ G_1 & -G_3 & G_1+G_3+G_6\end{bmatrix}\begin{bmatrix}U_4\\ U_5\\ U_6\end{bmatrix}=\begin{bmatrix}-G_1U_{\mathrm{s1}}+I_{\mathrm{s4}}\\ G_5U_{\mathrm{s5}}\\ -G_1U_{\mathrm{s1}}-I_{\mathrm{s6}}\end{bmatrix}$$

【解题指南与点评】 本例题给出了列写割集电压方程的详细过程：作出电路的有向拓扑图；选树；确定基本割集并标出割集方向；列写基本割集矩阵、支路导纳矩阵、支路电流源向量和支路电压源相量；最后通过矩阵运算得到割集电压方程。

14.4 习题解答

14-1　网络拓扑图如图 14-8 所示，判断下列支路集合中哪些是割集：(1) (9, 2, 5, 7, 8, 3)；(2) (5, 6, 7, 8)；(3) (5, 6, 7, 8, 3)；(4) (2, 3, 6, 9, 10)。

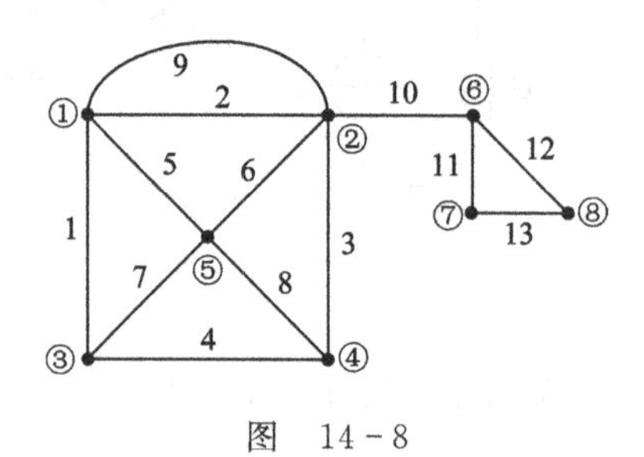

图　14-8

解　(1) 将 9、2、5、7、8、3 支路全部从原图中移去，剩余图为两个相互分离且各自连通的部分；若少移去任一支路，则图仍连通，故该支路集合为一个割集。

(2) 将 5、6、7、8 支路全部从原图中移去，剩余图为一个连通的子图和一个孤立的节点；若少移去任一条支路，则图仍是连通图，故该支路集合为一个割集。

(3) 仅将 5、6、7、8 支路从原图中移去，不用移去支路 3，剩余图已成为两个分离的部分，故支路集合(5、6、7、8、3)不是割集。

(4) 将 2、3、6、9、10 支路从原图中移去，剩余图成为 3 个分离的部分，故该支路集合不是割集。

14－2　网络拓扑图如图 14－9 所示，选择图中实线为树支，虚线为连支，试列举出全部基本回路和基本割集。

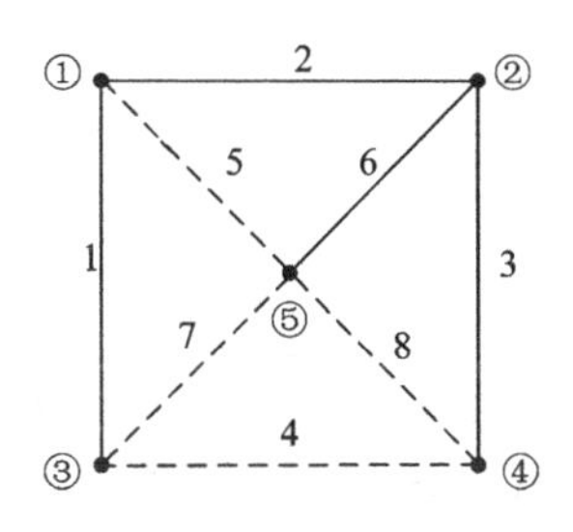

图　14－9

解　共有 4 个基本回路，如图 14－10 所示。

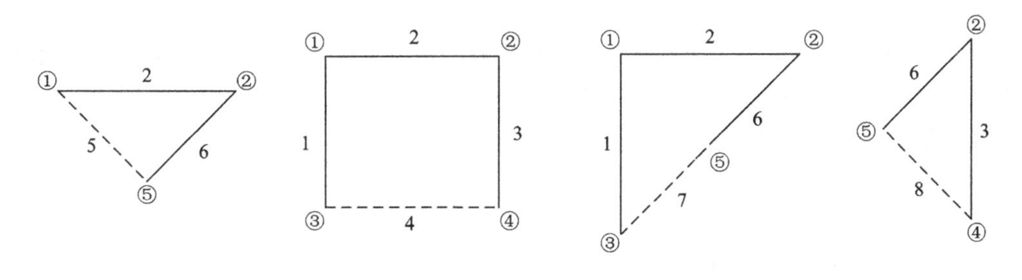

图　14－10

共有 4 个基本割集，为以下支路集合：

(1, 4, 7)，(2, 4, 5, 7)，(3, 4, 8)，(6, 5, 7, 8)

14－3　已知一个连通图的关联矩阵为

$$\boldsymbol{A}=\begin{matrix} & b_1 & b_2 & b_3 & b_4 & b_5 & b_6 \\ n_1 \\ n_2 \\ n_3 \\ n_4 \end{matrix}\begin{bmatrix} 1 & 0 & 0 & 0 & 0 & -1 \\ 0 & -1 & 0 & -1 & 1 & 0 \\ 0 & 1 & 1 & 0 & 0 & 1 \\ 0 & 0 & -1 & 0 & -1 & 0 \end{bmatrix}$$

试画出对应连通图。

解　由关联矩阵可知，该图应包含 5 个节点和 6 条支路。先在图上画出 5 个节点，然后根据关联矩阵各列非零元的情况画出各支路。该连通图如图 14－11 所示。

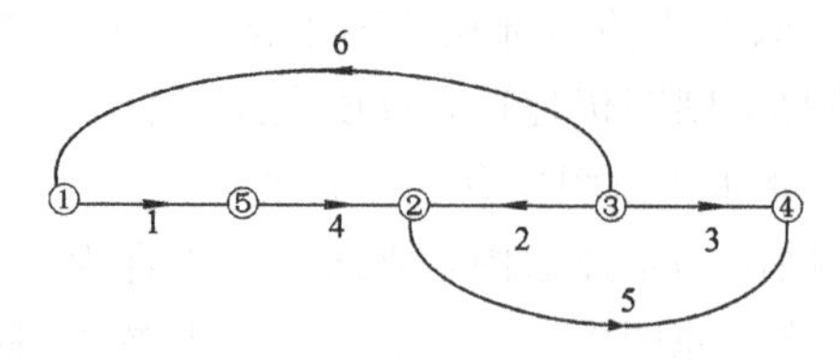

图 14-11

14-4 有向图如图 14-12 所示，以节点 5 为参考节点，写出其关联矩阵 **A**。

解

$$\boldsymbol{A}=\begin{bmatrix}1&0&1&0&1&0&0&1&0\\0&0&-1&1&0&1&0&0&0\\0&1&0&0&-1&-1&1&0&0\\0&0&0&0&0&0&-1&-1&-1\end{bmatrix}$$

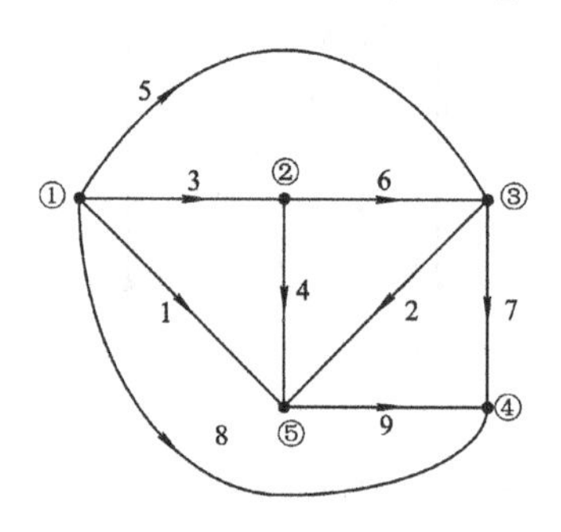

图 14-12

14-5 上题有向图中，以支路 6、7、8、9 作为树支，试写出基本回路矩阵和基本割集矩阵，并验证 $\boldsymbol{B}_t^{\mathrm{T}}=-\boldsymbol{A}_t^{-1}\boldsymbol{A}_l$ 及 $\boldsymbol{Q}_l=-\boldsymbol{B}_t^{\mathrm{T}}$。

解 基本回路矩阵为

$$\boldsymbol{B}_{\mathrm{f}}=[\boldsymbol{1}_l\quad\boldsymbol{B}_t]=\begin{bmatrix}1&0&0&0&0&0&0&-1&1\\0&1&0&0&0&0&-1&0&1\\0&0&1&0&0&1&1&-1&0\\0&0&0&1&0&-1&-1&0&1\\0&0&0&0&1&0&1&-1&0\end{bmatrix}$$

其中，

$$\boldsymbol{B}_t=\begin{bmatrix}0&0&-1&1\\0&-1&0&1\\1&1&-1&0\\-1&-1&0&1\\0&1&-1&0\end{bmatrix},\quad\boldsymbol{B}_l=\boldsymbol{1}_l=\begin{bmatrix}1&0&0&0&0\\0&1&0&0&0\\0&0&1&0&0\\0&0&0&1&0\\0&0&0&0&1\end{bmatrix}$$

基本割集矩阵为

$$\boldsymbol{Q}_{\mathrm{f}}=[\boldsymbol{Q}_l\quad\boldsymbol{1}_t]=\begin{bmatrix}0&0&-1&1&0&1&0&0&0\\0&1&-1&1&-1&0&1&0&0\\1&0&1&0&1&0&0&1&0\\-1&-1&0&-1&0&0&0&0&1\end{bmatrix}$$

其中，

$$\boldsymbol{Q}_l=\begin{bmatrix}0 & 0 & -1 & 1 & 0\\0 & 1 & -1 & 1 & -1\\1 & 0 & 1 & 0 & 1\\-1 & -1 & 0 & -1 & 0\end{bmatrix},\quad \boldsymbol{Q}_t=\mathbf{1}_t=\begin{bmatrix}1 & 0 & 0 & 0\\0 & 1 & 0 & 0\\0 & 0 & 1 & 0\\0 & 0 & 0 & 1\end{bmatrix}$$

由上题结果得

$$\boldsymbol{A}_l=\begin{bmatrix}1 & 0 & 1 & 0 & 1\\0 & 0 & -1 & 1 & 0\\0 & 1 & 0 & 0 & -1\\0 & 0 & 0 & 0 & 0\end{bmatrix},\quad \boldsymbol{A}_t=\begin{bmatrix}0 & 0 & 1 & 0\\1 & 0 & 0 & 0\\-1 & 1 & 0 & 0\\0 & -1 & -1 & -1\end{bmatrix}$$

算得

$$\boldsymbol{A}_t^{-1}=\begin{bmatrix}0 & 1 & 0 & 0\\0 & 1 & 1 & 0\\1 & 0 & 0 & 0\\-1 & -1 & -1 & -1\end{bmatrix}$$

$$-\boldsymbol{A}_t^{-1}\boldsymbol{A}_l=\begin{bmatrix}0 & 0 & 1 & -1 & 0\\0 & -1 & 1 & -1 & 1\\-1 & 0 & -1 & 0 & -1\\1 & 1 & 0 & 1 & 0\end{bmatrix}=\boldsymbol{B}_t^{\mathrm{T}}=-\boldsymbol{Q}_l$$

14-6　对图 14-13 所示电路，以节点④为参考节点，写出矩阵形式的节点方程。

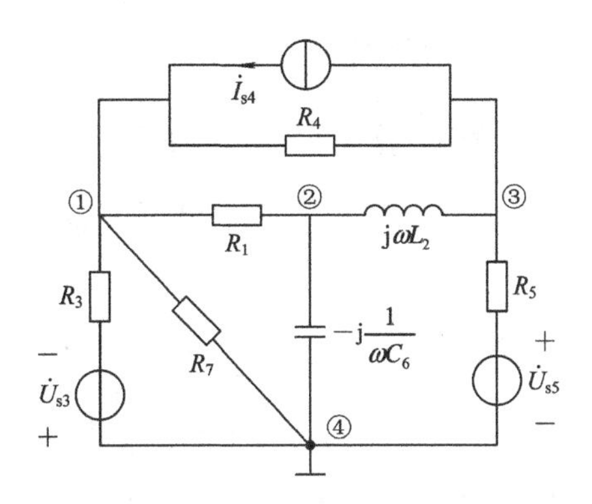

图　14-13

解　该电路有 7 条复合支路，拓扑图如图 14-14 所示，各支路参考方向标于图中。以节点④为参考节点的关联矩阵为

$$\mathbf{A}=\begin{bmatrix}1 & 0 & -1 & -1 & 0 & 0 & 1\\-1 & 1 & 0 & 0 & 0 & 1 & 0\\0 & -1 & 0 & 1 & 1 & 0 & 0\end{bmatrix}$$

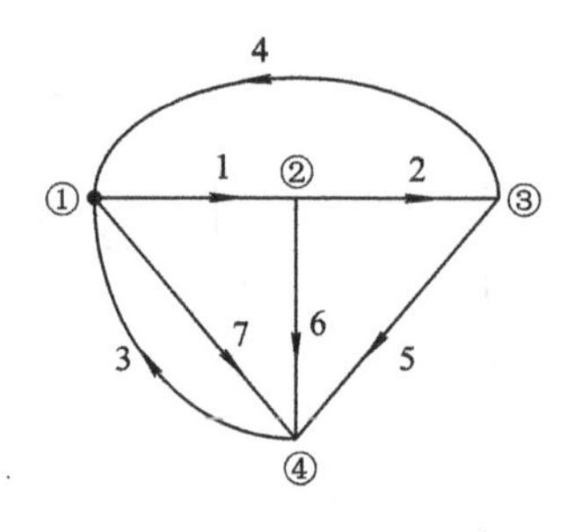

图 14-14

支路电压源向量、支路电流源向量和支路导纳矩阵分别为

$$\dot{\boldsymbol{U}}_s=[0\quad 0\quad \dot{U}_{s3}\quad 0\quad \dot{U}_{s5}\quad 0\quad 0]^{\mathrm{T}}$$

$$\dot{\boldsymbol{I}}_s=[0\quad 0\quad 0\quad \dot{I}_{s4}\quad 0\quad 0\quad 0]^{\mathrm{T}}$$

$$\boldsymbol{Y}=\begin{bmatrix}\frac{1}{R_1} & 0 & 0 & 0 & 0 & 0 & 0\\ 0 & -\mathrm{j}\frac{1}{\omega L_2} & 0 & 0 & 0 & 0 & 0\\ 0 & 0 & \frac{1}{R_3} & 0 & 0 & 0 & 0\\ 0 & 0 & 0 & \frac{1}{R_4} & 0 & 0 & 0\\ 0 & 0 & 0 & 0 & \frac{1}{R_5} & 0 & 0\\ 0 & 0 & 0 & 0 & 0 & \mathrm{j}\omega C_6 & 0\\ 0 & 0 & 0 & 0 & 0 & 0 & \frac{1}{R_7}\end{bmatrix}$$

求得节点导纳矩阵及节点电流源向量分别为

$$\boldsymbol{Y}_n=\boldsymbol{AYA}^{\mathrm{T}}=\begin{bmatrix}\frac{1}{R_1}+\frac{1}{R_3}+\frac{1}{R_4}+\frac{1}{R_7} & -\frac{1}{R_1} & -\frac{1}{R_4}\\ -\frac{1}{R_1} & \frac{1}{R_1}-\mathrm{j}\frac{1}{\omega L_2}+\mathrm{j}\omega C_6 & \mathrm{j}\frac{1}{\omega L_2}\\ -\frac{1}{R_4} & \mathrm{j}\frac{1}{\omega L_2} & -\mathrm{j}\frac{1}{\omega L_2}+\frac{1}{R_4}+\frac{1}{R_5}\end{bmatrix}$$

$$\dot{\boldsymbol{J}}_n=\boldsymbol{AY}\dot{\boldsymbol{U}}_s-\boldsymbol{A}\dot{\boldsymbol{I}}_s=\begin{bmatrix}\dot{I}_{s4}-\frac{1}{R_3}\dot{U}_{s3}\\ 0\\ \frac{\dot{U}_{s5}}{R_5}-\dot{I}_{s4}\end{bmatrix}$$

因此，节点方程为

$$\begin{bmatrix} \frac{1}{R_1}+\frac{1}{R_3}+\frac{1}{R_4}+\frac{1}{R_7} & -\frac{1}{R_1} & -\frac{1}{R_4} \\ -\frac{1}{R_1} & \frac{1}{R_1}-\mathrm{j}\,\frac{1}{\omega L_2}+\mathrm{j}\omega C_6 & \mathrm{j}\,\frac{1}{\omega L_2} \\ -\frac{1}{R_4} & \mathrm{j}\,\frac{1}{\omega L_2} & -\mathrm{j}\,\frac{1}{\omega L_2}+\frac{1}{R_4}+\frac{1}{R_5} \end{bmatrix} \cdot \begin{bmatrix} \dot{U}_{n1} \\ \dot{U}_{n2} \\ \dot{U}_{n3} \end{bmatrix} = \begin{bmatrix} \dot{I}_{s4}-\frac{1}{R_3}\dot{U}_{s3} \\ 0 \\ \frac{\dot{U}_{s5}}{R_5}-\dot{I}_{s4} \end{bmatrix}$$

14-7 对图 14-15 所示电路，选择独立回路如图中虚线所示，写出矩阵形式的回路方程。

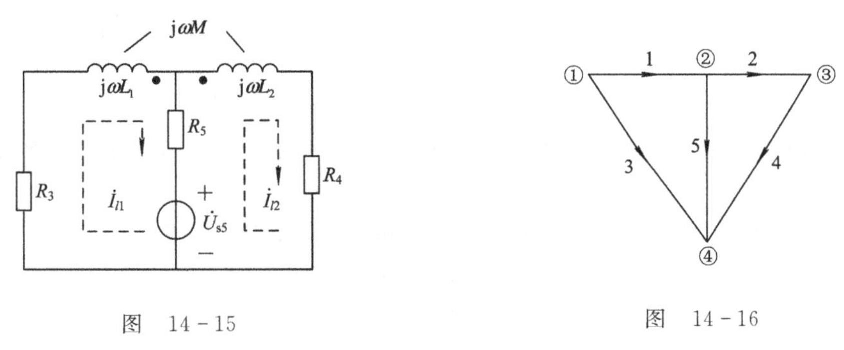

图 14-15　　　　图 14-16

解 电路的拓扑图如图 14-16 所示，图中箭头为各支路参考方向。

取 3，4，5 支路为树支，则基本回路如原图中虚线所示，基本回路矩阵为

$$\boldsymbol{B}_{\mathrm{f}}=\begin{bmatrix} 1 & 0 & -1 & 0 & 1 \\ 0 & 1 & 0 & 1 & -1 \end{bmatrix}$$

该电路不含电流源，故支路电流源向量为零向量。支路电压源向量及支路阻抗矩阵分别为

$$\dot{\boldsymbol{U}}_{\mathrm{s}}=[0 \quad 0 \quad 0 \quad 0 \quad \dot{U}_{\mathrm{s}5}]^{\mathrm{T}}$$

$$\boldsymbol{Z}=\begin{bmatrix} \mathrm{j}\omega L_1 & -\mathrm{j}\omega M & 0 & 0 & 0 \\ -\mathrm{j}\omega M & \mathrm{j}\omega L_2 & 0 & 0 & 0 \\ 0 & 0 & R_3 & 0 & 0 \\ 0 & 0 & 0 & R_4 & 0 \\ 0 & 0 & 0 & 0 & R_5 \end{bmatrix}$$

求得回路阻抗矩阵为

$$\boldsymbol{Z}_l=\boldsymbol{B}_{\mathrm{f}}\boldsymbol{Z}\boldsymbol{B}_{\mathrm{f}}^{\mathrm{T}}=\begin{bmatrix} \mathrm{j}\omega L_1+R_3+R_5 & -\mathrm{j}\omega M-R_5 \\ -\mathrm{j}\omega M-R_5 & \mathrm{j}\omega L_2+R_4+R_5 \end{bmatrix}$$

回路电压源向量为

$$\dot{\boldsymbol{U}}_l=\boldsymbol{B}_{\mathrm{f}}\boldsymbol{Z}\dot{\boldsymbol{I}}_{\mathrm{s}}-\boldsymbol{B}_{\mathrm{f}}\dot{\boldsymbol{U}}_{\mathrm{s}}=\begin{bmatrix} -\dot{U}_{\mathrm{s}5} \\ \dot{U}_{\mathrm{s}5} \end{bmatrix}$$

因此，矩阵形式的回路方程为

$$\begin{bmatrix} \mathrm{j}\omega L_1+R_3+R_5 & -\mathrm{j}\omega M-R_5 \\ -\mathrm{j}\omega M-R_5 & \mathrm{j}\omega L_2+R_4+R_5 \end{bmatrix}\begin{bmatrix} \dot{I}_{l1} \\ \dot{I}_{l2} \end{bmatrix}=\begin{bmatrix} -\dot{U}_{\mathrm{s}5} \\ \dot{U}_{\mathrm{s}5} \end{bmatrix}$$

14-8 对图 14-17 所示电路，选择支路 4、5、6 作为树支，写出矩阵形式的割集方程。

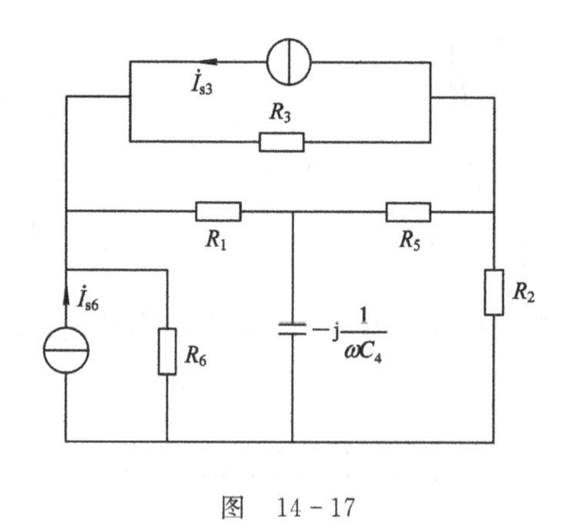

图 14-17

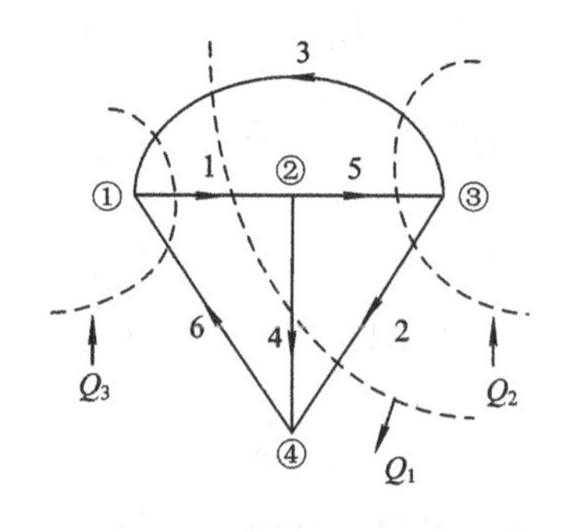

图 14-18

解 该电路有 6 条复合支路，其拓扑图如图 14-18 所示，图中箭头表示各支路参考方向。

选 4，5，6 为树支，基本割集如图 14-18 中虚线所示，基本割集矩阵为

$$\boldsymbol{Q}_f = \begin{bmatrix} -1 & 1 & 1 & 1 & 0 & 0 \\ 0 & -1 & -1 & 0 & 1 & 0 \\ -1 & 0 & 1 & 0 & 0 & 1 \end{bmatrix}$$

该电路不含电压源，故支路电压源向量为零向量。支路电流源向量和支路导纳矩阵为

$$\dot{\boldsymbol{I}}_s = [0 \quad 0 \quad \dot{I}_{s3} \quad 0 \quad 0 \quad \dot{I}_{s6}]^T$$

$$\boldsymbol{Y} = \begin{bmatrix} \frac{1}{R_1} & 0 & 0 & 0 & 0 & 0 \\ 0 & \frac{1}{R_2} & 0 & 0 & 0 & 0 \\ 0 & 0 & \frac{1}{R_3} & 0 & 0 & 0 \\ 0 & 0 & 0 & j\omega C_4 & 0 & 0 \\ 0 & 0 & 0 & 0 & \frac{1}{R_5} & 0 \\ 0 & 0 & 0 & 0 & 0 & \frac{1}{R_6} \end{bmatrix}$$

求得割集导纳矩阵为

$$\boldsymbol{Y}_t = \boldsymbol{Q}_f\boldsymbol{Y}\boldsymbol{Q}_f^T = \begin{bmatrix} \frac{1}{R_1}+\frac{1}{R_2}+\frac{1}{R_3}+j\omega C_4 & -\frac{1}{R_2}-\frac{1}{R_3} & \frac{1}{R_1}+\frac{1}{R_3} \\ -\frac{1}{R_2}-\frac{1}{R_3} & \frac{1}{R_2}+\frac{1}{R_3}+\frac{1}{R_5} & -\frac{1}{R_3} \\ \frac{1}{R_1}+\frac{1}{R_3} & -\frac{1}{R_3} & \frac{1}{R_1}+\frac{1}{R_3}+\frac{1}{R_6} \end{bmatrix}$$

割集电流源向量为

$$\dot{\boldsymbol{J}}_t = \boldsymbol{Q}_f\boldsymbol{Y}\dot{\boldsymbol{U}}_s - \boldsymbol{Q}_f\dot{\boldsymbol{I}}_s = \begin{bmatrix} -\dot{I}_{s3} \\ \dot{I}_{s3} \\ -\dot{I}_{s3}-\dot{I}_{s6} \end{bmatrix}$$

因此，矩阵形式的割集方程为

$$\begin{bmatrix} \frac{1}{R_1}+\frac{1}{R_2}+\frac{1}{R_3}+\mathrm{j}\omega C_4 & -\frac{1}{R_2}-\frac{1}{R_3} & \frac{1}{R_1}+\frac{1}{R_3} \\ -\frac{1}{R_2}-\frac{1}{R_3} & \frac{1}{R_2}+\frac{1}{R_3}+\frac{1}{R_5} & -\frac{1}{R_3} \\ \frac{1}{R_1}+\frac{1}{R_3} & -\frac{1}{R_3} & \frac{1}{R_1}+\frac{1}{R_3}+\frac{1}{R_6} \end{bmatrix} \begin{bmatrix} \dot{U}_{t1} \\ \dot{U}_{t2} \\ \dot{U}_{t3} \end{bmatrix} = \begin{bmatrix} -\dot{I}_{s3} \\ \dot{I}_{s3} \\ -\dot{I}_{s3}-\dot{I}_{s6} \end{bmatrix}$$

参 考 文 献

[1] 范世贵，付高朋．电路考研教案．西安：西北工业大学出版社，2006.
[2] 潘双来，邢丽冬，龚余才，等．电路学习指导与习题精解．北京：清华大学出版社，2004.
[3] 周茜，徐亚宁．电路分析基础典型题精解．北京：电子工业出版社，2005.
[4] 张宇飞，史学军，于舒娟．电路分析辅导与习题详解．北京：北京邮电大学出版社，2006.
[5] 康巨珍，康晓明．电路分析学习指导．北京：国防工业出版社，2006.
[6] 曾令琴．电路分析基础学习辅导与习题解析．北京：人民邮电出版社，2004.
[7] 高岩，杜普选，闻跃．电路分析学习指导及习题精解．北京：清华大学出版社，2005.
[8] 于舒娟，史学军．电路分析典型题解与分析．北京：人民邮电出版社，2004.
[9] 上官右黎．电路分析基础解题指南．北京：人民邮电出版社，2001.